"东大伦理"系列·《伦理研究》

江苏省道德发展高端智库　江苏省公民道德与社会风尚协同创新中心　东南大学道德发展研究院

The Study of Ethics

伦理研究【第六辑】

（伦理精神卷·上）

主　　编：樊　浩　王　珏
执行主编：许　敏

东南大学出版社
SOUTHEAST UNIVERSITY PRESS
·南京·

图书在版编目(CIP)数据

伦理研究.第六辑,伦理精神卷 / 樊浩,王珏主编. —南京：东南大学出版社，2020.12
　　ISBN 978-7-5641-9397-3

　　Ⅰ.①伦…　Ⅱ.①樊…②王…　Ⅲ.①伦理学—文集　Ⅳ.①B82-53

中国版本图书馆 CIP 数据核字(2020)第 269565 号

伦理研究.第六辑（伦理精神卷·上）
Lunli Yanjiu Di-liu Ji(Lunli Jingshenjuan · Shang)

主　　编	樊　浩　王　珏
出版发行	东南大学出版社
社　　址	南京市四牌楼 2 号　　邮编　210096
出 版 人	江建中
网　　址	http://www.seupress.com
电子邮箱	press@seupress.com
经　　销	全国各地新华书店
印　　刷	江苏凤凰数码印务有限公司
开　　本	700 mm×1000 mm　1/16
印　　张	33.25
字　　数	650 千
版　　次	2020 年 12 月第 1 版
印　　次	2020 年 12 月第 1 次印刷
书　　号	ISBN 978-7-5641-9397-3
定　　价	132.00 元（上下册）

本社图书若有印装质量问题，请直接与营销部联系。电话：025-83791830

编 辑 委 员 会

名誉顾问 杜维明(哈佛大学)
John Broome(牛津大学)

主　　编 樊　浩　王　珏

执行主编 许　敏

编委会主任 郭广银

编　　委 (按姓氏笔画为序)
王　珏　孙慕义　庞俊来
徐　嘉　董　群　樊　浩

主办单位 江苏省"道德发展高端智库"
江苏省"公民道德与社会风尚'2011'协同创新中心"
东南大学道德发展研究院
东南大学人文学院

总　　序

　　东南大学的伦理学科起步于20世纪80年代前期,由著名哲学家、伦理学家萧焜焘教授、王育殊教授创立,90年代初开始组建一支由青年博士构成的年轻的学科梯队,至90年代中期,这个团队基本实现了博士化。在学界前辈和各界朋友的关爱与支持下,东南大学的伦理学科得到了较大的发展。自20世纪末以来,我本人和我们团队的同仁一直在思考和探索一个问题:我们这个团队应当和可能为中国伦理学事业的发展作出怎样的贡献? 换言之,东南大学的伦理学科应当形成和建立什么样的特色? 我们很明白,没有特色的学术,其贡献总是有限的。2005年,我们的伦理学科被批准为"985工程"国家哲学社会科学创新基地,这个历史性的跃进推动了我们对这个问题的思考。经过认真讨论并向学界前辈和同仁求教,我们将自己的学科特色和学术贡献点定位于三个方面:道德哲学;科技伦理;重大应用。

　　以道德哲学为第一建设方向的定位基于这样的认识:伦理学在一级学科上属于哲学,其研究及其成果必须具有充分的哲学基础和足够的哲学含量;当今中国伦理学和道德哲学的诸多理论和现实课题必须在道德哲学的层面探讨和解决。道德哲学研究立志并致力于道德哲学的一些重大乃至尖端性的理论课题的探讨。在这个被称为"后哲学"的时代,伦理学研究中这种对哲学的执著、眷念和回归,着实是一种"明知不可为而为之"之举,但我们坚信,它是我们这个时代稀缺的学术资源和学术努力。科技伦理的定位是依据我们这个团队的历史传统、东南大学的学科生态,以及对伦理道德发展的新前沿而作出的判断和谋划。东南大学最早的研究生培养方向就是"科学伦理学",当年我本人就在这个方向下学习和研究;而东南大学以科学技术为主体、文管艺医综合发展的学科生态,也使我们这些90年代初成长起来的"新生代"再次认识到,选择科技伦理为学科生长点是明智之举。如果说道德哲学与科技伦理的定位与我们的学科传统有关,那么,重大应用的定位就是基于对伦理学的现实本性以及为中国伦理道德建设作出贡献的愿望和抱负而作出的选择。定位"重大应用"而不是一般的"应用伦理学",昭明我们在这方面有所为也有所不为,只是试图在伦理学应用的某些重大方面和重大领域进行我们的努力。

　　基于以上定位,在"985工程"建设中,我们决定进行系列研究并在长期积累的基础上严肃而审慎地推出以"东大伦理"为标识的学术成果。"东大伦理"取名于两种考虑;这些系列成果的作者主要是东南大学伦理学团队的成员,有的系列也包括东南大学培养的伦理学博士生的优秀博士论文;更深刻的原因是,我们希望并努力使这些成果具有某种特色,以为中国伦理学事业的发展作出自己的贡献。"东大伦理"由五个系列构成:道德哲学研究系列;科技伦理研究系列;重大应用研究系列;与以上三个结构相关的译著系列;还有以丛刊形式出现并在20世纪90年代已经创刊的《伦理研究》专辑系列,该丛刊同样围绕三大定位组稿和出版。

"道德哲学研究系列"的基本结构是"两史一论"。即道德哲学基本理论;中国道德哲学;西方道德哲学。道德哲学理论的研究基础,不仅在概念上将"伦理"与"道德"相区分,而且在一定意义将伦理学、道德哲学、道德形而上学相区分。这些区分某种意义上回归到德国古典哲学的传统,但它更深刻地与中国道德哲学传统相契合。在这个被宣布"哲学终结"的时代,深入而细致、精致而宏大的哲学研究反倒是必须而稀缺的,虽然那个"致广大、尽精微、综罗百代"的"朱熹气象"在中国几乎已经一去不返,但这并不代表我们今天的学术已经不再需要深刻、精致和宏大气魄。中国道德哲学史、西方道德哲学史研究的理念基础,是将道德哲学史当作"哲学的历史",而不只是道德哲学"原始的历史""反省的历史",它致力于探索和发现中西方道德哲学传统中那些具有"永远的现实性"精神内涵,并在哲学的层面进行中西方道德传统的对话与互释。专门史与通史,将是道德哲学史研究的两个基本维度,马克思主义的历史辩证法是其灵魂与方法。

"科技伦理研究系列"的学术风格与"道德哲学研究系列"相接并一致,它同样包括两个研究结构。第一个研究结构是科技道德哲学研究,它不是一般的科技伦理学,而是从哲学的层面、用哲学的方法进行科技伦理的理论建构和学术研究,故名之"科技道德哲学"而不是"科技伦理学";第二个研究结构是当代科技前沿的伦理问题研究,如基因伦理研究、网络伦理研究、生命伦理研究等等。第一个结构的学术任务是理论建构,第二个结构的学术任务是问题探讨,由此形成理论研究与现实研究之间的互补与互动。

"重大应用研究系列"以目前我作为首席专家的国家哲学社会科学重大招标课题和江苏省哲学社会科学重大委托课题为起步,以调查研究和对策研究为重点。目前我们正组织四个方面的大调查,即当今中国社会的伦理关系大调查;道德生活大调查;伦理——道德素质大调查;伦理——道德发展状况及其趋向大调查。我们的目标和任务是努力了解和把握当今中国伦理道德的真实状况,在此基础上进行理论推进和理论创新,为中国伦理道德建设提出具有战略意义和创新意义的对策思路。这就是我们对"重大应用"的诠释和理解,今后我们将沿着这个方向走下去,并贡献出团队和个人的研究成果。

"译著系列"、《伦理研究》丛刊,将围绕以上三个结构展开。我们试图进行的努力是:这两个系列将以学术交流,包括团队成员对国外著名大学、著名学术机构、著名学者的访问,以及高层次的国际国内学术会议为基础,以"我们正在做的事情"为主题和主线,由此凝聚自己的资源和努力。

马克思曾经说过,历史只能提出自己能够完成的任务,因为任务的提出已经表明完成任务的条件已经具备或正在具备。也许,我们提出的是一个自己难以完成或不能完成的任务,因为我们完成任务的条件尤其是我本人和我们这支团队的学术资质方面的条件还远没有具备。我们试图通过漫漫兮求索乃至几代人的努力,建立起以道德哲学、科技伦理、重大应用为三元色的"东大伦理"的学术标识。这个计划所展示的,与其说是某些学术成果,不如说是我们这个团队的成员为中国伦理学事业贡献自己努力的抱负和愿望。我们无法预测结果,因为哲人罗素早就告诫,没有发生的事情是无法预料的,我们甚至没有足够的信心展望未来,我们唯一可以昭告和承诺的是:

我们正在努力!

我们将永远努力!

樊　浩
谨识于东南大学"舌在谷"
2007年2月11日

编者引言

本辑文章选自江苏省"道德发展智库"高端论坛——"信任"论坛。该论坛在2015年11月15日召开,由"道德发展智库"、江苏省高校"公民道德与社会风尚"协同创新中心和东南大学人文学院主办。来自国内外学界的知名学者和年轻学人近两百人参与了学术成果的分享与讨论。此次会议也是首批高端智库"江苏道德发展智库"的揭牌仪式。

自2006年南京市民彭宇因扶老人引发法律诉讼之后,"老人跌倒扶不扶"成为困扰整个中国社会的难题。为此,东南大学青年海归学者张晶晶对2006年至2015年近十年间网络媒体披露的近一百起扶老人事件进行了系统梳理,建立了一个完整的信息库。东南大学道德发展智库的初步研究表明,这一重大事件包含三大难题:"撞"还是没有"撞"的道德信用问题;"信"还是不"信"的伦理信任问题;二者纠结的结果是"扶"还是"不扶"的文明危机。其中,不是道德信用,而且是伦理信任,成为最为隐蔽也是最具前沿意义的中国问题。为此,道德发展智库决定举办"伦理信任国际论坛"。中山大学党委副书记李萍教授、教育部长江学者华东师范大学杨国荣教授、教育部长江学者吉林大学贺来教授、中国社会科学院孙春晨教授等做了主题演讲。

长期以来,无论学界还是社会,都深切体验和揭示了存在于中国社会的以"诚信"为问题式的深刻的道德信用危机。然而,一方面个体道德领域信用危机的长期存在,必然甚至已经积累和积聚为社会伦理的信任危机——不仅是个人之间的信任危机,而且诸社会群体之间,甚至是诸社会群体集之间的信任危机,最后必将更深刻地生成文化领域对于伦理道德的信念的危机,形成"道德信用——伦理信任——文化信念"日趋深刻的"问题轨迹";另一方面,面对信任的伦理危机,期待一次"问题意识"的心理革命,无论个人、社会还是政府,都不应当停滞于问题的发现、批评和呼吁,甚至不应当满足于问题的研究和解释,而应当在批评的一开始就进行建设的努力。伦理信任既是道德信任或道德诚信问题的伦理后果,又是价值信念和文化信心问题的伦理原因,因而在当今中国的问题链或问题谱系中具有十分重要的问题中枢的意义。对这一重大伦理道德问题的真正解决,不仅期待目光锐利的诊断师和批评家,更需要执着于文化理想的建设者和实践者。中国道德生活和伦理关系的现实发展,需要深刻的批评,更需要立意高远的指导和指引,否则,不绝于耳的批评不仅会产生问题意识的疲劳,而且会导致动摇社会的文化信心的心理效果。由此出发,我们不仅可以进行一次关于问题意识革命的理论尝试,也可以同时进行一次具有前瞻意义的实践探讨。"信任"论坛顺着"问题轨迹发现""问题意识革命"和"理论与战略建构"的三重思路,凝心聚智,建言献策,本辑所编论文是学界在该领域的最新研究成果,对于推动当前中国社会信任体系的建设具有重要意义。

目录

伦理信任笔谈

信任及其伦理意义 ·· 杨国荣（3）
缺乏信用，信任是否可能 ·· 樊　浩（9）
伦理信任与价值规范基础的转换 ································ 贺　来（18）
现代社会信任问题的伦理回应 ···································· 王　珏（25）

现代中国社会的伦理信任问题

当前中国社会大众信任危机的伦理型文化轨迹 ················ 樊　浩（33）
当代中国道德事件的责任扩散效应探讨 ············ 马向真　李　凯（49）
老龄化社会的信任危机与伦理安全 ····························· 周　琛（57）
文化治理框架下社区信任的理念追求与现实构建——基于南京百水芊城社区戏剧
　　工作坊的实证研究 ····················· 季玉群　邹玲燕　吴秋怡（67）
论"闪辞"背后的信任危机 ······································· 阳　芳（78）
现代伦理视域的义利之辨——中国伦理信任危机的道德反思 ········ 任　丑（87）

伦理信任的文化战略

伦理信任何以可能？ ··· 唐代兴（111）
关于信任问题的道德焦虑 ······································· 林　滨（122）
阶层差异：信任对道德态度和行为的影响 ······················· 洪岩璧（136）
论现代政治的信任难题及其破解路径 ··························· 高广旭（146）
刍议公共信任的伦理意蕴 ······································· 卞桂平（157）
公信力的道德哲学辨析 ··· 杨小钵（165）

1

如何解构医患信任危机？ ……………………………… 尹　洁（174）
"不亿不信"：信息"缺场"时的信任选择 ………………… 杜海涛（180）
生态治理体系中的信任治理网络研究 …………… 杨　煜　胡　伟（188）

伦理信任的道德形而上学

契约事件与儒家诚信 ……………………………………… 陈继红（201）
中国佛教"信"意涵发微 …………………………………… 王富宜（214）
人是否可以撒谎？——从康德的视角看 ………………… 刘作（221）
信任的德性基础——论信任与真诚 ……………………… 范志均（231）
诚信的形上设定与制度保障 ……………………………… 赵庆杰（240）
信任、可信任性与被信任人的动机 ……………………… 何浩平（247）
信任中的伪善刍议 ………………………………………… 黎　松（257）

伦理信任笔谈

信任及其伦理意义[*]

杨国荣

华东师范大学人文社会科学学院

随着社会的变迁,人与人的交往形式也发生了多重变化。一方面,从经济活动到日常往来,主体之间的彼此诚信构成其重要前提;另一方面,现实中诚信缺失、互信阙如等现象又时有所见。从理论的层面看,这里所涉及的,乃是信任的问题。宽泛而言,信任是主体在社会交往过程中的一种观念取向,它既形成于主体间的彼此互动,又对主体间的这种互动过程产生多方面的影响。作为人与人之间的关联形式,信任同时呈现伦理的意义,并制约着社会运行的过程。信任关系本身的建立,则既涉及个体的德性和人格,也关乎普遍的社会规范和制度。

一

作为观念或精神的一种形态,信任包含多重方面。与随意的偏好不同,信任首先与认识相联系,涉及对相关的人、事的了解和把握。在认识论上,知识往往被视为经过辩护或得到确证的真信念,在相近的意义上,信任可以视为基于理性认识的肯定性观念形态。

以对事与理的把握为依据,信任不同于盲从或无根据的相信。《论语》中曾有如下记载:"宰我问曰:'仁者,虽告之曰:井有仁焉,其从之也?'子曰:'何为其然也?君子可逝也,不可陷也;可欺也,不可罔也。'"(《论语·雍也》)孔子以仁智统一为主体的理想人格,"仁者"在宽泛意义上便可以理解为仁智统一的行为主体,"欺"基于虚假的"事实",虚假的"事实"在形式上仍是"事实",就此而言,人之被欺,并非完全无所据。但"可欺"不同于盲从。"罔"则以无根据的接受为前提,与之相对的"不可罔",则意味着不盲目相信。在引申的意义上,主体(仁者)以信任之心对待人,但这种信任不同于无根据的相信。

不过,与单纯认知意义上的相信不同,信任以人和关乎人的事为指向,并相应地包含着某种价值的意向。从最一般的意义上说,信任的对象总是具有可靠性或

---

[*] 本文系江苏省"公民道德与社会风尚 2011 协同创新中心"和"道德发展高端智库"成果。

可信赖性,这种可靠性与可信赖性既呈现为某种事实层面的特点,也包含着价值的意蕴:它意味着对于一定的价值目的而言,相关对象具有积极或正面的作用。信任往往与主体的价值观念或价值取向相关联:从正面看,坚持正义、仁道等价值原则的主体,对具有相关品格的对象便会形成信赖感,并由此给予信任,而对持相反价值取向的人和事,则难以产生信任之感。在此意义上,也可以说,信任基于一定的价值信念。

以对待人和事的观念取向为形式,信任不仅涉及当下,而且与未来相涉。当主体对相关的人物形成信任之心时,他并不仅仅对其当下的言与行加以接受,而且也同时肯定了其未来言与行的可信性。在此意义上,信任包含着对被信任对象未来言行的正面预期,并相应地具有某种持续性。从现实的形态看,如果仅仅对当下的行为予以接受和肯定,则这种肯定便类似基于直接观察而得出结论。信任虽然关乎经验的确证,但不同于基于直接观察的经验确证,信任本身的意义,也需要通过其中包含的预期或期望而得到体现。如果单纯限于当下行为,则信任对主体未来的选择和行动,便失去了实质的意义。

信任以人与事为指向,它本身也基于人与人之间的交往。从宽泛意义上的个体间互动,到经济、政治、教育、文化等领域;从商品流通过程中的交易双方到医疗过程中的医患之间,信任体现于不同的社会关系之中。与信任相涉的人与人的关系可以有不同的形式,而关系中的人所具有的可信赖、真诚等品格,同时具有伦理的意义。从伦理学的视域看,信任既涉及道德规范,也关乎道德品格。事实上,前面提及的真诚性、可信赖性,便内含道德意蕴。在信任的发生和形成过程中,无论是信任对象,还是信任主体,都以不同的方式关联着广义的道德规定:就对象而言,如前所述,其内含的真诚、可信赖等品格具有道德意义;就主体而言,以什么为信任对象,也关乎道德立场——若以危害社会、敌视人类者为信任对象,便表明该主体与相关对象具有同样或类似的道德趋向。具有道德意义的规范和品格,与信任所涉及的价值取向和价值观念呈现一致性,内含于信任之中的道德规范和品格,从一个方面将信任所涉及的价值取向和价值观念具体化了。

二

信任既是一种在社会中形成和发生的观念取向,也是社会本身运行、发展的条件。从本体论上看,相信人生活于其间的世界具有实在性,是人生存于世的基本前提。如果一个人对满足其生存需要的各种对象都持怀疑态度,那么,他就无法运用相关的资源来维持自身的生存。进而言之,如果对足之所履、身之所触的一切对象之真切实在性缺乏必要的确信,则人的整个存在本身也将趋于虚无化。怀疑论者固然可以在观念上质疑世界的实在性,但如果将这种态度运用于现实生活,则他自身的存在便会发生问题,从而,其怀疑过程也失去了本体论的前提。

从社会的层面看,人与人之间基于理性认知和一定价值原则的相互信任,是社会秩序之所以可能的条件。康德曾对说谎无法普遍化问题作了分析①,其中也涉及诚信及广义的信任问题。一旦说谎成为普遍的言说方式,则任何人所说的话都无法为他人所信,如此,则说谎本身也失去了意义。尽管康德的分析侧重于形式层面的逻辑推论,但形式的分析背后不难注意到实质的关联:说谎的普遍化导致的是信任的普遍缺失,后者又将使社会生活无法正常展开。这一关系从反面表明:社会秩序的建立、社会生活的常规运行,难以离开人与人之间的社会信任。从正面看,在相互信任的条件下,不同的个体往往更能够彼此交流、沟通,并克服可能的分歧,形成相互协作的关系,由此进而建立和谐、有序的社会共同体。

如前所述,信任内含预期或期望。预期的未来指向性涉及社会信念的延续性或持续性。与之相联系,包含预期的信任,同时关联着社会秩序的持续性和稳定性。社会由具体的个体构成,社会秩序的形成,也离不开个体之间的交往和联系。作为个体交往的一种形式,信任无疑通过确立比较稳定的个体间关系,为社会秩序的建立和延续,提供了某种担保。

在观念的层面,信任既与一定的知识经验、价值观念相涉,又构成了进一步接受已有知识经验、价值观念的前提。个体之间的社会交往过程,往往涉及知识经验的掌握和积累,信任在这一过程中有其不可忽视的作用:以信任为前提,个体对他人所提供的知识经验,常常更容易接受。知识经验的这种传授过程,可以使个体无需重复相关的认识过程。同样,对相关个体的信任,也会兼及其价值取向和价值观念,并相应地倾向于对这种价值观念持肯定或正面的态度。

信任同时具有实践的指向,其意义也在不同形式的社会实践中得到体现。从经济、政治、军事到教育、文化等领域,实践参与者之间的互信,对于相关社会实践的有效展开,具有不可忽视的作用。从积极的方面看,个体对其他实践参与者的信任,有助于彼此之间的协调、合作,在做什么、如何做等方面形成共识,这种协调和共识从一个方面为实践活动的成功提供了担保。就消极的方面而言,参与者之间的互信,可以防止不必要的误解或误判,由此进一步避免对实践活动产生消极影响。在市场经济的背景下,个体之间的相互信任,可以通过降低交易成本、减少违约风险,等等,而使商品流通过程顺利展开。

就个体而言,信任构成了其行为系统的重要环节。在行为目标的确定、行为方式的选择等方面,信任的影响都渗入于其中。按其现实形态,个体的行为总是发生

---

① Immanuel Kant. Grounding for the Metaphysics of Morals [M]. trans. James W. Ellington, Cambridge, MA: Hackett Publishing Company, 1993:14-15.

并展开于社会共同体之中,其行为过程也以不同的形式受到后者的制约。这里既有认知意义上的相信,也有评价意义上的信任;前者主要指向事,后者则关联着人。现代行动理论常常以意欲+相信来解释行动的理由,根据这一观点,当行动者形成了某种意欲,同时又相信通过某种方式可以满足此意欲,则行动便会发生。这种行动解释模式是否确当无疑可以进一步讨论,但它肯定相信在引发行为中的作用,显然不无所见。行为过程不仅涉及事,而且关乎人,后者与信任有着更为切近的联系。接受某种行动建议、参与一定共同体的实践过程,通常都基于对相关主体的信任。可以看到,认知层面的相信与评价层面的信任,从不同的方面影响着个体的行为选择。

从个体与社会的关系看,信任内含信赖,对他人的信任,以他人的可信性和可依赖性为前提,这种前提赋予个体以存在的安全感。前面曾提及,在本体论的意义上,对世界实在性的确信,是人存在于世的前提,而社会领域的信任,则体现了人与人之间的现实关系,它扬弃了个体面向他人时的不确定性,使人能够相互走近并在一定程度上克服彼此之间的距离感,从而既赋予个体存在以现实的形态,又使这种存在形态不同于"他人即地狱"的异己性。当然,基于信任的这种主体间关系,并不意味着消解个体的自主性和独立性,如上所述,以理性认知为前提,信任不同于随波逐流式的盲从,这一意义上的信任与个体自身的独立判断相联系,既具有自觉品格,也体现了个体的自主性。

三

作为社会本身运行、发展的条件,人与人之间信任关系的建立,既涉及信任主体,也关乎信任对象;既与社会规范和体制相涉,也与主体人格和德性相关。

在信任问题上,个体总是涉及两个方面,即为人所信与信任他人。就前一方面而言,如何形成诚信的品格,无疑是首先面临的问题。《论语·阳货》中有如下记载:"子张问仁于孔子。孔子曰:'能行五者于天下为仁矣。''请问之。'曰:'恭、宽、信、敏、惠。恭则不侮,宽则得众,信则人任焉,敏则有功,惠则足以使人。'"这里的"信",主要表现为守信或诚信,所谓"信则人任焉",意味着如果真正具有诚信的品格,便能够为人所信并得到任用。也正是在同样的意义上,孔子强调:"与朋友交,言而有信。"(《论语·学而》)孟子则进而将"朋友有信"(《孟子·滕文公上》)规定为人伦的基本要求之一。儒家视域中的朋友,可以视为家庭亲缘之外的社会领域中人与人之间的一般关系,在引申的意义上,这种关系具有普遍的社会意义。与朋友的这种社会意义相应,"朋友有信"也意味着将诚信和守信视为人伦的普遍规范。在有序的社会交往结构中,以诚相待和言而有信,既是这种交往秩序所以可能的条件,也是交往双方应尽的基本责任,一旦个体置身于这种交往关系中,则同时意味着承诺了这种责任。

就个体而言,作为信任条件的诚信关乎内在德性或人格。中国哲学对"信"与德性及人格的关系很早就予以较多的关注,儒家提出成人(成就理想人格)的学说,这种理想人格便以实有诸己(自我真正具有)为特点。孟子强调"有诸己之谓信"(《孟子·尽心下》),信与诚相通,有诸己即真实地具有某种德性。《中庸》进而将"诚"视为核心的范畴,以诚为人格的基本规定。《大学》同样提出了"诚"的要求,把"诚意"规定为修身的基本环节。与德性培养相联系的"信""诚",首先意味着将道德规范内化于主体,使之成为主体真实的品格。这种真实的德性、真诚的人格,为人与人在交往过程中达到诚信,提供了内在的担保。

当然,儒家对仅仅执着于信,也曾有所批评。孔子便指出:"言必信、行必果,硁硁然,小人也。"(《论语·子路》)从形式上看,将"言必信"与小人联系起来,似乎对"信"表现出贬抑之意。然而,以上批评的前提在于将"信"与"必"关联起来,而此所谓"必",则与绝对化、凝固化而不知变通相涉。"信"本身是一种正面的品格,但一旦被凝固化,则可能走向反面。以现实生活中可能出现的情形而言,如果一名歹徒试图追杀一位无辜的人并向知情者询问后者的去向时,如果该知情者拘守"信"的原则而向歹徒如实地提供有关事实,便很可能酿成一场悲剧。当孔子将"言必信"与小人联系起来,其中的"必"便类似以上情形。

伦理意义上的信任,体现于人与人之间的关系中。从关系的层面看,信任以对象的可信性为前提。前面提及的"信则人任焉"中的"信",也蕴含着可信性。信任固然表现为主体的一种观念取向,但这种取向的形成,本身关乎对象。在消极的意义上,当对象缺乏可信的品格时,便难以使人产生信任之感,所谓"信不足焉,有不信焉"(《老子·第十七章》),便表明了这一点。尽管老子的以上论述首先涉及统治者与民众的关系,但"信不足"与"不信"的对应性,并不仅仅限于政治领域。在积极的意义上,如果相关对象的所作所为始终诚信如一,那么,人们对其后续的行为,也将抱有信任之心。对象的可信性与信任的以上关系表明,信任并非仅仅源于主体心理,而同时具有与对象、环境相关的客观根据。

在商业活动中,人们常常以"货真价实"来表示某种商品的可信性,它构成了商业活动经营者取信于人的条件。从否定的方面看,经商过程中的这种诚信,还表现在不欺诈——欺诈行为总是受到普遍的谴责;商业活动所推崇的正面原则之一,便是以诚信的态度对待一切人。直到今天,反对假、冒、伪、劣仍是商业活动的基本要求,而与"假""伪"相对的,则是真实可信。从形式上看,假、冒、伪、劣似乎主要与物(商品)相关,但在物的背后,乃是人:产品的伪劣、商品的假冒,折射的是人格的低劣、诚信的阙如,而商业活动中诚信的缺乏,则将导致这一领域中信任的危机。

前文曾提及,信任既涉及为人所信,也关乎信任他人,前者意味着个体自身具有可信性，后者则表现为信任可信者。就个体而言，在与人交往的过程中形成并展现可信的品格，可以通过自身的努力而达到，但他人是否信任自己，则无法由自身所决定。荀子已注意到这一点："能为可信，不能使人必信己。"（《荀子·非十二子》）不过，从信任关系的角度看，他人是否信任自己，固然无法由具有可信品格的个体自身所左右，但对可信的他人予以信任，则是个体可以决定的。在这里，同一个体处于双重位置：作为信任关系中的对象，他无法支配他人如何对待自己；作为信任关系中的主体，他则可以自主地决定如何对待他人。以理性意识为内在规定，信任不同于无根据的盲从，但在对象的可信品格已得到确证，从而可以有充分的根据予以信任的条件下，却依然拒绝信任，这种态度便走向了与盲从相对的另一极端。从伦理学上说，可信而不予以信，亦即缺乏对可信对象的信任感，这同样也是一种道德偏向。这种偏向不仅常常伴随着过强的怀疑意识，而且其片面发展，容易引向"宁我负人"的异化形态，从而既使人与人之间的日常沟通成为问题，也使社会领域中的信任关系难以建立。

  从更广的社会层面看，社会成员之间的互信，并不仅仅基于个体的德性和人格。韦伯在谈到信任问题时曾认为，中国传统的信任以血缘性共同体为基础，建立在个人关系或亲族关系之上，而新教背景中的信任则基于信仰、伦理共同体，后者超越了血缘性共同体，并在后来逐渐以理性的法律、契约制度为保障。① 韦伯对中国传统信任形式的具体判断是否确当，无疑可以讨论，但以上看法所涉及的信任与制度的联系，则值得注意。历史地看，儒家所说的"信"，事实上便与礼相联系，在仁、义、礼、智、信的观念中，即不难注意到这一点，而其中的礼则既表现为一种普遍的规范系统，又涉及政治、伦理的体制。在此意义上，广义之"信"已与体制相关联。近代以来，制度或体制在社会交往过程中的作用，得到了更多的关注。从现实的存在形态看，信任关系的建立固然有助于人们之间的沟通、协调、合作，并由此担保实践活动的有效和成功；但在某些情况下，失信也会给失信者带来益处，并使之趋向于作出相关选择，此类行为如果缺乏必要的制衡，将导致社会交往过程的无序化。在这里，公共领域中的制度便展现了其不可或缺的作用。以一定的程序和规范为形式，制度既为人的行为提供了引导，也对人的行为构成某种约束。就信任关系而言，通过契约、信用等制度的建立，失信便不再是无风险的行为，相反，失信者将为自己的行为付出沉重代价。在这方面，相关制度无疑展现了一定的惩戒和震慑作用。如果说，个体的人格和德性从内在的方面为社会信任关系的建立提供了某种担保，那么，公共领域的制度建设则在外在的方面构成了信任关系形成的现实根据；考察社会领域中的信任问题，需要同时关注以上两者的相互关联。

---

① 马克斯·韦伯.儒教与道教[M].王容芬，译.北京：商务印书馆，1995：289-296.

缺乏信用,信任是否可能

樊 浩

东南大学人文学院

当前中国社会同样存在诚信问题和相应的道德批评与文化期盼,从市场交换中的假冒伪劣到公共生活的"扶老人纠结",忧患和希望都指向诚信,并将诚信问题归之于道德信用缺失。然而,社会生活的现象学图景是:道德信用并没有立竿见影地如期而至,随着信用缺失的潘多拉之盒不断被揭开,人与人、人与社会之间的信任鸿沟却未得到及时弥补,整个社会出现信任的伦理警惕与伦理紧张。信用焦虑尚未缓解,信任困境已经生成,有必要追问:我们是否对"诚信"发生病理误诊和学理误读,是否找偏了解决问题的方向?

回答是肯定的,我们已陷入"诚信围城":理论上是"道德信用—伦理信任"败坏的因果链围城;实践上是"缺信用的个体—不信任的社会"的问题式围城。更令人担忧的是,诚信问题正逐渐蔓延为深刻的文化问题,产生"我们如何在一起"的文化信念和文化信心的动摇。"道德信用—伦理信任—文化信心"的问题轨迹的病变点在于对道德信用的过度焦虑和过度希冀,而对伦理信任的集体无意识生成了伦理理论盲区。突破围城,亟需完成一个问题辩证:如果缺乏信用,信任是否可能?

一、我们是否误诊了"诚信"

无论作为中国话语还是中国问题,"诚信"都逻辑和历史地包含两个结构、三个维度。一是"信"的结构,包括信用的道德维度和信任的伦理维度;二是"信"—"诚"关系结构及其形上维度。在现代话语中,"诚信"一般被解读为"诚实守信",即所谓"道德信用"。"信用"本是经济社会生活中"用信"或"'信'之'用'"的广义概念,一旦被内化为关于人行为的道德准则,便成为"道德信用",其核心要求包括"诚实"和"守信"。然而无论在语义构造还是发生学上,"诚信"之"信",不仅包括对自己"守信"的道德要求,也包括"信任"他人的伦理期待,即所谓"伦理信任"。伦理信任不

---

* 本文系江苏省"公民道德与社会风尚 2011 协同创新中心"和"道德发展高端智库"承担的全国哲学社会科学重大招标项目"现代伦理学诸理论形态研究"(项目号 10&ZD072)阶段性成果。

仅是由道德信用而导致的人与人之间伦理关系中的信任,而且是出于伦理信念的"伦理上的信任",最后体现在由信任而缔造的作为"可靠居留地"的伦理实体当中。"信用"的道德个体与"信任"的伦理实体,是"诚信"之"信"的一体两面。信任之"信"不仅是由诚实守信的道德信用而形成的伦理现实,而且是基于伦理实体如家庭、民族、国家的文化信念,就像宗教型文化基于上帝所生成的伦理信念一样。"信用"之"信"的道德准则,"信任"之"信"的伦理信念,构成"诚信"之"信"的道德与伦理双重结构,其共同根源是"诚"的形上基础和超越性动力,由此既造就"信用"的道德主体,也造就"信任"的伦理实体。因此,"诚实守信"的道德信用只是严格意义上或狭义的"诚信",广义或完整意义上的"诚信"还包括伦理信任。事实上,伦理信任并不是道德信用的自然结果,诚实守信可以导致伦理关系中的相互信任,但并不直接就是伦理信任的现实。因为任何信任都是对未发生行为的预期,因而必须以一定的伦理信念为基础,而道德信用总是对某些已经完成了的行为的价值赋予。信用指向个体道德,是完成时态;信任指向社会伦理,是未来时态。道德信用与伦理信任,构成"诚信"结构中道德与伦理、过去与未来的价值生态,其统一体就是"诚"的形上结构,而其中任何部分的缺场都将导致精神世界和生活世界的问题。由于道德信用之于伦理信任的基础地位,往往导致伦理信任在"诚信"诉求中被遮蔽或被冷落,而伦理信任缺场后,孤立的道德信用问题,无论在理论上还是现实中都将导致或加剧伦理信任的问题。"诚信"在问题指向和学理解读中被抽象为道德信用,其伦理维度和形上指向完全被遮蔽,究其缘由,在道德信用缺失的严峻情势之外,有两大认知根源,一是"去伦理"的道德主义的单向度"西方病"的中国移植,二是中国问题意识的不自觉,缺乏对伦理型文化密码的自觉解读。西方病遭遇文化失忆,生成诚信关切中的"无伦理",导致"诚信围城"中"道德信用—伦理信任"败坏的恶性循环。

　　破解围城,首先必须还原问题轨迹,寻找诚信困境的"中国问题式"。恩格斯曾说:"善恶观念从一个民族到另一个民族、从一个时代到另一个时代变更得这样厉害,以致它们常常是互相直接矛盾的。"[①]当今中国社会的诚信问题的演绎轨迹确实发生了深刻变化,最深刻的难题已经不只是道德信用,而是伦理信任;不仅是社会成员之间的信任,而且是诸社会群体之间的信任。可以说,当今中国社会已经到达一个重要时刻,不是在信任中凝聚,就是在不信任中涣散,推进全民互信已经成为当今中国社会最重要的课题之一。

　　有待论证的是,伦理信任是否属于"诚信"的问题域?它因何"伦理",与道德信用有何关联?当今中国社会普遍担忧的两大问题是分配不公与官员腐败。诚然,

---

① 马克思,恩格斯.马克思恩格斯文集:第9卷[M].北京:人民出版社,2009:98.

它们都是特殊历史时期的局部性问题,并正在不断改善,特别是在十八大以来变化明显。根据我们自 2007 年至 2016 年持续十年的抽样调查,对政府官员群体的道德满意度指数,从 2007 年的不满意(不满意率超过 70%),到 2013 年的"比较不满意"(2.33),再到 2016 年的"比较满意"(3.02),满意度不断提升,不满意度逐渐下降;与之相关,信任度也从 2013 年的"不太信任"(2.68)提升到 2016 年的"比较信任"(3.12);对社会成员的思想行为的影响力在诸群体中也从 2013 年的 37.3% 提升到 2016 年的 41.8%(注:包括第一、第二、第三影响力群体共三个选项的总和),其中第一影响力群体的首选率从 2013 年的 12.4% 提升到 2016 年的 14.4%。各项指标都发生明显改善,但是也必须看到,在诸群体的排序中,这些指标总体上还比较靠后,干部道德建设及其伦理信任的建构还任重道远。① 分配不公与官员腐败对伦理信任有何深刻影响?分配不公颠覆财富的合理性,官员腐败颠覆权力的合法性,它们肇始于经济和政治生活中的道德信用问题,然而最后颠覆的是现实世界中的伦理存在和伦理信任。分配不公与官员腐败是世界现象,然而使之成为深刻"中国问题"的是另一个特殊条件:中国文化不仅在传统上,而且在现代依然是伦理型文化。② 伦理型文化的精髓是以伦理为终极价值和终极归责,经济上的两极分化演化为伦理上的两极分化,是伦理型文化规律的否定性折射。因此,如果缺乏信任的伦理信念和伦理素质,那么任何对失信道德现象解决的过程包括强势反腐中对贪官的惩治和对分配不公问题的揭示,都无异于为不信任提供根据,进而加剧信任的伦理紧张。

　　问题轨迹显示,我们正陷入某种不健全的"诚信"问题意识之中。一方面,单向度对待"信",只有道德信用的问题意识,伦理信任的问题意识缺场,导致信用焦虑中信任问题蔓延;另一方面,"诚"的形而上学终结,使道德信用与伦理信任缺乏共同的精神家园和信念支持,在问题焦虑中动摇文化信心。"围城"的困境,首先在于道德信用与伦理信任之间的不良循环,根源则是对两者之间抽象因果关系的误读。诚信问题,病灶在道德信用,病变在伦理信任,最后伤害的是文化信念和文化信心。走出诚信围城,必须回归对"中国问题"的文化自觉。当今中国社会的诚信问题呈现伦理型文化的轨迹,伦理型文化的精髓是道德—伦理—文化三位一体、以伦理为核心,其中道德问题演化为伦理问题,进而演化为文化问题。为此,必须革新现有的"诚信"问题意识,建立针对伦理型文化的问题意识,其要义有三:第一,突破道德信用—伦理信任的抽象因果链,中断"缺信用的个体—不信任的社会"的恶性循环;第二,走出抽象道德信用的问题误区,建立"道德信用—伦理信任—文化信念"三位一

---

① 以上信息均来自笔者主持的 2007、2013、2016 年三次对江苏省抽样调查的数据。
② 参见:樊浩.伦理道德现代转型的文化轨迹及其精神图像[J].哲学研究,2015(1).

体的问题意识;第三,建立"伦理信任"的问题意识,以其为突破口走出"诚信围城"。

针对伦理型文化的问题意识,关乎"诚信"问题的中国形态,其中"伦理意识"是关键。中国文化是"伦理型文化",并不意味着否定道德的重大价值,而是突显伦理在中国文化中的中枢意义。在道德—伦理—文化的文明生态中,伦理或伦理实体的建构既是道德的目的,也是其结果;更重要的是,伦理将转化为文化,形成以伦理为价值本位和精神气质的文化。因之,将"信用"与"信任"分别解读为"诚信"之"信"的道德和伦理的两个维度,旨在突显"诚实守信"的道德信用的伦理意义,但不意味着伦理信任是外在于道德信用的另一个结构,更不意味着可以脱离"道德"而建立所谓"伦理"。"伦理信任"的话语意义在于指证"信任"的伦理本性和伦理追求,以及它之于"道德信用"的不同意义,而不是对伦理的道德内涵和伦理信任的道德信用基础的否定。

二、"诚信"话语的伦理型文化密码

在当今中国的"诚信"关切中,为何伦理信任问题始终缺场,而道德信用却独负不能承受的文化之重,到底因为伦理信任不是"中国问题",还是出现病理误诊和学理误读?也许,对伦理型文化的解码有助于揭开"诚信"话语的"中国问题式"。

"诚信"是何种"中国话语"?传统上最有表达力的诠释来自许慎的《说文解字》:"信,诚也。从人从言,会意。"然而,知识考古可发现,"诚信"话语形态在东汉以前曾经历四期发展,展现出"人神关系的宗教伦理—君民关系的政治伦理—朋友关系的社会伦理—'诚—信'关系的道德形而上学"问题史,以及"信于神—信于民—信于人—信于'诚'"的精神源流,然而,以道德信用为问题、伦理信任为主题的伦理道德一体的传统在整个问题史和精神源流中一以贯之。"信"的观念最初起源于宗教祭祀。《左传·桓公六年》曰:"所谓道,忠于民而信于神也。上思利民,忠也;祝史正辞,信也。""忠信"分别指君民关系和人神关系,"信"是神对人的信任,其针对"祝史""矫举以祭"而提出的"正辞"。商周之际,人文意识觉醒,"信"由神向人、由宗教向政治转型,《尚书》中大量关于"信"的言语,都发端于商周统治者对于夏末、殷末政治因无"信"而失天下的反思,问题意识同时指向君对民的信用和民对君的信任双重维度。春秋时代,"信"的话语由政治走向社会,成为日常生活中伦理与道德的基本原则。《论语》中"信"字出现38次,典型表述有两处。一是子贡问政时孔子那段教诲:"足食、足兵、民信之矣。""民无信不立。"(《论语·颜渊》)这段话的主题是"为政",所"立"者不是"民"而是"政",因而无论"民信"还是"民无信",内涵都不是民之道德信用,而是民对为政者的伦理信任。另一段是曾子的"日三省吾身":"与人谋而不忠乎?与朋友交而不信乎?传不习乎?"(《论语·学而》)与《左传》和《尚书》时代相比,这里"信"的主体发生重大变化,成为"与朋友交"的伦理道德准则,孔子"与朋友交,言而有信。"(《论语·学而》)孟子"朋友有信"都指向"朋友"关系,表明"信"已经走向日常生活,从宗教伦理、政治伦理扩展为社会伦理。"信"的真谛是什么?"信则人任焉"(《论语·阳货》),孔子以"任"说"信",以"任"劝"信",由是"信"与"任"便直接关联而成所谓"信任"。不过,在"信—任"逻辑中,"任"或"人任"是"信"的结果,"信"是"任"的条件,道德信用是前提,伦理信任是价值。

"信"的巨大飞跃,是与"诚"合一达到所谓"诚信",这不仅使"信"获得形上根据,而且使其摆脱信用与信任的分离,由生活经验上升为文化信念,达到伦理与道德统一的精神家园。在中国哲学话语中,"诚"是本体论概念,"诚者,天之道也。诚之者,人之道也。"(《孟子·离娄上》)"诚"与"信"的关系,是"诚"与"诚之"的关系,"信"是追求和实现"诚"的工夫,所以《中庸》说君子诚之为贵"。"诚"是"信"的终极根据和动力,在这个意义上,"诚信"也可解读为"信诚",即对包括人在内的万物之"诚"的信念和信心。由此,不仅可以理解许慎所谓"信,诚也",也可以理解"五常"为何是在孟子的仁义礼智四善端之后加一"信"德。"信"是对四善端"反身而诚,乐莫大焉"的信念和信心。现代话语将"诚信"简单归结于"信",取消"诚"的形上结构,于是"信"便失去"诚"的终极根据和终极推动,使"诚信"停滞于信用的道德单向度,难以在伦理道德互动中建构"信"的文化信念和信心,而这在一定意义上是现实生活中诚信难以得到落实的理论根源。

信用与信任统一和"诚"的精神家园,是"诚信"的两个不可或缺的哲学构造。信用与信任,是问题与主题、道德与伦理的关系,一旦信任的主题缺场,关于信用问题的不断揭露无异于打开潘多拉之盒,徒使社会陷于信用问题的道德焦虑,而建构信用的任何努力,也终将因缺乏价值动力而流于空洞的道德呐喊或自我修炼的"优美灵魂"。"诚信"具有伦理型文化的"中国胎记"。其一,在世俗世界中,诚信始于政治伦理,预示了政治诚信对社会诚信的范导意义,由此可以部分解释官员腐败和分配不公这些世界性现象为何在中国产生特别严重的文化后果。其二,"诚信"的话语重心为何总是偏于道德信用,而非伦理信任?"克己""求诸己"所生成的"诚信"的伦理型文化气质的经典表达,是荀子所说"耻不信,不耻不见信"。(《荀子·非十二子》)也许正是"不耻不见信"的取向遮蔽了"诚信"中伦理信任诉求,使其成为"诚信"的现代演绎中最容易被冷落的部分。其三,"诚信"作为中国文化智慧,最重要的是"诚—信"的本体论与价值论合一,在"诚"的精神家园中,为道德信用和伦理信任的统一提供具有终极意义的价值推动和信念基础。

三、走出"诚信围城"

"诚信"具有何种"中国意义"?两千多年前的管子一言洞明:"诚信者,天下之结也。"(《管子·枢言》)当今中国,如何解开这个"天下之结"?一言概之,以伦理信任走出"诚信围城"。

社会学家发现,没有信任,那些被认为理所当然的日常生活将完全没有可能,在充满偶然性、不确定性的全球化背景下,信任已经成为一个非常紧迫的中心问题。① 信任是诸多前沿性"中国问题"的"伦理之结"。在经济领域,美国社会学家福山断言,世界范围内华人企业之所以走不出"富不过三代"的诅咒,就是因为"华人有一个强烈的倾向,只信赖和自己有关系的人,对家族以外的其他人则极不信任"②。因而很难建立现代企业制度和现代经济生活。在政治领域,困扰中国社会的腐败问题本质上是信任缺失的"功能替代"。波兰社会学家什托姆普卡指出,信任是社会生活的基本条件,信任缺失会产生许多功能替代品,腐败就是典型的"功能替代",其实质是借助利益输送达到对他人行为的控制,以确保"受到有利的或优先的对待"③。在社会领域,信任问题可能由最初因某些人的道德信用问题而产生的人际不信任,积累积聚为对这些人所承载的社会角色及其所属社会群体的不信任,进而扩散为对相关社会机构及其运作程序即社会制度的不信任,最后是对社会产品和整个社会秩序的不信任,由此便生成伦理实体内部的文化信念和文化信心问题,于是整个社会陷入信任问题的"塔西佗陷阱"。既然信任是社会生活的必需品,信任诉求便从共同体内部转向外部,然而,"与对当地的对象的不信任相反,这种对外部对象的信任经常是盲目的和理想化的"④。在全球化背景下,这种"外部化"很可能演化为国家意识形态安全问题。

经济发展、腐败根治、文化信心、意识形态安全,诸多"中国问题"都系于"信任"这个"伦理之结"。难点在于,在道德信用不充分的条件下,伦理信任是否应当和可能?换言之,伦理信任是否只能期待道德信用的完成?

这似乎是一个有违常识的伪问题,在日常经验中,没有信用而信任,无异重演"农夫和蛇"的悲剧。然而熟知未必真知,信用与信任之间的因果性只在某些完成了的个别行为或抽象演绎中具有真理性。信用赢得信任,失信颠覆信任,这种生活经验很容易将信用—信任化归为因果关系,将诚信引入实践理性与价值理性的二律背反之中:一方面,如果没有信用,信任便有风险;另一方面,如果等待信用,信任便不可能。信用是道德,道德是一个永远有待完成的任务,其"应然"亦即不断的"未然",它的完成也就是它的终结。也许在某些特定行为中信用可以完成,但对整个社会乃至人的全部生活而言,信用永远有待完成而又总是期待完成。信用与信

---

① 彼得·什托姆普卡.信任:一种社会学理论[M].程胜利,译.北京:中华书局,2005:"前言"1—2.
② 弗兰西斯·福山.信任——社会道德与繁荣的创造[M].李宛蓉,译.呼和浩特:远方出版社,1998:96.
③ 彼得·什托姆普卡.信任:一种社会学理论[M].程胜利,译.北京:中华书局,2005:156.
④ 彼得·什托姆普卡.信任:一种社会学理论[M].程胜利,译.北京:中华书局,2005:156.

任不是线性因果,而是道德与伦理的辩证互动关系。信任是一种独立的文明品质或西方学者所说的"文明的资格",本质上是对待世界的伦理态度和伦理关系,其三大伦理气质使其不仅可能,而且必须相对独立于道德信用。

第一,"信"的风险本性。信任总是与风险同在,什托姆普卡用"赌博"一词将信任所直面的风险揭示得淋漓尽致:"信任就是相信他人未来的可能行动的赌博。"信任不是对既有行动的评价,而是对未来行动的推测,包含主体对自己推测的信心和他人接受信任的承诺。尽管面临风险,但信任却绝对必要,因为"显示信任就是参与未来"①,没有信任就不能参与未来,在信任中风险与魅惑同在。每一种文化都会为这种充满魅惑的风险行为提供终极信念,在宗教型文化中是上帝或佛祖,在伦理型的中国文化中是基于人伦神圣和人性本善的"诚"的信念。所以,信任问题总是与关乎终极信念的文化问题相伴随。正如马克思所说:"我们现在假定人就是人,而人对世界的关系是一种人的关系,那么你就只能用爱来交换爱,只能用信任来交换信任,等等。"②

第二,"任"的自由性格。信任中内在一种潜隐而强大的推动力,这就是对自由的追求。"信用"的精髓是因"信"而"用","信任"的精髓是由"信"而"任"。"任"的哲学真义是自由,既是孔子所说的"信则人任之"的世俗理性中的信任主体的自由,意味着主体由对所"信"者的"任"而获得伦理解放,也是信任客体由被主体所"信"而获得的行为和精神自由。信任是在现实社会关系中的伦理自由。这种自由不仅属于信任的客体,而且属于信任的主体,低信任度的个体或社会总是处于高度的伦理紧张之中,难以获得真正的自由。

第三,"信—任"的人格冲动。信任是一种个体人格品质,因其伦理本性必定扩展为一种社会人格,而具有诉求实体性自由的人格冲动。在中国文化中,这种人格冲动在世俗世界的家庭血缘关系中得到哺育,在成功的社会化如所谓"忠恕之道"和成功的社会经验中得到扩展和激励,在超越世界的信仰中实现终极关怀。信任关涉信任者和被信任者背后的社会角色和社会群体,于是信任便由关系、人格延展为文化,缔造"灵长类生物的可靠居留地"的"在一起"的信任文化。

综上,"诚信"遵循伦理型文化的规律;道德信用的单向度将陷入"缺信用的个体—不信任的社会"的恶性循环;走出"诚信围城",必须信用与信任并举,在伦理道德的一体互动中开启信任的伦理之旅。伦理信任决不意味着对失信之人滥施信任,而是唤醒一种哲学觉悟:社会无法期待信用完成之后再开始信任,当今中国,伦理信任不仅亟需,而且可能。然而,在当下道德信用条件不充分甚至道德信用问题

---

① 彼得·什托姆普卡.信任:一种社会学理论[M].程胜利,译.北京:中华书局,2005:33.
② 马克思,恩格斯.马克思恩格斯全集:第3卷[M].北京:人民出版社,2002:364.

依然严峻的背景下,伦理信任到底如何可能?也许,三方面的努力可能形成通向伦理信任的破冰之旅:伦理信任的问题意识与问题意识的自觉;伦理信任的社会信心的积累;以捍卫伦理存在攻克伦理信任的核心难题。

伦理信任的破冰点在哪里?千里之行的第一步是问题意识中的文化自觉,核心目标是道德信用问题意识中伦理信任的文化信念复苏。为此,必须建立"道德信用—伦理信任"一体的"诚信"问题意识,缓解道德信用焦虑中伦理信任的社会性紧张,警惕单向度道德信用的"诚信"问题对信任的伦理信念的颠覆性解构。对伦理信任的颠覆,就是对作为"人类持久生存居留地"的"可靠性"的颠覆;对信任的伦理信念的呵护,就是对伦理实体安全性的呵护。道德信用是任何社会的稀缺品,中国社会太长时期陷于道德信用的深度焦虑之中,当下必须在信用焦虑中复苏和呵护信任的伦理信念;虽然面临道德信用问题,但仍然坚守信任的伦理信念,这才是社会的文明品质和"文明资格"。

信任的伦理积累尤其是伦理信心的积累,是当今中国社会最亟需的社会资本积累,是伦理信任在现实社会生活中的起步点。不可否认,在道德信用缺失的背景下,伦理信任可能遭遇风险,然而信任又不可或缺,实现"道德信用—伦理信任"的良性循环,迫切需要在全社会积累信任的伦理信心。为了使信任的伦理信心在社会生活中获得文化上的原始积累,也为了使伦理信任得到社会性的响应和积聚,伦理信任的培育可以从那些风险度较低的信任行为起步。比如城市生活中的"微笑行动"、公共空间中"与陌生人打招呼",以此消除共同生活中因信任缺失而产生的伦理屏障。无论在心理学还是伦理学上,微笑传递的都是彼此间的自然信任,是"在一起"的情绪黏合剂,微笑指数相当程度上表征社会的信任程度。微笑与打招呼是风险度最低的伦理行为,然而它却是一个社会伦理信任的自然表达和社会伦理温度的自然显示。这种伦理信任的社会表情,作为其在现实中的破冰点,可以是积累伦理信任的社会信心的足下之行。

保卫生活世界中的伦理存在是建构伦理信任的根本途径。伦理信任本质上是对伦理存在的信任。生活世界中的伦理存在有两种现实形态,一是权力公共性,二是财富普遍性,二者构成伦理信任的政治经济基础。在这个意义上,根治官员腐败,消除分配不公,就是保卫社会的伦理存在。习近平多次强调,必须以根治腐败"取信于民"。打断"道德信用—伦理信任—文化信心"的锁链,杜绝"不道德的个体—不信任的社会"的恶性循环,最终必须从源头上解决问题,铲除官员腐败与分配不公的信用问题的道德病毒和信任问题的伦理病灶,由此才能真正赋予伦理信任以现实基础。

问题意识自觉——伦理信心积累——捍卫伦理存在,也许,这就是当今中国社会开启伦理信任的文化之旅。面对信用焦虑中被遮蔽并日益深刻的信任问题,我们别无选择,只能在道德信用的不断推进中学会伦理信任,发展伦理信任,因为,学会信任,就是"学会在一起",就是获得"文明的资格"。也许,这是时代赋予我们的特殊使命。

伦理信任与价值规范基础的转换*

贺 来

吉林大学哲学社会学院

"伦理信任困境"是典型的现代性症状,它并非局部的、表层的危机,而是暴露了人的自我理解以及由这种自我理解所引导的人的生存和生活方式的内在缺陷和深层困境。就此而言,伦理信任困境不仅对于我们的现实社会生活构成了严峻挑战,而且提出了要求哲学对其价值规范基础做出回应的重大课题。在根本的意义上,哲学是一种以反思的方式表达对人的存在性质、生存意义和生活价值的自觉理解的特有意识形式,或者说,哲学是人的自我理解、自我意识和自我升华的特有理论形式。哲学的这种理论本性,决定了对于人类生存和生活的价值规范基础进行设定,构成了哲学的核心内容之一。伦理信任困境要求哲学对其所承诺的价值规范基础进行批判性、前提性的反思,并通过这种反思,调整和重建哲学的价值规范基础,从而为引导人们超越伦理信任困境提供切实的思想引导。

一、伦理信任困境与哲学价值规范基础的危机

"个人主体性"被确立为哲学核心性的价值规范基础,是现代哲学的重要标志。从传统社会向现代社会的转型,使得宗教作为规范人类生活的绝对的一体化力量走向式微,人们需要寻求宗教的替代物,为人的生存确立新的价值支点,"个人主体性"正是作为这样的替代物而被凸显出来。按照黑格尔的说法,对现代社会本质性的价值原则和理念进行自觉反思和揭示,是现代哲学的重大使命,这种自觉最终被凝聚为一个基本观念:"现代世界是以主观性的自由为其原则的,这就是说,存在于精神整体中的一切本质的方面,都在发展过程中达到它们的权利。"[①]这一价值原则和理念在笛卡尔抽象的主体性和康德的绝对的自我意识概念中得到了集中的表达,其核心内容就是把主观意识的"自我"实体化为"主体",强调自我意识的同一

---

* 本文为国家社科基金重大项目"唯物辩证法的重大基础和理论问题研究"(项目编号16ZDA242)阶段性成果。

① 黑格尔.法哲学原理[M].范扬,张企泰,译.北京:商务印书馆,1961:291.

性是保证其他一切存在者存在的最终根据。费尔巴哈曾言:"近代哲学的发展任务,是将上帝现实化和人化,就是说,将上帝转变为人本学,将神学溶解为人本学"①,"个人主体性"正是上帝"现实化和人化"的集中体现,它欲取代上帝曾承担作为人类生活价值根据的地位,成为现代人和现代社会的价值规范源泉。

  现代哲学把"个人主体性"奠定为人类生活的价值规范基础,内在地蕴含着它对于现代社会伦理精神的基本设定。它承诺:在人与人的伦理关系中,个人主体成为伦理价值的最基本的单元和实体,成为判断伦理价值最终的依据和标准。它赋予了个人主体在伦理价值上的至高的地位,拥有伦理价值上的终极裁判权。这种伦理精神,正如黑格尔所言:"个人主观地规定为自由的权利,只有在个人属于伦理性的现实时,才能得到实现,因此只有在这种客观性中,个人对自己自由的确信才具有真理性,也只有在伦理中个人才实际上占有他本身的实质和他内在的普遍性"②,"个人"成为"伦理性的现实",这一点构成了现代伦理精神的核心。

  这种伦理精神在现代人和现代社会最直接、最现实的生活现实即市民社会中得到了最深刻的体现。在哲学史上,黑格尔是从哲学角度对市民社会的本质进行较早揭示的思想家,他从精神辩证法的立场出发,认为市民社会本质上是现代社会的"伦理实体",其根本特点在于"各个成员作为独立的单个人的联合,因而也就是在形式普遍性中的联合,这种联合是通过成员的需要,通过保障人身和财产的法律制度,和通过维护他们特殊利益和公共利益的外部秩序而建立起来的"③。这即是说,市民社会中人们之间的伦理关系,是以"独立的单个人"的"形式性的联合"为根本内容的。这里所谓"独立的单个人",不是别的,正是构成新古典经济学基石的"经济人",它把人视为"理性追求最大效益的个体",假定"人类在本质上是理性但自私的个体,随时都在追求自己的物质利益……主张狭隘的私人利益是一种美德,他们相信,容许个体透过市场追求私利,最后对社会整体大有好处"。④ 以此为根据形成的人与人的"联合"必然具有外在的、形式性的性质,这集中表现在:一个"经济人"之所以和另一个"经济人"进行联合,最终目的是以后者为手段和工具,获得自身最大的利益。马克思批评黑格尔的整个法哲学,包括他对市民社会和国家的分析是"把观念当作主体"⑤,颠倒了主词与谓词、观念与现实生活的观念之间的关系。马克思从现实生活出发,克服了黑格尔关于市民社会分析的抽象性并吸取了其

---

  ① 费尔巴哈.费尔巴哈哲学著作选集:上卷[M].荣震华,李金山,等译.北京:商务印书馆,1984:122.
  ② 黑格尔.法哲学原理[M].范扬,张企泰,译.北京:商务印书馆,1961:172.
  ③ 黑格尔.法哲学原理[M].范扬,张企泰,译.北京:商务印书馆,1961:174.
  ④ 参见:弗兰西斯·福山.信任——社会道德与繁荣的创造[M].李宛蓉,译.呼和浩特:远方出版社,1998:26—27.
  ⑤ 马克思恩格斯全集:第3卷[M].北京:人民出版社,2002:14.

合理性。他同时指出:"实际需要、利己主义是市民社会的原则"。① 这充分说明:在上述条件下,人与人之间的伦理信任赖以存在的社会生活土壤存在着深刻的病灶。

可以看到,伦理信任危机从一个重要方面显现了价值基础的危机。现代哲学把个人主体性确立为自身的价值规范基础,在本质上是上述市民社会所代表的伦理精神的理性映照。因此,在哲学的层面上深刻反思现代哲学价值规范基础的设定所包含的内在缺失和弊端,在新的思想视域中重新寻求和建构哲学的价值规范基础,是克服并超越伦理信任危机的重要思想前提。

二、哲学价值规范基础的转换与新型伦理关系的自觉

在此问题上,马克思哲学为我们提供了十分重要的思想指引。在《关于费尔巴哈的提纲》中,马克思明确说道:"旧唯物主义的立脚点是市民社会,新唯物主义的立脚点则是人类社会或社会的人类。"②"立脚点"意味着"起点"和"归宿",意味着对于哲学的逻辑基石和价值支点的充分自觉,因而是对哲学价值规范基础的深刻表述。正是在这里,包含着认识伦理信任危机的根源以及回答伦理信任何以可能等重大问题的深层思想根据,并因此彰显着一种使伦理信任真正成为可能的新型伦理关系。

马克思把旧唯物主义的立足点定位于市民社会,表明他对于市民社会所导致的人与人关系的内在分裂和冲突以及由此所引发的伦理信任危机有着深刻的认识。马克思深刻地指出,市民社会的精神在深层上讲是资本主义生产关系的反映和体现,是一种充满着对立和冲突的精神,它所遵循的是"对象化"的二元对立的逻辑和原则:市民社会"扯断人的一切类联系,代之以利己主义和自私自利的需要,使人的世界分解为原子式的相互敌对的个人的世界"③。这种"对象化的逻辑"体现在人与他人、人与世界关系的各个方面,导致了个人与他人、人与自然、主观与客观等之间的一系列深层对立:它不是"建立在人与人相结合的基础上,而是相反,建立在人与人相分隔的基础上"④。在此意义上,"市民社会"一方面为个人的主体性的充分发挥提供了舞台,但另一方面又必然导致不同的"个人主体"之间的冲突与分裂。以此为前提,所谓"信任",实质上不过是对"资产阶级的信任,即对企业家的活动、对资本产生利润的能力以及对实业家的支付能力的信任,对商业的信任",很显然,这种"信任"所体现的不是真正的伦理信任关系,而只是金钱关系意义上的"信用"。⑤

---

① 马克思恩格斯文集:第1卷[M].北京:人民出版社,2009:52.
② 马克思恩格斯选集:第1卷[M].北京:人民出版社,2012:136.
③ 马克思恩格斯文集:第1卷[M].北京:人民出版社,2009:54.
④ 马克思恩格斯文集:第1卷[M].北京:人民出版社,2009:41.
⑤ 参见:马克思恩格斯全集:第6卷[M].北京:人民出版社,1961:136.

马克思把新哲学的立足点确立为"人类社会或社会的人类",则表达了他重建哲学的价值规范基础的创新性理解,这一理解为克服伦理信任危机、重建人与人之间的伦理信任关系提供了坚实的根据。

马克思把"人类社会"或"社会的人类"确立为新哲学的立足点,发人深省之处在于,他为什么要把"人类社会"与"社会的人类"并置,认为二者具有等同的理论内涵和意义呢?按照通常的理解,"人类社会"所指的是某种社会样态,而"社会的人类"所指的是具有某种特定性质的人的存在,前者关键词是"社会",后者关键词是"人类",二者各有不同的侧重和主词,可为何在这一表述中,二者被置于并列的地位并被特别的强调?

马克思对二者的并置,并非偶然的举动,而是体现着他关于人的理解原则的变革性观点。在马克思看来,"人类"与"社会"在本质上具有内在的相通性和统一性:"人类"在根本上就是"社会性"的,而"社会"在根本上就是"属人"的,离开"社会"理解"人的存在"或离开"人"理解"社会存在",都必然使二者陷入抽象化,二者乃是一而二、二而一的内在统一关系。"社会"并不是脱离人而存在的抽象实体,而就是"处于社会关系中的人本身"[1],"人"同样不是脱离社会而存在的孤立的"原子",而是"社会关系的总和"[2],因此,"人类社会"或"社会的人类"作为新哲学的价值规范基础,意味着彻底扬弃以孤立的"个人主体性"作为价值的基本分析单位,要求从人与他人的相互依存关系中,重新理解人的存在本身,从而重塑人的自我理解和自我意识。

具体而言,"人类社会"或"社会的人类"作为哲学的崭新立足点,要求在存在论和价值论的双重层面上实现对人的理解方式的根本转换。在存在论层面上,它要彻底消解"原子式"的、孤立的"个人主体"所具有的实体地位,取而代之以"个人是社会存在物""人是……只有在社会中才能独立的动物"[3]的基本观点。把"个人"视为彼此分裂的、与他人和社会完全对立的单子,这是现代市民社会以"以物的依赖性"为前提所造成的对人的抽象化和片面化理解。与之相反,"现实的个人"则要求克服个人与社会的彼此对立,从个人与社会的内在统一中把握人的存在。在价值论层面上,它要祛除孤立的"个人主体"的价值实体地位,强调从人与他人社会关系的角度理解价值的本质,它认为人的价值不可能通过与他人对立和分裂的"孤独"的个人而得以实现,事实上,"我从自身所做出的东西,是我从自身为社会做出的,并且意识到我自己是社会存在物"[4],因此,只有在与他人的社会性的统一性关

---

[1] 马克思恩格斯文集:第8卷[M].北京:人民出版社,2009:204.
[2] 马克思恩格斯文集:第1卷[M].北京:人民出版社,2009:135.
[3] 马克思恩格斯选集:第2卷[M].北京:人民出版社,2012:684.
[4] 马克思恩格斯文集:第1卷[M].北京:人民出版社,2009:188.

系中,建立在"个人全面发展和他们共同的、社会的生产能力成为从属于他们的社会财富这一基础"①之上,人的"自由个性"才能真正得以实现。

这一哲学价值规范基础的重大转换,意味着理解和分析价值的理论框架发生了根本性的变化,彰显着一种与市民社会有着根本不同的新型伦理关系。以此为出发点,人与人的伦理信任将获得坚实的思想根基。

三、"人类社会"或"社会的人类"与伦理信任的坚实根基

哲学价值规范基础的重大转换,在深层所反映和体现的是社会物质生产关系和交往关系的重大转换,它意味着对资本主义经济基础和生产关系所造成的人与人关系的扭曲与抽象化的扬弃和超越,意味着一种新型的社会生产关系和交往关系的生成。对此,马克思说道:"代替那存在着阶级和阶级对立的资产阶级旧社会的,将是这样一个联合体,在那里,每个人的自由发展是一切人的自由发展的条件"②,"自由人联合体"既超越了前现代社会的抽象"共同体",也取代了现代资本主义生产关系所造就的抽象的"个人",以及由此所形成的人与人之间关系的外在对立。正是这一物质生产关系和交往关系的重大转换,为"伦理信任"奠定了最为牢固的现实基础。

这种新型的社会生产关系从根本上否定了以抽象的"个人主体性"作为价值分析和理解基本单位的合理性,内在地要求把人与他人的相互依存关系作为价值理解和分析的基本出发点。

把人与他人的相互依存关系作为价值理解和分析的基本出发点,这是"人类社会"或"社会的人类"这一新哲学的价值规范基础的题中应有之义。它意味着人们在理解自由、尊严、幸福、自我实现等人所追求的一切价值时,都必须把与他人的相互依存关系视为其成为可能的基本条件:真正的自由不是"孤立的、退居于自身的单子的自由"③,而是"社会化的人,联合起来的生产者,将合理地调节他们和自然之间的物质变换,把它置于他们的共同控制之下,而不让它作为一种盲目的力量来统治自己"④,这即是说,人的自由必须以与他人的社会性的结合为条件;人的尊严、幸福和自我实现等也不是个人自给自足的产物,因为个人的"生命表现,即使不采取共同的、同他人一起完成的生命表现这种直接形式,也是社会生活的表现和确证。人的个体生活和类生活不是各不相同的,尽管个体生活的存在方式是——必然是——类生活的较为特殊的或者较为普遍的方式,而类生活是较为特殊的或者

---

① 马克思恩格斯文集:第8卷[M].北京:人民出版社,2009:52.
② 马克思恩格斯文集:第1卷[M].北京:人民出版社,2009:422.
③ 马克思恩格斯文集:第3卷[M].北京:人民出版社,2002:183.
④ 马克思恩格斯文集:第7卷[M].北京:人民出版社,2009:928.

较为普遍的个体生活"①。这即是说,只有在与他人的相互依存关系中,人的尊严、幸福和自我实现等才能得到表现和确证。可见,以人与他人的相互依存关系为价值理解和分析的基本出发点,个人主体性不再具有现代哲学所赋予的作为价值承担者的"本体论地位",相反,人与人的相互依存关系获得了对于人的生活价值的规范性力量。

随着上述价值理解和分析基本出发点的转换,人与人之间的伦理信任被确立起坚实的思想根基而获得了内在的确定性。马克思这样论述道:"我们现在假定人就是人,而人对世界的关系是一种人的关系,那么你就只能用爱来交换爱,只能用信任来交换信任。"②在此,马克思明确把人与人的信任提升到了人与世界的"人的关系"的高度。这里所谓"人的关系",即是超越以个人主体为实体所导致的把人作为手段和工具的人与人相互隔离和对立的关系,并以"人类社会"或"社会的人类"为基础而形成的人与人的相互依存关系,它取代了"个人主体",把人与人的交互作用生成的社会生活把握为更为真实的伦理实体。以此为前提,"信任"成了这种"人的关系"的题中固有之义,或者说就成为这种"人的关系"的内在要求和"绝对命令"。在此,伦理信任困境最根本的障碍,即自我中心主义的"个人主体性"以及把他人视为虚无的思维方式和价值观念完全失去了存在的空间和合法性,人与人之间的伦理信任成为合乎人性的生存方式不可缺少的重要维度。

可见,价值规范基础的转换,在根本上消除了伦理信任困境的深层思想根源,并为人与人之间真实的伦理信任奠定了坚实的思想基础。在此方面,马克思哲学为我们提供了重要的思想资源并开启了深具启示性意义的理论视野。

把"社会的人类"或"人类社会"确立为新哲学的价值规范基础,从人与他人的相互依存关系出发,为伦理信任确立思想根基,马克思所开启的这一理论视野既与哲学史上许多伟大哲学家有着深层的一致性,也昭示着当代哲学发展的重要方向。中国儒家哲学把"信"视为"五伦"之一,而"信"作为一种伦理价值之所以成为可能,其深层根据就在于儒家哲学不是把孤立的个人作为价值考量和分析的基本出发点,而总是从人与他人相互依存关系中理解人的真实存在,"信"于是才成为"人之为人"的、对每个人具有规范力量的伦理要求。古希腊哲人亚里士多德认为"人类自然是趋向城邦生活的动物"③,正是基于这种对人的社会性存在的自觉认识,亚里士多德才把友谊、爱、信任等看成是在维持社会生活共同体、人们之间共享和合作过程中生成的。无疑,无论是中国儒家哲学还是亚里士多德哲学,虽然它们与马

---

① 马克思恩格斯文集:第1卷[M].北京:人民出版社,2009:188.
② 马克思恩格斯文集:第1卷[M].北京:人民出版社,2009:247.
③ 亚里士多德.政治学[M].吴寿彭,译.北京:商务印书馆,2009:7.

克思的"人类社会"或"社会的人类"的理论视野有着重大的区别,但在从人与他人的相互依存关系所形成的社会生活出发,寻求伦理信任的真实基础这一点上,有着深层的相通之处。从当代西方哲学的发展来看,深入反思"个人主体性"这一现代哲学价值规范性基础的理论与现实困境,扬弃其抽象性,已成为当代西方哲学的重大主题和重要趋向。通过消解现代哲学抽象"个人主体性"的实体地位,凸显人与他人的相互依存维度,从而重新寻求和奠定哲学的价值规范基础,为回应当代人类文明和现实生活的重大挑战寻求思想方案。本文所讨论的伦理信任危机正是这种挑战之一,因而对它的切实理解和克服,有待于哲学新的价值规范基础所蕴含的思想视域的展开。

  与上述当代西方哲学家的重大不同之处在于,马克思更为深刻地认识到,要实现价值规范基础的切实转换,不能仅停留于纯粹观念层面,而必须通过现实的实践活动,"实际地反对并改变现存事物",通过对"市民社会"及其所代表的社会生产关系的切实改造和超越,历史地生成"人类社会"或"社会的人类"所代表的新型社会生产关系,只有这样,才能为彻底消除伦理信任危机,建立人与人真实的伦理信任关系奠定坚实的生活世界根基。今天我们所进行的中国特色社会主义实践,一个重要任务正是要按照马克思为我们启示的方向,在现实生活中,消解那种造成人与人抽象对立的因素,积极推动和创造这种新型的社会生产关系,在此方面,我们已经取得了重大成就。我们相信,随着这种新型社会关系的不断生成,伦理信任将生根为我们社会生活的内在价值,并成为中国人有尊严的幸福生活的重要推动力量。

现代社会信任问题的伦理回应[*]

王 珏

东南大学人文学院

信任就其本质而言,是信任方与被信任方之间的一种伦理结构关系,存在于信任双方"托付—回报"动态反馈形成的"信任链"之中。社会急速转型带来社会结构的巨大变化,建立在熟人社会基础之上的传统信任传递机制不能满足现代社会的需要,社会"信任链"断裂,最终导致社会信任问题。现代社会信任建立在陌生人社会基础之上,并与现代性制度相连,其信任传递取决于个人的道德品质及其对组织、系统的伦理信赖。当前中国社会信任问题源于转型社会中信任传递机制也即社会"信任链"的断裂,组织伦理建设是重建社会"信任链"、构建系统信任的关键。

一、信任问题的类型及其实质

目前学术界对社会信任的类型划分大抵以二分方式进行:传统社会的特殊信任和现代社会的普遍信任、熟人社会的信任和陌生人社会的信任、人格特征基础的人际信任和抽象系统的制度信任等。尽管这些划分各有侧重,但都是从传统和现代的视角进行分类。本文综合上述分类,依据历史唯物主义,从人们赖以生存的社会基础出发,以较能体现传统社会特征的人际信任和较好表达现代社会特征的制度信任作为二分框架,对中国社会当下的信任问题进行分析,结果发现:当前中国社会的信任问题中传统与现代交织并存,且均与"信任链"缺失和断裂有关。

中国当下的信任问题存在于各类人群、阶层和行业之间,既有人际信任问题也有制度信任问题。人际信任问题主要表现为个体在交往过程中由于资本侵入和个体诚信观念的变化致使信任主体间人际信任关系中断。这类信任问题可能发生在熟人、亲人间,出现在"杀熟""杀亲"这类坑蒙拐骗亲朋好友的社会现象中;也可能发生在陌生人间,出现在"老人摔倒没有人敢去扶"等对陌生人不敢信任的警觉防卫现象中。社会科学文献出版社 2013 年 1 月初发布的《中国社会心态研究报告

---

[*] 本文系江苏省"公民道德与社会风尚 2011 协同创新中心"和"道德发展高端智库"承担的全国哲学社会科学重点项目"后单位时代集体行动的伦理逻辑"(项目号 11AZX007)阶段性成果。

(2012—2013)》蓝皮书对北京、上海、郑州、武汉、广州等 7 城 1900 多名居民所作调查的一项结论显示：中国目前社会的总体信任度下降，人际间的不信任扩大，社会总体信任程度的得分平均为 59.7 分，触及社会信任的警戒线。① 社会信任状况与"信任链"这一社会信任机制的完善和运转密切相关，当伦理实体中的信任主体在社会互动中使信任持续展开并形成闭环的"信任链"时，高信任度社会才有可能存在。反之，社会信任度则必然降低，出现社会信任问题。当下中国人际关系信任问题既出现在熟人之间，也发生在陌生人之间，这是由于社会"信任链"缺失或断裂所致。社会信任机制也即"信任链"的结构完善和运转流畅是社会信任健康发展的基础保障，一定社会结构和文化背景中"信任链"能否正常运作，不仅取决于个体的道德品质、人格特征，还取决于信任展开的文化传统、制度环境等背景条件。社会转型、经济转轨、文化变迁给人们的道德观念和行为方式带来一定的变化，资本入侵、金钱至上蚕食了部分人的道德信念，消耗了历史积淀下来的道德资源，其结果则是包括熟人在内的人际"信任链"的中断，而现代社会信任所需的制度支撑还未建立完备，最终导致传统和现代信任问题并存的社会现象。

　　制度信任问题主要表现为个体与组织、组织与组织、组织与社会之间公正公开的制度保障不完善或组织道德缺位所引发的社会信任问题，是传统"信任链"断裂而新型"信任链"尚未形成导致的信任问题。单位制度时代、计划经济的社会结构安排中，单位汇聚政治、经济、伦理等多项功能于一身，具有伦理上的合理性。后单位制度时代、市场经济背景下现代组织独立的利益主体地位得到确立，"经济冲动力"得以释放，但由于传统伦理体系中对组织这一集体性道德主体的道德地位和道德特征并未给予足够重视，组织伦理缺场，而释放了"经济冲动力"的现代组织由于未从理念和制度赋予其伦理约束力，理论上就隐含了行动失范或不道德行动的危险。理论和思想的不健全投射到现实便是"信任的结构性问题"加剧，就是现实社会出现的包括企业、政府等在内的部分地区和行业组织道德的"塌方式沦陷"和"塌方式腐败"。某些现代组织的集体不道德、个体对组织的不信任已成为现代社会信任问题的严重症结和隐患，引发了现代社会的制度信任问题。

　　上述情况表明，中国当下的信任问题是社会转型中传统与现代复合的信任问题。它既包括传统社会已有的熟人之间的人际信任问题，也包括现代社会面临的陌生人之间的人际信任问题，还包括个体与组织、组织与组织、组织与社会之间系统的制度信任问题。现代社会可能出现的制度信任问题即系统性信任问题已成为现代中国信任问题的焦点和中心，而其解释和解决则应到具体的社会结构变迁以及文化背景中去寻找。

---

① 参见：王俊秀、杨宜音主编.中国社会心态研究报告(2012—2013)[M].北京：社会科学文献出版社,2013.

二、社会信任模式的生成与变迁

抽象而言,信任是社会化人的本体性存在,它既是一种生存需要,也是一种生存能力。具体而言,信任存在、展开于社会互动中,当一定社会伦理文化背景中的信任主体在长期互动中结成较为稳定的信任关系时,就形成了信任结构,也就是说信任结构是信任关系的相对稳定状态。当相对稳定信任结构中的信任双方在"托付—回报"的动态反馈中使信任持续展开并形成闭环的"信任链"时,信任传递机制确立。"信任链"一旦形成会影响信任主体行为和心理的信任惯性,因为"人们自己创造自己的历史,但是他们并不是随心所欲地创造,并不是在他们自己选定的条件下创造,而是在直接碰到的、既定的、从过去承继下来的条件下创造"[①]。信任惯性是社会的信任资源,信任惯性的存在状况与信任链的运行状况密切相关,若"信任链"运行顺畅,"托付—回报"良性循环,信任度增强,信任惯性就得到强化,若"托付—回报"的良性循环中断,甚至出现负反馈,信任惯性就会弱化甚至转而成为不信任的惯性。当信任的良性循环不断被中断特别是负反馈增强时,社会积淀下来的、深厚的信任资源将日渐丧失。当一定社会文化背景中运作的"信任链"成为典型的、代表性的信任传递机制,成为主导人们信任的心理倾向和行为惯性时,这一"信任链"或信任传递机制就成为历史发展某个时期相对固定的社会信任模式。

社会信任模式的形成取决于社会的结构形态和文化传统两个要素。以血缘共同体为纽带的自然经济和以实体为本位的伦理性文化形成了中国传统社会的信任模式。中国传统社会建立在熟人社会自然经济的基础上,"家"和"国"是两个基本且重要的伦理实体,中国文明的基本课题就是设计和奠基"家国一体"、由"家"及"国"的伦理联结方式。建立在血缘共同体之上的伦理实体在国人的社会生活和精神世界中发挥着十分重要的作用。梁漱溟用"伦理本位"来阐释中国传统社会这一特征,中国传统社会"信任链"的缔结、互动遵循了伦理型文化的逻辑,伦理实体中信任双方"信任链"的建立、互动依赖于信任主体的道德品质,并由此"启动人际交往中相互信任的循环锁链:先由自己诚信来取得对方的信任,然后对方才会以诚信回报,从而自己才产生对对方的信任"[②]。中国传统社会的信任建立在血缘共同体之上,在较为封闭的熟人社会圈子中,在信任双方诚信的持续回报中,在"信任链"良性循环中不断地生成和增强社会信任,并形成自己的模式。

中国传统社会信任模式与社会存在方式的关联性,也为韦伯所揭示,并从比较文化的视角试图对其特征加以提炼。韦伯强调"中国人的衣食住行不是建立在信

---

① 马克思恩格斯选集:第1卷[M].北京:人民出版社,2012:669.
② 杨中芳,彭泗清.中国人人际信任的概念化:一个人际关系的观点[J].社会学研究,1999(2).

仰共同体的基础之上,而是建立在血缘共同体的基础上,即建立在家庭亲戚关系或准亲戚关系之上,是一种难以普遍化的特殊信任"①。韦伯关于"中国社会的信任是一种'难以普遍化的特殊信任'"的命题后来被日裔美籍学者福山进一步引申并扩展。福山认为:"华人本身强烈地倾向于只信任与自己有血缘关系的人,而不信任家庭和亲属以外的人。"②中国人与没有血亲关系的外人之间有一道天然屏障,难以产生信任。虽然,这种基于"传统—现代"的经典分析框架在分析中国传统社会信任的静态特征时有一定解释力,但若将其作为两极相对的"理想类型"继而加以僵化,则有必要对其保持警觉并加以批判。因为它未能客观辩证地看待社会伦理道德发展的规律,忽视社会发展及道德发展的复杂性,割裂社会发展的历史性,存在片面化的危险。事实上,信任模式与社会结构背景、特定社会的文化传统相关,本身无绝对的好坏,只有一定阶段或范围的适合或不适合。中国传统信任模式与传统社会结构及其文化具有耦合性,具有历史必然性且对中国传统社会人际关系的和谐、团结起着必不可少的积极作用。

新中国成立以来,在社会主义工业化思想的指导下,对社会体制和社会结构进行了大规模的改造,形成了中国特色的"单位制度"。"单位制度"是一种连接传统与现代、超越血缘共同体进而融入社会的特定制度结构。中国社会在从传统向现代迈进的过程中如何建构与现代社会形态相适应又遵循中国伦理文化发展规律的现代社会"信任链"?如何建构超越特殊信任的普遍信任?现代化基础十分薄弱的新中国以"单位制度"智慧地回应并部分解决了这一时代难题。单位制度是新中国依靠政权力量从极端落后的状态推进社会工业化和现代化的积极努力,"单位"不仅作为社会建制的政治组织、经济组织、文化组织等,也成为人们生活和精神的伦理家园,成为单一物与普遍性结合的伦理实体。从形式上看,单位与传统式家族的结构形态有许多相通之处:"它们对自己的成员都具有家长式的权威;个人对团体的义务比个人的权利更加受到强调,而团体本身也必须负起照料其成员的无限责任。"③单位制度时代的信任结构基本承续了传统社会的信任结构特征:相似于"家—国"同构,"个人—单位—国家"是利益同构的伦理有机体;其内部伦理安排上的"依赖性结构"类同传统社会信任服从结构,个体服从集体是其秩序性向度,集体主义原则是其纲领性原则;社会生活中占主导地位的"信任链"某种程度上保留了传统的特征,如人际信任主要局限在单位内部熟人社会的圈子里,人际信任的内在连接主要依靠感情而非理性契约,信任互动的主体主要是个人这一传统信任主体,

---

① 马克斯·韦伯.儒教与道教[M].洪天富,译.南京:江苏人民出版社,1995:261.
② 弗朗西斯·福山.信任——社会美德与创造经济繁荣[M].彭志华,译.海口:海南出版社,2001:235.
③ 参见:路风.单位:一种特殊的社会组织形式[J].中国社会科学,1989(1).

而不是具有现代特征的组织。不过,和传统信任模式不同的是,其人际信任虽然也局限于熟人社会,但这里的熟人大多来自五湖四海,成员之间绝大多数没有血缘关系,这一阶段的信任结构半径较传统有所拓宽,单位制度时期的信任结构在某种意义上应该说超越了建立在血缘纽带上的特殊信任。不过,应该看到,在历史发展中"单位制度"虽然起过积极作用,但这种过分依赖国家行政力量缺乏个人主动性和基层组织自主性的社会安排和信任结构有其伦理弊端。单位制度时期的社会结构虽然从根本上来说有别于传统社会结构,但其信任模式与传统的区别并不十分明显,社会发展到一定阶段这一信任模式封闭、被动的弊端日益明显,而建构与现代社会形态相呼应又适应中国社会伦理逻辑的现代社会信任模式的呼声日益强烈。

三、组织伦理与现代社会"信任链"的构建

改革开放的后单位制度时代,中国加速了现代化进程,以一种前所未有的方式把我们从以往的社会秩序中抛离,新的社会结构与社会联结方式都与传统社会迥然不同,建立在熟人关系基础上的特殊信任模式已不适用于现代社会,需要建构与之相适应的新社会信任模式。社会信任模式揭示和表达了社会生活中信任的发生和维系机制,与社会结构及其变迁密切相关,需要将包含"信任链"在内的信任模式的构建放到具体社会背景中才能得到准确的把握。正如马克思所揭示的,"物质生活的生产方式制约着整个社会生活、政治生活和精神生活的过程。不是人们的意识决定人们的存在,相反,是人们的社会存在决定人们的意识"[①]。

现代社会与传统社会相比有两个显著的特征,一是组织处于社会生活的中心位置,且在一定程度上已成为独立担当的责任主体[②];二是现代社会具有象征标志和专家系统这两种"脱域机制"。这两大特征决定了组织伦理在建构以现代"信任链"为核心的现代社会信任模式中的重要地位,同样也决定了其超越现代社会信任问题所起的关键作用。

现代社会信任的建立,需要处理好组织与组织成员、组织与其他组织的信任关系。随着改革开放推进以及市场经济确立,单位制度开始式微,原本具有政治、经济、伦理复合功能的单位日益向具有现代意义的组织转变,现代组织日渐成为社会生活的中心和中介,具有不可替代的伦理地位。随着单位制度的转型,一方面,个人和组织获得了自主,活力的释放、效率的提高给中国社会带来了高速发展;另一方面,由于制度的不健全、文化的多元化和价值观念的冲突,组织不道德行为大量出现。单位制度中的单位组织作为伦理实体和抽象意义上的自然道德对象,其信

---

① 马克思恩格斯选集:第2卷[M].北京:人民出版社,2012:2.
② 参见:孙立平,等.改革以来中国社会结构的变迁[J].中国社会科学,1994(2).

任结构主要在单位内部这一熟人社会之间展开,单位是信任结构的主持者也是监督者,单位制度中的"信任链"结构完善、运转完好。后单位制度时代,单位组织特别是经济组织作为有着自身利益诉求的独立利益主体,从原来的信任结构中析出,个人与组织、组织与组织之间的天然信任不复存在。传统信任结构的断裂,需要通过组织伦理建设修补遭遇中断的社会"信任链",构建其现代社会形态所需的新形态和现代社会信任模式。

现代社会信任的另一重要特征是,告别单纯依赖熟人社会的人格信任模式,建立对现代社会所依赖的"脱域机制"的系统信任。象征标志和专家系统这两种"脱域机制"都内在地包含于现代社会制度的发展之中。"脱域机制"是现代社会十分重要的特征,"它们使社会行动得以从地域化情境中'提取出来',并跨越广阔的时间—空间距离去重新组织社会关系"。① 现代社会通过值得信赖的制度中介建立信任,现代社会的信任模式,不仅仅建立在对他人"道德品质"的依赖之上,还建立在系统的有效运转基础之上。现代社会信任模式的创建是一项系统工程,不仅需要拥有熟人社会面对面的特殊信任,而且需要拥有建立在抽象体系和制度基础之上的普遍信任。虽然现代信任主要隐藏在抽象体系之中而非具体现实的个人身上,但抽象体系的有效运转,却依赖于体系的代理人或操作者这些有血有肉的人的品行。现代组织作为"抽象体系的交汇口"②,是系统与抽象体系的代理人之间的连接点,也是非专业个人或团体与抽象体系的代理人之间的连接点,是现代社会"脱域机制"信任建立和维系的关节点。

我们的时代比过去任何一个时代都迫切需要信任,因为"我们已经从依赖于命运的社会发展到了由人的行动而推动的社会。为了积极而建设性地面对未来,我们需要运用信任"③。信任作为一种简化机制,成了我们应对复杂环境的一个不可缺少的策略,没有信任我们将寸步难行。中国社会正走向开放,传统信任模式已难以为继,前所未有的紧迫之事是需要建构与现代社会形态相适应的社会"信任链"和社会信任模式。现代组织既是社会信任维系的薄弱环节,也是其得以建立的交叉点,组织伦理是建构中国社会现代"信任链",走出信任问题的关键。

---

① 吉登斯.现代性的后果[M].田禾,译.南京:译林出版社,2000:46.
② 吉登斯.现代性的后果[M].田禾,译.南京:译林出版社,2000:74.
③ 彼得·什托姆普卡.信任:一种社会学理论[M].程胜利,译.北京:中华书局,2005:15

现代中国社会的伦理信任问题

当前中国社会大众信任危机的伦理型文化轨迹*

樊 浩

东南大学人文学院

摘 要 自2006年彭宇扶徐老太案以来,"扶老太难题"已经成为中国社会大众信任危机的信号,其依次递进的三大焦点表征伦理型文化背景下信任危机的特殊轨迹:"撞还是没撞"是道德信用问题;"信还是不信"是伦理信任问题;"扶还是不扶"则是社会信心与文化信念问题。伦理型文化背景下的信任危机有四个节点:道德问题是病毒,生成人际不信任或关系不信任;伦理问题是病灶,由人际不信任演化为角色不信任、群体不信任、群体之间的互不信任;伦理病灶的扩散演绎为对社会组织、社会秩序、技术系统和社会产品的不信任;最后,伦理病灶的恶变,形成不信任文化。"道德信用危机—伦理信任危机—社会信心和文化信念危机",就是伦理型文化背景下信任危机病理图谱。当今中国社会大众的信任危机呈现三大病理轨迹:官员腐败使个体道德信用危机向群体伦理信任危机转化,导致伦理分裂;分配不公与官员腐败的结合,使群体信任危机向诸群体之间的信任危机转化,由经济上的两极分化走向伦理上的两极分化;"无官不贪""无商不奸"等以偏概全的盖然论的"可怕的信念"标示着"病态的不信任文化"的生成。伦理信任是文明社会及其个体的文明资格和文明能力,开启伦理信任的"破冰之旅"必须走出三大理念和理论误区:走出"市民社会陷阱";走出信任的"伦理半径";走出"农夫与蛇"和"宠物心态"的两极。

关键词 信任危机;道德信用;伦理信任;文化信念;中国社会大众

---

* 本文系江苏省"2011"工程"公民道德与社会风尚协同创新中心""道德发展智库"和高校重点研究基地"道德哲学与中国道德发展研究所"承担的全国哲学社会科学重大招标项目"现代伦理学诸理论形态研究"(项目号:10&ZD072)、重点项目"伦理道德的精神哲学形态"(项目号:10AZX004)的阶段性成果。

一、问题：一个老太绊倒中国？

相当一段时期以来，中国的社会神经为"老太难题"所牵扯，老人摔倒到底扶与不扶，几乎成为全社会的纠结。根据东南大学人文学院青年学者张晶晶博士的检索，如果以南京彭宇扶徐老太案从而老人摔倒问题进入公众视线为始点，2006—2015 近九年中共报道老人摔倒事件 93 起，其中四大门户网站报道 49 例，官方媒体报道 44 例。年均报道超过 10 起，两类媒体关注率大体相当。有待追问的是，"扶老人"因何成为社会问题？它如何从社会问题演化社会难题？也许，以下三组数据有助揭示这一频发事件背后的秘密。①

第一组数据，发生率或关注率曲线，九年中呈急剧攀升趋势。2006 年第一次报道，2013 年进入拐点达到平均值 10 起，2014 年上升到 18 起，2015 年达到峰值，飚升到 35 起。

第二组数据，善恶因果曲线或扶老人后果曲线。93 起扶老人事件中，"扶了被讹"占 36.39%，居第一位；"扶了被感谢或表扬"居第二位，占 32.34%；"无人扶"居第三位，占 25.27%。

第三组数据，扶老人后果的演化曲线。"扶了被讹"同样在 2013 年进入拐点，2014 年创新高，2015 年达峰值；"不敢扶"2014 年前大体平缓发展，但 2015 年剧升到与"扶了被讹"相同峰值；"扶了被感谢或表扬"2014 年前波浪式交替，2014 年大幅提升达到拐点，但仍大大低于"扶了被讹"，2015 年达到峰值，首次高于前两种状况。

从以上三组数据可以发现以下规律：①问题律："扶老人事件"在十年中已经从偶发发展为频发社会事件，自 2013 年进入拐点后直线上升，无论是事件报道总量，还是事件的不同后果都在 2015 年飚升到峰值，进而演化成重大社会问题；②因果律：三类结果中，"扶了被讹"居第一位，在前九年的报道中都高于"扶了被感谢或表扬"，只是在 2015 年发生置换，说明问题不仅在继续而且在恶化，表征社会的因果错乱；③纠结律或盲区律：与"扶了被讹"和"扶了被感谢和表扬"两种曲线的交织状态相对应，"无人扶"似乎穿插于这两条曲线之间，在九年演进中大体平稳，只是同样在 2015 年达到峰值。之所以将"无人扶"称为"纠结律"，是试图表明，"扶老人"已经从"社会问题"演绎为"社会难题"，乃至"社会危机"。扶老人本是社会良知的本能反应，在一个正常社会根本不会成为难题，更无需聚集这么多的社会关

---

① 本部分关于扶老人事件数据均来自张晶晶博士分析报告："'老人摔倒扶不扶'实证案例分析"。该研究以百度为平台对两类媒体，即新浪、搜狐、网易、腾讯四大门户网站，和人民网、光明网、新华网三大主流官方媒体进行检索分析，得出相关数据和图表。

注,然而由于扶老人的两种不同后果,社会已经陷入"扶与不扶"的良知纠结甚至良知盲区。

可以用简短话语表述"扶老人"的"问题轨迹"及其体现的当今中国社会的精神状况:"扶老人",是一个社会问题;"扶了被讹",是一场社会悲剧;"扶与不扶",是一种社会纠结;"摔了无人扶",是一次社会危机。

"扶老人"的社会良知为何会演绎为严峻的社会问题?它如何从社会问题最后演绎为社会危机?基于定量描述进行定性分析便会发现,"扶老人问题"的三大焦点分别表征这一事件由问题向危机演进的三次递进性转换:

撞——没撞?道德信用问题;

信——不信?伦理信任问题;

扶——不扶?社会信心、文化信念问题。

不难发现,"扶老人事件"由问题走向危机,经历了道德信用问题转化为伦理信用问题,伦理信用问题演化为社会信心和文化信念问题的三个节点和两次转换。老人到底有没有被撞,这是当事人的个体道德问题,准确说是道德信用问题;大众对事情真相到底信与不信,已经是一个伦理信任问题,即社会伦理实体对个人的信任,和个人对社会伦理实体的信任问题;由此演发的老人摔倒"扶"还是"不扶",则是"在一起"的人们对社会的信心和对善恶因果律的文化信念问题。在这个由问题向危机演化的轨迹中,伦理信任既是拐点,也是中枢或病灶。它既有道德信用的前因,更有社会信心和文化信念的更为深刻也更为严重的后果。如果进行病理分析,那么可以做如下诊断:在这类事件中,道德信用问题是病毒,伦理信任问题是病灶,社会信心和文化信念危机则是由病毒和病灶形成的病变。其最严重的后果,并不是道德病毒向伦理病灶的病变,而是由伦理病灶继续侵入和蔓延于社会和文化,形成更严重的恶变,如果任其发展,必将形成伦理病灶的癌变。

如果认为这种学理推理过于思辨或牵强,那么事件的后果已经对此作了诠释——

彭宇扶徐老太案,引发人们关于"到底老人变坏,还是坏人变老"的追问,后续调查显示,此案之后多数南京人表示不愿"再多事";2011年广东肇庆扶老人案后,当事人阿华表示,"除非有证据,今后不会再扶跌倒的老人";2012年,上海87岁的钱姓老人摔倒无人敢扶引"老外"大骂;2015年,在河南、武汉、浙江多地发生老人摔倒无人扶而死亡事件。随着事件的不断恶化,扶老人之前先拍照似乎已经成为一个良知与理智兼具的无奈的"中国现象",或许,一对路人的对话最能体现当今中国社会的纠结:"真心是不敢扶,扶不起啊……"事件链显示,扶人事件,不仅已经由道德问题演化为伦理问题,而且已经由伦理问题演化为人们对社会的信心和文化信念问题,并进一步发展为社会风尚和社会的伦理安全问题。

一个老太绊倒中国社会？

"扶不起"的不是一个老太,而是中国社会的伦理信任。必须走出危机!

"老太问题"并不是一个孤立的现象,"老太难题"的意义也不只在于简单的"扶与不扶",它们都是当今中国社会问题和社会病理的折射:城市骗乞,职业丐帮形成;医患冲突频发;贪腐"老虎"、演艺圈丑闻、企业大爆炸;以弱势群体为主体的恶性社会事件……凡此种种,都呈现出相似的问题轨迹,昭示同一种文明危机。危机的转换点和病灶,都在伦理信任危机。当今中国社会,正处于伦理信任的危机之中,走出伦理信任危机,是摆脱危机的关键。

伦理信任危机,到底是何种危机？归根到底,一方面,是"不能信任"的伦理存在危机;另一方面,是"不敢信任、不愿信任"伦理精神。不能信任、不敢信任,但又迫切期待信任、呼唤信任,当今中国社会正陷入伦理信任的"囚徒困境"之中。学术研究的首要任务,是描绘和复原当今中国信任危机的伦理图谱或伦理病理,揭示由道德信用危机,到伦理信任危机,再到社会信心和文化信念危机的问题轨迹,由此寻找和揭示摆脱危机的伦理战略。

二、"道德信用—伦理信任—文化信念"的危机病理

信任因何成为"问题"？是何种"问题"？西方社会学家以极词一语道破:信任是一种"赌博"。需要补充的是,在伦理型文化背景下,它是检验一个社会的道德素质和文化信念的"伦理赌博"。

20世纪后期以来,信任一直是学界关注的重大前沿之一,诸理论虽分歧重重,但对信任的存在及其必要性已形成一些基本共识,"没有一些信任和共同的意义将不可能构建持续的社会关系";"没有信任我们认为理所当然的日常生活是完全不可能"。[①] 行动指向未来,任何目标和后果只能在人的行动之后才出现,然而人总有两个相互矛盾的诉求,一是独立自由,二是交往行动。无论心理学家还是行为科学家都发现,任何他者对人的行为都不可能具有完全的控制性,对人的行为的完全控制理论上只有在监狱中才可能,但也只是可能并且只是外在的。于是,人的日常生活与社会关系的延续便需要信任。信任本质上是对未来或未发生行为的预期,其特征是:某种行为或后果还未发生,但我们希望也相信它发生。因为这种预期可能发生也可能不发生,也因为信任假设及其行为必须在先,因而任何信任行为理论上都存在风险,区别只是依行为的重要性其风险度不同而已。在这个意义上,西方社会学家将信任当作"相信他人未来可能行动的赌博"[②]。一般说来,信任必须同

---

① 彼德·什托姆普卡:信任:一种社会学理论[M].程胜利,译.北京:中华书局,2005:前言1.
② 同①前言33.

时具备两个条件,一是被信任者默认的承诺;二是信任者的信心,缺乏任何一个条件都不可能生成信任。承诺与对承诺的履行是个体道德,信心的来源是对生活于其中的文化的信念。承诺与信心相遇,便构成一种指向他人和社会的信任的伦理场或信任的伦理关系。于是,信任的消解便可能在两种背景下发生,或者因个体道德缺场而丧失承诺,或者对他人缺乏信心而不相信预期。然而,无论何种原因,信任的真谛是伦理,伦理信任的缺失不仅表征深刻的道德与文化问题,也可能导致更深刻的道德与文化后果。信任作为一种对未来或未发生行为的预期,已经内在某种风险,虽然不能将它夸大为赌博,但风险确实存在,关键在于它在多大程度上成为现实,更在于人们对待这种风险的态度。信任的双重赌注是被信任者的道德品质和信任者的文化信念。风险可能因具体道德成为现实,也可能因缺乏信心而发生,但必须指出的是,信任一旦成为风险,便不只是道德风险和伦理风险,而且是社会风险和文化风险,它不仅使社会的日常生活与社会关系难以为继,更使人们对社会缺乏必要的信心,对文化的善恶因果链丧失信念。因为,信任不仅是对他人行为的预期,更是对社会的伦理安全的信心,对生活于其中的伦理实体的信心,对已经形成传统并内化于人的精神世界的文化的信念。信任是社会生活的必要条件,信任风险在任何社会中都可能存在,但信任的伦理状况却因文明境遇而截然不同。在高速流动、交往便捷而又隐蔽的全球化背景下,偶然性和不确定性使信任成为一个世界性难题,只是由于社会的精神状况和文化传统的差异,其表现方式和表现的强度有所不同。面对业已形成的当今中国社会的信任危机,关键在于建立和绘制信任成为"问题"进而演绎为"危机"的伦理图谱,为摆脱信任危机提供病理诊断。

西方社会学家什托姆普卡从社会学的维度建立了一个关于信任种类的系统,将信任的主要对象或客体分为行动者、社会角色、社会群体、机构组织、技术系统、产品器具,最后是社会系统和社会制度。① 这一理论具有启发意义,但未揭示诸客体之间的联系,因而未能发现信任发展的精神规律,对中国社会也不具备充分的解释力。不过,借助这一系统,可以建构起关于信任危机的病理图谱。这个病理图谱呈现"道德信用—伦理信任—社会信心与文化信念"的危机轨迹,它以道德信用为原因,以伦理信任为核心,以社会信心与文化信念为后果,体现伦理型文化背景下信任危机发展的特殊规律。

伦理图谱显示,信任危机经历四次病理演化,分别展示为由道德危机到文化危机的四个危机节点。

节点一,道德病毒:人际不信任,或关系不信任。人际不信任的根据是对他人或行动者缺乏道德信用的判断或假设。这个判断可能是基于生活经验的事实判

---

① 彼德·什托姆普卡.信任:一种社会学理论[M].程胜利,译.北京:中华书局,2005:前言55-62.

断,也可能是基于部分社会事实的盖然论的偏见。但可以肯定的是,人际不信任总是道德信用缺失的结果,虽不能说人际不信任一定有道德信用危机的根据,但道德信用危机一定会演绎为人际不信任。在这个意义上,道德信用缺失是信任危机的道德病毒。个体道德的病毒之所以会演化为人际不信任,是因为道德虽然是个体的内心生活,但总是在交往行为中体现,因而道德病毒一定会感染人际交往,形成人际不信任。

节点二,伦理病灶:由人际不信任经过角色不信任、群体不信任,最后演绎为群体之间的互不信任,生成伦理信任危机。正如黑格尔所说,人的思维天生指向普遍即具有将个别事物普遍化的倾向和能力。人际不信任的个别性经验积累到一定程度,会普遍化或"社会化"为对不道德的个体所承载的社会角色或社会地位的不信任,如从某些商人的不守信,演化为对经商职业的不信任,进而得出"无商不奸""为富不仁"的对整个商人群体的盖然论的伦理不信任;从某些官员的腐败得出"无官不贪"的对整个政府官员群体的伦理不信任。在西方,则是从某些政治家的无道德信用,得出对整个政治家群体的不信任,"政治家的话你怎么可以相信"已经成为包括政治家在内所有西方人的伦理信条。由于这种不信任是由个别道德信用行为积累和积聚"社会化"而形成的盖然论推断,因而最终又可能生成诸群体之间的互不信任,从而步入伦理信任的危机。

节点三,伦理病灶扩散:由对社会群体的不信任演绎为对社会组织、社会程序、技术系统和社会产品的不信任,伦理危机向文化危机转化。社会组织由各种社会群体组成,是社会的管理机构,对社会群体的不信任将直接转化为对社会组织的不信任,由此进一步泛化为对这些社会组织所制定的社会程序及其操作的技术系统的不信任,现代社会中对证交所及其金融技术系统的不信任就是如此。由此最终又演化为对这些社会群体生产的社会产品的不信任,如由地沟油、毒奶粉引发对所有中国制造的食油和奶粉的不信任,甚至对"中国制造"的不信任,当今中国的国外抢购潮,相当程度上就是这种伦理不信任泛化的结果。

节点四,伦理病灶的恶变或癌变:不信任文化。不信任文化是一种"病态的不信任",它从对一个人、一种职业、一个群体的不信任,发展为对整个社会的不信任,以不信任的态度对待处于其中的社会乃至与之相关的所有社会环境,当这种心态和倾向积累到一定程度,社会的伦理安全将动摇和颠覆,出现诸如老人摔倒无人扶或无人敢扶的现象。于是,生成社会信心危机和文化信念危机,动摇"在一起"的社会信心,社会的凝聚力和聚合力涣散,继而对作为任何社会的基本文化信念的善恶因果律产生怀疑。然而,危机到此并没结束。交往行为的特征,决定了人具有信任和被信任的诉求,于是,信任的对象必然由内部社会转向外部社会,虚拟、想象外部社会在全球化背景下即国外的所谓高信任度,将信任的目光天真地投向国外,由此,文化危机就演绎为国家意识形态安全危机。

"道德信用危机—伦理信任危机—社会信心和文化信念危机",这就是伦理型文化背景下信任危机的伦理图谱或伦理病理。"道德病毒—伦理病灶—伦理病灶的扩散—伦理病灶恶变",是危机图谱的四个节点。伦理信任危机,不仅最后演绎为文化危机,最严重的后果也是文化危机。

伦理型文化背景下的信任危机具有独特的精神规律或危机病理。它有三个基本特点。第一,道德危机是病毒,或者说是前因。第二,伦理危机是核心,是病灶,道德病毒积累到相当程度,一定会生成伦理危机。第三,文化危机是后果,也是最严重最深刻的后果。"伦理型文化"不仅意味着是以伦理为核心的文化,也是伦理所缔造的文化,以伦理为顶层设计的文化,于是伦理将发展为文化,文化必将承受伦理病灶的恶变后果。这是任何其他文化类型所没有的特点和规律。在伦理型文化中,一旦伦理危机生成,也就预示着社会危机和文化危机即将到来,最关键也是紧迫的工作就是如何防止伦理病灶的文化恶变,而在其他文化如宗教型文化中,伦理问题一般被严格局限于伦理关系和伦理世界中,不会演绎为全社会的文化危机。这就是为何中国民族自文明开端就以"人心不古、世风日下"为终极忧患和终极批评的原因。"人心不古"是道德危机,"世风日下"是伦理危机,"人心不古"的道德堕落将导致"世风日下"的伦理后果。了解信任危机的伦理图谱,对把握伦理型文化背景下伦理信任的特殊意义,把握信任危机的特殊规律,通过"危机自觉"达到"伦理自觉",进而达到"文化自觉",具有特别重要的意义。迄今为止,人们对广泛存在于中国社会的信任危机缺乏足够的学术认知和文化自觉,只将它当作精神生活和社会风尚问题,也未找到危机的关节点,因而不仅缺乏化解危机的能力,而且缺乏走出危机的足够的动力,远未达到"危机自觉"。顾炎武曾将"亡国"和"亡天下"相区分,"亡国"是"易姓改号",改朝换代;"亡天下"的要义是亡伦理,亡文化。一旦伦理危机积累到相当程度,严重的后果将是"亡天下",人类将走到万劫不复的文明尽头。于是,伦理危机便因关乎"天下兴亡"而"匹夫有责"。这就是关于信任危机的"问题自觉"。

伦理型文化背景下信任危机的"危机自觉"或特点规律,还是另一个结构,即"病理自觉"。"病理自觉"的要义有二:道德病毒如何演化为伦理病灶?伦理病灶如何演化为文化病变?首先,道德问题如何演化为人际不信任?这种人际不信任,不只是对有道德问题的主体的不信任,而且被抽象为对所有人际关系甚至对人际关系本身的不信任。在伦理型文化中,道德评价往往是对人的"第一评价",在西方,许多著名人物(学问家如罗梭、培根,科学家如爱因斯坦、牛顿,政治家如林肯、丘吉尔)无不都有严重道德缺陷,培根和罗梭可以说就是道德上的恶棍,爱因斯坦对发妻的忘恩负义、对智障女儿的无情,令人不齿,但因为他们的学问,因为他们对学术和科学的巨大贡献,人们宁愿忘记这一切,甚至将这一切刻意隐去。但在伦理型的中国文化中,这些不仅将永远留在文化的集体记忆中,李清照《夏日绝句》诗"至今思项羽,不肯过江东",传递和强化的就是这种道德的集体记忆,更重要的是,它直接将对人们道德状况的判断延伸为对人际关系的判断,进而生成对人际关系的态度和准则,于是道德信用便演化为人际信任。这一转化的学理边界是:道德是对己的,伦理是对人的。然而更深刻的后果在于,伦理所对之"人",不是抽象孤立的人,也不抽象的"人际",最后是人的实体或实体性的人,即所谓"人伦"。于是,必将由人际不信任恶化为人伦不信任或伦理不信任。伦理不信任恶化的病理机制存在于伦理型文化独特的伦理思维方式之中。中国伦理实体生成的特殊智慧是所谓"推己及人"的道德推理,和"老吾老以及人之老"的伦理移情,"推"与"及",不仅由"己"的道德向"人"的伦理扩散,而且由"人际"伦理向"人伦"实体扩散。这种推理与移情机制,无疑是高度发达的伦理型文化的卓越智慧,然而任何智慧都是一体两面,对伦理道德的发展和对伦理道德危机,都具有同样的意义。于是,透过"推"与"及",不仅道德危机通过人际不信任向伦理危机转化,而且伦理不危机将不断恶化,由人际不信任,恶化为人群不信任即对人际关系所表征的那个社会群体的不信任;由人群不信任,恶化为人伦不信任,即诸社会群体之间的不信任,进而是对整个人伦实体的不信任;不过,危机还没结束,"推"与"及"的最高境界是"民胞物与""天人合一",于是,人际、人群、人伦的不信任,会继续扩展为对作为人际、人群作品的社会系统、技术系统、社会秩序和社会产品的不信任,由此,"不信任"便由伦理成为文化,形成"病态的不信任文化",信任危机发展到顶点。也许,以"推"与"及"诠释信任危机,有对伦理型文化大智慧的亵渎之嫌,然而,我们不可以假设只享受这种大智慧酿造的正果,而拒绝吞下它可能诞生的苦果,我们所能做的唯一工作,就是洞察它在何种条件下可能酿成苦果,如何使苦果成为正果。

要之,"道德信用—伦理信任—社会信心、文化信念",是伦理型文化背景下信任危机的特殊危机图谱和危机病理;"道德危机—伦理危机—文化危机"是伦理型文化背景下信任危机的特殊规律。其中,道德信用是前因,伦理信任是核心,文化信念是后果。道德危机向伦理危机转化,伦理危机向文化危机转化的"问题自觉";透过"推"与"及"的"道德推理"和"伦理移情",道德危机向伦理危机扩散,伦理危机向文化危机扩散的"病理自觉",是体现伦理型文化规律的信任危机的两大"危机自觉"。

三、当今中国信任危机的演进轨迹

当今中国社会的信任危机到底是何种危机?演化的病理轨迹是什么?也许对它进行社会史的复原比较困难,然而精神史的分析却可能并必要。在现代中国话语中,信任危机一般被表述为"诚信危机"中,然而仔细反思便发现,将"信任"涵盖于"诚信"之中,不仅比较含糊和抽象,而且大大虚掩了问题的严重程度,也很难发现危机演化的规律。在学理上,"诚信"危机包括两个结构,"诚"是道德信用危机,"信"既包括交往行为的主体因"诚"的道德问题而导致的"可不可信"的问题,也包括交往的对象"愿不愿信"和"敢不敢信"的问题。"诚信"一体的合理性在于以"诚"立"信",由道德而伦理。当"不可信",演绎为"不愿信"和"不敢信",便标志着危机的不断加深,"不可信"是道德信用危机,"不愿信"是伦理信任危机,而"不敢信"则是社会与文化危机。当今中国社会的"诚信"危机发展到何种程度?到底是道德信任危机,还是伦理信任危机?这个问题不回答就缺少必要的"危机清醒"。

也许,"彭宇扶徐老太案"的演进可以为此提供答案。此案留给世人的最大警策是两个"揪心一问"。第一是案发后网民提出的"到底是老人变坏,还是坏人变老"的追问;第二是此案的审判官对彭宇提出的"既然没撞,你为什么救她"的诘问。两问之所以"揪心",不仅因为它们直击当今社会的痛点,更因为它们动摇甚至瓦解了我们这个社会的信心。第一问是"道德之问",其语义重心显然不是现象层面的"老人变坏",因为根据"中国经验",老人在饱经时世沧桑之后会变得善良湿润,最有冲击力的解释是"坏人变老"。它表面说被"文革"毁坏的一代正在变老,其"坏"的本性显现,表明历史创伤虽过去近半个世纪,仍在集体记忆中耿耿于怀,仍在代际遗传,继续伤害着社会成员之间的彼此信任,实际上无异说人本身就"坏",只是在"老"了之后失去自制显露其本性而已,因为如果真是"坏人变老",那根本无需要"老"了才变"坏",而是一路"坏"来。此问的关键词在"变",但无论何种"变",本质都是一个"坏",其要义是说道德信用正在变坏,甚至已经变坏。第二问是"伦理之问",世风中最痛心之事不是有善有恶,甚至不是善恶不分,而是善恶颠倒,以良知为尤物,视不正常为正常。"既然没撞,你为什么救她"之所以更为"揪心",是因为它不仅是对一个人的伦理不信任,而是对整个世界、对世道人心的伦理不信任,甚至是对伦理本身的不信任,它从"撞才救"的世俗前提,演绎出"救必撞"的让全世界失语的荒谬结论。这一"伦理之问",与其说是一个法官的荒谬,不如说折射了社会生活的荒谬现实。它传递的不仅是一种伦理判断,而且是一种文化信念,最后的结果是让人们对这个社会失去伦理信心,因而更为"揪心"。两个"揪心一问"表明,当今中国社会信任危机,已经由道德信用危机,演化为伦理信任危机,正在生成文化信念危机。因此,已经不是"诚"的道德问题,而是"信"的伦理问题,并且正在进一步演绎为社会问题和文化问题。在此背景下,如果将诚信危机只当作道德信用危机,已经不是不深刻,而是不清醒,因为它大大削弱和消解了危机的严重度和紧迫性。

问题在于,信任危机在中国社会的生成和演进具有何种特殊境遇,体现伦理型文化的何种特殊规律?当今之世,信任已经成为世界学术前沿,在高速流动和交往前所未有的便捷的文明背景下，信任已经成为人的伦理安全的基本条件，因为交往的本质是"社会"的不断延伸，没有信任，不仅社会而且交往本身就不可能。但是，信任成为中国问题乃至中国难题，却有特殊境遇，最突出的便是社会转型中伦理实体的缺场。自古以来，中国文明的基本构造是家国一体，由家及国，所谓"国家"，家和国是两个最基本和最重要的伦理实体，如何由家的伦理实体向国家的伦理实体过渡，也是中国文明的基本课题。计划经济体制的重要贡献，是在家与国之间建构所谓"单位"，"单位"是由"家"向"国"过渡的中介，是中国式的"社会"。"单位"既具有"家"的伦理功能，又具有"国"的政治功能，因而既是伦理的也是政治的实体，是伦理政治的实体。由此，人的道德信用和伦理信任不仅处于"家—单位—国"的完整系统中，而且处于"单位"的严格和严厉的监督中。市场经济使中国进入"后单位制"，准确地说是"无单位制"时代，于是家与国之间出现巨大的伦理断裂。个体被从家庭中"揪出"（黑格尔语）之后，不仅缺乏"第二家庭"的伦理关怀，也缺乏伦理督察，自由但失依和脱轨，是精神世界的普遍镜像，个体成为从家庭自然伦理实体中分离出来的单子甚至游子。取代"单位"的伦理政治逻辑的不是"市场经济"而是"市场"，准确说是"市场"之"市"。"市"者交换也，市场经济向一切领域的渗透，很容易使"市"泛化为主导社会生活的价值逻辑。于是，计划经济时代介于家和国之间的"单位"便在西方学术的影响下被诗意地置换为"市民社会"。然而，这种所谓的"市民社会"，实际上是对"民"的市场化组织，准确说是对"民"的市场放任或放逐，是"市场社会"，是"民"在"市"的社会。由此，社会就只剩下一个，这就是"市场"，即便学术也成了"思想的自由市场"。在这种情况下，道德信用危机就不可避免，由道德信用危机走向伦理信任危机更不可避免。中国文化是一种伦理型文化，伦理型文化不仅是对伦理的高度依赖的文化，不仅以伦理为核心，而且是表明伦理将成为文化，因此，伦理危机会必然直接发展为文化危机。

伦理实体的断裂，"市场经济""市民社会"的"市"的价值逻辑在现代文明中的渗透，只是为信任危机的产生提供了西方学者所说的"偶然性"和"不确定性"的一般条件，当今中国社会的信任危机还有特殊的病理轨迹。总体说来，它体现伦理型文化的特殊规律，呈现以伦理病灶为中枢的病理特征，经过三次危机转换，呈现三大轨迹。

病理轨迹一，从个体道德信用问题到群体伦理信任问题，道德危机向伦理危机转化，伦理分裂。现代中国社会的信任危机体现从道德问题到人际信任，从人际信任到角色信任，从角色信任到群体信任的问题轨迹，三次转换的实质，是个体道德信用问题向伦理信任问题的演进。有待追究的是，个体道德问题为何、如何向社会伦理问题积累和积聚？其危机衍发点是什么？根据我们所进行的三次全国性大调查的信息，分配不公与官员腐败，是相当一段时期以来全社会普遍担忧的两大问题,其中官员腐败相当程度上是道德信用危机转化为伦理信任危机的根源。官员腐败本是个体道德问题,在发生学上,起初只是少数官员的道德问题,当腐败的量积累达到一定程度,便达到部分质变成为官员群体的道德问题,由于官员是国家权力的支配者,因而腐败一开始就不只对支配权力的官员而是对国家权力的道德信用问题。权力的本质是委托或赋予,所谓主权在民,公民权利委托的首要条件是对受委托者即官员的道德信用。腐败对官员是道德信用问题,对委托人即公民来说便是伦理信任问题,这种信任将不仅是对官员,而且被普遍化为对权力本身的伦理信任问题。腐败在其开端表现为对个别官员的人际不信任,随着量的积累,发展为对"官员"这一社会角色的不信任,最后人格化为对整个官员群体的不信任。内圣外王的伦理型文化的传统和政府官员在社会生活中的政治主导地位,使其不仅被赋予道德示范的使命,道德信用问题也具有很高的显示度和渗透力。腐败问题由个体道德信用向伦理信任的发展,是一次可怕的危机恶化,因为它不仅导致对政府官员群体的伦理不信任,而且导致对政治权力的伦理不信任,因而不仅是官员群体的伦理信任危机,也是政治权力的伦理信任危机。什托姆普卡曾提出"信任功能的替代品"的概念,认为腐败是信任缺失的"替代品"。他发现,在腐败广泛传播的社会,社会联系的网络被行贿者和受贿者之间的互惠、"关系"、交易、病态的"伪礼俗社会"的网络所代替。① 他没有指出的是,伦理信任缺失必然导致腐败,腐败必然导致伦理信任危机,腐败既是信任危机的表征,又是信任危机的替代品,只有在不信任广泛存在的社会,才需要通过腐败建立社会关系网络,腐败才会被广泛感染。信任危机导致腐败,腐败作为信任的替代品表征和强化不信任,信任危机和腐败恶性循环,这就是当今中国社会腐败难以根治,信任危机难以摆脱的重要原因。

  病理轨迹二,从群体伦理不信任到诸群体间的伦理不信任,伦理分化。如果说官员腐败的道德信用问题积累到一定程度因对官员群体的伦理信任危机,将导致对权力的伦理不信任,从而导致社会的伦理分裂,腐败与分配不公的相遇便导致由经济上的两极分化发展为伦理上的两极分化。作为当今中国社会最令人担忧的问题之一,分配不公一开始就具有伦理与道德的性质。财富的本质及其合法性是普遍性,一旦丧失普遍性便导致财富积累和贫困积累的两极,两极分化标示着财富分配的不道德,也标示财富的伦理合法性的丧失。平均主义在经济上只是柏拉图式的乌托邦,但分配不公不仅导致伦理信任的危机,而且是伦理信任危机的结果。分配不公必然导致经济上的两极分化,经济上的两极分化必然造就财富的两极,最后必然演化为伦理上的两极。当今中国社会,官员腐败与分配不公相当程度上互为因果,官员腐败催生分配不公,二者的结合从政治和经济两个维度恶化伦理信任危

---

① 彼德·什托姆普卡.信任:一种社会学理论[M].程胜利,译.北京:中华书局,2005:前言155.

机,由一个群体对官员群体的不信任,演化为一个群体对另一个群体的不信任,最后演化为诸社会群体之间的不信任。根据三次全国性大调查的结果,政府官员、演艺娱乐圈、企业家与商人,依次是在伦理道德上最不被满意的群体,他们是当今中国社会分别在政治、文化、经济上的三大强势群体;而农民、工人、教师,依次是伦理道德方面三大最被满意的群体,他们是中国社会的草根群体。这一信息暗示,当今中国社会已经形成强势群体与草根群体在伦理上的两极分化,其表征是强势群体与草根群体的两大群体集之间在伦理上的互不信任。由此,经济上的两极分化便演化为伦理上的两极分化,伦理信任危机演化为伦理分化的危机,伦理危机向社会危机转化。

轨迹三,从伦理分化到不信任文化,"病态的不信任文化"生成。由于道德信用危机的积累和积聚,也由于由人际不信任向角色不信任、群体不信任,最后群体集之间不信任的恶变,必须承认,当今中国社会已经开始形成一种不信任文化,其明显表征是出现一些以偏概全的盖然论的"可怕的信念",如从传统的"无商不奸"到现在的"无官不贪"。最可怕的不是这些盖然论的判断可能部分是事实,因为在任何社会它们都可能部分地存在,更可怕的是它们内化为一种信念,这些信念之所以"可怕",被称为"可怕的信念",是因为它们可能作为文化在社会上传播并且代际传递。与对强势群体的"可怕的信念"相对应,对弱势群体来说,是"可怕的自暴自弃",当骗乞成为一种职业,就标志着弱势群体不仅陷入经济上的贫困,而且陷入精神上的极度贫困,从而使弱势群体从伦理上被同情和帮助的对象沦为伦理上不信任的对象。问题的严重性还没到此为止。当丧失自食其力的基本伦理信用时,经济上的"贫民"就沦为伦理上的"贱民","贱民"之"贱"不在于贫困,而在于精神上的自暴自弃,在于伦理上的出局,即社会对其伦理信任和伦理信心的丧失。"贫"—"贱"交加,恶性循环,"贱民"中的一部分可能沦为"暴民",只是由于"贫"的经济地位和"贱"的伦理本性,他们施暴的是比其更弱小的对象,校园凶杀案、汽车爆炸案就具有这样的特征。可以说,伦理信任危机正由伦理分化的危机演绎为伦理文化的危机。不得不承认,当今中国社会已经出现因经济上的两极分化向伦理上两极分化的演变,出现"贪民"和"贱民"的极端的两极现象,它们既是伦理分化的极端表现,也是伦理信任危机演绎为伦理文化危机的表征。也许,还没有足够的根据说已经形成"病态的不信任文化",但至少这种社会心态、这种文化已经开始出现,必须高度警惕,防止不信任成为一种文化,尤其"不信任的伦理文化"。

要之,当今中国社会信任危机的伦理病理特征以"两极"和"分化"为关键词。由经济上的两极开始生成伦理上的两极,道德信用危机由人际关系不信任和群体不信任的伦理分裂,演化为诸群体之间的伦理分化。伦理一极的景象,是政治、文化、经济三大精英群体在伦理上的集体失信和集体失落,"老虎""吸金""土豪",已经成为社会对官员、演艺圈、企业家与商人的大众话语;伦理另一极的景象,是弱势群体的自暴自弃及其制造的恶性事件,是"贫民—贱民—暴民"的演化轨迹。由此,必须发出三大"危机预警"——

预警一:道德信用危机演化为伦理信任危机的预警;

预警二:伦理信任危机导致伦理上两极分化的预警;

预警三:伦理分化危机导致伦理文化危机或"病态不信任文化"的预警。

三大预警的核心,是伦理信任危机的预警,准确地说,是伦理型文化的预警。由于中国文化是一种伦理型文化,因而伦理信任危机及其所导致的伦理文化的危机,不仅是伦理预警,而且直接和深刻地就是文化预警。这是伦理预警对于中国文化和中国文明的特殊意义,也是中国文化的特殊伦理规律。

四、走向信任的"破冰之旅"

综上,当今中国的信任危机呈现伦理型文化的特点和规律,以伦理为重心,以道德信用危机为前因,以文化信念危机为严重后果。"扶老太事件"是信任由伦理危机走向文化危机的表征和信号。信任危机已经发展到如此程度,信任对伦理型的中国文化如此重要,乃至可以说,当今中国社会,不是在信任中凝聚,便是在不信任中沉沦。"老人变坏""老虎""土豪""贱民",这些现象和新语言的诞生,相当程度上警示当今中国社会的信任危机已经不只是由道德信用向伦理信任转化,而且正向文化信念转化。在信任危机已经开始向文化蔓延,正逐步接近形态转换冰点的背景下,到底如何开始重建中国社会的伦理信任的破冰之旅?最重要和最紧迫的是进行理论上的正本清源,走出关于伦理信任的误区。

[走出"市民社会陷阱"] "市民社会"是相当一段时期以来学术研究中潜藏重大理论与实践隐患的问题之一,它导致两种结果,一是理论上"市民社会"的乌托邦,二是现实中"市民社会"的"歹托邦"。"市民社会"本是黑格尔在《法哲学原理》中作为家庭与国家两大伦理实体之间过渡环节的思辨性结构,某种意义上也可以说是近现代西方社会中与市场经济相匹配的一种社会结构,然而中国学术在移植和接受中,将"市民社会"当作现代社会理想和必然的结构,相当多的学者认为,中国社会现代转型的出路,就是市民社会的形成,全然不顾黑格尔已经指出的"市民社会"中内在的重大危机。市民社会的本质是什么?"市民社会是个人利益的战场,是一切人反对一切人的战场,同样,市民社会也是私人利益跟特殊公共事物冲突的舞台,并且是它们二者共同跟国家的最高观点和制度冲突的舞台。"[①]"个人利益的战场""冲突的舞台",已经将市民社会的本质揭示得淋漓尽致。市民社会的前

---

① 黑格尔.法哲学原理[M].范扬,张企泰,译.北京:商务印书馆,1996:309.

途是什么？两极分化。首先是个体性与普遍性的两极分化，因而是伦理的消失，在市民社会中，"伦理性的东西已经消失在它的两极中"；继而是经济上和伦理上的两极分化。"市民社会在这些对立中以及它们错综复杂的关系中，既提供了荒淫和贫困的景象，也提供了为二者所共同的生理和伦理上蜕化的景象。"① 荒淫与贫困的两极分化，生理上与伦理上的两极蜕化，是市民社会的必然景象。市民社会是"无尺度"的社会：一方面是情欲的无尺度，另一方面是贫困的无尺度；一方面是个体特殊性的无尺度，另一方面是约束个体无尺度的各种制度形式的无尺度。② 因此，市民社会绝不是理想社会，更不能成为现代社会的范型，正因为如此，黑格尔才指出市民社会一定要过渡到国家，在国家中实现个体性与普遍性的结合。当下的中国社会虽然还没有也不可能进入被憧憬的所谓"市民社会"，但如前所述，由于市场经济的挺进，"市"的价值逻辑已经部分地渗透到"民"的气质和素质中从而造就所谓"市民"，社会也开始"市民化"，于是，在这个"个人利益的战场中"，不仅信任可能成为危机，而且经济上与伦理上的两极分化、生理上与伦理上的两极蜕化，也成为可能，随着信任危机的演化，可能便成为现实。摆脱信任危机，必须在理论上和实践上走出"市民社会陷阱"，只有理论上走出"市民社会"的乌托邦，才能在实践上走出"市民社会"的歹托邦。

[走出"伦理半径"] 弗兰西斯·福山提出"信任半径"的概念，以此作为解释信任与繁荣关系的重要框架。他认为，家族本位的中国文化的最大缺点之一是不信任外人，虽然在家庭内部有很高的信任度和依赖性，信任的伦理半径却很小，最多拓展到成为"朋友"的所谓"熟人"。信任半径的狭小严重影响繁荣的可持续性，使"富不过三代"成为华人企业的诅咒，因为不信任外人的直接后果是家庭式经营和亲子遗产继承，它很难形成现代意义上的企业制度，而遗产平均分配又使资本规模在代际传递中呈几何级数缩小。"华人社会一切以家庭为大，对于家庭以外的任何组织认同感都很低；由于各个家庭间的竞争性很强，因此整个社会内部反映出来的是缺乏一般的信任，而家族或血亲关系之外的群体活动，也绝少见到合作无间的情况。"③福山的批评虽然中肯和深刻，但却具有西方学者特有的对中国文化的短视。中国文化以家庭为本位不仅无可争议，甚至也无可非议，因为中国文化具有一种特有的从家族走向社会的伦理机制，这就是前文所说的"推"与"及"的"忠恕之道"。什托姆普卡提醒人们，应当不断扩展"信任的半径"。最狭小的信任半径是家庭，其次是自己认识的人即所谓"熟人"，更大的半径是社区的其他成员，最大

---

① 黑格尔.法哲学原理[M].范扬,张企泰,译.北京:商务印书馆,1996:199.
② 同①200.
③ 弗兰西斯·福山.信任:社会道德与繁荣的创造[M].李宛蓉,译.呼和浩特:远方出版社,1998:116.

的半径"人"这个类,所谓"不在场的他者",在想象中建立起一个真实的集体或共同体。① 也许,将两位学者的理论结合,运用中国伦理传统的资源,对走出当下中国的信任危机具有一定的解决力。福山的合理性在于提醒人们,将信任局限于家庭中不仅会堵塞社会信任的伦理通道,而且不可能造就持续的繁荣;什托姆普卡提醒要渐进地扩展信任的同心圆,由家族信任、人际信任走向社会信任,但未提供实现这种扩展的路径。前者指出拓展的必要性,后者提出拓展的可能性,"忠恕之道"的传统资源提供由必要、可能走向现实的伦理之路。在中国,忠恕之道一般被理解为建立个体道德的"金律",其实,无论是"己立立人"的"推"还是"老吾老以及人之老"的"及",都是建立和扩大伦理关系的规律,是由个体走向他人,由天伦走向人伦的"神的规律"与"人的规律"统一的伦理规律,也是伦理信任由家庭走向社会,从而不断拓展信任的伦理半径的规律。关键在于,必须实现忠恕之道由道德向伦理的转换,达到创造性转化和创新性发展,由此,家庭信任的伦理半径,便不再是建立社会信任的鸿沟,而是社会信任的伦理策源地和伦理家园。

　　[走出"农夫与蛇"与"宠物心态"的两极] 走出信任危机的最大难题之一是如何对待信任风险,或应当确立关于信任的何种风险意识与风险态度。我们正处于一个希求信任而又稀缺信任的社会,也正处于信任的"囚徒困境"中。信任的最大障碍是在心理上将信任当作"赌博",在现实上是信任行为可能遭遇的高风险,由此,社会可能陷于信任的恶性循环中。开启信任的破冰之旅,期待一种彻底的或坚定的人文精神。人文精神的真谛是理想主义,理想主义意味着与现实的距离和超越,这种超越用儒家的话语表述,就是所谓"明知不可为之而为之","明知不可为而为"正是人文精神的可贵所在。人人可信而信任他人,这只是现实主义;信任缺失而信任他人,这便是人文精神和理想主义。信任是文明社会的资格,也是文明社会的能力,同样也是个体成为文明社会的成员的资格与能力。苏格拉底曾经说过,教育子女的最好的方法,就是让他做一个具有良好法律的城邦的公民。但苏格拉底没有回答也不能回答这样的问题,如果城邦没有良好法律,是否要做它的公民,如何做它的公民?社会学家发现,信任的发展经过三个阶段,即信任反思,信任冲动,信任文化。信任反思可能是关于信任必要性的理性认知,也可能是对信任风险与信任利益的理性权衡,这种理性的最大缺陷是它可能使信任成为"优美的灵魂",只向往而不行动,甚至构筑只要求他人信任的"伦理高地"。于是,在任何高信任度的社会尤其在一些风尚质朴的社会中,信任都是一种不加反思的冲动,而在文明社会,这种冲动的基础应当是信念,当信任由冲动上升为信念时,信任便成为文化。在这个理性主义尤其经济理性横行的时代,人们处于信任的理性牢笼之中,信任教

---

① 彼德・什托姆普卡.信任:一种社会学理论[M].程胜利,译.北京:中华书局,2005:前言 56-57.

育处于两极:要么是那个"农夫与蛇"的古老故事的理性絮叨,要么是"宠物心态"。"农夫与蛇"讲述农夫以温暖的胸怀救了蛇却反被苏醒后的毒蛇咬死的故事,虽然试图诉说信任的底线,然而却难免使善良的人们不寒而栗。现代人演绎着另一个关于信任的反故事,屡屡在公园中发生的猛兽伤人事件的真相在于,孩童以"宠物心态"对待困兽,于是善意的童心最后反遭伤害。其实,"宠物心态"不只是缺乏信任的底线或信任的风险意识,更重要的是以"宠物心态"对待动物本身就是对动物的误读乃至对动物的伤害,说到底,"宠物"只是人类自我中心和自私心的一种表达,"宠物心态"只是信任缺失和孤独症的一种替代品和自疗手段。走出"农夫和蛇"与"宠物心态"的两极,以一种彻底的人文精神和伦理精神对待他人和社会,才能实现当今中国信任危机的伦理破冰。在信任缺失的社会,破冰之旅从哪里开始?从彻底的人文精神开始,从彻底的伦理精神开始。

当代中国道德事件的责任扩散效应探讨*

马向真 李凯

东南大学人文学院

摘 要 当代中国的道德事件频发,许多触目惊心的事实让人对道德状况产生了深重忧虑。其中的责任扩散效应还没有引起足够的理论关注,这种扩散效应具体变现为道德焦虑、道德冷漠和道德消解。拨开这纷乱的意象迷雾,我们可以追究到出现这种情况的深层缘由:中国社会之伦理格局的变迁、道德空间的变形与坍塌以及现代责任伦理和责任文化建构的乏力。面对这种情况,我们要从具体的道德事件着手反思伦理现状,从社会伦理格局的巨变之中、从道德空间的断裂处、在本乡人和异乡人的目光下,以德性伦理、共同体伦理和他者伦理之进路重建责任伦理,重塑道德责任。

关键词 道德事件;道德责任;扩散效应;伦理反思

一、道德事件与责任扩散

所谓责任扩散效应即指,在道德事件发生时多人在场比少人在场的责任被分散和削减,道德责任在不同情境之中表现出相异程度。当下发生的诸多道德事件让人痛心的同时,也让我们有了更多的反思,作为人和公民的良知何在、责任何在。在广阔的社会生活中、在错综复杂之伦理关系中,道德责任的承载者为谁,这种道德责任的含义为何?不断树立道德楷模和道德典型正说明了我们社会的伦理信心之缺乏,于是我们不禁发出这般质问:谁之责任?何种责任?公共生活和公共空间的开放性使得这种追问变得艰难。

社会生活中的人不可避免地承担着各种责任,来自家庭的、单位的、社会和国家的等等,没有谁可以孤立地生活,一旦建立了伦理关系,就意味着存在着相应责任,在享有公共权利的同时也必须承担某种责任。面对处在困厄之中的人,伸出援手是出自人的善良天性和本能,也是作为社会公民的道德责任。当下的种种事实

---

* 江苏高校哲学社会科学研究重点项目:公共事件中的道德责任研究(2015ZDIXM005)阶段性成果。

愈发显示了责任扩散效应非常明显,当下中国社会它又具体表现为:

1. 道德冷漠

道德感的普遍丧失和善良意志的缺失,使得我们的社会变得冰冷和荒凉。许多人面对种种惨象和伤痛却无动于衷,无辜的生命和受难的灵魂并不能唤起同情。"道德冷漠,一般是指人们的道德感、道德判断、道德意志或道德实践勇气的匮乏或丧失"。这种冷漠最终会使人丧失作为道德人的本质特征,"作为一种特殊的道德经验或道德感,道德冷漠所折射的是道德实践在个体心理层面所遭遇的伦理困境,以及伦理在这一困境之中的极端表现。作为一种社会化的心态,道德冷漠是一种扭曲的或严重畸形的社会伦理秩序在人们道德生活中的表现或反映"。①

这种道德冷漠的人,最终将失去道德认知和道德实践能力,将导致阿伦特所言的"平庸之恶",不思考社会和自身,也不思考和评价善恶问题,对于恶事物不做抵抗,没有勇气和意志从事善事,只是没有思想和灵魂的空壳。韦伯意义上的科层制体系之下的管理,二战时纳粹治理下的庞大军队体系,以及当下公司和行政体系下的许多成员,都是道德冷漠的典型。他们自身并不主动从事恶事,但不会抵制和反抗恶,最终却往往会被裹挟着成为罪恶的帮凶。

2. 道德焦虑

与道德冷漠相对应的是道德焦虑,这种焦虑是指信任感的普遍缺失和对于社会道德现状的过度担忧。道德责任的涣散往往会引发广泛的社会焦虑,对于他人极度不信任,对于社会现状颇为不满。这个群体往往会持"道德滑坡论",在他们的意识深处存在一个道德的黄金时代,那个社会民风淳朴、安定,民众的道德水准也普遍高于今天。反之当下这个时代,伦理失序、道德混乱,这种虚拟对比造成的落差使其难以承受,从而陷入持续焦虑和惶恐的状态。

与平庸之恶不同,他们有着自己的道德标准和道德意识,但是这并不能使其产生实际的道德实践。因为道德上的自我中心和不信任,他们并不愿意与他人建立社会交往,道德责任也就无从谈起。他们只在极为有限的人际圈之中从事道德行为,而不愿在更广阔的场域之中承担责任。自恃占领了道德高地进行品评,在道德事件中却往往缺乏行动力,因为并不认同和服膺当下社会的道德规范。

3. 道德消解

后现代社会高扬个人的道德自由,对于现行道德持结构态度,更有甚者将道德事件作为心理消费对象。自由是人的自然权利神圣不可侵犯,然而自由毕竟是有限的,绝对的自由往往会消解道德责任,走向虚无主义和相对主义。持这种观点的人,自认为是以超然的态度对待道德问题,他们既鄙视冷漠之人的卑贱,又嘲笑忧

---

① 陈伟宏,陈祥勤.道德冷漠的原因分析及其矫治对策[J].道德与文明,2014(4).

虑之人的惶恐。超道德主义者觉得自己拥有道德的豁免权,可以不受相关社会伦理规范的制约。

绝对的道德自由主义者将道德事件视为消费对象,以正义或审美的名义制造一些噱头吸引关注,违背道德良心和越过底线,制造谣言和歪曲事实真相,对民众进行了误导和蒙蔽。这个时代讯息高度发达,传播扩散极为迅捷、便利,使得一些好事者得以大行其道,造成了极为严重的后果。后现代社会我们似乎拥有了更多的言论自由和思想自由,公共空间也以多种形式向民众敞开。然而这种增长和扩展的自由并没有卸除我们的道德责任,自由度越大你担负的责任越多。交往方式更为多元、交往空间更为广阔的今天,道德责任容易被消解成为碎片和虚无。自由皆有边界,责任则无处不在,但是后现代语境下各种道德真空的出现使得这种消解现象愈发严重。

二、道德事件背后的伦理世界

道德事件的发生伴随着责任扩散效应,这种扩散又具体表现为道德冷漠、道德焦虑以及道德消解。我们时代的这些道德表征有其深层的伦理原因,伦理时代已经终结,道德空间被扭曲和弱化。由陌生人组成的社会使得熟人社会的乡愁挥之不去,上帝、神和德性等伦理权威已经退场,启蒙之后的理性人作为新神登场为自己立法,道德责任不再面向城邦、家族和上帝,责任伦理也在这种伦理断裂之中显得苍白无力。人类的善和利益如何分配,道德责任如何分配,德福悖论是否永远存在下去,人类是否还可以很好的一起生活,或者已然丧失了这种能力。新的道德空间格局还远未形成,各种道德真空显示着巨大的时代断裂。

1. 社会伦理格局的变迁

在一百多年的时间里,我们的伦理生态发生了巨变,传统社会是熟人社会,现代社会是陌生人社会。传统社会流动性小,村落和族群之内都是由亲友和家庭联系起来的,彼此都是熟悉的面孔。在这样的伦理格局之中,伦理规范具有相当的稳定性,每个人很清楚自己扮演的社会角色,道德责任是先在的、自然的。在乡土社会里,建基于土地和血缘之上的伦理关系网络,拥有很强的向心力和辐射力。一方土地之上共同生活的民众,在经济生活和道德生活上具有高度统一性,协作和交流都是自然生成的,信任和关注也是发自本心。道德舆论和道德惩戒具有很强的效应,每个人都会自觉地遵循相关伦理规范,否则就会被家族和村落排斥、冷落。公德和私德并没有明晰分野,公共空间和私人空间高度重合,道德行为和道德评价都建基于熟人社会的道德生活之上。

现代社会是陌生人社会,商品经济和资本社会的高度发达使得地区之间人口的流动成为常态,旧有乡土社会格局的被颠覆,建基于土地和血缘之上的伦理生态被打破。每个人面对本乡本土之外的人群,那种因袭形式的自然责任被消解,陌生人交往多源于经济利益的诉求,以往在熟人之间的信任于此难以达成。共同的道德生活极为稀缺,经济伙伴、同事和上下级关系等编织了巨大的社会关系网络,流动性和陌生化也使得道德舆论监督分散化。

后现代的人际交往更加多元化,传统交往语言更替为符号和代码,在这种"代码的形而上学"语境下,我们迎来了"仿真的超级现实主义"。人类凭借代码和数字符号进行对话,传统语言在切割和异化中陷入符号世界的海洋中。每个人都带着匿名面具发言,这种匿名性和去中心化也使得伦理规范和道德戒律难以达成普遍性。相比现代性社会而言,后伦理社会是陌生化之上的再陌生,面具之后的真实形态难以把捉。转型期的伦理格局变化如此之快,以至于相关的伦理建构和道德反思难以同步。从传统社会到现代社会,再到后现代和后伦理社会,从熟人伦理到陌生人伦理,再到双重陌生化的伦理,中国社会的伦理生态在一百年内发生跳跃式变迁。道德责任从先在的自然义务,被替换为相对性的有限义务,以及难以明确定义的流变责任。冷漠盛行、焦虑升级、消解成为常态,都与此大背景有密切关联。

2. 道德空间的变形

按照鲍曼的说法,社会空间是由三种截然不同的空间交互作用而组成:认知的、美学的和道德"间距"的。"如果说认知空间是知识的获得和分配在智力上被建构的,美学空间是通过由好奇引导的关注和对经验强度的探索在情感上进行划分的,那么道德空间的建构就是通过感觉到的或者假定的责任之不平均分配来实现的。"①后现代我们的社会空间格局发生了颠覆性的变化,认知空间和审美空间不断挤压和侵占道德空间,与伦理格局的巨变相对应的是,道德空间呈现为扭曲、变形、坍塌和重建的序列。

自启蒙之后理性取代上帝的位置成为新神,人为自己立法,道德自我获得了空前的自由,人类理性是如此强大以至于创造了无比巨大的物欲世界和精神世界。承载着知识和智力的认知空间不断扩张,仿佛理性的力量是无穷的,人类可以穷尽对于世界的探知,人类是世界的主宰和操控者,知识的更新更为迅速、获取更为便捷,一个普通人可以获得的知识量与前人相比是惊人的。与认知空间相伴的是审美空间的增长,物质的剧增刺激了人类的物欲追求,而无止境的欲望又反馈于物欲生产,对于极端感官经验的渴望屡屡将人类拉入更危险境地。好奇心驱动的审美欲求游走于高尚与卑劣之间而乐此不疲,无止境的欲望将审美引入消费主义和虚无主义的深渊。而我们的道德空间已经被过度挤压,成了支离破碎、满目疮痍的后现代主义荒漠,道德责任没有归属,人类就如巴别塔下的先民一般争吵、缠斗。

---

① 齐格蒙特·鲍曼.后现代伦理学[M].张成岗,译.南京:江苏人民出版社,2003:172.

后现代和后伦理时代的道德图景如超现实主义的画作,抽象、晦涩、难以解读,如同宇宙空间一般辽阔而驳杂,置身于道德空间一眼望去既热闹又荒凉。城市是我们这个时代的最好隐喻,它是巨大而冷漠的怪兽,将一切怀揣着伦理乡愁的流浪者变为异乡人,道德背景在这里被消解,所有人都成了伦理的陌生人和道德的移民。在这个陌生人的国度里,人们凭借契约和生存本能缔结为虚幻的共同体,道德人的含义发生了变化,彼此间的责任不断变异。对于神的道德允诺和对于邻人的道德责任消失了,道德责任已不复当初的神圣性和权威性,伪善开始大行其道,冷漠如瘟疫般扩散开来,消解成为常态。道德空间被解构之后还没有很好的建构起来,于是道德真空出现,道德空间的不断地震产生了巨大断裂——伦理的断裂、道德的断裂、伦理与道德的断裂。拨开那光鲜的现代社会面纱,就可以看到板块之间的错位和坍塌,如同科幻片里末日景象一般惊悚。这是个世界性问题,是全人类面临的道德困境,真善美的三位一体世界已经失去平衡,追求善的道德空间必须被给予应有的位置,真和美的过度生长造成的恶果已经再明显不过,世界大战、大屠杀和各种残酷景象让人类不得不重新正视道德空间的异化,重建道德责任迫在眉睫。

3. 责任伦理建构的乏力

社会伦理生态巨变,道德空间变形,同时我们的伦理责任和伦理文化建构并没有及时赶上。在道德事件发生时,责任扩散效应说明了什么?为什么有的人觉得自己具有道德豁免权,为什么可以置身事外,为什么往往做事后评论者而非行动者?难道道德责任不是先在的,难道人类丧失了道德感吗?面对这些情况我们既不能无动于衷,也不必彻底绝望,应该回归道德责任和责任伦理本身。

首先责任即是伦理性的,因为作为道德人之存在即意味着担负相应责任,人与人之间的关系是伦理性的,在这种主体间性之中主体才得以获得意义。黑格尔在主奴关系的一段精彩论述中很清晰地谈到,相互之间的承认是自我意识发展的关键环节。这种承认和责任是在双方的伦理关系之中拥有生命的,作为社会的道德人只对自身负责是非常苍白的。其次伦理内含着责任维度,双方的伦理关系已经不可回避地关联着责任。列维纳斯的他者思想将这种伦理责任推向了极致,他者不同于他人,他者是绝对外在和独立的,是不可以同一和化约的。我们在这世上遭遇了他者,这种遭遇是一种伦理性关系,而非相互同化的过程。在这种面对面的时刻他者的脸直接呈现于我们,面孔具有某种神圣性和先验性。因为他者的外在性才使得我认识到自己的存在,我存在的意义来源于他者,因此这种伦理责任是无法规避的。

责任伦理的缺失是时代病和道德病,是全人类的病症,在后伦理时代人往往扮演伦理的异乡者和道德的观光客,他们外在于道德社会。如同本雅明和波德莱尔笔下的巴黎浪荡子，不停地游荡于街头巷尾，打量、探问时代的风景，以审美的方式品鉴生活，以认知的方式阅读时代，却从不真正置身道德生活，因为他们只是穿越其中的观光客。我们这个时代拥有难以计数的道德观光客，而居留本土的道德人已经寥寥无几，于是每个人都怀揣着自身的诉求、卸除了沉重的道德负累，轻松地穿过道德生活的街道，并且带着认知的满足和审美的愉悦永远行走在路上。于是精神家园成为无法抵达的伦理乡愁，道德责任已沦为口诛笔伐的谈资，责任伦理和伦理责任如同虚空的热情和隔靴搔痒的学术论争。

三、责任伦理的反思与展望：德性伦理，共同体伦理，他者伦理

重新构建责任伦理，要做到"古今对看，中西互镜"，要从传统与现代的断裂处出发，立足本国文化生态，借鉴西方文明的精华，才能抵达包罗广大的伦理体系。我们的国家有着悠久的文化历史和丰厚的思想遗产，在经历了一系列出走和叛逆之后有必要重新回到传统。这种回归并不是简单的回归，而是有选择、有原则地进行思想提取和凝聚。无法回避的一个现实是当代世界仍是西方文明为主导，我们不能用极端民族主义的方式来一味排斥，而是有目的、有方法的吸取和借鉴其文明精华。有几个伦理学视角可供借鉴：

1. 德性伦理

20世纪后半叶的德性伦理之复兴，将古典的德性哲学重新带回学界的视线。对于古希腊罗马和亚里士多德的伦理学思想，我们需要进行发掘和思考。麦金太尔在《追寻美德》一书中宣称，"现代道德理论的各种问题显然是作为启蒙筹划失败的产物凸现出来的"，启蒙道德必须接受验证和反思。"在绝大多数公共和私人的世界里，古典的与中世纪的各种美德被现代道德所提供的各种粗鄙贫乏的替代物所取代了"。[①] 通过梳理整个道德哲学史的思想脉络，麦金太尔详尽地考证了古典社会的美德，比如正义、勇敢、节制、慷慨和智慧等。对于美德诉求的丧失导致现代人坠入了理性的自我迷误，韦伯所言的工具理性极度膨胀，关涉美德维度的目的理性则受到压制。德性伦理内在包含了道德责任的维度，自我的正义即是对自身统一性的追求，社会的正义即是对于分配规制和矫正，朋友的正义即是乐善好施和挺身而出。个人的善是对于自身心性的修炼，社会的善是整个社会的正义和幸福。

德性伦理是追求好生活的哲学，是追求自我完善和社会幸福的哲学。"概而言之，德性就是让一个人高尚并使其实践活动完美的品质，是人之为人的内在规定，是实现人与自然、人与社会、人与自己相和谐的内在动力"。这种品质内含实践的维度，是实现人类好生活的能力保证。"德性伦理就是一个人或共同体以品质为核

---

① 麦金太尔.追寻美德[M].宋继杰,译.南京：译林出版社,2003：79,309.

心,以社会关系中的人为本位,以实现人的幸福生活为目的,以和谐最高范畴的伦理道德体系。它从人的生活实践的内在性、本体性和超越性出发,真正实现了人对自我的伦理关怀。"① 亚里士多德和麦金太尔都非常强调德性的实践维度,主张将实践中的德性贯彻到实践中去,实现知行合一。

传统中国社会的德性伦理也非常重视道德实践和道德责任之统一,《礼记·大学》谈到"格物致知,诚意正心,修身齐家,治国平天下"。从个人德性出发推演到家国乃至天下,将道德实践和道德责任完整融合在一起。孔子讲仁求礼,礼是伦理规范和伦理纲常,仁是道德内化和道德践履的结合。依循志—学—思—行之路,最终达到"从心所欲不逾矩"的自由境界。孟子持性善论观点,认为"恻隐之心,羞恶之心,是非之心,辞让之心"此四端是道德判断和道德之源泉。循仁义之道,实施仁政,养浩然之气,是大丈夫所为。德性已经包含了实践和责任维度,格致诚正和修齐治平、仁和礼、仁义和修养功夫,源于道德生活又最终回归。

2. 共同体伦理

古希腊城邦是共同体社会,统一性和同质化为其特征。后现代社会是反基础主义、反本质主义、去中心化和去神圣化的时代,解构伦理和重建道德是时代主题。正义和善的古典德性源于城邦社会的文化土壤,重提共同体似乎有复古守旧之嫌。事实并非如此,传统伦理社会确实已经解体,但是共同体作为伦理形态和文化形态并没有消失。政治共同体、经济共同体和文化共同体如同星辰散落在大地,在共同体之内成员分享和认同一定的道德准则和伦理秩序,具有程度不同的聚合性和向心力。在这种认同下社群的道德责任也很自然地得到分享,作为共同体成员责任内化为自身的伦理本性和个体气质。

社群主义和自由主义之争是当代伦理学的一道风景,二者争论的核心即"权利与善谁之优先"问题。前者如桑德尔、查尔斯泰勒和麦金太尔等人肯定社群在道德生活中的重要地位,即是作为公共利益和群体之善优先于个人权利。而后者如诺齐克和罗尔斯等则认为,个人权利优先于群体的利益和善。如今这种主义之争已渐趋和缓,自由主义和社群主义有融合之势,在尊重个人道德权利的前提下寻求认同成为一种理论出路。伦理生态之变迁使得单一理论失去生命力,好的理论应该是融多种思想与一炉,这并不是简单的折中主义。具有普世关怀的全球伦理也是某种放大版的共同体伦理。它将地球人类视为一个大的共同体,分享和认同一些最基本的伦理规范,全球伦理在民族国家的时代终究是有限度的,然而却是人类美好愿景。

3. 他者伦理

他者概念早在黑格尔的"主奴关系"中就有出现,而真正发展是在20世纪的法

---

① 李兰芬,等.德性伦理:人类的自我关怀[J].哲学动态,2005(12).

国哲学家那里,其中萨特、拉康和福柯都有相关讨论。列维纳斯将其推向了至高的理论地位,可以说他的哲学就是他者伦理学。列维纳斯身上流淌着纯正的现象学哲学血液,同时他又是希伯来文化的虔敬继承者,体现在他对犹太精神的体认、对邻人和他者强烈的伦理观照上。作为20世纪重大伦理事件的见证者和亲历者,极权主义以各种名号制造的惨象,使得他深刻反思伦理学本身,开出了他者伦理的哲学向度。

传统伦理学是自我中心的,并且由此界定自己的道德准则和与他人的关系。而列维纳斯认为,他者才是第一位和先在的,关涉体间性的伦理学才是第一哲学,"我们把这种由他人的在场而对我的自发性提出质疑称之为伦理学"[①]。我们总是无可躲避地直面他者的目光,他者的先在性赋予我以主体性,应该批判同一性的暴力主体,同时高扬伦理性的他者主体。"我的真实的主体观念不是基于我自己,更不是基于我对他者的同一与整合;真正的主体依赖于他者,这个他者完全相异于我,他者的他性构成了主体性概念的前提。"[②]在我与他者的面对面关系中,他者的召唤赋予我以伦理的责任,在我承担责任的过程中,我的主体性才得以生成,由此作为责任的主体性观念确立了起来。

小结

道德事件中的责任扩散效应是当下普遍存在的社会问题,具体表现为道德冷漠、道德焦虑和道德消解几种形态。同时我们深究其伦理原因,发现有社会伦理格局的变迁、道德空间的异化和责任伦理的缺失几方面。在古今中西的轴线交会处,我们试图从德性伦理、共同体伦理和他者伦理几个维度进行反思,塑造公民德性、依托共同体,直面他者带来的责任,建构责任伦理任重道远,却也充满希望。

---

① 柯林·戴维斯.列维纳斯[M].李瑞华,译.南京:江苏人民出版社,2006:39.
② 孙庆斌.为"他者"与主体的责任[J].江海学刊,2009(4).

老龄化社会的信任危机与伦理安全

周 琛[*]

东南大学外国语学院

摘 要 "扶不扶"摔倒老人为何成为难题？其深层原因在于中国当代社会中原有的伦理统一结构的渐次消解，老龄人在家庭、社会、国家实体中原本统一的关系被终结和瓦解；信任危机的产生直接反证了中国老龄化社会潜在诸多的伦理风险。与之对应的解决路径，则是在国家主导和完善之下的新伦理安全体系。老龄化社会的信任危机将可能由此化解，从而最终保障社会安全。

关键词 老龄社会；信任危机；关怀；伦理风险；伦理安全

中国社会正在迅速、全面地迈入老龄化阶段。老龄化社会的中国特色表现于三方面，一是独生子女；二是未富先老；三是老龄人口规模庞大。这三个鲜明的特点形成了中国老龄化社会"超载"的现实及其方向性史无前例和世界鲜见。近日，"安徽女大学生扶老人"事件几经反转，使得"扶不扶"摔倒老人这一社会话题再度占据舆论的焦点，触动了社会与市民关于情感和道义之争。很长一段时间以来，"扶不扶"摔倒老人屡屡成为公众话题，每隔不久就会伴随事件出现。一个原本简单的助人行为，却因为屡遭"讹"与"被讹"，让人不得不当此内心衡量，一时竟成为难题。

不扶，于心不忍；扶了，唯恐被讹。这是人心冷漠、道德滑坡？还是老人保障缺失、故意刁难？扶还是不扶如何成为社会难题？"扶不扶"摔倒老人归根结底，是一个与信任相关的问题，这说明中国社会发生了信任危机。为什么是信任问题？"扶不扶"摔倒老人的信任危机与何相关？影响哪些方面？如何解决"扶不扶"的信任危机？

本文以"扶不扶"摔倒老人的话题为契机，试图剖析它成为问题甚至难题的深

---

[*] 作者简介：周琛，伦理学博士，东南大学国际老龄化研究中心、日语系副教授。本文系国家社科基金"独生子女时代老龄社会伦理风险的实证研究"（项目号：14BZX102）的阶段性成果；东南大学 2011 公民道德与社会风尚协同创新基地资助成果。

层原因在于原有的伦理统一结构的渐次消解,并且论证其造成的现象即信任危机,以及与之关联的老龄化社会的伦理风险,最终希冀建构一个新的家庭、社会、国家的伦理安全体系以解决和对应中国老龄化社会的信任危机,保障社会安全。

一、"扶不扶"现象与伦理追问

正如现实所呈现的,当代中国社会正处于经过三十多年的经济改革与社会高速发展之后的转型时期,贫富差距显著,城乡差别尤其在社会保障方面仍然明显,都市市民的身份背景越来越表现出较高的融合及去区域化特点。随着高等教育的普及,经济发展中趋向都市化的引导和趋势,使人们在都市更易于获得与其价值观趋于一致的生存质量和生活方式,于是,都市化社会不断形成和扩容。在此背景下,中国的共同体社会整体上也正处于从传统的家国一体的伦理社会向追求利益的市民社会转变的过渡期,因而,总是面临诸多不断出现的危机现象以及难以回避的社会风险,这说明社会失序和社会混乱随时、随处都可能发生。伴随着中国的老龄化到来,对于与此相关的各种社会危机的探讨和解决显得十分紧迫和必要。

"扶不扶"摔倒老人的讨论始于 2006 年南京"彭宇"事件,其后连续在各都市频频发生,由此,在老龄化程度不断加深的中国社会逐步形成了一个基于道德滑坡甚至任其走向正当化的"扶不扶"问题、怪题乃至难题,可以说,从中由浅渐深地表现出一个关于信任的个人道德与社会伦理"德得统一"的伦理世界沦丧、瓦解的伦理轨迹。

首先,通过梳理相关媒体的舆论报道及网络回声,对"扶不扶"问题大致可以归类为四种①。一是,应该扶,善对老人,百善孝为先。老人大多数还是好的,社会上毕竟坏人是少数。总以"条文"套用,"良心"何处安放?二是,应该扶,但我会先报警等警察到后将老人扶起。世上还有扶得起的老人,可惜你没有辨别这些老人的"火眼金睛"。必须先有善政,比如全民免费医疗,才能使老人人人扶得起。扶不扶倒地老人,考量智慧与善良。三是,扶不起,如果中国的行政执法部门和司法不能惩恶扬善,而且一味不顾民诉法规定的谁主张谁举证的原则,一味不顾"疑罪从无"的司法原则,仅凭可能性定案的话,那可能扶不起的就不扶。不尊重法治及法治规律,又以道德制高点相要挟,即不致力于社会公正而要求人人圣贤,便易产生"种下龙种得到跳蚤"的结果。中国古代就有敲诈的匪民,比如《水浒传》中的人物。一定要严打,烂民不除,感染的是更多的人。希望变老的坏人越少越好,正气才越来越盛。四是,不扶,心灰意冷,多一事不如少一事。中国传统就有只扫自家门前雪,不管他人瓦上霜之说等等。

---

① 人民网,2015 年 10 月 1 日。

其次，基于中国是一个伦理型文化的社会，有必要对于上述的四种选择从伦理视角进行总体性反思。第一，善对老人，百善孝为先。老人摔倒在地，无论是谁，相识与否，都应该伸手帮助，扶起老人的念头和行为是作为一个"人"瞬间的恻隐之心的表现，是一个"人"的良知、良能、良心使然，每个"人"都天然拥有。"恻隐之心，仁之端也"，"仁"即人，仁者爱人，孟子强调性善说，恻隐之心，这是人之常情，所以人人心中皆有仁的端倪。"人之所不学而能者，其良能也；所不虑而知者，其良知也"（《孟子·尽心上》），意为人有不学过但能做的，是人的本能；有不经考虑但知道的，是人的良知。"人"是什么存在？应该怎样存在？黑格尔说："法的命令是：'成为一个人，并尊敬他人为人'。"只有这样，他才能成为一个具有人格的人。人格权是法律人格处于趋向完满状态下理性人类所必备的权利，个人只有在法律上和事实上享有人格权，方才能够获得做人的根本权利和作为人的基本价值。"根据人格权的一般结构，人格权是一种受尊重权，也就是说，承认并且不侵害人所固有的'尊严'，以及人的身体和精神，人的存在和应然的存在"[1]。基于人格之上的人格权本身即包含着对人性的尊重。再者，"老"是每个人在生命历程的最后阶段，生命由强势走向弱势，老龄人的生命条件尤其需要基本的健康基础、被国家法律制度纳入规定的比较充实的社会保障，以及具有终极人文意义的精神关怀，即作为一个后弱势群体，社会应当给予老龄生命一种文化上的承认，一种伦理的关怀。因此，"扶"起老人是每个人应该做、能够做的基本德行、善行和良心之为。第二，法治是善行和良心的必要前提条件。如果法律是健全的，每个公民的基本权利都能够得到法制上根本和基本的保障，老龄人能够拥有基本社会保障即基础养老金和医疗保险，消除相关的区域性壁垒，解决老人就医的法律及制度性通道的基本保障通畅，"扶"起老人时就无需所谓的在场旁证、"火眼金睛"，不需要辨别什么老龄群体的"类型"，更不存在需要"扶不扶"的智慧考量。第三，"扶不起"现象的原因何在？善意伸出援手，却可能因为老人缺乏基本的经济和医疗保障，于是善意者面临为其垫付医疗等费用，甚至可能发生基于善意的扶助反被老人及其家属误解，直至反被讹诈的场景。那么，一个人是否还可能成为那样一个康德《实践理性批判》中绝对命令意义上的好人？是否存在道义上的理由就可以道德凌驾，要求好人做到底，或者枉被人质疑做好人有何动机？同时，对肇事当事者是否预设了逃避责任在法制上的惩罚机制？社会的宣传和教育体系中对于老人的相关扶助是否周全和尊重？第四，关于存在不扶老人者的原因，在国家保障体系、相关政策和法律程序健全等由上而下的制度建设之外，是否还与具有上传下达作用的舆论导向出现偏颇关联？不成为一个好人为何反而变得正当？是否仍然需要追求在遵守秩序、社会公德，遵从良

---

[1] 黑格尔.法哲学原理[M].范扬,等译.北京:商务印书馆,1979:46.

心,勇于担当等方面自下而上的个人道德上的伦理觉悟与伦理造诣?当身处德性问题频发的境遇之中,是信任自己,信任社会中他者拥有正义、善良、良心的存在,还是媒体报道的趋势?如何以道德的力量、勇气对有可能遭遇的风险迈出可能的一步?对社会道德的不信是何以产生的?

基于上述的追问,"扶不扶"摔倒老人的问题归根结底,是个人与家庭、个人与社会(包括他者)、个人与国家实体之间产生了不信任,即信任危机的问题,同时,也反证了家庭(包括个人)—社会—国家实体的信任体系出现伦理风险的重要问题。

二、老龄化社会的"信任"危机与伦理风险

"信"是什么?按《说文解字》:"信,诚也。释诂。诚,信也。从人言。""信"是"诚","诚"也是"信",信与诚同意,是发自真心的,信是一种发自内心的外化的情感,是个人与他者之间伦理关怀的一种德行。"信"在《论语》中共出现过三十八次。孔子认为,"信"是涉及做人、交友、社会、教育、治国诸方面的伦理范畴,是"仁"的道德品质的重要内容之一。信,指的是对道德抱有坚定的信心,以"信"作为安身立命的根本。

具体而言:①主要有表现个人与他者之间的"信"。曾子曰:"吾日三省吾身:为人谋而不忠乎?与朋友交而不信乎?传不习乎?"子曰:"弟子,入则孝,出则悌,谨而信,泛爱众而亲仁。行有余力,则以学文。"子夏曰:"贤贤易色;事父母,能竭其力;事君,能致其身;与朋友交,言而有信。虽曰未学,吾必谓之学矣。"子曰:"君子不重,则不威;学则不固。主忠信。无友不如己者。过,则勿惮改。"(以上《学而篇》)子曰:"人而无信,不知其可也。大车无輗,小车无軏,其何以行之哉?"(《为政篇》)②还有表现国家与个人之间的"信"以及教育思想。子曰:"道千乘之国,敬事而信,节用而爱人,使民以时。"(《学而》)子以四教:文,行,忠,信。(《述而篇》)子曰:"主忠信,徙义,崇德也。爱之欲其生,恶之欲其死。既欲其生,又欲其死,是惑也。"(《颜渊篇》)子曰:"言必信,行必果。硁硁然小人哉!抑亦可以为次矣。"(《子路篇》)子张问行。子曰:"言忠信,行笃敬,虽蛮貊之邦,行矣。言不忠信,行不笃敬,虽州里,行乎哉?立则见其参于前也,在舆则见其倚于衡也,夫然后行。"(《卫灵公篇》)子张问仁于孔子。孔子曰:"恭、宽、信、敏、惠。恭则不侮,宽则得众,信则人任焉,敏则有功,惠则足以使人。"(《阳货篇》)

由此可见,孔子说,与朋友交往要做到诚实守信,言而有信;年轻弟子,应在家孝顺父母,出门敬重兄长,言语谨慎守信博爱众人,亲近仁人;要把忠诚和信实作为(待人处事的)主导思想。一个人不讲信用,不知他怎么做人哩!在治理国家中,要讲究信用,爱护臣下,合理使用民力。怎样提高道德,辨清昏惑?孔子说:注重忠信,遵从道义,就能提高道德。

说话要真诚守信,做事要厚道谨慎,那么即使到了落后野蛮的国家也能行得通。反之,即使在本乡本土,难道能行得通吗?要时时看见忠信笃敬几个字在自己面前,做到这样就处处行得通了。孔子还说:恭敬,宽厚,信实,勤勉,(给人)恩惠,便可以成仁。

前文已述,"信"是发自内心的外化的情感。"信"是一种外在的关怀,这种关怀无所不至,给人以可靠之感。正因为"信"是一种外在的关怀,而关怀又必然作用于关怀与被关怀的两者之间,所以"信"的理念,必要经过人与人之间的关系以检验。这种关系可靠,因而也是爱的体现。但这样的爱并非如"仁"那样是一种泛爱,如"义"那样是一种不容推辞的道德意识,它只是一种关系的维系和关怀的表达。所以也可以说,"信"是爱的底线,是道德最终的价值。一旦失"信",就只有利的维系,就会失陷了道德。

关于道德的失陷,老子曾经说:"失道而后德,失德而后仁,失仁而后义,失义而后礼。"(《道德经》第三十八章)在"义"作为一种道德失陷之后,可能有三种选择,分别是道德维系、文化维系和公约维系。道德维系就是"信";文化维系是传统观念的维系,即"礼";公约维系也是社会维系,即"法",约束人的行为的社会公约称为法律。当老子看到道德维系已经失效,社会公约尚未形成,他便判断说"失义而后礼"。

因此,失"信"即失德,失德之后,社会就需要对人以法律制约,而当二者都未能健全和完善之时,个人对利的欲望和追求就可能有破约之势,如此对立扬弃,于是整体失范、失序的危机与风险随即可能出现。

中国社会正在老龄化的进程中,其中老龄群体的规模已达到总人口的20%以上(每五人中即有一名60岁以上老人),这意味着中国社会为适应现状,迫切需要面对并尽快致力于老龄事业相关的机制、法规的完善和对应。而当"扶不扶"的讨论屡次出现,其本身即说明在中国社会原有的伦理世界的自足体系、德性之范中已经潜在产生了"信任"危机。

老龄社会"信任"危机的探讨与当代中国社会的问题境域和发生主体不可分离。中国独生子女政策施行至今已三十余年,成年后的新生代开始拥有新的个体家庭,所谓"80后""90后"的一代,其父母以及第三代形成了中国社会新的人口模式即"4-2-1结构"。中国在老人抚养上自古都以孝敬的伦理观为指导思想。然而,中国面对的是历史首次全面进入老龄化的境况,"独生"时代使中国社会的老龄抚养背景发生伦理情境的变化。同时,中国当代社会在实行改革开放、进入社会主义市场经济后,传统伦理缺失了原有的存在与发展的土壤及载体,以血缘关系组成的家庭伦理实体随着市场化、核心家庭化逐步解构,并且向市民社会的形态过渡。但市民社会中对于财产和权利的争夺不断产生对立冲突,个体越来越孤立,失去了实体的归宿、实体的关怀。由于个体对于回归实体的需要,国家这个实体的阶段逐步达到，人就复归为公民。所谓社会，到底是怎样的存在？它是处于家庭和国家之间的差别性阶段，是一个理智的场所，一个普遍形式的中介。它必须以国家为前提，为了巩固地存在，它也必须有一个国家作为独立的东西在它面前①。因此另一方面，作为"扶不扶"问题的主体老人在上述境遇中遭遇着双重风险，即不仅失去了家庭这一自然和直接的老龄抚养孝道伦理的实践载体，也尚且难以获得社会和国家实体全面的安全保障（social security）和伦理关怀。

由此可见，老龄社会"信任"危机的产生必然受到以下方面的影响，即老龄生命个体是否能够自立，其家庭内部对老人如何赡养，社会这个具有第二家庭意蕴的实体对老人是否建设关怀机制，以及国家实体是否主导并完善了支持老龄生命个体追求其生命质量的法律法规。概言之，"信任"危机，本质上就是反证了在老龄个体与家庭、社会、国家实体之间产生了伦理风险。

首先，对于老人的赡养，中国传统一直以来都是"养儿防老"、依靠子孙后代。随着当代社会的发展以及家庭结构的变化，独生子女的一代越来越难承担这一责任。《中国青年报》社调中心对1 612人（其中独生子女占40.1%）进行一项调查以发现独生子女在赡养父母上存在哪些困难。调查显示，74.1%的人表示生活工作压力大，照顾父母力不从心；68.4%的人表示要承担多位老人的养老负担；50.1%的人表示生活在两地，无法把父母接到身边照顾；42%的人表示社会保障、医疗保险不同城市无法互通；37.7%的人表示养老院等社会养老机构无法让人放心。《中华工商时报》记者随后进行调查，在接受采访的多个独生子女中，99%的人都确定自己无法赡养父母，其中，有一半以上还需要父母进行资助。而在传统社会，家庭承载着养育子女、赡养老人的自然功能，是维护老龄生命自立与安全的基本载体。在"家族本位"的背景下，自给自足的自然经济形成封闭社会，由于生产力低下，经济活动范围狭窄，人们的生产、生活大都局限于某一区域。以家庭为单位的生产机制，决定了物质、知识、技能等资源主要是从父辈手中获得的，只有确保代际传承，社会才能延续和发展，这样，亲子间就很自然地以孝敬保证继承。现代社会却已变成了以契约维系的开放社会结构。市场化、工业化、城市化给传统家庭伦理关系造成了根本性的冲击。现代经济制度的建立，使得子代在社会地位和经济收入方面不必完全依靠父辈和家庭的传承和支持；独立的核心家庭增加，父辈对子辈的经济影响大大减弱。而政治程序对财富及资源的代际传承也产生决定性影响。结果就是，现代家庭中传统伦理双向职能平衡的抚养与赡养的关系产生变化，孝道等传统伦理道德得以维系的力量发生结构性减弱。由此说明，作为自然伦理安全系统的家庭正在走向单一化形式的瓦解或碎片化。老龄抚养由谁负担？怎么负担？养老

---

① 黑格尔.法哲学原理[M].范扬，等译.北京：商务印书馆，1979：197.

义务交托给谁？在这个社会的转型期各种因素叠加，给不同身份的老人带来严峻挑战和伦理风险。

其次，人是社会的动物，人类社会得以存续的基础是由各种联结机制联合起来的社会生活共同体。共同体是人类生活确定性、安全感以及价值归属的来源，而社会联结匮乏的原子化的个体则是人类共同体的否定性存在，是人类共同生活的解构力量。中国当代社会越来越呈现出原子式关系，社会原子化不是指一般性的社会关系的疏离，而是指由于人类社会最重要的社会联结机制中间组织的解体或失缺而产生的个体孤独、无序互动状态和道德解组、人际疏离、社会失范的社会总体性危机。一般而言，社会原子化危机产生于剧烈的社会转型期。社会原子化并不是说社会没有联结和零社会整合状态，而是指在一定范围内的社会其社会联结机制薄弱，社会整合度低下，出现国家直接面对民众的险象，而产生局部的、一定程度的社会失范。黑格尔在《法哲学原理》中指出："考察伦理时永远只有二种观点可能：或者从实体性出发，或者原子式地进行探讨，即以单个的人为基础而逐渐提高。后一种观点是没有精神的，因为它只能做到集合并列，但是精神不是单一的东西，而是单一物和普遍物的统一。"①人的"生命"组成的世界是一个实体。单细胞的对立扬弃产生了人的生命，在家庭中，每个人都是一个家庭成员，相互依赖，形成一个家庭实体。每个人都不独立，是实体中的一部分，子女的成长使得家庭分裂产生对立物即市民社会，家庭不再是实体。到了国家，又产生扬弃，人成为民族的公民，是一种复归。人的生活一方面具有实体性，但人的生活具体形态是在家庭、市民社会、国家之中的，因而既是普遍的又是个别化的。当回到实体时，个体就完成了，回归到他的共体当中去时一个生命就完成了，个体自身就与实体相统一。当社会关系是原子式的关系时，个体没有完成，他是孤立的或独立的，伦理实体的精神祛魅，缺少关怀。什么是个体？西方社会学家迪尔凯姆在《等级的人》中认为"个体"有两重含义，一是经验论的个别的人，一是作为价值载体的人。个人是没有体的。个体成为个人是轻蔑的表示。因此，原子式的社会关系造成的只是一个个彼此之间只有独立关系的单个人的连接体，传统的伦理观就被颠覆了。在当代中国老龄化社会中更为特殊的是，原有的介于家庭和国家之间承担着养老载体功能作用的单位制已经解体，正向市民社会的形态过渡，在过渡过程中社会生成了个人中心主义的价值观。在它的影响下，老人难以找到甚至找不到社会实体对他的价值认同或者文化承认。这样，老人就在市民社会利益的追逐中陷入被孤立的境况。

再次，在中国社会转型期，国家伦理实体对老人而言是最后一个可能的寄托回归之处，它的伦理职能正在出现偏离老龄抚养领域的可能，其伦理义务可能被转

---

① 黑格尔.法哲学原理[M].范扬，等译.北京：商务印书馆，1979：173.

嫁。对于老人的养老保障,新中国成立后的国家制度是以家庭养老为主,原有的单位制和国家保障制度共同承担着社会实体的养老职责和义务。然而,随着单位制的解体,国家尚不能完全提供弥补这一部分的健全的制度安全保障,所谓老有所养、老有所医、老有所乐、老有所为、老有所教、老有所学,即追求生命质量的老龄人的制度性保障,尚未形成体系及落到实处。因此,当代老龄人在国家实体中的皈依也面临被疏离的风险。

最后,家庭—社会—国家实体对老龄人关怀的脱节,即三大实体之间没有形成一个有机生态体系也导致了当代老龄人被整体疏离的伦理风险。从伦理实体的关怀体系来看,就需要理清伦理实体是什么。黑格尔的道德哲学说:"伦理是一种本性上普遍的东西。"这种普遍就是实体,实体即人的公共本质,即共体或普遍物。伦理意义上的伦理关系,不是个体与个体之间的关系,而是个体与他所处于其中的那个实体的关系,这个关系的要义是:个别成员的行动以实体为其目的和内容。在黑格尔的现象世界中,伦理性的实体是一个辩证体系,它或者是由家庭与民族构成的伦理世界,或者是由家庭—市民社会—国家构成的有机系统。这样,家庭—社会—国家实体关怀的脱节,就是说没有在人的终极回归的普遍性意义上形成一个有机的关怀的体系,即在文化承认、实体接纳、实体回归三个方面都对老龄人缺乏关怀,老龄人作为一个个体,难以实现他向实体回归的终极目标。

上述的诸多伦理风险归根结底,都是与社会、经济、文化密切关联的风险,它既是一种精神风险,更是现实的、深刻的社会风险。而对应这个现代社会隐蔽而深刻的"伦理风险",值得提出的一个重要理念就是"伦理安全"。

三、信任的"伦理安全"

伦理安全是一个不该被遗忘的理念或概念。伦理安全的实质就是"伦"的安全,是在个体与实体的关系中找到承认与回归的可能,寻求精神与现实的家园。

"伦"是什么?"伦"是实体,是家庭和民族的实体,它是具有精神和社会意义的中国话语:理即规则或法则。回顾传统社会,中国古代社会的安全保障体系就是来自于伦理政治的秩序,即发端于家国一体、由家及国的家国体制,以移"孝"作"忠","孝忠一体"的伦理秩序为皇权政治提供一种安全的维系和继承的社会机制。其中,"孝"是最基本的儒家伦理道德,"孝"内含着敬畏之心,报本反始的生命关怀逻辑,并由此推及至仁民仁道的政治伦理体系。这样,实质上中国古代的社会安全体系即是一种由伦理秩序建构起来的"伦理安全"体系。

伦理在西方是社会的风俗习惯与个人的品质气质。"伦"(ethics)来自于希腊文,前半部表达的是品质气质,后半部是风俗习惯的意思。人类行为的是非善恶,主观表现于内在的品质气质,客观表现于外在的风俗习惯,其行为依循固定的风俗习惯来表现品质气质。这是西方文化中"伦理"的概念。

伦理是客观与主观、实体性与主体性的同一。由此,"伦理安全"的内核有三方面:文化承认、实体接纳、实体回归。文化承认意味着实体对个体的承认,对其作为实体中的一员的认同;实体接纳是指老龄人从强势转向弱势,需要获得实体包容与接纳;实体回归表明老龄人作为个体的终极目标是实现向实体的回归。

承认,来自于黑格尔的《精神现象学》。在他看来,只有在精神中并通过精神我们才能知道"我是什么",我只有被他人承认,才能意识到自己,人类历史就是人争取普遍承认,承认欲望获得满足的过程。黑格尔讲,"我就是我们"[1],主体非孤立的原子主体,而是实体的主体,只有复返在实体中并通过实体,主体才是主体。主体之向实体复归的过程也是主体争取承认的过程,一方面主体通过承认摆脱孤立状态,成为社会性;另一方面承认使得主体结合成国家实体。承认是相互的,对方所以存在只是由于被我承认;我之所以存在是因为承认对方的同时被对方所承认,我因承认而被承认,我被承认故我在。因此,国家实体对个体的承认与个体向实体的复归,就构成了"伦"的安全的核心内涵的第一方面。

第二方面,上述的复归意味着在精神上对于归之处即家园的探询和追求,复归说明人在精神发展中与生命历程同样,有一个孕育与诞生、成长与反思,最终走向回归的路程,它也是人从自我意识到追求精神同一的道路。人如何去寻找到一个精神与具有现实意义的家园?通过反观人的存在,生命之存在及其发展就是可能追溯的一条自然的和直接的有效路径。

在人的生命进程中,每个个体都经过这样一个生命的巡进:从胚胎孕育到从母体中诞生,从在母亲的怀抱中长大到成年独立,离开母亲及其血缘的家庭成为社会人,一个有独立人格和个性发展并且寻求社会认同的青年,再至迈进晚年,寻找回归之路,主要是找寻在精神上安顿自身,拥有能够接纳自己和精神回归的、具有价值同一性的生命归宿。如此生命的巡进,说明了生命个体就是一个与怀抱、与一种安全感、与人的生命安全保障需求难以分开的不断寻求的过程。母亲的怀抱赋予人天然的和自然的安全感,婴儿依赖于母亲的怀抱,这才有儒家孝道有守孝三年的规则;成年后离开了与生俱来的血缘家庭走入社会,自我意识逐渐清晰,开始反思和独立,准备和建立起以"我"为血脉之一的新的血缘家庭。青年期的成长与发展的过程相对漫长,既从原有的家庭实体独立,但又与之难以割舍,依然有着对于"怀抱"的渴望,更多则是精神的成长期,母亲的爱与父亲的社会性权势继续给予他成长中所需安全感的一部分,但是另一部分,他还需要寻求作为独立人格的社会人的安全感,即社会给予他的认同感,一种"同胞"的意识。这个在精神上与之同一的就

---

[1] 黑格尔.精神现象学:上[M].贺麟,译.北京:商务印书馆,1971:122.

是民族的伦理实体,这种在伦理上寻求安全感的意识即伦理安全;直到老龄期,生命逐渐老去由强势转向弱势,此时寻求的是伦理安全体系中的终极回归与实体承认,即老龄期的实体怀抱和伦理关怀,以求最终在精神上和现实上实现回归家园,即生命终点的归宿。

因此,第三方面就是通过这样一个生命成长的巡进过程,伦理安全呈现出有机而生态的图式。即当人成长为社会人,自然伦理安全体系就进入社会化,分别有二个过程,一是作为同胞得到种族与民族伦理实体的承认;一是作为公民得到国家伦理实体的承认。在这个意义上,对应老龄化社会信任危机与伦理风险的伦理安全,就是一种从始点到终点的生命陪护或实体关怀,意味着不孤独,需要实体的认同,实现单一物的个体与普遍物的伦理实体的统一。

综上所述,伦理安全就是一个贯穿生命始终的理念或概念,由此,生命个体在与家庭、社会、国家实体的关系中方才能够找到承认与回归,皈依到精神与现实的家园。毋庸置疑,信任也是伦理安全体系之中重要的要素之一。一个社会只有致力于建构伦理安全,即给予每一个生命个体与其成长过程中不同层次的伦理实体保持统一的安全体系,信任危机就将可能由此化解。从而最终实现社会的整体性安全保障,即维护社会安全(social security)。

参考文献

[1] 杨伯峻.论语译注[M].北京:中华书局,2009.
[2] 王弼.老子道德经注校释[M].楼宇烈,校译.北京:中华书局,2011.
[3] 黑格尔.法哲学原理[M].范扬,等译.北京:商务印书馆,1979.
[4] 黑格尔.精神现象学:上[M].贺麟,等译.北京:商务印书馆,1971.
[5] 梁漱溟.中国文化要义[M].上海:上海世纪出版集团,2005.
[6] 樊浩.中国伦理精神的历史建构[M].南京:江苏人民出版社,1992.

文化治理框架下社区信任的理念追求与现实构建
——基于南京百水芊城社区戏剧工作坊的实证研究[*]

季玉群　邹玲燕　吴秋怡

东南大学文化治理研究所

摘　要　具有国家治理功效的文化治理为信任研究提供了基本价值取向和分析框架。选取戏剧工作坊对社区信任进行实验研究,通过故事撰写、情景模拟、角色扮演以及工作人员在观演过程中的观察、记录,多重访谈,验证本研究提出的关于社区信任的三个基本假设和"正相关、梯度递减、制度依赖"等三个基本准则。提出从制度信任这一原点出发,通过激活社区公共生活、完善相关政策法规、建立制度保障,构建社区信任,促进实现社会善治。

关键词　文化治理；社区信任；戏剧工作坊；百水芊城社区

一、引言

文化治理是在"国家—市场—社会"三维分析框架下进行文化领域公共事务的治理。它一方面"将文化领域视为社会规约管理的一个独特治理领域,去分析意义的生产、文化资源分配的重要行动者及制度、生产与管理文化人造物的机构与政策、管理技术及其合理化、治理理性的形成、行为的规范之间的关联"[1];另一方面,将文化视为具有社会治理功能和特征的治理工具,"通过制度安排,利用和借助文化的功能,克服与解决国家发展中的政治、经济、社会和文化问题",其主体是"政府和社会","政府发挥主导作用,社会参与共治"[2],通过"政府—市场—社会"各方在公共事务参与过程中的协商与共治,形成文化认同感和凝聚力,并以"合工具价值与目的价值为一体的价值取向和实践机制"[3]协调社会各方利益冲突,营造社会生活中和谐的行为关系。

---

[*] 基金项目：教育部人文社科规划基金项目"文化治理的机制及评价研究"(14YJAZH038)阶段性成果；国家哲学社会科学重大项目"推进国家治理体系现代化研究"(14ZDA011)；"2011计划"公民道德与社会风尚协同创新中心成果；中央高校基本科研业务费专项资金资助项目；南京"历史文化传承与公共服务协同创新中心"研究成果之一。

文化治理的提出，是对政治发展、经济增长以及社会变迁过程中时代所面临的深刻变革所导致的剧烈震荡与失衡的一种积极回应。在文化治理的分析框架中，治理主体不仅是指政府和社会公共机构，还包括各种社会组织与志愿团体，其管理和运行不再依靠政府的权威和强制，而是依靠利益各方参与协商、建立共识，最终目的是"在各种不同的制度关系中运用多种权力去引导、控制和规范公民的各种活动，以最大限度地增进公共利益"[4]，达到非正式的、共识导向的和协商的社会公共领域的"文化善治"。

社区戏剧工作坊是文化治理的一种实践形式。英国著名戏剧理论家马丁·艾思林说过，戏剧是对现实生活情境和行为规范的模仿，它通过设置一个情境并表现出结果，使参与者得到"高度精神境界的集体体验"，并且由于它"或是重申或是强调某个社会的行为准则"，"或是鼓励效仿，或是提供必须防止和避免的行为的实例"[5]，因而具有高度的社会—政治性。本研究中的"社区戏剧工作坊"正是一种具有"社会—政治性"的戏剧实践，它不同于一般意义上由专业剧团或专业戏剧工作者发起的相互观摩、交流戏剧作品的"介于训练和排演之间的特殊表演阶段"[6]的戏剧展演工作坊，而是指以社区为基础的，由包括非营利组织和志愿组织在内的社会工作机构发起的，由社区居民共同参与的，通过排演社区故事再现"社区正在面对的问题或大家所关心的公共议题"[7]、使社区"零散的'我'成为具有整体意义的'我们'"[8]的"民有、民治和民享"[9]的社区戏剧实践。工作坊的重要内容是带领居民参演社区故事，引导参与者全过程投入、表达和参与讨论，因而在重塑社会规范和再造社会公共生活方面，能起到非常重要的作用。

本研究聚焦当代中国新型城市社区发展过程中出现的信任问题，基本思路是，社区是社会治理的基本单位，信任是社会交往的逻辑起点，基于文化治理的价值理念和社会治理的现实情境，通过戏剧工作坊进行社区实验，在工作坊引导员带领社区人"说自己的故事""编自己的故事""演自己的故事""评价自己的故事"的过程中，由工作人员观察、记录，多重访谈，探寻社区信任状况，探讨社区信任的基本结构与层次，可以有助于我们更好地探求当今国家治理体系下社区营造的文化逻辑和社区信任重建的基本途径，以社区信任建设"完善社会自主协商管理的自治机制"[10]，以文化治理促进实现社会善治。

二、理论分析与研究假设

（一）社区与社区信任

"社区"是聚集在一定地理空间的人们所组成的生活共同体，是人们共同生活所依存的重要载体，这一概念最早由德国学者滕尼斯在《共同体与社会》中提出，他认为社区是一种在"亲属、邻里和友谊关系"等基础上形成的"生机勃勃的有机体"[11]。鲍曼进一步阐释这种"共同生活",说社区这一概念"是所有的和睦相处的"起点,是人们保持"根本团结"和"相互的、连接在一起的情感"的起点,是"那些寻求集体温暖、家庭感觉和平静安宁的人们度过其大部分时间的地方"[12]。

社区是社会的细胞,是社会生活的重要载体,是社会结构的基础环节,除了具有鲜明的地域和地理要素特征外,还以其成员、心理、历史沿革、互动结构等具备鲜明的社会特质。"人是作为某种社会环境的组成部分而生活着的,他通过记忆和展望的纽带而与这种环境联系在一起"[13],邻里和睦、守望相助、彼此信任的社区关系对人的生活秩序以及和谐友善的社会风尚起着至关重要的作用,并将通过各种传导机制影响国家治理与社会治理效应。但是由于政治、经济、文化的转型,也由于"单位制"下熟人社会向由房屋拆迁安置和商品房购买所形成的新型社区的转变,社会基本价值取向发生了很大变化,在各种矛盾与摩擦中,社区居民间原有的守望、互助、互信、互利的纽带被割裂,社区发展面临着公共精神匮乏、公共意识淡薄、公共空间变窄、公共生活失序的基本事实,这样的社区发展现实很难担负起社会善治的基本功能。由此可见,提高社区信任水平与其说是社会善治的结果,毋宁说是社会善治的条件,如帕特南所描述的"良性循环会产生社会均衡,形成高水准的合作、信任、互惠、公民参与和集体福利",并"使所有人受益"[14],社区信任的构建成为当下社会建设的重要前提和重要任务之一。

(二) 构建社区信任的一个初步模型及基本假设

社区信任"是一种态度,相信他人的行为或周围的秩序符合自己的愿望"[15],因而可以具体分解为四种期待:对伦理秩序的期待,对被信任者承担相应的义务的期待,对社会秩序的期待,以及对公共机构支持能力的期待。由这样四种期待,本文将社区信任视为一个有机的生物体,基于生物结构层次模型和社会信任的组织度与联系度,提出社区信任的基本模型,见图1所示。

根据图1(社区信任的结构与功能模型),本文提出如下三个基本假设:①社区信任遵循正相关准则。社区信任与伦理关系呈现正相关,伦理关系的远近直接决定了社区人际信任度,从家庭、血缘关系,到邻里、熟人、朋友关系,再到物业、快递等社会服务关系,伦理关系越近,人际信任度越高,反之信任度低。②社区信任遵循梯度递减准则。以个体为原点,从彼此熟悉的家人、邻居,到社会服务提供者,再到政府的政策和制度安排,城市居民的社区信任总体呈现信任半径不断减小、信任强度不断下降趋势。③社区信任遵循制度依赖准则。制度信任对居民的信任程度影响很大,政府管理机构的服务效能、社会保障和福利政策等,可能使他们产生更强或更弱的信任感。

基于上述模型和基本假设,本文采用社区戏剧工作坊进行实证研究。首先编排基于本研究信任模型的四个层次的社区故事,在角色扮演、评价和互动环节中,

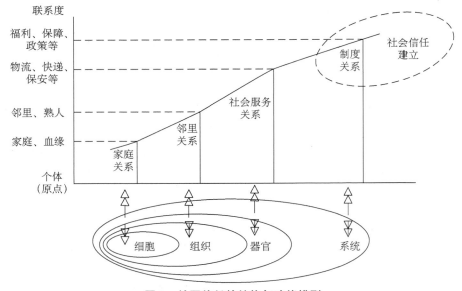

图 1　社区信任的结构与功能模型

由研究助理进行观察、记录、多重访谈,辅以问卷填写,验证本研究提出的三个基本假设,并找出影响社区信任水平的个体因素和社会因素,以寻求重构社区信任的途径与对策。

三、研究设计与描述

(一)研究样本

本研究选取一个社会变迁由单位人向社会人转变过程中的典型的新型社区,南京东部城郊结合地区马群街道百水芊城社区为研究对象。该社区是一个经济适用房社区,占地 400 亩,由上水坊、春水坊、丽水坊、阅水坊、向水坊和秀水坊六个组团构成,共有 78 幢住宅楼,户籍总人口 9 360 人(3 458 户),流动人口约 1 500 人。该社区从 2003 年开始建设,主要由原白水村刘家营、南湾营和姬家庄三个生产大队拆迁安置户组成,约两成居民之间有亲属关系。社区两委班子成员包括一位书记(兼任主任)、一位副书记、一位主任、一位副主任、一位大学生村官(兼任主任助理)、两位党委委员(分别兼任主任助理和居委委员)和七位社工。该社区有以下的基础设施:教育设施(幼儿园和小学)、医疗卫生机构、文化体育设施、信息化指挥中心(监控马群街道)和商业设施(苏果超市等商业一条街)。该小区还获得"汇丰社区伙伴计划"的支持,拥有"爱满屋"芊城残疾人之家项目、"芊艺荟"社区文化提升项目、"夕阳红"助老服务项目和"阳光同行"青少年服务项目。社区每月均有文娱活动,居民活动参与率比较高,每次活动约能吸引 500 到 1 000 余人参加。虽然小区内几乎家家户户都安装了防盗窗,但该社区曾经平均每年发生约 30 起盗窃案件。自 2014 年在社区招募三百余名社区平安志愿者并于同年为每栋楼安装防盗门之后,小区的治安状况有所改善。

(二) 研究方法

研究采用社区戏剧工作坊的形式进行实验研究,首先邀请社区居民观看并参与以"信任"为主题的四个维度戏剧情境的演出,在每个演出段落结束后,进行相应的问卷调查和深度访谈。

基于本研究信任模型的四个层次的戏剧情境设置如下:第一个社区剧《邻居的侄女敲门开不开》(见表1),探讨邻里之间的信任现状;第二个社区剧《快递员借厕所借不借》(见表2),探讨社会服务关系的信任现状;第三个社区剧《医疗保障可信否》(见表3),探讨医保、福利制度信任的现状;第四个社区剧《亲戚再三借钱借不借》(见表4),探讨当前家庭伦理关系的信任现状。

(三) 效果与评价

有 12 位研究助理(来自东南大学和南京大学戏剧影视文学、新闻传播学、政治学与行政学、社会学、公共管理等专业的本科生和研究生)和 26 位百水芊城的社区居民参与了 2015 年 10 月举行的本次以社区信任为主题的戏剧工作坊。

表1 社区戏剧工作坊"信任主题"故事之一

第一个社区剧《邻居的侄女敲门开不开》梗概:陈阿姨最近听说小区不太安全,因此备怀戒心。今晚陈阿姨的丈夫和孩子有事外出,独自在家的她听见有人敲门自称是隔壁许峰的侄女,无法确定门外人身份的陈阿姨最终没有开门,最后却得知门外人确实是邻居的侄女。

在"是否遇到过故事中的情况"这个问题的回答上,约 8% 的受访者表示亲身经历过,约 92% 的受访者表示虽然没有亲身经历过,但身边朋友遇到过或新闻上看到过。在回答"如果您是故事中的陈阿姨,您会做如何选择"这个问题时,100% 的受访者选择"犹疑不定,不开门"这一选项。在我们访谈的过程中,了解到社区居民无奈与理性的心理状态致使他们做如上的判断。

居民唐女士(1962 年生,初中,秀水坊,居住在百水芊城 10 年)表示,现在坏人太多了,什么入室抢劫啊,传销啊,这个是肯定不能开门的(苦笑)。

居民薛女士(1956 年生,初中,春水坊,居住在百水芊城 11 年)表示,谁知道敲门的是不是真的邻居家的侄女,现在诈骗、搞传销的坏人那么多。再说了,就算知道是邻居家的亲戚,也不一定敢开门的。如果我一个人在家,万一那个邻居家亲戚起了歹心,那么怎么得了。

居民王先生(1955年,初中,阅水坊,居住在百水芊城5年)表示,社会骗子、坏人太多,对不认识的人不了解,肯定不开。

居民孙女士(1978年,高中,春水坊,居住在百水芊城3年)表示,一来现在坏人太多了,防不胜防,根本不可能给他们开门,二来现在的人们也不太可能说是去邻居家坐坐,你怎么知道邻居家就是好人呢。尤其是姑娘一个人在家,绝对不会开门。

居民臧女士(1974年,职高,出租屋,居住在百水芊城11年)表示,她选择不开门。她说,现在人坏了,不像以前了,而且现在小偷多啊,动不动就在你家旁边踩个点,而且现在人又爱钱,所以肯定不会开门的,如果遇到这种现象,答应都不会答应,就装作家里没有人。

表2 社区戏剧工作坊"信任主题"故事之二

> 第二个社区剧《快递员借厕所借不借》梗概:快递员小吴给送快递,老林夫妻好心帮不在家的邻居签收了快递。但之后当快递员提出借用他们家厕所时夫妻俩犹豫了。老林认为这是小事,林阿姨却坚持不确定快递员身份,不怕一万就怕万一,所以不让快递员进家。但在快递员走后,林阿姨也对自己的行为的对错迷惑了。

在"您更赞成老林还是老林妻子做法"这个问题的回答上,约12%的受访者表示更赞成老林的做法,如社区居民王先生(1955年,初中,阅水坊,居住在百水芊城5年)谈道,因为上厕所这是人之常情,总会有这样的时候的,我会让他进来上厕所,但也会多留意下;约88%的受访者表示更赞成老林妻子的做法,如社区居民林女士(1951年,小学,春水坊,居住在百水芊城11年)谈道,这个肯定不给他进来的,现在快递员什么样的人都有哦,怎么能让他们进来呢。

在回答"为何会对社会服务人员产生如此的信任危机"问题时,受访者罗列了诸多因素。主要有如下的观点:

居民唐女士(1962年生,初中,秀水坊,居住在百水芊城10年)表示,这都是社会逼的,现在社会这么乱,大不像以前了。谁还敢相信啊?农夫好心救了蛇,最后被咬死的故事啊听过?

居民张女士(1957年,高中,春水坊,居住在百水芊城12年)表示,现在大家警惕心都强,每天都能从电视、报纸上看到很多类似骗人的新闻,社会太乱,骗子太多,没有办法的。

居民殷女士(1937年,小学,阅水坊,居住在百水芊城12年)说会让自己的朋友帮着在家门口做记号,观察有没有外人进入。她说以前在农村的时候,每天都是前门后门都开着,大家都在院子里聊天,但是现在没办法的,必须要心眼多,因为坏人太多。然后就是因为大家有钱了,都怕别人惦记自己的钱,所以都很谨慎。

居民薛女士(1956年生,初中,春水坊,居住在百水芊城11年)表示,现在煤气什么的我都是让送的人放门口的,绝对不会让他们进来的,太危险了。现在查水表的,我也不敢让他们进家门的,都是隔着门我报给那些人具体数字的。现在社会上的人啊,不像以前那样了。鱼龙混杂的,还是小心为妙。

居民王先生(1955年,初中,阅水坊,居住在百水芊城5年)表示,国家有不可推卸的责任,教育断层、道德文化培养上做得不够。

表3 社区戏剧工作坊"信任主题"故事之三

> 第三个社区剧《医疗保障可信否》梗概:退休的顾老太为治病住进儿子家中,而孙子此时有出国进修机会,家中所有的钱只勉强够老太太的治疗费或孙子出国进修,一家人为到底将钱花在老太治病还是孩子出国身上陷入了僵持。

在"就您个人而言,是否信任当前国家的医疗保障体系"这个问题的回答上,57.6%的受访者表示不信任当前国家的医疗体系,42.4%的受访者表示信任当前国家的医疗体系。在"您是否相信沉重的医药费用中,自费比例将下降"这个问题的回答上,23%、42%和35%的受访者选择"相信""不相信"和"不确定"。并且,即使相信自费比例将下降的居民殷女士(1937年,小学,阅水坊,居住在百水芊城12年)也指出,虽说国家报销的比例看似在增加,但报销范围和医药价格很高仍是老百姓看不起病的主要原因。殷女士告诉我们:当前报销范围仍然很窄,她一直腿脚不好,用外国进口的药好起来快,但是这些进口药是不能报销的,她一个老太太舍不得花钱就不能用。现在也是反反复复不见得好,很麻烦。药品价格也不知道是不是一直在涨,感觉虽然报销比例高了,花的钱却不见得少了,很苦恼。

在"对于社区医院和三甲医院,您更信任哪一个"这个问题的回答上,100%的受访者均表示信任三甲医院。在"如果您或您的家人生病,倾向于去社区医院还是三甲医院"这个问题的回答上,却有76.9%的受访者表示优先选择社区医院,仅有23.1%的受访者表示会优先选择三甲医院。为什么明明所有的受访者都更加信任三甲医院,却会出现超过半数的受访者优先选择社区医院这个情况?针对这个现象,我们进行了深度的访谈,居民们的回答如下:

居民丁女士(1952年,文盲,秀水坊,居住在百水芊城11年)表示,我们也都知道社区医院不好啊,那有什么办法呢,看不起病啊,就在社区医院看了。像我平常有个小病的话,都是土方法自己治的(叹气)。

居民殷女士(1937年,小学,阅水坊,居住在百水芊城12年)表示,我腿脚不好,吃低保,也没有钱,知道这边的医生不好也没办法,自己命苦啊。家里现在有两个孙子在读大学,开销也很大,能省就省吧。

居民孙女士(1978年,高中,春水坊,居住在百水芊城3年)表示,现在生病生不起啊,一个感冒少说也要三四百,好多大医院一去就要一两千啊。就拿我儿子来说,如果我要去专门的儿童医院看的话,单单门诊费就要三百,我们这点工资怎么看得起?我们是不大相信社区医院,那里就只有一两个医生,但是便宜啊,挂瓶水只要三四十块钱就可以了。

表4 社区戏剧工作坊"信任主题"故事之四

> 第四个社区剧《亲戚再三借钱借不借》梗概:老家的舅舅找小张夫妇借钱,前两次借钱未还让小张夫妇不敢再借,但血缘、人情、面子和看似可信的理由让他们为难,夫妻二人在是否借钱的问题上产生了争执。

在"是否遇到过故事中的情况"这个问题的回答上,约76.9%的受访者表示亲身经历过,约13%的受访者表示虽然没有亲身经历过,但身边朋友遇到过或新闻上看到过。在"如果您是剧中的小张家,您会做如何的选择"这个问题的回答上,73%、19%和8%的受访者分别选择"不借钱给亲戚""犹豫但是借钱亲戚"和"不犹豫直接借钱给亲戚"。

大部分的居民都选择"不借钱给亲戚",在访谈中,我们发现大部分居民理性地看待亲戚借钱的问题,选择借或者不借的主要因素改为是否具有还款能力而非血缘亲疏。如居民孙女士(1978年,高中,春水坊,居住在百水芊城3年)表示,现在社会上很多都是杀熟现象,只认钱,也别指望亲戚看在血缘的份上就一定会好借好还的。你看刚才演的,搞不好借出钱的才是被骗的那个。同样地,居民薛女士(1956年生,初中,春水坊,居住在百水芊城11年)表示,她是不会借钱的,哪怕是自己的弟弟妹妹也不会随便借钱出去的,在借钱之前她会综合评估那个人的还钱能力,看他们家是不是有房子,有原始股之类的东西在手上,这样就表示那个人无论怎么样都会有能力把钱还掉,同时她表示在亲戚和有很好交情的朋友之间,如果朋友更具备还款能力,她会借钱给朋友而不是有血缘关系的亲戚,哪怕是亲弟弟亲妹妹也是要明算账的,如果是实在要借,就会借一点点,然后就不要他们还了。居民王先生(1955年,初中,阅水坊,居住在百水芊城5年)表示,自己就有亲戚再三借钱,到现在没还,以后坚决不借。

将近五分之一的居民选择"犹豫但是借钱给亲戚"和"不犹豫直接借钱给亲戚"这两项,在访谈中,我们发现这部分居民是根据伦理的亲疏远近来决定是否借钱的,其信任基础建立在伦理和人情基础上。居民陶女士(1960年,高中,春水坊,居住在百水芊城11年)说,毕竟是亲戚,今天不见明天见的,还是借钱比较好。吴女士(1986年,大专,秀水坊,居住在百水芊城6年)说,亲戚肯定是要借的,如果别人知道自己不借给亲戚肯定会指指点点,影响也不好,而且毕竟一家子的,有困难肯定得帮。但是说心里话,心里肯定是不开心的,搞不好自己家里为了这事还得吵架。

在四个环节的观演及讨论结束后,研究助理提出了预先准备的一些有关社区信任的进一步的问题,再次进行现场访谈。在回答"如果是三十年前,您是否有演出中的忧虑""如果是二十年前,您是否有演出中的忧虑""如果是十年前,您是否有演出中的忧虑"和"当前您是否有演出中的忧虑"这个问题时,统计结果分别为7.6%、19.2%、65%和96%,不信任感呈现逐年递增的趋势。

在回答"您感觉人与人之间的信任状况如何"时,76.9%的受访者表示人与人之间的信任状况越来越差,23.1%的受访者表示信任状况差不多,没有受访者勾选信任状况越来越好的选项。在回答"您觉得,可以信任的人是越来越多、越来越少还是基本不变"这个问题时,统计结果分别为0、92%和8%。

当最后问及"如何改善当前的信任状况"以及探究"为何会出现当前信任危机"时,居民们也给出了自己的看法:

居民唐女士(1988年生,本科,阅水坊,居住在百水芊城4年)表示,我们如果相信别人,但是社会大环境还是这样的话,是害自己啊。唐女士指出,这种事情肯定要国家好好反思为什么现在会这样,单凭个人的力量是改变不了什么的。

居民孙女士(1978年,高中,春水坊,居住在百水芊城3年)表示,为什么会出现这样的信任危机啊?我看是贫富差距,种种矛盾积累,随之而来各种犯罪的出现。电视报纸也都每天宣传,人人自危啊。像我现在完全不敢把孩子单独放一会儿,我们这边的菜市场丢了好几个孩子了!说如何改善,我看这个难,还是要从国家制度整体改的,我们老百姓能有什么办法呢?

居民薛女士(1956年生,初中,春水坊,居住在百水芊城11年)表示,她非常怀念曾经的村庄,家家夜不闭户,也没有什么小偷。现在有钱的有钱了,没钱的穷死了,有些人就开始动歪脑筋了。薛女士提到居民要提高防范意识,国家也要对犯罪分子进行严惩。

四、研究结论与启示

本次基于社区信任研究的戏剧工作坊,在诊断社区信任现状的过程中,印证了本研究前期所提出的社区信任的正相关准则、梯度递减准则和制度依赖准则。由此,我们的基本结论是:①社区信任不是一个抽象的概念,不是一个简单的公民道德问题,它涉及一种公共生活方式。要实现社区信任,必须发挥社区管理机构及各种社会组织的作用,用文化治理的价值理念,营造和激活一种良性的公共生活。②社区信任需要公共政策的奠基,应从制度信任的价值及实现这一价值的原点出发,完善社区的制度信任体系。

健康、有序的公共生活可以促进社区居民的相互交流与了解,成为拉长社区信任半径的一个有效起点。在社区故事一的表演结束后,居民说:"你怎么知道邻居家就是好人呢?"故事二的观演访谈中,居民说:"现在查水表的,我也不敢让他们进家门的,都是隔着门我报给那些人具体数字的。"而故事四的观演访谈可以看出:在面对借款时,选择借或者不借的主要因素已经变成看对方是否具有还款能力而非看血缘亲疏,当下的信任半径已经短无可短,回答"人应当如何生活"的道德追问和"我们如何在一起"的伦理追寻[15],都有赖于通过社区公共生活培养社区成员更为稳定的价值观念、伦理道德和行为规范,为此,必须发挥社区公共管理机构和各类社会组织、公益组织、志愿者团体等力量,提供切实的社区生活的"可预见性"和"社会关心"[16],增强居民间的彼此熟悉、友好和信任,使所有社区居民都能"关照自己、关照彼此、关照这个地方"[17]。

社区制度建设以秉持公共性和公共价值的社会政策为基础,使作为细胞的家庭关系、家庭信任上升到制度层面的系统关系、制度信任。为此,需逐步完善社会福利与社会保障体系,避免故事三的观演访谈中居民"虽说国家报销的比例看似在增加,但报销范围和医药价格很高仍是老百姓看不起病的主要原因""药品价格也不知道是不是一直在涨,感觉虽然报销比例高了,花的钱却不见得少了,很苦恼"等因为医药费和退休后的保障等方面的因素产生的烦恼。此外,"'确信'和'放心'并不等同于一般意义上的信任,也不等同于对个人的信任,而是在有保障的制度环境下才能产生的一种安全无虑的心态"[18],法律制度的完善、社区行政管理部门的规范执法、社区公共服务的有效提供、社区公众参与途径的增加、民主监督机制的健全等,都将是构建社区信任,提升社区善治水平的重要途径。

参考文献

[1] 古明君.改革开放脉络下的中国文物体制与文化治理[J].当代中国研究通讯,2011(16):35-36.

[2] 胡惠林.国家需要文化治理[J].领导科学,2012(13):20-21.

[3] 季玉群.文化治理的基础与形态[J].东南大学学报(哲学社会科学版),2015(3):141-145.

[4] 俞可平.治理和善治:一种新的政治分析框架[J].南京社会科学,2001(9):40-50.

[5] 马丁·艾思林.戏剧剖析[M].罗婉华,译.北京:中国戏剧出版社,1981:11-22.

[6] 理查·谢克纳.人类学与戏剧学之间的联系点[M]//理查·谢克纳.人类表演学系列:谢克纳专辑.孙惠柱,等译.北京:文化艺术出版社,2010:30.

[7] 陆璐.社区剧场的新视野:探访台湾应用剧场发展中心[J].剧作家,2014(2):50-53.

[8] 芭芭拉·桑托斯,姚黎.被压迫者戏剧与社区文化发展[J].戏剧艺术,2004(2):29-40.

[9] Service, Community. Community Drama: Suggestions for a Community Wide Program of Dramatic Activities [M]. London: Forgotten Books, 2013:5.

[10] 王浦劬.国家治理、政府治理和社会治理的含义及其相互关系[J].国家行政学院学报,2014(3):11-17.

[11] 斐迪南·滕尼斯.共同体与社会[M].林荣远,译.北京:北京大学出版社,2010:54.

[12] 齐格蒙特·鲍曼.共同体[M].欧阳景根,译.南京:江苏人民出版社,2003:1-18.

[13] 卡尔·雅斯贝斯.时代的精神状况[M].王德峰,译.上海:上海译文出版社,1997:35.

[14] 罗伯特·帕特南.使民主运转起来[M].王列,赖海榕,译.南昌:江西人民出版社,2001:195-213.

[15] 樊浩."我们"的世界缺什么[J].道德与文明,2012(6):5-15.

[16] 托马斯·雅诺斯基.公民与文明社会[M].柯雄,译.沈阳:辽宁教育出版社,2000:110.

[17] 德鲁克基金会.未来的社区[M].魏青江,等译.北京:中国人民大学出版社,2006:10.

[18] Yamagishi T, Yamagishi M. Trust and Commitment in the United States and Japan [J].Motivation and Emotion,1994,18(2):129-166.

论"闪辞"背后的信任危机

阳 芳[*]

广西师范大学经济管理学院

摘 要 "闪辞族"作为职场伦理的新现象,引发了人们热切关注。"闪辞"现象直射出当前中国企业的组织信任危机,同时,作为中国社会信任危机的一个缩影,已经影响到社会稳定与安全。本文试图从社会转型、人的自身存在、组织信任、制度体制等四方面,揭示导致"闪辞"这一职场信任危机现象的深层次原因,为修复职场信任,改善职场伦理生态提供对策方向。

关键词 "闪辞族";信任;组织信任;信任危机

自2012年以来,和"闪婚""闪恋""闪离"一样,"闪辞族"一个闪字,带着一点青春叛逆的冲动,释放着任性和选择的自由,使用人单位不得不陷入了"短、平、快"招人、走人、再招人的怪圈。"闪辞族"是指入职时间短(不到1年的)就想换工作的一类人,由于人数众多、共性突出,所以被称为"闪辞族"。这一类人职场的特点是"快速、频繁"的辞职和"短暂"的工作,辞职前没有前兆,"失踪式"的辞职占比大,表现出对于职场的焦虑、不耐烦和不忠诚等特性,"闪辞族"以"90后"的职场新人为主,以独生子女居多;且中小企业和民营企业的"闪辞族"突出。

"闪辞族"作为职场伦理的新现象,因为来势凶猛而引发了人们热切关注。"闪辞"现象直射出当前中国企业的组织信任危机,同时,作为中国社会信任危机的一个缩影,已经影响到社会稳定与安全。本文试图从社会转型、人的自身存在、组织信任、制度体制等四个方面,揭示导致"闪辞"这一职场信任危机现象的深层次原因,这对于修复职场信任,改善职场伦理生态意义重大。

一、伦理根源:社会转型变革导致普遍的信任危机

"闪辞族"现象是伴随着社会转型出现的,其根源是社会转型变革导致的信任

---

[*] 作者简介:阳芳(1972—),女,广西桂林人,东南大学博士后,广西师范大学教授,专业方向:人力资源管理和管理伦理学。

危机。当前,中国正处在社会转型变革时期,这种转型变革,不仅仅是一种事物、环境、制度的转化,而且几乎是所有社会规范准则的转化,更是一种发生在人自身、灵魂和精神中内在结构的本质性转化,也是一种人的实际生存方式和价值判断标准的改变①。这种社会转型,是现代社会与传统社会的决裂,是要以一种前所未有的方式把人们"带离"传统的秩序轨道并"带入"一种全新的生活状态之中,在这巨大的转型中,人们会感受到普遍的信任危机。

与传统断裂之初,社会转型触发了价值信仰危机。价值信仰危机是指在思想文化、意识形态领域中所表现出来的信任危机。传统生活中原有的价值法则与规范早已内化成人内心的信念和信仰,在情感上滋生为信任,使人们从中体会到安全与踏实。而现在,要将人们"带离"传统,与传统决裂,使人原赖以安身立命的信任感突发断裂、塌陷,使生命存在处于无根基的悬浮空虚状态而岌岌可危,陷于"绝望"之中。② 于是,人们在"绝裂"中演化出一种"怨恨""绝望"情绪,孕生出信仰危机。

在抛弃传统的过程中,社会转型催生着信任危机。辩证否定性要在"破、立"中有继承,是扬弃而不是抛弃。而在当今我国转型实践过程中,不分青红皂白地全盘否定传统的冲动行为时常可见,这就导致了文化价值的虚无存在与现实的无根漂泊状态。弃绝了所有传统,就如砍断了传统之根,然后,本想与传统彻底决裂的初衷并没能在现实中实现。事实上,在日常生活中,我们所做的更多的是否定了传统中的优秀美德,保留了传统中的不少糟粕。如诚实与守信是传统社会中的重要美德,也是一个社会共享的伦理规范。然后,在中国社会转型中这一社会共享的伦理规范被忽略、被遗失、被抛弃了,我们的社会出现了普遍的不信任现象,食品不可信、老板不可信、医生也不可信等等,我们陷入了迷惘与恐惧:"我们还可以相信谁?最后,甚至连自己都无法相信。""闪辞族"的快速辞职实际上就是最初反映个体对组织和社会的不信任,最后对自己的不自信。可见,当社会缺少了有效共享的伦理规范——诚信时,诚信个人的缺失,信任他人也变得困难和难以存续。如果我们在否定传统时,连同现有的隐藏在传统形式中的具有普遍效力和可公度性的伦理规范也被无情的抛弃,那么,这种彻底抛弃便会导致出伦理规范的真空,从而引发出伦理规范依托的无根无据状态,引生出人们之间的信任危机③。

在缺失传统之后,社会转型遭遇了信任危机。中华民族在向现代文明的过渡转型中,缺少西欧文明兴起之时的新教伦理的文化积淀与精神准备,也缺少一个较为成熟的市场经济社会及人格类型与价值的精神准备,更缺少一个可以为现代市

---

① 舍勒.资本主义的未来[M].罗悌伦,等译.北京:三联书店,1997:270.
② 高兆明.信任危机的现代性解释[J].学术研究,2002(4).
③ 杨太康.当今我国信任危机现象存在的深层原因解析[J].唐都学刊,2003(3).

场经济社会直接利用的社会精神资源,即缺少可以直接孕生哺育出现代市场经济、社会精神与人格类型的精神根基。① 相反,就在这种缺失现代市场经济精神文化准备的"无根"状态中,我们却又经历了像"文革"中那样的"极左"运动行为的冲击,导致中华传统文化中的信任精神资源没有扎根下来,如儒家把信任视为"进德修业之本""立人之道"和"立政之本",孔子说:"人而无信,不知其可也。"他把信任提到"民无信不立"的高度,强调"言必信,行必果""与朋友交,言而有信"②。没有共同的价值取向和认同作为深层的伦理力量来维系社会秩序,社会普遍信任会在"无根"状态中飘摇和混乱,社会转型会潜伏着深层次的安全风险。

二、个体因素:人的存在困惑制约信任能力

为了更好地了解"闪辞族"的"闪辞"的原因,我们对南京、广州、南宁和桂林等城市有过辞职经历的近100名企业员工进行深度访谈,访谈中发现这些被贴上"心高气傲、眼高手低、心浮气躁"种种标签的"闪辞族"的"闪辞"主要的个人原因有:因为没有找到自己喜欢的工作;还没能让自己安定下来;工作失去了新鲜感;不喜欢上司的管理方式;想换一个城市看看,喜欢迁移式的工作尝试等。这些原因表现为"闪辞族""青春的任性"和"选择的迷惘",而实质是现实社会让个人在人的存在即"我以何种方式在"和"我如何与他人同在"问题上陷入困惑,导致个人信任能力的低下。

福山说:"所谓信任,是在一个社团之中,成员对彼此常态、诚实、合作行为的期待,基础是社团成员共同拥有的规范,以及对个体隶属于那个社团的角色。"③也就是说,信任是指个人如何存在于这个生活世界,并与他人呈现出何种关系的状态,是一种现实存在的关系,体现了一种人与人之间相互承诺及合理地期待的共生共在的存在范型。

一方面,"闪辞族"在职场中"'我'以何种方式在"中迷失。在社会转型变革的背景下,"由身份关系向契约关系的转变"④强化了人的存在的不确定性,导致了人的存在危机,加剧了信任危机。在进入职场之前,人的存在是由身份地位关系决定的。这种被规定的身份地位存在的被承认是一种先验的普遍承认,从不依赖于个人的承认。而进入职场之后,人突然发现了独立自我,发现了个体自三、自由及个体价值,发现了每一个个体都有了自己固有的权利、尊严与价值。而且这种在市场经济中表达自己人格尊严的平等、权利资格的平等具有普遍的意义并以契约关系的法的形式确定下来。这样,由身份关系向契约关系存在方式的转变使当事人(职

---

① 杨太康.当今我国信任危机现象存在的深层原因解析[J].唐都学刊,2003(3).
② 陈根法.儒家诚信之德及其现代意义[J].南京政治学院学报,2002(1).
③ 福山.信任:社会道德与繁荣的创造[M].李宛蓉,译.呼和浩特:远方出版社,1998:35.
④ 梅因.古代法[M].沈景一,译.上海:商务印书馆,1984:97.

场的新人)面临着一种新的存在方式的选择困境:个人是以绝对自我主体身份方式还是以共生共在的主体方式存在? 是以固守于纯粹自我的身份地位方式还是以一种积极主动的态度构建共生共在主体的契约交往方式存在呢? 这是进入职场新人必然面对的现实问题。"闪辞族"中"90后"居多,这些"90后"的职场新人是在社会转型中成长起来的一代人,与"70后""80后"相比,他们拥有全新的价值观,独立的个性、活跃的思维,表现欲强,注重自我成长、不易妥协。当这些自我主体意识过强的个体在不得不以共生共在的主体方式存在时,往往会需要更长的一段时间来调适自己,在职场中感受不可预期、不可信赖的心理袭击,在构建自己安全感,感受对人与物的可靠性中,更容易受到伤害,更容易萌生出一种普遍的信任危机感。"闪辞"就自然成了他们自我保护的避害行为。可见,"闪辞族"如果能在入职前端正职场中共生共在的主体存在方式的认识,有利于实现从身份关系向契约关系的角色转变,也就可以有效地控制"闪辞"行为。

另一方面,"'我'如何与'家外人'在一起"的困惑。中国传统社会是一个"熟人"的社会,个人是以血缘、家族为单位的方式存在的,"家"既是个人利益的单位,又是彼此承认、认同接纳的界域,更是唯一值得信任与依赖的生存方式。因此,人们对待"家里人"和"家外人"是内外有别的,"家里人"是值得信任的,"我"可以也应当对"家里人"敞开一切,而家外人非熟人,必须对"家外人"保持戒备和不信任。"闪辞族"中以20~25岁的年轻人居多,而且大多数人是独生子女,是家中的宝贝,是被捧在手心长大的一代,"家"对他们的关爱极多,使得他们对家的依恋更大。当进入职场之后,他们不得不从"家"中独立出来,不得不进入到一个充满着"家外人"的戒备和不信任的世界,这时他们常会陷入一种无"家"可归的极不适应的境地。在这里,他们心理上感悟到原"家"中的信任氛围没有了,原"家"中的信任依托缺失了,原个体"在家"的稳定安全感和与周围生活世界的和谐状态被毁灭了,取而代之的契约交往中的不确性以"非我"的他在和"家外人"相处的存在,这样,原先依托血缘情感与内在信仰所维系、承认、接纳的信任关系,被依托外在契约合同与预测的约束存在所取代,本来的"熟人"社会变成了"生人"社会。在这"生人"社会的职场中的"人"是独立的,而且个人必须独立地各司其职、各尽其责、各担风险,这种独立的离散关系让刚离开"家"的职场新人倍感"生人"社会的"孤独",信任危机感也会进一步加深。所以,当"闪辞族"在职场中的新鲜感一过,还无法产生归属感时,就会迫不及待地"闪"人。可见,认识"生人"社会和学习与"家外人"在一起是"闪辞族"急需提升的能力。

职场中"'我'如何与'家外人'在一起"需要建立个人信任。个人信任的形成直接与个人在交往实践中所获得的安全感相联系。个人存在于世,但并不是简单地"在",而是与这个赖生活并实践的这个世界处于互动上的"在"。人们日常生活中存在的习惯、惯例是一种社会交往给定的结构关系模式,体现了一个人的行为选择、安全感、期待和信任的行为动力定型模式,这种模式往往以一种给定的定型模式存在。当这种模式面临新境遇时会带来紧张和不安。正如人们进入职场后,会面临着全新的生存方式,原来习惯、惯例形成的既有生活模式被打破,就会产生不适应、焦虑不安和畏惧,解决这种境况的唯一途径,只能调整预先给定的生存范式走向互竞共生的范式,由虚伪封闭变成真诚敞开心扉,并主动地去构建新的生存方式,重建信任关系。但是职场中的个人信任不是预先给定的,它需要个体主动构建。在个体主动构建中个体意识的日益觉醒,人会以一种前所未有的积极性与创造性去争取自己权利与利益。在市场经济条件下,人们以为自由就是无规定的为所欲为,以为为了趋利避害、为了自我利益可以不择手段,道德、承诺、信誉、信任均可置之度外,成为所谓的"理性人"。这种"理性人"在物质世界日益丰富的今天,又沦为自己的创造物的奴隶,成为依附于纯粹物的"单面人"。我们在调研中发现,"闪辞族"的一个重要特点就是唯"利"是图,这个"利"可能是薪酬,也可能是机会或其他,总之,为了眼前的"利益"他们表现出"单面人"的特质,即在物欲的贪婪中,既为所欲为,又无可信赖。因此,从这个意义上来说信任危机根本上就是人的存在危机[1]。

三、组织因素:企业组织信任危机的缺失

"闪辞族"的"闪辞"是对组织(或职场)信任不足的经验习得下的无奈选择。信任的反面就是不信任,"闪辞族"对组织的不信任主要源自于三种层次的信任:契约信任、人际信任、系统信任。

首先,契约信任不足。契约信任是建立在契约(或明或暗)和法律准则基础上的保证双方在公平、平等的基础上履行契约的承诺而确立的信任关系。企业与员工违约的成本都不高,导致当前中国企业并没能树立员工契约信任的信心,反而企业作为经济组织的工具理性的决策使员工难以信任企业。新《劳动合同法》对试用期和无固定劳动期限的规定意在保护员工的利益,但是也促使企业更"理性"。一些企业为节约人工成本且规避法律,就采用了"管培生"的政策,大量招录实习大学生,使得这些处于实习期间的"准员工"一方面要按试用期员工的要求工作,但另一方面却没有试用期员工相应的权利保障,而且还有长达一年的"准见习期"(《劳动合同法》规定新员工见习期最长期间为六个月)。企业这些用人的"小伎俩"让还没有正式入职的员工提前感受职场的冷暖和契约信任的苍白和缺失。

其次,人际信任不足。人际信任是以工作团体为基础在工作环境下的共事成员之间的关系信任。人际信任主要包括认知性信任和情感性信任两种类型。"闪

---

[1] 杨太康.当今我国信任危机现象存在的深层原因解析[J].唐都学刊,2003(3).

辞族"由于在组织中的时间短,情感性信任作用并不充分,人际信任主要还是表现在认知性信任不足,这一特点与中国社会的整体情况一致。当前中国人与人之间存在着普遍的不信任心理,而且人际信任水准急剧下降。1990年,由美国学者英格雷哈特(R.Inglehart)主持的"世界价值研究计划"调查显示,在中国,相信大多数人值得信任,占到被调查者的60%。1996年,在英格雷哈特的再次调查中,这个数字已经跌到50%。而到1998年,王绍光的调查显示,只有约30%的中国人相信社会上大多数人值得信任。[①] 在调查中我们也发现,离职或有离职倾向的新员工在职场中的人际信任普遍很低。

最后,系统信任不足。系统信任是指员工对组织的信心和组织对员工支持的双向信任。"闪辞族"现象反映出企业组织系统信任的不足,一方面表现在员工在求职中和入职后的工作体验中产生的低组织信任。如,人往高处走,水往低处流。员工选择就业单位的时候想去好的单位本无可厚非,但现在一些经济效益好的企业、规模大的企业不愿投入更多的时间、精力和财力去培养新人,往往恃强凌弱,高薪"挖角",设高入职门槛,要求"有工作经验",把应届生排除在外。因此,一些应届生为了获得"工作经验"就会选择到一些入职门槛不高的民营企业和中小企业去历练,略有经验了就会选择跳槽,致使民营企业和中小企业成为"闪辞族"最活跃的主战场。反过来,也说明了企业组织对新员工的支持不足,培训机会少、锻炼机会更少,容易使新员工产生不被信任和不被重视的感受,当组织的期待与员工的期待不同步时,员工的离职就势在必行。又如,入职后员工对单位无法认同;不看好单位发展前景;对工资待遇不满;不喜欢自己从事的工作;不适应工作环境等都会让员工对组织产生不信任,特别是当招聘时企业开出的空头支票无法兑现时,"闪辞"被视为对其最有力的回击。

四、制度因素:制度体制的缺失加剧信任危机

制度因素是"闪辞族""闪辞"的又一重要原因。我们在调查中发现,"闪辞"与现代社会交往方式的改变、制度体制缺失、失信成本低等原因有关。市场经济条件下,社会结构与人的存在方式变得越来越复杂多变,个人对这个复杂多变的社会越来越显得无能为力。此时,人们就会希冀托庇于一个能承载安全感与可预期性承诺的公正的制度体制,来重建对这个生活世界的信心和信任。制度体制的建设与完善就成为人们控制所处世界的重要手段。然而,制度体制建设与完善常常滞后于社会的复杂多变,使得人们的期望变得既不理想、不现实,同时又加剧了信任危机。

---

① 王绍光,刘欣.信任的基础:一种理性的解释[J].社会学研究,2002(3):23-39.

随着信息化的媒体的广泛运用，人们的社会交往打破了时空的界限，从"在场"向"缺场"交往方式转变，从"现实世界"向"虚拟世界"延展，随之而来的冲突加剧了信任危机。传统社会人的日常生活总是以"在场"形式交往，而进入市场经济社会，特别是人的交往手段的革命和信息化媒体的广泛运用，社会成员普遍交往与世界互动不再要求每一个人与世界上的他人面对面地"在场"交往，而是依托信息化的媒体符号标志系统，打破时空局限，实现"缺场"的交往。社会交往方式的巨大变化，动摇和转变了传统社会信任基础的"在场"承诺或当面承诺的交往方式。按照个人主体是否在场把承诺分"在场"承诺和"缺场"承诺，"在场"承诺表达是"熟人"社会的有限交往关系，其可信任性是以"家"的血缘、个人熟悉了解为依据的信任，是以"熟人"群体的风俗、习惯为有效监督的信任，其实质是以对传统"熟人"社会性交往规范制度的信赖为基础的。① 而"缺场"承诺表达则超越"熟人"社会的普遍交往关系，由于失去了原有信赖的制度规范依据，随之容易引致出信任危机。因此，"在场"交往向"缺场"交往转变和"在场"承诺向"缺场"承诺转变，急需制定具体监督机制和具体规章制度，以保障交往的信任。因此，在市场经济条件下，在信息经济时代，人们可以更自由地突破户籍、突破地域甚至突破国度实现就业，而且"缺场"的招聘如网络招聘、电话招聘等形式的实施，使"闪辞族"更容易转换工作，虽说生产要素的合理流动特别是人力资源的流动是市场经济运行的基本条件，但是生产要素过频繁的流动也会造成资源的浪费，会有害于市场经济的运行，因此，必须对其进行调控。这时，光靠市场机制的作用是很难达到理想效果的，还需政府有所作为，如建立全国范围的个人职业信息档案和诚信档案等来规范社会交往，对于调整人力资源的合理流动，有效解决"闪辞"现象有着重要作用。

虽然制度建立起来了，但如果执行的机制缺失，"在场"承诺向非当面"缺场"承诺的转变仍会困难重重，个人承诺向制度承诺的转变仍会难以实现。个人承诺的信任是建立在人的相互关系上，相信他人则是肯定个人主体的诚实和可靠。人对制度性承诺则不然，他相信主体是非个人的制度性承诺，这种制度信任本身不是满足个人承诺的信任关系，而是把对社会中所有成员做出承诺置于社会结构制度体系之中，置于社会整体秩序与功能的正常发挥之中。如果说个人承诺以个人人格为担保，以对他的经验感觉为依据，具有主观的不确定性，那么非人格的制度承诺则是以对社会中所有成员做出承诺为保证，具有客观的确定性。只有保证制度承诺的权威性、严肃性，人们才会对非当面的制度承诺信任。目前，我国的市场经济制度建设还很不完善，对制度承诺监督的社会制度运作机制还不正常，现实生活的世界中仍存在着各种各样的背离承诺的诱惑，而抵制诱惑的制度性监督缺失或执

---

① 杨太康.当今我国信任危机现象存在的深层原因解析[J].唐都学刊,2003(3).

行不力,致使人们逐渐失去了对非当面的制度性承诺的信任,进而加剧了信任危机感。因此,除了加强制度建设外还应加强制度承诺的执行和监督。

另外,成本—收益原则是人们的行为选择的基本原则,失信即违约成本不高是"闪辞"事件频发的重要原因。在市场经济社会,人们遵循成本—收益原则进行选择。在一个集体行为过程中,人们之间的相互信任及承诺是十分重要的,但信任与准则本身并不会自动产生出长期稳定的合作行为。因为承诺、信任是个人内在的主观因素,它难以度量,容易受外部环境因素的影响。因此,这就需要我们对于普遍出现的个人承诺信任危机的现象做出深层次的分析。人们在对集体行动进行理性批判反思时,往往不能反映出制度变迁的渐进性与制度自主转化的本质,也不能在分析内部变量如何影响规则的过程中注意更高层次制度约束的重要性,而往往注重的是守信或背信行为给集体行为带来的影响,也就是说,个人和组织(企业)都是遵循着成本—收益分析的权变选择策略来行动的。只要守信或背信能实现长期净收益大于暂时守信或背信短期策略的净收益,市场经济下个人或组织就会遵循"两利相权取其大,两害相权取其小"的理性原则,来选择遵守或背弃协定准则,做出有利于自己的承诺。在复杂多变的市场经济环境中,影响个人和组织具体选择策略的环境变量很多,这些环境变量因素还会受预期收益成本、内在规范、贴现率等影响,当人们感觉到信任危机时,尽管这种信任危机可能只发生在个体、个别的层面上,但实质上彰显与凸现了社会更高层次某种或某些制度规则的不合理或缺失。因此,"闪辞"绝不只是一个职场现象,而是关乎社会的普遍现象,要想调整"闪辞"现象,需要在全社会从根本上克服信任危机,建立起普遍的信任关系,一方面要提高社会成员个人自身人格素质和培育有社会责任感的组织;另一方面要确立起一种能为社会成员普遍信任和遵守的社会制度性安排与制度性承诺。

综上所述,"闪辞族"的出现并不是一种个别的社会现象,而是从职场到社会的一个缩影,反映了中国社会在转型过程中出现的从职场到社会的信任危机。从伦理根源、个人因素、组织因素和制度因素四方面分析和挖掘了"闪辞"背后的信任危机,力求从社会价值信任、个人信任能力、组织信任、制度体制信任等四个方面来修复职场和社会信任,从而改善职场伦理生态和推动中国社会健康转型。

参考文献

[1] 福山.信任:社会道德与繁荣的创造[M].李宛蓉,译.呼和浩特:远方出版社,1998.
[2] 杨太康.当今我国信任危机现象存在的深层原因解析[J].唐都学刊,2003(3):102-105.

[3] 李伟民,梁玉成.特殊信任与普遍信任:中国人信任的结构与特征[J].社会学研究,2002(3):11-22.

[4] 赵丽涛.我国深度转型中的社会信任困境及其出路[J].东北大学学报(社会科学版),2015(1):63-68.

[5] 刘丹青.闪辞族的输赢[J].中国新闻周刊,2013(8):74-78.

[6] 王姝.中国信任模式的嬗变:一种制度分析视角[J].社会科学论云,2007(8):78-81.

[7] 王绍光,刘欣.信任的基础:一种理性的解释[J].社会学研究,2002(3):23-39.

[8] 王晓宁.缓解信任危机的制度维度考量:读吉登斯《现代性的后果》[J].理论导报,2010(3):43-44.

[9] 张士菊,廖建桥.企业员工的心理契约:国有企业与民营企业差异的探索[J].商业经济与管理,2008(6):26-33.

现代伦理视域的义利之辨
——中国伦理信任危机的道德反思

任 丑

西南大学政治与公共管理学院

摘 要 当前中国社会的伦理信任危机已经成为一个国人瞩目的重大伦理问题。从现代伦理视域反思中国传统义利之辨的基本伦理精神或许是探究当前中国社会的伦理信任危机的可能出路。从现代伦理视域来看,中国传统义利之辨的基本伦理精神是以君主为目的、以臣民为工具。为此,义利之辨既要假借家国同一之名来实现家天下,又要使君主凌驾于臣民之上而具有绝对权威。前者需要分析命题以便混淆家国之别,后者需要综合命题严格区分君主和臣民以便论证君主的神圣权威。这就出现了分析命题和综合命题之间的内在矛盾。此矛盾把义利之辨最终推向涅槃虚无的绝境,由此带来的信任危机也就不可避免。这就意味着,作为前现代伦理形态的义利之辨的终结,同时也就预示着现代伦理形态的义利之辨即义利之辨的先天综合判断的发端。义利之辨的先天综合判断要求义与利具有各自独立的含义,且先天普遍的义是使先天普遍的利成为应当追求的正当权益的原因和根据。这就带来化解信任危机的可能路径。不过,这种先天综合判断也具有不可否认的矛盾:普遍的义利法则和具体的义利境遇的矛盾,以及由此带来的伦理信任的普遍诉求与具体的伦理信任境遇之间的矛盾。如何解决这个问题是当下中国伦理学的历史使命之一。

关键词 现代伦理视域;伦理信任危机;义利之辨;分析命题;综合命题;先天综合命题

一、引言

当前中国社会的伦理信任危机已经成为一个国人瞩目的重大伦理问题。需要追问的是,这种伦理信任危机的根源是什么?在诸多原因之中,中国传统义利之辨的基本伦理精神是探究此问题的重要一环。从现代伦理视域反思中国传统义利之辨的基本伦理精神或许是探究当前中国社会的伦理信任危机的可能出路。

众所周知,在中国古代,伦理学总是同哲学、政治、军事、农业、中医等紧密结合、融为一体。先秦时代的一切学术思想都笼统地称为"学"。宋代有了"义理之学"的名称。义理之学主要由三部分构成:道体(天道)、人道(人伦道德)和为学之方(治学方法)。人道部分属于伦理学的范畴。通常认为,中国学术文化是以伦理为核心的,孔子的《论语》是中国伦理学形成的标志①。但是,我们不得不正视一个问题:中国传统伦理思想并没有真正形成一种专业的伦理学学科。对比,蔡元培先生在《中国伦理学史》中分析说,中国伦理学范围宽广,貌似一种发达学术,"然以范围太广,而我国伦理学者之著述,多杂糅他科学说。其尤甚者为哲学及政治学。欲得一纯粹伦理学之著作,殆不可得。"②是故,"我国既未有纯粹之伦理学,因而无纯粹伦理学史。"③这大概可以作为对中国伦理学的一个基本定性——它属于前现代伦理学范畴。这就要求立足人类伦理学发展史,从现代伦理视域的角度探寻中国伦理学重构问题。中国伦理学的核心问题是义利之辨。如程颢所说:"大凡出义则入利,出利则入义,天下之事惟义利而已。"(《河南程氏遗书》卷十一)不过,如同中国没有形成纯粹的伦理学也没有纯粹的伦理学史一样,中国既没有形成以幸福功利为道德法则的功利论,也没有形成以人为目的作为绝对命令的义务论,而是笼统地把功利与道义贯穿于义利之辨的无休止的争论之中。那么,如何由传统的义利之辨开出现代功利论与义务论,进而使传统的义利之辨获得新生?这就需要从现代伦理视域反思中国传统伦理的义利之辨。

何为现代伦理视域呢?从人类历史尤其是哲学史的视角看,伦理学的历史轨迹可以概括为前现代伦理学、现代伦理学、后现代伦理学相互否定的历史进程。前现代伦理时期,并不存在现代意义上的独立道德体系。在传统生活方式中,人们相对缺乏反思事物的能力和批判精神,"神"预定和控制着人类的整个生活方式。人的自由意志仅仅是从正确之中选择错误的自由(即违背上帝命令,脱离上帝所设定的生活方式)。人的正确行为意味着避免选择,即去遵循由神所设定的惯例化生活方式。人的自由意志和行为方式受到教会这个总体(totality)性权威的全面钳制。各种道德规范如信仰、爱上帝、希望等不过是扼杀自由的锁链而已。砸碎这种锁链

---

① 这一观点值得商榷。笔者不同意把《论语》作为中国伦理学学科形成的标志。因为《论语》只是孔子的一些教导性语录,其中涉及伦理问题的部分也只是训诫式的道德说教。这些道德说教既没有严密的逻辑论证,又缺乏构建伦理学学科的气魄,甚至也没有构建伦理学学科的意识,更遑论伦理学学科应有的批判精神和自由气质。

② 蔡元培.中国伦理学史[M].北京:东方出版社,1996:2.

③ 同②2-3.

的思想运动就是文艺复兴。文艺复兴脱离了神学"总体性标准"控制,各种规范、价值和标准处于分崩离析的境地。人们从神的总体型的虚幻中踏入世俗化的现代社会,却又面临着缺乏一种社会生活可以依赖的"整体性标准"的挑战。在此过程中,前现代伦理开始了向现代伦理学的艰难蜕变。现代性伦理话语肇始于哲学家的反思和批判精神的觉醒和成熟,主张人类绝不能祈求和依赖传统的形而上学和神话宗教等人类理性之外的力量(康德称为他律),而必须依靠理性建立行为的道德规范(康德称为自律)。基于此,现代伦理学家试图探寻一种新的世俗标准,自觉充当"立法者"角色,如康德提出了著名的人为自然立法、人为自我立法的理论。现代伦理学家普遍认为,"道德并非人类生活的一种'自然特性',因此需要制定并强加于人们一种全面的整体性道德规范,这种道德规范应当是一种能够强迫人们遵守的依附性行为规范。"[①]现代伦理学的经典范式是康德的义务论和边沁、密尔的功利论。因此,现代伦理学视域也就是功利论和义务论的视域。功利论和义务论的视域其实就是现代伦理视域的利义之辨。问题是:如何从现代伦理视域反思前现代视域的中国传统的义利之辨呢(为简洁起见,如无特别说明,本文把"中国传统的义利之辨"简称为"义利之辨")?

何为义利之辨?简单说来,在义利之辨中,义与利被设想为必然结合着的两方,以至于一方如果没有另一方也归属于它,就不能被义利之辨所采纳。这种结合本质上是一种判断或命题。康德认为,在一切判断中,从其主词对谓词的关系来考虑,这种关系可能有两种不同的类型:一种是分析判断,另一种是综合判断[②]。分析判断和综合判断各有优劣,其出路在于先天综合判断[③]。义利之辨和其他判断一样,要么是分析的,要么是综合的。换言之,义利之辨有两种基本模式:(一)分析判断主张义即是利,义利是同一范畴;(二)综合判断主张义是行为法则,利是个人私利,义利是对立的范畴。二者各有优劣,其出路则是(三)义利之辨的先天综合判断是如何可能的?回答了这些问题,伦理信任危机的根源和可能出路也就水到渠成了。

二、分析判断:义利同一的中国伦理传统

康德认为,在分析判断中,谓词B属于主词A,B是隐蔽地包含在A这个概念中的概念。谓词和主词的联结是通过同一性来思考的。先天分析判断通过谓词并未给主词概念增加任何东西,只是把主词概念分解为它的分概念,这些分概念在主

---

① Zygmunt Bauman. Postmodern Ethics[M]. Cambridge: Basil Blackwell Inc., 1993: 6.
② 康德.纯粹理性批判[M].邓晓芒,译.北京:人民出版社,2004:8.
③ 同②10-11.

词中已经(虽然是模糊地)被想到了。因此,一切分析判断都是先天的,它是一种说明性判断,可以澄清概念,具有必然性,但并不能增加新的知识①。义利之辨的分析判断主张义即是利,义利是同一范畴,其遵循的逻辑规律是同一律:A 是 A。义利同一的中国伦理传统意味着公私不分,其真实意图是以私代公,且必然带来损公害私的后果。

(一) 义利同一的分析判断意味着公私不分

从形式上看,义利同一的分析判断可以简单地表述为"义,利也"(《墨子·经上》),"仁义未尝不利"(《河南程氏遗书》卷十九)。对于国家而言,"国不以利为利,以义为利也"。(《大学》第十一章)对于圣人来说,"圣人以义为利,义安处便是为利"。(《河南程氏遗书》卷十六)如果这一分析判断遵循同一律,即义是利,也就不会存在义利冲突,不需要义利之辨了。或者说,义利之辨的使命就完成了。诚如黑格尔所说:在 A 是 A 这里,"一切都是一","就像人们通常所说的一切牛在黑夜里都是黑的那个黑夜一样"。② 但是,事实并非如此。为什么呢?

程颢一语道破天机说:"义与利只是个公与私也。"(《河南程氏遗书》卷十七)与义相对应的利,包括私利和公利两大基本层面;与利相对应的义包括私义、公义两大基本层面。私利和公利、公义与私义是建立在公私之别的前提下的。韩非子解释说:"古者苍颉之作书也,自环者谓之私,背私谓之公,公私之相背也,乃苍颉固以知之矣。"(《韩非子·五蠹》)黄宗羲:"有生之初,人各自私也,人各自利也。天下有公利而莫或兴之,有公害而莫或除之。"(《明夷待访录·原君》)既然以公私之别为前提,私利和公利、公义与私义二者之间有何关系呢?

首先,何为私义?何为私利?"必行其私,信于朋友,不可为赏劝,不可为罚沮,人臣之私义也。……污行从欲,安身利家,人臣之私心也。"(《韩非子·饰邪》)可见,私义的实质是私利。其次,何为公义?何为公利?"明主之道,必明于公私之分,明法制,去私恩。夫令必行,禁必止,人主之公义也;……修身洁白而行公行正,居官无私,人臣之公义也;……明主在上,则人臣去私心行公义;乱主在上,则人臣去公义行私心。"(《韩非子·饰邪》)公义的实质是指"人臣去私心"的前提下由法制保障的君主之利。王安石说:"政事所以理财,理财乃所谓义也"(《王文公文集·答曾公立书》)。王安石这里所说的政事理财之"义"就是公义。关键问题在于:如何处理私利和公利或公义与私义之间的关系?

由于"私义行则乱,公义行则治"(《韩非子·饰邪》),所以为了公利或公义,必须遏制私利或私义,秉持"循公灭私"(《李觏集·上富舍人书》)或"开公利而塞私

---

① 康德.纯粹理性批判[M].邓晓芒,译.北京:人民出版社,2004:8.
② 黑格尔.精神现象学:上卷[M].贺麟,王玖兴,译.北京:商务印书馆,1997:10.

门"(《商君书·壹言第八》)的行为法则。"私门"就是所谓的私利,"开公利而塞私门"就是以公利、公义作为行为根据,进而否定私利。

由此可见,义利之辨的分析判断是说:由于"公义是公利,私义是私利",且"循公灭私",是故,义与利的实质是:公义是公利,而私义是私利则被排除出"义是利"的范畴。这是典型的违背同一律的偷换概念。这种逻辑的错误遮蔽着此分析命题的真实意图。所谓义、利的真正含义都是公利,私利、私义要么被排除被完全否定,要么只能听命于公义或公利。利义同一的分析命题把公利作为道德法则,作为道德目的,私利、私义被公义、公利遮蔽。分析命题以私代公,公利也是私利——统治者的私利,私利也是私利——被统治者的私利,其公私不分的真实意图也就暴露无遗了。

(二) 公私不分的真实意图是以私代公

分析命题所说的私利的实质是与君主利益相对的臣民利益,是最大多数人的最大利益。与此相应,分析命题所说的公利并不是最大多数人的最大利益,更不是所有人的福祉,而是君主的一己之私利。如黄宗羲所言,君主"以我之大私为天下之大公"(《明夷待访录·原君》)。可见,公私不分的真实意图是以私代公。

对君主而言,其个人的私利私义就是公义和公利。墨子宣称:"仁人之所以为事者,必兴天下之利,除去天下之害,以此为事者也。"(《墨子·兼爱中》)仁人就是国君,"国君者,国之仁人也。国君发政国之百姓,言曰:'闻善而不善,必以告天子。天子之所是,皆是之;天子之所非,皆非之。去若不善言,学天子之善言;去若不善行,学天子之善行。'则天下何说以乱哉?察天下之所以治者何也?天子唯能壹同天下之义,是以天下治也。"(《墨子·尚同上》)君主一人的利益成为名正言顺的大义或公义。墨子又说:"为人君必惠,为人臣必忠;为人父必慈,为人子必孝,为人兄必友,为人弟必悌。故君子莫若欲为惠君、忠臣、慈父、孝子、友兄、悌弟,当若兼之,不可不行也,此圣王之道,而万民之大利也。"(《墨子·兼爱下》)圣王之道的实质即圣王个人的私利,却被冒充为"万民之大利"。这就把公私完全混为一谈。或者说,把一人的私利私义混同于绝大多数人的公义公利。绝大多数臣民的私利私义乃至身家性命都附属于君主一人的私利私义,而且成为和整个专制制度不相容的大恶、不义或私义。可见,义利同一的分析命题的实质是:一人(君主或帝王)的最大利益是必须坚守的道德法则,臣民的最大多数人的最大利益则是微不足道的。当一个人的最大利益甚至最小利益和最大多数人的最大利益发生冲突时,后者听命于前者。

义利同一的分析命题的根本取向是公利(公义)高于私利(私义),其目的是为了"致霸王之功"。(《韩非子·奸劫弑臣》)韩非说:"凡治天下,必因人情。人情者,有好恶,故赏罚可用,赏罚可用,则禁令可立,而治道具矣。"(《韩非子·八经》)那么,什么是"人情"? 韩非子说:"夫安利者就之,危害者去之,此人之情也。"(《韩非子·奸劫弑臣》)这是缺少自由的功利主义,是只有一个人自由(黑格尔语)境遇中的功利论。它只追求依赖刑罚强制维系君主个人的功利幸福,根本没有意识到平等独立的人格、自由的思想和私有财产权的神圣性,也没有从法治的角度反思这些问题。自由、个性、私有财产权得不到合法的保证,公利也就无法保障。它导致的必然是一个人和最大多数人之间的寇仇状态:常常出现君主残酷屠杀臣民,臣民向君主复仇报复的血腥循环。可见,以私代公的后果必然是以虚假的私损害真正的私,同时也必然损害真正的公。

(三) 分析命题以私代公的后果是害私损公

分析命题以私代公的私或公都是虚假的私或公。在朝令夕改、随心所欲不逾矩的皇权意志的人治之下,臣民的私人财产权和生命权得不到法律制度的有效保障,臣民的利益乃至身家性命随时随地都有可能被皇权剥夺。这就必然造成对真正的公或私的损害

在义即利的分析命题中,私利虽然是"不义",但其实质又是合乎人性的,人们不可能不追求这种"不义"。马克思曾说:"一切人类生存的第一个前提,也就是一切历史的第一个前提,这个前提是:人们为了能够'创造历史',必须能够生活。"[①]人要生活,就要有自己私人的生活资料。在实际生活中,由于个人私利得不到道义舆论和法律制度的认同和支持,人们不得不在满口的仁义道德的掩盖下追逐私利,甚至急功近利、不择手段地疯狂敛财。这就造成了皇权私利和臣民私利的内在矛盾和殊死博弈。皇帝个人私利和臣民个人私利相互争斗,任何人(包括皇帝)的私利都得不到保障,都可以被强力暴力侵害剥夺。

只有通过合法程序建立起来的普遍认同的利益,才是真正的利益。只有通过合法程序,才能建立真正的公利和私利。没有公利保证的私利不是真正的私利,而是虚假的私利。反之亦然,没有私利支撑的所谓公利是虚假的公利,至多是暴力强力自我宣称的冒名的公利(实质是强力的私利)。或者说,没有真正的私利,不可能存在公利,只能存在冒充的虚假公利,其本质上还是私利。反之,一个只有虚假公利的地方,不可能存在真正的私利,只能存有虚假的私利。不承认(百姓个体)私利的公利(皇帝个人的私利)在否定个体利益的同时,也否定了公利(皇帝个人的私利),不可能得到(百姓个体)私利的认可。所以,皇帝的私利虽然有公利的遮羞布,但是只能依靠暴力维系其私利,不可能得到臣民内心的真正认同。一旦力量失衡、改朝换代,皇帝的公利(私利)甚至身家性命就会被完全剥夺。这其实只是自然状态中人对人的豺狼般的动物性资源争夺。其遵循的行为法则是奠定在强力暴力基

---

① 马克思恩格斯全集:第 3 卷[M].北京:人民出版社,1965:31.

础上的动物般的丛林法则。这就以动物的自然法则否定并取代了人类的自由伦理法则。因此,暴力可以侵犯私利,也可以侵犯公利(即君主的私利)。利益冲突只是在私利之间发生,真正的公利被相互残害的私利完全遮蔽了。质言之,害私损公成为分析命题的必然宿命。

  问题是,义利之辨分析判断的根源何在?毋庸讳言,这种观念深深植根于家国不分、家国同构的中国伦理传统中。中国(和东方)数千年的成文史贯穿着父权制,这就是伦理上的移孝作忠,政治上的移家作国、以孝治天下的治国根本方略。黑格尔分析说,中国传统的家庭关系渗透于国家之中,"中国纯粹建筑在这一种道德的结合上,国家的特性便是客观的'家庭孝敬'。中国人把自己看作是属于他们家庭的,而同时又是国家的儿女。在家庭之内,他们不是人格,因为他们在里面生活的那个团结的单位,乃是血统关系和天然义务。在国家之内,他们一样缺少独立的人格;因为国家内大家长的关系最为显著,皇帝犹如严父,为政府的基础,治理国家的一切部门。"①支撑这一家国同构的父权专制制度是以自然血缘原则为本位的封建公有制。关于这一点,马克思和恩格斯在论及东方亚细亚社会时有过深刻的批判。恩格斯在1876年为《反杜林论》所写的准备材料中也指出,"东方专制制度是基于公有制"②。马克思说,"在印度和中国,小农业和家庭工业的统一形成了生产方式的广阔基础"③,"在这里,国家就是最高的地主。在这里,主权就是在全国范围内集中的土地所有权。但因此在这种情况下也就没有私有土地的所有权,虽然存在着对土地的私人的和共同的占有权和使用权"④。支撑封建公有制大统一的是君权至上和权力本位的专制制度。君权高于一切,也高于金钱甚至生命。钱固然可以买权,但君权只有靠命来换,是钱买不来的。君权至上和权力本位必然要求一人独尊的父权政府。在康德看来,父权政府"是所有政府中最专制的,它对待公民仅仅就像对待孩子一样。"⑤中国的皇帝皇后是国父、国母,官吏是百姓的父母官。他们金口玉言,以百姓的权威和父母自居,视百姓如无知的孩童,丝毫不把百姓当作一个个独立的、自由的个体,不尊重其人格尊严,甚至随心所欲地任意处置其身家性命。实际上,由于缺乏自我意识和自我反思能力及合人性的法律制度的保障,君主也没有自由的思想和独立的人格尊严,乃至一部几千年封建王朝史无非是一部分人和另一部分人喋血争夺君位和权力、争当国父皇帝或父母官的历史闹剧的一幕幕重演,个人尊严则被淹没在皇权和权力之下。就是说,家国同构的父权政府的

---

① 黑格尔.历史哲学[M].王造时,译.上海:上海世纪出版集团,2001:122.
② 马克思恩格斯全集:第25卷[M].北京:人民出版社,1974:681.
③ 同②3730.
④ 同②891.
⑤ 康德.法的形而上学原理[M].沈叔平,译.北京:商务印书馆,1991:143.

实质是公私不分、以私代公的家天下,其结果必然是君主之私利和绝大多数臣民私利的相互损害,真正的国家公利却在臣民私利和皇帝私利的无休止的争斗中荡然无存。可见,这是信任危机的一个深刻的精神要素。

严格说来,分析命题既然主张义即是利,就应该遵循同一律,在义即是利的前提下,从义中分析出利来,或者说利是义的应有之义。可是,分析命题不是从义(君主利益)中推出利(臣民利益),而是把义(皇家利益)与利(臣民利益)对立起来,且以前者否定后者。就是说,它一方面把利(臣民利益)排除出义(君主利益)的范畴,同时又把义(君主利益)作为利(臣民利益)的根据,进而要求臣民利益绝对服从君主利益。是故,它已经违背了同一律(A是A)和分析命题的要求:谓词(利)不属于主词(义),不是隐蔽地包含在主词这个概念中的概念。谓词和主词的联结不是通过同一性来思考,而是通过因果性来联结——义(皇家利益)作为利(臣民利益)存在的根据或原因,利则只是义的后果。由此看来,这已经不再是分析判断,而是综合判断。或者说,义利之辨的分析判断潜藏着走向综合判断的内在矛盾因素。

三、综合判断:义利对立的中国伦理传统

康德认为,综合判断中,谓词B完全外在于主词A,谓词和主词的联结不是通过同一性来思考的。综合判断在主词概念A上增加了谓词B,这个谓词B是在主词概念A中完全不曾想到过的,是不能由对主词概念A的任何分析抽绎而来的,因此它是一种可以拓展知识的判断①。义利的结合如果是综合的,它就必须被综合地设想,也就是"被设想为原因和结果的联结:因为它涉及一种实践的善,亦即通过行动而可能的东西"②。它是在遵循矛盾律(A不是A)的前提下进行的判断。也就是:在义利对立的前提下,义是利的原因?或利是义的原因?

义利之辨的综合判断认为义利是互不包含、相互对立的范畴(义不是利),义是行为法则,利则是应当摒弃的恶(非义)。或者说:义是使利成为应当摒弃或排除的恶的原因和根据。

(一) 义利对立的综合判断的首要使命是确立义的神圣地位

综合判断的前提是遵循不矛盾律。不矛盾律要求在同一思维中,相互矛盾的两个思想或概念(A与-A)不能同时为真,必有一个为假,其形式通常表达为:A不是-A。综合判断秉持义不是利的基本原则,主张义利绝对对立,"大凡出义则入利,出利则入义。"(《河南程氏遗书》卷十一)在此前提下。其首要使命就是确定义与利何者优先,它选择的是义优先于利。

---

① 康德.纯粹理性批判[M].邓晓芒,译.北京:人民出版社,2004:8.
② 康德.实践理性批判[M].邓晓芒,译.北京:人民出版社,2003:155.

出于这样的思维逻辑,义利对立的综合命题首先必须完成义的绝对性、普遍性乃至神圣性的论证。在荀子看来,义源自先王君子,"君子者,治之原也。官人守数,君子养原;原清则流清,原浊则流浊。故上好礼义,尚贤使能,无贪利之心,则下亦将綦辞让,致忠信,而谨于臣子矣"(《荀子·君道》),又说:"将原先王,本仁义,则礼正其经纬蹊径也"。(《荀子·劝学》)在荀子这里,听命于礼的义还只不过是个体的君子和经验的礼的附属品,是一个偶然性概念。与荀子经验论的义的论证不同,孟子认为义是源自人人固有的先天的内在存在,"恻隐之心,人皆有之;羞恶之心,人皆有之;恭敬之心,人皆有之;是非之心,人皆有之。恻隐之心,仁也;羞恶之心,义也;恭敬之心,礼也;是非之心,智也。仁义礼智,非由外铄我也,我固有之也,弗思耳矣"。(《孟子·告子上》)义是人心中先天固有的普遍的理则。用孟子的话说:"心之所同然者何也?谓理也,义也。圣人先得我心之所同然耳。故理义之悦我心,犹刍豢之悦我口。"(《孟子·告子上》)"仁义根于人心之固有。"(《孟子集注·梁惠王上》)戴震诠释孟子的这一思想时说:"心之所同然始谓之理,谓之义;则未至于同然,存乎其人之意见,非理也,非义也。凡一人以为然,天下万世皆曰'是不可易也',此之谓同然。"(《孟子字义疏证·理》)不过,这种先验的普遍的义还不具有绝对神圣性。为了在义的先验性普遍性基础上论证义的神圣性,董仲舒认为这种内在的义源自一个本体的天,是天之道。何为天?从地位上看,天既是"万物之祖"(《春秋繁露·顺命》),又是"百神之大君也"。(《春秋繁露·郊祭》)从属性上讲,"天,仁也"。(《春秋繁露·王道通三》)"天志仁,其道也义"。(《春秋繁露·天地阴阳》)天是人之本源,"人之为人,本于天,天亦人之曾祖父也,此人之所以上类天也"。(《春秋繁露·为人者天》)是故,"人之受命于天也,取仁于天而仁也"(《春秋繁露·王道通三》),"仁义制度之数,尽取之天"。(《春秋繁露·基义》)至此,义成了先验不变的绝对神圣的天道。但是,这种"人之曾祖父"之类的天暴露了其低俗的经验性,很难经得起推敲。同时,独断地未经任何论证的断言"天志仁,其道也义",其实是犯了把将事实直接等同于价值的自然主义谬误。尽管那时的人们还没有意识到这一点,义的神圣地位至少在理论上依然处在可以动摇的危险之中。

出于同样的思路,程朱理学主张天人一理,义源自形而上的理。朱熹说:"理未尝离乎气,然理形而上者,气形而下者"(《朱子语类》卷一)。二程认为:"理则天下只是一个理,故推至四海而准,须是质诸天地,考诸王不易之理。故敬则只是敬此者也,仁是仁此者也,信是信此者也。"(《河南程氏遗书》卷二上)。朱熹也说:"未有天地之先,毕竟也只是理。"(《朱子语类》卷一)"未有这事,先有这理。如未有君臣,已先有君臣之理;未有父子,已有父子之理。"(《朱子语类》卷九十五)天理内在具有的正当性就是义。如朱熹所说,"义者,天理之所宜"(《论语集注·里仁》),既然天人一理,那么义也是人的行为应当遵循的内在命令:"义者,心之制,事之宜也。"

(《孟子集注·梁惠王上》)义经过剔除董仲舒以经验论证先验的错误,综合了荀子、孟子的思想,在天理这里提升到一个规范人心、引领言行的具有绝对命令地位的形而上的神圣的普遍法则。如此一来,综合命题的选择即认为"义"是大原,义是否定利的正当性的根据。

这就完成了综合命题的第一步:相互矛盾的两个思想或概念(A 与－A)不能同时为真,必有一个为假,其形式通常表达为:A 不是非 A,这里也即是义不是非义(利)。维系义的这种神圣地位需要对个体利益权利的绝对否定乃至彻底践踏。这就是综合命题的另一深层意蕴。

(二) 义的神圣地位是绝对否定利的正当诉求的根据

综合命题把对立的义利作为原因和结果的联结,其意图是非常明显的:崇义弃利,或者说,义是否定乃至摒弃利的原因和根据。在义绝对优先的前提下,遮蔽乃至彻底否定利的道德性即个人正当权益的诉求。

综合判断把义绝对化为道德行为法则。孔子说:"君子义以为上"(《论语·阳货》),因为"放于利而行,多怨"(《论语·里仁》)。孟子认为:"大人者,言不必信,行不必果,惟义所在。"(《孟子·离娄章句下》)这是为什么呢?朱熹说:"仁义根于人心之固有,天理之公也;利心生于物我之相形,人欲之私也。"(《孟子集注·梁惠王上》)义作为人心固有的公理,比生命和利欲珍贵,在义和生命之间应当舍生取义。孟子曰:"生,亦我所欲也;义,亦我所欲也,二者不可得兼,舍生而取义者也。"(《孟子·告子章句上》)孟子这种天理之公的义被董仲舒改造为道。董仲舒说:"道之大原出于天。天不变,道亦不变。"(《汉书·董仲舒传》)所以应当"正其谊不谋其利,明其道不计其功"(《汉书·董仲舒传》)。义成为否定利的大原或根据,其真实意图是推崇臣民具有绝对服从皇权的绝对义务,忽视乃至蔑视臣民相应的权利诉求,推卸皇权对臣民的任何责任或者说皇权只具有对臣民的绝对权力,而不承担任何相应的责任和义务。韩非子甚至说:"为人臣不忠,当死;言而不当,亦当死。"(《韩非子·初见秦》)但是,君主不仁不义的行为,如荒淫误国、残害百姓,却不承担相应的责任,甚至那些为君主服务的官吏仅仅对皇帝负责却不承担对百姓的责任,乃至有"刑不上大夫"的荒谬传统。其经典形式就是所谓的"三纲":君为臣纲、父为子纲、夫为妻纲。董仲舒认为:"王道之三纲,可求于天。"(《春秋繁露·基义》)源自天神圣的三纲的实质是"君要臣死,臣不得不死""父(夫)要子(妻)亡,子(妻)不得不亡"的绝对服从和无条件牺牲。三纲的要害在于君为臣纲,而父为子纲、夫为妻纲只不过是其衍生品。由于君是义,臣是利,"君为臣纲"也就意味着综合命题的义或者非义(利)的因果联结:"君(义)为臣(利或非义)纲"表明义(君)是否定利具有正当性的根源。义通过天、道、天理等的论证归结为皇权的礼仪或皇帝意志,由本体的不变的天道下降到经验的个体的帝王意志,义与利的对立也就可以转化为普遍性的天理与特殊性利欲的对立,即公(天理)与私(人欲)的对立。如程颐所说:"不是天理,便是私欲"(《河南程氏遗书》卷十五)。既然"灭私欲则天理明"(《河南程氏遗书》卷二十四),自然也就要求"损人欲以复天理"①。作为天理的义就成为灭绝私欲的利来达到目的的原因。

我们知道,在分析命题中,君主一人的利益和幸福是道德标准,绝大多数人的利益和幸福都必须以君主一人的利益和幸福为目的,二者发生冲突时,前者无条件屈从于后者。如果说分析命题还主张利欲可言,综合命题则主张利欲不可言。综合命题中,君主被赋予天理、天道,导致大原的绝对神圣高度,君主的利益、幸福仅仅是这种形而上的神圣性的一种不可言说的潜规则。结果如孟子所说:"王亦曰仁义而已矣,何必曰利?"(《孟子·梁惠王上》)行为规则是:"不论利害,惟看义当为与不当为。"(《河南程氏遗书》卷十七)利在义的评价体系中毫无价值可言,如荀子所说:"保利弃义谓之至贼。"(《荀子·修身》)朱熹一言以蔽之说:"圣贤千言万语,只是教人明天理,灭人欲。"(《朱子语类》卷十二)由此看来,义利综合命题必然走向其义利俱灭的宿命。

(三) 义利综合命题重义非利的后果是义利俱灭

由于分析命题囿于经验的利益问题,君权被同化为君主利益的偶然表象,自然也就降低了君权的权威。为了弥补这个缺憾,论证君权的神圣性并借此蔑视利益的正当性也就成了综合命题的历史使命。综合命题极力推崇君权神圣至上的不可侵犯性,为君主寻求形而上的合法根据,借此否定甚至牺牲臣民利益,把臣民利益遮蔽于所谓的道义(即神圣的君权)之下。如果说分析命题还为臣民利益的存在留下一点可能性的话,综合命题在否定了臣民利益之后,余下的只是空洞的天道仁义,这天道仁义的实质依然是经验的君权。由于义(君权)利(臣民利益)的实质都是经验的偶然的,所以义利之辨的综合判断是后天的或经验的综合判断,它虽然可以拓展义利的实践认知,但是只具有偶然性,而不能成为道德法则。根本原因在于:君权在压制剥夺臣民利益的同时,也就动摇了君权神圣性和君子利益的根基,其结果必然是义利双灭。

首先,义利综合命题否定利的正当诉求的实质是义对利的肆意践踏。义利综合命题把人分为君主和臣民两大对立主体。君主是绝对的义的主体,是"人伦之至也"(《孟子·离娄上》),臣民则是利的主体。所以,"夫人有义者,虽贫能自乐也;而人无义者,虽富莫能自存"(《春秋繁露·身之养莫重于义》)。义表面上指行为必须遵循的道德命令,实际上是天下大公掩盖下的君权。因此,它骨子里追求的主要是君王权力(实际上也包括君主的个人利益)绝对不可动摇的神圣权威。臣民必须绝

---

① 程颐.周易程氏传·损[M]//二程集:907.

对听命于义,不奉行义的人就是小人、盗贼,甚至是禽兽。孔子说:"君子喻于义,小人喻于利。"(《论语·里仁》)荀子说:"若其义则不可须臾舍也。为之人也,舍之禽兽也。"(《荀子·劝学》)孟子也说:"无恻隐之心,非人也;无羞恶之心,非人也;无辞让之心,非人也;无是非之心,非人也。"(《孟子·公孙丑上》)这里为了否定利的正当性,竟然使用"禽兽""非人"等否定人的资格和尊严的极端手段。这就不仅践踏了利,而且败坏了德性的根本。德性的丧失也就意味着温情脉脉的"义"可以毫无顾忌地肆意践踏利益。对此,黑格尔说:"在中国,那个'普遍的意志'直接命令个人应该做些什么。个人敬谨服从,相应地放弃了他的反省和独立。假如他不服从,假如他这样等于和他的实际生命相分离。'实体'简直只是一个人——皇帝——他的法律造成一切的意见。"①义利综合命题把君主权力作为天道大义,并以此否定利益存在的道德必要性。在所谓神圣的义的绝对命令之下,君权剥夺臣民的个体利益甚至生命似乎是替天行道的义举。当生命都可以被义随时剥夺时,臣民利益也就被所谓的义完全遮蔽了。然而,义对利的肆意践踏也就同时意味着义丧失了其存在的根据。

其次,义对利的肆意践踏使义自身丧失了存在的现实根据。表面看来,在义利综合命题这里,神圣的君主是义的化身,卑微的臣民是利的载体。集天地君亲师于一体的君主具有最高的绝对权力,臣民必须履行服从君主权力的绝对义务,即利必须绝对听命于义。实际上,这恰好为义自身挖掘好了坟墓。不可否认,古代有"君不仁,臣投他帮""父不慈,子走他乡"的思想观念。墨子就说:"为人君必惠,为人臣必忠;为人父必慈,为人子必孝,为人兄必友,为人弟必悌。"(《墨子·兼爱下》)但是,由于缺少对人的尊重的基本理念,这些合理思想常常流于空谈。君主的绝对权力致使君仁臣忠、父慈子孝、兄友弟恭、长幼有序等观念成为表面的幻象。君主钳制臣民的绝对权力以及臣民被迫承担的对君主的绝对义务把君主权力推向了否定人的普遍性、平等性乃至人格尊严的极端。诚如戴震所痛斥:"尊者以理责卑,长者以理责幼,贵者以理责贱,虽失,谓之顺;卑者、幼者、贱者以理争之,虽得,谓之逆。……人死于法,犹有怜之者;死于理,其谁怜之?"(《孟子字义疏证·理》)这实际上是对义的形上的普遍性和神圣性的质疑和否定。因为没有天生的君主,第一个君主源自非君主,是从百姓大众中产生出来的。后来的君主轮流更换,亦是如此。君主或天子的不断变化和不变的义或天道自相矛盾,这就否定了君权的神圣性。另外,君主是绝对权力者,绝对权力导致绝对腐败。绝对服从义(君主)的臣民由于被剥夺了人的资格和权利,对所谓的义务只是出于恐惧而被迫履行。神圣性的义只不过是强力的另一种说法,义的法则其实是动物世界的弱肉强食的丛林法

---

① 黑格尔.历史哲学[M].王造时,译.上海:上海世纪出版集团,2001:122.

则,而非伦理的自由法则。一旦有力量反抗,被压制的臣民就会抛弃所谓的绝对义务,运用君主奉行的动物法则、暴力法则对抗甚至杀戮绝对权力者。君主专制和臣民利益绝对对立,君主、臣民双方都不会把对方和自己当作有尊严的人。如果一方胜利,又一轮新的暴力对抗就会重新开始。在这种人对人如豺狼般的自然状态下,神圣性的义在刀剑之下原形毕露,君主的权威在生死考验的时刻顿时化为乌有。从这个角度看中国几千年传统史其实是暴力对抗暴力的暴力史。

  那么,义利双灭的综合命题(取义弃利)的根源何在?我们知道,家国同构的自然状态需求分析命题,但是分析命题把绝大多数人的最大利益归结为君主一人的个体利益,不能解决君权利益的绝对合法性和神圣性问题,反而具有否定君主利益的危险性。同时,把君主一人的个体利益归结为义,理论上也犯了自然主义谬误。即使借助天的名义,也不可避免。墨子说:"然则奚以为治法而可?故曰:莫若法天。天之行广而无私,其施厚而不德,其明久而不衰,故圣王法之。既以天为法,动作有为,必度于天。天之所欲则为之,天所不欲则止。然而天何欲何恶者也?天必欲人之相爱相利,而不欲人之相恶相贼也。"(《墨子·法仪》)法天是自然主义谬误。这种谬误导致这一命题不具有令人信服的理论力量(尽管当时人们不知道这是自然主义谬误的后果,但是直觉的"王侯将相,宁有种乎"之类的怀疑思想依然能够对它构成致命威胁)。这是其一。

  更深层的问题则在于,综合命题自身何以必要?家国同构的自然秩序虽然需要分析命题论证以孝治天下、移孝作忠等家国一致的自然需求,但是绝对不允许家国平等。家国同一的目的是小家服从大家(国)、臣民服从君权,其实质是绝大多数的自然家庭所构成的家庭整体绝对服从皇帝一人的意志。如果皇家和其他自然家庭平等,这就是大逆不道的不义甚至是禽兽行径。可见,家国同构自然秩序的合法性需要把君主之家和臣民之家绝对区别开来,并使前者对后者具有绝对的神圣地位,后者绝对听命于前者。这就要求必须论证君主利益的神圣性、至高无上性以及臣民利益绝对服从君权的无条件性,或者说臣民的合法性根据在于绝对服从君权。没有君权,臣民就没有存在的价值。如果说君权是目的价值,臣民在分析命题这里最多具有工具价值的话,那么在综合命题这里,臣民则没有丝毫价值可言。如黑格尔所说:"在中国,既然一切人民在皇帝面前都是平等的——换句话说,大家一样是卑微的,因此,自由民和奴隶的区别必然不大。大家既然没有荣誉心,人与人之间又没有一种个人的权利,自贬自抑的意识便极其通行,这种意识又很容易变为极度的自暴自弃。正是他们自暴自弃,便造成了中国人极大的不道德。"① 义利双灭其实是崇尚暴力的丛林法则在伦理世界的失败,因此也是导致伦理信任危机的行为

---

① 黑格尔.历史哲学[M].王造时,译.上海:上海世纪出版集团,2001:130.

法则。这种失败把义利之辨推向了道禅所追求的寂灭绝境。或者说,道禅所追求的非义弃利其实是义利之辨的本质使然。

四、义利之辨的涅槃与重生

义利之辨的分析判断和综合判断维系绝对义务、摒弃权利诉求,殊途同归地导致义利双灭,走向道禅所追求的非义弃利的涅槃寂灭的境地,这种境地潜在地预示着义利之辨的重生。

(一) 义利之辨的虚无与涅槃

义利双灭的命运在理论上催生了其极端形式:道禅两家既不重利也不崇义,否定义利之辨的可能性和必要性。

道禅两家对义利之本的解构,从根本上否定了义利的价值。老子说:"大道废,有仁义。慧智出,有大伪。六亲不和,有孝慈。国家昏乱,有忠臣。"(《老子》第十八章)既然仁义利害有悖大道,道家"圣人""至人"追求的是既"忘年忘义"(《庄子·齐物论》),又"不就利、不违害"(《庄子·齐物论》)的境界。这种境界不但"通乎道,合乎道,退仁义,宾礼乐,至人之心有所定矣"(《庄子·天道》),而且"不利货财,不近富贵;不乐寿,不哀夭;不荣通,不丑穷;不拘一世之利以为己私分,不以王天下为己处显。显则明。万物一府,死生同状"。(《庄子·天地》)一言以蔽之,"恬淡,寂寞,虚无,无为。此天地之平而道德之质也,故圣人休焉"。(《庄子·刻意》)与道家的思路类似,禅门主张摆脱生死名利。通琇说:"名不能忘不可以通道,利不能忘不可以学道。"(通琇:《大觉普济玉琳禅师语录》卷一一)禅门否定名利仁义,目的是跳出三界(即欲界、色界、无色界诸天)外,以达到寂灭的涅槃之境。何为涅槃?僧肇解释说:"既无生死,潜神玄默,与虚空和其德,是名涅槃矣。"(僧肇:《涅槃无名论》)道禅两家追求的是超越生死、无义无利的无我境界。这就否定了义利结合的任何可能性,也就是说,义与利既不可能结合为分析命题,也不可能结合为综合命题。义利之辨在道禅两家的解构中似乎只能堕入寂灭虚无的涅槃绝境了。

不可否认,义利双灭的命运得到了历史的验证。马克思说,生活在君主家长制权威下的臣民,对君主恨之入骨。鸦片战争期间,"那些纵容鸦片走私、聚敛钱财的管理的贪污行为,却逐渐腐蚀着这个家长制的权力,腐蚀着这个广大的国家机器的各部分间的唯一的精神联系。……所以很明显,随着鸦片日益成为中国人的统治者,皇帝及其周围墨守成规的大官们也就日益丧失自己的权力。"[①]当有一种强力危害皇权的时候,臣民竟然成了君主的看客,宁可被动地和君主屈从于暴力法则。对此马克思写道:"当时人民静观事变,让皇帝的军队去与侵略者作战,而在遭受

---

① 马克思恩格斯选集:第二卷[M].北京:人民出版社,1972:2.

失败以后,抱着东方宿命论的态度服从了敌人的暴力。"①质言之,利(臣民)宁可选择和义(君主)同归于尽,也不愿与义(君主)同心协力地拼搏图存。神圣的义和为之殉葬的利在暴力法则之下灰飞烟灭、荡然无存。马克思总结说:"一个人口几乎占人类三分之一的幅员广大的帝国,不顾时事,仍然安于现状,由于被强力排斥于世界联系的体系之外而孤立无依,因此竭力以天朝尽善尽美的幻想来欺骗自己,这样以一个帝国终于要在这样一场殊死的决斗中死去,在这场决斗中,陈腐世界的代表是激于道义原则,而最现代的社会的代表确实是为了获得贱买贵卖的特权——这的确是一种悲剧。"②大清帝国的臣民麻木和皇权贵族的无耻无能体现得淋漓尽致,中国传统的道义原则在现代英国的利益原则面前不堪一击。这种表面的失败其实是义利之辨的必然的历史结局。鸦片战争的炮火把既不重利也不崇义的道禅两家的思想转化为铁的历史事实,同时也是把义利之辨的伦理传统推向了灰飞烟灭的境地。至此,中国传统的义利之辨走向了自己的涅槃之境。

为什么义利之辨会走向涅槃之境呢？义利之辨囿于自然人伦亲情前提下的封闭性家国同构型自然伦理范畴,把义的根基奠定在君子、圣人、帝王国君的偶然性的个人德性涵养上。荀子说:"请问为国？曰闻修身,未尝闻为国也。君者仪也,民者景也,仪正而景正。君者盘也,民者水也,盘圆而水圆。君者盂也,盂方而水方。君射则臣决。楚庄王好细腰,故朝有饿人。故曰:闻修身,未尝闻为国也。"(《荀子·君道》)皇帝集天地君亲师于一身,其个人意志、金口玉言就等于国家法令,只具有经验型、偶然性、随意性,义并没有上升到(康德主义)先验意志自由,也就很难推出(密尔主义)经验的法律自由(密尔)。义利之辨缺失经验自由和先验自由的维度,蔑视个体权利,否定臣民利益,把绝对服从君主修养作为道义的根本,这就必然导致父权的泛滥以及权利观念的匮乏。马克思分析说:"就像皇帝被尊为全国的君父一样,皇帝的每一个官吏也都在他所管辖的地区内被看作是这种父权的代表。"③不具备权利主体的人的权利观念的匮乏,也就意味责任意识的极端淡薄。在他们看来,一切问题如地震、腐败、传染病灾异或贪污、外敌入侵等,似乎都是外在客体逼迫的(常见的理由如中国人口多、国际环境复杂、敌对势力的凶狠狡猾、历史环境决定的等等),当事人似乎没有什么责任,因为治乱的根源在于君子或君主,如荀子所说:"君子者,治之原也。官人守数,君子养原;原清则流清,原浊则流浊。"(《荀子·君道》)这种蔑视权利带来的相应的责任意识淡薄只能导致家长制权力的衰亡。义利之辨的失败是自然的丛林法则的失败,是伦理信任危机的根源,它恰好

---

① 马克思恩格斯选集:第二卷[M].北京:人民出版社,1972:19.
② 同①.
③ 同①2.

潜在地预示着伦理的自由法则的出场以及由此带来的重构伦理信任的希望。这也是分析判断和综合判断自身化解矛盾的内在需求。

(二) 义利之辨重生的可能性

义利之辨的寂灭只是一种自我陶醉的幻象,但是在这种幻象中却潜藏着自由法则的重生因素。①之所以要忘利害,恰好证明还在念念不忘利害。否则,就无需忘利害。就是说,"饮食男女,众人皆欲,欲而能反者,终至于无欲。嘻!唯无欲可以老天下,可以安天下"(真可:《紫柏老人集》卷九),或者说,"修习善语,自利利他,人我兼利"(《无量寿经》)。忘利害与不忘利害是对立的,试图使二者同一(把忘利害等同于不忘利害)是不可能的。如果利害忘不了,又自以为忘了利害,则是自欺欺人,"妄言者,为自欺身,亦欺他人"。(《佛说须赖经》)就是说,绝对否定义利之辨是缺乏理据的谬论。②如果真的把利害摒除干净,完全超脱于义利之外了,就不是人了。不是人了,当然不需要综合判断,也不需要分析判断。当然可以走向无关利害的逍遥或虚无的寂灭。只要在人的境遇中,完全摆脱义利就是不可能的。道禅思想是人的思想,不能摆脱人的境遇。是故必然会返回义利之辨:"为佛之为教也,劝臣以忠,劝子以孝,劝国以治,劝家以和,弘善示天堂之乐,惩非显地狱之苦。"(李师政:《内德论》)这可以从实际生活中的大隐隐于市甚至隐于朝、放下屠刀立地成佛等现象,以及理论上达到的以儒学为主的儒道禅三教合流的宋明理学两个方面得到双重确证。元贤阐师说得好:"人皆知释迦是出世圣人,而不知正入世底圣人,不入世不能出世也。人皆知孔子是入世底圣人,而不知正出世底圣人,不出世不能入世也。"(元贤:《永觉元贤禅师广录》卷二九)道禅试图摒除义利,其实是道禅在无力反抗皇权情况下的消极躲避,是丛林法则主导伦理生活呈现出来的表象。③义利之辨的分析命题具有的有生命力的合理要素:把私人功利和公利都看作功利,在追求公利的同时也承认私利的地位。北宋李觏反对孟子"何必曰利"的思想,说:"利可言乎?曰:人非利不生,曷为不可言!欲可言乎?曰:欲者人之情,曷为不可言!……孟子谓何必曰利,激也,焉有仁义而不利者乎?"(《李觏集·原文》)叶适说:"既无功利,则道义者乃无用之虚语尔。"(叶适:《习学记言序目·汉书三》)王安石也认为如杨朱"利天下拔一毛而不为也"利己为己不义,墨子"摩顶放踵以利天下"完全利他为他是不仁,"是故由杨子之道则不义,由墨子之道则不仁"。他认为"为己,学者之本也","为人,学者之末也"(《王文公文集·杨墨》),进而主张"欲爱人者必先求爱己"。(《王文公文集·荀卿》)明清时期思想家如黄宗羲、顾炎武、唐甄、李贽等甚至主张废除君主集权,提倡经济自由放任,各尽所能,维护私利等可贵思想。这已经具有接近边沁、密尔功利前身的合理利己主义的某种倾向。如果再往前跨一步的话,就有可能达到自由功利主义。但是,中国的功利思想却到此止步了,再也没能跨进追求自由、权利和功利的现代功利主义。④义利综合命题潜在的生命力在于对精神力量和人格尊严的肯定。孟子曰:"一箪食,一豆羹,得之则生,弗得则死。呼尔而与之,行道之人弗受;蹴尔而与之,乞人不屑也。万钟则不辨礼义而受之。万钟于我何加焉?"(《孟子·告子上》)荀子说:"义之所在,不倾于权,不顾其利,举国而与之不为改视,重死持义而不桡。"(《荀子·荣辱》)不过,这种精神力量不可无限夸大,因为精神力量最终要归结于王霸之业的审判,义的根据依然在于维系皇权而不是为了人性和自由,其实质还是把精神钳制在君权之下,未能提升到追求普遍道德法则和人为目的的现代义务论的理论高度。尽管如此,这些合理要素毕竟为义利之辨的涅槃重生和重建伦理信任预备了前提。

(三) 义利之辨的重生

义利之辨几乎没有涉及法律和政治制度的德性或道义,因而不具有现代陌生人社会伦理理性主义、普遍主义和权利诉求的胸襟和气度,由此带来的伦理信任危机也就不可避免。不过,义利之辨的合理要素依然为义利之辨的重生和建立伦理信任埋藏了具有生命力的种子。其涅槃重生、自我否定的路径在于义利之辨的先天综合判断。

何为先天综合判断? 康德认为,先天综合判断是既具有先天性、普遍必然性,又能够增加新的知识的判断①。据此,义利之辨的先天综合判断要求:①从内涵讲,义利不是同一的,即不能简单地认为义是利或利是义。义利必须具有各自独立的含义,借此以确保判断的综合性。②从外延讲,义利不是适用于某个人、某些人或绝大多数人的概念,而是具有普遍性的适用于每个人的概念,借此以确保判断的分析性。③从义利的联结来看,利具有工具目的或工具价值,义则是利的价值原因或目的根据。简言之,义是使利具有正当性的原因和根据。

其一,厘清义利的边界。

义利同一的分析命题混淆了义(公利)利(私利)的边界,义即利的实质是"义是君主私利"或"君主私利就是义"。所以,这里的义利都属于利的事实范畴。义利差异的综合命题的义把君主权力偷换为国家、礼、道、天或天理等,使之具有神圣不可侵犯的绝对目的的地位,要求绝大多数人及其利益绝对服从君主权力,仅仅成为其工具。就是说,义不过是依靠暴力维系的绝对神圣权力而已,其本质则是和个体利益相对立的自然暴力,与利一样同属于事实范畴。可见,义利之辨囿于事实范畴,并没有真正澄清义与利的区别。

从根本上讲,利主要是满足人的感性需求的客观存在如财富、幸福等,属于事实范畴。墨子说:"昔之圣王禹汤文武,兼爱天下之百姓,率以尊天事鬼,其利人多,故天福之,使立为天子,天下诸侯皆宾事之。暴王桀纣幽厉,兼恶天下之百姓,率以

---

① 康德.纯粹理性批判[M].邓晓芒,译.北京:人民出版社,2004:10-11.

诉天侮鬼。其贼人多,故天祸之,使遂失其国家,身死为于天下僇,后世子孙毁之,至今不息。故为不善以得祸者,桀纣幽厉是也。爱人利人以得福者,禹汤文武是也。爱人利人以得福者有矣,恶人贼人以得祸者,亦有矣。"(《墨子·法仪》)这种与祸害相反对的利福都属于利的事实范畴。与利不同,义则是规范行为的道德法则,属于价值范畴。孟子说:"义,人之正路也。"(《孟子·离娄上》)荀子说:"义之所在,不倾于权,不顾其利,举国而与之不为改视,重死持义而不桡。"(《荀子·荣辱》)不过,这里所说的义虽然具有规范行为的特点,但是本质上属于经验领域的事实范畴(礼或先王之法)。其实,义是自在的自由价值,是人的实践理性自身所具有的法则。可见,义与利的区别和边界是:义属于价值范畴,利属于事实领域。不过,二者并非绝对对立,而是具有内在联系的:义应当是规范利的价值根据和行动法则,利应当是在义规范下的感性存在,因为二者的共同根据是人。离开了人,义利之辨也就失去了存在的根基。先天综合判断所寻求的普遍的义和普遍的利以及二者的联结,既源自人的本性,又以人为根本目的。这就是寻求普遍的利和普遍的义的人性根据,同时也是伦理信任得以可能的人性根据。

其二,寻求普遍的利。

义利之辨的先天综合判断(以下简称先天综合判断)的前提是冲破家国一体、义利同一的思想藩篱,厘定个体利益与国家利益的界限,确定普遍先天的利。其基本程序如下:

(1)先天综合判断遵循同一律,明确国是国,家是家。同时,先天综合判断遵循矛盾律,把国与家严格区别开来(国不是家):家与国具有本质差异,家是以血缘关系为纽带的自然伦理实体,国是以契约法律为纽带的自由伦理实体。在厘清家和国的界限的前提下,彻底打破家国一体、家国不分的以自然血缘为基础的熟人伦理模式。

(2)先天综合判断遵循同一律,明确公利是公利,私利是私利,既不以公利冒充私利,也不以私利冒充公利。同时,先天综合判断遵循矛盾律,把公利与私利严格区别开来:公利是国家利益,私利是公民及其家庭利益。这就要求运用法律制度,厘定私利和公利的界限,使公私分明,避免公利私利混淆不清的谬误。

(3)法律确定的利不是个别人或最大多数人的利益,而是每个人和所有人的幸福和福利,即是一种普遍的先天性的利。因此,如果私利侵害了公利或者公利侵害了私利,就可根据法律予以惩处,使其承担相应的法律责任。只有坚守公利不得非法侵害私利的界限或底线法则,公利才能成为合法的、受到私利认同和保护的公利。因为公利源自私利如税收等,其合法根据在于公利是为了更好地保护私利,而不是侵害私利。私利是目的,公利只是保护私利的途径和手段。只有依据法律,才能避免以公利之名侵害私利或以私利冒充公利的假公济私,才能把利益作为每个人的普遍利益,而不是某个人、某些人或绝大多数人的利益。就是说,利的目的是社会公正和人的价值,这已经涉及普遍的义。

其三,确定普遍的义。

义是一种道德价值。传统义利之辨肯定义的绝对性、优先性,却以偶然性的义(君主权力)冒充义的普遍性。在君主即是义的范畴中,义就是君权高于一切的神圣价值。义的判定主要依赖君主个人的主观意志权衡利弊、乾纲独断。显然,传统的义是偶然的经验的义或者说是皇帝个人的独断意志。先天综合判断必须把这种偶然的义改造提升为关注每个人的普遍价值的自由法则——正义。

正义是权利的恰当分配。权利是所有人存在的正当诉求,是正义追求的价值目的。由于每个人具有平等的道德价值,同时又各有差异,正义必须关注这种普遍的人性。维琦(Robert M.Veatch)说:"①没有人应当索求多于或少于可用资源的平等分享的一份,在这个意义上,人们具有平等的道德价值。②此世界中的自然资源总是应当看作具有与它们的用途相关的道德资源。它们从来不是'无主的'可以无条件使用的资源。③人类作为道德主体具有自明的绝对责任:运用此世界中的自然资源建构一个平等地分配资源的道德社会。"①正义的核心在于平等优先于差异,或者说正义主张在平等优先的前提下,尊重差异性和多样性。这种关注人的普遍性和差异性的正义就是一种适用于每个人的普遍的义。

其四,义利的先天综合联结。

如何连接普遍的义和普遍的利呢?换言之,利是义存在的根据?还是义是利存在的根据?回答这个问题,必须首先回答先天综合判断所追求的目的是义还是利?

亚里士多德在《尼各马科伦理学》的开篇就说,善是万物之目的,每一种艺术和研究,每一种行为和选择都以某种善为目的②。义或正义是有限的理性的存在者——"人"所追求的内在价值,它决不能降格为可以用金钱、权势等外在的功利来衡量的可归结为"物"的东西。质言之,正义属于"应当"的自由的价值范畴,是人之为人的资格规定。正义作为人性自身目的,"远远超出了所有的实际功利、所有的经验目的及其所能带来的好处"③。利本身是没有价值的,只是因为以正义为目的才具有价值。如果说正义是以人自身为目的的价值目的,利则是因为弘扬人性和正义而具有工具目的或工具价值。因此,先天综合判断是以义为目的的,它要求把

---

① Robert M Veatch. Justice and the Right to Health Care: An Egalitatian Account [M]//Thomas J Bole III, William B Bondeson. Rights to Health Care. Dordrecht: Kluwer Academic Publishers, 1991:85.

② Aristotle. The Nicomachean Ethics [M]. translated by David Ross, revised by Lesley Brown. New York: Oxford University Press, 2009:1.

③ 康德.康德文集[M].刘克苏,译.北京:改革出版社,1997:363-364.

普遍的义作为普遍的利的正当性的原因和根据。有鉴于此,先天综合判断的基本含义是:

(1) 当正义和利益不发生冲突时,正义保障利益的正当性、合法性利益则在正义的秩序中得到实现。密尔认为,功利主义并不否定为了他人的利益牺牲自己的利益的正当性,"它只是拒绝承认牺牲本身是一种善。一种牺牲如果不增加或不能有利于增加幸福的总量,功利主义则把它看成是浪费"①。功利主义追求功利的目的是追求公民自由或社会自由,也就是"社会所能合法使用于个人的权利的性质和限度"②。先天综合判断把避免每个人的苦难作为前提,它要求:尽最大努力消除可避免的苦难,把可避免的苦难降到最低限度,并尽可能平等地分担不可避免的苦难③。

(2) 当正义和利益发生冲突时,正义优先于利益。正义是权利的恰当分配,具有对利益的优先地位。德沃金(Ronald Dworkin)把权利看作"王牌"(trumps),认为真正的权利高于一切,为了实现权利,甚至能以牺牲公共利益为代价④。用罗尔斯的话说:"正义所保障的权利决不屈从于政治交易或社会利益的算计。"⑤质言之,正义优先于任何利益是先天综合判断解决义利冲突问题的基本法则。

至此,义利之辨扬弃了分析判断与综合判断,把自身提升到了先天综合判断的境地,完成了由自然暴力为基础的自然法则向自由人性为基础的自由法则的涅槃重生的历史转变,实现了由前现代伦理学范畴向现代伦理学范畴的转变,也在某种程度上综合并超越了现代伦理视域的功利论和义务论。更重要的意义在于,先天综合判断的义利之辨或许能够为化解伦理信任危机、建立伦理信任提供一种可能的思路。

结　语

从现代伦理视域来看,义利之辨的基本伦理精神是以君主为目的,以臣民为工具。义利之辨既要假借家国同一、家国一体之名来实现家天下,又要使君主凌驾于所有臣民之上而具有绝对权威。前者需要分析命题加以论证以便混淆家国之别,后者需要综合命题加以论证以便使君主和臣民绝对分割而具有无上神圣性。这就

---

① John Stuart Mill. Utilitarianism[M]. Beijing: China Social Sciences Publishing House, 1999: 24.
② 密尔.论自由[M].程崇华,译.北京:商务印书馆,1959:1.
③ Karl Raimund Popper. The Open Society and Its Enemies: Vol.1 [M]. Princeton: Princeton University Press, 1977: 284-285.
④ Ronald Dworkin. Taking Rights Seriously[M]. Cambridge, Massachusetts: Harvard University Press, 1977: xi.
⑤ John Rawls. A Theory of Justice[M]. Cambridge, Massachusetts: Harvard University Press, 1971: 4.

出现了"A 是 A"（分析命题的义是利）与"A 不是 A"（综合命题的义不是利或义不是义）的矛盾，同时又出现了"A 是－A"（义是非义即利）的矛盾。这种矛盾归根结底是由家国一体的超稳定结构造成的：分析命题把君主之家混同于臣民之家，综合命题又把君主之家混同于国家。君主的家天下就既具有家庭的地位又具有国家的地位。究其实质而言，义利之辨滞留在经验领域的利益冲突的藩篱内，几乎没有关注利益背后人的自由本质和人格尊严，也就不可能从现代伦理的角度思考国家和家庭的本质区别（国家是自由的政治伦理领域，家庭是自然的私人伦理领域），更遑论保证国家利益、公民利益的合法性和正当性，因此最终只能走向涅槃的绝境和深重的伦理信任危机。这既是作为前现代伦理形态的义利之辨终结的契机，又是现代伦理形态的义利之辨即义利之辨先天综合判断的发轫。

　　义利之辨的先天综合判断要求：(1)义与利具有各自独立的含义；(2)义利是普遍的适用于每个人的先天的行为法则，而不仅仅是适用于某个人、某些人或绝大多数人的行为法则；(3)先天普遍的义是使先天普遍的利成为应当追求的正当权益的原因和根据。这就为重建伦理信任提供了一种可能的道德资源。不可否认，现代伦理视域的先天综合判断自身也具有不可否认的矛盾：普遍的义利诉求与具体的义利境遇之间的冲突，以及由此带来的伦理信任的普遍诉求与具体的伦理信任境遇之间的矛盾。如何解决这个问题是当下中国伦理学的历史使命之一。

伦理信任的文化战略

伦理信任何以可能？

唐代兴*

四川师范大学伦理学研究所

摘 要 伦理信任的实践形态,表征为人与人之间的道德信任和美德信任;伦理信任的社会功能,抽象为统摄制度规训与人文精神、历史情感与生存想望、个性自由与生存担责的社会精神秩序。伦理信任解体的深层机制是人成为人的神性消解、人性扭曲,其社会运作机制是"财富—权力"社会结构对"平等—公正"分配机制的解除。伦理信任的社会化建构之成为可能,需要人性觉醒与神性守望的有机统一、信仰与哲学的共生性融通、"权利—权力"相博弈的社会结构与"平等—公正"分配的社会机制互为规范。

关键词 伦理信任;人性觉悟;理性守望;"权利—权力"博弈;"平等—公正"分配

一、"伦理信任"概念的双重内涵构成

"道德发展智库·信任论坛"提出了一个新概念:"伦理信任",也因此而提出一个新问题,即伦理信任问题。在此之前,这个问题有一个类似的提法,即道德信任。对"道德信任"的关注和思考始于 2011 年,目前其可见文献有五篇,即《新医改背景下医患信任的主导:道德信任与制度信任》(2011)、《对当前企业道德信任危机的思考》(2011)、《道德信任:现代高职教育的典型性缺失》(2012)、《统一考量道德信任和制度信任》(2012)、《论道德信任和制度信任的辩证关系》(2015),这五篇文章虽属感觉经验性研究,但却从企业、临床医学、教育、制度等不同领域提出"道德信任"丧失的问题,表明道德信任已经成为当前社会的基本伦理问题。

客观地看,道德信任问题就是伦理信任问题,对道德信任危机的思考其实就是

---

* 唐代兴,四川师范大学二级教授,特聘教授,四川省学术与技术带头人;主要研究生存理性哲学—生境伦理学;出版《语义场:生存的本体论诠释》《生态理性哲学导论》《生态化综合:一种新的世界观》《灾疫伦理学:通向生态文明的桥梁》《生境伦理学》(八卷)等个人著作。

对伦理信任解体问题的具体反思。但伦理信任并不等于道德信任。从构成角度看,道德信任只是伦理信任的具体构成,除此之外,伦理信任还涉及美德信任。不仅如此,伦理信任与道德信任还存在着功能方面的区别:伦理信任指向社会精神秩序的构建,道德信任意指个体精神生活的实现。要能真实地理解此,须先厘清"伦理"与"道德"的关系。

在西语中,ethics 源于希腊语 ethos;morality 源于拉丁文 moralis,二者语义相通:"在日常语言中,我们说某人是 ethical 还是 moral,说某行为是 unethical 还是 immoral,实际上没有任何差别。不过,在哲学领域,ethics 一词还用以指称特殊的研究领域——伦理学,即集中关注人的行为和人的价值的道德领域。"[1]5 如此区别仅仅是指涉范围的大小,伦理与道德还存在如下根本区别:

人们对伦理、道德的通见是,赋予它们以品性、气禀、习惯、风俗等含义。但实际上,品性、气禀、习惯,都体现其个体指涉性:气禀更多地指个人的天赋因素;品性侧重强调个人后天修养的内化状态及其取向;习惯却主要指个体行为对某种规范的自觉。如果说气禀、品性、习惯都指向个体,是对个体的内外精神状态或取向的描述,那么,"风俗"却是一个社会学概念,它指特定地域共同体中人人须遵守的行为模式和规范。以此观之,气禀、品性、习惯更多地为"道德"概念所统摄;风俗却主要为"伦理"概念所统摄。这种区分的依据恰恰是"伦理"和"道德"本身的构成性及其指涉范围的限定性。

客观地讲,"道德"相对人才获得意义的指涉性;"伦理"却相对关系才获得意义的指涉性。比如,我们可以说此人道德或不道德,但不能说此人伦理或不伦理。因为道德是对行为及其结果状态、取向的判断和评价,由此使"道德"概念获得了三重功能:第一,道德是指具体行为的合善性。所谓"行为的合善性",就是指行为追求"合法期待"。第二,道德是指其合善性的行为所达及的最终结果,真实地避免了恶而实现了善,即道德是行为达及的良好结果状态。所谓"良好结果状态",是指其行为结果实现了行为主体与行为相关者的"俱得"或"共赢",这种"俱得"或"共赢"在本质上是"善的自由"的真正实现。第三,这种行为的合善性因其最终实现了"善的自由"的效果而可上升成为一种具有普遍指涉功能的判断方式,即"道德"是对行为善恶的判断依据、标准、尺度。

然而,无论在哪个意义上使用"道德"概念,都涉及一个支撑性的前提,这就是道德始终是建立在某种可具体定义的情境关系上的,离开了这种可具体定义的情境关系,道德无从产生。

这种可具体定义的情境关系,就是人际关系,但却不是一般的人际关系,而是指充满利害取向的人际关系,对这种性质取向的人际关系予以理性权衡和选择并建构起不损或共赢的生存关系,就是伦理关系。道德,就是建立在可具体定义的人际关系基础上的,这个"可具体定义"的内容就是"利害",道德就是对人际关系中的具体利害内容予以权衡和取舍的行为、方法、依据、尺度。

对人际关系中的利害内容予以权衡和取舍,客观地存在两种基本方式,即功利论方式和道义论方式。前者是以不损他的方式或"均利""共赢"的方式对具体人际关系中的利害内容予以权衡和取舍,其行为及其所产生的结果,就是道德;后者是以损己的方式或单纯利他的方式对具体人际关系中的利害内容予以权衡和取舍,其行为及其所产生的结果,就是美德。因而,伦理关系蕴含两种可能性,伦理体现两种德行取向,并展现两种德性境界,即道德和美德,前者是基本的德,后者是卓越的德。

德始终是相对人与他者的实际关系而论,这是德产生的前提。人与他者之间所形成的关系实际地构成了三种发散性类型,即"我→你"关系、"我→他"关系和"我→它"关系三种类型。采取归类的方式,这三种类型可以归纳为两类,即人与物的关系和人与人的关系:前一种关系要获得德,必须以诚为价值取向;后一种关系要获得德,必须以信为价值取向。所以,对待物或生命,要诚,才可做到利用(即"物尽其用")和厚生;待人,必信才可生德。以此观之,无论是道德还是美德,都必须建立在人对人的信任基础上:道德作为基于道德信任;美德追求基于美德信任。

由于道德与美德是伦理的基本构成,因而伦理信任实际上是指道德信任和美德信任,是道德信任和美德信任的整体表述。但这仅仅是伦理信任的基本方面,即伦理信任必要通过道德信任和美德信任而得到实现、得到呈现,但道德信任和美德信任并不建构伦理信任,相反,道德信任和美德信任的生成和建构,却需要以伦理信任为规训和引导。因为无论是道德信任还是美德信任,都是具体的情境定义中人与人之间以互为理解的善意所形成的对利害的权衡与取舍方式,它需要一个具有自生张力的实际社会平台的保证和一个充满自由想望的社会精神结构的支撑。前者是以人性法则为坐标所形成的以"人道→平等→公正"为根本指南的制度平台,后者却是以"传承→鼎新"为双重动力的人文精神框架,将此二者联结起来形成一种生成性建构的整体力量的那个抽象的东西,就是伦理信任。

概括地讲,伦理信任就是统摄制度规训与人文精神、历史情感与生存想望、个性自由与生存担责的精神秩序,它蕴含社会心理认同的利爱情感动力和社会精神秩序创构的价值导向。伦理信任扎根于民族国家地域化生存的历史土壤之中,其自我展开始终以实际的境域化存在困境为舞台回应未来对现实的召唤。伦理信任既朝形而上方向敞开自我构建,又朝形而下方向展开自我实践,前者彰显为社会精神秩序、社会心理认同、社会凝聚力和向心力;后者落实为道德信任和美德信任,具体到实际的生活情境定义中,就是个体的道德作为和美德追求。

二、伦理信任生成的双重土壤

初步定位"伦理信任"概念,为审问"伦理信任何以可能"明确其认知起步。

伦理信任作为社会心理认同和精神秩序建构的价值意向和情感动力,其生成运作何以可能的问题,实际上既涉及人性问题,更涉及神性问题。

伦理信任相对人才有实际的意义。从存在论角度讲,人既是一个生命存在者,也是一个个体生命存在者;从发生学和生存论角度观,人既来源于他者,又必存在于他者之中并通过他者而获得继续存在的全部可能性与现实性。

人作为个体存在者,决定了他必须自由:自由天赋于人,自由是人的天赋权利能力。

人作为个体生命存在者,既决定了他必须因生而意愿于活,并为活而谋求新生,且生生不息;更决定了他必不可自由,因为生命需要资源才可获得滋养,滋养生命的资源却没有现存,必须谋取才可获得,但谋取资源的过程既是付出的过程,更是接受限制或承受阻碍的过程。所以付出和限制之于人,始终表征为代价。这种代价的具体内容,是时间、精神、体力、智能、才华,甚至是金钱或物质财富;其本质内容却是自由和生命,人必须以不自由和生命为代价而换取生存资源的保障。比如,你今天不高兴,或者你对自己的工作很讨厌,但你还得打起精神上班,因为只有上班,明天才有生活的保障。为了明天有饭吃或者有更好的饭,你必须每天牺牲八个小时的工作时间甚至还要加上一到两个小时的乘车(或开车)时间,但时间永远是生命的刻度,更是自由的标志,所以每个人都是在以自己的生命和自由为代价来换取生存的最低保证。人的这一存在状况形成了人的两种生存取向:一是求利取向。人是求利的存在者,为了生存,必须求利。求利是生命存在的动力,是人成为人甚至人成为神的动力。二是趋利避害甚至投机取巧的本能冲动,任何人,都本能地追求利益而避免损害,并本能地渴求少付出、多获得。如上两种生存取向为伦理的产生、伦理信任的生成提供了反面的动力,即人人都想少付出、多获得这种冲动一旦化为行为,则相互之间必然发生冲突、矛盾、斗争甚至流血,为了避免这些情况的发生,人们不得不寻求一种行为的边界,并在行为上予以恪守和兑现,这种恪守和兑现行为方式的普遍遵守,就构成一种社会精神秩序和利爱情感方式,这即是伦理信任。

但是,人如果仅限于此,伦理将不会产生,也不可能产生伦理信任。伦理的产生,伦理信任形成的可能性,完全是因为人不仅是个体的和独立的存在者,同时也是非个体性和非独立性的存在者。马克思认为,人有两个机体,"自然界,就它自身不是人的身体而言,是人的无机的身体。人靠自然界生活。这就是说,自然界是人为了不致死亡而必须与之处于持续不断的交互作用过程的人的身体。所谓人的肉体生活和精神生活同自然界相联系,不外是说自然界同自身相联系,因为人是自然界的一部分"[2]272。这只是一方面,另一方面,人不能自生。这有两层含义,首先,人人都由他者所生:每个人的生命都得之于天,受之于地,承之于血缘,形之于父母。天地神人共铸了个体生命。并且,每个生命都诞生于具体的家庭,获得家族、民族、物种的基因,具有地域的特征,打上国家的烙印。其次,任何人从生到死,既不能独立存在,更不能靠自己的力量独立解决所有的生计问题,人要活下去,只能走向他者,走进群,构建起互助的共同体,才可求得安全存在和生存。因而,求群、适群、合群,既是每个人的现实存在要求,也是人的实际生存冲动,更是天性与本能。个人孤立无能的现实境况推动他必须充分释放如上天性与本能,由此使伦理成为现实。伦理的现实的本质就是人对人的信任,即为了共同生存的伦理冲动,使伦理信任获得了可能性;追求共同生存的伦理冲动的行动化,促进伦理信任成为现实。

人从动物进化为人,不仅将动物的生之本性提升为有意识地谋求以利爱为基本取向的人性,而且有意识地追求将以利爱为基本取向的人性提升为神性,这是人成为人的根基性需要。

人从动物进化为人的过程,是获得人质意识并创造人的文化和精神的过程,在这个过程中,其创造的奠基工作和核心任务,就是为原本仅是一物的生命创造不凡的出身,为原本没有目的、没有归宿的生命创设明确的目的和归宿。这一工作就是创造宗教,建构信仰体系,为平庸而弱小、自卑而无望的自己解决如下三个方面的根本存在问题,赋予人获得神性存在的自觉、自信、自强:第一,人是从哪儿来的?第二,人应该到哪儿去?第三,人必须怎样走才能够到达那儿?

第一个问题解决了人的出身:人由上帝所创造,人是神的子民。这种高贵的出身,使人获得了神性的自信和做人的光荣。一无所有和苦难的现实,都因此而变得不那样重要。

第二个问题解决了人的归宿:人最终能回归于上帝,获得与上帝同在的永生,赋予了人承受苦难、努力生存、超越自我的动力。

第三个问题解决了人解救自己、实现神性存在的正确方向与途径:真诚生活、努力工作、创造财富、成就他人,这是人解救自己、重新回归上帝、达向永生的必由之路。

概括地讲,人成为人,要实现双重的超越,第一重超越,是人由动物变成人,必须接受群己权界,必须利爱行为的相关者,必须爱人,这是伦理信任得以社会化建构的人性基石。在此基础上,人必须实现第二重超越,这就是将自己从人提升为神,为此,人必须从两个方面努力追求至善:一是向上努力,把自己交给上帝,无私地聆听上帝的教诲、接受上帝的引导,即让上帝成就自己;二是向下努力,把自己交给人间的苦难与磨砺,以工作和创造为天职,以博爱为基本要求,以成就他人为自我成就的实质体现。换言之,让上帝成就自己的基本方式,就是成就自己周围的他人:成就他人,成为成就自己的实际路径,这是伦理信任得以社会化建构的神性动力。

伦理信任问题,表面上看是社会文明秩序和精神的建构问题,本质上却是人成为人和人成为神的问题,是人如何具备人性和怎样获得神性的问题。人一旦获得了人性和神性,就会内生出两个至诚的东西:一是做人的尊严与光荣;二是待人的尊重和敬爱。这两个至诚的东西就是人对人的信任的主体前提、内在动力。这种至诚的做人的尊严与光荣、待人的尊重和敬爱情感一旦普遍化,伦理信任的社会精神就得到良性的建构。

如前所述,伦理信任何以可能的双重精神土壤,就是人的双重超越,可简要地表述为人性觉醒与神性守望:人性觉醒,因生生而平等地利爱;神性守望,因永生而无私地博爱。因生生而平等地利爱,人与人之间可以达成信任,但因这种信任是以权衡和取舍利害为前提,所以往往会因利害及其权衡与取舍的变动而变动,由此使伦理信任既可因人性觉醒而获得可能与现实,也可因为利害权衡与取舍的境遇性而消解。伦理信任的社会化建构要获得完全的可能与现实,需由人性觉醒与神性守望共同打造,因为缺乏神性守望的人性觉醒,始终把目光锁定在利爱的大地上,难以有勇气和力量昂扬起头颅仰望天空。当人从根本上缺乏一种来自于天空的牵引力,很难摆脱生存利害的羁绊,人对人的信任很难达致至诚之境,伦理信任之社会精神往往会因此而承受弱化或消解之难。这种情况在没有宗教文化的国家社会里经常出现。宗教是一种大众文化,在没有宗教这一大众文化哺育的国度里,人从根本上缺乏超拔利爱的信仰和神性守望,没有"一以贯之"的心灵坚守。其在没有宗教信仰的国度中,人既没有"高贵"的出身,也没有"全有"的归宿,从根本上缺乏做人的高贵感、神性的自信意识和永生的超拔意愿。人最终只能龟缩在血缘与世俗权利之中,为财富和权力而争斗不息。其典型的例子就是中国文化,因为特定的地域冲动所形成的权力导向机制,使丰富的自然宗教最终没有提炼为人文宗教,人文宗教的缺乏使中国沦为一个血缘宗法国家,人性觉醒只能是血缘宗法取向的。以血缘宗法为取向的人性觉醒,为伦理信任之社会精神构建所提供的土壤是相当贫乏的,当权力与财富的双犁任意地耕耘这块贫瘠的人性土壤时,人对人的信任最终只能建立在"财富-权力"这一刚性社会结构上,哪怕是血缘家庭伦理,同样是如此。所以,在没有神性守望的文化环境里,人性觉醒最终会被"财富—权力"结构所绑架,伦理信任总是被迫处于自我瓦解之中。

三、伦理信任生成的两维基石

概括上述,人性觉醒和神性守望为伦理信任的社会化建构提供了可能性。但比较论之，人性觉醒为伦理信任的社会化建构提供的可能性是或然的，神性守望为伦理信任的社会化建构提供的可能性是必然的。在这种或然与必然之间客观地存在着一种不可逆的生成性关系，即人性觉醒与神性守望这二者之间现实地构成一种生成构建性的阶梯：神性守望必源于人性觉醒的激励并最终达向对人性觉醒的超越；人性觉醒可能生成神性守望但并不必然产生人性守望。这表明，从人性觉醒达向神性守望，必有其条件的要求：伦理信任能获得普遍必然的首要文化条件，就是人文宗教，简称为宗教。

宗教之所以构成人性觉醒达向神性守望所必需的文化条件，是因为宗教本身的内在要求使它为伦理信任成为必然的社会精神提供了不竭的源头活水。

首先，宗教是一种大众文化，其在最广泛的意义上张扬大众文化的品质，发挥大众文化的功能。所谓大众文化，就是愿意相信它的任何人都可以享受的文化。大众文化体现两个基本特征：一是普遍平等的文化品格，它没有对人有任何的比如阶级、身份、地位、血缘、出身等方面的特定要求，它使每一个享有这种文化的人都平等，并且总是平等地面对所有的人，平等地接纳所有的人。二是全面开放的文化品格。宗教超越种族、民族、阶级、政治、宗族、家庭的局限而向世界上所有人开放，即凡是愿意接受这种文化者，不管你来自于何方，其身份、地位、家庭如何，都将获得平等地信仰这种文化的资格权利。从本质上讲，宗教作为大众文化是一种人类性的整体文化，是一种无国度、超阶级、超意识形态制约的文化。这种平等主义的大众文化为伦理信任的社会化建构提供了肥沃的土壤。

其次，宗教作为大众文化是一种信仰的文化，而不是一种知识的文化（比如科学），也不是一种技术的文化（比如政治），更不是一种方法的文化（比如哲学、禅学文化）。梁漱溟曾这样定义宗教，他说："所谓宗教，都是以超绝于知识的事物谋情志方面之安慰勖勉的。"在他看来，"（一）宗教必以对于人的情志方面之安慰勖勉，为他的事务；（二）宗教必以对于知识之超外背反，立他的依据"。因为它的作用就是通过信仰的崇拜而"不外使一个人的生活得以维持而不致溃裂横断，这是一要宗教之通点"[3]96-97。宗教即信仰，它是生命对神圣的投入，是心灵、意志、情感、身体的整体化领悟。宗教的行为本质是对信仰的崇拜，这种信仰的崇拜使人获得一种存在的终极意识、尊严、情感，产生一种生存的终极关怀胸怀和博爱精神，并激发人从生命底部喷涌出反抗不幸、包容苦难、开辟新生、达向幸福和永生的希望之光和力量之源。这种以生命对神圣投入的信仰崇拜恰恰构成了伦理信任得以社会化建构的最终心灵基石和情感原动力。

然而，就人类文明发展历史看，每个民族都有丰富的自然宗教，却只有少数的民族才将自然宗教转换提升成为人文宗教。对于没有本土宗教的文化，其伦理信任就面临根基的缺乏，能够予以补救的方式就是哲学，因为"哲学是人类科学即理性之自然照明来认识事物的科学中之最高者"[4]135。虽然相比之下,对宗教和信仰予以专门研究的神学比哲学更高,但"哲学既不是在它的前提上,也不是在它的方法上,而是在它的结论上臣属于神学。神学对于这些结论行使着一种控制,因此它自身便成为哲学的一种消极规律"[4]142-143。

哲学是关注人的世界性存在的学问,它借助人类的超验理性之慧光而追问人的存在,探求人的存在方式,从而为人类提供如何存在的态度和视野。神学是关注生命存在和世界存在的学问,它凭借人类的先验理性之慧光而直观人,探求人类存在的神圣世界,为人类提供完整的心灵信仰和终极目标。将哲学和神学联系起来的纽带是对存在的形而上学沉思,因为形而上学既是超验理性的,又是先验理性的,既追求本体知识的构建,又超越知识的努力而达向神性领悟之域进而获得整体直观的方法。正是因为形而上学,哲学获得向神学领域进发的全部可能性。[5]116

哲学在结论上"臣属于神学"有两层含义:首先,哲学必须走向神学。雅克·蒂洛和基思·克拉斯曼在《伦理学与生活》开篇中谈到伦理学与哲学的关系问题时说:"哲学一般关注三大领域,即认识论(关于知识的研究)、形而上学(关于实在之本性的研究)和伦理学(关于道德的研究)"[1]4 这应该是对复杂的开放性的哲学系统的最简洁的归纳,它突显出哲学的基本部分:知识论,是哲学的主体部分,它涵盖了自然科学、社会科学和人文艺术全部领域,自然科学探讨创建自然知识,社会科学探讨创建社会知识,人文艺术探讨创建人的知识;知识论则是对如上各种知识的生成何以可能的问题和其个性背后的共性问题予以解答的学问。形而上学,是哲学的基础部分,它不仅要探讨知识生成的依据,更要为哲学的探讨——包括知识论探讨和伦理学探讨提供方法论。伦理学,是哲学的实践问题,它要着力解决的是哲学如何走向社会、走进人的生活,引导人并导航社会使其更好地存在。所以,哲学是伦理学的方法论,伦理学是哲学走向普遍实践的生成论方式。但无论是知识论、形而上学,还是伦理学,都需要人性这个共同的土壤和原动力。因而,人性论构成了哲学的基石。

其次,哲学必须以神学为归宿:哲学以人性为起步,从纯粹理性(知识论)和实

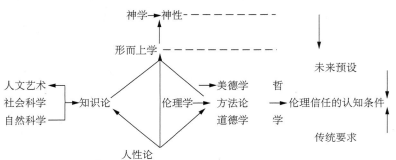

践理性（伦理学）两个方面展开审视人的世界性存在，必要踏上形而上学道路而通向神学。并且，只有当通过形而上学而打通通达神学的道路时，人类的精神探究才可由地而天并由天及地：由地而天，这是哲学的上升之路；由天及地，这是神学的下降之路。哲学与神学之间的这种升降循环的融通，构成伦理信任的社会化建构的内在文化机制。

宗教始终是人的宗教，它是人对完美想象的自我完整的对象化定格。宗教的主体化方式是信仰，神学就是以信仰为对象，探讨信仰的神性本质，其最终目的是提升人性，使人性神性化，但其前提却是用信仰纯化人性，用神性引领人性。哲学站立在大地之上，用坚实的膀臂将人性往上托；神学却假借上帝伸出信仰之手，努力将人性往上拉，这一拉一托，使人性与神性相向走进对方，使世俗的利爱与信仰的博爱互为体用。然而，当缺乏宗教这一大众文化土壤，哲学同样可以担当其大任而通向空寂的神学殿堂，体悟人的世界性存在的神性慧光，打通人性的利爱与神性的博爱通道，构筑伦理信任的社会化建构的文化机制。

但是，当一个在本原上缺乏人文宗教的民族国家，又从根本上丧失时代性的哲学创构的能力时，伦理信任必然因信仰与哲学的双重缺失而自我消解。这或许是当今中国社会伦理信任面临解体危机的根本认知根源。

四、伦理信任建构的基本社会条件

德国社会学家乌尔里希·贝克在《世界风险社会》中指出，当代人类已经进入世界风险社会，它来源于财富驱动型、贫困驱动型和NBC（核、生物、化学）大规模杀伤性武器三种风险的威胁。[6]44-45然而，这些所有类型的风险威胁都是其表现形式，世界风险社会的实质是伦理的，是人类伦理信任解构的形式呈现。以现实社会为例，无论是市场的畸形垄断，还是社会贫富的巨大差距，或者腐败的权力化、职业化和社会人心化，还是社会公信力的零点取向，都源于伦理信任之社会精神的丧失。最典型也是最普遍的三个例子或许是最好的说明：第一个较为普遍的社会现象是老人跌倒无人扶而且也不敢扶，表明美德风尚的缺乏，但其根本前提却是伦理信任之社会精神在日常生活中解构。第二个是近年来在反腐过程中不断暴露出来的比比皆是的贪官现象，所呈现出来的恰恰是伦理信任在政治生活领域中的解构，或者更准确地讲，政治伦理信任之精神结构的解构，才导致了贪腐普遍化。贪官们为何要成千上万亿地贪，并不是因为缺钱花，而是对他们所从事的政治职业缺乏根本的伦理信任，当其伦理信任丧失后，需要寻求一种替代品，而在一个以"财富—权力"为深层结构的社会里，金钱、财富恰恰成为伦理信任的替代品。第三个是近些年出现的海外移民潮，上千万人席卷数万亿人民币永久性移居海外，其根本社会冲动有三：一是谋求生存安全；二是谋求财富保障；三是追求健康生活环境，即远离污染和获得食品安全。形成这三个冲动的最终原因却是人们对社会未来丧失了基本的伦理信任。

如上三个实例展示出当前社会伦理信任危机的广度与深度。一个社会的伦理信任在深度和广度两个方面呈现出如此严重的危机,至少从反面表明:伦理信任的社会化建构,除了应具备人性和神性的双重土壤和信仰与哲学的体认基石外,还应该具备基本的社会条件。这一基本的社会条件有二:一是"权利—权力"相博弈的社会结构和"平等—公正"分配的社会机制。

伦理是对充满利害取向的人际关系予以合德的权衡与取舍方式,而伦理信任就为这种合德的权衡与取舍方式的社会化运用提供普遍的精神框架和共享的利爱情感动力。伦理信任的社会化建构首先需要与之相适应的社会结构的支撑。这个与之相适应的社会结构,必须是合利爱的人性和合博爱的神性。基于这两个方面的要求,伦理信任所需要的社会结构,只能是"权利—权力"相博弈的结构。权利与权力相博弈的社会结构,就是权利限度权力、权利监约权力的社会结构。这一社会结构生成构建的前提,是确立权力来源于权利;其基本的价值取向是权力服务于权利,或者说权力保障权利。权利与权力相博弈的社会结构必须具备一个人权政体的基石,即个人构建社会,公民是国家的缔造者。概括如上内容,首先,权利与权力相博弈的社会结构,必须遵循人权政体原则,这是政体健康的基本体现:"政体的原则一旦腐化,最好的法律也要变坏,反而对国家有害。但是在原则健全的时候,就是坏的法律也会发生好的法律的效果;原则的力量带动一切。"[7]142其次,权利与权力相博弈的社会结构必须规范国家权力和政府权力,使国家权力只能是有限度的强权,政府权力必须是有限度的绝对权力。这需要两个方面的制衡:一是"以权力制约权力",这就是分权,"从事物的性质来说,要防止滥用权力,就必须以权力约束权力"[7]184。二是确立人权边界原则,即国家权力、政府权力、官员权力的边界就是公民权利。再次,权利与权力相博弈的社会结构必须具备群己权界的制度机制,发挥权利博弈权力的社会功能。

权利博弈权力的社会结构必以"平等—公正"分配的社会机制为规范方式和推动力。在人们的习惯性认知模式中,分配所涉及的仅仅是社会劳动和财富,其实,这仅是分配的末端内容。分配的开端内容或者说根本内容却是权利和权力。首先是权利分配:只有当权利分配普遍平等和完全公正时,权力分配才有限度,被分配的权力——无论横向分配的权力还是纵向分配的权力——才是真正意义上的有限绝对权力。对国家、社会来讲,任何形式的无限绝对权力的形成或泛滥,都是基于权力分配的不平等和不公正。权力分配不平等和不公正的真正根源,恰恰是权利分配的不平等和不公正。权利分配不平等和不公正的前提性预设,是权力优先并优越于权利。客观论之,以普遍平等和全面公正为准则而分配权利,这是权力分配平等和公正的根本前提与保证。权利分配平等公正和权力分配平等公正,才是劳动分配和财富分配普遍平等公正的双重基础。换言之,权利和权力分配平等公正的原则,才是社会劳动和财富分配普遍平等公正的保障。

"权利—权力"相博弈的社会结构和"平等—公正"分配的社会机制之所以构成伦理信任之社会精神建构的基本条件,是因为伦理信任的存在本质是利益权利的平等和公正。在实际的社会生存中,利益权利的不平等、不公正,恰恰是导致社会伦理信任机制瓦解和社会伦理信任基石崩溃的直接动因。反观当前社会生活中三个领域的伦理信任状况可以说明这个问题:首先,市场领域最缺乏的恰恰是诚信。企业与企业之间、企业与个人之间、个人与个人之间以及企业与政府之间普遍缺乏诚信,形成这种状况的根本原因是市场的垄断性结构,这种垄断性结构实质上是一种"财富—权力"结构,即以谋取财富为动机和目的,并以权力为实现其谋取的手段这一深层的市场结构,恰恰又是社会的基本结构的市场化呈现。由这样一种"财富—权力"社会结构支撑起来的市场,要讲诚信,要诚信地经营,几乎是不可能的事。其次,日常生活领域的道德沦丧和美德消隐已成为普遍的社会现象,追根溯源,同样源于"平等—公正"分配的社会机制的缺乏,权利始终未形成对权力的博弈机制,未获得对公权的博弈功能。在一个公权无限度的社会里,日常生活里充满权利与权力的倒错,必然推动道德沉沦与美德消隐,形成伦理信任之社会精神的萎缩和消解。再次,政府公信力状况和官员道德美誉度状况,表明政治伦理信任之社会精神消解已接近零度状态,如果追溯其形成的最终社会机制,"财富—权力"社会结构和权力分配权利的社会机制,才是其根本的诱因。所以,在"财富—权力"社会结构和"权力—权利"分配社会机制的双重规训下,伦理信任之社会精神秩序的时代性建构何以可能的问题,始终是一个亟待解决的社会难题。

参考文献

[1] 雅克·蒂洛,基思·克拉斯曼.伦理学与生活[M].程立显,等译.北京:世界图书出版公司,2012.
[2] 马克思恩格斯全集:第3卷[M].北京:人民出版社,2002.
[3] 梁漱溟.东西文化及其哲学[M].北京:商务印书馆,2010.
[4] 马里旦.哲学概论[M].戴明我,译.台北:台湾商务印书馆,1947.
[5] 唐代兴.生境伦理的知识论构建[M].上海:上海三联书店,2014.
[6] 乌尔里希·贝克.世界风险社会[M].吴英姿,等译.南京:南京大学出版社,2004.
[7] 孟德斯鸠.论法的精神:上册[M].张雁深,译.北京:商务印书馆,2004.

关于信任问题的道德焦虑[*]

林 滨[**]

中山大学马克思主义学院

摘 要 信任问题是道德危机,更是存在危机,重建社会信任迫在眉睫。本文从社会道德焦虑的视角,从生存信念、文化基因与人际交往三个维度,着力分析了信任问题对个体存在和社会发展造成的严重后果,并基于现代社会的发育框架,对社会道德焦虑的根源进行诊断,在此基础上,从道德本体论与存在本体论的结合、道德养成与制度建构的结合、熟人信任与陌生人信任的结合,提出了诚信道德建设的理路。

关键词 信任;生存信念;文化基因;人际交往

改革开放四十余年来,伴随着全球化、市场化与个体化进程的不断发展,中国社会在现代转型中伦理道德的嬗变阵痛与引发问题日益凸显。从"道德滑坡论"到"道德危机论"的提出,从"彭宇案""小悦悦案"到"老人是否要帮扶"的讨论,虽然存在学界理论的存疑和民众讨论观点的分歧,但弥漫在民众心头挥之不去的道德焦虑已然成为不可置疑的社会心态,其中,信任问题可谓是引发社会道德危机的焦点之一,导致个体生存信念的道德焦虑、文化基因的道德焦虑和人际交往的道德焦虑,致使人的生存与社会的发展面临着巨大风险。信任问题是道德危机,更是存在危机,重建社会信任迫在眉睫。

一、生存信念的道德焦虑:从道德本体论到德性和智性的双重否定

"焦虑"一词,在心理学领域,是用来描述人的情绪不安和恐慌,当一个人的不安和恐慌情绪成为主导和常态之时就变为心理的疾病"焦虑症",即表现为恐慌和紧张情绪,感到最坏的事即将发生,常坐卧不宁,缺乏安全感,整天提心吊胆,心烦

---

[*] 基金项目:本文系教育部人文社会科学基地重大项目"全面深化改革阶段社会意识整合"(14JJD720020)、国家社科基金重大项目"社会转型中的公民道德建设工程研究"(12&ZD007)的阶段性成果。

[**] 作者简介:林滨,中山大学马克思主义学院教授,博士生导师,主要研究领域:现代伦理与比较道德教育。

意乱,对外界事物失去兴趣。在哲学的领域,"焦虑"一词却是对人的生存状态一种本质属性的揭示,法国哲学家萨特明确提出,"我们本身就是焦虑",焦虑是个体生命,不可消除。把焦虑从个体存在的层面放大到由无数个体组成的社会,社会焦虑在一定意义上也是不可消除的。特别是在转型期的社会,社会焦虑愈发凸显,当它在道德领域表现出来,便成为道德焦虑。"道德焦虑代表着人类作为道德主体渴望过一种向'善'的生活的强烈情感,其自身包含着深刻的伦理本性。"①

在信任问题上,从个体道德的角度,引发我们道德焦虑的一个问题是,为什么一个以诚信为人之本的国度,在现代化进程与市场经济发展中却形成了"老实人就是傻瓜"的普遍看法?这一价值判断的根本性变化显然与中国传统的伦理道德价值观根本相悖,甚至是一种意义上对中国传统道德的"离经叛道"。这是缘于诚信在中国传统文化中具有道德本体论的思想,诚性不仅仅是外在的道德规范,而是人之本、人之道。具体而言,"诚"在中国传统思想中,首先是一个表述宇宙本体特性的哲学范畴。《礼记·中庸》云:"诚者,天之道也",朱熹注:"诚者,真实无妄之谓,天理之本然也",可见,诚就是实际有、实际存在、真实无妄的意思。自然宇宙是物质性的,实实在在的有,不依任何人的意志为转移,按照自己固有的规律存在和运动。所以,实有就是天道的最基本和最根本的特点。其次,"诚"是一个表述人之本的道德范畴,因为天道的本质特性是诚,是实有,人是天地的产物,因而人在德性上也保存了天道的本质特性。所以《礼记·中庸》云"诚之者,人之道也",朱熹注:"诚之者,未能真实无妄而欲其真实无妄之谓,人事之当然也。"这样,诚就不仅是指向宇宙自然界,而且指向人本身,成为人之本,成为判断人能否成其为人的基本标准,成为个体德性和精神的内在实有,这样,从"天地为大矣,不诚则不能化万物"到"人而无信,不知其可也";从"诚,五常之本,百行之源也",到"圣人为知矣,不诚则不能化为民;父子为亲矣,不诚则疏;君上为尊矣,不诚则卑"等,诚便从天道成为人道,成为中国人穷其一生通过后天的道德教化与培养,通过自身的修身养性之努力,不断培育德性之追求。从天之道入手,落实到人之本,这是中国传统诚信的道德本体论建构的内在逻辑,诚信也就成为个体道德的基石。

这样一种基于中国伦理道德传统的诚信观承继千年,在传统中国人的血脉中流淌绵延。五四运动是对中国传统文化的一次冲击,但"仁、义、礼、智、信"依然是当时社会个体道德的诉求;"文革"浩劫,虽然将传统文化视为"封、资、修"进行摧毁,但"诚信"的价值观却并没有受到致命的诋毁,在官方的政治话语中,依然将"老实"视为对党忠诚的好的品质,是挑选可靠接班人的一条重要标准;在民间的日常生活中,普通百姓的恋爱婚姻观也仍然把为人老实作为挑选对象人品的重要尺子,

---

① 郭卫华."道德焦虑"的现代性反思[J].道德与文明,2012(2).

将个人的"老实"品性当作婚姻安全与幸福的重要保证。如果说政治观的"老实人"标准因其执政党的地位而具有社会的显性价值的话,那么婚恋观的"老实人"标尺则因民间社会的生活根基而具有社会的隐性价值,官方意识形态与民间社会意识在"老实人"问题上达成的价值共识,使得改革开放前的中国社会并没有出现对为人是否需要老实或诚信的普遍困惑与质疑。

可是,当中国改革开放和市场经济勃兴后,社会却在不知不觉中以十分吊诡的资本运行逻辑在摧毁中国传统诚信的道德本体论。市场经济虽受资本逻辑宰制,是以逐利和追求利润最大化为目标,但市场经济本身又是契约经济和合作经济,诚信守法是市场"信任是合作的前提条件,也是成功合作的产物"①。信任在经济领域作为信用原则的诉求,"不是从道德诚信开始的,也不是从竞争中产生的,而是从商品交换活动中产生的,是商品交换活动和商品流通得以实现的必要条件"②。成熟的市场经济必定是信用经济。"现代市场经济是一种信用发达的市场经济。诚信作为一种经济活动规范,对现代市场经济的存在、发展及其健康运转有着不可替代的重要作用。诚信是市场经济存在的内在要求和发展的前提条件,是市场经济的基础和市场经济秩序的稳定器;是市场中各行为主体实现自身经济利益的有力保障和参与市场竞争的永远可靠的资本;是市场经济成熟与否的标志。"③显然,市场经济本应在当代中国催生守信的契约精神和信用制度,但在中国社会市场经济发展的过程中,不仅没有让信用经济得到很好的正向培育,而且由于社会主义市场经济初始阶段的法制、法规的不健全,使一些丧失了道德的经济理性人,通过假冒伪劣产品,力图用最低的成本获取最大化的利益,当一个不成熟的市场监管体制和制度使得这样的谋利有可乘之机和可以达成,且不诚信行为所付出的成本过于低下之时,各种诸如"毒奶粉""瘦肉精""地沟油""染色馒头"的食品安全事件、造假事件层出不穷,导致经济领域产生严重的信用危机。对此,温家宝总理于2011年4月18日在同国务院参事和中央文史馆馆员座谈时指出:"近年来相继发生'毒奶粉''瘦肉精''地沟油''彩色馒头'等事件,这些恶性的食品安全事件足以表明,诚信的缺失、道德的滑坡已经到了何等严重的地步。"④

经济在社会生活中的重要地位和作用,必然影响到个人生活领域。与市场经济的兴起和发展相匹配,"成功"在价值多元的时代却成为当代中国社会主宰日常生活世界的强大意识形态和个体趋同的人生价值目标,理性人利益得失的算计思维日益盛行。客观而言,成功的价值目标和理性人思维并不一定就会导致对个体

---

① 彼德·什托姆普卡.信任:一种社会学理论[M].程胜利,译.北京:中华书局,2005:82.
② 宋希仁.论信用与诚信[J].湘潭大学社会科学学报,2002(5).
③ 廖进,赵东荣.诚信与社会发展[M].成都:西南财经大学出版社,2004:1.
④ 温总理谈食品安全[N].羊城晚报,2011-04-29.

诚信价值的被颠覆,颠覆社会和个体诚信的则是社会生活运行中的道德因果律的中断或失效,"当人们不再相信这种因果链环的真实性和客观力量时,就导致道德信仰的危机。社会转型、文化冲突对社会生活的冲击,一定意义上是对伦理逻辑与道德预期的破坏,产生现实生活中道德因果律的中断,进而导致人们在信仰中对善恶因果律的怀疑"①。它在当代中国社会从传统的诚信道德本体论走向视"老实人为傻子"的价值嬗变中起着重要的转化作用。

支撑个体生活的是生存的信念。中国传统的道德本体论将诚信作为人之本,成为支撑个体生活的伦理信念。伦理信念需要从精神层面进入社会生活的体验才能成为个体的道德意识,在这一过程中,现实的生活世界的生命体验与际遇成为信念与价值确立的重要方式。生活世界是直观的世界,具有开放性。理论的世界是抽象的,只有少数人能够进入,而生活世界作为直观的世界就意味着它是非抽象的,是通过直觉实际地被给予的,总是被经验到并能被经验到的世界,"现存生活世界的存在意义是主体构造,是经验的、前科学的生活的成果。世界的意义与世界存有的认定是在这种生活中自我形成的,每一时期的世界都被每一时期的经验者实际地认定。"②个体恰是在生活世界的经验中建构价值与意义,在真实的生活世界中,当一次次失信却可以获利,一次次守信却失利的典型事件的不断发生时,意味着制约人们行为的道德因果律已然失效,原本信任应导致人们获得"幸运经验",现在却变成"厄运经验","德"与"得"相通的信念和理想开始发生动摇。

但是,给予个体生存的信任信念致命一击的却是视"老实人为傻子"的价值评价的产生。因为这种价值观的出现是对"诚信"的双重否定,即对个体的德性的否定与智力的否定。在一个崇高被解构的时代,在一个将成功置于价值排序的首要位置的社会,人们可以不追求德性,但对其智力的否定却是其万万不能容许的,这样的双重否定形成了人们在是否选择诚信行为的道德焦虑,因为"我虽不想做道德的楷模,但却绝不允许被他人视为傻子"。智力对于人类这一自然界的物种来说,是人类作为万物之精华的源泉,正如哲学家帕斯卡尔所言:"人只不过是一根苇草,是自然界最脆弱的东西;但他是一根能思想的苇草……因而,我们全部的尊严就在于思想。"③个体生命作为人类中的一员,对其智力的否定在一定意义上也是对其尊严和能力的最致命的伤害,"意识创造出'自我'的一种模式。这是一种能够自己评判的模式,包括原始情感的判断在内。我们用这个模式来评价和衡量自己,从而产生出或高或低的自尊感。这些自我评判可能采取一种仇恨的形式,包括涉及刻

---

① 樊浩.伦理精神的价值生态[M].北京:中国社会科学出版社,2001:381.
② 胡塞尔.欧洲科学危机和超验现象学[M].张庆熊,译.上海:上海译文出版社,1988:81.
③ 帕斯卡尔.思想录[M].何兆武,译.北京:商务印书馆,1985:1.

板化的自我印象在内的强烈持久的厌恶:'我是个笨蛋,''我是个失败者'……自憎的进化目的是向我们指出威胁个体生存和种族繁衍的特征,进而消除它们。"①

信任问题上的"善恶因果律"的失效、对老实人的德性与智力的双重否定以及对个体自尊的致命伤害,共同合谋正在倾覆中国传统诚信的道德本体论,造成个体生存与发展的危机。因为,从人的存在本体论的角度,信任的对立面不是不信任,而是"存在的孤独",西方著名学者吉登斯认为,信任就是存在的不孤独,而信任危机就是存在的孤独,信任的对立面不是不信任,而是孤独焦虑。"当我们用'不信任'来指称与基本信任……相对应的概念时,它就显得太软弱了。……从最深刻的意义上说,信任的对立状态便是这样一种心态,它应被准确地概括为存在性焦虑或忧虑。"②可以说,吉登斯是以自己的方式将信任或不信任直接归结于人的存在状态,即人如何存在于生活世界并与他人呈现出何种关系状态。信任的作用就是消除人与人在时间与空间上的距离感,阻断种种存在性焦虑的形成,使人感受到存在的安全性。否则的话,当一切变得不可预期、不可信赖,至深的孤独感与焦虑感便易于窒息个体的生命,日常生活也无以为继,信任危机在根本上是人的存在危机。

二、文化"基因"的道德焦虑:契约精神的匮乏与规则的变通

社会制度是个体生存的硬性环境,每个人的生活都受其社会制度所制约与影响。"人的行为方式总是他所生活于其中的那个社会的生活方式、交往方式的折射,是那个社会的政治、文化内容的模塑。其中制度对人的行为选择又具最直接的支配、影响作用。因为制度以社会结构定在的方式表达了那个社会经济生活、政治关系的最基本要求及其内容,表达了那个社会起指导作用的文化传统、价值观念,并以一种具有一定强制性的力量强制在其管辖下的社会成员以这种社会结构方式所规定的方式选择行为。"③

诚信制度思想是源自西方。西方社会契约论思想的提出者霍布斯在一定意义上已经看到制度与信任的某种关联,他认为没有公共权威体制的社会必定是人们尔虞我诈互相残杀的社会,在那种状况下,人们是无法彼此信任的。卢曼提出了信任建构的制度维度,指出当社会"从非正式的习俗、道德到正式的法律、规定,这些制度性因素通过其内化于社会成员后形成的约束力来增进社会信任度,这时信任的意义在某种程度上被提升了;普通社会成员之间的相互信任,已经掺杂了该社会成员对涉及其中的社会制度的信任,于是社会制度就拥有了作为信任的保障机制

---

① 小拉什·多兹尔.仇恨的本质[M].王江,译.北京:新华出版社,2004:114.
② 安东尼·吉登斯.现代性的后果[M].田禾,译.南京:译林出版社,2000:87.
③ 高兆明.社会失范论[M].南京:江苏人民出版社,2000:56.

和作为信任本身的一部分的双重义涵。"①在卢曼之后,学者巴伯尔深受他的启发,提出信任的不完全充分性便是以社会机制来填补的,"这一填补主要是源于社会制度、法律等对社会成员的普遍约束力。当缺失的信息不足以让行动者做出关于信任的判断时,行动中所涉及的制度性因素将会给予行动的达成以有力的支撑。"②尤其是在现代社会,当人们的交往超越熟人而进入到陌生人交往,从以前的当场承诺到非在场承诺之时,制度信任就显得日益重要。显然,学者们对制度信任的研究,实质上是看到了现代社会信任是由两部分组成的,一部分是对当事人的信任,一部分是对维持生活信任机制的信任,缺少了其中任何一部分,信任都是不完全的,而一个社会的普遍信任状况,在一定意义上更主要地取决于维持信任的社会机制或制度的效力,因为现代性社会是在平等的自由权利与高度发展的信息化背景下被组织起来的社会,社会的基本交往关系一方面以制度化的方式存在着,另一方面又以社会强制这一特殊化的制度化方式对承诺加以监督、制约、实施。在这种制度结构下,承诺具有制度的权威性、严肃性,正是这种制度性承诺才使得生活在现代性多元开放社会中的个人,获得某种可以依赖的客观性根据,行为具有可预期性,进而拥有安全感。

  现代性多元开放社会中的信任,深深植根于这种现代制度性承诺的可信任性中,与个人承诺及个人承诺的可信任性的交互作用,构成现代性社会的现实信任关系。如果一个社会出现了普遍的信任危机,那么,首要的不是个体品质问题,而是由各种现实制度体制运作过程中事实上所表达出来的制度性承诺出了问题,这是一个制度性信任危机,它对社会信任的摧毁是最致命的。西方信任制度论的基础固然是建立在对人性为恶的基本假设上,但它的精髓却是守信的契约精神,这是西方文化的内核之一,且源远流长,从基督教的《旧约》与《新约》中建立的契约精神,到社会契约论思想,到现代市场经济的信用制度,可谓一脉相承,有着强大的文化"基因"。

  反观中国传统文化,毋庸讳言,由于东西方文明在起步之际就分道扬镳,形成与西方文化不同的文化"基因"。与西方文化重视契约精神的特性不同,中国传统文化十分注重诚信品性的养成。在中国传统道德中,诚信主要被视为人的道德品性,是人的内在的良心使然,与固于内心的"忠"的德性密切相关,春秋时期的《国语·晋语》说:"忠自中,而信自身,其为德也深矣,其为本也固矣,故不可抈也。"意思是说:忠发自内心,信是力行承诺,这样德行因为有深厚的基础,才不会动摇。宋代学者陆九渊也指出:"忠者何?不欺之谓也;信者何?不妄之谓也。人而不欺,何往而非忠?人而不妄,何往而非信?忠与信初非有二。以为特由其不欺于中而名

---

① 梁克.社会关系多样化实现的创造性空间:对信任问题的社会学思考[J].社会学研究,2002(3).
② 同①.

之,则名之以忠;由其不妄于外而言之,则名之以信。果且有信而不忠者乎? 名虽不同,总其实而言之,不过良心之存,诚实无伪,斯可谓之忠信矣。"(陆九渊《拾遗·主忠信》)显然,这里的"不欺",即不虚情假意,强调的是内心态度;"不妄",即不妄说,不说谎,强调的是外显言行;由此,信不过是忠的外显,两者的共同的本质是"良心之存,诚实无伪"。即维系"信"之载体在于人的心性,因此,对个体诚信的培养就理所当然地在心性层面进行,反求自身,通过修身养性来实现,朱熹《集注》说,"诚其意者,自修之首也……言欲自修者知为善以去其恶,则当实用其力,而禁止其自欺。使其恶恶则如恶恶臭,好善则如好好色,皆务决去而求必得之,以自快足于己,不可徒苟且以殉外而为人也,然其实与不实,盖有他人所不及知而己独知之者,故必谨之于此以审其"。不能自诚其意,修德就无从谈起。诚意所达到的程度,又决定了一个人修德所达到的程度。《中庸》说:"唯天下至诚,为能尽其性;能尽其性,则能尽人之性;能尽人之性,则能尽物之性;能尽物之性,则能赞天地之化育;能赞天地之化育,则可以与天地参矣","精诚所至,金石为开"。即到了至诚的境界,自我高度统一,自我的天然性能就能最大限度发挥出来,最终达到赞助天地化育的境界。可以说,只有修身养性,以诚待人,人才能形成诚信的人格,才会赢得人们的普遍信赖。自尊者人尊之,自敬者人敬之,自信者人信之,这是人际交往的必然规律。可以说,在中国传统文化中,诚信主要是被作为对人的基本评价尺度和人们应当遵循的基本生活信条,沿着道德层面,在心性之学的纬度中发展,对中国人道德品质的形成起着重要作用。

不过,重契约精神的西方文化与重伦理精神的中华文化的差异,一方面,这并不代表文化的孰优孰劣,只是表明中西两大文化形态和精神气质的差异而已。"中西方伦理是在两种文化路向生长出来的特殊价值系统,在几千年的文明发展中,它们共生互动,形成各自独特而有机的价值生态。"① 但另一方面,又不可避免地产生普罗大众对中国传统文化的"基因"如何嵌入现代制度的社会道德焦虑。制度是由规则所构成和体现,规则是对人们行为的约束与要求,是社会得以维持的必要条件。在当代中国社会,在制度框架下,我们常常看到规则制定后却往往不被遵守和执行。"人为什么不遵守规则,或者说人在什么条件下不遵守规则,答案很简单,如果不遵守规则不会受到惩罚而且能够带来利益,那么人们一定不遵守规则。一个社会最可怕的是形成一个破坏规则的链条,在这个链条的作用下,破坏规则的行为得到最大限度的承认和保护。"②

不遵守规则,除了与利益的获得相关外,是否也与我们传统文化的规则变通为

---

① 樊浩.道德形而上学体系的精神哲学基础[M].北京:中国社会科学出版社,2006:25,176.
② 信春鹰.人为什么要遵守规则[J].书摘,2003(8).

智慧的"基因"有关？因为"在我们的历史文献和文化遗产中,制定规则者玩弄规则的事例被用来证明智慧,躲过法网是最重要的处世之道。西方用苏格拉底饮鸩自尽的故事证明他对规则的尊重,中国人从中看到的是迂腐。我们自豪的故事是曹操军法严明,但是可以'割发代首',既表现了法律的威严,也开了法网一面,只有中国人才有此绝招。中国历史上大大小小的战争总有一个规律,赢家都是以'智'取胜,'智'表现为狡猾,所谓'兵不厌诈'是也,两军相对,你死我活,没有规则可言。与此相对照,西方历史上的战争,特别是冷兵器时代的战争,特别讲究规则。如何击鼓开战,如何布阵,如何进攻,如何鸣金收兵等等,均有严格规定,双方必须遵守。……在中国的文明史上,各种治国学说主张不同,但重'术'轻'法'是共同的。对人物的评价也表现了这种倾向,即讲规则者败,不讲规则讲谋略者成,成者王侯败者贼。在这样的文化导向之下,一代又一代的人们从小就盘算着怎样凌驾于规则之上或游离于规则之外。"①

中国文化基因注重规则的变通固然是一种谋略智慧,但它是否与现代制度的恪守存在天然的相悖？或者从一个更大的视域来看,中国传统的道德资源如何通过现代价值的转换与市场经济相匹配？这些困惑形成了我们在文化基因层面的道德焦虑。"应当承认,自然经济在中国运行了几千年,与它相匹配的传统道德体系,是在悠久的文明磨合中生成、生长和逐渐成熟的,而另外两种经济体制,无论是计划经济还是市场经济,在中国运行的时间都不到半个世纪,因而建立与它们'相适应'的道德体系,无论在时间上还是在提供的历史条件、理论准备方面都不充足和成熟。"②

三、人际交往的道德焦虑：熟人信任与陌生人信任的进退两难

在中国传统社会中,诚信的对象一是以建立在血缘关系基础上的熟人为特质的。西方学者韦伯认为"中国人的信任是'建立在亲戚关系或亲戚式的纯粹关系上面'的,是一种凭借血缘共同体的家族优势和宗族纽带而得以形成和维持的特殊的信任,因此对于那些置身于这种血缘家族关系之外的其他人即'外人'来说,中国人是普遍地不信任。"③福山进一步把这一论断加以引用和扩展。他认为"传统中国的家族主义文化强调和重视家庭、亲戚及血亲关系,将信任家族以外的人看作是一种不可允许的错误。因此,中国人所相信的人就只是他自己家族的内部成员,对外人则极度不信任"④。诚信的对象二是以关系的亲近远疏决定信任度的差异。在

---

① 信春鹰.人为什么要遵守规则[J].书摘,2003(8).
② 樊浩.道德形而上学体系的精神哲学基础[M].北京:中国社会科学出版社,2006:25,176.
③ 李伟民,梁玉成.特殊信任与普遍信任:中国人信任的结构与特征[J].社会学研究,2002(3).
④ 同③.

中国社会的特殊信任中,"关系"和"自家人"是两个关键词,"关系"具有十分本土性的特点,它不仅反映了中国社会人际关系的典型特征,而且中国人的自我的观念也是在关系项中确立的,可以说在中国社会,关系与信任紧紧相结合,成为信任的一个最强有力的保证。而"自家人"与"外人"的划分则决定了人与人之间不同的信任度差异的建立,信任度的强弱与对方同自己的关系远近几乎呈同一走势,以当事人这一"个己"为中心,向周边扩散,这种由远近亲疏感组成的格局既是自家人与外人划分的依据,也是形成信任度差异不同的原因。从远近亲疏来看,在这关系的格局中,最亲近的是家人,"'家人'在传统中国社会中,既有血缘关系,又有最为频繁的交往;既有最强的感情连带,又有最对等的工具性交换(例如,代际互报),成为一个以'自己人'为特征的关系类别。或者说,'家人'成为'自己人'的同义词和最核心的象征,'家人'就意味着'自己人',最原初和最典型的'自己人'就是'家人'"①。因此,从信任度而言,亲缘标志成为亲密情感、信任和责任的标志,家人是最亲近的,最熟悉的,也是最可靠的,故也就是最可信任的。次亲近的便是在家人之外的通过缔结婚姻关系或拟亲缘关系如拜干亲、结盟义兰的关系,对这一类人,信任度也是相当高的。再次亲近的便是通过地缘、职缘、业缘等,形成亲家人之外的熟人关系,通过交往的扩大、相互间了解的加强,而把信任关系从先天的血亲关系的人扩展到后天的归属关系的人,诸如同学、同事、战友、上下级等。与中国人讲私德同理,对熟人讲信任也是中国社会普遍的事实,在熟人关系中,相互要讲人情,较会期望对方回报的特点使信任在这类关系中的程度还是比较强的。最后,最远的便是陌生人。对陌生人的关系,正像费孝通先生所指出的,中国人在与"陌生人"打交道时,通行另外的规则,即实行内外有别的心理与行为的"差序格局",信任度的程度是比较低的。可见,传统社会中国人的诚信对象具有熟人性与范围有限性的特点,是与中国社会长期是乡土社会的特质相契合,对人际关系的和谐与稳定发挥了重要的作用。

  与中国传统社会的熟人信任不同,西方学者韦伯认为西方社会的普遍信任不是建立在以血缘家族关系为基础上的,而是建立在持有以观念信仰共同体为基础建立起来的信任上的,在其著作《新教伦理与资本主义精神》一书中可以看到,加尔文新教伦理中的诚实和信用观,在清教徒的实践中含有获取世俗功效和自我的个人利益的双重内容。在新教伦理中,清教徒的诚实和信用,包括不说妄语、不轻易起誓、不欺骗他人,特别不允许在商品交换等各种交易行为中发生欺诈现象,因此,在新教徒看来,诚实和信用不只是如《旧约·箴言》所说的"行事诚实的,为上帝所喜悦",也是为了在经商中获取正当的个人利益。可以说,信奉加尔文教的清教徒一般均持有这样的共同信念,即把劳动、诚实、信用视为天职,是最善的行为,是获

---

① 杨宜音."自己人":信任建构过程的个案研究[J].社会学研究,1999(2).

得上帝恩宠的唯一手段,所以,遵循这些原则并在此基础上追求利益的经济活动中的清教徒大都是遵守诚实原则,彼此间保有信任。这是建立在以宗教信仰共同体为基础建立起来的普遍信任。而从道德的共同信念而言,普遍信任也许反映的就是人际关系对世界的一种乐观的态度,那种将诚实和信任作为人的品性,作为人对他人的诸求,而相信大多数人都能够做到,因为"己所不欲,勿施于人",因为"人同此心,心同此理"的共同信念与对信心,成为普遍信任得以构筑的重要基础。同时,西方社会由于理性主义的传统,由于个体独立自足的存在价值和地位,由于市场经济的推动,信任的建构大都建立在认知理性的基础上,建立在合乎自身利益的判断上,建立在依托对社会制度的依赖上,信任的范围早就超越家人、熟人的狭小的区域,而扩及陌生人的交往领域,从而使得西方社会的信任呈现出陌生人信任、制度信任与认知信任的特点。

但是,对于当今中国社会而言,当中国社会在改革开放的伟大进程中逐渐打破了地缘、业缘与亲缘后,当人的交往对象发生从熟人到陌生人的转变,当社会竞争的日趋激烈及人的主体性、实利性和理性的不断发展等,这些变化必然导致原有的人际关系呈现出重大变化,传统的血亲人伦关系让位于契约化的人际关系,从注重人情到趋向功利等,因而在一定程度上导致现有的人际交往过程中信任的匮乏。

当我们的社会屡屡出现"杀熟现象"之时,则反映出维系传统社会熟人交往的伦理道德规范的失效,也标志着社会信任降到了最低点。因为信任作为一种人类情感,往往建立在亲密的熟悉感的基础上。"信任产生于熟悉"①,父母、亲人、朋友等是个体生命中最亲近、熟悉的人,是培植对人信任的基本土壤。人在日常生活中通过所熟悉的生活环境体验与熟悉的人的交往,能够感受到一种生活中的连续性与惯常性,正是这种连续性与惯常性,使得人在能够对日常生活做出合理预期的同时,感受到存在的安全性,否则日常生活也无以为继。在一个信任缺失的时代,如果我们连亲人、朋友等都不能信任,那就表明我们已经丧失了对人的信任的能力,注定陷入存在的孤独与绝望中,而这恰是个体生命无法承受之重。

当我们的社会流行"不要和陌生人说话"的告诫之时,昭示着适应现代社会陌生人交往的新的伦理道德规范的缺场,也表明当代中国社会并没有真正迈进现代社会的门槛,因为现代社会在人际交往的层面恰是以陌生人社会为显著特征的,这是工业化、城市化发展进程的必然产物。在现代社会,"没有人们相互间享有的普遍信任,社会本身将会瓦解……现代生活在远比通常了解的更大程度上建立在对他人的诚实的信任之上"②。能否对陌生人建立基本信任,在一定程度上是衡量中

---

① 郑也夫.信任论[M].北京:中国广播电视出版社,2001:222.
② 西美尔.货币哲学[M].陈戎女,耿开君,文聘元,译.北京:华夏出版社,2002:178.

国社会是否进入现代社会的一个重要风标。

目前,由于社会变迁导致当代中国社会在人际交往关系上,一方面,我们难于回到熟人社会,另一方面,我们尚未建立对陌生人的基本信任,这种进退两难的处境构成我们人际交往层面的道德焦虑,也让个体身陷孤独的囚笼,让社会置于不信任的风险之中。

四、社会道德焦虑根源的诊断与克服:基于现代社会的发育视角

关于信任问题的道德焦虑,从其产生的根源应该基于现代社会的发育视角加以诊断,它是当代中国身为后发现代化国家的焦虑,也是进入现代社会门槛的焦虑。

德国哲学家费希特的名作《对德意志民族的演讲》的写作初衷,是1807年底,面对法国拿破仑大军的入侵,费希特毅然决定公开发表演讲,"以期唤起德意志人的自我意识、对本民族光辉传统的信心,试图描绘出德意志重新振作的蓝图"[1]。在这本书中,费希特表达出一种对德国的深深焦虑,既有国难当前的德国如何保家卫国的焦虑,也有以哲学理性王国的德国面对法国大革命以及法国精神的刺激,探求如何把建立理性王国的事业与德意志民族的再生统一起来的焦虑。德国作为理性王国的引领者,却在现代社会发展的进程与政治制度建构中滞后于英国、法国,从而对善于理性反思的德意志民族形成深深的焦虑。"在社会政治实践中,往往是先行者有了某种经验,包括错误的经验,使他们占了先。但后进者想跟上的时候,无法舍弃沉重的包袱,又不能像购买技术一样,迅速拿来为我所用,因此产生内在的紧张感。"[2]

这种焦虑和紧张感的后面,"其内在深层问题——如何看待现代社会、现代政治、现代文明的发育与塑造,德国思想家不单纯是一种焦虑,而是缺乏一种真正的对于现代社会的历史发育,对于如何构建一个民族国家这种新的政治文明形态的本性的定位认识"[3]。中国学者高全喜进一步指出:"德国思想家是通过哲学、道德、宗教来代替空虚的帝国,为民族塑造精神支撑,在这一点上,是德国人有高明之处。但是问题在于,他们过于沉迷于此,致使他们没有发现人类现代社会的三大精神性力量的支撑。第一,是一个新的通过海洋展现的世界图景,我认为这个海洋世界构成了一种现代的力量,德国思想家们没有能力像格劳秀斯、霍布斯那样,有一种通过政治海洋构建出一个真正的自由的新的世界格局的眼界。第二,他们没有

---

[1] 高全喜,刘苏里.一篇改变德国的演讲:刘苏里与高全喜谈费希特[EB/OL].(2015-10-29).http://dy.qq.com/article.htm?id=20151027A01OXF00.

[2] 同[1].

[3] 同[1].

真切地感受到新教中的加尔文主义与现代文明的内在契合,他们或者是传统的天主教余续,或者是路德新教的发扬,没有人认识到加尔文新教具有的改变世界文明形态的重大意义。第三,他们对于现代社会整个世界秩序的法权结构,缺乏一种真正的构建能力。"①

对于德意志民族双重焦虑的分析,其实也适合中国社会。"中国的甲午海战时期,可以说是对应于西方的东方现代社会的早期现代阶段,虽然从自然时间上晚了三五百年,但是其政治逻辑的同构性是与费希特的时代以及更早的英法时代相一致的。"②当代中国社会同样也有与德国相似性的后发现代化国家的焦虑,我们比德国晚了一百多年,比英法等国晚三四百年;现代中国更有因短短几十年时间迈入现代社会而形成的历史发育不足的局限,导致中国社会变迁与转型中的社会道德焦虑更大更强,当前的信任问题的根源在此,我们社会普遍存在的道德焦虑也根源在此。

洞穿信任问题的本质与道德焦虑的根源,似有不可避免的判断,但不等于我们可以无视其对个体生存与社会发展的风险。历史的辩证法要求当代中国唯有励精图治,审慎走过历史三峡的现代转型,才有可能另开新章。在信任问题上,我们需要拥有新的世界格局的眼界,智慧地将中国传统文化的精华与现代文明有机融合,在建构现代社会秩序的法治结构的基础上,从以下几个方面着力,努力降低或缓解我们的道德焦虑:

其一,注重道德本体论与存在本体论的结合,重建个体生存的信任信念,在现阶段应该将存在本体论居于优位,因为在目前当许多中国人尚不能将道德的追求作为人生的最高追求目标时,不如将诚信从人对道德的追求落到人的生存与发展的诉求,让个体清醒地认识到,诚信不仅仅是来自道德的诉求,更是生命存在的内在需要,它不是外在的命令,而是直接关乎个体生命自身的存在与发展,关乎个体的安全感与幸福感,这样才能从人的生存需要这一最低起点建构诚信建设牢固的平台,促使个体自觉将诚信作为人的存在与发展的本身要求而认同、遵行。

其二,注重道德养成与制度建设的结合,而且在迫切性上应将制度建设居于优位,因为当我们在目前尚无法做到诚信的自觉时,对失信的防范就变成首位,社会一旦全面建立涉及社会各个领域的诚信机制,实质上就是为社会信任的达成建立了一道基本安全保障堤坝,而这道堤坝设立的基本防线必须是使不诚信成为不合算的事情,防止劣币驱逐良币现象发生,由此必须从经济成本、法律成本、道德成本

---

① 高全喜,刘苏里.一篇改变德国的演讲:刘苏里与高全喜谈费希特[EB/OL].(2015-10-29).http://dy.qq.com/article.htm?id=20151027A01OXF00.

② 同①.

的角度,建立失信的严惩机制,把守信、失信与获利、损失挂钩,形成信用和利益的良好互动关系,使人们在理性的利益原则指导下,为守信确定一种利益选择的优选权和偏好,从而从制度层面巩固与推动人们对诚信的坚守信念,以促进诚信道德的养成。

其三,注重熟人信任与陌生信任的结合,而且在发展性上应将建构对陌生人的信任居于优位,其原因在于对陌生人能否信任,在一定程度上是衡量中国社会是否进入现代社会的一个重要风标,是构建个体生命生存的心理安全感的一个重要因素,也是形成良好的社会心态与社会氛围的关键之处。由此,对于当代中国人而言,从行动上,应该将信任的对象从熟人推及陌生人,将信任的机制从血缘关系转为契约理性;从认识上,应该自觉意识到"信任是幸运经验的副产品",做一个能够被别人信任的人,和一个能够信任别人的人;从目标上,应以打造"皮尔实"的小社会开始,"在整个人类历史中,小集团比大集团显示出更强的生命力"①。由此扩展,逐步建构起社会的命运共同体。

参考文献

[1] 郭卫华."道德焦虑"的现代性反思[J].道德与文明,2012(2):48-51.
[2] 彼德·什托姆普卡.信任:一种社会学理论[M].程胜利,译.北京:中华书局,2005:82.
[3] 宋希仁.论信用和诚信[J].湘潭大学社会科学学报,2002(5):130-133.
[4] 廖进,赵东荣.诚信与社会发展[M].成都:西南财经大学出版社,2004:1.
[5] 温总理谈食品安全[N].羊城晚报,2011-04-29.
[6] 樊浩.伦理精神的价值生态[M].北京:中国社会科学出版社,2001:381
[7] 胡塞尔.欧洲科学危机和超验现象学[M].张庆熊,译.上海:上海译文出版社,1988:81.
[8] 帕斯卡尔.思想录[M].何兆武,译.北京:商务印书馆,1985:1.
[9] 小拉什·多兹尔.仇恨的本质[M].王江,译.北京:新华出版社,2004:114.
[10] 安东尼·吉登斯.现代性的后果[M].田禾,译.南京:译林出版社,2000:87.
[11] 高兆明.社会失范论[M].南京:江苏人民出版社,2000:56.
[12] 梁克.社会关系多样化实现的创造性空间:对信任问题的社会学思考[J].社会学研究,2002(3).
[13] 樊浩.道德形而上学体系的精神哲学基础[M].北京:中国社会科学出版社,

---

① 曼瑟尔·奥尔森.集体行动的逻辑[M].上海:上海三联书店,1995:67.

2006：25，176.

[14] 信春鹰.人为什么要遵守规则[J].书摘,2003(8).

[15] 李伟民,梁玉成.特殊信任与普遍信任:中国人信任的结构与特征[J].社会学研究,2002(3):11-22.

[16] 杨宜音."自己人":信任建构过程的个案研究[J].社会学研究,1999(2):3-5.

[17] 郑也夫.信任论[M].北京:中国广播电视出版社,2001:222.

[18] 西美尔.货币哲学[M].陈戎女,耿开君,文聘元,译.北京:华夏出版社,2002:178.

[19] 高全喜,刘苏里.一篇改变德国的演讲:刘苏里与高全喜谈费希特[EB/OL].(2015-10-29).http://dy.qq.com/article.htm?id=20151027A01OXF00.

[20] 曼瑟尔·奥尔森.集体行动的逻辑[M].陈郁,等译.上海:上海三联书店,1995:67.

阶层差异：信任对道德态度和行为的影响

洪岩璧

东南大学人文学院

改革开放至今，"道德滑坡"和"道德危机"的论调一直不绝于耳，对此，社会科学研究需要回答的问题有两个。一是当前中国社会是否存在道德滑坡？二是，如果存在滑坡，那么造成这一现象的原因或机制是什么？这都需要通过经验性的实证研究来回答。我国对道德的实证研究自20世纪90年代中期以后发展迅速，但实证调查往往是对道德态度的揭示，而对体现道德本质的道德行为和实践研究不够（龚长宇、张寿强，2008）。近年来国内对伦理道德问题的实证研究（如樊浩，2010，2015；胡伟，2015；李林艳，2015；龙书芹，2015；洪岩璧，2015）也依然存在这个问题，对道德实践的研究不足。究其原因，主要在于很难通过自我报告的问卷调查来获得有关真实可靠的道德行为数据，更多的是道德认知和道德态度数据。但这并不意味着道德行为实践不需要研究，或不重要。本文试图建构一个从道德态度到道德实践的模型，并通过调查数据分析不同社会阶层的道德认知和态度差异，探讨道德价值观念如何经由道德信任转化成道德实践和行动的机制，以及当前中国个体阶层地位对道德实践行为的影响。

一、道德与信任

伦理信任危机被认为是当前中国道德领域的最重要问题之一，甚至威胁到意识形态安全（樊浩，2013）。2011年10月发生的"小悦悦事件"更是震惊全国，当时小悦悦遭遇车祸，但18位路人皆视而不见，未施援手，最后是拾荒妹陈贤妹实施了救助，但小悦悦最后还是伤重不治去世。在气愤之余，我们需要追问：这仅仅是个孤立事件吗？调查显示，对于"您觉得（小悦悦事件中）当时的其他过路人，是出于什么原因而没有救助孩子？"这一问题，有83.8%的被访者认为是"不想惹事上身，怕担责任"。在伦理道德领域，问题的关键不在于某类事件发生的比例，而在于此类事件的社会影响以及民众对其的认知。

对信任的讨论可以区分为两个维度，一是区分为理性选择解释与非理性的道德解释；二是一般信任与特殊信任的区分（周怡，2014）[2]。相对于人们对亲戚、朋友和熟人的信任而言,一般信任强调对陌生人或社会一般他人的信任。从特殊信任到一般信任,是信任半径扩展、道德共同体的包容程度扩大的过程,表征了社会的开放、进步乃至文明程度。周怡(2014)[3]指出,对于"我们信谁"这一问题有两个答案,一是依赖理性对结果的判断;二是依赖几乎与生俱来的道德,但大量的研究都集中于讨论理性信任,鲜有关注道德与道德信任。但信任和道德具有密切不可分割的联系,Uslaner(2002)[31,77]指出,一般信任的基础既是道德的又是集体经验的,而这种一般信任的习得来自于社会化过程中的家庭环境和父母影响,因而个体的一般信任度在早期就已经被决定了。当然这一结论来自对美国社会的研究,是否适用于其他国家仍然存疑,尤其是中国这样一个急剧变迁的社会,个体早期获得社会信任是否会一直持续、不受社会变动的影响仍是一个问题。转型期中国信任危机的实质不是中国社会整体信任模式的缺位,而是普遍主义取向的制度信任模式的缺失,根本原因在于传统的特殊主义取向的家本位——关系信任模式、国本位——机构依附信任模式作为一种本土的文化结构力量,抵制或挤压了顺应市场经济发展的、基于制度的信任模式(周怡,2013)。

　　问题在于,信任与道德是什么样的关系?我们这里注重探讨一般信任。首先,我们把道德区分为道德认知(或道德态度)和道德行为(或道德实践)两个方面,这两者之间往往存在着差异。比如很多人都认为应该见义勇为,但真正到了应该出手帮助他人的时候,多数人可能只是袖手旁观。我认为这一差异形成的一个中介因素可能就是一般信任。由于不同个体或不同社会群体在特定情境中对某些对象的一般信任程度不同,从而影响其道德观念的实践程度的差异。如果个体对一般社会他人具有较高的信任度,他/她就更可能遵从其道德态度实施道德行为,如果一般信任度低,道德态度就难以顺利转化为道德行为。这一模式对于个体和群体应该都适用。

　　而另一个竞争性的假设是,个体在从事道德实践时是进行理性计算和思考的。如果从事某道德行为的收益大于成本时,则付诸实施;如果成本不确定,可能性较大会超过收益时,就不付诸实施。当然上述的两个命题都只是理论假说,需要在经验研究中进行检验。如果把这两个假说用于解释"小悦悦"事件,那么信任假说认为救助者更信任陌生人,从而实施救助。而理性计算假说则认为救助者没什么损失和成本,所以实施救助,那些不救助者认为成本较大,所以不敢救助。

二、信任和道德的阶层差异

　　对于卢梭和康德而言,道德义务的唯一形式即是适用于所有人的形式,因此,也必然会预设一种"普遍的人"的观念形式,因此难以包容多样化的职业群体所具有的不同伦理样态(渠敬东,2014)。不同的社会群体由于职业存在差异,往往具有不同的伦理体系,那么道德观念是否存在群体或者阶层差异呢?"道德体系通常是群体的事务,只有在群体通过权威对其加以保护的情况下方可运转……舆论是共同道德的基础,它散布于社会各处,用不着我们去甄别它究竟处于何方,而职业伦理则不同,每一种职业伦理都落于一个被限定的区域"(涂尔干,2006)[7]。在涂尔干看来,道德体系的基础散布于社会各处,因此道德观念的存在是统一化的。但经验研究表明现实并非如此。正如汪曾祺在小说《大淖记事》中述及城里和乡下人的区别时指出,"他们的生活,他们的风俗,他们的是非标准、伦理道德观念和街里的穿长衣念过'子曰'的人完全不同"(汪曾祺,2014)[3]。伦理道德观念是存在阶层差异的。

樊和平及其课题组对多地的调查表明,当前我国伦理道德的地域性差异远小于群体性差异,他认为社会的分配不公带来的两极分化是诸群体之间伦理冲突的根源(樊浩,2010)。阎云翔(2010)对"做好事被讹"现象的分析发现,大多数施助者属于城市中产阶级,包括教师、商人或白领,还有出租车司机或学生;而受伤者的同质性更高,主要是老人和女性。大多数好心的施助者都是年轻人或中年人,这并非偶然,因为他们更倾向于持有普适性的道德观,对陌生人没有仇视情绪。因此,阎云翔(2010)认为"做好事被讹"现象表面上似乎表明了当代中国社会的道德滑坡,但背后更多是由社会不平等引发的,往往是受助的弱势群体成员为了支付医药费而采取讹诈行为。有关农民政治信任研究也发现,信任观、威权观和法治意识都对农民的政府信任具有显著影响,其中持有"家本位—特殊信任"取向而较少一般信任观的人具有较低的基层政府信任(周怡、周立民,2015)。但这种群体差异并未稳定持续,如在个体化倾向的阶层差异中,在总体上并不明显,部分差异主要受教育程度影响(洪岩璧,2015)。

根据上文提出的道德态度—行为模型,阶层的道德实践差异既受到道德态度的影响,也受到一般信任水平的影响。

三、数据、变量与模型

本文所使用的数据来自2013年江苏省"居民生活状况与心态调查",该调查受江苏省委宣传部国家重大项目组委托,由东南大学国情调查中心和社会学系具体实施。该调查采用多阶段抽样方法,抽取了南京、无锡和连云港三个地级市,然后利用PPS(成比例概率抽样)方法分别抽取区县、街道/乡镇和社区(居委会或村委会)。之后根据社区常住人口名单进行系统抽样,每个社区抽取50~60户进行调查。最终抽中了3个地级市中的6个区县、12个街道/乡镇、24个社区。入户问卷调查于2013年9月和11月进行,共完成1281份调查问卷,其中南京446份,无锡443份,连云港392份。调查结果可以基本推断到江苏省境内的常住户籍人口。

因变量包括"是否愿意帮助陌生人""对当前社会总体道德状况的评价""对小悦悦事件发生原因的认知"。

其测量分别如下:"对下列说法您是否认同:如果上街碰到陌生人求助,最好对其置之不理",答案包括"完全同意、比较同意、不太同意、完全不同意",我们把"完全同意、比较同意"赋值为 0,"不太同意、完全不同意"赋值为 1。

"您对当前我国社会的道德状况的总体评价是:非常满意、比较满意、比较不满意、非常不满意。"把"非常满意、比较满意"赋值为 1,"比较不满意、非常不满意"赋值为 0。

对小悦悦事件的认知我们采用如下题目测量。"2011 年 10 月 13 日,2 岁的小悦悦(本名王悦)在佛山某地相继被两车碾压,7 分钟内,18 名路人路过,但最后只有一名拾荒阿姨陈贤妹上前施以援手。您觉得当时的其他路人,是出于什么原因而没有救助孩子?①没有看见,②认为别人的事和自己无关,③不想惹事上身,怕担责任,④别人没有救助的,自己也不想做第一个施救者,⑤其他原因。"上述三个因变量是二分变量,因此都采用二分 logit 模型。

核心自变量一般信任感的测量,江苏调查使用如下题目:您觉得大多数人都是可以相信的吗?如果 1 分代表"大多数人都可以相信",5 分代表"对其他人都应该小心防备",你会选几分?答案选项是 1—5 分。我们把一般信任感处理成定距变量,因此采用 OLS 回归进行分析。

其他自变量为职业阶层、教育、收入,控制变量包括性别、年龄、宗教信仰、党员身份和户籍。删除存在相关变量缺失值的个案,得到样本量为 1 193 的分析样本。

四、分析结果与解释

从表 1 结果可见,在对于是否帮助陌生人问题上存在着显著的阶层差异,在模型 A1 中,相比于管理和专业技术人员,处于社会中下层的蓝领和底层群体更不愿意去帮助求助的陌生人。A2 模型中,加入一般信任度变量后,这一阶层差异仍然基本得到保持,只是蓝领阶层的系数变得仅在 0.1 水平上显著。同时一般信任度对是否帮助陌生人有显著正效应,一般信任度越高,个体更有可能帮助陌生人,这符合我们的常识判断。A3 模型中,我们继续加入了教育和收入变量,但这两个变量皆不显著,而且也没有完全解释阶层之间的差异,底层的负向倾向仍然非常显著。因此,模型结果在一定程度上佐证了阎云翔(2010)的判断,即年轻的人和中产阶层成员对陌生人更没有仇视态度。这和小悦悦事件呈现的结果形成有趣的对比,因为小悦悦最后是由社会经济地位较低的拾荒妹实施救助的,她可能不会有太多的顾虑,如阎云翔所研究的结果显示,助人被讹的对象往往是中产或中上的阶层背景,因为底层的经济条件决定了其并无太多可讹诈之处。

我们发现一般信任度的效应不受教育和收入的影响,但它对于解释阶层差异几乎没什么影响。

表1 影响"是否帮助陌生人"的二元 logit 模型

变量	模型 A1	模型 A2	模型 A3
男性	−.038 (.124)	−.034 (.124)	−.053 (.130)
年龄	−.012 (.004)**	−.013 (.004)**	−.010 (.005)*
有宗教信仰	.119 (.228)	.136 (.229)	.134 (.230)
中共党员	−.093 (.189)	−.124 (.190)	−.151 (.193)
城镇户籍	−.093 (.137)	−.064 (.138)	−.107 (.144)
职业阶层:			
管理/专业人员(参照)	—	—	—
办事人员	−.211 (.233)	−.195 (.233)	−.171 (.243)
蓝领	−.381 (.190)*	−.343 (.191)#	−.303 (.221)
底层	−.826 (.214)***	−.783 (.215)***	−.661 (.265)*
一般信任度		.116 (.045)*	.112 (.045)*
教育程度:			
小学及以下			−.297 (.219)
初中(参照)			—
高中			−.059 (.161)
大专及以上			.128 (.218)
个人月收入:			
无收入(参照)			—
1~1 999元			.124 (.203)
2 000~3 999元			.151 (.221)
4 000元以上			.027 (.247)
伪 R2	0.012	0.024	0.026
LR chi2	31.54	38.25	41.57

注:括号里为标准误。# $p<0.1$,* $p<0.5$,** $p<0.01$,*** $p<0.001$。$N=1193$。

在对社会道德状况的总体判断上(如表2所示),阶层之间也呈现出显著差异。在基础模型 B1 中,办事人员、蓝领和底层都比管理人员和专业人员更倾向于对社会道德状况做出积极评价。仅在加入教育和收入变量的模型 B3 中,阶层之间的差异才消失。这表明不同阶层对社会道德状况的评价差异主要源于教育和收入水平的不同。教育水平越高,个体越倾向于对社会道德状况不满意;收入水平越高,个体也越不满意于当前社会道德状况。类似的情况是,城镇人口对社会道德状况更不满意，即使在控制其他社会经济地位变量之后，城镇负效应仍然显著，而且幅度较大，与受过高等教育者与初中毕业者之间的差距接近。有意思的是，在模型 B1 和 B2 中，党员系数都是显著负向的，表明党员比非党员更不满意当前社会的道德状况，这一显著负效应只有在控制教育和收入之后才消失。因此，可以得到一个基本的结论是，社会经济地位越高者，越可能对社会总体道德状况更不满意。

一般信任度对道德评价有显著正效应，一般信任度越高，个体越倾向于积极评价社会道德状况。但一般信任度并不影响阶层差异，这与表 1 模型结果是一致的。这表明，一般信任度不能解释阶层之间的道德态度差异。

表 2 影响对社会道德状况总体判断的二元 logit 模型

变量	模型 B1	模型 B2	模型 B3
男性	−.077 (.132)	−.068 (.133)	−.050 (.139)
年龄	.027 (.005)***	.026 (.005)***	.018 (.005)**
有宗教信仰	−.511 (.229)*	−.494 (.230)*	−.555 (.232)*
中共党员	−.384 (.193)*	−.448 (.195)*	−.312 (.199)
城镇户籍	−.947 (.148)***	−.918 (.149)***	−.799 (.156)***
职业阶层：			
管理/专业人员（参照）	—	—	—
办事人员	.450 (.224)*	.483 (.225)*	.232 (.237)
蓝领	.335 (.184)#	.409 (.186)*	−.017 (.219)
底层	.492 (.218)*	.584 (.220)**	−.070 (.276)
一般信任度		.206 (.049)***	.218 (.050)***
教育程度：			
小学及以下			.145 (.287)
初中（参照）			—
高中			−.360 (.172)*
大专及以上			−.713 (.219)**
个人月收入：			
无收入（参照）			—
1～1 999 元			−.321 (.241)
2 000～3 999 元			−.407 (.248)
4 000 元以上			−.651 (.272)*
伪 R2	0.076	0.088	0.100
LR chi2	116.69	134.71	153.63

注：括号里为标准误。# $p<0.1$，* $p<0.5$，** $p<0.01$，*** $p<0.001$。$N=1\,193$。

两个模型结果的比较很有意思,总体而言,相比于中上层,一方面中下层成员更不愿意去帮助求助的陌生人,另一方面,他们对当前社会道德状况更加满意。这是一个很矛盾的现象。反之,中上层更愿意去帮助陌生人,但对当前社会的道德状况更不满意。如果这并非由于测量误差带来的问题,那么这一矛盾反映了什么问题?

当然,这里我们通过问卷调查所能获得的只是被访者自我报告的态度,或许并非其真实的态度,也不一定反映其道德实践。态度和实践的差别我们可以在"小悦悦"事件中窥见。小悦悦事件仅仅是个孤立事件吗?对于"您觉得(小悦悦事件中)当时的其他过路人,是出于什么原因而没有救助孩子?"这一问题,有83.8%的被访者认为是"不想惹事上身,怕担责任"。我们以对该事件的认知为因变量进行logistic 分析,发现所有自变量都没有什么显著影响(因此文中未报告结果),这可能由于测量存在问题,从选项回答的变异性不足中也可看到端倪。

表3 影响一般信任度的OLS模型

变量	模型 A1	模型 A2
男性	−.038 (.080)	−.087 (.083)
年龄	−.007 (.003)**	−.010 (.003)**
有宗教信仰	−.132 (.146)	−.125 (.146)
中共党员	.270 (.122)*	.228 (.124)#
城镇户籍	−.236 (.089)**	−.287 (.093)**
职业阶层:		
管理/专业人员(参照)	—	—
办事人员	−.144 (.145)	−.072 (.151)
蓝领	−.337 (.119)**	−.235 (.139)#
底层	−.394 (.136)**	−.233 (.168)
教育程度:		
小学及以下		—
初中(参照)		−.257 (.145)#
高中		.008 (.105)
大专及以上		.086 (.138)
个人月收入:		
无收入(参照)		—
1~1 999元		−.049 (.134)
2 000~3 999元		.088 (.143)
4 000元以上		.139 (.160)
调整 R2	0.018	0.019

注:括号里为标准误。# $p<0.1$, * $p<0.5$, ** $p<0.01$, *** $p<0.001$。$N=1193$。

表3的结果表明,阶层之间存在一般信任感上的差异,相比于管理和专业人员,蓝领和底层的一般信任感更低,而办事人员则与管理专业人员无显著区别。加入教育和收入变量后,对阶层差异有所消解,但蓝领阶层边缘性显著较低。奇怪的是,不同教育程度之间并无明显的差异,与只受过小学及以下教育程度者相比,高中和受过高等教育者的一般信任度并没有更高,而初中毕业者甚至在0.1水平上低于小学及以下教育程度者。

其他显著的变量是年龄、党员和户籍。年轻人的一般信任度更高,党员的一般信任度比非党员高,农村户籍居民的一般信任度比城镇居民高。

五、结论与讨论

本文试图分析道德态度向道德行为转化的机制,提出了信任和理性计算两种中介机制,并通过调查数据进行检验分析。由上述模型结果可知,在对社会总体道德状况判断上,社会经济地位高的人更悲观;但在救助陌生人和一般信任度方面,社会经济地位高的人更为积极。而一般信任度在其中扮演的角色也颇有意思,一般信任度越高,越可能救助陌生人,也越可能具有更乐观的社会总体道德判断。因此道德态度认知和信任并未同一,两者存在一定的差异。且在这一过程中,一般信任度对阶层差异没有解释力。对于我们提出的两个理论假说,我们尚难以进行直接的检验,因为缺乏较好的道德行为调查数据,所以只能从侧面进行探讨和分析。

许多曾被关注过的一些现象,由于无法比较精确地加以模型化,暂时被搁置在一边,之后又逐渐有人重新发现这些被遗忘的领域(克鲁格曼,2000)[1-3](转引自刘世定,2014)。所谓"实证伦理学"的研究亦复如是。社会学自诞生之日起便关注伦理道德问题,但是由于伦理道德议题的模糊性和难以操作化,其后的经验研究对相关主题的探讨日趋寂寥,然而面对当前中国日益严重的"道德危机",似乎也是到了重新"发现"这些道德主题的时候了。本文只是常识性的初探研究,希望以后能利用更完善的道德态度测量与行为数据进行更全面深入的分析。

本文存在诸多局限,一是如何较为有效地对道德伦理态度进行测量,即需要开发具有效度和信度的测量工具。这涉及量表设计和指标建构,也需考虑诸如情景题的建构等问题。因此如何更好地测量道德态度是今后研究中亟需推进的议题。对信任感的测量被证明具有较好的效度和信度,值得道德伦理的实证研究借鉴。二是对道德态度测量的系统偏误问题,尤其易受到教育和收入等社会经济地位变量的影响,当我们讨论群体差异时这一偏差就显得很棘手。即使我们进行较好的测量,群体系统偏差始终会存在,因此我们必须谨慎对待研究结论。

参考文献

樊浩,2010.当前我国诸社会群体伦理道德的价值共识与文化冲突[J].哲学研究,(1):3-12.

樊浩,2013.当前中国伦理道德与大众意识领域"中国问题"的演进轨迹与互动态势[J].哲学动态,(7):5-19.

樊浩,2015.当前中国伦理道德的"问题轨迹"及其精神形态[J].东南大学学报(哲学社会科学版),(1):5-19.

龚长宇,张寿强,2008.走向实证的道德研究:30年的回顾与思考[J].伦理学研究,(5):31-36.

何怀宏,2011.现代伦理学:在康德与卢梭之间[M]//何怀宏.生生大德.北京:北京大学出版社:123-133.

洪岩璧,2015.个体化倾向及其阶层差异[J].东南大学学报(哲学社会科学版),(1):35-41.

胡伟,2015.社会转型中的"公—私"道德困境[J].东南大学学报(哲学社会科学版),(1):20-27.

黄宗智,高原,2015.社会科学和法学应该模仿自然科学吗?[J].开放时代,(2):158-179.

李林艳,2015.个体化进程中的公民道德[J].东南大学学报(哲学社会科学版),(1):42-48.

龙书芹,2015.当代中国的家庭婚姻伦理及其群体差异性[J].东南大学学报(哲学社会科学版),(1):28-34.

马得勇,王丽娜,2015.中国网民的意识形态立场及其形成[J].社会,(5):142-167.

阎云翔,2010.社会转型期助人被讹现象的人类学分析[J].民族学刊,(2).

周怡,2013.信任模式与市场经济秩序——制度主义的解释路径[J].社会科学,(6):58-69.

周怡,2014.我们信谁?关于信任模式与机制的社会科学探索[M].北京:社会科学文献出版社.

周怡,周立民,2015.中国农民的观念差异与基层政府信任[J].社会科学研究,(4):122-127.

Uslaner, Eric M, 2002. The Moral Foundations of Trust[M]. Cambridge, UK: Cambridge University Press.

渠敬东,2014.职业伦理与公民道德:涂尔干对国家与社会之关系的新构建[J].社会学研究,(4):110-131.

涂尔干,2006.职业伦理与公民道德[M].渠东,付德根,译.上海:上海人民出版社.
汪曾祺,2014.大淖记事[M].南京:江苏人民出版社.
刘世定,2014.荀子对"得以兼人"的论述与国家规模理论[J].社会发展研究,(2):42-54.

论现代政治的信任难题及其破解路径*

高广旭**

东南大学人文学院

摘 要 现代政治与古典政治相区别的重要特征在于"祛伦理化"。现代政治的"祛伦理化"使得伦理不再构成政治的合法基础,对于人性的道德判断成为政治的合理根据,政治的理论形态从"伦理政治"转变为"道德政治"。从"伦理政治"到"道德政治"的理论形态变革使得政治信任问题成为亟待破解的理论难题,现代政治以"边界意识"划定政治实体的权力边界是这一理论难题的表现形式。"边界意识"的产生是现代"道德政治"固有矛盾性结构的必然结果,它催生了当代西方政治哲学关于破解政治信任难题路径的多重探索。立足马克思现代政治批判的思想高度,总结和反思这些探索对于建构中国特色社会主义政治理论具有重要理论价值。

关键词 现代政治;政治信任;祛伦理化;道德政治;边界意识

当前,随着我国政治现代化建设的不断推进,政治信任问题越来越引起学界的广泛关注。这些关注基于政治学、社会学、管理学等视角,对我国政治信任问题的成因、现状和影响进行了深入的实证调查和理论研究,对于探究我国当前政治信任问题的基本状况及解决路径具有重要的理论价值和现实意义。但是,既有研究往往以公共政策和社会事件中的典型案例为切入点来剖析政治信任问题,政治哲学立场也大都立足于现代性政治的"政府—社会"二元结构,缺乏对政治信任问题产生的现代政治哲学前提的系统反思。因此,既有研究很难从根本上解释和解决我国政治现代化进程中的政治信任问题。鉴于此,本文围绕"现代政治的祛伦理化"

---

* 本文系"2011 计划""公民道德与社会风尚"协同创新中心、东南大学"道德发展智库"、国家社科基金青年项目"政治经济学语境下的马克思正义观研究"(15CZX010)、江苏省社科基地项目"社会风尚与公民道德素质提升的引导机制研究"(14JD004)、东南大学优秀青年教师教学科研资助计划(2242015R30019)、中央高校基本科研业务费专项资金资助项目(2242015S20035)的阶段性成果。

** 作者简介:高广旭(1982—),男,哲学博士,东南大学哲学系副教授,硕士生导师,副系主任。从事马克思哲学、政治哲学、政治伦理研究。

"道德政治的信任危机"和"重建现代政治信任的理论路径"三个角度,追溯政治信任问题发生的现代性根源,剖析现代性政治的矛盾性结构,反思当代政治哲学解决政治信任问题的理论路径,以期为学界从政治哲学角度进一步深化政治信任问题研究投砾引珠。

一、道德政治:现代政治的"祛伦理化"

在古典政治哲学语境中,政治是人的基本存在方式,探讨什么是好的政体不仅仅是在探讨城邦的合理政治形态,也是在探讨什么是对于人而言好的存在方式。因为在古典政治哲学看来,城邦与在城邦之中生活的人的伦理品质相一致,好的城邦塑造德性高尚的公民。正如亚里士多德所言:"公民们尽管彼此不尽一致,但整个共同体的安全则是所有公民合力谋求的目标。他们的共同体就是他们的政体,因而公民的德性与他们所属的政体有关。"[1]所以,在古典政治哲学语境中,城邦既是一个政治存在,也是一个伦理存在。正是在这个意义上,我们才能理解,为什么亚里士多德《政治学》开篇就强调:"人天生是一种政治动物。"[2]因为"从亚里士多德的古典政治学说到中世纪基督教自然法,人基本上都被看作是一种能够结成共同体的存在物"[3]。可见,政治在亚氏所处的古希腊时代就是人的社会伦理生活,政治是人的一种存在方式。

与古典政治不同,现代政治的最大特征在于"祛伦理化"。作为现代政治哲学的开创者,马基雅维里被看作是对古典政治进行"祛伦理化"的第一人,他在《君主论》中对于君主如何获取权力进行了非伦理化的政治哲学指导,尽管这种指导之后饱受诟病,但是作为现代政治哲学的奠基人,他推动现代理性政治同古典伦理政治的分离,开辟现代政治科学的先河[4],这一思想定位应该不会招致多少反对意见。可见,现代政治在诞生伊始就伴随着对古典政治哲学和中世纪神学政治的"祛伦理化",推动政治由生活实践向理论科学的转变。

如果说马基雅维里只是现代政治"祛伦理化"的开创者,那么自启蒙以来,"祛伦理化"已成为现代政治哲学的核心理论特征。英国政治哲学家洛克从人的自然状态出发,系统解答了现代政治的本质之谜。在洛克看来,西方现代政治的诞生是以对政治权力来源及其本质的重新认识为前提的。在中世纪,政治权力来源于基督教对于世界的神圣诠释以及由此构建的父权制伦理关系,而现代政治权力的本质是维护公众利益神圣不可侵犯。但是,"现在世界上的统治者要想从以亚当的个

---

[1] 亚里士多德.政治学[M].颜一,秦典华,译.北京:中国人民大学出版社,2003:77.
[2] 同[1]4.
[3] 霍耐特.为承认而斗争[M].胡继华,译.上海:上海人民出版社,2005:12.
[4] 马基雅维里.君主论[M].潘汉典,译.北京:商务印书馆,1985:译者序.

人统辖权和父权为一切权力的根源的说法中得到任何好处,或从中取得丝毫权威,就成为不可能了"①。"我认为政治权力就是为了规定和保护财产而制定法律的权利,判处死刑和一切较轻处分的权利,以及使用共同体的力量来执行这些法律和保卫国家不受外来侵害的权利;而这一切都只是为了公众福利。"②

现代政治哲学对政治权力来源及其本质进行理性审判的结果是,宗教和伦理不能再构成政治合法性的内在基础,人性的道德判断才是现代政治存在的合法根据。霍布斯认为,国家存在的政治合法性在于,它的权威形式能够约束和限制人趋利避害的自然本性,防止人类陷入一切人反对一切人的"战争状态","在没有一个共同权力使大家慑服的时候,人们便处在所谓的战争状态之下。这种战争是每一个人对每个人的战争"③。与霍布斯对于人性自然状态的消极判断不同,卢梭和洛克对人的自然状态采取了积极和乐观的态度,强调人类自然天性的纯良与美好,但是,二者对于人的社会形态却给予完全不同的认识。卢梭认为私有财产的诞生导致人类善良本性的泯灭,罪恶由此产生,洛克则强调财产权是人作为自由人的定在形式,神圣不可侵犯。尽管上述政治哲学家们对于人性的判断迥异,对于现代政治权力的合法也给予不同回答,但是,摆脱政治的伦理习俗因素,为现代政治寻求道德合法性基础,无疑构成现代政治哲学共同的思想特征。因而现代政治哲学共同坚守的政治信念是,政治权力与人性的善恶定位紧密相关,现代政治的本质是为了避免人性固有之恶或走向罪恶的社会契约,只有这种契约能够结束一切人反对一切人的战争。正如霍耐特所言:"在托马斯·霍布斯的著作中,永恒的利益冲突最终发展成为契约论论证国家主权的首要根据。只有在直到中世纪依然有效的古典政治学说的核心内容失去了其巨大的说服力之后,才会出现这样一种新的'自我持存的斗争'的思想模式。"④

由上可见,在现代政治哲学视域中,古典政治哲学视域中作为伦理概念的政治被消解掉。政治从一种人类的实践生活样式变成关涉人性善恶的科学理论。结果,现代政治哲学对于人的理解采取了一种道德化的定义,道德哲学构成现代政治新的哲学基础。政治"祛伦理化"的结果就是政治的道德化,"道德政治"成为现代政治的基本理论形态。

现代政治哲学对于政治的道德化解读与现代资产阶级的政治解放运动紧密相关。正是由于通过对传统政治的宗教祛魅和道德纯化,资产阶级才摘掉了封建政治头上的神圣光圈,把古典政治的伦理护身符彻底撕掉,建立有利于维护资产阶级

---

① 洛克.政府论:下篇[M].关文运,译.北京:商务印书馆,1996:3.
② 同①4.
③ 霍布斯.利维坦[M].黎思复,黎廷弼,译.北京:商务印书馆,1985:94-95.
④ 霍耐特.为承认而斗争[M].胡继华,译.上海:上海人民出版社,2005:11.

权益和资本主义市民经济发展的新型政治制度。

关于现代"道德政治"的上述理论实质,马克思在名篇《论犹太人问题》中做了极为深刻的分析。马克思认为,资产阶级的政治解放是推翻封建政治神圣秩序的现代政治解放,但是政治解放并不等于人的解放。因为现代政治解放导致人类社会的二元化,即人类社会分裂为国家与市民社会,人被抽象地肢解为政治"公人"和市民"私人":"人分为公人和私人,宗教从国家向市民社会的转移,这不是政治解放的一个阶段,这是它的完成;因此,政治解放并没有消除人的实际的宗教笃诚,也不力求消除这种宗教笃诚。"①结果,现代政治使得人过着双重生活,一种是政治国家中的公民生活,遵循道德原则,追求政治的公平正义。一种是市民社会中的私人生活,遵循自然原则,追求物质利益的最大化。结果,现代政治在否弃市民社会的伦理差异以成就其纯化的"道德政治"的同时,变成了与人的现实生活相隔绝的形而上学式存在。从而,马克思进一步指出:"政治国家对市民社会的关系,正像天国对尘世的关系一样,也是唯灵论的。政治国家与市民社会也处于同样的对立之中,它用以克服后者的方式也同宗教克服尘世局限性的方式相同,即它同样不得不重新承认市民社会,恢复市民社会,服从市民社会的统治。"②我们认为,马克思上述论断正好击中了现代政治的软肋,这就是以祛除古典政治伦理神话为旨趣的现代政治变成了新的政治神话,现代政治陷入"政治辩证法"的困境之中。而"道德政治"的信任危机在这个意义上,就是马克思所洞察的现代政治"政治辩证法"本质的现实印证。

二、边界意识:"道德政治"的信任危机

现代政治"祛伦理化"的理论后果是,政治不再是伦理的事情,而变成道德的事情。政治作为伦理的事情,它与共同体的总体社会风尚和伦理品质内在相关,政治作为道德的事情,它与个体的道德定位和道德选择密切相关,从而,现代政治的理论形态从"伦理政治"转变为"道德政治"。从"伦理政治"到"道德政治"的理论形态变革是现代政治哲学反叛古典政治哲学的必然结果,这一反叛导致现代"道德政治"的伦理合法性陷入危机,自然个体对于政治国家的信任陷入危机。

正如前文所提到的,在现代"道德政治"语境中,政治的本质是个体为保存私利而不得不让渡权力所签订的契约,而个体做出这一选择的前提是基于对人性的道德判断。因此,在现代政治哲学视域中,哲学家们尽管对于人性给出了不同的判断,但是都许诺了一种人的自然状态。在这种自然状态下,人的存在方式遵从自然

---

① 马克思恩格斯全集:第3卷.[M].北京:人民出版社,2002:175.
② 同①173.

法则,它是人最真实的存在状态。而与人的自然状态不同,政治国家是利益的角斗场,是人类为了保存和维护人的自然状态而不得不制造的权力猛兽——"利维坦"。在这个意义上,现代政治国家对于个体而言不再是伦理实体,而是基于"权宜之计"所构筑起来的外在契约关系。政治国家与个体的存在方式和伦理品质无关,而只与财产、财富等个人私利相关。因而,政治共同体只能影响个体的利益而无法影响个体的伦理品质,因为现代政治的基石是个体权利而非个体德性。关于现代政治国家的特征与功能,美国著名政治哲学家列奥·施特劳斯的概括可谓一语中的:"政治社会的功能不是关注公民是否幸福,也不管他们是否能成为亚里士多德所说的那种举止高尚的君子,而是去创造幸福的条件,去保护他们,或用行话来说,要保护人的自然权利。因为在现代意义上,人的自然权利就是指对上述幸福的条件的权利。无论在何种情况下,政治社会也不能将任何幸福观念强加在公民头上。因为任何幸福观念都是主观的,因而也是随意的。人们都按各自的理解去追求幸福。"①至此,现代"道德政治"的信任问题暴露出来,这就是,共同体与个体之间必须保留应有的权力边界,共同体不能以公意的名义向个体强行施加任何伦理信念。

正是由于政治的本质由诠释人的德性存在的共同体转变为保全人的财富利益的契约,由"古典政治哲学变成了现代社会理论"②,现代政治的伦理认同和道德信任才陷入了危机。因为在现代"道德政治"的语境中,政治实体与个体关于善的理解遵从两种截然相反的道德标准。对于前者而言,平等与公正是政治的道德基石,道德法则只有超越物质利益的干扰才能保证政治的合法性。对于后者而言,追求物质利益是人的自然本性,私有财产的神圣不可侵犯是天赋人权,是人作为自由存在区别于动物的重要标志。结果,现代政治与自然个体、国家与市民社会的对立构成"道德政治"固有的矛盾性结构。

由于政治实体与个体遵从两种截然相反的道德标准,二者对于社会正义的理解无法调和,所以政治的公意性与个体的私利性对立构成现代政治信任危机发生的结构性根源。在政治"公人"看来,社会的公平、平等是正义的,因为它是保证最少数社会弱势群体获取最大利益的道德底线。但在市民社会层面的自然"私人"看来,维护个体权利尤其是财产权的神圣不可侵犯是正义的,因为它是保障人之为人区别于动物的最后道德底线。因此,在现代政治的这一矛盾性结构中,矛盾双方对于对方都充满了道德的不信任,尤其是后者对于前者。由于现代政治的本质是契约关系,因而签订契约的个体就有必要对契约关系的履行者——"政治国家"采取

---

① 列奥·施特劳斯.苏格拉底问题与现代性[M].彭磊,丁耘,等译.北京:华夏出版社,2008:23.
② 霍耐特.为承认而斗争[M].胡继华,译.上海:上海人民出版社,2005:12.

一种保守的审慎态度,监督其在行使权力过程中是否符合契约精神,从而避免国家利用政治契约以公意的名义侵犯私利。

现代政治的信任危机集中体现在现代政治哲学对于权力"边界意识"的强调上。我们看到,在现代政治哲学的不同思想流派中,存在着一个共同的思想特征,即都注重清晰划定政府与个体的权力边界,防止政府权力跨越自身的合法领地干涉和侵犯个体的自然权利。如果说在霍布斯那里,政府是个体之间为规避弱肉强食的丛林法所制造出来的政治"利维坦"具有自明的政治正当性,它是"活的上帝的诞生"。那么,随着现代政治哲学对政治正当性反思的深入,"利维坦"的另一张面孔也被揭示出来,这就是,一旦它的权力过度膨胀,就会变成危害个体利益而难以驾驭的权力猛兽。因此,要时刻警惕作为政治怪兽的"利维坦",限制其权力,防止其权力的滥用。所以《论自由》中,约翰·密尔所探讨的核心问题是"社会所能合法施用于个人的权力的性质和限度"①,并以这种限度和边界的划定作为个人实现自身公民自由的前提条件。而一向主张对现代政治采用谨慎态度的卢梭更是认为:"主权权力虽然是完全绝对的、完全神圣的、完全不可侵犯的,却不会超出也不能超出公共约定的界限;并且人人都可以任意处置这种约定所留给自己的财富和自由。"②

现代政治哲学对政治"边界意识"的强调,正是现代政治"祛伦理化"的必然结果,它是现代"道德政治"信任危机的表现形式。政治哲学家们之所以主张限制和划定政治的权力边界,就在于他们深知现代政治权力诞生的实质是基于个体之间的外在权利契约关系,而非古典政治基于个体对政治共同体的内在伦理认同。因此,现代政治哲学对于政治权力总是怀有一种复杂的矛盾性情感。一方面,政治权力能够避免人类陷入绝对自然状态的弱肉强食与丛林法则,给个体带来安全。但另一方面,又担心政治权力僭越自身的权力界限而以公意的名义干涉个体私利,损害个体自由。结果,对于"边界意识"的守护成为这种矛盾性情感必然做出的理性抉择,进而,现代政治的信任难题不仅没有在"边界意识"中得到解决,反倒被看作是现代政治文明与进步的重要标志。

由上可见,现代政治的"祛伦理化"使得现代"道德政治"表现出个体与共同体二元对立的矛盾性结构,即个体与政治共同体遵循不同的道德之善的标准。结果,个体对于政治共同体的伦理认同丧失,个体与政治共同体之间的权力"边界意识"突显。政治"边界意识"的产生既是现代"道德政治"矛盾性结构的必然结果,也是现代政治陷入信任危机的重要表现形式。进而,以别样的思想视角超越现代"道德政治"的矛盾性结构,破解现代政治的信任难题,消除现代公民对于政治国家审慎

---

① 约翰·密尔.论自由[M].许宝骙,译.北京:商务印书馆,1959:1.
② 卢梭.社会契约论[M].何兆武,译.北京:商务印书馆,2003:41.

的权力"边界意识",重建个体对于政治实体的政治信任,成为当代政治哲学普遍关注的重大理论问题。

三、重建现代政治信任的理论路径

当代政治哲学尽管流派众多、观点各异,但都把反思和追问一个问题作为核心任务,这就是"政治的正当性"。因为"政治的正当性"在现代政治哲学视域下遭遇了前所未有的危机:古典政治的正当性源自于个体与共同体之间的伦理认同关系,而现代政治的正当性是基于人性"自然状态"基础上的道德契约关系,从"伦理认同"到"道德契约"的转变表明,现代政治的正当性本质上是一种出于"权宜之计"考量的弱正当性,它无法在"道德政治"语境下解决个体对于政治实体的信任问题。因此,重建政治信任的哲学基础进而为现代政治谋求正当性辩护,成为当代政治哲学家们普遍关注的重大理论问题。纵观这些问题,我们认为有两条路径最具代表性,一条是立足先验哲学立场上的"重叠共识"路径,另一条是立足主体间哲学立场的"承认政治"路径。

首先,"重叠共识"的理论路径强调,现代政治信任之所以成为问题是由于古典政治的形而上学观念失效,现代政治语境中的多元价值主体之间无法达成政治共识。破解现代政治的信任危机必须基于自由主义原则为当代政治的正当性奠定非形而上学的共识性政治观念。基于这一立场,当代西方著名政治哲学家罗尔斯提出了政治自由主义的政治正当性理论。

在罗尔斯看来,正义是社会科学研究的首要价值,重建政治的正义性是当代政治哲学研究的首要问题。他在《政治自由主义》中提出:"政治自由主义的目的也就是寻求一种作为独立观点的政治正义观念。它不提供任何超出该政治观念本身所蕴涵的特殊形上学说或认识论学说。作为对诸种政治价值的解释,一种独立的政治观念并不否认存在其他的价值,比如说,应用于个人、家庭和联合体的价值;它也不是说政治价值与其他价值分离无关。如我所言,它的目的之一,是以这样一种方式,具体指明政治的领域及其正义观念,即认为政治领域的制度可以获得一种重叠共识的支持。"[①]可见,在罗尔斯看来,当代政治要保证自身的正当性,必须摆脱传统政治形而上学观念的纠缠,创建由全体公民基于价值"重叠共识"基础之上的新型政治观念。而这种政治观念的合法性在于:"公民本身在实践其思想自由和良心自由并审视其完备性学说的范围内,便把政治观念看作是从他们的价值中推导出来,或是与他们的价值相吻合的,或者至少不与他们的价值相冲突。"[②]

---

① 罗尔斯.政治自由主义[M].万俊人,译.南京:译林出版社,2000:10-11.
② 同①11.

罗尔斯关于当代政治正当性的上述设想尽管强调要破除政治的形而上学设计，但是他的这一设想仍然充满了先验哲学色彩。虽然该设想假定的前提是：公民之间之所以能够产生支撑政治正义的"重叠共识"，就在于人们"在对有争议的基本政治问题的讨论中，习惯于使用的那些完备性哲学断定和道德观点应该让位于公共生活"。也就是说，事先设定了个体理性能够在政治判断过程中自觉让位于公共理性。① 但问题是，个体在进行政治判断时，并不能将其抽象地概括为政治公民，个体间的宗教情感、社会阶层和利益诉求都有着不可消除的差异性。因而，罗尔斯所幻想的个体理性与公共理性的和解，实际上是以先验地抹煞了个体间的具体差异为前提，并在此基础上抽象地塑造起一种人的"原初状态"。而这个"原初状态"实质上就是近代政治哲学"自然状态"的现代演绎，以抽象个体作为政治基石的近代政治逻辑仍然没有被突破。正是在这个意义上，麦金太尔一语道破了罗尔斯等自由主义者所隐匿贯彻的政治形而上学前提："在他们（指罗尔斯和诺奇克）的理论中，个体是第一位的，社会是第二位的，而且，对个体利益的确认优先并独立于个体之间的任何道德的或社会的纽带的建构。"②

其次，既然探讨当代政治的正义性要弥合个体与共同体的差异，但又不能抽象地抹煞个体较之于公共体的差异，那么破解现代政治二元结构及其信任难题的理论出路到底在哪里？为此，当代政治哲学家把目光投向了黑格尔。黑格尔在《精神现象学》中所提出的"主奴关系"理论以及承认哲学为解决麦金尔对罗尔斯的上述质疑提供了重要思想资源。正如霍耐特所言："黑格尔坚持认为，主体之间为相互承认而进行的斗争产生了一种社会的内在压力，有助于建立一种保障自由的实践政治制度。个体要求其认同在主体之间得到承认，从一开始就作为一种道德紧张关系扎根在社会生活之中，并且超越了现有的一切社会进步制度标准，不断冲突和不断否定，渐渐地通向一种自由交往的境界。……他能够促使马基雅维利和霍布斯社会哲学中的'社会斗争'模式发生理论转型，由此，他可以把人与人之间冲突的根源追溯到道德冲动那里，而不是追溯到自我持存动机那里。"③霍耐特的上述判断开辟了一条从承认政治的视角破解现代政治信任难题的新的路径，即"承认政治"的理论路径。

正如上文所说，现代政治开端于政治哲学家们对于人性的功利主义解释，政治的正义性在于规避人性的趋利避害之弱点，结果，政治公意与私人利益之间的鸿沟也就此被掘开，政治信任危机也就此诞生。而从霍耐特对于黑格尔承认哲学的论

---

① 罗尔斯.政治自由主义[M].万俊人,译.南京:译林出版社,2000:10.
② 麦金太尔.追寻美德[M].宋继杰,译.南京:译林出版社,2003:318.
③ 霍耐特.为承认而斗争[M].胡继华,译.上海:上海人民出版社,2005:9-10.

断中我们看到,他所强调的是黑格尔承认哲学在破解现代政治信任难题上的独特思想价值,这就是把现代政治的人性基础由"为持存而斗争"转变为"为承认而斗争"。因为在"为承认而斗争"的过程中,个体的纯粹自然状态被打破,而被看做是自由平等的政治存在,从而个体性的"小我"之间的斗争成就了社会性的"大我"。正如查尔斯·泰勒所言:"寻求承认的斗争只有一种令人满意的结局,这就是平等的人之间的相互承认。继卢梭之后,黑格尔在具有共同目标的社会中发现了这种可能性,在那里,'我们'就是'我','我'就是'我们'。"[1]可见,承认政治看到了从古典政治向现代政治转变过程中,个体间的认同与承认危机,进而通过探讨如何重建主体间的政治认同与伦理承认问题,以此来进一步探索重建现代政治信任的承认政治路径。

"承认政治"的破解路径极大地汲取了黑格尔哲学的思想资源,尤其是黑格尔精神现象学中关于主奴关系的承认哲学思想,强调承认政治所内蕴的平等政治与反抗逻辑对于破解造成现代政治信任难题的主体间差异、蔑视等现象具有重大意义。但是其存在的问题是,由于把目光只集中在黑格尔的早期自我意识哲学,使得其理论视角仍然没有跳出现代政治的个体与共同体之争的二元结构框架,个体"为承认而斗争"的道德理论设计仅在社会层面有效,政治实体仍然游离于个体间的信任关系之外。

纵观当代西方政治哲学为破解现代政治信任难题的上述探索,我们发现,它们虽然对现代政治的正义观念和承认观念进行了新的阐发,但是由于其理论视角囿于现代政治哲学的二元论框架,其理论实质是对现代政治的主体形而上学基础进行一种道德哲学的再建构。这就使得它们所做出的理论尝试仅仅是以不同方式"缝合"个体善与公共善之间的"裂痕",而无法真正破解现代政治的信任难题。因此,我们认为,要想从根本上破解现代政治的信任难题,必须跳出现代政治哲学的狭隘语境,克服现代政治信任难题发生的矛盾性结构,为政治信任问题引入新的"问题域"。而正是在这个意义上,马克思的现代性政治批判思想应该引起我们新的重视。

对于马克思而言,克服现代政治的矛盾性结构不是看做一个理论问题,而是看做一个实践问题,应当以政治经济学的理论视域破解现代政治的形而上学难题。马克思指出:"我的研究得出这样一个结果:法的关系正像国家的形式一样,既不能从它们本身来理解,也不能从所谓人类精神的一般发展来理解,相反,它们根源于物质的生活关系,这种物质的生活关系的总和,黑格尔按照18世纪的英国人和法国人的先例,概括为'市民社会',而对市民社会的解剖应该到政治经

---

[1] 查尔斯·泰勒.承认的政治[M]//汪晖,陈燕谷.文化与公共性.北京:三联书店,2005:311.

济学中区寻求。"①显然,马克思在这里非常清晰地表述了其现代政治批判的基本路径,这就是以政治经济学剖析市民社会的本质,通过剖析市民社会的本质来揭示现代政治的本质。马克思的现代政治批判路径为我们重新认识现代政治的信任难题提供了新的"问题域",这就是,与当代西方政治哲学局限于抽象地探讨政治的正当性基础不同,我们应把关注的焦点转换到现代政治试图掩盖却无法回避的前提即"市民社会"上。

因为在马克思看来,现代政治矛盾性结构的本质是现代人同时作为"市民"与"公民"的"政治人格"分裂,现代政治的信任危机实质是"市民"人格与"公民"人格之间的信任危机。所以按照马克思的理论逻辑,破解现代政治的信任难题必须诉诸对于市民社会的政治经济学考察,必须超越现代市民社会中以资本逻辑为主导的生产方式。进而,重建现代政治信任也必须以重建政治赖以存在的合理生产方式为前提。在这个意义上,我们认为,马克思开创了破解现代政治信任难题、重建政治信任基石的崭新思想路径。这一思想路径与当代西方政治哲学的诸多探索相比具有独特的思想价值,在思想前提的意义上揭示了现代政治信任难题发生的现实基础,也在前提批判的层面上为破解现代政治信任难题开辟了现实路径。当前我国政治体制改革的理论反思以及对于政府职能改革的现实探讨,应当立足马克思现代政治批判的思想高度,批判性地借鉴当代西方政治哲学的理论资源,为中国特色的社会主义政治理论提供坚实的理论支撑。

综上,现代政治信任难题的产生有着深厚的政治思想史渊源,政治的"祛伦理化"导致现代"道德政治"的伦理认同危机,现代政治哲学对于政治"边界意识"的强调是透视现代政治信任难题的重要标志,它催生了当代政治哲学就如何破解政治信任难题展开的多方探索。当前,中国政治体制改革在面对如何打造政府的政治公信力问题上,既应对现代政治信任难题产生的思想史渊源和理论实质有着清醒的认识,也应重新理解和阐释马克思现代政治批判的思想高度,在反思和批判当代西方政治哲学理论的基础上,建构具有中国特色的社会主义政治理论。

参考文献

[1] 亚里士多德.政治学[M].颜一,秦典华,译.北京:中国人民大学出版社,2003.
[2] 霍耐特.为承认而斗争[M].胡继华,译.上海:上海人民出版社,2005.
[3] 马基雅维里.君主论[M].潘汉典,译.北京:商务印书馆,1985.
[4] 洛克.政府论:下篇[M].关文运,译.北京:商务印书馆,1996.

---

① 马克思恩格斯选集:第2卷[M].北京:人民出版社,1995:32.

[5] 霍布斯.利维坦[M].黎思复,黎廷弼,译.北京:商务印书馆,1985.
[6] 马克思恩格斯全集:第3卷[M].北京:人民出版社,2002.
[7] 列奥·施特劳斯.苏格拉底问题与现代性[M].彭磊,丁耘,等译.北京:华夏出版社,2008.
[8] 约翰·密尔.论自由[M].许宝骙,译.北京:商务印书馆,1959.
[9] 卢梭.社会契约论[M].何兆武,译.北京:商务印书馆,2003.
[10] 罗尔斯.政治自由主义[M].万俊人,译.南京:译林出版社,2000.
[11] 麦金太尔.追寻美德[M].宋继杰,译.南京:译林出版社,2003.
[12] 查尔斯·泰勒.承认的政治[M]//汪晖,陈燕谷.文化与公共性.北京:三联书店,2005.

刍议公共信任的伦理意蕴[*]

卞桂平[**]

南昌工程学院马克思主义学院

摘 要 作为现时代的重大课题,对公共信任的理论探索已十分必要。基于比较视域看,公共信任与公共不信任之本质区分在于,行为主体能否基于价值层面形成对伦理普遍性的认知、认同与践行。同时,公共信任是基于伦理之"公"的普遍性信任,而私人信任则是基于私人生活的"圈子信任"。因而,公共信任就是思维与意志的同一,是基于伦理普遍性的道德主体性。培育公共信任既有赖于私人信任的拓展,更要铸就制度信任的普遍基础,唯有如此才会实现伦理之"公"从"概念"到"理念"的转换,个体善与社会善才有可能。

关键词 公共信任;伦理;意涵

东南大学樊和平教授领衔的伦理学团队,在江苏、广西与新疆三省区以"你在伦理道德方面对什么人最不满意?"为主题进行过抽样调查,共发放 2 400 份问卷,两次抽样(每次 1 200 份问卷)。然而,两次调查数据排序结果却惊人相似:政府官员、演艺娱乐圈及企业家。其中,政府官员作为被不信任群体高居榜首。[1]这组数据隐含的重大信息在于:在当前的中国社会,信任尤其是公共信任问题正在或已迈入危机时代!"个人的自信构成国家的现实性,个人目的与普遍目的这双方面的同一则构成国家的稳定性。"[2]266因而,对"公共信任"这一极具挑战意义的时代话题进行哲学省思,从学理层面揭示其内涵及意义,在当前就具有重要的现实意义及理论意义。而在哲学论域,比较分析法是将两个或两个以上的事物加以比较,分析其异同,求得对事物特点、本质认识的方法,因而成为解释或揭示一般性概念的有力工具。本文将基于比较视域,对公共信任及与其密切相关、相似的几个概念进行比较分析,力图基于伦理视域揭示公共信任的诸种意涵,进而分析其培育策略。

---

[*] 基金项目:本文系国家社科基金项目(15BZX110)、江苏省博士后科研资助项目(1402027C)阶段性成果。

[**] 作者简介:卞桂平(1976—),男,安徽宿松人,哲学博士,东南大学博士后,南昌工程学院副教授。研究方向:哲学伦理学。

一、公共信任与公共不信任

揭示公共信任的内在意涵,面临的首要问题在于:"公共信任"与"公共不信任"间区别何在?即是说,"信任"与"不信任"的内在边界是什么?对如上问题的科学阐明必须基于对公共信任的一般性特质进行分析。基于词语构成审视,"公共信任"是基于"公共"与"信任"的联袂,虽然"公共"已从性质或特征等层面对"公共信任"进行了某种意义上的内在设定,不过,从词语构成特征看,"信任"才是"公共信任"概念的内核所在。这就表明,"公共信任"的前提在于它是一种"信任"。由此可见,"信任"才是"公共信任"的一般性本质,唯有揭示"信任"的内涵才能真正明确"公共信任"的实质。

理解"信任",可以基于"信"与"任"的文字构造来揭示其含蕴的重要信息。就"信"而言,孔子就认为"信"是"仁"的体现,要求人们"敬事而信"(《论语·学而》),强调"朋友信之"(《论语·公冶长》)。董仲舒则将"信"与仁、义、礼、智并列为"五常",认为"信"是"竭愚写情,不饰其过,所以为信也"(《春秋繁露·天地之行》),凸显"信"的本质在于诚实、表里如一以及言行一致。朱熹也从"仁包五常"出发,把"信"看作"仁"的作用及表现,提出"以实之谓信"(《论语集注》卷一)。综上所论,"信"作为传统道德规范之一,凸显的是在处理人伦关系时的真诚无欺,忠实于自己的诺言和义务,其含义与"诚"或"实"相近。因而,从本质来看,"信"所呈现的是一种积极的主观态度,也是一种基于主体内在的道德自觉,是主体基于"伦理普遍性"的内在价值期待。[3]

与"信"不同,"任"则可以诠释为"托付、交付"之意。《论语·阳货篇第十七》中曾记载:子张问"仁"于孔子。孔子曰:"能行五者于天下为仁矣。""请问之。"曰:"恭、宽、信、敏、惠。恭则不侮,宽则得众,信则人任焉,敏则有功,惠则足以使人。"其中,"信则人任焉"是说仁者守信用,别人总能信任他,把重大的责任交付给他。而在《论语·尧曰篇第二十》则有"信则民任焉",可以更清楚地表明仁者取信于民而受民所托之重要性。再如《尚书·大禹谟》中也有"任贤勿贰,去邪勿疑"以及《诗·大雅·烝民序》中的"任贤使能"等。如上语境中的"任"都可以理解为信任、任用,即交责任之意。[4]突出行为主体对内在"信"之道德自觉的固守,是构成"任"之伦理存在的前提。

当然,从孔子如上言论中同样可以管窥孔子基于"信"与"任"的辩证思维。即贤者要守信于民,总能取信于民;在位者要任用贤者,总能治理天下。"信"与"任"就构成密不可分的两个界面,这也反衬出孔子"仁""礼"观念的一个重要方面。与"信"相比而言,"任"所表征的则是外在的伦理形态。如果说"信"是主体的内在认同,属一种价值形态,则"任"就是基于主观"信"的外在表征,属现象形态。这样,

"信任"就构成了"信"与"任"的二维辩证生态。有"信"则有"任",无"信"也就不可能存在真正意义上的"任"。因此,"信任"就构成行为主体间的双向伦理存在,其实质已指向行为主体间基于伦理普遍性的道德主体性。诚如黑格尔所描述的那样:"我们信任某人,是因为我们会认为他会高度理智地、心地纯洁地把我们的事物看成他自己的事物。"[2]327

因此,信任就构成典型的"伦理式"存在,具有标识性的"伦理精神"特质。诚如黑格尔那句著名的论断:"在考察伦理时,永远只有两种观点可能:或者从实体性出发,或者原子式地进行探讨,即以单个的人为基础而逐渐提高。后一种观点是没有精神的,因为它只能做到集合并列,但是精神不是单一的东西,而是单一物与普遍物的统一。"[2]173 毋庸置疑,"信任"蕴含的价值指向并非以"个别性"为表征的"单一性",而意味着行为主体间彼此承认及认同的"伦理实体性"关联。它是因内在的"信"而达到外在的"任",同时,又由外在的"任"进一步强化内在的"信",在"信"与"任"的伦理互动中趋向统一。可见,信任不仅是单纯的道德概念,在某种意义上它是典型的伦理话语,其内在实质在于"单一物与普遍物的统一",是主观伦理认同与外在伦理实践的同一,是知与行的同一,也是思维与意志的同一。它不仅是道德的,也是伦理的,是伦理与道德的同一。

可见,无论是"信"还是"任"乃至于"信任",存在着共同的理论基点是:伦理普遍性,即行为主体对伦理同一性的认知、认同及践行。因而,信任就是基于伦理普遍性的道德主体性。也正是信任的如上伦理原色生成公共信任的一般特征,确证着公共信任的伦理特质。与此相反,行为主体对伦理普遍性的认知、认同及践行的匮乏则构成公共不信任生成的重要基础。要之,公共信任的意涵就在于伦理同一性与道德主体性的动态生成。

二、公共信任与私人信任

如上对信任及其伦理特质的分析,还仅是基于一般性层面回答了"公共信任"与"公共不信任"之间的原则区分,所揭示的是公共信任的一般性内涵。当然,任何事物都是特殊性与普遍性的辩证统一。乃至于在一定意义而言,特殊性才是一事物之所以是某事物的根本性标识。因而,合理阐明公共信任的哲学意涵就必须对其所蕴藏的特殊要素进行紧密追踪。如果说"信任"构成的是公共信任的一般性特质,则"公共"就成为公共信任的特殊元素。因而,从哲学视域审视"公共"的概念内涵,对进一步明确公共信任意涵至关重要。而"公共"概念的阐明就必须基于与其相对概念"私人"的分析。也只有进行"公共信任"与"私人信任"的分析比较,才能管窥公共信任的独有特质,进而揭示其内在意涵。

私人信任。相关检索显示,对"私人"的相关注解一般存在如下三种:①亲戚朋友或以私交、私利相依附的人。②个人,是对"公家"而言。③属于个人或以个人身份从事的。对照而言,信任所牵涉的肯定不是单个的个体,因为信任是基于交往行动的伦理关系,单个人无法生成信任关系。[5]因而,在私人信任论域中,以"个人"或"属于个人或以个人身份"诠释"私人"都与私人信任无涉。因而,私人信任所关涉的行为主体就只能是"亲戚朋友或以私交、私利相依附的人"。从另一层面审视,信任的伦理本质在于因主观"信"的价值认同而催生外在伦理形态的交付或托付,即"任"。因而,作为伦理体现的私人信任表征之一就是无利益纠纷的"亲戚朋友"间的信任,如具有血缘关系的家庭或家族成员间的信任,或者如闺蜜以及红颜知己之间的信任等等。另一种则是行为主体之间基于"私交、私利相依附"而建立的信任关系。此种私人信任关系之建立都是基于日常交往所获得的经验认同为基础,如上级对下级办事的信任、举债人对还款人的信任等。然而,在如上两种讨论视域中,无论是与利益无涉的"亲戚朋友"交往或是以"私交、私利相依附"的交往,共通之处就在于都是基于"私人圈子"的交往,信任生成的时间、空间都具有一定的局限性。因而就可以说,私人信任是"圈子信任",生成的是具有局限性的伦理普遍性。

公共信任。阐释公共信任必须以"公共"为前提。甲骨文中的)儿(=)((八,是"分"的本字,表示分配)+ 日(口,吃,进食),表示平均分配食物。许慎解释为:公,平分也。从八,从厶。八犹背也。韩非曰:背厶为公。[6]87因而,"公"的原始意义就是对公平和公正的诉求。如孔子呼吁"不患寡而患不均"(《论语·季氏》第十六篇),"患不均"并非"平均主义",而是基于"伦理普遍性"之"公"。甲骨文中的"共"通"閃",表示人的两手 捧着贵重物体 口,本义是以"珍品"祭"神",所供奉之物及祭祀对象都以伦理普遍性的认同为前提。许慎说:共,同也。从廿卄。凡共之属皆从共。 ,古文共。[6]1766又因伦理本质上的"共"与"同"相通,因而"共"一般被引申为"相同的、彼此具有的"和"一起、一齐"等,成为"伦理普遍性"的另样表达。就伦理本质的呈现形式而言,如果说"公"是潜在的,则"共"就是外显的。二者是基于不同侧面对伦理之"同"的诠释,进而催生出"公共"的伦理特征:共在性,共处性,共和性;公有性,公用性,公利性;共通性,共谋性,共识性;公意性,公义性,公理性;公开性,公平性,公正性;等等。[7]"只有当他进入了张开双臂拥抱他的社会世界的公共空间之中,他才成为一个人。"[8]哈贝马斯的如上论述充分彰显了"公共"之于个体的存在意义。如上所论,公共信任就是基于对伦理之"公"之价值持守的普遍性信任,如对社会成员的一般信任、对各种社会角色(如医生、商人或政府官员)的信任、对社会制度及运行机制的信任以及对民主社会的一般价值观的信任,如民主、公正、宽容等。因而,它是现代社会尤其是民主制度下的新型信任。[9]

综上,私人信任是与私人生活相联系的信任,是"圈子信任",也是传统信任的主要特点;而公共信任则是与公共生活及公共交往相联系的信任,是对伦理之"公"的本质诉求,在现实层面就体现为对代表公共精神的伦理实体之价值期待,是现时代的新型信任。

儒家伦理因其固有特质进而成为分析公共信任与私人信任区分的范型。社会学家费孝通曾这样评价儒家伦理:"我们儒家最考究的是人伦,伦是什么呢？我的解释就是从自己推出去的,和自己发生社会关系的那一些人里,所发生的一轮轮波纹的差序。"[10]30 这种"差序"体现之一就是"仁"。如"亲亲,仁也"(《孟子·告子下》),"仁者,人也,亲亲为大"(《礼记·中庸》)。如上论述虽凸显"仁"之"成人"意义,然而"仁者爱人"是基于"由近及远、推己及人"。可见,儒家"爱人"之"仁"肇始于"人人敬其亲,长其长",却终于"不独亲其亲,不独子其子"(《礼记·礼运》),含蕴于期间的"差序"显而易见。问题之一在于:儒家伦理的"差序格局"标榜君臣、父子、夫妇、长幼、上下、尊卑等森严的"等差",将每一个人都打造成他人的附属品,扼杀了个体的独立自主人格,磨灭了个人的自由创造精神。问题之二在于:儒家伦理的"差序"内蕴着"私有性"。"在差序格局里,公和私是相对而言的,站在任何一圈里,向内看也可以说是公的。"[10]33 站在任何一圈上向内看都属于"群内人",向外看则属于"群外人";相对于旁系血亲,直系血亲群体是"群内人",相对于姻亲关系,血亲关系是"群内人";相对于陌生人,熟人便是"群内人",相对于外乡人,同乡便是"群内人"。"私有性"的伦理存在无情地肢解着社会的公正。问题之三在于:儒家伦理的"差序"还具有封闭性。"在这种富于伸缩性的网络里,随时随地的有一个'己'作为中心的。这并不是个人主义,而是自我主义。"[10]31 这种伸缩伦理关注的总是以"自我"为中心的"圈内"事,从而表现出某种封闭性。问题之四在于:儒家伦理也含蕴"专制性"。"君者,国之隆也;父者,家之隆也。隆一而治,二而乱。自古及今,未有二隆争重而能长久者。"(《荀子·致士》)将权利由下向上、由卑向尊层层集中,并将其赋予了尊长。由卑向尊的"家天下"模式导致的是专权的产生。[11]

基于黑格尔伦理视野对儒家伦理的"差序"特质审视即可发现:儒家伦理虽然以"平天下"为己任,然而其宏远的目标则是立足于以"差序格局"为标识的伦理存在,伦理关系中的交往主体总是有赖于"亲戚朋友或以私交、私利相依附的人",进而导致交往主体间的信任还只是局限于一定范围或者某种需要的内在体系,其内在蕴含的私有性、封闭性以及专制性与标识伦理普遍性为特色的公共伦理精神背道而驰。即"在差序格局中,社会关系是逐渐从一个一个人推出去的,是私人联系的增加,社会范围是一根根私人联系所构成的网络,因之,我们传统社会里所有的社会道德也只有在私人联系中发生意义"[10]34。可见,基于"私人联系"的儒家伦理所建构的信任体系就只能是私人信任,而非公共信任。

综上分析,与建构于"亲戚朋友或以私交、私利相依附的人"为基点的私人信任不同,公共信任则是一种基于"公共"特质的伦理实体性信任,其内在实质在于伦理之"公",体现为外在之"共"。可见,公共信任不是限于某种时空的信任,而是基于公共本质的普遍性信任。因而,以伦理的公共本质为主要标识,就构成公共信任的又一基本原色。

三、公共信任的一般概念及启示

由此可知,无论是基于"伦理的"一般性特质,还是"公共的"特殊性表征,二者同时指向同一种价值诉求:伦理普遍性。因而,公共信任就是基于伦理普遍性的道德主体性。行为主体公共信任的生成前提在于对伦理普遍性的认知、认同,也即是公共的"信"。同时,也正是基于"信"的伦理基础,才会由认知、认同进展到践行,也就是"任"的道德主体性。可见,公共信任就是公共的"信"与"任"的辩证统一,也是"知"与"行"的统一,更是"思维"与"意志"的统一,所构筑的是"伦理普遍性"与"道德主体性"的二维辩证体系(如图1所示)。其中,伦理之"知"与道德之"行"的缺失,都不构成公共信任的生成条件。也正是基于如上分析,就可以对公共信任的生成进行"伦理地"思考。诚如黑格尔所言:"德毋宁应该说是一种伦理上的造诣。"[2]170 因而,作为内在美德品性的公共信任,其生成并非依赖于形而上学的道德玄思,而是基于伦理普遍性为特质的伦理存在。在个体与个体之间、个体与诸伦理实体之间能否构成"伦理"的存在关系,就成为公共信任生成的重要标志,在一定意义上,也是衡量主体间公共信任存在程度的内在标尺。

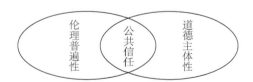

图1 "伦理普遍性"与"道德主体性"

培育公共信任,必须在日常制度设计中贯彻"高度理智地,心地纯洁地把对方的事当做自己的事"之原则,尤其要立足制度规范,夯实国家公职人员的公共精神。即"要使国家和被管辖者免受主管机关及其官吏滥用职权的危害,一方面直接有赖于主管机关及其官吏的等级制和责任心,另一方面又有赖于自治团体,同业工会的权能,因为这种权能自然而然地防止官吏在其担任的职权中夹杂主观的任性,并以自下的监督补足自上的监督无法顾及官吏每一细小行为的缺陷"[2]313。只有诉诸高效率的制度设计,在对诸伦理实体及其现实代表的持续规范与约束中,回归其作为伦理之"公"的内在本质。"国家制度不是单纯被制造出来的东西,它是多少世纪以来的作品,它是理念,是理性东西的意识。"[2]291 也唯有建立人们对制度公共性的信任，才能逐步恢复人们对代表公共本质之伦理实体的向往，基于时代难题的公共信任修复才获得可能。黑格尔基于伦理视域，强调主体反思的道德自觉对"需要的体系"[①]破解的重要性，认为这是达到内在伦理精神之前提。即"他的尊严以及他的特殊目的的全部稳定性都建立在这种普遍物中，而且他确在其中达到了他的尊严和目的"[2]171。也只有不断彰显伦理的公共本质，才能打通由私人信任向公共信任过渡之通道。

公共信任与私人信任是辩证统一的，这也意味着公共信任的建构必然离不开私人信任的培育，必然要基于社会私人信任的发达为基础。就私人信任而言，关键在于培育良好的社会风尚。即"在跟个人现实性的简单同一中，伦理性的东西就表现为这些个人的普遍行为方式，即表现为风尚。对伦理事物的习惯，成为取代最初纯粹自然意志的第二天性，它是渗透在习惯定在中的灵魂，是习惯定在的意义和现实"[2]170。充分拓展外在舆论力量，形成促成个体内在道德律生成的社会舆论场，进而推动人与人之间良好伦理关系的生成。同时，合适的奖惩也是引导人们积极信任关系生成的助推剂，有利于普遍性信任关系的维系。

四、结语

当代中国社会的信任危机不只是私人信任危机，在一定意义上更是公共信任的危机。能否基于理论与实践层面对这一难题做出时代回应，构成当前最重要的学术问题。实质而论，公共信任问题不仅是道德问题，更是伦理问题，如何基于多层面的规划设计，在持优化续制度建构中重塑伦理实体性，铸就现时代之伦理精神，必然是当前较为明智的选择。

参考文献

［1］ 樊浩.当前中国伦理道德的"问题轨迹"及其精神形态[J].东南大学学报（哲学社会科学版），2015(1)：8：5-19.
［2］ 黑格尔.法哲学原理[M].范扬，张企泰，译，北京：商务印书馆，1961.
［3］ 陈瑛，许启贤.中国伦理大辞典[M].沈阳：辽宁人民出版社，1989：511-512.

---

① "需要的体系"是黑格尔基于市民社会描述之概念，是指人们基于自然欲望冲动而生成的一种形式普遍性。即：最初，特殊性一般地被规定为跟意志的普遍物相对抗的东西，它是主观需要。这种需要通过下列两种手段而达到它的客观性，达到它的满足：（一）通过外在物，在目前阶段这种外在物同样是别人需要和意志的所有物和产品；（二）通过活动和劳动，这是主观性和客观性的中介。这里，需要的目的是满足主观特殊性，但普遍性就在这种满足跟别人的需要和自由任性的关系中，肯定了自己。（黑格尔《法哲学原理》204 页）

[4] 孔范今,桑思奋,孔祥林.孔子文化大典[M].北京:中国书店,1994:219-220.
[5] 阮智富,郭忠新.现代汉语大词典:下册[M].上海:上海辞书出版社,2009:2722.
[6] 许慎.说文解字[M].段玉裁,注.上海:上海古籍出版社,1988.
[7] 郭湛,王维国.公共性的样态与内涵[J].哲学研究,2009(8):3-7.
[8] 哈贝马斯.在自然主义与宗教之间[M].郁喆隽,译.上海:上海人民出版社,2013:15-26.
[9] 曲蓉.论公共信任:概念与性质[J].道德与文明,2011(1):56.
[10] 费孝通.乡土中国[M].北京:人民出版社,2011.
[11] 卞桂平.儒家伦理中的公共精神困境与超越径路[J].江汉论坛,2012(8):70.

公信力的道德哲学辨析

杨小钵*

广西医科大学人文社会科学学院

摘 要 当今社会中,有人把"专家"蔑称为"砖家","信不信由你"变成了一句戏谑,这些现象昭示着一种可能性和风险:公信力正在成为我们时代的稀缺资源,我们正面临着一场公信力危机。公信力危机势必会导致个体主观的良心泛滥,个体形式的普遍性被当作一种伦理普遍性的价值,形成"人人为自己,上帝为大家"的"一团和气"。事实上,公信力是一个极具伦理意蕴的概念,它的伦理元点是公,其核心是信,表现形式在力,公——信——力辩证统一于伦理精神。自然原初状态中,公信力自在地存在于自然的伦理实体诸如家族和民族中,随着自然伦理实体的解体,公信力伦理的逻辑在市民社会中被经济、政治的世俗逻辑僭越,伦理成为经济、政治的婢女,公信力也被淹没于政治、经济的洪流之中。要化解这场公信力危机,我们必须重塑主体对公信力之"公"的伦理认同,建构"信"的伦理信念,体现"力"的价值追求。

关键词 公;信;人文力;伦理精神;共同体生活

一直以来,公信力都被学界归为政治学的概念范畴,对公信力的研究一直围绕着行政管理学、法学和新闻传播学等学科打转,而鲜有学者专门对公信力进行道德哲学的辩证分析,这使得公信力本身欠缺了价值的支撑。思想敏锐的学者早已洞察到这一点,如李建华所言:"对公信力的研究在伦理'缺勤'的情况下进行,必然导致其研究的不彻底、片面性。"[1]事实上,公信力的概念因子本身就具有浓厚的道德哲学原色:"公"不仅有公共之意,它内涵着伦理之"公",是伦理的存在方式;"信"是传统儒家的重要德目,也是民族传统中重要的文化因子;"力"是文化对社会发展的内在驱动力,或称之为人文力,这三个子元素构成了公信力的道德哲学形态。

---

* 作者简介:杨小钵,东南大学人文学院,伦理学专业博士研究生。
[1] 李建华.我国政府公信力伦理探析[J].湖南社会科学,2013(5).

传统社会①遵循的是伦理的逻辑,形成的是实体性人伦关系,公信力表现为共同体的伦理精神。现代性社会,人伦关系被个体的人际关系取代,公信力之"公"被个体之"私"遮蔽表现为个人的道德自由。笔者对公信力的道德哲学辩证分析将循着两个维度展开:一是探讨公信力的道德哲学真意;二是对公信力面临的困境进行道德哲学反思,寻求解决的途径。探讨与反思秉持一种理念:"公信力的伦理之维"。伦理的真谛是过一种共同体生活,公信力作为一种公共精神,其价值本性和人文力量也必须诉诸伦理的亲和才能充分彰显。由此,我们亟待澄明的问题是:如何对公信力的概念进行道德哲学辨析。

关于公信力的概念,学界尚无清晰厘定。《现代汉语词典》将公信力解释为:使公众信任的力量。这种解释显得过于字面化,缺乏深度的文化内涵,也不能彰显公信力概念自身的文化品质。我们欲通过对"公"—"信"—"力"三个子元素的辩证入手勾勒出公信力的概念图示。

公

何谓公信力之"公"?与学界普遍地将它理解为公共之"公"不同,我们倾向于认为公信力之"公"在伦理。从语言学的角度分析,"公"在现代性话语中主要被用作"正直无私""共同的""大众"之意,如公正、公理、公共等。这种理解存在着一种风险,那就是"公"可能会陷入相对性和不确定性的境地,"谁之公正""何种公共",成为现代性之"公"的最大缺陷,继而现代性之"公"有导向契约论的风险,由于契约的本性是从任性出发,表达的是一种共同意志而非自在自为的普遍意志,这使得"公"仅表现为一种形式的普遍性,人们在现实社会生活中误将制度和机构作为"公"的实体。其直接性的后果是,一旦制度和机构被权力和经济等因素操控,现代性之"公"便会倒向"公"的对立面,形成人与"公"的矛盾。这种逻辑在现实生活中的演绎便是:象征着制度权威和科学权威的机构和专家,基于契约和个人权利让渡原则形成与个人的对视,即个人与公共的关系;现实中由于腐败、个人利益驱动等因素导致个体对公共的不信任,"公"的实体被机构、权威等形式普遍性所遮蔽形成了人与"公"的对立和紧张。人在现实层面被撕裂,一方面是对"公"所形成的公共的依赖,另一方面是与"公"的对立和不信任。专家变成了"砖家",表面上看是机构与知识精英责任的缺失造成的公信力危机,究其深层原因则是公信力之"公"的伦理缺位。

公信力之"公"首先是一种事实判断,即现代性之"公"所理解的公共生活世界;其次,"公"必须是一种价值判断,是公信力的伦理元点和价值基础。"公"作为"信"

---

① 传统社会与下文现代性社会相对,为论证需要,此处分别对应黑格尔的伦理世界和教化世界。

的对象,它自身必须是普遍的,同时它也必须是可以被意识到并且通过自我意识的行动达到现实性。换言之,"公"必须是绝对的与"信"构成"公信"系统,才能保证"公"的可靠性;另一方面,"公"必须是可以通过人的意识把握并具备转化为现实的品质。"公"的这种特质如何呈现和造就? 回答是必须通过伦理。

在当今道德哲学的概念系统中,道德是受追捧的"明星",伦理成为被遗忘的角落,伦理的使命逐渐被道德越级代办,但这并不代表伦理应该在人们的生活世界以及精神世界中式微。正如樊浩先生反复追问的"如果没有伦理,道德将会怎样"。从人类文明的经验和道德哲学的基本课题来看,如果没有实体性的伦理作为个体性道德的合法性依据,个体道德将会陷入无数相对性的矛盾怪圈中。西方现代性道德文明的症结正是脱离伦理认同去追求道德自由,造成了正义论与德性论的两大对立并成为主导西方道德哲学的基本形态。① 作为伦理型传统的社会,我们民族从文明之初就是伦理与道德良性互动的样态,这为我们进行"公"的道德哲学辩证提供了文化资源。

"公"如何通过伦理呈现与造就,全部的奥秘在于"公"与伦理的相通。问题的关键就转化为对伦理的道德哲学本性的厘定。在经典著作《精神现象学》中,黑格尔通过家庭这个自然伦理实体道出了伦理的真谛:"伦理本性上是普遍的东西,这种出于自然的关联(指家庭成员之间的血缘关系)本质上也同样是一种精神,而且它只有作为精神本质才是伦理的。"② 从中我们可以演绎出伦理三个方面的规定性:第一,伦理是本性上普遍的东西,即伦理在任何意义上都指向某种普遍性;第二,伦理体现的不是个别性的人之间的关系,而是个体与实体之间的关系,是个体性的人与实体性的伦之间的关系;第三,对伦理的认识和把握必须透过精神才能实现,因为"精神是普遍的、自身同一的、永恒不变的本质,它是一切个人行动的不可动摇和不可消除的根据地和出发点。"③ 用中国道德哲学的话语表述,伦理就是"伦"之"理","伦"指向人的共体和公共本质,是人存在的总体性概念;"理"是对"伦"的存在的认同和实践。樊浩先生认为:对"普遍存在的东西"的中国式表达就是"公",在承认、希求、实现普遍物或普遍性意义上,伦理与"公"共通并同一。"公"与伦理的相通也申言了公信力的价值向度。

至此,公信力之"公"便逻辑地复归到伦理的话语体系之中。"公"应该是一种共同体生活,个体在这种共同体生活中通过嵌入其中的实践和制度规则获得他们的内在同一性,即个体把共同体作为他们的实体和本质,把它看作是自己的作品。

---

① 樊浩.伦理之"公"及其存在形态[J].伦理学研究,2013(5).
② 黑格尔.精神现象学:下卷[M].贺麟,王玖兴,译.北京:商务印书馆,1979:10.
③ 同②3.

对于共同体而言,个体目的和手段的差异被扬弃了,个体与共同体之间的矛盾也被这种统一性消解,每个人的活动都既是手段又是目的。个体对共同体生活的反思和认同形成了公共精神,公共精神不仅包含个体对共同体的认同,同时包含着共同体对个体的肯定。在公信力概念系统中,个体对"公"的态度是"信",那么"信"的内涵和机制该如何理解,需要我们进一步的探讨。

信

"信",《说文解字》释曰:诚也。从人,从言,会意。从中我们可以演绎出"信"基本的文化特质:首先,"信"释义曰"诚","诚者,真实无妄之谓,天理之本然也",①逻辑地得出结论"信"也有真实无妄之意,要达到的是天理的真和实。其次在字形结构上,"信","从人,从言"即相信他人的言说,语言天生是指向普遍的,因此"信"表现为人与人之间的普遍规则。有学者指出:"信"原本讲的是人在神面前祷告和盟誓所表现的诚实不欺之语②,由于"鬼神"在道德哲学意义上代表的是"道"的普遍物,"信"所表达的就是个体与道德普遍物的关系。在现代性话语体系中,"信"被赋予了更丰富的内涵,人们在政治领域讨论公信,在经济领域讨论信用,在社会领域讨论诚信。但是,由于缺乏对"信"的来源和作用机制的考察,使得我们对"信"的讨论难以深入,"信"的各种社会制度和规范难以真正透过人自身起作用,甚至在现代性碎片化的背景下,"信"正在不断地被主体道德自由颠覆,公信力的危机也是源于作为其核心的"信"的日渐式微。人们对"信"的认同是公信力得以重建的基础,对"信"的认同则必须厘清"信"的发生与作用机制。

"信"的发生和作用机制的考察,需要在回顾和鸟瞰"信"的历史形态中把握。"信"在中国的历史上可以上溯到殷商时期,《尚书·尧典》有"惟明克允"的说法,《释诂》解释为"允,信也"。商代甲骨卜辞中已有以"允"字来表示占卜应验的用法,以示预言传达者与从受者的互信关系,这种用法体现了殷人对鬼神的"信"的态度,以"允"释"信"也是目前所见文字史料中"信"的最早记载。《左传·桓公六年》有言:"所谓道,忠于民而信于神也,上思利民,忠也;祝史正辞,信也。"祝史真实不欺地祝祷就是"信",以"祝史正辞"为"信"集中体现了"信"观念的原始内涵。这种带有神权政治色彩的"信"观念,表现为一种人对神的单向关系,强调的是人对神的信任和行为的合乎神意。西周维新以后,宗法制度和礼乐制度的确立使得"信"观念的神权色彩逐渐消退,相应的,"信"开始与"德""礼""仁"等伦理道德范畴结合,成为政治伦理的基本理念。《国语·周语上》有"然则长众使民之道,非精不和,非忠

---

① 《四书章句·中庸》
② 焦国成.关于诚信的伦理学思考[J].中国人民大学学报,2002(5).

不立,非礼不顺,非信不行","制义庶孚,信也"等话语,表明"信"的观念已由"敬神事鬼"开始转向"立国""使民"的为政之道。"信"的这种转向,也使它逐渐从国家政治伦理范畴延伸成为人际交往的基本准则。孔子对"信"的内涵的阐发具有代表性,在他那里"信"已经表现出多元的特点,他首先把"信"作为君王的治国理念:如"道千乘之国,敬事而信,节用而爱人,使民以时"。(《论语·学而》)朱熹对此注曰"治国之要,在此五者";又如"宽则得众,信则人任焉"。(《论语·阳货》)信则任之的表述也成了信任的最早表达。其次,"信"作为个人内在的仁德品质:如"弟子,入则孝,出则悌,谨而信,泛爱众,而亲仁"。(《论语·学而》)朱熹注曰"信者,言之有实也","信"就作为个人信实的品德。再次,"信"作为交往行动中表现出的规范如"人而无信,不知其可也"(《论语·为政》),"吾日三省吾身,与人谋而不忠乎,与人交而不信乎,传不习乎。"(《论语·学而》)"信"在人与人交往中的重要性被比作车之輗軏,没有它们便无法行走。最后,孔子认为"信"的实现是有条件的,即"信近于义,言可复也"《论语·学而》)。"信"必须合乎(道)义,才可以兑现,这一点尤为重要,可以作为对现代"不义之信"的有力回应。

　　孔子"信"的内涵被孟子和荀子分别从不同角度作了发展和丰富。孟子提出"父子有亲,君臣有义,夫妇有别,长幼有序,朋友有信"。(《孟子·滕文公上》)将"信"提升为五伦之中的重要德目,同时,孟子贵诚,他把"诚"作为"信"的条件和修持方法,诚则信矣,信则诚矣。荀子的"信"则更多地具有政治哲学的意蕴,他提出"故用国者,义立而王,信立而霸,权谋立而亡"(《荀子·王霸》),"政令信者强,政令不信者弱"(《荀子·议兵》)。此时的"信"已具有"公信"的意味,而最早将"公"与"信"连用提出"公信"概念的思想家是慎到。他提出:"故蓍龟所以立公识也,权衡所以立公正也,书契所以立公信也,法制礼籍所以立公义也,凡立公所以弃私也。"(《慎子·威德》)其意为用蓍龟占卜吉凶来确立公正的认识,用秤称量物体来确立公正的标准,用文书契约来确立公正的信誉……凡是确立公正的准则,都是为了摒弃私心。慎子将"公"与"私"相对,确立了"公"的公正、公信、公义,是典型的法家治理之道,其"公"的思想对当代依然具有一定的借鉴意义。历史长河中,对"信"的讨论远不止于以上各家,然"信"的基本发生过程与概念演变,从敬神为信,到立言为信,再到人无信不立,"信"的历史图谱在先秦主要思想家那里已经得到清晰的展现。

　　"信"的历史回顾与鸟瞰,我们把握了它基本的内涵和指向,透过发生学的视角,我们就可以洞见"信"的发生和作用机制。"信"作为个人品质以及人与人之间的关系,它的发生和作用与人的精神发展密切相关。把"信"的发生学转换为精神哲学的话语就是:人存在的第一个场域是以自然血缘为基础形成的家庭和家族共同体。在这种自然的共同体中,"信"自在地、直接地存在着,形成的是个体与它所处的共同体之间的关系。比如在家庭和民族中,个体对家长与部落族长的信是确定和非反思性的,个体成员之间的信以实体的家庭和家族为根据形成,此时"信"具有天然的稳固性和可靠性。这种"信"的通俗化表达就是费孝通《乡土中国》中提到的"一个熟悉的社会中,我们会得到从心所欲不逾矩的自由"①。当个体从家庭和民族实体中走出来进入一个陌生的社会之后,具体的人作为特殊的个体本身成了目的,每个人的特殊目的通过同他人的关系取得普遍性的形式,形成了黑格尔所讲的市民社会需要的体系。此时,自然伦理实体中个体"信"的自在状态隐退了,代之以个体与个体之间,个体与集团之间"信"的自为状态。诚信、信用、信任、公信等范畴只是"信"在不同场域中形成的殊异表现形态。个体只有重新回到对共同体的体认和认同,达到"信"的自在自为状态,才能化解社会中对"信"的背离。而个体对共同体"信"复归的路径要通过"力"的作用,这种"力"就是文化力或叫人文力。

力

"力"是由物体之间的相互作用而产生的,它是无形的,不能离开物体而存在,通常作为一个自然科学的概念而被我们熟知。天才的哲学家发现在人的意识中存在着一种"力",这种"力"推动着意识由知性向理性、由现象到本质的发展,人的意识同样具有力的属性和功能。人的意识的外化就表现为文化的诸种形式,各种文化形式通过主体——人的行动外化为对经济、社会的实践活动和作用力,于是"力"的概念就被引入人文科学,形成文化力或称为人文力。文化力的发现对人文科学而言可与自然科学中牛顿发现万有引力相媲,具有同等重要的革命性意义。它为我们重新认识和评估文化、重新定位人的活动提供了理论资源和实践路径。有学者把人文力分为三个层次:"第一,意识的'力'即人的意识潜在的转化为物质的力量;第二,人文力具有直接的主体性和行为意义;第三,人文力透过人的实践行为作用于社会经济发展,实现与社会的整合互动。"②我们把公信力理解为一种人文力也是基于这样的学理判断。一方面,公信本身具有伦理的文化内涵;另一方面,公信力具有"力"的核心机制——它是一种相互作用,既是个体对"公信"的认同力,又是公信对个体产生的影响力。当我们对人文力进行哲学思考时,事实上也就在一般意义上为公信力提供了一个形而上的基础,它隐含的前提是"信"本身具有对社会产生作用的形态和功能机制。

马克斯·韦伯是我们讨论人文力时无法绕过的思想家,因为他天才地发现了新教伦理与西方资本主义经济迅速发展之间的奥秘,他的思想也对后来的学者产

---

① 费孝通.乡土中国[M].北京:人民出版社,2008:7.
② 樊浩.伦理精神的价值生态[M].北京:中国社会科学出版社,2007:90.

生了重要的影响。在《新教伦理与资本主义精神》中,他通过"天职观"、预定论等新教伦理理念,以资本主义精神为中介,诠释了马丁·路德宗教改革以后西方资本主义经济快速发展的内在驱动力。韦伯将文化作为驱动经济发展的要素,这一思想拓展了经济—文化关系研究的新视野。福山受到了韦伯的直接影响,他的理论根源是韦伯对资本主义兴起的社会文化因素的讨论。在《信任:社会道德与繁荣的创造》一书的序言中,福山明确地表示:"我希望中文版《希望》能帮助读者更清楚了解文化对经济发展的真正重要性……了解文化价值观在全球化经济里的适切角色。"①他认为:"一国的福利和竞争能力其实受到单一而广被的文化特征所制约,那就是这个社会中与生俱来的信任程度。"②福山不只把信任视为文化价值观,他还把信任当成"共有的道德行为规范的副产品",并具体体现在社会结构、团体结合的形式上。换言之,福山所谓的信任更多地指向经济参与者之间结成的共同体的信任;在这些共同体中,成员之间通过共同的操作规范、伦理习惯和道德义务等文化因素凝聚成为各种信任的团体。福山一再强调信任的重要性以及信任是由文化物质来显现,却没有深入探索如何让世人建立"信任"关系这个根本性难题,这是他思想有待更进一步的地方。

人文力包含着的一个道德哲学前提就是它必须是一种人文关怀,彰显的是人类对美好事物的憧憬和追求。以此前提来审视福山关于信任的观点,他坚持把伦理的逻辑而非经济的、利益的逻辑当作信任的基础,这点值得肯定。古典主义经济学大师亚当·斯密在完成《国富论》之后还要通过另一部《道德情操论》来提醒人们经济活动不能一味追求理性的效用最大化,而要根基于更广的社会习惯与道德之中。当今之时代,随着全球化飓风迎面席卷而来,经济话语体系占据了日常生活的半壁江山,政治、文化与经济显示出过度亲和的情景,甚至有某些人文学者也开始向经济学献媚,"道德银行""信用资本"就是伦理学与经济学交媾的产物,把人高贵的道德赤裸裸地暴露在经济学的闪光灯之下。在此背景下,作为公信力之"公"的个体化代表者诸如个别机构、学者、媒体,他们不是把"公"作为其行动的标准,相反,他们只顾及于自身的权利和利益,漠视甚至回避自身的责任与义务,使得公信力被人们误解为经济、政治的"代言人"与"附庸"。虽然这只是一些特例和个别的现象,但是公信力伦理的逻辑被经济的逻辑、政治的逻辑僭越,确实造成了大众价值取向的困惑和对"公"的不信任。通过几组调查数据③,我们便可以清晰地把握大众意识形态的现状:对现代中国社会伦理关系和道德风尚造成最大影响的因素

---

① 福山.信任:社会道德与繁荣的创造[M].李宛蓉,译.呼和浩特:远方出版社,1998:序言.
② 同①12.
③ 樊浩.中国伦理道德报告[M].北京:中国社会科学出版社,2012:394.

中,有55.4%的人认为是市场经济导致的个人主义,可见市场的逻辑并不能作为人公共生活的全部逻辑乃至主要逻辑;伦理道德状况最不满意的群体中政府官员群体、演艺娱乐界的比例分别达到74.8%和48.6%,足见官员腐败和明星炒作对公众信任造成的负面影响有多大。值得警惕的是,对个别失信于大众的现象,其造成的恶劣影响会大大超乎问题本身,最典型的如"郭美美事件"对红十字会造成的影响,事情虽然已真相大白,但是要修复人们对红十字会的信任却要社会付出更多的代价。因此,公信力的道德哲学复归,不仅需要对其进行学理上的剖析,还需要现实社会中制度和规范的辅助。

公信力的道德哲学复归

透过对公信力三个子元素的分析,我们整体把握了公信力的道德哲学内涵,公信力是以实体性的公为元点,以主体性的信为作用机制,以外在的力为着力点,形成伦理精神的辩证运动。具体来讲"公"的正当与合法性直接决定着公信力的品质,这就要求"公"必须体现为一种实体性,它的具象化诸如机构、学术权威也必须以整体来行动;换言之,某个机构或者学术权威代表的就是整个的机构和科学权威本身,这对机构、学术权威的活动提出了更高的要求,它们"违信"造成的可能是所有机构和权威"违信"的事实。"信"既是个体对"公"的依赖,也是"公"对个体的托付。"信"要以共同体的认同为前提,换言之就是个体对"公"是信而任之,"公"对个体是信而为之用,信本身体现出的是一种双向作用机制。"力"就是"公"和"信"关系外化所产生的对社会的作用力以及这种作用力反作用于个体自身时产生的对个体的影响。公——信——力三元素形成了有机互动的辩证环节,对公信力的认同和把握形成了公共精神,公信力的道德哲学复归就是要使这种公共精神得到彰显,而要做到这一点,除了道德主体的自觉之外,还必须要通过制度和规范的辅助。

从现实来讲,造成公信力下降的因素有许多方面,如时代因素,现代性社会过分强调人的个体性,消解了人的实体性,单子式的生活方式使得公共的信任很难建立起来。社会因素,社会转型产生的个人主义、利益小群体组织,由于他们的违信行为造成了个体对某个机构、组织甚至整个社会信任的下降。经济因素,经济转轨过程中,人们在市场经济中遵循的是利益的逻辑,容易滋生拜金主义、享乐主义等消极思想,以至他们对信用、诚信品质不屑一顾,一切向钱看的行为严重背离了公信的精神。

公信力的复归,首先需要通过制度规范来约束个体及机构、团体的行为,建立长效的权责机制。如建立长效的反腐机制、诚信数据库等,对有违信行为的人应该让其付出应有的代价。其次,公信力需要伦理的"出勤"才能真正建立,制度的和规范的执行也需要个体道德的保障;公信力的出发点"公"必须是可靠的、绝对的,它只能是伦理之"公",也必须是伦理之"公",这就要求我们不断地呼唤伦理女神、坚定对伦理的信仰。最后,对公信力的认同需要公共精神的培育,制度规范的作用只能使"民免而无耻",而精神的内在统一才能让人达到"有耻且格"。

自古以来,"信"都是中国传统的重要美德,公信作为"信"在社会场域发生作用的机制,表达的是人们对"我们如何在一起"这一伦理问题的回应。由于现代社会各种因素的作用,公信力暂时地受到了冷落和质疑。但是只要我们怀着伦理涅槃的信念,保持共同体生活的觉悟,同时辅以完善的社会制度和规范,信任问题便会得到解决,相信人们一定可以更好地生活在一起。

如何解构医患信任危机？

尹 洁

复旦大学哲学学院

引言

医患信任危机在当今中国似乎发展到了极致，各种伤医事件层出不穷。伤医并非只是未受教育者一时愤然导致的个别事件，在不少案例中，甚至教育工作者都加入了暴力伤医的队伍。媒体报道和网络讨论一般将矛头指向两端，要么是个别医生的职业素质问题所致，要么是少数民众无理取闹的结果。然而，在所有的激情声讨和理性分析中，学界很少有研究将医患信任危机首要地看做是政治哲学问题。这很大程度上是由于以往的讨论更为注重道德训诫的层面，但需要注意的是，真正意义上的伦理分析从来不能与道德训诫相混同。医护人员的职业素养教育是否能够适合时代社会语境，很可能并不是改善医患关系的首要因素。实际上，在任何时代，医护人员的职业素养几乎不会有太多内容上的改变，比方说重视与尊重生命、对待病人一视同仁等等，这些在相应的当代西方语境中被细化为所谓经典的四原则说，即有利、不伤害、尊重和公正。我国当代的医学院校教育和职业继续培训当中并不缺乏对于这些类似普适性原则的强调，我国的医学伦理学研究里面同样也不缺乏对于此类原则的系统性诠释与讨论。

本文试图将医患关系问题与医护人员、患者的彼此认同问题相链接，并将对于这些问题的探讨放入对于作为医疗大环境的医疗保健体制设计之中去。我的基本观点是，医患关系的改善在一种根本的意义上取决于我们是否能够营造一个公平公正的医疗环境乃至更广意义上的社会公正生态。只有在一种信息公开、程序透明的社会中，医患双方才能拥有一个建立信任关系的基本环境。将医患关系仅仅当作是医护人员这一职业群体与患者消费者群体双方关系来处理的看法，未能在一种现象学的意义上还原问题的本质，其指向的解决之道也无异于隔靴搔痒。

采取这一进路的理由在很大程度上也基于一个社会心理学维度的考察。暴力伤医事件中的很多肇事者并不具有暴力倾向与相关的暴力史，那么究竟是什么原因使得这些素来平和的人性情大变呢？在社会心理学史上，著名的斯坦福监狱实验似乎展现了一个类似的结果，一些从未有过暴力史的甚至可以说是身心健康、经济宽裕的大学生在志愿扮演狱卒之后居然残忍地伤害那些扮演囚犯的大学生。当时这一结果让作为实验设计者的心理学家颇为震惊，这促使他思考系统和情境对于个人心理的影响。同样的例子有二战时期纳粹对于犹太人的集体性迫害，参与这场残忍的驱逐与屠杀行动的人群中包括了很多像医生和教师这样受过高等教育和专业训练的人。斯坦福实验的设计者津巴多认为，情境和系统对于个体的影响可能远远超过我们的想象。这在某种程度上与我们主流的伦理学分析模式相异，今天我们更多地认为个人的伦理行为与态度最大限度上是个人选择的结果。津巴多提醒我们注意，斯坦福监狱实验恰恰揭示了相反的思路，即个人的伦理倾向与行为可以被情境塑造，甚至能以集体为单位被塑造。由此我们需要回到对于系统的反思上来，对于斯坦福实验来说，系统的缔造者是一帮心理学家，而更大范围内的社会性行为与倾向，则不能一眼看出，比方说，当问题来自于权力更为庞大的国有企业、政府单位等的时候，人们往往看不出某种心理倾向或行为的塑造者是谁。当然这并不是在暗示当今医患信任危机的源头在某个企业或机关组织中，毋宁说，如果一个社会的医患信任危机出现和矛盾激化，那么危机必定源于整个社会的运作机制，尤其是与医疗保健相关的运作机制以及相应的意识形态。

由此本文将从以下两个方面来展现，如何从政治哲学与伦理学的层面解构医患信任危机：一是医疗公正体制的建立，这要求我们重新从伦理学、经济学与社会学的角度规划一个基于健康公正观念上的医疗卫生资源分配系统，尊重与重视不同医疗需求人群的要求，明确医院、药企、公共卫生事业单位的职责与界限；二是在意识形态的宣传上避免单一宣传所谓"道德圣徒"式的医护人员形象，将医护人员既当作高度职业化人群也当作有合理正常自身需求的公民来看待，同时塑造患者群体以及更大范围的潜在患者群体在健康资源消耗和消费中的理性思维。

一、建立医疗公正体制的必要性——政治哲学维度的探索

2015诺贝尔经济学奖得主迪顿（A. Deaton）近年来一直将关注目光投向健康与不平等问题。无独有偶，另一位既是哲学家又是经济学家的阿玛蒂亚·森（A. Sen）同样长期致力于探讨健康与社会正义问题。健康之所以成为社会正义问题的重点关注对象，是因为其对于人类福祉的决定性影响。换句话说，只有健康才能保障人类在保有生命质量的前提下过上有尊严的、有意义的生活。在传统的意义上，教育、医疗与就业一直被认为是分配正义领域最为重要的课题，在医疗公正问题研究专家诺曼·丹尼尔斯（N. Daniels）看来，医疗的延展概念——健康，应该被认为是最为重要的分配正义课题之一。

大多学者认可正义理论的代表人物罗尔斯在其哲学理论上的深度和合理性,但罗尔斯的康德式建构主义(constructivism)倾向使得其正义理论方案在某种意义上远离了政治实践。然而,其抽象处理的深层次意图却恰恰揭示了其正义理论的道德向度,因为简单的直观和经验掩盖了很多无法觉察的事实。举例而言,你、我、他每个个人作为健康资源的消费和消耗者,并不能单凭自身的经验判断个体的选择、行动和目的倾向在何种程度上影响着社会整体的医疗保健和健康资源分配,也因而无法明确地知晓自身对于医疗健康资源的可获得性究竟在何种意义上能够被整体层面的医疗保健和健康资源分配政策所促成或抑制。

令人惊异的是,生命伦理学长期忽视医疗公正问题研究,无论是其理论建构部分还是实际应用部分。丹尼尔斯在谈到这一问题时说:"生命伦理学的失败之处在于其未能从医学开始向上追溯到健康的社会决定因子(the social determinants of health)以及健康不平等①,更未能进一步向上追溯到一般性的社会正义。"②但丹尼尔斯认为,生命伦理学对于医疗公正的忽略并不源于一种学科本身在哲学理论层面的缺陷,也不是因为其不能综合多学科的思路,而是源于一种深层次的社会背景影响,即当今社会无所不在的对于医学科学③的虔信。丹尼尔斯认为,生命伦理学家与公众一样,只单纯看到医学对于人的健康水平的影响,认为随着医学科学技术的提升,人类就会理所当然地获得更好的医疗保健资源,但忽视了决定健康水平的那些更为复杂的社会性的、政治性的、意识形态性的因素。

诚然,医学科学的发展是决定人类健康水平的重要因素,但不可忽视的是健康水平并不与医学科学的发展程度呈严格的正相关关系,就像幸福指数本身不能与经济收入水平绝对一致一样。从更为根本的意义上来说,健康与幸福都不是单纯的客观指标,而是身心和谐之下主观的、基于特定语境的评价,因此都受到极为复杂的社会性、文化性因素的影响。丹尼尔斯的"健康的社会决定因子"体现了他对于决定健康的复杂因素的考察,而这些因素已然远远超越了医学科学所能涵盖的范围。

那么关于"健康的社会决定因子"的考虑究竟能够提示什么?从医患信任危机这一社会现象出发,我们需要关注的不仅仅是介于所谓医务人员群体与患者群体的冲突本身,也不是将其还原为简单的医疗服务提供者与消费者关系继而再来审视市场机制条件下不可避免的利益冲突或伦理冲突,而是应该退回一步去考虑,究竟医患间不信任的这一社会现象源于我们作为公民本身怀有怎样特定的诉求,以

---

① 健康不平等并不代表不公正,亦即 inequality 并不等于 inequity.
② N Daniels. Just Health: Meeting Health Needs Fairly [M]. New York: Cambridge University Press, 2008:102.
③ 即作为一种科学的医学,或者说,从科学化角度来理解的医学。

及当这一诉求难以满足的时候,这其中有哪些社会性因素诱发了冲突的激化与升级。只有将医患信任危机这一现象置于更为宏大的政治哲学背景之中即对于如何实现现代中国的健康正义这一理想之中,思路才可能更为明晰。

二、"道德圣徒"式的医务人员形象合理吗?——伦理学维度的分析

医患信任危机的发生亦具有当今中国语境的社会心理基础。简言之,一种颇为不合理的倾向认为,医护人员应当具有类似"道德圣徒"般的人格与道德品质,这导致患者以及整体社会对于医务人员的期望值超出了这一职业群体能够负担的阈值。在对于医患冲突事件的报道当中,不少新闻媒体将叙事线索的主轴定位在医务人员未能真正做到舍己为人救死扶伤。不可否认,少数医务人员的确具有职业操守问题,但作为舆论导向的媒体首先要清楚医务人员的职业界限何在以及相应的道德界限何在。

换句话说,当谈论医务人员的道德素质时,我们是否真正明白这一所谓道德素质的内涵以及赋予这一特定内涵的正当性何在。究竟,医务人员相比其他专业从事者而言,必须有着怎样不同的道德素质?这些所谓医务人员特定道德素质与一般性职业素养的重叠度如何?[①]

从西方医学伦理学或生命伦理学的发展史来看,比彻姆和邱卓思所倡导的"四原则"成为主要的医务人员职业操守的来源,即医务人员必须在有利、不伤害、尊重和公正这几个原则指导下行事,当然在有些情境中当两个或多个原则相互冲突时则需要考虑如何权衡和取舍彼此。但总体而言,四原则说仍是得到学界普遍承认的、从原则主义进路切入现实生命伦理学问题的理论形态典范。在西方生命伦理学的当代研究当中,无论是方法论维度的奠基还是意在突破实际问题的探讨,很少有将医务人员的职业道德素质作为学理的研究内容,而实际情况毋宁是倒转过来,即职业道德素质的规定基于原则性的内容本身。换句话说,思路一般是,首先询问什么是对的、应当做的事情,其次才是去界定职业道德操守的内容。而中国社会历来对于医生群体有着极高的期望,因此很少先去界定所谓"道德正确"的范围,而把几乎所有的道德品质都当做一种"应然"赋予了这一令人尊敬的行业从事者们。由于这样的道德要求较为模糊,作为道德品质承载者的医务人员单凭自身力量很难维系这一道德要求,倘若整个社会并不能在制度架构和细节设计上体现和照顾到对于这些道德品质适当的赞许、鼓励和支持,那么作为单个道德主体的医务人员单凭一己之力恐怕很难实现近乎道德圣人般的标准。一旦医务人员不能满足这一预期,社会整体情绪恐怕会难免走向失望,少数甚至会走向愤怒。

---

① 与此类似的一个问题是教师群体的道德素质界定问题,但这个问题不在本文讨论范围之内。

医患信任危机的根源之一即在于医务人员无法满足患者群体对于医务人员的道德期望。当所期待的无微不至的嘘寒问暖变成冷冰冰的问答式沟通法时，患者很难不去质疑医务人员的动机，即质疑医者是否具有仁心，而人们往往认为仁心决定了医者究竟有没有在这个病患身上投入专业的态度。然而这一结论是否合理，倒不见得有定论。在康德的《道德形而上学奠基》中，我们看到了一个多少有些反常识的例子。康德说，倘若一个人生来就情感淡漠，其他人的苦痛并没有在他身上引起什么怜悯之心，但他仍然去做他认为是道德上正确的事情，那么这样的一个人，我们可以说他的行为的道德价值更高于那些出自同情而为之的人们。如果我们持有康德式的义务论观点，那么医务人员的嘘寒问暖可能并不是表现其道德价值的依据，我们应该去问的是，他（作为一个道德主体）是否持有一个"善良意志"？这一善良意志的达成，并不需要同情心的在场。倘若如此，那就更不需要有表现同情心的言语（诸如嘘寒问暖）的在场了。

然而，这只是一种伦理学理论层面的探讨，并且我们似乎已然从一个极端走到了另外一个极端，即从"道德圣徒"走向了"道德冷漠"。事实上任何一个人在心理层面都很难接受一个毫不表现出关怀之情的医生会是个好医生这一结论。此处论证想表达的无非是，我们需要的既不是道德圣徒也不是道德冷漠分子，而是拥有职业专属道德的、能够适当展现其社会性（即表现其仁慈、关爱之心）的医务人员。因此对于医务人员专属的职业道德规定究竟以何为依据，就成了最为重要的问题。当代医疗实践涉及的层面颇为复杂，医务人员的工作除了与病患打交道之外，还要与医药企业、保险公司博弈，这意味着医务人员处于更为复杂的社会网络之中，因此其角色定位之间必然有着诸多冲突。医务人员之职业伦理的定义需要被放置于更为复杂的设定之中，需要考量诸多影响这一群体的决策和判断的变量，而不能简单地假设医务人员应当能够在这复杂的洪流之中单凭一己之力而"独善其身"。

从伦理学和社会心理学的情境主义（situationalism）视角来看，个人或群体的行为受环境和机制的影响程度远远超越我们的想象。在引言中我举出了斯坦福监狱实验的例子来佐证我的这一观点，无非是想说明，医务专业人员群体或是患者群体如若表现出道德缺失，那么这一问题的根源绝不会只是在这一职业人群或是其服务人群之中。从这种意义上来说，罗尔斯对于社会基本结构之正义性的追求恰恰是对于这一问题的精准的、理论性的回应，即只有保障一个公平正义的社会环境，才能让各人群对于自身和他人的伦理责任界定更为明晰，才能减少无端的伦理冲突的产生。彼此伦理认同的一致性是促成理解的前提，在医患关系当中，只有患者群体能够对自身的伦理责任和医务人员的伦理责任皆有明确和合理认识的时候，才不会频繁出现不信任甚至是在此意义上加剧引发造成的暴力事件。

三、结语:临床决策与健康资源分配使用中信息透明与程序公正的重要作用

无论是政治哲学层面的考察还是伦理学层面的分析,最终还是需要回到问题的起始点上来,即如何缓解医患信任危机。而即使不谈政治哲学或伦理学理论,人们往往也知晓,信任的基本要义在于理解,进而,理解的关键在于信息透明和程序公正。医务人员是受过高度专业化训练的人员,也因此而备受尊敬,这是所谓"家长式"医患关系长期占主导地位的缘由,同样的讨论在西方医学伦理学文献中也颇为常见。在当代热门的应用伦理学问题当中,家长式医患关系是否可取以及在何种程度上可取,存在着相当的争议。家长式医患关系的优势在于其有利于做出专业、高效的判断,但在建立医患关系上却容易导致信息的不对称,并由此加剧患者本有的焦虑感以及对于医务人员的不信任感。由此在具体的操作层面加强与细化法律法规,精确探究合理的信息公开程度,保证机制和程序公正,不仅要对患者做到知情同意,更应在全社会层面的公共卫生宣传中注重医学科学思维的适当普及化,让非医学专业人士能够适当理解并体认医疗临床决策和卫生保健资源分配政策制定与实施的诸难题与困境。一言以蔽之,我们不仅有必要保障一个稳定安全的医疗环境,也要保障患者能在充分知晓信息的情况下做出自主的、合理化的决定。医务人员不能扮演上帝,其临床决策究竟如何做出,需要的不仅仅是医务人员专业团队和其他专业人士的意见,更需要患者自身的主动选择、积极参与和理性决策。

参考文献

[1] 安格斯·迪顿.逃离不平等:健康、财富及不平等的起源[M].崔传刚,译.北京:中信出版社,2014.

[2] 罗尔斯.正义论[M].何怀宏,何包刚,廖申白,译.北京:中国社会科学出版社,2001.

[3] 汤姆·比彻姆,詹姆士·邱卓思.生命医学伦理原则[M].李伦,译.北京:北京大学出版社,2014.

[4] 菲利普·津巴多.路西法效应[M].孙佩妏,陈雅馨,译.北京:三联出版社,2015.

[5] N Daniels. Just Health: Meeting Health Needs Fairly [M]. New York: Cambridge University Press,2008.

"不亿不信":信息"缺场"时的信任选择

杜海涛

西北师范大学哲学学院

摘 要 按常识来说,信任的前提必须是对信任对象的信息有所了解,那么对象的信息,包括品格、身份、名誉等将成为信任的条件。但是,现代开放社会中面临更多的是一种陌生人之间的私人关系,这种关系的交往通常面对的都是对象道德品格信息的"缺场",而在这种情况下人们习惯于对信任"不选择"或不作为,这就导致了现代社会巨大的信任危机。而在现代社会中,却存在着其他形式的信任,即基于专门知识、体制和一种所谓商业精神的信任,这些信任虽然可以允许对象信息的缺场,但是其信任的根基却是规则或契约信息的完全"在场",而非对人本身的信任。孔子曾提出"不逆诈,不亿不信"的原则,即不随意臆测他人是否相信自己的待人原则,这恰恰是现代社会所需要的信任品质,这种无条件的信任的风险和风险的担当诚然需要社会正义来支撑,但这种作为道德的信任上升为一种当代社会的伦理精神却是必要而迫切的。

关键词 信任风险;信任与正义;信任的条件;伦理精神

一

"朋友"之谊是《论语》中的核心伦理实体之一,《论语》开篇即讲"有朋自远方来,不亦乐乎",可见孔子将朋友之间的关系作为基本的社会伦常之一,并在社会功能的表述上赋予其秩序性的伦理意义,同时也规定了其相应的关系准则。但是不可否认的是,《论语》中的各伦理实体之间其价值是存在等级次序的,仅从"外王"的层面看,在治国上孔子主张以血缘关系为纽带、从家齐到国治的礼治模型,所以君臣、父子的人伦价值自然是高于朋友之间的友谊的。但同时,作为一种整体性的社会关系而言,朋友之间的关系的完善对于社会伦理秩序的建立是必不可少的,因为朋友关系毕竟是最普遍的日常关系之一。国家和家庭扮演着社会最基本的两大伦理实体,而这两大伦理实体中的个体承载着更多的公共身份的价值约定,其中君、臣、父、子都不再是独立的个体身份了,他们在相应的伦理关系中被普遍化为各自的社会角色,并随有相应的伦理职分。所以相对于君臣、父子这样的伦理关系,"友谊"在《论语》中其实扮演着一种类似于私人性的交往的角色。

私人关系并不适合中国伦理学的语境,因为中国伦理的核心是一种熟人关系。相对于公共性的伦理关系,私人关系具有以下两个特点:首先,私人关系是主体间的关系,而这种主体间的关系没有结构的伦理化,也没有义务的约定。其次,私人关系没有社会角色的界定,其中的个体遵循着独立性原则,其选择和意志允许多样性。正如雅斯贝尔斯认为的,这种"交往"不会致使个体性消融在"共性"之中。但朋友关系并非完全的私人关系,朋友关系中的个体依然需要遵循相互对待的基本原则和要求,而关系双方依然需要接受"朋友身份"的普遍化要求,而孔子对这种身份关系的规定却远小于君臣、父子之间的伦理规定。所以,毋宁说朋友关系是介于公共关系和私人关系之间的一种状态。

真正使单纯的社会关系获得伦理意义的原因在于礼序的设定。孔子说:"君使臣以礼,臣事君以忠。"那么"礼"与"忠"就代表了君臣关系的双方所应守的职分。同样,"孝悌也者,其为仁之本与"(《论语·学而》),"孝"和"慈"便成了父子关系中应守的伦理职分。在朋友间的交往原则上,孔子提出了"信","信"即诚信,孔子说:"吾所安者,老者安之,少者怀之,朋友信之。"曾子也说过:"吾日三省吾身,与人谋而不忠乎?与朋友交不信乎?传不习乎?"由此可见,"信"是处理朋友关系的最基本原则。其实《论语》中朋友之间的"信"更多落实在言语的践守上。孔子说:"与朋友交,言而有信。"故此,"信"是一种相对的真实不欺,或说诚信是朋友之义之根本。礼序和职分实体化的过程是划定人类公共领域的过程,而在公共领域的界域之内,便是成己成物的角色化过程。

虽然朋友关系依然是公共领域的部分,但它却勾连着另外一个问题,即成为朋友的过程其实是由陌生人变成熟人的过程。陌生人之间是一种纯粹的私人关系,因为在这种关系中主体具有不选择和不作为的随意性。而朋友关系是一种熟人关系,这种熟人关系建立在一种彼此信息的了解上,尤其是对对方道德品行信息的了解上。在《论语》中私人关系没有上升为伦理品格,孔子仅说"仁者,爱人","爱人"当指爱天下人,自然包含着私人关系的对待。但"爱人"并非是伦理性的要求,而毋宁是一种主体的自觉,所以这种应然性的宽泛,在践行上依然需要一个基本的次第,从关系的次第上应先爱父母君王,进而再爱邻里百姓。但从爱的质上来讲"爱人"必须先能信人,所以孔子说:"不逆诈,不亿不信。"

二

"不逆诈,不亿不信,抑亦先觉者,是贤乎!"(《论语·宪问》)这句话可以分为两部分来解读,首先,"不逆诈,不亿不信"在《大戴·礼记》中是这样解的:"君子不先人之恶,不疑人以不信。"朱熹也说:"逆,未至而迎之也。亿,未见而意之也。诈,谓人欺己。不信,谓人疑己。"就是说,不在事先逆测别人可能会欺诈自己,不在事前揣想人对我有不信任。而"抑亦先觉者,是贤乎!"就是说,如果别人欺诈于你,你能先知先觉,便是贤才。前后两句辩证照应,清晰地体现出孔子对私人交往应持的基本原则的看法。

但"不亿不信"和"抑亦先觉"并非平行关系。"抑亦先觉者,是贤乎!"其实是一个假言判断,它在陈述一种事先辨别对方德性善恶的可能性。可事实上更多的人毕竟不是贤者,无法探微知几。而且从语境来看孔子在训诫弟子两个方面的知识:即交友和成贤。在交友上"不亿不信",而且这种交友的态度本身就是成贤需要的修养功夫。所以毋宁说两者演化成一种次级关系来,即如若可以先觉则更好,反之,如果无法先觉,依然需要"不逆诈"的持守。所以《子罕》篇中记录孔子的德行说:"子绝四——毋意,毋必,毋固,毋我。"(《论语·子罕》)此"毋意"就是指不悬空揣测的意思。

"不亿不信"和孔子主张的基本精神是相通的。劳思光先生认为孔子的基本精神是一种"知其不可为而为之"的人文主义精神,孔子承认人生而有一种"命"的客观限制,但大义所在,明知做不成,依然要去践行,这是对人的主体性的自觉,意味着人之为人的个体担当,"'自觉主宰'之领域是'义'的领域,在此领域中只有是非问题;'客观限制'之领域是'命'的领域,在此领域中则有成败问题"。命是必然之域,义是应然之域,只做人之应为之事,而不计成败,这是一种"人本"而非"命本"的主体价值诉求,"由主宰在人之自觉中,故不从原始神权权信仰;由客观必然礼序之了解,故尽分而知命,不于成败上做强求"。

"不亿不信"就体现了这种待人接物的非功利性的人文精神。在事情发生之前,不去臆测别人是否会欺诈自己,而需要考虑的仅仅是主体的应然性,主体应该相信别人的善性,荀子解释称"以己度人",如果自己不去"逆诈"地臆测他人的不信,那么别人应该也是不臆测我之不信。不用计较的是别人如果欺骗自己的后果,后果主义的考虑是功利主义的考量,但在对方道德信息"不在场"情况下考量对方的态度,便不再是一个二分之一的成败概率问题,而是精神或人之善性的缺失。就是说信任别人是应然之事,而别人如何对待自己并非应该考虑的事情,劳思光认为这才是"自觉主宰"的人文精神的核心。这和墨子"兼相利,交相爱"的待人态度是不同的。

"不亿不信"之信不同于"仁义礼智信"之信,后者可以理解为一种诚信,即对自己、对他人都真实无欺,而"不亿不信"强调的是一种信任,诚信是自己对待别人的态度,而信任是对他人道德人格的相信。相信别人是以"同己"之心度他人的善性,如果先以恶臆测他人,便不符合孔子教人"仁者,爱人"的精神。

所以，从"不逆诈，不亿不信"可以得出孔子信任思想的两个特点：即"非选择性"和"非知识性"。

首先，如上所述，"不逆诈，不亿不信"所代表的信任不同于诚信，后者表示的是主体对他者真诚守诺的品质，而前者则表示主体对他者是否具有这种品质的肯定与相信。但是在陌生人之间的私人交往关系中，对方的德性信息对自己往往是"不在场"的，而且对他者的信任与对方的德性品格构不成任何相关性，实际上，对方德性善恶的可能性对于主体而言始终都是一半对一半的。所以与其说孔子选择了信任对方的善，不如说孔子对于对对方的臆测采取了"不选择"原则。不是对信任本身的不选择，而是对信任条件复杂性的不选择。同时，对于信任的风险的承担，也遵循着自由意志选择的结果，这在选择与不选择之间构成一种辩证。

其次，"非知识"指的是信任作为一种德性不需要关于对方道德信息的知识，当然这种对知识的不取是在"抑亦先觉"之前的状态，如果做不到抑亦先觉，就放弃把信任当成一种知识。在西方，知识往往意味着德性的基础，而孔子看来，信任中过多知识的考虑，就会变成限制选择的"条件"，孔子主张一种自律的道德，基于过多条件的选择往往意味着功利性的诞生，这是孔子所不主张的。所以这种信任的非知识性，同时意味着选择的绝对性。

三

在道德信息不在场状态下选择信任是有风险的。既然德性不是对称的，自然无法期待一种"我不加诸人，人亦不加诸我"的理想状态，毕竟不是所有人都是君子。而面对可能的欺诈，孔子仅说：君子"可欺也，不可罔也"。（《论语·雍也》）而孔子似乎没有发现其实这里已经面临这一个德福问题的可能性了，即有德者反受伤害。在德福问题上孔子说："饭疏食饮水，曲肱而枕之，乐亦在其中矣。不义而富且贵，于我如浮云。"（《论语·述而》）由此可见，孔子在德和福德问题上首先承认一种可选择性，财富可求，但必须基于道义。但是占有财富在孔子看来既不是真正的幸福，也不是幸福的必要条件。因为在孔子看来只要合乎内心的道义，哪怕一箪食一瓢饮也是幸福的。所以在这种德性关系的认同下，我们必须承认孔子所说的"不逆诈，不亿不信"实际上构不成德福问题，因为不管这种行为的后果是不是一种"有德者反受其害"的结果，内心道义的践行本身就是一种幸福。

如果我们从一般意义上的德福关系来考察，会发现德福问题很少发生在公共关系中，因为公共关系的维系是法律，其原则是公平。而在私人关系中，法律在底线上予以宽容，把私人交往当成一种个体化活动，在法律底线之内，道德完全为这种交往提供原则，就是说主体间的私人关系往往更多地诉诸一种道德的自觉。但是如果道德的约束力不对称，造成有德者受到戕害的现象，那么这种关系将会变得危险。而孔子在强调重德性而轻富贵的同时，似乎没有注意到这样其实会导致一个社会正义的问题。如果以"不逆诈"的道德准则对待他人，反而受到对方的欺诈，那么就算从个人道义上讲构不成对儒者信念的伤害，但在普遍性的社会观念中，不利于一种社会普遍正义的形成。

而在这一点上同样作为轴心期代表的亚里士多德和孔子选择了不同的方式，友爱论是亚里士多德比较核心的一个论点，他在多部著作中都有论及。在五卷本的《欧台谟伦理学》中就有专门一卷在讨论友爱的问题，而在十卷本的《尼各马可伦理学》中，也有两卷在讨论友爱，可见亚里士多德十分重视友爱作为一个伦理学议题的作用。在对待朋友关系上，亚里士多德不同于孔子根据"信"本身，规定了友谊的原则，而亚里士多德从友谊双方德性品质的配比上规定了友谊的类型，在彼此德性信息"在场"的前提下亚里士多德认为有三种类型的友谊：即实用的友谊、愉悦的友谊和德性的友谊，但并非所有的这些都是真正的友谊，亚里士多德认为真正的友谊，即完善的友谊"是好人和在德性上相似的人之间的友爱"。在这里，亚里士多德将友谊与德性连接在一起，但值得注意的是亚里士多德的德性列目中却没有"信任"，事实上亚里士多德在处理两人之间的基本原则上用正义代替了信任，他说："公正最为完全，因为它是交往行为上的总体德性。它是完全的，因为具有公正德性的人不仅能对他自身运用德性，而且还能对他人邻人运用其德性。"公正或正义与其他德性都是不同的，因为其他德性如勇敢、节制等都是个人的德性，而正义却是人与人之间的德性。由此，亚里士多德其实把朋友之间和陌生人之间的善都指向了正义的德性。所以"朋友与朋友怎么相处的问题最终似乎是一个正义的问题"。

但是如果把朋友和陌生之间的关系都纳入到公正的原则之下，其实恰恰取消了这种关系的私人性，廖申白先生认为："这些私人交往中的友爱与公民交往中的友爱，以及这两种友爱中的公正有更大的区别。私人交往中的友爱，即我们对父母兄弟朋友的友爱中的公正，亚里士多德称为'伦理的'，公民的友爱即对于一个一般的同邦人的友爱中的正义，他称为'法律的'。"因此可见，在私人关系上亚里士多德和儒家恰恰相反，他把父母朋友关系归入到私人领域，而朋友和陌生人的关系，即"一般人"之间的关系，纳入到公共领域之中之中，而该领域的基本原则是一种政治性的公正。

所以亚里士多德并没有考虑陌生人之间相处所需要的信任品格，而直接把这种关系纳入到法权的正义体系中，即主体变成了公共权力下的"个体"。而孔子直接以信任为依托划定主体道德，这是两种文化的不同。

四

不可否认，当前中国面临着巨大的信任危机。私人之间的不信任已经超越个体道德范畴,而演化成一种伦理事件。人与人之间的不相信要比"孝义"的缺失更能让国人"敏锐"地去发觉现代性的问题,"扶不起老人"的现象更像一根人性之刺,让中国人开始眷恋传统而又已失去的东西。之所以老人不敢扶,是因为主体已经普遍地臆测为所有的老人都不值得相信,这种先入为主的"度人以恶"已经远远地背离了孔子的"不逆诈,不亿不信"的精神。

信任作为基本的社会道德之一,其实在现代社会仍然以新的形态存在着。不同于传统的是,信任在现社会中有三种基本形态:即对专门知识的信任、基于体制的信任和基于商业精神的信任。

首先,吉登斯认为对专门知识的信任是这个时代的典型特征,而且他认为专门知识具有"脱域"性特征,而"脱域"的基础便在于对专门知识的信任,即一种专门知识的结论可以跨越时空而产生效力。不可否认,这个社会各行各业都有领域内的专家,他们作为该领域的权威者,代表了知识解释的真理性特性,人们之所以相信某种食品的安全,恰恰因为该食品的安全性经过专家的肯定。当然除了专家还有各式各样的专业测评机构,他们也充当了专门知识的角色。

其次,基于体制的信任。选择体制内的信任,其实是一种对信任风险的规避。所谓体制,是规则和规范的集合体,人在体制中有两方面的意义,一是遵守体制的规则和规范,会牺牲部分自由。二是在遵守规则的前提下所产生的后果、责任由体制负责。所以个人在逃避风险的同时其实也在逃避自由,所以信任也由对他人的信任转向对体制与规则的信任。

最后,基于商业精神的信任。商业精神已成为现代社会的主流精神,其在道德精神层面,主要是一种基于商业间共同遵守的契约或合同而构成的信任体系。韦伯在《新教伦理与资本主义精神》一书中就提出职业化伦理的概念,人在职业中固守着与职业相关的职业操守,这构成现代社会伦理体系一大部分。另外一些公司、企业内部所谓的企业文化,其实都是在基于公司的利益建构一些相应的基本伦理。在商业活动中,商人之间其实没有直接的道德信任,他们信任的基础是合同或契约,而且他们的商业诚信度会演变成一种商业信誉,而这个信誉其实也是最终获利的手段。

在这三种主流的信任形态中,信任已经失去了人与人之间的直接性,作为私人关系的信任已经被逐渐淡化,而信任本身已经被具有组织意义的法制和契约所置换。这些信任形态恰恰也说明现代人对信息的依赖,不论是专门知识、机构规范还是商业契约,其实都是一种完整信息的"在场",而且这种信息的在场体现在两方面:其一,信息得到公共认同,具有一定的真实性。其二,信息的效力得到机构的保障。而这第二条把信息纳入到公共领域其实接近于亚里士多德的公民"正义",即通过公共的法规或法则的权力保证信任的安全性。

五

中国社会正在由以熟人关系为主的社会转变为以陌生关系为主的社会，社会个体性的开放导致中国直面陌生主体间何以对待的问题，而这种变革不仅解构着传统的伦理实体的社会作用，同时也让人在主体交往中变得无以自处。从政府的层面来讲，中国正在致力于亚里士多德所谓的正义的建构，由陌生人主导的私人化世界向公民世界演化。但中国人身上更多的是一种伦理精神，这和中国传统的家国一体的伦理理念相关，所以中国人没办法以法律精神来应对新出现的私人类型。所以正义的理念在中国其实并没有得到深入人心的作用，中国人现在依然企图在以一种既有的人伦观念来处理陌生人之间的关系，但这种尝试让国人无法在传统的"爱"和"义"的传统伦理素材中合理的自处，最终连基本的信任精神也在丧失。因此中国不仅需要法律的正义，同样需要将信任建构成一种伦理的精神，将这种开放的私人关系纳入一种伦理的结构中。

要让信任变成伦理精神，并非等同于一种道德或德性，孟子把社会的主要伦理关系规定为"五伦"，即：父子有亲，君臣有义，夫妇有别，长幼有序，朋友有信。（《孟子·滕文公》）从伦理的层面看，它其实意指着核心社会关系的伦理规范，黑格尔说："无论法的东西还是道德的东西都不能自为的实存，而必须以伦理的东西为其承担着基础，因为法欠缺主观性的环节，而道德则仅仅具有主观性的环节，所以法和道德本身都缺乏现实性。"所以王学泰先生曾提出将新出现的开放社会的个体间的关系作为五伦之外新的一伦，即"第六伦"，而这种伦理关系的核心就是信任。

通常来说，信任是对对方基本信息的相信而产生的认同感，但在信息"缺场"的情况下人做出信任的选择，似乎略去了信任的对象一样。如吉登斯说："信任与时间和空间中的缺场有关。对一个行动持续可见而且思维过程具有透明度的人，或者一个完全知晓怎样运行的系统，不存在对他或它是否信任的问题。信任过去一直被说成对付他人自由的手段，但是寻求信任的首要条件不是缺乏权利而是缺乏完整的信息。"所以基于常识的观点，把孔子的"不逆诈，不亿不信"作为孔子对信任解释似乎是有矛盾的，但是从另一个角度来说，对对方具体信息的忽略，却是意味着普遍化了对象，把对方仅当作普遍性的主体，在不了解对方信息的情况下，对象获得了和作为主体的自己一样的普遍性，所以不选择凭空揣测对象的道德信息，意味着选择对对象本人的相信，而这种人与人之间的直接性关系，恰恰是儒家精神所在。

然而，毕竟儒家建构的精神世界是一个理想的境界，真正做到"不亿不信""不逆诈"也是非常困难的，但正是因为其理想性，更应该将其看作一种普遍性的伦理精神看待，只有这样，信任作为一种善，才会在社会开放性带来的新型伦理关系中获得现实意义。

参考文献

[1] 廖申白.亚里士多德友爱论研究[M].北京:北京师范大学出版社,2012.
[2] 亚里士多德.尼各马可伦理学[M].廖申白,译.北京:商务印书馆,2003.
[3] 劳思光.新编中国哲学史:第二卷[M].桂林:广西师范大学出版社,2005.
[4] 黑格尔.法哲学原理[M].范扬,张企泰,译.北京:商务印书馆,2010.
[5] 安东尼·吉登斯.现代性的后果[M].田禾,译.南京:译林出版社,2000.

生态治理体系中的信任治理网络研究*

杨　煜　胡　伟

东南大学人文学院公共管理系　东南大学人文学院社会学系

摘　要　随着生态文明被纳入核心价值观，生态信任成为推进生态治理的关键突破口。通过梳理治理体系和其中信任要素的演化过程，构建信任发展阶段的理论框架。从一元政府统治到多元主体治理，信任经历了被动信任到公共信心再到主动信念，以及个体信任到组织信任再到制度信任的发展过程。来自公众行为统计、政府官方文件和生态危机事件的典型证据表明，我国的生态信任层次仍处于初级阶段。生态信任水平的升级，需要依托生态政策信任网络、生态市场信任网络和生态社会信任网络的协同，构建生态信任治理网络。

关键词　生态信任；信任社会体系；生态信任治理网络

一、引言

启蒙时代的洛克就指出，公众与统治者之间通过信任建立联系：前者出于信任将权力交给后者，并相信后者会维护其利益[1]。运用理性行动者模型和科学实验技术的最新研究也表明，缺乏权力的人出于保护自己的考虑，更有动机信任权力更大的合作伙伴[2]。然而，与人际信任的不同，政府与公众之间基于统治关系的信任难以实现双向互惠[3]；社会经济发展状况的日益复杂，公众在对政府和相关问题的认知上存在的偏差，也凸显信任关系的局限性。因此，"多一些治理，少一些统治"，基于合作、互信、互惠的治理模式，成为主流趋势[4]。治理意味着政府与市场、社会以新方式互动，以应付日益增长社会及其政策议题的复杂性[5]。

在十八届三中全会上，国家治理体系的命题被提出，并被上升到全面深化改革

---

* 基金项目：国家社科基金青年项目"生态文明建设的协同治理与动态推进研究"（15CKS014）、江苏省社科基金青年项目"江苏生态文明建设的制度创新研究"（14ZHC001）、教育部人文社科研究青年基金"水利公共品的公正生成机制研究"（15YJC840011）、中央高校基本科研业务费专项资金。

总目标的战略高度。国家治理体系的关键要素,不仅包括民主、法治建设等理念,也包括政府治理、市场治理、社会治理等制度子系统以及子系统之间的相互协调[4]。国家治理既不能由权力来强推,也不能由妥协来维持,而应以信任为基础[6]。"善治"所要求的信任是全方位的普遍信任,不仅包括公众和政府之间的互信,也包括公众之间确立信任的社会纽带[1]。因此,在从统治到治理的转型过程中,信任的地位从局限于掌握统治权威的狭隘手段,变成政府赢取公众积极认可和广泛支持的主流思维。研究治理能力现代化建设背景下的信任问题,将是一项全新的理论命题和实践课题。

为了具体深入地剖析国家治理体系中的信任,探求其理论逻辑和实现路径,本文拟选择"五位一体"治理总布局中的生态治理体系及其相关的"生态信任"作为核心研究对象。生态文明被要求纳入社会主义核心价值观并树立良好社会风尚,与同属道德发展范畴的生态信任直接相关。更为重要的,从"四位一体"到"五位一体",生态治理尽管最后加入,但被要求融入五位一体中其他"四位"的"各方面和全过程",可见其地位最为突出。因此,厘清生态信任的内涵和机理,意义不仅在于生态文明建设本身,更将关系到国家治理体系的全局。目前有少量文献开展了生态信任的研究工作,大体从两个角度进行。一是针对政府和公众相互不信任的问题入手,提出环境信息公开、公众参与环境决策和环境司法补救等举措[7];类似的,针对具体的生态公共危机事件进行个案分析,提出民主协商的治理路径,明确政府、公民和社会组织在共建普遍信任中的责任[8]。二是在社会风险治理的分析框架下,分析生态风险和社会信任的关系,提出通过信任和公众环境安全感的建立,实现对生态环境"邻避现象"的风险管控[9-10]。有别于已有文献,本研究则将信任问题放置于国家治理的架构下,视生态信任的培育为推进生态治理的关键突破口;先从治理和信任的演进过程中探求一般规律,进而理论联系实际,判别我国生态信任的实际水平,并就生态信任水平的提升路径做出相应的探索。

二、理论框架

现代治理体系的确立经历了两个基本维度的演化过程:历史脉络上从统治到管理,再到治理的制度逻辑演进,空间结构上从单一的政府到二元分野和融合的政府与市场,再到政府、市场和社会等多元主体。对于其中隐含的信任因素,其理论框架也可从基本的时空维度进行构建。

在统治主导时期,信任往往是建立稳定价值取向的手段,以维持政府权威和社会秩序。这种运用"硬权力"统治下的信任,本质上是一种基于意识形态灌输的"被动信任"。单一的政府缺乏组织能力,难以将无数个体通过道德、信仰或价值观融合起来,因而信任仍停留在"个体信任"层次。个体之间的社会纽带难以建立,公众对于政府的信任则更难实现。[3]实证研究也表明，在政府致力于提升公众政治信任度的过程中，借助意识形态方式的效果有限[11]。

在政府职能从统治到管理转变，以及政府与市场的关系经历从对立到互补的过程中，政府重心转为公共政策的制定和公共产品的提供，以弥补市场失灵，维护公共利益。对于市场的固有缺陷，如垄断、外部性和信息不对称等，政府通过相应的制约手段，恢复公众对市场的信任，以及对于政府自身的信任认同[12]。这一阶段的信任逐渐从被动转向主动，政府对于公共事务管理和公共价值维护所产生的效果，不断塑造着政府的公信力[13]，使得来自公众的信任本质上呈现为一种"公共信心"。日益成熟的市场还为个体创造了反复互动的场所，更易于获得关于其他个体声誉评价的人际间信任，进而发展为"组织信任"[14]。从被动信任到公共信心，从个体信任到组织信任，其最本质的变化在于，信任从事后的被动认识，发展为事前的主动判断。来自对他人、系统或环境可靠性的信任，使得以"本体性安全"为核心的现代社会信任体系日益确立[15]。

随着政府逐步放弃统治者和管理者的角色，越来越多的调动市场和社会的自发秩序能力，多元化主体的治理结构开始确立。由于治理理念有赖于多方共同实现，信任被转化为一种全民的信念和价值观，信任也从特定的个体间信任、组织信任发展为普遍信任[16]。作为强化信任的策略，政府通过法治等正式制度的建设来积极主动地发展信任，不再是渐进式的累积过程，从而确立"制度信任"[17]。由于法律等制度能够对失信行为进行制裁，极大地降低了信任的潜在风险，人们更愿意付出信任，使得信任成为一种"主动信念"[18]。在完善的治理体系下，政府、市场和社会等子系统成为创造信任的基"点"，子系统之间通过信任链条的"线"实现连接，最终形成新型网络治理结构及其信任交互模式[19]。

信任的演进过程可归纳在图1所示的发展阶段模型中。横、纵轴分别为信任在主观认识和客观环境两个维度上的时空变化。根据上文分析，其中第一个阶段的信任只是一种单方面施加的信任意识形态；在第二个阶段，事后信任向事前信任转变，信任社会体系逐渐确立；第三个阶段则是信任的终极追求，全社会对信任的主动信念和对制度的普遍信赖，在多元主体参与共建的信任治理网络支撑下实现。尽管这一过程耗费较多时间和成本，但在信任治理网络确立后，社会运行的成本将大幅降低，社会获得最大化的净收益。实现治理能力现代化的目标，也亟需在统一核心价值观、凝聚社会信任的基础上，激发社会协同网络，促进互惠合作。围绕本文主题，接下来探讨的是，对于生态治理体系中的生态信任，我国处于哪个发展阶段？应如何提升生态信任水平？

三、对我国生态信任发展阶段的基本判断

政府信任水平的实证测度，通常以调查公众主观认知和评价为主要手段[20-21]。

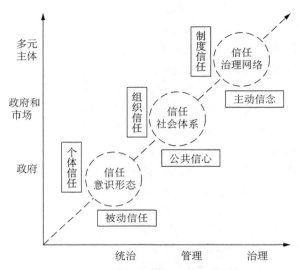

图 1　治理体系中的信任发展阶段

考虑到生态治理体系刚刚兴起,并且存在政府层级、地区发展程度的显著差异,生态信任更难以大规模且精确的量化。本小节试图通过三类相对客观的间接证据,作出其水平的基本判断。这三类定性定量结合的证据在主体和地域上也呈现出较高的多样性和代表性。

第一类证据来自公众行为统计。"公民道德与社会风尚协同创新中心"和东南大学道德哲学与中国道德发展研究所、道德国情调查中心于 2006—2013 年间进行了三次全国性的道德状况调查。调查中,针对"你对改革开放的最大担忧是什么?"的问题,获得的海量数据显示,"生态环境破坏"以 26.2% 的比例排第三位,紧随"导致两极分化"与"腐败不能根治"之后。针对这一结果,该团队指出,当今中国社会的道德问题以演化为社会信任的危机[22]。考虑到生态环境问题和不平等、腐败等问题也有高度相关性[23],生态领域信任危机的实际严重程度可能更大。与这一调查结果形成佐证的是信访数据,生态环境引发的上访所占比例也为 20% 左右,并呈现上升趋势[24]。回顾历年《全国环境统计公报》中的环境信访工作统计数据,可观测到更为严峻的生态信任危机:1995 年群众来信 5.9 万封,到 2006 年升至 61.6 万,增长十余倍;同期的来访批次也翻番;电话和网络投诉数从 2011 年开始公布数据以来,也从 85 万增长到 2013 年的 111 万[25]。来自学术机构调研和政府机构公开的数据,相互印证了我国在多年高速经济增长过程中,超额透支了生态环境和民生福利,尤其加剧了公众在生态问题上对于政府的不信任。

第二类证据来自政府官方文件。2013 年 12 月发改委联合其他五个部委制定了《国家生态文明先行示范区建设方案(试行)》,提出"国家生态文明先行示范区建设目标体系"。体系由经济发展质量、资源能源节约利用、生态建设与环境保护、生态文化培育和体制机制建设等5大板块、51个具体指标构成。该方案做出说明,申报地区可结合地区实际,适当增减指标或提出特色指标。半年后,湖州成为首个地市级生态文明先行示范区。但在其建设方案的指标体系中,对国家建议的生态文化培育和体制机制建设指标细则进行了简单合并和大幅缩减。被删减的指标正是生态文明知识普及率、城区居住小区生活垃圾分类达标率、环境信息公开率等与公众直接相关的指标;无论在2015年还是2020年的节点上,都没有这类指标的目标值设定。紧随湖州之后获批示范区的贵州省,在其建设目标中同样未涉及此类指标;关于"生态文化体系"的目标仅为"党政干部参加生态文明培训的比例达到100%,节水器具普及率达到70%,有关产品政府绿色采购比例达到90%"等政府单方面可完全主导的指标。由此可见,即便是国家生态文明先行示范区中的先行者,对于得到公众支持的信心也极度欠缺,表现出消极的回避态度。

第三类证据来自生态危机事件。生态文明是比工业文明更为高级的文明形式,源自人类对传统工业文明带来的生态环境危机进行深刻反思的结果。然而,在理应超越工业文明率先迈向生态文明的我国最发达的地区,却也爆发了违背生态伦理的危机事件,损害了全社会对生态文明建设前景的公共信心。典型事件为分别发生于2014年8月和2015年8月的昆山爆炸和天津爆炸事件。尤其是后者,发生于滨海新区,该区同时还有以建设"国家绿色发展示范区"为目标的"中国-新加坡天津生态城",意在坚持生态优先的原则,打造生态良好的宜居城区。爆炸的强震波及距离爆炸点16公里的生态城投资开发公司,导致工作人员受伤。距离储存易燃危险品的位置只有几百米的住宅、海滨高速和津滨轻轨,更是遭受毁灭性灾难。生态文明概念在西方学界的起源,正是来自生态民主——生态文明以人们的社会选择能力和多元生活方式为基础,建立生态文明有赖于民主、均衡与和谐[26]。尽管我国的《环境影响评价公众参与暂行办法》自2006年就开始实施,但天津爆炸灾区中先有民宅再有仓库,表明当地居民对于自身生活环境的选择能力和权利受到恶意破坏,这不仅是对生态民主、生态文明精神的践踏,也导致了事件爆发后谣言的泛滥以及对政府官方信息的不信任态度。

因此,无论从公众视角,还是从政府视角的考察,都表现出双方在生态领域相互不信任的格局。工业文明发达地区爆发的恶性生态事件,暴露出生态文明建设的极度滞后性,更是将全社会的生态不信任度推向极限。尽管在中共中央、国务院于2015年4月发布的《关于加快推进生态文明建设的意见》和9月发布的《生态文明体制改革总体方案》中,专门强调了培育生态道德,并要求加强舆论引导,使生态文明成为社会主义核心价值观的重要内容,树立良好社会风尚和培育绿色生活方式;"十三五规划建议"也提出加强生态价值观教育,培养公民环境意识。通过本节对现实情形的分析,结合前文的理论脉络,有理由相信,目前我国生态信任所处的阶段,仍为以舆论宣导驱动的被动信任和尚未形成生态价值观的个体信任层次。

四、我国生态信任水平的升级:信任治理网络构建

各类证据均表明,我国的生态信任层次仍处于第一阶段。向更高层次信任水平的升级,分别经历重塑政府和市场关系、确立多元治理结构的第二、三阶段,最终目标是建设生态信任治理网络。作为实现生态善治的内生动力源,生态信任治理网络需要生态治理体系的网络式协同,对应于政府、市场和社会等治理子系统,将分别依托政策信任网络、市场信任网络和社会信任网络的协同治理。

1. 生态政策信任网络

政策是政府与公众连接以实现输入和输出的通道,也是培育生态信任网络的底层架构。在从统治、管理走向治理的趋势引领下,针对生态信任缺失的困境,首要切入点为政府自身在生态领域公共权力的约束。通过生态决策、生态执行和生态监督的适度分离,优化权力配置,形成生态政策制定、执行和监督之间的制约与协调,实现生态管理的效率和效能增进。具体而言,根据科学、民主、公平的原则进行生态决策,确保程序信任;生态执行过程中加强与公众的沟通渠道,实现组织信任;将公众视为环境影响评价者,对于生态政策所提供的公共服务效能的满意度,完善生态监督体系,提升绩效信任。通过政策信任网络的再造,重塑生态信任,提升生态公信力,避免"塔西佗陷阱"。

生态政策信任网络中隐含的另一个必备要素,是政府部门间信任的建立。当前生态环境领域中存在的"九龙治水"、跨区域大气污染等典型问题,离不开各地方政府和职能部门之间建立互信的政策协作网络。通过体制改革,打破管制职责的地域和部门壁垒,突破多头管理、职能交叉、权责不一的困境,协同治理污染。唯有提高生态服务水平,才是赢得公众信任的根本。

建设生态政策内、外部信任网络,提升生态政策的绩效,将促进生态信任水平从被动信任到公共信心的升级。

2. 生态市场信任网络

生态虽然是典型的公共产品,但本身具有稀缺的经济价值,完全可纳入市场机制进行运作。由"看不见的手"引导的市场经济本身就是建立在信任基础上的信用经济。对于传统的自由市场经济由外部性等造成的"市场失灵",本身也可以在政府相关制度安排的引导下,通过市场化手段予以弥补。构建地方政府、企业或个人之间的生态市场交易网络,对经济效益和生态效益进行二次分配。调整生态保护者、受益者和破坏者、受害者等之间的责任和成本,例如碳排放权、排污权、水权交

易等市场化生态补偿机制的探索。维护生态市场的经济激励机制和经济赔偿原则,确保城乡、地区和群体间公平和社会协调发展,进而重塑基于市场的组织信任。

生态市场交易网络不仅可为信任提供组织基础,顺应"十三五"绿色发展方式和生活方式的要求,生态产品和生态服务本身也可在市场网络中进行交易,为信任社会体系提供坚实的经济基础。充分利用市场利益诱导机制,鼓励生态、绿色产业的发展和生态、绿色消费的升级,追求经济收益与生态收益双赢,引领新常态下的产业转型升级。其中,政府应侧重于对新兴市场秩序的规范,通过制定产品的生态标准和标识,协助市场各方获取生态产品信息,维护公众对于生态市场交易网络的信任度。

通过生态市场信任网络的培育,将有效地恢复组织信任,建设信任社会体系,推动生态信任向更高层次攀升。

3. 生态社会信任网络

生态政策信任网络和生态市场信任网络为生态制度信任提供了先决条件,但生态信任治理网络下的制度信任更离不开多元主体中范畴最广的社会公众。使生态信任成为社会公众意识中的主动信念,还将触及生态社会信任网络的更深层次根基。前文的理论分析已指出,生态法治社会建立,方能降低生态信任风险,使人们更愿意付出生态信任。通过生态立法、执法、司法体系的建立,挖掘法治红利。完善生态法律体系,加强惩戒效果和公信力,以塑造公众的生态观念和生态行为。

生态社会信任网络的建立,还应和政府、市场之间实现协同,构建生态治理"战略联盟",优化信息资源配置,促进系统交流和稳定预期[27]。对政府而言,应推进生态信息公开,确保社会公众获取生态风险信息和参与生态安全监督的生态民主权力。同时,鼓励非政府社会组织通过创立和传播生态社会规范,参与和维系生态社会信任网络。市场则为生态社会信任网络的构建提供技术层面的"网络":市场化的信用评级公司基于物联网和大数据平台,对公众的生态行为进行智慧监测,将其纳入生态社会信用评分系统,建立生态信用档案,从而为生态治理提供新的宣教平台,实现正式制度与非正式制度的良性互动,共建生态信任治理网络,通过"信任生态"的形成,实现生态信任。

五、结语

信任是自有政府以来就存在的恒久议题;在国家治理体系和治理能力现代化建设的新形势下,信任被赋予新的内涵和使命。兴起于我国的生态文明建设,与核心价值观和社会风尚直接相关,尤其需要借助信任,促进生态治理体系建设。沿着治理体系的演进逻辑,本文首先梳理了信任要素的发展阶段,构建信任发展阶段的理论分析框架。从一元政府统治到多元主体治理,信任经历了被动信任到公共信心再到主动信念,以及个体信任到组织信任再到制度信任的发展过程。来自公众行为统计、政府官方文件和生态危机事件的典型证据表明,我国的生态信任层次仍处于以舆论宣导驱动的被动信任和尚未形成生态价值观的个体信任层次。向更高层次信任水平的升级,将生态信任作为实现生态善治的内生动力源,需要依托生态政策信任网络、生态市场信任网络和生态社会信任网络的协同,构建生态信任治理网络:通过建设生态政策内、外部信任网络,提升生态政策的绩效;通过政府相关制度安排,引导市场化生态治理手段的尝试,同时利用市场利益诱导机制为信任社会体系提供经济基础;通过生态法治社会建立,降低生态信任风险,使生态信任成为主动信念。

本文的研究还指出,信任水平的提升,通常经历重塑政府和市场关系、确立多元治理结构的两个阶段。当前我国在这两个方面均有较大改革力度:十八届三中全会不仅提出市场在资源配置中起决定性作用和更好发挥政府作用,同时也将推进国家治理体系和治理能力现代化作为全面深化改革的总目标。因此,对于被要求融入五位一体中其他"四体"各方面和全过程的生态治理而言,生态信任的升级路径完全有可能通过加快构建信任治理网络,实现跨越式升级。本文所研究的生态信任相关结论,对于五位一体中的其他信任形态,如经济信任、文化信任,可能均具一定的借鉴价值。

参考文献

[1] Braithwaite V, Levi M. Trust and Governance [M]. New York: Russell Sage Foundation, 2003.

[2] Schilke O, Reimann M, Cook K S. Power decreases trust in social exchange [J]. Proceedings of the National Academy of Sciences, 2015, 112(42): 12950-12955.

[3] Warren M E. Democracy and Trust [M]. Cambridge: Cambridge University Press, 1999.

[4] 俞可平.论国家治理现代化[M].修订版.北京:社会科学文献出版社,2015: 148-165.

[5] Kooiman J. Social-political Governance: Overview, Reflections and Design [J]. Public Management: An International Journal of Research and Theory, 1999, 1(1): 67-92.

[6] 陈朋.信任建构:现代国家治理的重要基础[J].中共中央党校学报,2014(6):

56-61.
- [7] 王月月.中国环境治理中政府对公众参与的信任问题探析[J].成都行政学院学报,2015(3):16-19.
- [8] 朱海伦.环境公共治理中的信任与协商——以浙江省海宁"晶科事件"为例[J].国家行政学院学报,2015(2):115-118.
- [9] 王凯民,檀榕基.环境安全感、政府信任与风险治理——从"邻避效应"的角度分析[J].行政与法,2014(2):10-15.
- [10] 李小敏,胡象明.邻避现象原因新析:风险认知与公众信任的视角[J].中国行政管理,2015(3):131-135.
- [11] 郭娜.基于道德伦理的政治信任:以江苏省调查数据为例[J].东南大学学报(哲学社会科学版),2015(3):11-15,146.
- [12] Funnell W N, Jupe R, Andrew J. In Government We Trust: Market Failure and the Delusions of Privatisation [M]. Sydney: UNSW Press, 2009.
- [13] Giddens A. The Consequences of Modernity [M]. Stanford: Stanford University Press, 1990.
- [14] Misztal B. Trust in Modern Societies: the Search for a Bases of Social Order [M]. Cambridge: Polity Press, 1996.
- [15] Fukuyama F. Trust: Social Virtues and the Creation of Prosperity [M]. New York: Simon and Schuster, 1996.
- [16] Uslaner E. Producing and consuming Trust [J]. Political Science Quarterly, 2000, 115(4): 569-590.
- [17] Zucker L. Production of Trust: institutional sources of economic structure, 1840-1920 [J]. Research in Organisational Behaviour, 1986(8): 53-111.
- [18] Luhmann N. Trust and Power [M]. Chichester: Wiley, 1979.
- [19] Klijn E H, Edelenbos J, Steijn B. Trust in Governance Networks: Its implications on outcomes[J]. Administration and Society, 2010, 42(2): 193-221.
- [20] 孙昕,徐志刚,陶然,等.政治信任、社会资本和村民选举参与——基于全国代表性样本调查的实证分析[J].社会学研究,2007(4):165-187,245.
- [21] 刘米娜,杜俊荣.转型期中国城市居民政府信任研究:基于社会资本视角的实证分析[J].公共管理学报,2013(2):64-74,140.
- [22] 樊浩.当前中国伦理道德的"问题轨迹"及其精神形态[J].东南大学学报(哲学社会科学版),2015(1):5-19.

[23] 廖显春,夏恩龙.为什么中国会对 FDI 具有吸引力?基于环境规制与腐败程度视角[J].世界经济研究,2015(1):112-119,129.

[24] 王强.政府信任的建构:"五位一体"的策略及其途径[J].行政论坛,2013(2):15-19.

[25] 全国环境统计公报(1995-2013)[EB/OL]. http://www.mee.gov.cn/zwgk/hjtj/qghjtjgb/.

[26] Morrison R. Ecological Democracy[M]. Boston:South End Press,1995.

[27] 陶国根.协同治理:推进生态文明建设的路径选择[J].中国发展观察,2014(2):30-32.

伦理信任的道德形而上学

契约事件与儒家诚信

陈继红*

南京大学马克思主义学院

儒家诚信与现代诚信之间是否具有应然的承续关系,这是一个引发了持久争端的热议话题。种种分歧的根本致因在于对"诚信"的不同解读向度,而功利论与目的论之对峙则是其主要表征。功利论将诚信主要视为一个与利益相关的经济问题或社会问题,而非单纯的道德问题,并基于市场逻辑在不同程度上否定了儒家诚信对于现代社会的正向作用;目的论则反对以怀利邀福之心来理解诚信的观念,着力于彰显诚信本然的道德价值,认为儒家诚信与现代诚信之间本为一条通途。

如果回到儒家经典,以儒家关于若干契约事件的持续性评述作为一条新的研究线索①,或许有助于我们以相对客观的立场从历史逻辑与现实诉求两个维度回应上述争端,进而在德行教化与制度设计的双向互动中寻求诚信建设的根本路径。

一、管仲之约:"大信""小信"之辨

儒家对必诺之信提出了严厉的批评,并得到了道家、法家的支持。现代学者普遍认为,在儒家那里,诚信并非是康德式的绝对命令,而是一个有限度的次要义务。在此种观念下,儒家诚信受到诸多质疑,甚而被视为儒家道义论的一个阿基里斯之踵。[128]实际上,儒家关于诚信限度的规定具有复杂的情况,而契约内含义务的性质则是其主要归因。在儒家关于以管仲为中心的两个契约事件的解读中,贯穿着一个隐含的思路——"大信""小信"之辨,以此作为切入点,有助于我们重新理解儒家诚信的限度。

---

* 作者简介:陈继红,南京大学马克思主义学院教授、博士生导师。
① 在中国传统思想中,"契"与"约"是两个具有互释性的范畴,二者皆可释为"契约"一词。"契"与"约"既指合同、案卷、具结等可以作为证辞文书的档案资料,如《左传·襄公十年》所言"王叔氏不能举其契";亦指主体间具有约束性的协议行为,如《说文解字》所释,"契,大约也",即指邦国之间的盟约。与现代契约的一个重要区别在于,传统契约的主体关系并不具有权利平等的意味,而是更多地指向身份特质。因之,它并非必然附加法律上的"债",只是以道德上的义务关系作为基本依据。本文所谓"契约事件",正是基于此种意涵。

在《论语·宪问》中,孔子与子贡讨论了一个著名的契约事件。

> 子贡曰:"管仲非仁者与?桓公杀公子纠,不能死,又相之。"子曰:"管仲相桓公,霸诸侯,一匡天下,民到于今受其赐。微管仲,吾其被发左衽矣。岂若匹夫匹妇之为谅也,自经于沟渎而莫之知也?"

这段对话指向一个事实:管仲与公子纠之间存在着契约关系。据《史记·管晏世家》记载,管仲为公子纠之辅相。按照传统的契约概念,这种君臣关系当是一种契约关系。虽然没有文书证辞作为保障,但类似于现代意义上的口头合同,双方同意即可成立。契约双方构成了一定的权利与义务关系,并自愿接受相关约束——社会道德及可能的强制力。据此,当公子纠被杀,管仲应当履行此类契约中公认的一种义务——为主殉死。他的朋友召忽就这么做了。但是,管仲却背弃了这个义务。在儒家经典中,对管仲失信行为的正面性评价成为绝对的主导意见。个中原因在何?现代学者热衷于从"信""义"之辨的角度阐析儒家诚信的限度,以为由此可以完全说明问题。而为学者们忽略的是,自孔子始,儒家便或明或暗地以"大信""小信"之辨来为管仲开脱。由此深究下去,可知儒家的诚信并非通常所理解的单一线条,而是呈现出复杂的样貌。

在经典文本中,儒家"大信""小信"之辨与其对两种契约的价值评判是交合在一起的。孔子将"管仲相桓公,霸诸侯,一匡天下"与"自经于沟渎而莫之知"的"匹夫匹妇之为谅"进行了价值比较,这就涉及两种契约,前者代表管仲与鲍叔之约①,后者代表管仲与子纠之约。在孔子的比较中,二者的价值大小之辨非常鲜明。如果说"大信""小信"之辨只是孔子的隐喻之义,邢昺则使这种隐喻浮出了水面:"管仲志在立功创业,岂肯若庶人之为小信,自经死于沟渎中,而使人莫知其名也。"[2]2512 在这里,邢昺将孔子之谓"谅"明确地解释为"小信",推而论之,管鲍之约当为"大信"。如此,"大信""小信"之辨便在价值评判中趋于明朗。后儒以"仁之功"作为价值评判的主要依据,程颐认为,"只为子路以子纠之死,管仲不死为未仁,此甚小却管仲,故孔子言其有仁之功"[3]183。这是从功利的角度以管纠之约为"小",推而可知,管鲍之约当为"大"。刘宝楠则将这种比较说得更加明确:"有管仲之功,则可不死;若无管仲之功……又远不若忽之为谅也。"[4]581 这实际上是接续了邢昺的思路,将两种契约区分为"大信"与"小信"。这种辨析同时意味着价值选择:价值较小的"小信"应当服从于价值较大的"大信"。如此,管仲失信的正当性便得以确证。

---

① 这是上述对话中隐含的另一个契约。在事公子纠之前,管仲与鲍叔订立了一个分事二主以定齐国的契约。这件事情在多篇文献中皆有记载,详参《韩非子·说林下》《吕氏春秋·慎大览·不广》《管子·大匡》等。

儒家"大信""小信"之辨并非单纯的价值比较,亦内蕴着义务的价值排序。在这两种契约中,管仲分别承担着两种义务:一是管鲍之约所内含的士人对天下之义务,二是管纠之约代表的臣子对君主之特殊义务。在价值比较的字里行间中,儒家同时辨明了两种义务的差序。孔子将召忽守信喻为"匹夫匹妇之谅",按照刘宝楠的解释,所谓"匹夫"意指"独行之士,惜一己之节,不顾天下者也"[4]581。于是,孔子实际上是将两种义务作了"公"与"私"的界分。这种界分得到了后儒的一致认可,程颐表面上是以小白与子纠之间的兄弟关系为理据,肯定了管鲍之约所含义务的优先性。但是,这种兄弟关系所指向的"礼"本质上是以"天下"为旨归。同时,他在称赞管仲有"仁之功"时释"仁"道:"只是一个公字。学者问仁,则常教他将公字思量。"[3]285因之,契约内含义务的"公""私"之分才是他真正的视界。朱熹认为管仲"义不当死"[5]1129,又在管仲与子文的比较中指出"管仲是天下之大义,子文是一人之私行耳"[5]723,这与程颐的思路如出一辙。这种"公""私"界分既有价值大小的辨析,亦有义务排序的意思。在儒家那里,低一级的指涉"私"的义务理当服从于高一级的指涉"公"的义务。孔子所谓"君子贞而不谅"(《论语·卫灵公》)明确地表达了这个意思,按孔颖达的解释,"贞"是"正其道"之"信","谅"为"小信"[2]2518。这就是说,"小信"应服从于"大信"。这与儒家"信""义"之辨具有相契之处。由此,管仲失信的正当性得以进一步确证。综合以上两个方面,儒家诚信的限度似乎具有毋庸置疑的绝对性。

但是,以"大信""小信"分别观之,儒家诚信的限度实际上具有复杂的情况,而契约内含义务的特质则是主要的界分依据。

其一,对指向于公利的"大信"而言,诚信并不存在任何限度,而是一种天命的、应当无条件遵守的基本义务。将管鲍之约谓为"大信"并非凭空的推论,何休在解《公羊》之例时就提出"大信时,小信月,不信日"之说[2]2230。此外,《春秋公羊传》记载了隐公元年三月隐公与邾娄仪父结盟的事情,公羊寿称这个契约为"小信",何休进一步解释道:"邾娄仪父归于新王而见褒赏,不为大信者,以下七年'秋,公伐邾娄',是其背信也,功不足录,但假托以为善,故以小信辞也。"[2]2198这就是说,可以背弃的契约只能是"小信","大信"是绝对不可背弃的。而在儒家的相关评述中,管鲍之约是在任何条件下都是不可背弃的,这正契合了"大信"的特质。那么,"大信"何以能够成为康德意义上的绝对命令?诸儒不但以管鲍之约中承载的兴天下大利之道德义务作为解释的依据,并将其合法性追溯到了神性。前述之"贞而不谅","贞"在《周易》中本有天道的意味;《春秋左传·庄公十年》中说:"小信未孚,神弗福也。"杜预以"孚"为"大信"[2]1767,意思是唯有"大信"才可以得到神佑。如此,"大信"所内含的义务便与天道之间建立了联系,以此获得了绝对性。

其二,对于指向于私利的"小信"而言,诚信的限度则是有条件的。从相关评述来看,儒家并没有完全否定管纠之信的正当性。儒家虽贬管纠之约为"匹夫匹妇之谅",但是并非全然否定"谅"的价值,如孔子以"谅"为朋友之道,孟子以"谅"为君子之道,等等。此外,对于管仲之死与不死,儒家皆给予了正面性的意见。邢昺认为:"管仲与召忽同事公子纠,则有君臣之义,理当授命致死。"又:"且管仲、召忽之于公子纠,君臣之义未正成,故召忽死之,未足深嘉;管仲不死,未足多非。死事既难,亦在于过厚,故仲尼但美管仲之功,亦不言召忽不当死。"[2]2512程子亦认为:"仲始与之同谋,遂与之同死,可也;知辅之争为不义,将自免以图后功亦可也。"[6]153这两个评述的深层意涵是,当两个不同等级差序的义务发生冲突时,或者说,当产生"大信""小信"之辨的时候,诚信才可以成为一个有限度的、次要的义务。当然,还有另一种情况:契约内含的义务不具有正当性(例如后文中提到的"要盟")。因之,对于"小信"而言,诚信的限度并非绝对的,只有当受到上述两种情况的制约时,必诺之信才会受到儒家的批评。

由是观之,儒家诚信表面上确是以"被看作是要以事情的性质为转移,并依交往的对象来衡量"[1]128,实质上却是依据内含义务的性质来决定其限度。在这种思路下,我们似乎难以贸然质疑儒家诚信的内在矛盾。

但是,儒家诚信依然面临着两大质疑:

其一,儒家诚信的限度是否会影响社会道德体系的真诚性?在儒家的设想中,诚信的地位并非"最末一位的德行"[7]232,其在道德体系中的作用是成就、推助其他道德。朱熹指出:"五常百行非诚,非也。"[5]104这就是说,如果没有了诚信,就会影响道德体系的真诚性。以"大信"而论,其积极作用自不必说;以"小信"而论,决定其限度的两种情况亦不乏正面意义,一是在义务的差序中确证了诚信作为"五常"之末的地位,使诚信服从于仁、义、礼、智所内含的更高一级的义务关系,完成了其成就、推助的作用;二是在义务正当性的辨识中坚持了道德的真诚性。因之,"大信""小信"之辨不但没有对道德体系的真诚性发生任何影响,反而有利于推动道德体系的良性运转。对于现代社会道德体系而言,给诚信设定有条件的限度,同样有利于实现其成就、推助作用,决然不会产生所谓真诚性问题。

其二,儒家诚信的限度是否会破坏契约的约束力?学者们虽然纷纷诟病儒家诚信的限度,但是也不得不承认,康德式的绝对命令在现实中是无法践行的。有学者提出:"诚信是我们的一项基本义务,诚信就意味着不说谎,但是,在某些特殊的情况下,我们也许不能不容有例外。"[1]140所谓的例外,其实是指决定"小信"的上述两种情况。这就是说,契约的约束力应该以义务的正当性作为根基,易言之,道德才是契约的终极约束力。这个观点不仅适用于传统契约关系,也有助于我们从道德与法律关系的视角理解现代社会契约关系的正当性根源。

由是观之,儒家诚信实际上是以己对道德义务的确证作为基本的保障因素,这与现代社会所强调的制度约束似乎格格不入。但是,无论何种制度都会存在漏洞,而所有的漏洞都是契约失灵的祸根,这是客观存在的现代症结。如果能使每一个人确证并积极承担自身的义务,或许有助于消弭制度设计衍生的诚信问题。

二、要盟:"诚""信"之辨

"诚信"是由"诚"与"信"这两个具有互释性的范畴组合而成的,有别于西方语境中单一的"信"的范畴。以儒家的观点,这种组合意味着"诚"与"信"之间是一种内外相成的关系,"信"必然建基于"诚"。现代学者对此提出了严厉批评,认为"诚"在现代契约关系中已然丧失了其根基性意义,与功利相关的制度供给才是"信"的应然之基础。与此同时,也有另一种不同的声音,认为应该拒斥对诚信功利性的理解,决不能抛弃"诚"之根基。那么,我们应当如何理解儒家"诚""信"之辨的历史逻辑与现代价值?在儒家关于一种契约事件——要盟的相关评述中,暗含着一条由"诚"而"信"的价值路径,由此深究下去,或许可以帮助我们寻求到个中答案。

春秋时期,有两个契约事件共同提到了"要盟"。概要如下:

> 楚子伐郑。子驷将及楚平,子孔、子𫄸曰:"与大国盟,口血未干而背之,可乎?"子驷、子展曰:"吾盟固云'唯强是从'。今楚师至,晋不我救,则楚强矣。盟誓之言,岂敢背之?且要盟无质,神弗临也。"(《春秋左传·襄公九年》)

> 过蒲,会公叔氏以蒲畔,蒲人止孔子。……蒲人惧,谓孔子曰:"苟毋适卫,吾出子。"与之盟,出孔子东门。孔子遂适卫。子贡曰:"盟可负邪?"孔子曰:"要盟也,神不听。"(《史记·孔子世家》)

春秋时期的"盟",意指诸侯之间以"杀牲歃血,誓于神"作为表达方式的契约行为。上述两个契约事件表达了一个共同的观点:要盟可负。子驷、子展就此提出了一个重要的理据:"要盟无质,神弗临也。"孔颖达解释道:"'质,诚也。'无忠诚之信,故神弗临也。"[2]1943 由是,所谓"要盟无质"意谓缺乏"诚"的"信",如此,单一的"信"便无法与神性达成沟通而获得合法性依据。孔子所谓"要盟也,神不听",亦表达了同样的意涵。程颐认为,在要盟的情况下,"盖与之盟与未尝盟同,故孔子适卫无疑。"[3]72 这就直接否定了无"诚"之"信"的存在价值。朱熹等皆表达了类似的观点。要之,"要盟可负"实际上表达了儒家对于无"诚"之"信"的价值判断。

儒家何以断然否定无"诚"之"信"的存在价值?在关于"诚""信"关系的解读中,儒家揭示了一条由"诚"而"信"的价值路径,其意涵主要表现于两个层面:

其一,"诚"为"信"之正当性依据。在《中庸》中,"诚"被视为"天之道";在朱熹那里,"诚"进一步被释为"天理"。如此,"诚"便成为一个本体意义上的范畴。基于

此种理解,"诚"与"信"的关系得以分明:

> 诚是自然底实,信是人做底实。故曰:"诚者,天之道。"这是圣人之信。若众人之信,只可唤做信,未可唤做诚。
>
> 诚是个自然之实,信是个人所为之实。中庸说"诚者,天之道也",便是诚。若"诚之者,人之道也",便是信。信不足以尽诚,犹爱不足以尽仁。[5]103

朱熹认为,"诚"与"信"的区别具体表现为天道与人道、自然与人为之分界,而天道必然通过"诚之"的修养功夫落实到人道中。因之,"诚"之于"信"便有了本根之意味,也正是在这个意义上,"诚"可以完全地涵容"信"(圣人之信),"信"于是获得了形上之依据。如果单独地讲"信"(众人之信),则是抽掉了"诚"这一根基,使人道与天道之间无法达成沟通,如此,"信"便游离于儒家建基于天道(天理)之上的道德系统之外而无法获得其正当性。前述之"神弗临"或"神不听",正是由此得以解释。

其二,由"诚"而"信"的道德信仰实现路径。儒家虽然承认"诚""信"之别,但却以"诚""信"作为两个可以互释的范畴,又尤其推重以"诚"释"信"的解释路径。孟子提出一个观点:"有诸己之谓信。"(《孟子·尽心下》)注家们的解释主要如下:

> 有之善于己,乃谓人有之,是谓之信。[2]2775
> 凡所谓善,皆实有之,如恶恶臭,如好好色,是则可谓信人矣。[6]370
> 志仁无恶之谓善,诚善于身之谓信。[6]370
> 诚,犹实也……实有之矣,是为信也。[8]995

在前两条中,"有诸己"被解释为"实有"——个己真实地拥有善(诸种德性)的状态;在后两条中,这种状态被进一步解释为"诚"。可见,儒家之谓"信",并非单纯地指向"见之于事"的外在行为表现,而是着意于"诚"之内在心灵状态。在此状态下,个己"在其自己,是其所是,真实地拥有其本性"[9],完成了道德信仰的建构。易言之,"信"意味着"诚"(道德信仰)的外在落实,这其中便蕴含着一个由"诚"而"信"的动态过程。

在儒家关于"忠""信"之关系的思考中,这种由内而外的价值路径得以更为清晰的阐述。在儒家那里,"诚"与"忠"被视为两个可以通言的范畴,"诚信"与"忠信"便当然地具有互释性。朱子认为:"忠信只是一事,而相为内外始终本末。有于己为忠,见于物为信。做一事说,也得;做两事说,也得。"[5]486所谓"一事",意指二者共同涵蕴了对天命之德性(道德信仰)的真实存有,所不同的是德性之存有方式,"忠"指向于内心,"信"指向于行为;在这个意义上,二者亦可分为"两事"。同时,这也意味着道德信仰的完整实现必然要经历一个由内而外的活动过程,由内心的存有转向具体的行为活动。因之,"忠"("诚")与"信"构成了不可分离的整体,"未有忠而不信者,信而不忠"[5]482。易言之,只有在"忠"("诚")的前提下,"信"才能获得其本真性。

上述由"诚"而"信"之价值路径分别指向于两个层面:本体世界与意义世界,儒家据此两个维度否定了无"诚"之"信"的价值,"要盟"的正当性因之受到当然的质疑。如此,"诚"所表征的内在心灵状态便成为诚信实现的本根,而"信"所指涉的外部行为则成为一个次要的因素,与之相关的功利价值显然不在儒家的考虑之中。

但是,从另一个要盟事件来看,儒家似乎对于"信"之功利价值又给予了某种肯定。《春秋穀梁传·庄公十三年》中有一段记载:"冬,公会齐侯,盟于柯。曹刿之盟也,信齐侯也。""柯之盟"是曹刿持剑劫持齐桓公订立的契约,因而是不折不扣的"要盟",但齐桓公事后却如实履行了契约。儒家对此进行了高度评价,何休认为:"大信者时,柯之盟是也。"[2]2198 董仲舒亦言:"于柯之盟,见其大信。"[10]91 如前所述,"大信"与天道之间存在着必然的联系,如此,问题就出现了,作为"要盟"的柯之盟本质上是无"诚"之"信",没有了"诚","信"何以通向天道呢?其正当性何以成立呢?公羊寿之方或可为之作解:"要盟可犯,而桓公不欺。曹子可仇,而桓公不怨。桓公之信著于天下,自柯之盟始。"(《春秋公羊传·庄公十三年》)此言既肯定了"要盟可犯"的正当性,同时又视"要盟不犯"为"信"的完全实现。这两个貌似矛盾的论断只能有一种解释:这里所谓"信"并不关乎"诚信"之道义价值,而仅仅关乎"信"的功利价值,即"桓公信著于天下"的功业。其后,董仲舒、刘向等对柯之盟赞的誉亦是基于同样的倾向。

但是,儒家并没有将此种与功利紧密联系的"信"与诚信的实现联系起来,董仲舒认为:"仲尼之门,五尺童子言羞称五伯,为其诈以成功……五伯者比于他诸侯为贤者,比于仁贤,何贤之有?"[10]268 此处转而以"诈"评价作为五伯之长的桓公,个中深意值得玩味:指向功利的"信"并不具有持久性与稳定性,在某种情况下,甚至会走向诚信的反面。王阳明亦言:"五伯攘夷狄,尊周室,都是一个私心,便不当理。"(《传习录》卷下)因之,儒家虽然从功利的角度肯定了无"诚"之"信"的价值,但却敏锐地指出以功利为中心的"信"最终会伤害诚信的实现。而此处"大信"之谓唯一合理的解释是,儒家意在彰显其不可背弃的特点,并非主张"信"可以脱离"诚"独立存在。

实际上,儒家之谓"大信"基本上排除了"信"的功用。《礼记·学记》提出了一个重要的观念——"大信不约",郑玄释之为:"谓若'胥命于蒲',无盟约。"[2]1525 所谓"胥命",即"相命而不歃血"的契约行为,意谓以口头约定的方式订立契约,而不须任何证辞文书及隆重的仪式作为保障。孔颖达则将之释为"不言而信",认为"大信本不为细言约誓,故云'不约'也,不约而为诸约之本也。"[2]1525 这在郑玄的基础上又推进了一步,即便是"胥命"之类最简单的外在之"信"也被排除在外了。这个观点在《礼记》中得以进一步伸张。① 因之,"大信"意指"诚"(道德信仰)实现的理想状态,个已完全地、真实地拥有了天命之德性,天道与人道实现了统一。这种"至诚感物"的状态,成为外在的"信用""信任"自然生长的根基。

综而论之,儒家由"诚"而"信"的价值路径内蕴着一个价值判断:外在功利或许可能成为诚信的供给机制,但道德信仰的实现才是诚信建设的根本路径。

此种价值判断面临着现代学者的诘难,所有的问题皆聚焦于一个中心:在现代社会中,"诚"能否成为"信"的内在根基?否定性的意见似乎持续地占据了上风,其理据主要表现于两个方面,其一,"诚"之获得不具有现实可行性。在儒家那里,"诚"主要指涉君子德性,具有非常高的要求,有学者指出,这种德性要求是"一种超出了日常信任网络而提出来的概念",不唯不适应中国农耕社会,也是"今日中国人寄期望于道德教化来恢复诚信而又不能奏效的原因"[11]。其二,"诚"已经无法承载为"信"提供价值辩护的功能。随着天道或天理在现代社会的轰然倒塌,"诚"已经失去了其形上之依据。有学者据此指出,"契约关系基础上的'诚'所指向的,不是天、天道或天理,而是人、他人","诚"与"信"因之成为"互相联系、互相要求和互相说明的同一道德规范"[12]。

由是,一种普遍流行的观点是:与"诚"之实现相关的德教行化只能是现代诚信建设的辅助性手段,而"获得的诱惑和竞争的压力才能使市场逻辑生成某种有效的诚信供给机制"[13]。在此种西方式思维下,信用制度建设便理所当然地被视为诚信建设的根本之途。在契约关系主导的现代社会,此种观点确实具有相当的说服力。但是,在现代诚信中贸然抽掉"诚"之根基很可能是一种冒险之举。如果将功利视为诚信实现的根基,那么便会不可避免地出现儒家所担忧的事情——由于缺乏道德信仰的内在支持,当"非诚信或不诚信的行为所获得的利益乃至暂时的所谓幸福可能比诚信更大更多"时[14],诚信可能走向它的反面。事实上,此种对诚信的功利化理解,正是导致诚信危机的致因之一。

如果继续承认"诚"的价值,那么它又将如何应对现代社会的质疑呢?我们认为,如果将"诚"从对天道或天理之觉解转向于对生活本性的觉悟,那么,所谓的"实有"便将在生活世界中获得其价值依据。如此,"诚"不再指向君子人格,而是指向了常人的道德信仰世界。"诚"于是脱离了本体世界而单纯地指涉意义世界,在"诚"(道德信仰)的引导下,"信"方不致在功利的裹挟下丧失其本真内涵。如此,"信用""信任"便达到了一种自在的状态,而这是制度约束永远无法企及的目标。

---

① 相关论述如:"故君子不动而敬,不言而信。"(《礼记·中庸》)"归乎,君子隐而显,不矜而庄,不厉而威,不言而信。"(《礼记·表记》)

在现代诚信建设中,儒家由"诚"而"信"的道德信仰实现路径依然具有现实意义。所不同的是,"信"并非仅仅是一个次要因素,而是与"诚"具有同等的地位。道德信仰建构与信用制度建设,依然是一种内外相成的关系。

三、讳国恶:"信""礼"之辨

以儒家的观点,"讳隐"是合乎"礼"的正当行为。但是,一些国外学者却认为此种"讳隐"之礼给诚信的实现带来了严重的困扰,如理雅各指出:"这种'讳'包含了三个英语词语的涵义——忽视、隐瞒和误传。"[7]206明恩溥亦对"直而无礼则绞"提出了批评,并尖锐地指出:"一个独具慧眼研读中国经典的人,会在字里行间读出许多含糊不清、拐弯抹角、闪烁其词的话以及不切实际的谎言。"[7]204中国学者对此种批评亦有跟进。一个需要厘清的问题是:"礼"是"信"(诚信)的阻碍因素吗?沿着儒家关于"讳国恶"之契约事件的讨论思路深入下去,不但可以使"信""礼"之间的内在关系得以明晰,也有助于理解个己诚信与制度设计之间的博弈关系。

《韩非子·说林下》记载了一件事情:

> 齐伐鲁,索谗鼎,鲁以其赝往。齐人曰:"赝也。"鲁人曰:"真也。"齐曰:"使乐正子春来,吾将听子。"鲁君请乐正子春,乐正子春曰:"胡不以其真往也?"君曰:"我爱之。"答曰:"臣亦爱臣之信。"

齐鲁的谗鼎之约是一个典型的契约事件,其后续情节令人玩味:鲁君要求乐正子春以个己诚信掩盖其背约行为,却遭到断然拒绝。这个事件似乎与明恩溥等人的理解有所偏差,其背后涵蕴了一个深刻的儒家问题:当"信"与"礼"发生冲突的时候,应当如何选择?

此处所谓"礼"即"讳国恶"之礼,在《春秋》三传中受到特别推崇,如:

> 《春秋》为尊者讳,为亲者讳,为贤者讳。(《公羊传·闵公元年》)
> 讳国恶,礼也。《春秋左传·僖公元年》
> 为尊者讳耻,为贤者讳过,为亲者讳疾。《春秋穀梁传·成公九年》

孔子亦以"讳国恶"为"礼"的要求。《论语·八佾》中记载了一件事:"或问禘之说。子曰:'不知也。知其说者之于天下也,其如示诸斯乎!'"以邢昺的解释,孔子不知禘礼之说,是遵循了"讳国恶"之礼,为鲁文公讳隐"跻僖公,乱昭穆"之事。[2]2467由此,鲁君的要求实际上是以儒家之礼作为内在依据,表面上看并无任何不妥。

此外,从儒家道德体系的序列层次来看,鲁君的要求似乎亦具有正当性。如前所述,儒家要求处于末位的"信"必然服从于"仁""义""礼""智"这四种更高一级的义务要求。由此两个方面,作为儒家弟子的乐正子春似乎应当听命于鲁君,使个人之"信"服从之"礼"之要求。

那么,乐正子的拒绝是否背弃了儒家立场?事实上,在儒家那里,"讳国恶"并非一项绝对的义务,"信"服从于"礼"必须受制于两个特定条件。《论语·述而》中记载了一件事:

> 陈司败问:"昭公知礼乎?"孔子曰:"知礼。"孔子退,揖巫马期而进之,曰:"吾闻君子不党,君子亦党乎?君取于吴,为同姓,谓之吴孟子。君而知礼,孰不知礼?"巫马期以告。子曰:"丘也幸,苟有过,人必知之。"

在这里,孔子既履行了"讳国恶"之礼,又否定了自己行为的正当性,这种表面的矛盾实际上为"讳国恶"设定了一个限制条件。在儒家看来,"讳国恶"能否成为凌驾于"信"之上的道德义务,主要取决于其内在价值诉求——是否指向于社会公共利益。邢昺引用《礼记》之言为孔子作注:"《坊记》云:'善则称君,过则称己,则民作忠。''善则称亲,过则称己,则民作孝。'是君亲之恶,务于欲掩之,是故圣贤作法,通有讳例。"[2]2484这就是说,孔子为昭公不"知礼"隐讳,其用意在于维护君君臣臣之等级秩序。同时,他也从另一角度指出,"讳国恶"有可能成为一种粉饰的借口,"每事皆讳,则为恶者无复忌惮,居上者不知所惩"[2]2484,这无疑将对政治秩序建构产生极大的负面影响。于是,孔子自称"有过"的缘由亦得以解释。由此可知,孔子的矛盾实际上并不存在,讳与不讳皆依据了同样的判断标准——是否有利于社会公共利益。孔颖达将这一层意思说得更为清楚:"《论语》称孔子为昭公讳而称丘也过者,圣人含弘劝奖,揽过归己,非实事也。若史策书,理则不一,若其良史,直笔不隐君过,董狐书赵盾弑君,及丹楹刻桷之属是也。若忠顺臣,则讳君亲之恶者,《春秋》辟讳皆是"[2]1274,又:"虽事迹不同,而俱是为国。圣贤两通其事,欲见仁非一涂。"[2]1735孔颖达明确地将讳与不讳视为殊途同归之事——"为国"之公利诉求。正是在这个意义上,儒家对"讳国恶"之礼采取了一种"不夺其所讳,亦不为之定制"的两可态度。[2]2484

以此而论,乐正子春拒绝履行"讳国恶"之礼确有其充足的依据。表面上看,个己诚信属于独善其身之私行,为鲁君讳恶关乎鲁国之公利。但究其实质,鲁君背约并非出于公利的考虑,而是为了满足自己的私心——"我爱之"。以儒家的立场,对于这种不以公利为价值诉求的"国恶",乐正子春完全可以选择拒绝为其讳隐。同时,这里也有一个短期利益与长远利益博弈的问题,如果乐正子春答应鲁君的请求,确实可以在短期内粉饰鲁君的信用,平息齐鲁两国的争斗。但是,从长远来看,此举无疑将会彻底毁掉鲁国的信用,对于国家发展是非常不利的。

儒家又以"诚"作为"讳国恶"的另一个限制条件。有两段话可以帮助我们理解"礼"与"诚"的关系:

> 林放问礼之本。子曰:"大哉问!礼,与其奢也,宁俭。丧,与其易也,

宁戚。"(《论语·八佾》)

"君子曰：'甘受和，白受采，忠信之人可以学礼。苟无忠信之人，则礼不虚道。是以得其人之为贵也。'"(《礼记·礼器》)

对于第一段话，朱熹引范氏曰："俭者物之质，戚者心之诚，故为礼之本。"[6]62对于第二段话，孔颖达解释道："心致忠诚，言又信实，质素为本，不有杂行，故可以学礼也。""人若诚无忠信为本，则礼亦不虚空而从人也。"[2]1735如此，"礼"与"诚"的关系得以明确："诚"为"礼"之本根，"礼"为"诚"之外显。因之，"信"服从于"礼"必然受制于一个前提：是不能够破坏"诚"所内蕴的真实无妄之义。事实上，儒家所谓"讳隐"并非意味着对诚信的破坏，而是以一种隐晦曲折的方式表达事实真相。此种表达方式贯穿于《春秋》三传中，以下三则资料或可为之佐证：

秋，王师败绩于贸戎。不言战，莫之敢敌也。为尊者讳敌不讳败，为亲者讳败不讳敌，尊尊亲亲之义也。然则孰败之？晋也。(《春秋穀梁传·成公元年》)

齐师、宋师、曹师次于聂北，救邢。(《春秋公羊传·僖公元年》)

元年春，不称即位，公出故也。公出复入，不书，讳之也。(《春秋左传·僖公元年》)

这里有两种典型的讳隐方式，其一，转换用词。在第一则资料中，晋国打败了鲁国，史书不说"战"而称"败绩"，是出于对鲁君的尊敬而为其讳隐有敌对者，但却没有讳隐失败的事实；在第二则资料中，在齐、宋、曹三师赶赴救邢国之前，它已为狄国所灭。史书不言狄灭邢，却讲三师"次于"(停驻)，旨在替齐桓公讳隐不能及时救助邢国的耻辱。其二，"不书"。在第三则资料中，僖公于元年春天即位，史书却"不书"，因为僖公出奔他国而又回国，为了讳隐国家的坏事而不予记载。这两种讳隐方式的共同之处在于，虽然没有直接呈现事实，但是决然不会歪曲事实，而是以一种合乎"礼"的方式间接表述事实。

在这个意义上，我们可以进一步理解孔子为何自称"有过"。孔子为昭公讳隐的方式不同于以上所及，所谓"知礼"类同于对客观事实的歪曲，这就破坏了"礼"之"诚"。而乐正子春如果应允鲁君的要求，必然要采取孔子自我否定的讳隐方式。在这种情况下，不以"信"服从于"礼"，恰恰是出于对"礼"的尊重。如果"诚"不复存在，"讳国恶"又何以成为"礼"呢？

由上述可知，乐正子春的拒绝并没有背弃儒家立场。其实，在此之前，子路也曾作过同样的选择，不愿意以个己之信为一个不正义的契约作担保。① 儒家立场

---

① 详参《春秋左传·哀公十四年》所载子路拒绝与小邾国大夫约信之事。

的一贯性由是可见。因之,"礼"不但不会构成诚信的阻碍因素,而且必然地指向于"诚",以"诚"来成就自身。所谓"忽视、隐瞒和误传"实为严重的误解,对"直而无礼则绞"的批评亦有失偏颇。但是,我们也必须承认,儒家关于"讳隐"的两个限制条件在具体执行中存在着一定的难度,就连孔子也难免陷入两难的境地,诸多误解与曲行当然不可避免。

如果从抽象意义上理解,从儒家"信""礼"辨可以逻辑出制度安排与个己诚信的博弈关系。在儒家那里,"讳国恶"之礼既是一种道德要求,又与制度设计紧密相关;或者说,它本身已经成为一种具体的制度安排。因之,所谓"信""礼"之辨实际上意味着诚信与制度之间的博弈。儒家并不主张诚信对于制度的无条件屈从,而是以制度的内在价值诉求作为选择依据。只有那些能够显扬社会公共利益的制度安排,才应当是个己诚信所服膺的对象。同时,这种服膺并非意味着消解"诚"的真实无妄之义,而是在某种程度上倒推了制度("礼")对诚信的诉求。

如果剔除掉历史内涵,儒家的此种观点对于现代诚信建设具有深远的意味。在现代社会,同样会出现如鲁君一般以组织利益、制度安排的名义要求个人背弃诚信的情况,如利益诱导下丧失信用的企业对于员工的内部规训等。个己诚信能否与不诚信的制度相抗衡、个人利益是否应与虚假的公利保持一致,这是使现代人备感困扰的问题。如果遵循儒家的思路,那么我们便不至于在利益的诱导下迷失方向。

综上所论,儒家的上述思考实际上是以"诚""信"之辨作为中心议题。无论是对个己道德义务的确证,还是个己诚信与制度设计的博弈,皆须以"诚"所指向的道德信仰建构为内在支持。因之,在儒家那里,德行教化便成为诚信建设的根本路径。而在现代学者的普遍认知中,制度完善才是解决诚信危机的有效之途,这显然是西方思维的推动。我们认为,如果单向地奉行任何一种思想路线,都将不可避免地产生严重的负面效应。在这两种路径中寻求中道,或许是最佳的选择。就此而论,儒家诚信与现代诚信之间完全可以获得有效的沟通。

参考文献

[1] 何怀宏.良心论[M].北京:北京大学出版社,2009.
[2] 阮元校刻.十三经注疏[M].北京:中华书局,2003.
[3] 二程集[M].北京:中华书局,2011.
[4] 刘宝楠.论语正义[M].北京:中华书局,2009.
[5] 朱熹.朱子语类[M].北京:中华书局,2007.
[6] 朱熹.四书章句集注[M].北京:中华书局,2005.

[7] 明恩溥.中国人的素质[M].董秀菊,译.北京:文津出版社,2013.
[8] 焦循.孟子正义[M].北京:中华书局,2007.
[9] 李景林.诚信观念与道义原则[J].天津社会科学,2012(2):29-34.
[10] 苏兴.春秋繁露义证[M].北京:中华书局,2007.
[11] 翟学伟.诚信、信任与信用:概念的澄清与历史的演进[J].江海学刊,2011(5):107-114.
[12] 崔宜明.契约关系与诚信[J].学术月刊,2004(2):15-21.
[13] 张凤阳.契约伦理与诚信缺失[J].南京大学学报,2002(6).
[14] 樊浩."诚信"的形上道德原理及其实践理性法则[J].东南大学学报(哲学社会科学版),2003(6):15-22.

中国佛教"信"意涵发微

王富宜

东南大学人文学院

摘 要 中国传统的"信"最早是在祭祀过程中的一种要求,"陈信于鬼神",可以称为一种"仪式性"德行,与此相通的是,中国佛教"信"不仅是一种情感的信,讲究"诚",更是行动的信,不仅牵涉到个人的信,更是一种公共的信。注重"信"从情感到行动,从个人到公共的转化也不失为现代社会的信任构建的一种理路。

关键词 中国佛教;信

最近几十年,信任问题已经成为心理学、社会学、经济学、伦理学等学科研究的前沿和重点,这是生活、实践中的信任问题引发的必然结果。传统社会需要信任的存在,在陌生人组成的"风险社会"中,信任更是亟需之物。尼古拉斯·卢曼说:"信任不是传统社会特有的、已过时的东西,而是正好相反,随着现代社会形式的发展,它的重要性增加了,变成了目前现代性阶段真正不可缺少之物。"[①]普遍信任正有助于建立大规模的、复杂的和相互依存的社会网络。

有人认为,中国传统熟人社会中带有习俗礼仪式教化特色的信任不适用于现代社会,杜维明在《现代精神与儒家传统》中亦曾指出:"在中国的传统社会中,人际关系的纽带以家庭的原初联系为典范。这种原初的联系,如果不经过创造的转化,它不可能成为现代价值的助缘,还有异化为扼杀个性的外在机制的危险。"[②]因此,在我们尝试解决信任问题时,既着力于挖掘因中国现代化进程对传统文化进行批判而导致的文化资源断裂的信任传统,同时也要力图去除传统文化中自身的缺陷,并进行相应的转化,使其成为现代价值的推动。若是能够充分挖掘传统社会的信任资源,辅以直面现代性本身带来的问题,传统的信任能够焕发出新的生机。信仰(faith)是信任的一种特殊的表现形式。本文即是在追溯中国传统,尤其是中国佛

---

① 彼得·什托姆普卡.信任:一种社会学理论[M].程胜利,译.北京:中华书局,2005:20.
② 杜维明.现代精神与儒家传统[M].北京:三联书店,1997:142.

教传统信的基础上,探究信的起源、信的根据和信的构建问题。

一、信的起源:信起源于祭祀

"诚"和"信"是中国古代文明的重要德目。"信"的基本含义有:①真实、确实;②信任、相信;③诚实;④信用等。如《老子》言:"其中有精,其中有信"之信便是真实之意。《论语》:"上好信,则民莫敢不用情"[①]的"信"即是信任之意,"情"为诚实之意[②]。《孟子·离娄上》言:"信于友有道,事亲弗悦,弗信于友矣。"此处的"信"即是信用之意。

从《尚书》和《周易》《诗经》《春秋左传》中的相关内容来看,"信"在《尚书》中涉及了决狱、祭祀、言行、为政等多个方面;在《周易》中涉及祭祀、言行、君主的为政等多个方面;在《春秋左传》中涉及了祭祀、为政等。

从"信"之含义的发生上来说,"信"源于祭祀,"信"更多地与祭祀联系。"信"起源于对鬼神的祭祀,但因为古代"国之大事,在祀与戎",因此在"信"观念的众多意义中,尤其以"陈信于鬼神"的宗教性色彩为主。《尚书》中关于"信""诚"的记载如下:

鬼神无常享,享于克诚。(《尚书·太甲下》)

允哉允哉,以言非信则百事不满也。(《尚书·周书》)

由上所引句子来看,"诚"是指对鬼神的内心之虔敬;"信"是指言之信实。在祭祀文明的时代,"信"本是祭祀过程中的一种要求,多用于对鬼神的祭祀。《左传》中有多处"祝史荐信""祝史陈信"的说法,皆是指祝史之官如实地向鬼神陈述人间的事情。如:

子木问于赵孟曰:"范武子之德何如?"对曰:"夫人之家事治,言于晋国无隐情。其祝史陈信于鬼神,无愧辞。"(《左传·襄公二十七年》)

所谓道,忠于民而信于神也。上思利民,忠也;祝史正辞,信也。……夫民,神之主也。是以圣王先成民而后致力于神。(《左传·桓公六年》)

可以这样说,"信"涉及主体与客体的互动关系,"信"不仅是作为主体的人的一种状态,同时也指对客观事实的陈说也要"实",故而并非单纯的主体之内在状态。在这里而言,"信"是指人神之间的关系,神是信的对象,即"信于神"。种种这些见于祭祀仪式中的"信"等,都意味着"信"是一种"仪式伦理"或者"仪式性德行"[③]。进一步说,这种特点是与祭祀、礼仪文化相适应的产物。[④]

---

① 杨伯峻.论语译注[M].北京:中华书局,2014:133.
② 朱熹.四书章句集注[M].北京:中华书局,2015:144.
③ 陈来.古代思想文化的世界:春秋时代的宗教、伦理与社会思想[M].北京:三联书店,2002:284.
④ 同③285.

在此意义上,佛教的信与儒家早期的信是相通的,佛教讲究信受奉行,即信仰和奉行。以极具中国意蕴的药师信仰为例,虽药师信仰的东方琉璃净土世界在普通信众看来难以想象,但是药师信仰却强调信心和愿望就是实现往生的关键。如隋达摩笈多《药师经》译本序言:"药师如来本愿经者,致福消灾之要法也。曼殊以慈悲之力请说尊号,如来以利物之心盛陈功业。十二大愿彰因行之弘远,七宝庄严显果德之纯净。忆念称名则众苦咸脱,祈请供养则诸愿皆满。至于病士求救应死更生,王者攘灾转祸为福。信是消百怪之神符,除九横之妙术矣。"①

药师佛信仰对"信"的强调还体现为:"是诸有情,若闻世尊药师琉璃光如来名号,至心受持,不生疑惑,堕恶趣者,无有是处。阿难,此是诸佛甚深所行,难可信解,汝今能受,当知皆是如来威力。阿难,一切声闻、独觉、及未登地诸菩萨等,皆悉不能如实信解;惟除一生所系菩萨。阿难,人身难得,于三宝中,信敬尊重,亦难可得,得闻世尊药师琉璃光如来名号,亦复如是。"②由此可见,药师佛信仰虽修持法门简易,但是前提却是十分简易又十分难得的"信敬尊重"。

二、信的根据:信落实于行为

信远非一种心理状态,而是与行为联系在一起的。这个信并非仅仅是道德范畴,而是一种涉及个人与社会的行为。佛教讲究的信往往和"行"结合在一起,即要做到"信""行"一如。如果结合信徒的实际心理以及中国佛教的具体文化特征,便可体会到佛教的信的独特意味,即佛教的"信"是从情感信任到行动信任。

不管是信任还是信仰,都需要有确定的根据。可是现实信仰生活中却有很多不确定性,这种不确定性要求信任,可是也正是这种不确定性,信任才变得尤为困难,这是一种悖论,解释这种悖论的方法之一便是知晓信任的根据。信任要从已有的根据出发,包含:"知识论意义上的,即建立在知识和证据之上的理性;经济学意义上的,即个体利益最大化。"③但是除了理性的根据之外,信任的根据还有情感,情感是发生信任关系的基础,"情感能够在某种程度上组织我们的意识活动:它导致我们以某种特定的方式来观察和判断世界。"④可以说,佛教的信任首先是一种情感信任。这种情感在佛教是对信仰对象(佛以及菩萨)的最深信任,即信仰。这种信仰具有沟通人佛关系的意义,是联结"信仰主体—人"与"信仰客体—佛、菩萨"之间的媒介和桥梁。对于佛教信徒而言,尽管性别、社会背景、文化程度存在差异,

---

① 达摩笈多译:《药师如来本愿功德经序》,《中华大藏经》第18册,第377页上。
② 玄奘译:《药师琉璃光如来本愿功德经》,《大正藏》第14册。
③ 信任要建立在对方可信性的基础之上,理性意味着个体利益最大化。博弈论是其中一种研究信任的理论工具,具体可参见:郭慧云,丛杭青,朱葆伟.信任论纲[J].哲学研究,2012(6).
④ 同③.

但都因为共同的佛教信仰积聚在特定的佛教活动场所中,共同参与同样的佛教仪式。信众与神明有了情感流动,神明获得信众的信仰,信众获得神明的保护,二者的联结不断密切,信众对神明的依赖感和认同感更为强烈。这是一种基于传统、文化及信仰的情感信任。这种情感信任最重要的特征是"诚",佛教信仰主张"心诚则灵"。"诚"指内心的专一虔敬状态,主要在信仰主体自身信念的确立。"诚"与"信"各自有所侧重,"诚"更多地是指道德主体的内在德性,"信"体现为社会化的道德实践。

若说理性和情感是信任的根据是否就已是对信任充分的解释?在近代西方道德哲学中,对信任的研究除了将其看作一种心理状态之外,也有主张将信任与行为联系在一起。"只有当充满信任的期望对于一个决定事实上产生影响时,信任才算数。"①西美尔提出信任处在一个人的知与无知之间②,这种知与无知之间的跳跃可类比信仰。用这种观点解释佛教的信尤为适用。佛教的信必须经过行才能算是完整的信仰。仅有佛教典籍中阐明的佛教义理却缺乏行动表达的佛教是难以持久的,譬如汉传佛教在佛教义理高峰的两宋之后便很快沉入民间。

还是以药师信仰为例,药师佛经典属于密教类的经典,其经文中很多涉及信仰方式和仪轨,药师经文通过曼殊室利之口传达出信仰药师佛的供养方法,经文记载:

世尊,若于此经受持读诵,或复为他演说开示;若自书,若教人书;恭敬尊重,以种种花香、涂香、末香、烧香、花鬘、璎珞、幡盖、伎乐而为供养;以五色綵,作囊盛之,扫洒净处,敷设高座,而用安处。而时,四大天王与其眷属,及余无量百千天众,皆诣其所,供养守护。③

南北朝时期就已经出现了药师佛的造像活动,相应的还有经变、写经等信仰药师佛的方式。信仰药师佛的方式之一是忏悔,其在东晋已初露端倪,且逐渐仪式化,称之为忏法。"忏悔之法,肇兴于刘宋"④,药师信仰忏法中有"药师忏"。"拜忏"就是法师代六道群灵向佛、菩萨们忏悔,以期消除过去一个周期所积累的罪行。

除了通过仪式之外,佛教徒也可通过遵守戒律减轻恶业。戒指皈依佛教的信徒为了对治烦恼所必须遵守的戒条、规则。戒的作用,抑制方面是防非止恶,积极方面是求是行善。中国佛教将戒与律连在一起构建为合成语"戒律",并将其视为僧团必须共同遵守的准则,目的是为了规范信徒的行为及僧团生活。药师经典记载:

若有净信善男子、善女人等,欲供养彼世尊药师琉璃光如来者,应先造立彼佛

---

① 卢曼.信任[M].瞿铁鹏,李强,译.上海:上海人民出版社,2005:31-32.
② 西美尔.货币哲学[M].陈戎女,等译.北京:华夏出版社,2002:111.
③ 《药师经》原文皆采用唐代玄奘译本,来源 CBETA 网站 PDF 版。
④ 周叔迦.周叔迦佛学论著集[M].北京:中华书局,1991:1069.

形象,敷清净座而安处之,散种种花,烧种种香,以种种幢幡庄严其处,七日七夜,受持八分斋戒,食清净食,澡浴香洁,著心净衣,应生无垢浊心,无怒害心,于一切有情,起利益安乐、慈、悲、喜、舍、平等之心,鼓乐歌赞,右绕佛像。复应念彼如来本愿功德,读诵此经,思惟其义,演说开示。随所乐愿,一切皆遂:求长寿得长寿,求富饶得富饶,求官位得官位,求男女得男女。①

在造像、烧香、持戒、右绕佛像、诵经等修行中,信众要理解佛教术语、体验仪式情感、修习宗教行为。佛教信仰需要这样行为上的仪式配合理性的佛教义理。在跪拜中人们进行磕头等仪式动作,神情专注、心情平和、全身运动。

经过这种信仰主体和信仰客体的相互作用的过程,主体主观的期望、情感得以表达,甚至将这种内在情感表达外化一种现实,信仰、亲密也得以形成。这也验证了美国宗教学者托马斯所说的:"在宗教信仰和宗教仪式之间有一种相互强化作用。一方面,宗教信仰为行为规范套上神圣的光环,并为它们提供最高的辩护;一方面,宗教仪式则又引发并表现出种种态度,以表达并因此而强化对这些行为规范的敬畏。"②

三、信的构建:信推广至社会

在中国古代,"社",本意是土神,"社会"的发生起源于祭祀土地神的活动。殷商时期,形成了人为规制的居住点"邑聚",在采邑制的居住单位之上普遍立有"社",商天子在立邑的时候有"祭社"之举,每年定期祭祀社神时,人们举行聚会、庆典,这逐渐地演变为"社会"。③ 社会,在英文中是 Community,也译为社群或共同体。现代社会不仅是一个凸显公民权利与价值的社会,也是一个倡导公民参与意识和责任意识的社会。"信任"就成了公民之间合作而构造一个有序共同体的关键词。

乌斯拉纳认为,与局限于某个人的家庭或者群体的特殊信任相比,那种增进社会资本的信任是一种能够被推广至陌生人的信任④。这也即是普遍信任如何能最大限度地实现的问题。或者说是"我们怎样才能信任我们的同胞"——"民吾同胞"的问题,再一般地说就是信任他人的问题。⑤ 人际信任是如此重要,它关系到社会秩序与现行政体的长期稳定。对信任的最直接的认识是,信任是涉及信任者与被

---

① 《药师经》原文皆采用唐代玄奘译本,来源 CBETA 网站 PDF 版。
② 奥戴,阿维德.宗教社会学[M].刘润忠,等译.北京:中国社会科学出版社,1990:25.
③ 贾西庆.历史上的民间组织与中国"社会"分析[J].甘肃行政学院学报,2005(3).
④ 马克·沃伦.民主与信任[M].吴辉,译.北京:华夏出版社,2004:9.
⑤ 克劳斯·奥弗.我们怎样才能信任我们的同胞[M]//沃伦.民主与信任.吴辉,译.北京:华夏出版社,2004:39.

信任者的一种关系,由此认为信任在当今时代相当于现代性的理解问题,其本质上是一个交流问题、一个关系问题。而在进入陌生人的后传统社会后,超脱血缘纽带的"信任"问题就主要表现为如何把熟人小范围的信任向外扩充的问题、把信任关系扩大的问题。

对于这一点,中国佛教传统的信是否有可资今用的资源呢?回答是肯定的。

首先,佛教的个体生命是因缘而起,各种不同生命形式之间的流转便是轮回,轮回由业力决定,即是由因果报应决定。中国本有相互报偿的理念,如儒家经典《礼记》中记载:"太上贵德,其次务施报。礼尚往来,往而不来,非礼也;来而不往,亦非礼也。"同样的表达还在《易经》中表现:"积善之家,必有余庆,积不善之家,必有余殃。"东晋时期慧远作了《三报论》,阐述因果报应论,将现世的因果延伸到过去、现在、未来三世,大大增加了人们对于佛教因果报应理论的信赖度。三世因果即"面互过去、现在、未来三世而立因果业感之理。盖以过去之业为因,招感现在之果;复由现在之业为因,招感未来之果"①。佛教的"善有善报,恶有恶报"的业力因果思想与儒家的善恶观深入民众日常生活之中。因果报应认为人的善恶和人的命运紧密联系。这种看似简单的传统文化中有着精英和平民都不乏自觉的道德实践的心理保障。

其次,尽管学者对于信任的观点各异,但是一般认为信任是多层次的,总体而言,包含私人信任(personal trust)和社会信任(social trust),两种信任相辅相成。前现代社会(传统社会)更多基于私人信任,即基于血缘、地缘和业缘构成了彼此的道德关系。佛教的信任情感是人类作为众生之一的情感,这种"信缘"可以视为是私人信任和社会信任之间的桥梁。通过私人信任,通过信任的无可置疑的真实性,让每个社会成员都体会到这一点,并把信任推扩出去。如果每个人都如此要求自己,那么这样的一种指向他人、向他人自觉敞开的信任,就有助于一种信任文化或氛围的蔓延,将信任延及群体中的每一个人,便会成为社会信任。因此,信任别人"有助于创造一个有活力的和有道德的社区——在这里,人们了解他们的邻居,在自愿社群中团结起来,奉献自己的力量"②。

有学者以西方学者富勒提出的"义务的道德"和"愿望的道德"分别来界定中国传统的"信"与"诚",认为"诚"作为"愿望的道德"提示以私人信仰为诚信道德添加心理源泉,而"信"作为"义务的道德"提示以公共法规为诚信道德提供制度保证。③ 公共领域的"信任"关系要以私人领域的诚信为基础。故从某种程度上来

---

① 《佛光大辞典》,"三世因果"释条,第538页。
② 乌斯拉纳.民主与社会资本[M]//沃伦.民主与信任.吴辉,译.北京:华夏出版社,2004:113.
③ 萧仕平.传统儒学的"诚""信":愿望的道德和义务的道德——兼由"诚""信"意蕴差异看当代诚信道德建设的理路[J].南昌大学学报(人文社会科学版),2005(2).

说,对佛教意蕴上的信仰情感之"诚"内化,并对佛教信仰行动之"信"进行公私领域的现代转换,也不失为现代社会道德文化建设的理路之一。

参考文献

[1] 陈来.古代思想文化的世界:春秋时代的宗教、伦理与社会思想[M].北京:三联书店,2002.
[2] 杜维明.现代精神与儒家传统[M].北京:三联书店,1997.
[3] 达摩笈多,译.药师如来本愿功德经序[M]//中华大藏经:18.
[4] 傅伟勋.从西方哲学到禅佛教[M].北京:三联书店,1989.
[5] 郭慧云,丛杭青,朱葆伟.信任论纲[J].哲学研究,2012(6).
[6] 卢曼.信任[M].瞿铁鹏,李强,译.上海:上海人民出版社,2005.
[7] 沃伦.民主与信任[M].吴辉,译.北京:华夏出版社,2004.
[8] 彼得·什托姆普卡.信任:一种社会学理论[M].程胜利,译.北京:中华书局,2005.
[9] 萧仕平.传统儒学的"诚""信":愿望的道德和义务的道德——兼由"诚""信"意蕴差异看当代诚信道德建设的理路[J].南昌大学学报(人文社会科学版),2005(2).
[10] 西美尔.货币哲学[M].陈戎女,等译.北京:华夏出版社,2002.
[11] 玄奘,译.药师琉璃光如来本愿功德经[M]//大正藏:14.
[12] 杨伯峻.论语译注[M].北京:中华书局,2014.
[13] 朱伯崑.先秦伦理学概论[M].北京:北京大学出版社,1984.
[14] 朱熹.四书章句集注[M].北京:中华书局,2015.

人是否可以撒谎？
——从康德的视角看

刘作

中山大学哲学系

摘 要 康德认为,在任何时候人都不可以撒谎。这一观点引发很多批评。在康德那里,法权论涉及对外在行为的立法,不可以撒谎是一个无条件的义务。但是,人可以通过诉诸"事急无法",即撒谎,来避免更大的恶。德行论是对内在准则的立法,但撒谎这一行为是否被禁止,则需进一步反思。考虑到现实情况的复杂性,在未出版的《伦理学讲义》中,他认为人可以撒谎。不可以撒谎是从理性存在者的角度来说的。在特定情况下,为了维护自由,人可以撒谎。但人要清醒地意识到,任何撒谎都不是道德的,只是一种例外而已。否则就会导致伪善。

关键词 撒谎；法权；德行；自由

康德把诚信问题纳入其批判哲学的著作中。在论文《一项哲学中的永久和平条约临近缔结的宣告》中,他强调,我们所说的,不一定都是真实的,但是凡是所说的,都必须是真诚的,也就是说,我们不能欺骗。欺骗表现为两种方式:"①如果人们把自己毕竟意识到非真的东西冒充是真的;②如果人们把自己毕竟意识到主观上不确定的某种东西冒充是确定的。说谎("说谎之父,一切恶都借它来到世上")是人的本性中真正腐败的污点;哪怕同时真诚的口吻(按照许多中国小商贩的实例,他们在自己的商店上方挂着金字招牌"童叟无欺")尤其在涉及超感性事物时时惯常的口吻。"[①]第一种欺骗方式是人把不能认识的对象误认为能够认识的。这就需要我们在认识开始之前,系统地考察我们的认识能力、范围以及界限等。第二种

---

* 基金项目:国家社科基金青年项目"康德后期伦理学研究"(15CZX049)、江苏省社会科学基金项目"康德后期道德哲学研究"(14MLC005)以及 2011 计划"公民道德与社会风尚协同创新中心成果"阶段性成果。

** 作者简介:刘作,男,1983 年 6 月生,湖北仙桃人,东南大学人文学院哲学与科学系讲师,博士,主要研究西方哲学。

① 康德.康德著作全集:第 8 卷[M].李秋零,译.北京:中国人民大学出版社,2010:429.

欺骗方式是人在与他人交往中，把自己意识到假的东西传达给别人。前者属于理论哲学的范围，后者属于实践哲学的范围。二者都属于批判哲学的内容。本文从实践哲学的角度来考察不可以撒谎的义务。

在康德那里，义务体系是在后期著作《道德形而上学》中得到展现的。康德把义务分为两种：法权义务和德行义务。在这两个部分中，他都谈到不能说谎的义务。另外在1797年的一篇论文《论出自人类之爱而说谎的所谓法权》中，他提出，在任何时候都不能说谎，乃至于对一个站在门口的杀人犯也不能说谎。这篇论文的观点引起学者们的争议。本文试图从这篇论文入手，结合法权义务和德行义务的区分来说明：法权论涉及对外在行为的立法，不可以撒谎是一个无条件的义务，但是，人可以通过"事急无法"，即撒谎，来避免更大的恶；德行论是对内在准则的立法，但撒谎这一行为是否被禁止，则需进一步反思。考虑到现实情况的复杂性，在未出版的《伦理学讲义》中，康德认为人可以撒谎，不可以撒谎是从理性存在者的角度来说的；在现实生活中，为了维护自由，人可以撒谎，但是人要清醒地意识到，这不是一种道德的行为，而仅仅是例外而已，否则就会导致伪善。

一、不可以撒谎之自由的根基

法国哲学家邦雅曼·贡斯当在其著作《1787年的法国》中对康德提出批评。他认为，康德认定说真话是一个无条件的义务，以至于断言：如果一个凶犯问我们，我们那被其追杀的朋友是否躲在我们家里，对之说谎也是一种犯罪。为了符合日常道德直观，贡斯当提出，义务的概念和法权的概念是相对应的。说真话是一个义务，仅当对方享有听取真话的法权。由于杀人犯不具有这种法权，所以我们应当对杀人犯撒谎。康德在《论出自人类之爱而说谎的所谓法权》一文中做出反驳。他指出，贡当斯的"对真话有一种法权"是一个没有意义的表述。人作为具有理性行为能力的存在者，有对真诚或者说主观的真话的法权。康德以人格来表述具有理性行为能力或者说自由属性的存在载体。真诚是一个义务。

在这个例子中，我们无法回避用"是"或者"否"来回答，同时，我们是在一种受强迫的场合下来反思真诚的问题。康德认为，真诚是对每个人的形式的义务，不管由此给我们带来什么样的后果。如果我对杀人犯讲真话，那么我尽到自己的义务，行为的后果不能归责于我。如果我对杀人犯说了假话，告诉他，我的朋友不在我家里，那么我对行为的后果要负责任。康德做出如下论述："谁说谎，不管他这时心肠多么好，都必须由此产生的后果负责，甚至是在民事法庭前负责，并为此受到惩罚，不管这些后果多么无法预见，因为真诚是一种必须被视为一切都能够建立在契约之上的义务之基础的义务，哪怕人们只是允许对它有一丁点儿例外，都将使它的法则动摇和失败。"①人具有理性行为的能力,他可以通过其行为开启一个现象的序列,而自己本身不在这个序列里面。康德在《纯粹理性批判》中以先验自由来表达这种能力。先验自由处于本体的领域,不具有时间性。人的行为发生在现象领域,受因果规律的决定。人性是目的的根据就在于人是自由的,他可以开启一个行为的序列,而自己不在序列之中。处于这种序列中的任何存在者都是手段。如果我们对这个杀人犯讲了真话,那么我们就听从了理性的声音,履行了理性的义务。此时我们让自己的意志保持在自由的领域。如果我们从后果的方面来考虑是否应该讲真话,那么,我们让自己处于自然的领域之中,使得自己不自由,由此所发生的后果由我们负责。

在《道德形而上学》的"德行论"中,康德再次讨论说谎的问题。按照对象来划分,德行义务分为对自己的义务以及对他人的义务。康德在授课时所使用的是鲍姆嘉通的《哲学伦理学》。鲍姆嘉通把义务分为对上帝的义务、对自我的义务以及对他人的义务。对自我的义务分为对灵魂的义务以及对身体的义务等。康德反对这种划分,因为按照批判哲学的原则,无论从理性推论还是从经验的观察,我们都无法确证灵魂的存在。同时,义务有赋予义务者与承担义务者。按照字面的意思,在对自我的义务中,我既是义务的赋予者,又是义务的承担者。义务的概念包含着强制,对自我的义务概念就是自我对自我的强制。同一个自我既是强制者又是被强制者,这包含一个矛盾。康德接着说,人们以如下的方式澄清(stellen ins Licht)这个矛盾:赋予义务者在任何时候都可以免除被赋予义务者的义务。义务不是无条件的,而是可以随时被解除的。这就取消了义务。所以,我们需要区分自我的不同含义。

在康德看来,当我们说对自我的义务时,这里的自我具有两种不同的含义:第一,作为感官的存在者,人作为动物物种之一而存在;第二,作为具有自由的理性存在者的人而存在。"现在人作为理性的自然存在者(现象的人),通过其理性的规定,作为原因在感官世界中行动,而在此尚未考虑责任的概念。但是,同一个人按照其人格性,也就是被思考为一个具有内在自由的存在者(本体的人),被看做一个有能力承担责任的存在者,确切地说,对自身(人格中的人性)的义务,所以人(在两种不同的意义上)能够承认对自身的义务而不陷入自相矛盾(因为人的概念不是在同一个意义上被设想的)。"②对自我的义务是对自身的人格性或者说自由的义务,我们有维护和完善自己的自由的义务。自由是人的"天命",在任何时候,我们都不能放弃自己的自由和理性的存在。否则,人与动物就没有区别。

---

① 康德.康德著作全集:第8卷[M].李秋零,译.北京:中国人民大学出版社,2010:436.
② Kant. Die Metaphysik der Sitten[M]. Hambugr: Verlag von Felix Meiner, 1966: 262-263.

作为一个道德的存在者,不撒谎、真诚地面对自己的内心是对自我的义务。康德把撒谎看做对自我的义务的最严重的侵犯。撒谎可以分为外在的撒谎和内在的撒谎。前者是向他人撒谎,后者是自欺和伪善。外在的撒谎来源于内在的撒谎。自欺和伪善是一切恶之源。在理论上,它使我们无法确定理性能力的限度和范围;在实践上,它使我们无法正视自己的本性。行为的道德价值在于其行为的准则与法则的一致性。自欺者认为自己的行为准则侥幸地没有产生恶的后果,没有丝毫内疚,反而心安理得,误以为自己是一个道德高尚之人。如果这种思维方式成为习惯,那么我们就丧失认识自己和反思自我的精神,无法判断自己的行为准则到底是否与义务的原则相一致。自欺从根本上破坏自己的道德意向,进而向外扩张欺骗他人。

康德在解释不可以撒谎的理由时,强调这不是基于撒谎的后果。我们不能说撒谎会给自己或者他人带来伤害,我们才不应该撒谎,而是因为撒谎本身就是恶的。对他人的撒谎,使得自己成为他人眼里受鄙视的对象;对自己撒谎在更大程度上使得自己成为没有价值的存在者。在《道德形而上学》中,他从两个方面论证我们何以不可以撒谎。

第一,自然目的论的证明。撒谎就是放弃其人格性的尊严。人具有传达自己思想的独特能力,这种能力是维护人之社会性的需要。只有在社会中,人才能保持和完善人的理性和自由。所以"通过包含与自己所设想的相反的语词(有意的)传达给他人,是一个与其传达自己思想能力之自然合目的性相反的目的,由此是对其人格性的放弃,并且是人的一个纯粹欺骗性的现象,而不是人本身"①。自然的合目的性是说,每一个存在者都有其特有的目的,实现这种目的是其能力完善之体现。亚里士多德以自然目的论来论证幸福是基于德性的活动。近代机械论的确立,影响人们批判自然目的论的观点。康德并没有简单地回到古希腊的自然目的论,而是把它放在批判哲学的视域中。自然目的论不是对存在者的一种客观认识的原则,而是反思判断力的主观的调节性的原则。通过反思判断力,自然目的论充当沟通自然与道德的中介,说明自由何以在自然中得到实现。所以,当康德说,撒谎违背人传达思想之能力的自然目的时,他是在强调,撒谎阻碍人的理性和自由的实现。②

第二,人性公式的证明。在康德看来,作为道德的存在者,人不能把作为自然的存在者的人仅仅当做手段来使用,从而把后者仅仅当做说话的机器,而是受制于思想传达的内在目的。人要承担起真诚的义务。这种义务要求我们与自身的人格

---

① Kant. Die Metaphysik der Sitten[M]. Hambugr:Verlag von Felix Meiner,1966:278.
② 康德如何把自然的合目的性放入批判哲学的框架之内,可参看:刘作.康德道义论之自然目的论审视[J].云南大学学报(社会科学版),2014(5):62-68.

性保持一致,真实地传达自己的思想。① 他举了例子,比如为了避免惩罚或者获得好处,我们向上帝表达自己的信仰,实际上我们并没有真正的信仰。因为真正的信仰不是为了获得额外的好处,而是应该建立在道德的基础之上。

二、作为法权义务的不可以撒谎与作为德行义务的不可以撒谎

不可以撒谎作为法权义务和德行义务都是基于人的人格性,以实现人的自由为目的。但是康德对二者持有不同的态度。在法权的领域,不可以撒谎在任何时候都是必须坚持的,而在德行领域,康德对它做了进一步的探讨。在"决疑论问题"中,康德提出一些有待于进一步探索的问题。一位作者问他的读者是否喜欢他的作品。读者不喜欢,但是为了顾及作者的情面,他是直接说出自己的想法,还是应该幽默地隐藏自己的想法。这需要他进一步思考。决疑论(Kasuistik)"既不是一门科学,又不是科学的一部分;因为它将是独断论,不是我们如何发现真理的学说,而是如应当需要追寻真理一样的训练"②。也就是说,在具体情境中,撒谎这一行为是否被禁止,康德留有余地。不可以撒谎是一个无条件的命令,但是在特殊的情况下,我们还需要进一步思考是否可以撒谎。联系现实,在一位癌症患者面前,医生是否可以撒谎?我们都认为医生可以善意地撒谎,告诉患者疾病不严重。一方面有利于患者减轻心理负担,提高患者的生活质量,另一方面有益于患者康复。

作为法权义务的不可以撒谎与作为德行义务的不可以撒谎的区分,要结合法权义务和德行义务的关系来理解。依康德的观点,任何立法都有两个方面:客观的法则和主观的动机。由此存在两种立法:伦理的立法和法学的立法。前者是内在的立法,要求行为不仅合乎义务,而且以义务为其动机;后者是外在的立法,行为能够被外在强制,要求其合乎义务。伦理的立法是对外在行为和动机的立法,是对准

---

① 康德的原文是:"Der Mensche als moralische Wesen(homo noumenon)kann sich selbst als physisches Wesen(homo phaenomenon), nicht als bloßes Mittel(Sprachmaschine)brauchen, das an den inneren Zweck(der Gedankenmitteilung)nicht gebunden wäre, sondern ist an die Bedingung der übereinstimmung mit der Erklärung(declaratio)des ersteren gebunden und gegen sich seblst zur Wahrhaftigkeit verpflichtet."(Kant. Die Metaphysik der Sitten. Verlag von Felix Meiner in Hambugr, 1966, p. 279.)汉语的翻译是:"作为道德存在者的人(homo noumenon[作为本体的人])不能把作为自然存在者的自己(homo phaenomenon[作为现象的人])当作纯然的手段(会说话机器)来使用,这个手段不会受制于内在的目的(思想的传达),而是受制于与对前者的解释(declaration)协调一致的条件,并且对自己承担起诚实的义务。"(康德.道德形而上学[M].张荣,李秋零,译注.北京:中国人民大学出版社,2013:208.)"das an den inneren Zweck(der Gedankenmitteilung)nicht gebunden wäre"是虚拟语气。汉译者没有表达出虚拟语气的含义,引起读者的困惑。康德的意思是说,撒谎者把自然存在着的人仅仅当作说话的机器,似乎不受制于思想传达的限制一样。而实际上,一个真诚的人应该承担起诚实的义务,把思想的传达当作自己与他人交流的限制条件。

② Kant. Die Metaphysik der Sitten. [M]. Hambugr: Verlag von Felix Meiner, 1966:256.

则的立法。法学的立法是对外在行为的立法,对动机没有强制的要求。

法权义务和德行义务都是以自由概念为基础,分别对应着法学的立法和伦理的立法。由于立法的不同,与之相关的自由概念也有区别。法权义务的基础是外在的自由,德行义务的基础是内在的自由。外在的自由要求你的行为与他人的行为能够按照一个普遍的法则共存。每个人都是自由的,只要我的自由不损害他人的自由就行,即使我很想破坏他人的自由。或者说,即使我很想伤害他人,然而我的外在行为没有阻碍他人的自由,那么我依然是正当的。因而,康德得出普遍的法权原则:"如此外在地行动,使得你的任意的自由运用与每一个人按照一个普遍法则的自由能够共存。"① 共存的原文表述是 bestehen,其原意是"存在,有"的意思。康德用这个词表达,法权原则要求,你的任意与每一个人的任意按照一个普遍法则都能够存在,而不是相互矛盾。此时,bestehen 有"共存的"意思。可以看出,法权的义务所关注的是外在的行为。人是一个社会性的存在者,不得不与他人交往。在交往的过程中,法权原则要求我们的外在行为不能侵害他人的合法的自由和权利,但是它并不要求我们把这种外在行为本身当作其行为的动机。比如履行合同是一个义务。如果我们只是为了逃避外在的惩罚而履行合同,那么我们就是从法权的角度来看待这个义务。如果我们还把它看做自己行为的动机,认为它是我们应当做的,即使没有外在的惩罚,那么我们就是从德行的角度来看待这个义务。

作为内在的立法,德行义务把行为本身看做我们应当做的。在德行论中,康德提出"同时是义务的目的"的概念,也就是理性所赋予的目的,并论证德行义务是实现这些目的的义务。康德的基本意思是,德行义务基于内在的自由。这种自由不仅是意志的自律,而且是意志的自治(Autokratie)。后者预设人的有限性,即人有违背道德法则的感性欲望。所以内在的自由是属于人的意志的自由,要求人用理性来控制自己的感性欲望。理性如何控制人的感性欲望呢?在康德看来,与动物不同,人的意志具有自发性。感性欲望对人的影响,是通过意志把它当作行为的目的纳入准则来实现的。与之相反,理性要求人把理性所赋予的目的纳入其意志的准则之中,以此消除感性的影响,实现人的内在自由。理性的这些目的就是自我的完善和他人的幸福。

由于立法的不同,法权义务是对外在行为的立法,德行义务是对行为准则的立法。所以,法权论对行为的规定非常精确,而德行论对具体行为的规定有进一步讨论的空间(Spielraum)。这就是德行论有"决疑论"的原因。如前所述,这种"决疑论"是为了锻炼我们的实践判断力,搞清楚普遍的道德法则如何运用到具体的情况之中。康德对二者的区分做出明确的表述:法权论"按照其性质应该被严格地(精

---

① Kant. Die Metaphysik der Sitten[M]. Hambugr: Verlag von Felix Meiner, 1966: 35.

确地)规定,正如纯粹数学一样,不需要一个判断力应当如何运作的普遍的规定(方法),而是通过事实使之成为真实的。与之相反,伦理学由于其不完全义务所允许的活动空间,不可避免地导致判断力要求去澄清的问题,即在具体情况中,一个准则如何被运用的问题……伦理学陷入决疑论,法权论不知道这种决疑论"①。

理清二者的性质和区别,我们可以更好地理解康德对不可以撒谎的态度。在论文《论出自人类之爱而说谎的所谓法权》中,康德强调,即使在那个我们撒谎可以挽救朋友生命的场合,我们也不可以撒谎,这是从法权的角度来说的。法权论对行为的规定如数学般的精确。在任何场合都不可以撒谎。因为撒谎的行为破坏人与人之间的交流与基本信任,与每个人按照普遍法则的自由不一致。在德行论的领域,医生在面对患者时,考虑其实际情况,允许善意的撒谎。善意的撒谎不是告诉患者错误的消息,似乎他已经完全康复,能够回复到过去的生活方式,而是用委婉的语气告诉他,身体存在问题,需要进一步治疗,但是有改善甚至康复的希望。此时,医生所选取的不是蓄意撒谎,而是促进他人幸福的准则。

三、现实中的撒谎与自由的维护

康德真的认为,如果我的撒谎必定能够解救朋友的生命,我依然不可以撒谎吗? 在法权领域,我们是不是绝对不可以撒谎呢?

在面对门口的杀人犯的例子中,由于情况的复杂性,我的真诚不一定导致对朋友的伤害。康德意识到这个问题:"毕竟有可能的是,在你真诚地用'是'来回答凶犯他所攻击的人是否在家的问题之后,这个人不被察觉地走出去了,就这样没有落入凶犯的手中,因而行动就不会发生;但是,如果你说谎,说他不在家,而且他确实(尽管你不知道)走出去了,凶犯在他离开时遇到了他,并且对他实施行动,则你有理由作为此人死亡的肇事者而被起诉。因为如果你尽自己所知说真话,则也许凶犯在家中搜寻自己的敌人时会受到路过的邻居们的攻击而行动被阻止。"②即使我告诉凶犯我的朋友在家里,朋友是否被害有多种可能。这些可能性受到一些自然因素的制约,并非我的行为所导致的。我所需要做的就是尽我的义务,履行义务是我的自由的体现。

进一步,如果我的真诚会直接导致朋友的遇害,那我应该怎么办? 假设我的朋友戴着面具站在我的旁边,无处可走。如果我告诉凶犯我的朋友的位置,那么凶犯一定会找到他,没有其他的可能性。也就是说,我的真诚与朋友的被害之间存在直接的关系。从法权的角度来说,我应该讲真话。但是,我们依然可以从康德的文本

---

① Kant. Die Metaphysik der Sitten[M]. Hambugr: Verlag von Felix Meiner, 1966:256.
② 康德.康德著作全集:第8卷[M].李秋零,译.北京:中国人民大学出版社,2010:436.

中找到说谎的理由。康德在详细阐述法权的定义之后,在"附录"中,提出"论有歧义的法权"。法权概念是由法则来规定的,然而在特殊的情况之下,人们会想到没有法权规定的广义的法权。有两种这样的法权:公道和紧急法权。前者是没有强制的法权,一个人年终拿到其全部工资,由于货币贬值,其购买力比不上签订合同时的预期。他不能根据自己的法权来要求补偿,只能呼唤公道。后者是没有法权的强制。康德所举的例子是,船沉后,我与另外一个人在同样的危险中漂浮,为了活命,我把那个人从木板上推开。我的行为不属于自卫,所以没有法则规定我这样做是正当的。然而,在危机的情况下,这样的行为是无法惩罚的。在我的真诚与朋友的被害存在直接关系时,我运用紧急法权于此,来拯救朋友的生命。但是,我依然要清晰地意识到,撒谎的行为是不正当的,此时的撒谎只是一种例外而已。

Korsgaard 在《说谎的法权:康德对恶的处置》一文中区分伦理学的理想理论与非理想理论。前者基于一个理想的环境,后者是在存在恶的环境中的运用。在非理想的环境中,正义的观念无法有效地实现出来,此时"特殊的正义观念变成一个目标,而不是一个不辜负的理想;我们必须努力创造它在其中得以实现的条件"①。不可以撒谎作为一条绝对的命令,在任何时候都必须遵守,只有在理想的环境中才得以可能。在非理想的环境中,比如在面对凶犯时,我们可以撒谎来拯救朋友的生命。这有助于实现理想的环境(按照康德的术语,目的王国)。在康德的理论中,我们应当以目的王国的成员来要求自己采取道德的行动,对上帝的信仰为我们解决恶的问题提供了希望。因而他没有区分这两种不同的理论,导致他虽然意识到恶的问题的存在,却没有处理好恶的问题。②

Korsgaard 很深入地看到康德伦理学的问题。人性公式以及目的王国的概念都是在道德形而上学的范围。按照康德的设想,道德形而上学所研究的对象是纯粹意志的理念及其原则。所以,人性公式以及目的王国的概念都是从理想的角度来谈的。对上帝的信仰除了解决恶的问题之外,还与至善的可能性有关,涉及自然法则与自由法则的协调一致的问题。需要强调的是,康德也意识到恶的问题。在赫尔德的听课笔记中,康德认为:"如果我们的不真诚与我们的意图是一致的,那么它是恶;但是如果只能通过这种手段来扭转一个大的恶,那么……"③我们可以猜

---

① Korsgaard. Creating the Kingdom of Ends[M]. Cambridge: Cambridge University Press, 1996: 148.
② 同①154.
③ Kant. Lectures on ethics[M]. New York: Cambridge University Press, 1997: 27.

结合罗尔斯的看法,有助于我们理解康德的观点。在《正义论》中,罗尔斯提到:"对平等自由的否定能够得到辩护,仅当它是提高文明的水平,使得这些自由在一定阶段上能够被享有。"(John Rawls, A theory of justice,中国社会科学出版社,1999,第 152 页。中译本参见:罗尔斯.正义论[M].何怀宏,等译.北京:中国社会科学出版社,2006:151.)在罗尔斯看来,为了更大的自由,我们才可以限制自由。

测省略号所省略的内容,即在此种情况下撒谎是允许的。在 1784—1785 年《伦理学讲义》中,康德在谈到对他人真诚的义务时反思,我们对一个骗子撒谎,我们也是一个骗子吗?"如果他人欺骗了我,我反过来骗他,我肯定没有做错什么;既然他欺骗了我,他不能抱怨它,然而我还是一个骗子,因为我的行为违背了人性的法权。"① 他人欺骗我,把我仅仅当作其手段,处于实现其目的的链条的一个环节;我也欺骗他,把他人仅仅当作手段,把其置于保护我自己的链条的一个环节。他无法抱怨我的欺骗,因为我没有伤害他。但是我的行为违背了人性的法权,我的欺骗行为如果普遍化,那么使得人们相互交往成为不可能。

结论

  法权论是对外在行为的立法,不可以撒谎在任何时候都是人必须被遵守的。然而在特殊情况下,人可以通过"事急无法",即撒谎,来避免更大的恶。德行论是对行为准则的立法,撒谎之行为是否被完全禁止,需要我们进一步反思。康德也意识到现实生活中的复杂性。在其《伦理学讲义》中,他明确地提到,在特殊情况下,人可以撒谎。理解他的看似不一致的观点在于,义务的基础是自由,也是为了维护和完善人的自由。撒谎只能是为了维护更大的自由。当我们不得不撒谎时,我们要记住,这不是为了获得更大的经济或者现实的利益,而是为了维护自由本身。

  在当今的社会,人们之间的信任出现了危机。从康德的角度来看,这种环境存在恶,不是理想的环境。所以,不可以撒谎不能在任何情况下都适用。为了保护自己和他人的权利,在适当的场合撒谎是允许的。然而,我们应该记住,即使撒谎避免了更大的恶,撒谎这种行为也是错误的,只是一种例外而已。我们不能自欺地把这种例外看做道德的,让撒谎肆意横行,从而自我贬低。营造一种合理、公正的社会秩序,是我们追求的目标。在这样的理想的秩序中,不可以撒谎才可以成为无条件的现实的义务。

参考文献

[1] 康德.康德著作全集:第 8 卷[M].李秋零,译.北京:中国人民大学出版社,2010.

[2] 康德.道德形而上学[M].张荣,李秋零,译注.北京:中国人民大学出版社,2013.

[3] 刘作.康德道义论之自然目的论审视[J].云南大学学报(社会科学版),2014

---

① Kant. Lectures on ethics[M]. New York: Cambridge University Press, 1997: 203.

(5):62-68.

[4] 罗尔斯.正义论[M].何怀宏,何包刚,廖申白,译.北京:中国社会科学出版社,2006.

[5] Kant. Die Metaphysik der Sitten[M]. Hambugr: Verlag von Felix Meiner, 1966.

[6] Korsgaard. Creating the Kingdom of Ends[M]. Cambridge: Cambridge University Press, 1996.

[7] Kant. Lectures on Ethics [M]. New York: Cambridge University Press, 1997.

信任的德性基础
——论信任与真诚

范志均*

东南大学人文学院

摘　要　普遍的信任危机意味着整个社会有坠入囚徒困境的危险,因此恢复或重建相互信任对于社会合作与良序运行而言具有重要意义。然而要恢复或重建相互信任,就必须探讨普遍信任的道德基础是什么,而真诚或诚实即是普遍信任的道德基础。但是正如信任问题一样,真诚在现代社会也成为一个伦理问题。

关键词　囚徒困境；信任；真诚

普遍的信任危机意味着整个社会有坠入囚徒困境的危险,因此恢复或重建相互信任对于社会合作与良序运行而言具有重要意义。然而要恢复或重建相互信任,就必须探讨普遍信任的道德基础是什么,只有清楚知道信任的前提是什么,重建社会信任才能找到入口和路径。本文的任务即是通过对信任的囚徒困境的分析,寻找或发现建立信任的道德条件。

信任的囚徒困境

囚徒困境讲的是关于信任的故事。它告诉我们,如果人们之间没有相互信任,则每个人都选择做对自己最有利而对他人最不利的事情,但结果是双方都无法做到对自己最有益而对对方最不益的事情,他们终究会做双方都相当不利的事情,虽然还不是对自己最糟糕的事情。如果人们之间相互信任,则结果会大不一样,人们即使没有做对自己最有益的事情,但却会做对双方最有益的事情,对自己损害最小的事情。没有信任,人们必然不惜一切代价追求自己最大的利益而最大限度地损害他人的利益,所谓最大化地利己损人,因为只有当他人的利益最小的时候,自

---

*　作者简介:范志军,笔名范志均,东南大学人文学院教授,研究方向:西方哲学。

己的利益才能最大化,由此缺少信任的结果必然是战争状态、混乱状态。相互信任,人们肯定彼此联合、合作,优先追求对双方、整体最好的事情和对各方利害最小的事情,所谓最大限度地利人而不害己,因为只有在双方、整体的善最大的时候,自己的损害才是最小的。由此相互信任的结果必然是和平状态、和谐状态。

　　囚徒困境有两种类型,而博弈论只讲了其中一种类型,即私人领域、自然状态下的囚徒困境。而在这里又分为两种情况。如果私人领域仅限于家庭、熟人社会,则家人、亲人之间的爱情、亲情、熟人之间的友情、兄弟之情就会消解他们之间的疏离,确保他们是相互信任的,因此囚徒困境不会出现在这个领域。但是一旦私人领域超出家庭、熟人社会之外,即进入陌生人领域,人与人之间处在相互独立的自然状态,则相互信任即消失,或根本就不存在。因为站在每个人面前的既非家人也非熟人,他既不了解也不熟悉对方,他无法给予信任,对方也无从予以信任,由此人们只能各自从自然出发使用理性争取自身获得最大的利益、荣誉或权力,从而将不可避免地陷入不可自拔的囚徒困境之中。霍布斯还原呈现的自然状态即是原初的囚徒困境:由于没有公共的规则,每个人都作为独立个人私下运用理性最大可能地保存自己、避免伤害自己,或者说任何人都从自身出发为自己私下使用理性保护自己最大的对一切事物的自然权利,由此所有人都必然落入与一切人的竞争乃至战争状态,丛林优胜劣汰法则即是其基本法则,因为只有诉诸战争、打败对方,一个人才能做到自己利益最大而对方利益最小。但是结果却是一切人都无能保存自己,随时都有暴死的可能,任何人都无法依靠自己保护自己的自然权利,随时都可能被剥夺权利。自然状态下,从私人来看,每个人的行动都是合理的,但是由于缺少信任,相互之间没有合作,也缺少公共法则,最终在整体上导致冲突,因此从公共角度来看,每个人的行动又都是不合理的,不仅全体,即使个人都没有达到想要的最佳目的。那种认为最大化地追求自己利益的人之间是和谐的,他们的竞争必然带来整个社会的繁荣和最大利益,甚至私恶产生公益的看法是错误的:如果人们之间没有起码的信任与合作,对理性只做私下运用而不做公共运用,只有私人准则而没有公共法则,则人们必将成为自缚手脚的囚徒,落入私人合理而公共背理的悖论之中。

　　囚徒困境的第二种类型是公共领域、社会状态的囚徒困境。人们因相互信任、彼此愿意合作组成社会,也因放弃了理性的纯粹私人使用,愿意公开、公共使用理性而制定和服从共同的法则而走进公共领域。只要人们走进相互信任合作的社会,他们也就走出了相互不信任的自然状态,只有人们走进使用公共理性的公共领域,他们也才能走出使用私人理性的私人领域:理性的公共使用与信任是人们摆脱私人领域、迈出自然状态囚徒困境的两个根本条件。在社会中,人们因为相互信任而愿意和倾向于做最有益于双方和全体而避免有损于自己的事情,不去做对自己最有利而对对方和全体最无益的事情。在公共领域,人们因为公开使用理性而使自己私人善与公共善相一致,使私人准则与公共法则相同一,避免了只追求私人利益而不顾及他人与公共利益,无视公共规则而只遵守私人准则的囚徒陷阱。由此合作共生法则就是信任社会的基本法则,真诚、诚实,即个人符合社会,私人准则符合公共法则,心意如一就是公共理性领域人的主要德性,也是人们相互信任的根本原则。但是一旦有人一次、越来越多的人多次、无数次背离公共理性,私心大过公义,开始并且习惯了把自己的准则看作公共法则的例外,让他人遵守规则而自己可以破例,希望他人追求公共善而允许自己追求私人最大利益、荣誉和权力,则真诚的公共领域将趋于瓦解、信任的社会状态将会陷入危机,一个新的囚徒困境将在公共领域、社会状态中产生。人们有理性但不再公共使用而是私下运用,不再追求个人准则符合公共法则,而是利用公共规则使之符合其私人准则,人们交往合作不再出于公共善而是出于私人目的,利用公义满足私欲,自己追求最大利益而让他人追求公益并承担由此造成的损失。公共领域私人化,公共理性私下化,社会个人化了,当所有人都只顾及自己的最大利益而漠视对方和全体的最大利益的时候,公共领域即堕落为囚笼,社会人即腐化为西西弗斯,人人都合理地追求自己的私人目的却永远也达不到目的;或者社会沦落为少数人渔利的工具。最可怕的是,整个公共领域沦为相互欺骗、虚假谎言、普遍假象流行的洞穴,社会沦丧为失去普遍信任的自然状态:名实不符,公共理性、公共法则依然存在,但却被私欲、私人准则渗透,只被私下运用、私人利用以填充私欲、偷换私人准则;口是心非,口中说的和心里想的不一致,公开言谈表达和传达的是公共的善,私下心里却想着自己隐秘的私人目的,公义言辞的背后隐藏着私己的意图;表里不一,明着使用公共理性,服从公共法则,暗里却使用私人理性,奉行私人准则,公开躬行显规则,私下却推行潜规则。总之,真诚的人、诚实的公民不见了,取而代之的是灵魂分离、精神分裂的人,自欺且欺人的人,把假象当真实,真实看作假象的洞穴中的囚徒。在这个洞穴中,普遍信任和相互信任是不可能发生的,而原来是发生了的,但是现在却失去了。

信任与真诚

私人自然状态下不存在信任,每个人都私下使用理性获取自己最大利益,根本就不存在相互信任的基础。在卢梭设想的私人自然状态,每个人基本是独立自足的,而且是良善和有怜悯心的,因此是不需要信任的。洛克设定的自然社会状态是和谐的,每个人都服从普遍的自然法,人们天然是相互信任的,因此不存在信任不信任的问题。对于霍布斯和休谟来说,人们要摆脱自然状态进入和解合作的社会,就必须放弃纯粹私人的理性,公开使用理性,发布命令,制定规则,还必须建立相互信任,确保每个人都相信他人都像自己一样遵守规则,服从命令。一旦有人怀疑他人不能像自己一样遵守规则,则信任丧失,人们将重回自然状态,坠入囚徒洞穴之中。对于已经形成或建立了的合作社会而言,也是一样的,它必须维护人们相互的信任,由此人们才能自己安心服从规则而不担心他人不遵守规则,否则,信任只要瓦解,人们就因不放心他人是否遵守规则而消极对待规则甚至违背规则。

但是信任如何可能?对于自然状态的人来说,如何建立相互信任从而走出这个状态?对于社会而言,如何维持相互信任从而避免出离这个状态?尤斯拉纳认为,乐观主义的世界观和人性观是人们建立普遍信任的道德基础。

普遍信任者认为,世界是一个好地方,有无数的机会,大多数人所持的价值是相同的,尽管不一定具有相同的意识形态。他们认为,人们没有相互利用的天性,因此人们互相之间总是给予善意的理解,从而也就信任不相识的人。信任者认为自己能够纠正错误,使世界越来越好①。

尤斯拉纳说的这种情况比较适合洛克设想的自然社会状态,它假定社会是一个具有良好秩序的社会,人性是善的,人与人之间是友好的,善意的。如果社会和人是这样的,即自然是好的,普遍信任当然是没有问题的,其实建立信任也是没有必要的。但是对社会和人性的这种看法过于乐观和理想,信任的道德基础也过高。人性是善的,还是恶的,或是中性的,本来就是一个争论不休的问题,贸然选取一种立场立论,有失偏颇,人性的悲观主义者恐怕就会与之针锋相对。况且如果社会是良序的,人性是善良的,那么根本就没有必要讨论信任问题,因为本来就不存在这样的问题。即使存在信任问题,问题也应该是良序社会造就了普遍信任,还是普遍信任造就了良序社会。如果是前者,则社会本来就是一个道德理想国,如果是后者,则良序社会不过是结果,普遍信任如何可能建立仍然是一个问题。

功利主义者可能认为,每个人只要认识到,他们因为互不信任而各自追求自己的最大利益,最终任何人都无法达到自己的目的,从而会落入囚徒困境,而如果他们相互信任与合作,他们会摆脱囚徒困境,追求并达到对各方都最有利的结果,他们就会出于对自己利益的期望和考虑而相互信任,而不是不信任。如果任何人都私下使用理性获取自己最好的结果,但是实际上谁也无法获得最佳结果,相反如果人们都公共使用理性且能够获得最佳结果,那么人们也会为了自己最终的利益而相互信任,公开使用理性而不再私下使用理性。总之,人们会因为相互信任比他们不相互信任能得到更大的利益而相互信任而不是不信任。利益是人们相互信任的黏合剂,只要人们都真正合理地追求自己的最大利益,他们就会选择相互信任与合作,否则谁也保证不了自己的最佳利益。对于已经建立起来的社会来说,持久的合作不断产生的共同的和对各方最有利的结果也将连续生产和巩固人们的相互信任,反之亦然,人们的相互信任也会产生持久的合作和最大的利益。

---

① 尤斯拉纳.信任的道德基础[M].张敦敏,译.北京:中国社会科学出版社,2006:101.

即使对共同利益的期望会使人们相互信任,但是如果人们违背共同利益却并不一定因为违背共同利益而使自己的利益受损,相反,甚至增加,那么人们就不一定去追求共同利益,从而人们也就失去相互信任的基础。人们可以放弃私人理性,公共使用理性,服从公共法则,建立相互信任,但是无法避免有人为了自己私人的最大利益,希望他人遵守公共法则,而自己却不服从公共法则,并由他人承担因自己偷换公共理性、私下使用理性而产生的公共损失。只要有这种可能,而且只要有一个人这样做了,那么人们相互信任的基础也就不复存在了,因为"每一方都害怕对方不会像一个有约束的最大化者那样去行动,于是自己就有理由不按照那种方式去行动"①。因此把相互信任建立在利益之上是不可靠的,人们可能为了共同利益而相互信任与合作,也可能利用共同利益谋取个人私利,还可能因为利益的分歧而互不信任与对抗,更可能因为毫无利益关联而冷漠以对,形同路人,拒绝合作。

另一方面,对信任的这种功利主义的解释等于承认信任只具有一种外在或工具价值,而根本不具有一种内在或目的价值,即人们仅仅因为通过它能够给他们带来共同利益而相互信任,信任是实现人们共同利益的手段,本身并不是目的。但是如果信任是可靠的,一定不是外在的,只具有工具的价值,而一定是内在的,具有目的价值。也就是说,我们信任一个人,不完全是因为与他合作是有利的,而主要是因为他本身是可信任的,也不完全是因为我们对人性是乐观的,认为人性是善良的,一个人不会做对他不好的事情,而主要是因为他本身是值得信任的。而一个人是可信任的、值得信任的意味着,他的值得信任的行为具有内在的价值:"值得信任的行为(例如守信用)具有一个内在价值,就像一个值得信任的人那样去行动之所以是一件好事(在很多其他事情同等的情况下),就是因为那种行动就是值得信任的行动。"②

在什么意义上,一个人是可信任的和可托付的?或者说什么使得一个人的行为是值得信任的?正如威廉斯所说,"真诚是值得信任的一种形式"③,因此使一个人是值得信任的,也使一个值得信任的行为具有内在价值的是真诚或诚实。中文经常把诚实与信任合在一起使用,称之为"诚信",从而在无意中把诚实与信任联系在一起。但是从人们日常把诚信与信任等同起来使用来看,人们并没有真正搞清楚两者的关系,没有看到真诚其实是信任的基础,诚实是可信的前提,而不是相反,信任是真诚的前提和基础。

威廉斯虽然看到诚实是值得信任的形式,但是他似乎认为信任构成了诚实,而

---

① 威廉斯.真理与真诚[M].徐向东,译.上海:上海译文出版社,2013:117.
② 同①115.
③ 同①120.

不是诚实构成了信任,而且他所指诚实主要指在言语上值得信任,即说真话,不撒谎等。而说真话只是诚实或真诚的一种形式,诚实还指意志表达切实、意思表示真实、思想传达求是、行为表现实在等。最重要的是,诚实这种德性一定是面向他人而不是仅仅面对自己、公开地而不是私下地说实话,如实表达意志、真实表示意思,如其所是地传达思想,实实在在地通过行动表现自己。如果每个人总是公开地对他人、任何人说实话,如实表示意思,如是传达思想,实在表现自己,那么他一定是值得信任的,也能取得和配得人们的信任。相反,如果每个人总是公开对他人不说实话,即撒谎、隐瞒,不真实表示意思,即欺骗、虚情假意,不如实传达思想,即瞒天过海、弄虚作假,行动表现不实在,即表演、作秀,那么他是不值得信任的,也无法取得人们对他的信任,普遍的不信任会到处蔓延、繁衍,社会将重回囚徒困境。

在社会公共领域,诚实显示为公开地对他人心口如一,即心里想的和嘴里说的是同一的,心意一致,即心之所思就是意之所志,表里如一,即外在表现合乎内在精神,名实相符,即名号、荣誉、地位与实际、实力、德能相符、相配、相称。如此则一个诚实的公民是可信的、可托付的,反之,如果一个公民经常公开对人口是心非、口蜜腹剑,三心二意、一心二意,表里不一、内外分离,名实不符、德能不称,那么他是不可能得到人们的信任,也是没有人敢于相信他、托付他的。

诚实的行为作为公开对他人显现的行为,一定是公开使用理性而非私下使用理性的行为。公开使用理性即意味着颁布公共法则、制定一般规则,让人按照规则、依据法则来言行。诚实即表现为与公共法则完全相符、与一般规则根本一致,也就是始终服从于和忠于公民自己制定的法则,诚实即忠诚、无二心,不背离、不忤逆。任何忠诚的公民,即忠于而不叛离于公共法则的公民任何条件下都是可靠的、让人放心的,一切公共事务是可完全托付于他的。相反,不忠于公共法则,总是要求他人服从却允许自己例外的人则恐怕永远都是靠不住的,任何公共事务都是无从托付于他的;任何不忠诚的人永远都会利用公共法则谋求个人利益。

真诚如何可能

诚实是信任的道德基础,一种值得信任的行为应当是诚实的行为,诚实的人应当是可托付的人。因此要建立相互信任就必须保证人们彼此真诚,只有公民普遍真诚相待的社会才可能是公民普遍相互信任的社会。完全诉诸共同利益或公共荣誉的链条或花环迫使或诱导人们相互信任与合作,固然一时乃至很长时期内有效,但是终究不能长久,利益的链条终会老化,荣誉的花环总会褪色,普遍的信任与合作恐怕终究会被洞穴假象、欺骗所瓦解。然而诚实如何可能,普遍真诚相待的社会是可能的吗?可是在现代社会,普遍真诚相待不是成了问题吗,正如相互信任已然成为一个现代社会伦理问题一样?传统社会是不存在真诚问题,因此也是不存在信任问题的,因为传统社会是作为有机整体的伦理实体,是有内在同一性和目的的,每个人是作为它的一部分而归属于它,以它为目的和取得自身认同的,因此任何人都不是独立于或分离于它而是属于它或同于它,因此也忠于它或爱它,并因为它而彼此真诚相待,因为所有人都是一体的、价值一致的。但是这种作为伦理实体的社会在现代却解体了,人们失去了伦理实体的同一性和公共善,也从破碎的伦理实体中溢出成为独立和自由的个体,从而也因失去先天倾向一致忠诚于它的共同体,而失去了彼此真诚的纽带。

最早发现诚实在现代社会成为一个问题的人是卢梭。在被称为"真诚"是其中心概念的首部著作《论科学与艺术》①中,卢梭对照了古希腊诚邦社会与近代社会,他发现古代社会是美德社会,其风俗是诚朴的,而近代社会则因为科学艺术的败坏而蜕变为理智功利社会,其风尚是虚伪、造作的。古代公民是无知的,但却是有德性的,他们以其卓越的德性赢得名声,其声誉实之所归,以其伟大的德性得享幸福,也配享幸福。相反,近代人是有知的,但却是无德性的,他们以其知识浪得虚名,闲适无用于社会。古代公民的灵魂因德性而充满力量和生气,他们无须外在地装扮自己,也不需要借助艺术培养高雅趣味,他们内在质朴的德性足以使得他们是勇武和高贵的;他们具有什么样的德性,他们就是什么样的,他们的任何行动都是其德性的外在呈现,他们根本不需要为了赢得他人的赞赏而装饰自己,为了取悦他人而隐藏自己的天性。但是近代人却大量需要艺术来打扮自己,因为他们本身缺少真正的德性,他们需要精致和高雅的趣味来美化自己,以补偿他们灵魂力量和生气的匮乏。近代艺术本质上是一种取悦人的艺术,它通过提供精微而细腻的趣味鉴赏而把人们纳入同一的流行的风尚、礼节、风气之中,人们借此取悦他人,希望被人赞赏、认可。人们也热衷于通过流行的风尚来取悦人,害怕自己不被欣赏。而人们为了取悦人而"再也不敢表现真正的自己","永远不能遵循自己的天性"。人们学会了在他人面前表演自己,掩盖自己,以至于"我们永远也不会明确知道我们是在和什么人打交道",由此我们"再也没有诚挚的友情,再也没有真诚的尊敬,再也没有深厚的信心了!②"

卢梭此时还只是通过观察看到,古代伦理性的美德社会是真实同一性的普遍诚实的社会,而近代科学与艺术兴起所塑造的社会不再是伦理美德社会,而是日益理智化的、具有虚假同一性的普遍不诚的社会:科学正在消解美德,艺术在掩饰美德的匮乏,流行的风尚则在取代美德的盛行。而在《论人类不平等的起源与基础》中,卢梭则进一步从社会构成机制方面揭示了一种建立在理性、自尊与自利之上的

---

① 特里林.诚与真[M].刘桂林,译.南京:江苏教育出版社,2006:61.
② 卢梭.论科学与艺术[M].何兆武,译.上海:上海人民出版社,2007:22-25.

私有社会必然是一种不具有真实同一性而只具有虚假同一性的不诚的社会。人在走出自然状态之后进入了世俗化的社会,其自爱和怜悯心也被自私、自尊心和理性取代。理性的自私的人必然追求自己的最大利益,其自尊心则促使他要不惜一切代价引起人的重视,而要引入注意,则他必须出人头地,获得声望、荣誉、特权,以让他人颂扬自己。这样每个人都生活在他人眼中,为他人的评价所左右。如果人们都通过自己的才德赢得他人的尊重,则人们也生活在自身中,他们是以其内在价值获得了尊敬。但是事实并非如此,"自己实际上是一种样子,但为了本身的利益,不得不显出另一种样子。于是,'实际是'和'看起来是'变成迥然不同的两回事"①。人们私下是一个样子,公开示人又是另一个样子,他们不再表里同一,实际之所是不是其看起来之所是,呈现的不是其真实之所是。人生活在他人眼光中,但他人眼中的他却不是真实的他自己。因此人们便相互欺骗、骗人也受骗,完全失去了自身同一性,普遍地对人不真诚。一个理性和自尊心强烈的社会沦落为一个普遍欺骗的社会,即假象洞穴。

黑格尔在其《精神现象学》中揭示了随着中世纪教化世界的解体和近代绝对王权国家的瓦解,近代社会在一开始就落入普遍分裂的困境中,从而普遍诚实就成了问题。希腊伦理世界是实体世界,而中世纪教化世界的基点是个体,其目的是通过教化和异化,使个体与实体性的国家权力和财富取得一致,达成同一,从而使独立的个体成为普遍性的实体性的个体。在公共权力和公共财富中见到"与自己同一的东西",认为是其本质及其具体实现,则这样的个体意识即是高贵意识,他对其本质即公共权力和公共财富不仅"矢志忠诚",而且衷心感激。反之,与公共权力和公共财富不一致的个体意识是卑贱意识,他对它们既不忠诚,也不知感恩。教化世界基本上是高贵的,由高贵意识主导的。但是个体普遍教化的结果却是以普遍的分裂告终:公共权力蜕变为普遍的恩惠,高贵意识堕落为卑贱意识,个体被抛出普遍本质之外,他在普遍财富的恩惠中经验不到自己的同一性,反而意识到自己的"支离破碎",在他的意识中,"一切具有连续性和普遍性的东西,一切称为规律、善良和公正的东西同时就都归于瓦解崩溃;一切一致的同一的东西都已解体,因为,当前现在的最纯粹的不一致,绝对的本质是绝对的非本质,自为存在是自外存在;纯粹的我本身已绝对分裂"②。社会不再是同一的、高贵的和普遍诚实的,而是分裂的、低贱的和普遍不诚的,不是高贵意识而是卑贱意识,即分裂意识成为社会的普遍意识。在这样的社会中,谁也找不到自己的本质,不知道自己是谁,因为"人们在这种纯粹教化世界里所体验到的是,无论权力和财富的现实本质,或者它们的规定概念

---

① 卢梭.论人类不平等的起源和基础[M].李常山,译.北京:商务印书馆,1962:124-125.
② 黑格尔.精神现象学:下卷[M].贺麟,王玖兴,译.北京:商务印书馆,1979:62.

善与恶,或者,善的意识和恶的意识、高贵意识与卑贱意识,统统没有真理性;毋宁是,所有这些环节都互相颠倒,每一环节都是它自己的对方"①。社会即沦落为一个人们对自己和对他人普遍欺骗的社会。

狄德罗的小说《拉摩的侄儿》即刻画了任何一种社会在它完全失去自身同一性之后的残酷的普遍现实:在这样的社会中的任何人,既不与自身同一,无法忠于自身,对自己是真诚的,也不能和社会一致,不能忠于社会,对社会是诚实的,因为他已然失去同一的自我意识,蜕化为一个"高傲和卑鄙、才智和愚蠢的混合物",在他身上,"这样正确的思想和这样的谬误交替着;这样的一般地邪恶的感情,这样极端的堕落,却又这样罕有的坦白"②。这样的人即使是真诚坦白的,他们真诚坦白的也是他们的恶与假而非善与真。

在一个普遍分裂和颠倒的社会,也存在同一和诚实的人,只不过如狄德罗和黑格尔所描述的那样,与分裂和不诚的人相对的同一和诚实的人是无力的,其固守善与真的诚实是抽象的,他除了把高贵的和善良的东西从卑贱的和恶的东西中分离出来并加以防守之外,他并不能克服卑贱和分裂的意识,恢复其同一与诚实,他也没有认识到后者其实恰是前者的颠倒或反面,并且前者是受后者限制的,诚实的人不可能独善其身。单纯的诚实的意识不是分裂的意识的真理,相反,精神必须经由分裂的意识上升到一个更高的阶段,重建社会的同一性,才能恢复具有精神性的诚实意识。

在希腊城邦社会和中世纪教化世界都不存在诚实的问题,也不存在信任的问题,前者因其是同一的伦理实体,后者因个体被普遍教化具有高贵意识而是普遍诚实和相互信任的。但是在走出同一的伦理实体、个体普遍教化最终异化和失败之后,近代社会却陷入普遍分裂、欺骗和不诚的困境之中,诚实和信任都成为问题。如何克服分裂,重建社会自身同一性,如何消除普遍欺骗,恢复人们之间普遍的真诚与信任确然是近现代个体社会必须予以解决的根本难题。对于这个难题,卢梭提供了一种政治的解决方案,即只有建立一个基于公意的人民主权的共和国,社会同一性和诚信的重建才是可能的。康德提出了一种道德主义的解决方式,即任何人都一贯地公开使用理性,使自身行为的准则符合普遍的道德法则,不可撒谎,待人诚实乃是一种无条件的义务。黑格尔则给出一种伦理主义的解答,即建立一个具有绝对精神性的、特殊完全符合普遍的伦理实体,就能恢复人们之间普遍的真诚与信任。然而这些哲人以及其他一些哲人提出的解决社会同一性和诚信问题的理论或方案是否是可能的,或可行的呢?如何才能真正恢复真诚,重建信任呢?对这些问题的讨论显然超出了本文的范围,只能留待以后另文对它们做进一步的思考。

---

① 黑格尔.精神现象学:下卷[M].贺麟,王玖兴,译.北京:商务印书馆,1979:65.
② 狄德罗.狄德罗哲学选集[M].江天骥,等译.北京:商务印书馆,1983:206,226.

诚信的形上设定与制度保障

赵庆杰

中国政法大学马克思主义学院

摘 要 "为什么应当诚信?"是回答"如何才能诚信?"的前提,即需要首先追究诚信的形而上根据。假如没有形上的"上帝",诚信是难以可能的,因为设定"上帝"存在是善恶因果律和诚信合理性的内在要求,故在个人信念层面应把诚信设为自成目的。为了克服由此带来的"为诚信而诚信"的劝善的无力感,实现信念中的"应然"向现实中的"实然"转化,关键是在社会中找到一个可以置换个人信念中"上帝"的替代物。这只能由具有集体性的社会具体制度来供给。在一个以制度为担保的奖罚有常的环境下,个人的诚信德性和社会的诚信局面都是可以造就的。

关键词 诚信;上帝;制度

诚信问题在当今一再被提及,成为各界俱讼的焦点。面对诚信危机,大多数人只是在不停地寻找使人保持诚信的方式,却很少追问一个前提性的问题:我为什么应当诚信?或者反过来说,假如我不诚信我怕什么?这涉及对诚信这一德性的定位问题。只有先搞清了这个前提性的问题,才能据此制定出实现诚信的措施。对这个前提性问题的回答主要有两种:①手段论,即把诚信当作个人或组织达到社会或经济目的的一种手段;②目的论,即把诚信本身当成目的,作为一个人应当具有的德性。综观现在人们的诸多论述与行为,大多数属于手段论的诚信观。不可否认这种观点与行为的合理性成分,但在人们知道个人由于诚实守信会获得诸多好处的同时,却又在现实生活中经常发现,有时不诚信的行为为个人获得的好处更多。所以这种手段论的诚信观具有不稳定性,它会随利益的多少而决定是否选择诚信。故我倾向于在个人层面选择目的论的诚信观,把诚信本身作为目的,作为一个人应当具备的德性。这就需要设定诚信的形而上的根据,以便赋予诚信以目的论的合理性。

一、假如没有上帝,诚信是否可能?

如何设定诚信这一德性的形上合理性?这需要扩大研究的视域,把诚信危机放在整个社会这一大背景下来考察,就会发现它其实只是现代性道德危机的一种具体表现。而现代性道德危机的突出表现就是道德的"祛魅"。韦伯对现代社会有一段精彩的描述:"我们的时代,是一个理性化、理智化,总之是世界祛除巫魅的时代;这个时代的命运,是一切终极而最崇高的价值从公众生活中隐退——或者遁入神秘生活的超越领域,或者流于直接人际关系的博爱。"①这缘于自启蒙运动以来理性的高扬并进而泛滥,道德与宗教日益走向分离甚至对峙,这种变化是以世俗人道主义对宗教神道主义斗争的胜利为根本标志的。在这个宣布"上帝已死"与诸神隐匿的时代,在这个因网络的普及而使地球缩小为村落、因基因的破译而使上帝的特权被世俗的亚当掌握的时代,简而言之,在这个技术理性君临一切的时代,一切都变得技术化、世俗化了,没有了崇高、神圣与超越,就连伦理道德也变得似乎只是一些约束人的外在规范,而对于人类内在的心性理想已经越来越缺乏必要的理论耐心。当代中国社会出现的一系列问题,如物欲横流、拜金主义、媚俗亵圣、躲避崇高、价值消解、意义迷失、淡化终极关怀、主张潇洒地走、过把瘾地活,以致出现的道德滑坡、诚信危机等,正是社会日趋世俗化、理性化、道德"祛魅"造成的结果,也是自启蒙运动以来现代性道德谋划失败的重要表征。

当我们面对今天如此复杂的道德局面时,我们不无疑惑地发出疑问:伴随着道德与宗教的日益分离甚至对峙而造成的道德的"祛魅",现代道德能否做到论证的自洽?诚信的合理性究竟如何?诚信是否需要一种神圣性设定和形而上根据?

在《罪与罚》中,陀思妥耶夫斯基曾借主人公的口,不止一次地追问:"假如没有上帝,世界将会怎样?道德是否可能?"这一问题实际上是指一种终极的价值信仰根据与道德行为规范的关系问题,即追问道德的神圣性来源与道德的形而上的根据在哪里。就诚信这一具体的德性而言,我们也可以追问:"假如没有上帝,诚信是否可能?"即追问诚信的神圣性来源与诚信的形而上的根据在哪里。其实对"道德是否可能"的回答就包含了对"诚信是否可能"的回答,因为诚信是道德的一种具体德性。

如果广义地理解这里的"上帝",它可置换成别的一些具有神圣意味的名词,例如历史上的中国人较熟悉的"上天""鬼神"以及佛教"对业报轮回的信仰"等等。它本身隐含着这样的重要问题:我们的道德行为是否需要一种至高的精神信仰来支持(或者对一些人来说是"威慑")?以及可以有一些什么样的精神信仰来支持?道德与终极信仰可以有一种什么样的关联等等②。人们的理性倾向于认为上帝不存在,但他又充分意识到上帝不存在的后果,意识到哪怕上帝只是世俗的不在,社会

---

① 马克斯·韦伯.社会学文选[M].伦敦:牛津大学出版社,1946:155.
② 何怀宏.假如没有上帝,道德如何可能?[J].南昌大学学报(人社版),1999(1).

的不在,即人们不再信仰上帝将给文明与社会秩序带来的后果,尤其是在人们曾经信仰过之后。是否真的没有上帝,就什么都可以允许,道德就会失去根本的支柱而趋于崩溃吗?仅仅靠社会和法律的制裁不够吗?仅仅靠来自人的生存和发展的根据的道德约束不够吗?当今的道德危机特别是诚信危机对此已表现出一种强烈的怀疑,甚至已给出了一种否定的回答。

为什么没有上帝,道德就难以奏效?诚信就难以可能?这牵扯到道德的善恶因果律与诚信的伦理合理性的论证问题。

二、善恶因果律与诚信合理性

18世纪法国启蒙思想家伏尔泰有一句名言:即使没有上帝,也要造出一个来。因为设定上帝的存在是善恶因果律与道德合理性的内在要求。

所谓"善恶因果律",最直接的解释就是品行的善恶和人的际遇之间的因果关系,具体内涵就是中国古典哲学中所揭示的"性善者得福,性恶者得祸",亦即常言所说的"善有善报,恶有恶报"。用康德关于实践理性悖论的术语表述,就是德性和幸福之间存在着一种内在的关联,这种关联是因果关系,这种因果关系具有某种规律性[①]。

理性告诉我们,一个道德的人应该幸福。但是在现实世界中,德性和幸福并不相称,有德性的人不一定得到幸福,正如诚实守信的人不一定获得好处一样。那么如何使道德做到理论上的自洽呢?单凭理性能否解决这一"悖反"?康德在回答"一个定言命令如何可能"的问题时,说明了理性的局限和设定上帝的必须。他说:"'一个定言命题如何可能'的问题,可以回答到这样程度:我们所能提出的唯一可能的前提,就是自由的理念,我们可指出这一前提的必然性,为理性的实践运用提供充分的根据,也就是对这种命令有效性的信念,对道德有效性的信念提供充分根据。但这一前提本身如何可能,是人类理性永远也无法探测的。""这里,就是道德探究的最后界限。划定这样一个界限是重要的,这一方面可以避免理性在感觉世界内,以对道德有害的方式,到处摸索最高动机和虽可理解但是经验上的关切;另一方面,也可以避免理性在我们称之为意会世界的空无一物的超验概念的空间里,无力地拍打着翅膀,而不能离开原地,并沉沦于幻象之中。"[②]在理性驻足的地方也正是上帝发挥作用的起点。正如宗教哲学家鲍恩曾指出的:道德对宗教有着一种难以克服的内在两难,即在"形式的道德律"与"实质的幸福律"之间存在明显的"视差",人们总处在追求美德与追求幸福生活两种不同价值系统的冲突之中,而克服

---

① 樊和平.善恶因果律与伦理合理性[J].上海社会科学院学术季刊,1999(3).
② 康德.道德形而上学原理[M].苗力田,译.上海:上海人民出版社,2002:87.

这种冲突的最佳方式,就是必须有一个神存在,他按照应得的报偿来分配幸福。而要这样做,就必须像康德论述的那样,这个神必须有绝对的智慧,是全智者;他必须洞察人类,具有人类的道德理想,即他是全善的;他还必须拥有绝对的权力,以便把德性和幸福联系起来,亦即是全能的。这样一个全智、全善和全能的神就是上帝。并且由于道德规律出自理性,它所责成的事必定可以实现。但是,我们不能在存在的任一时刻达到神圣性,而需要有无穷无尽的时间,需要有趋向这种完善的永恒的进展,因此,灵魂必须是不朽的[①]。这也就是说,道德的基础不是对上帝的信仰,而是恰恰相反,对上帝的信仰是道德理性的一个基本要求,康德的论证不同于以往把神学作为道德基础的论证,而是颠倒了这个顺序,他力图证明宗教的基本信念需要我们的道德理性的支持。借助于理性的道德原则,康德第一次创造出了上帝的概念,这就是康德在神学中的"哥白尼式的革命"。在康德看来,崇拜上帝与服从道德律是同义的。而且,"离开了道德的生活方式,人自信能够做用来取悦于上帝的任何事情",在他看来都不过是"纯粹的宗教幻想"。笔者把这种情形称为"道德的宗教情结"。之所以称为"情结"(complex),是因为这里所强调的宗教与上帝已不是一般意义上的具体宗教(如基督教、佛教)与上帝(如耶和华),而更多的是借用这一词语表达一种带有爱因斯坦所说的"宇宙宗教感情"的意味。这种宗教情感包括对神圣物的依赖感;在神圣物面前的敬畏感;对神圣力量之神奇和无限的惊异感;对违反神意而生的罪恶感和羞耻感等。人们不信仰宗教不一定没有宗教感情,我们这里所讲的道德的宗教情结就主要是指道德中的这种宗教情感,目的是要人们对道德怀有这种宗教式的敬畏感,正如康德对"头顶上的星空和内心的道德法则"的敬畏感一样,是一种可以先天地认识的肯定情感,而非鼓动人们都去信教。这是重新使道德"附魅"的必需,也是设定作为道德德性之一的诚信的神圣性来源与诚信的形而上根据的必需。亦即认为如果没有上帝,也就不会有永恒与永生,不会有灵魂的不朽;而如果没有上帝与不朽,也就不会有真正和根本意义上的奖与罚,有关善恶、正邪、诚欺的道德判断就会失去最终的根据,对善恶诚欺的奖惩也会失去根本的效力。从而也就不可能有稳定的道德秩序,一如由于当今的诚信危机造成社会失序的情况。

　　从康德的"哥白尼式的革命"中还可以发现道德的善恶因果律与宗教的善恶因果律的根本不同,由此也就可以发现手段论的诚信观的反道德性。从表面上看,宗教中的关于天堂地狱的种种说教的确是以劝善止恶为其目的的,为促使人们的行为符合于道德规范的要求提供了宗教保证,似乎无可厚非。但问题在于,宗教主要是利用善男信女对神的奖赏的欲求或惩罚的恐惧,来换取他们对道德准则的实践。

[①] 康德.实践理性批判[M].韩永法,译.北京:商务印书馆,2001:133.

在这里，无论是欲求还是恐惧，其客观效果往往也会激发起人们的贪欲之心，无助于培养自觉的道德义务感和真正的道德意识。因为善男信女诚心皈依、礼神拜佛的最终目的就是挣得这种来世富贵和死后天堂的幸福生活，在这里起作用的原则实际上不过是商业中的等价交换。崇高的道德在宗教中受到了歪曲，异化为一种赤裸裸的宗教利己主义。手段论的反道德性在此昭然若揭，用康德的话说叫做"对道德源头性的玷污"。康德说："人们是为了另外更高的理想而生存，理性所固有的使命就是实现这一理想，而不是幸福。"①这样，他就把道德的纯洁性和严肃性提到了首要的地位。康德反对那种把个人幸福作为最高原则的伦理学说，认为使一个人成为幸福的人和使一个人成为善良的人，决不是一回事。幸福原则向道德提供的动机不但不能培养道德，反而败坏了道德，完全摧毁了道德的崇高，亵渎了道德的尊严。它把为善的动机和作恶的动机等量齐观，完全抹杀了两者在质上的根本区别。人之所以拥有尊严和崇高并不是因为他获得了所追求的目的，满足了自己的爱好，而是由于他的德性。德性是有限的实践理性所能得到的最高的东西。因为要使一件事情成为善的，只是合乎道德规律还不够，而必须同时也是为了道德而作出的；若不然，那种相合就很偶然并且是靠不住的，因为有时候并非出于道德的理由，也可以产生合乎道德的行为，而在更多情况下却是和道德相违反的。所以康德总结道："道德学根本就不是关于我们如何谋得幸福的学说，而是关于我们应当如何配当幸福的学说。只有在宗教参与之后，我们确实才希望有一天以我们为配当幸福所做的努力的程度分享幸福。"②因此，对于诚信而言，个人应该把诚实守信本身当成目的，而不应把诚实守信当成达到某种利益好处的手段。

　　那么如此说来，岂不陷入了无力的"为道德而道德""为诚信而诚信"的劝善之中？不言而喻，单纯的目的论诚信观是软弱无力的，而单纯的手段论诚信观又经常会走向反面。那么如何来解决这一矛盾？我的方案就是把目的论诚信观仅仅限定在也必须限定在个人的信念层面，也就是说，以上对诚信的神圣性的赋予和形上根据的设定，只是从个人的价值信念层面对诚信的界定，而非对社会事实层面的说明。即我们在个人的信念层面应该"为道德而道德""为诚信而诚信"。那么，如何使个人的这种"应然"的信念得以在现实层面变为"实然"？这是使诚信在全社会得以普及的关键。而实现这一转化的关键，就是在现实社会中找到一个具有像个人信念中那样的全智全能的"上帝"。但在人们已不再信仰神圣的现代社会中，谁来充当上帝的角色，保障善恶因果律的有效实施，使诚信者得福，失信者罹祸呢？

---

① 康德.道德形而上学原理[M].苗力田,译.上海:上海人民出版社,2002:1.
② 康德.实践理性批判[M].韩水法,译.北京:商务印书馆,2001:142.

三、诚信的制度保障

在现代性社会中,人们基于两个理由对制度寄予无限希望与信任:其一,个体在现代性社会中对于空前复杂的社会结构与权威的空前乏力,转而希望通过制度实现对复杂社会现象的有效控制;其二,社会抽象系统及其承诺的出现,而社会抽象系统的承诺在实质上是制度性承诺,对抽象系统的信任实质上是对制度承诺的信任。

制度是什么?诺思认为制度是人为设计的各种约束,它由正式约束(如规则、法律、宪法)和非正式约束(如行为规范、习俗、自愿遵守的行为准则)所构成[①];罗尔斯把"制度理解为一种公开的规范体系,这一体系确定职务和地位及它们的权利、义务、权力、豁免等等"[②]。不论学者们怎样理解制度,制度追根究底是一种人为的设计,是在一定历史条件下形成的正式规范体系及与之相适应的通过某种权威机构来维系的社会活动模式。即这里所讲的制度主要是指具体操作层面的规范化、定型化了行为交往方式的设计与安排,而非指标志社会根本性质的制度。

在科斯、布坎南等新制度经济学家看来,任何一个与社会相悖的现象出现,其终极原因都应该从制度本身存在的缺陷中去寻找,而不应该仅仅从个人行为中去寻找。具体到诚信问题,如果社会中偶尔出现一两桩不诚信的事件,我们可以归结为这样那样的主观原因。一旦生活中充溢着形形色色的不诚信行为,我们就不得不更深一层次地追问制度原因了,是制度允许(甚至变相的鼓励)人们这样做。因为在既定的制度下,每个人行动的自由度是一定的,制度通过一系列设定规定了人的活动的选择集。通过选择集,独立的交往行为者(个人、企业或组织)形成特定的交往形式。依靠各自应该的交往形式,人们能够对自己或他人的行为作出正确的预测,并产生特定的结果。制度的相对稳定性为人们行为习惯的养成提供了环境,在该环境中,一种行为能够大量地反复地出现,人们预期到它的出现,赞赏它并对与之相悖的行为加以反对,对犯规者给予惩罚。于是,制度安排下的行为便会由不适而习惯,由习惯而自然。

在这种情况下,制度的公正与否就显得尤为重要。因为社会公正优先于个体善,个人的美德、情感只有在一个公正的社会中才能形成。如果说个人负有支持制度的义务,那么制度必须首先是公正的或接近公正的。个人诚信德性的养成需要在一种公正的制度安排下形成,在这种制度环境中,有一套用以保证个人诚信与人际信用的制度体系,以便使诚实守信者获益,使他能够体会到"正其义则利自在,明

[①] 诺思.经济史中的结构与变迁[M].陈郁,等译.上海:三联书店上海分店,1997:373.
[②] 约翰·罗尔斯.正义论[M].何怀宏,等译.北京:中国社会科学出版社,1988:54.

其道则功自在，专去计较利害，定未必有利，未必有功。"（《朱子语类》卷三十七）通过制度安排和在此制度下形成的制度环境，使得守信者确信我只需要"为诚信而诚信"即可，全智全能的上帝会保证绝对的公平与正义，个人不需要去斤斤计较利益得失。在这里实际上是集体性的制度本身发挥了担保作用，公正的制度行使了个人信念中上帝的职能，使得任何债务都会得到偿还。通过把非个人的集体性的制度的力量设定为上帝的全智全能，使得善恶因果律在社会现实层面得以体现，个人信念中的"应然"落实为社会现实中的"实然"。在这样一种制度环境下一定会培养出人们的诚信德性，同时又能造就出整个社会的诚信局面。

信任、可信任性与被信任人的动机

何浩平

东南大学人文学院

摘　要　由于人的有限性,人与人的信任是人们得以正常生活的必要条件。"信任"本是前反思的,当人们关注到它时,意味着信任已经出了问题。面对"信任危机",哲学家有义务对这一概念做出澄清。信任是指一种三元关系:某人在某事上信任某人。可信任性是被信任人的一种倾向性性质。信任必然伴随着风险:被信任人有自主的行为能力,他们随时可以背叛这种"信任"。对于被信任人为何愿意完成被托付的事情,有学者认为是出于"外在的动机",即被信任人的自身利益;也有学者认为是出于"内在的动机",即被信任人自身的善良意愿。事实上这两种观点并不互相排斥。在现实生活中,我们对"信任"的培育,应该同时强调这两种动机。

关键词　"信任"概念;自身利益;善良意愿

近年来,社会上开始讨论"信任"问题。信任之于我们人类,本是必需品。在实践中,我们需要通过与他人的合作才能完成特定的工作;在认识上,我们绝大部分的知识都是通过他人转告而得来的。这些都要求人们之间的相互信任。"无论何事与人类相关,它们必须在'信任'的氛围中,才能获得成功。"[1]特别是,在现代社会,人们的分工极为细致,各人都有各自的专业所长。人们对他人的专业领域,往往一无所知,因此在很多事情上,比如医疗、教育等,我们必须依赖专业人士(professionals)的意见。如果没有对这些专业人员的信任,简直无法想象社会当如何运转。

由此,信任就和空气一样,是人们得以生存的必要条件,"弥漫"于人间,但不为人所注意,处于前反思的状态。一旦我们意识到它,那就说明"信任"已出了问题,如同只有呼吸困难时,我们才醒悟原来到处应充满着健康的空气。面对当前的"信

---

① "Whatever matters to human beings, trust is the atmosphere in which it thrives." Sissela Bok, Lying [M]. New York: Pantheon Books, 1978:31.

任危机",哲学从业者理应主动地对这一概念本身进行反思,展示它的内涵。只有对"何谓信任"这一问题有了清楚的界定和把握,才有可能对"信任的形成需要哪些条件""何时信任是合理的",以及"如何培育(cultivate)信任"等问题做出进一步的回答。

我试图在下文中进行这项工作,即对"信任"概念给出一个初步的概念分析。当然,要完整地给出对于"信任"的充分必要条件是很困难的。我仅满足于,首先给出对此概念的意义的一些无争议的理解,即指出"信任"是一种三元关系;其次,我将说明,对于"什么才构成了被信任人的动机"这一点,是有争议的;最后,我将基于个人经历提出,我们在对医疗等专业领域的信任问题的探讨中,似乎太过强调加强被信任人的"外在动机",但这是不够的。

一、信任和可信任性

在日常生活中,人们对"信任"一词的使用,所涉及的范围极广。有时,我们说,张三很信任他的妻子;有时,我们说,张三很信任鼓楼医院;有时,我们说,张三很信任一国两制;甚至有时,我们会说,张三信任他的闹钟会在早上准时叫醒他;等等。更有意思的是,信任也可以是自我信任,即自信。对自身的信任也是我们得以筹划未来生活的一个重要条件。

由此,我们观察到,信任的对象似乎不仅可以是人,也可以是某个机构,甚至可以是某种抽象的制度或某个物件。但是,经过进一步的反思,我们发现,最本真的"信任"指的是人与人之间的一种关系;其余的情况,要么是一些不精确的说法,比如某人信任医院,其实说的是某人信任那家医院里面的医生;要么是一些拟人的说法,如闹钟的情况。当然,表面上,或许人们信任特定的医院是因为那家医院的设备很好,但是,之所以他会对设备产生信任,归根结底,还是出于他对制造这些设备和使用这些设备的人的信任。因此,当我们去研究信任的含义的时候,我们应当首先聚焦在人与人之间的"信任"上;之后,再去分析其余的情况,看它们是在什么意义上使用"信任"一词,以及这种使用恰不恰当等。事实上,绝大部分的当代学者都认为人和人的信任应当作为一般的信任的范式或者模型。① 也就是说,检查对信任的概念分析得好不好的时候,首先就应该看所给出的定义能否精确刻画人和人之间的信任。

就人与人的关系来说,信任是最为紧要的。人是有限的存在者,这意味着单

---

① 这里,我参照的是 Carolyn McLeod,"Trust", The Stanford Encyclopedia of Philosophy (Fall 2015 Edition), Edward.N.Zalta. (ed.), URL=⟨http://plato.stanford.edu/archives/ fall2015/entries/trust/⟩中的判断。

个的人只能占据有限的空间和时间。人所能活动的范围是有限的。某人在单位工作时,他就没办法照看家里的财物。但通常,他会相信家里的东西是安全的,这表明他对周围的邻居有一种基本的信任,认为他们不会无缘无故去砸他家的门,否则,他根本就不能离开家半步。人所能利用的时间也是有限的。如果某人每天必须要工作十二小时,那么他就没有时间自己煮饭等,由此他必须信任食堂的员工,能够给他提供合格的饭菜。对我们有限的人来说,保持一种对周围人的基本信任,是得以正常生活的一个必要条件。甚至就不正常的生活来说,有时信任也是必要的,例如,劫匪抢银行时,真正动手的匪徒必须要信任他那正在放风的"兄弟"。

正是因为信任是如此普遍和必要,以至于人们在日常生活中很少会意识到信任的存在。比如我在幽暗的图书馆找书的时候,极少会怀疑书架背后的人会忽然跳出来,抢劫我;而在长途公交车上,我累了就睡觉,也从不怀疑旁边座位的人会趁机偷我的钱包。往往只有当不好的结果真出现的时候,我们才会发现信任的存在。如果我在公交车上醒来,发现钱包没了,那么这时我才会意识到,我原来对旁边的人是存在着信任的。胡塞尔与海德格尔等现象学家常强调"课题化的"(thematized)对象与"非课题化的"(non-thematized)对象的区分或所谓的"上手性"(Zuhandenheit)与"现成在手性"(Vorhandenheit)的区分。① 由此,如本文开头提到的,信任对我们而言,往往是非课题化的,或者说"上手的"。

注意,这样一种以前反思状态(pre-reflective)存在着的信任是必须的,如果我们需要处处将信任本身加以对象化,反思其是否可靠,那么人们将会陷入精神障碍中去,从而失去正常生活的能力。对于一个对基本的"信任"进行"过度反思"的人而言,生活中处处都是危险,他将根本不能踏出家门一步。

以上,是我们对什么是信任的一些初步的观察。我们认为,信任首先是人与人之间的一种关系。信任在很多情况下是被我们所预设的,不加以反思的。更确切地,我们可以说,信任是一种三元关系(谓词):

某人 A 在某一件事情 C 上(或者说某个领域 C 中)信任某人 B

A 对 B 的信任并不是全方位的(global),而是针对某一件具体的事情或者任务 C 的,所以我们说信任是局部的(local)。我对我邻居的信任,仅仅是就他不会来砸我家门这件事情而言的。但显然,我并不会去找他谈论哲学,因为我并不信任他对哲学有很好的研究。当然,有时我们确实会将某人一般性的描述为是一个可以

---

① M Heidegger. Being and Time[M]. Trans, J Macquarrie, E Robinson. New York: HarperCollins, 1962: 67, 98.

信任的人。① 这似乎是说他凡事皆可信任,但其实很多时候我们只是说他在某一领域的很多事情上比较可靠。

由此,信任要得以可能,我们必须要相信,被信任人 B 在事情 C 上面是具有专业素养的,是有能力去完成的。这里包含两层意思:首先信任的发起者 A 必须要对 B 在这件事情上有着积极的评价,必须比较乐观地相信 B 具备了基本的能力去完成这件事情;其次,B 必须真的具备了这样的能力。如果像我们上文所描述的,某人对周围的人是怀疑的,采取消极的评价的,那么是建立不起来信任关系的。另一方面,如果被信任人并不具备相应的能力,那么这种"信任"也是虚假的。

需要注意的是,信任的结果并不总是好的。人们会由于信任而受到很大的创伤。并且这种伤害不仅仅是由于某件事没能完成而使我们受到伤害,也来自于我们对于错误地信任某人而带来的懊悔感,我们觉得受到了别人的背叛和欺诈。这也是为什么人们会开玩笑说,对信任最有研究的不是道德哲学家,而是罪犯。罪犯最擅于利用人们的信任来达成他们的目的。

是以,信任必然意味着一定的风险性,因为信任会带来一种盲目,影响到人们正常的理性判断力。譬如,我信任某老师在黑格尔研究领域的专业性,那么当面对这一研究中可能的争论时,我会认为他的解释是正确的。而不去认真地研究黑格尔的文本,理智地思考不同见解的合理性。即使我去认真研究,我也会带上"有色眼镜",过滤掉与这位老师的解释所冲突的材料。由此,假设他的解释是错误的话,那么我或许就面临着永远误解黑格尔哲学的危险。信任所带来的这样一种危险的可能性,是无法消除的,因为消除的办法,在于我们亲自处处去监督被信任人,看他是否真的具备了处理某一事情的能力,处理得怎么样等。在这种情况下,我们毋宁说已经不信任他了。信任关系要得以成立,必须要让被信任人有一定的自主行为的空间。

至此,我们分析了信任概念的一些基本含义,我们说它是一种三元关系,委托人必须对被信任人的能力有积极的评价,信任必然蕴含着风险等。信任和可信任性是一组相对的概念。② 可信任性指的是被信任人在信任关系中所体现出来的一种倾向性性质(dispositional property)。说它是倾向性性质,意为它只有在一定的条件下才会显露出来。这就如同玻璃的"易碎性",只有在打破玻璃的时候,这种性质才得以表露。我们说,被信任人 B 就某个人 A 来说,在某件事情 C 上具有可信任性。根据我们上面对信任的分析,相应地,可信任性必须包括处理某件事情的能

---

① 也有学者因此将可信任性视作是一种亚里士多德意义上的伦理德性。Edmund D Pellegrino, David C Thomasma. The Virtues in Medical Practice[M]. Oxford: Oxford University Press, 1993: 65-78.参照此书中的看法。

② Russell Hardin. Trustworthiness[J]. Ethics, 1996, 107 (1): 28.

力、别人对这种能力的积极评价,以及背叛这个人的可能性等。

以上这些分析似乎都没有问题。对于信任概念的理解有争议的地方在于,被信任人去做某件事情的何种动机,才是可以构成他的可信任性的,或者说才可以构成双方的信任关系的。在信任中,被信任人当然必须要真正持续地去做某件交托给他的事情,否则就谈不上信任不信任。但是很多学者认为,被信任人为什么要去做这件事情,他去做这件事情的理由或者动机是什么,对信任关系能否成立而言也是至关重要的。

二、被信任人的动机

要理解为什么被信任人去做某件事情的动机,是和他的可信任性或者说和整个的信任关系是相关的,我们可以思考如下的例子:比如说我自己,我妻子经常会叫我去洗碗。她或许是出于对我在洗碗这件事情上的信心,才叫我去洗碗的。我自己也真的认认真真去洗,完成她的嘱咐。这似乎是一个有关夫妻间信任的完美的例子。但是,假设我之所以去洗碗,并不是出于对家庭的责任,也不是出于对妻子的关心,而是出于对她的恐惧。如果我不洗碗,那么她就会骂我,甚至要实施家庭暴力。而她也知道我是出于恐惧的动机才去做这件事情。这样的一种情况,被很多人认为不是信任的实例。也就是说,尽管某一类关系可以在表面上符合我们对信任关系的理解,但是由于其中参与人的动机的不同,会使得这类关系不属于我们所认为的信任关系。事实上,在上例中,对妻子而言,"我"显然也不是一个值得信任的人,不具备可信任性,因为如果有机会,"我"随时都有可能会逃避洗碗。

那么什么才是构成可信任性的恰当的动机呢?这一点,学界目前还没有定论。我将在这一部分讨论两种(大类)当前流行的理论。通过分析,我将指出,虽然这两类观点都存在着各自的问题,但是它们事实上并不是互斥的。至少,在现实生活中,如果我们想要更好地扶植人们之间的信任关系,可以同时采纳这两类观点中的合理部分。

我们可以将第一种理论称之为"外在动机论"。这一种理论主要来自于洛克等英国经验论者的社会契约论传统。当代的拥趸主要是纽约大学教授哈丁(Russell Harding)。这一派的主要观点为:人在某种程度上都是自私的,都只为自己的利益(self-interest)而行动。由此,要保证被信任人会去做某件事情,必须要给予其一些来自社会机构的或公众的压力和限制。具体地,在我们与某人建立起信任关系的时候,可以与其签订一份公开的合同(契约)。这样,委托人和被信任人之间就形成了一种信托关系(fiduciary relationship)。

由此,被信任人出于自身的利益——他不愿受到谴责,或甚至是受到惩罚,就会去完成被交托的任务,从而是具有可信任性的。这样一种契约理论,虽有一定道理,但太过粗糙。前文业已表明,如果我们知道某人仅仅是因为害怕得到惩罚而去做某件事情,我们不会称他为可信任的人。如我明明知道我的邻居天天在家里幻想着要来砸我家的门,抢我家东西,但他又害怕吃官司,所以才没有那样去做,那么,很难说我对邻居是信任的。被信任人必须还具有一定的自主性,即他在某种程度上还是有自由选择的权力(discretionary powers),不仅去选择要完成被交付的任务,也能够选择如何完成被交付的任务。被信任人不能够是完全被迫地去从事某事。

哈丁本人在此基础上,提出了"包裹利益"理论(encapsulated interest view)。[1] 他认为,被信任人的动机在于,他去做那件被委托的事情对他本身是有好处的。至少,最低限度的好处在于(minimal condition),他希望能够继续维持和信任他的人的关系,不至于绝交。由此,A信任B去做某件事情,如果事情完成了,对A肯定有好处,并且A的获利对B来说也是好的,至少他可以维持和A的关系,以期从他身上得到更多的利益。所以,我们说,A的利益被"包裹"进了被信任人B的利益之中。这也是这个名字的由来。这一种社会契约论的进化版本,被人认为依旧是太"宽"的,它与许多我们不认为是"信任"关系的例子相容。接着上述例子,假设我的邻居,之所以不砸我家的门,不是怕被惩罚,而是认为需要维持我们的关系,以便不时地来我家蹭饭。这种情况下,我似乎很难说他对我而言是一个值得信任的人,具有可信任性。但反之,如果说被信任人的动机并不包括期待获得任何的利益,或是避免惩罚,似乎也很难让人觉得可行。在当代经济学及博弈论中有所谓的"理性人"假设。人们都相信,某人不会单纯地去做一件和自己无关的事情。困难在于,这一利益的合理限度在哪里?

另一类理论,我们可称之为"内在动机"理论。这主要包括贝尔(Annette Beier)以及琼斯(Karon Jones)等女哲学家[2]提出的"善良意愿"理论(goodwill view)。贝尔认为,被信任人之所以去做某件事情,是因为他对对方有一种真诚的关爱或关心,而不是出于什么自私的兴趣。人们本身的善良的意愿(意志),使得他们能够成为值得信任的人,这构成了信任关系的合适的动机。

这一观点,似乎很符合我们的直观。在生活中,我们最信任的人通常是父母、爱人、老师及好朋友等;至少比之陌生人,我们更信任亲人。原因似乎就是因为亲人对于我们有一种本能的爱和关心。但是,这一理论的问题在于它所理解的信任概念太"窄"了。我们在很多情况下也会信任从不相识的人。比如,在身处国外时,

---

[1] Russell Hardin. Trust and Trustworthiness[M]. New York: Russell Sage Foundation, 2002: 7-8.
[2] 这两人都是休谟专家,也是著名的女性主义哲学家。
　　Annette Beier. Trust and Antitrust[J]. Ethics, 1986, 96 (2): 231-260.
　　Karon Jones. Second-Hand Moral Knowledge[J]. Journal of Philosophy, 1999, 96 (2): 55-78.

我们会信任根本不认识的外国人给我们指路；坐飞机时，我们会信任周围完全不相识的旅客、机长等。在这些情况中，我们很难说这些陌生人对我们有什么好心肠，或是真诚的关爱。甚至有些陌生人，在明明讨厌我们的情况下，也会完成我们交给他的任务。比如就机长和空乘人员而言，即使某些乘客的不礼貌行为导致他们很厌恶乘客，他们通常还是可被信任的。这些都表明，被信任人单纯的对委托人的关爱，并不一定构成他们的可信任性动机的必要条件。

总之，第一种"社会契约式理论"是太"宽"了；而第二种"善良意愿理论"又太"窄"了。他们的区别在于对人性的一个基本假设。第一种认为，人本质上来说是恶的，或至少是自私自利的；而第二种则认为，人本质上来说还是好的，对他人是关心的。一个有趣的事实是，提倡第二种理论的两位哲学家，都是著名的女性主义哲学家。女性主义哲学强调过往的哲学都是男人写就的，他们将本是只属于男人的对世界的看法投射为普遍的规律。特别是贝尔，她明确认为，第一种理论，完全是由洛克、霍布斯、康德乃至罗尔斯等男性哲学家所构造出来的假象。① 所以，借由一种尼采式的谱系学方法，她说明，认为人性自私，被信任人的动机必须出于私利的这种想法，并不是普遍有效的，只是"自私的"男人们的一种偏见。

对被信任人的动机究竟为何这一问题，目前还没有定论。但好在我们通过上文的分析，可以看出，这两种理论并不是不能被"兼容"的。特别是，就现实的人来说②，人性自然有善有恶，甚至对同一个人，在同一时间或许都有这两方面的因素存在。所以，或许私利和关爱两者都可成为信任关系的合适动机。单纯地强调私利或者关爱似乎都是有失偏颇的。问题当然还是："度"在哪里？这两者的比例应当是多少？哲学家不愿放弃对这个问题的精确回答。但如果我们能牢记亚里士多德的教训③，在伦理行为这样的实践问题上，人们或许不能找到精确答案，而只能在实际的事情本身所允许的范围内来讨论，那么这种一定要追求到某个明确答案的"哲学冲动"，或许可以得到一定的缓解。

然而，不仅在学理的探讨上，在现实生活中，我发现，人们在想要培育信任关系时，对被信任人动机的理解往往也是偏颇的；我们太多地强调了"外在动机"的重要

---

① 这两人都是休谟专家，也是著名的女性主义哲学家。
　　Annette Beier. Trust and Antitrust[J]. Ethics, 1986, 96 (2): 231-260.
　　Karon Jones. Second-Hand Moral Knowledge[J]. Journal of Philosophy, 1999, 96 (2): 55-78.
② 我的意思是说，在现实中，人们都有善的一面和恶的一面。即使认为人性"本"善或"本"恶的学者，应该也会同意这一点。本来是善的东西自然也会部分地走向恶。
③ 亚里士多德.尼各马可伦理学[M].廖申白，译.北京：商务印书馆，2006."因为一个有教养的人的特点，就是在每种事物中只寻求那种题材的本性所容有的确切性。只要求一个数学家提出一个大致的说法，与要求一位修辞学家做出严格的证明同样地不合理。"（第 7 页）"我们只能要求研究题材所容有的逻各斯。而实践与便利问题就像健康问题一样，并不包容什么确定不变的东西。"（第 38 页）

性。下面我将特别从对专业人士的信任问题出发,讨论这一现实的问题。

三、专业领域的被信任人动机问题:一个私人性的观察

在本文开头,我曾强调,人们在日常生活中对专业人士的信任是必不可少的,或者说不可消除的。所谓专业人士,是指在我们这个分工明确的社会中,掌握了某种专业的知识和技能的一类人。① 这些知识和技能非常复杂,常人难以理解和掌握,人们需要经年的学习和训练才可能获得。但是,这些专业又是我们的生活和整个社会的正常运转不可或缺的,常见的例子包括医疗、教育及法律系统等,其相应的专业人士则为医生、教师及律师等。

对这类人的信任是不可缺失的,不仅意味着他们懂的东西是我们完全无知的,我们只能依赖他们的专业判断,他们自主的行为,去帮助我们完成所托付给他们的事情;很多时候,也意为"信任"关系本身对于完成这件事情是必需的。这一点,在医疗中最为明显。研究表明,患者对医生的信任直接能够对整个医疗过程起到积极影响;②而在精神类疾病的治疗中,没有信任,根本就不可能进行医治。同理,在其他领域,如在教育中,学生对老师的信任也能够明显增强教学效果。

由此,在这些领域中,如何加强人们和专业人员之间的信任是至关重要的。然而,据我个人的观察,在考虑到如何促进被信任人,即那些专业人员的动机时,我们往往都是从上文所说的外在动机方面着手的。我曾经由于要接受手术,在医院里陆续待了两个月时间,在此期间,我观察到了这一现象。一般在住院或接受手术之前,院方和病人都会签署一份协议或合同。其中会较为详细地规定医生所需完成的任务,以及相应的处罚和赔偿手段等。此外,据我的了解,医院内部,也制定了医生守则,甚至于具体到规定手术的标准流程、应达到的效果等;国家也出台了相应的法律,在其中也都规定了相应的奖励和惩罚等。

可见,这些加强被信任人去完成委托任务的意愿的手段,几乎都是从我们上文所说的"外在动机"角度设计的。其效果如何呢?还是就我个人的例子来说明。医生当然按照我们之间契约的规定,完整切除了病灶。但是我自己觉得他缝合得不仔细,术后伤口经久不愈,并且手术切口也太大,靠近脸部,影响美观等。在这一过

---

① Andrew Brien. Professional Ethics and the Culture of Trust[J]. Journal of Business Ethics, 1998, 17(4): 391-392.

② K O'Rourke. Trust and the Patient-Physician Relationship[J]. American Journal of Kidney Diseases, 1993: 21 (6): 684-685.

Weng Hui-Ching. Does the Physician's Emotional Intelligence Matter? Impacts of the Physician's Emotional Intelligence on the Trust, Patient-Physician Relationship, and Satisfaction[J]. Health Care Management Review, 2008, 33 (4): 280-288.

程中,我对其也逐渐丧失了信任感。事实上,主刀医生业务能力上是很强的,他本可以将手术进行得更完美,比如让创口更小等。但他不愿意这样做,原因是如果要将创口变小,那么他可操作的空间就会变小,有可能会影响到对病灶的切除,有所遗漏,也有可能会在操作时误切除好的神经等。当然,这些可能性对于熟练的医生来说是非常小的。也就是说,对某个手术而言,如果满分是十分,那么医生一般只愿意做到六至七分,除非病人愿意去走"关系"或"塞红包"等。

  从上例中,我们可以看到,依靠外在的合同,规定相应的利益和惩罚,是不足以很好地加强被信任的专业人士的动机的。说到底,如医生等专业人士,他最终还是有一定的自主性去决定如何进行具体的操作。如果一切皆能规定"死",那么也就不存在"信任"问题了。如我们前面所说的,委托人有受到伤害的可能性是"信任"概念的题中之义。守则一类的契约没有办法做到实现规定好所有最佳的操作细节和效果,通常它们只能做出最基本的要求。这或是由于制定这些规则的人本身知识的有限性,不能设想到所有的情况。并且对于制定出来的规则,专业人员总还有进行再解释的空间。

  另一方面,依靠制定契约来规定被信任人的得失,甚至会起反作用。规定总是有漏洞的,而寻找到规则的漏洞并按此行动,不算违背规则。以上例而言,医生自然可以理直气壮地告诉我,规则规定切除病灶是其第一要务,美观等只是其次,因此,他认为手术创口需要开大一些,不需要冒风险。甚至,即使有病人在手术中死亡,医生往往也会说,他已经按照规定进行了工作等。

  注意,我们没有办法规定专业人员必须要"尽全力"为我们考虑。"道德的规则并不能够造就道德的人。"很多时候,我们甚至认为,医院的行医准则等,只是个"面子工程",做给病人"看样子的"。原因还是医生具有自主解释这些规则,以及自主行为的权力。他自己可以说他已经"尽力了"。本来,按照正常的合同,如公司间的合同中,订约双方是比较平等的。他们需要互相协商制定合同,并都能很好地理解合同的内容。但显然,在面对专业领域时,客户和专业人员之间是不对等的:合同是对方制定的,我们也不理解合同的内容。这也符合我们一般人的直觉,在进医院时,签字时我们只觉得是被迫的,丝毫不能够让我们相信医生会因此更好地治疗我们,不能促进我们对其的信任感。

  鉴于以上的反思,我们认为,只依赖于规定医生的奖惩等手段,是不足以促使其成为更可信任的人的,对于促进医患之间的信任关系,也是不足够的。它们当然有一定的作用,至少规定了医生要完成最低限度的责任,这使得他们具备一定的可信任性,但这是极其有限的。此类情况,在专业领域中是普遍存在的,比如在学校教育中,老师可以按照规定,只机械地完成教学任务,但他们也可以选择去完善教学方法,因材施教等。以此类推,只要交给被信任人的事情,不是只有"做了"或者

"没做"之分,还有做得"好"与做得"更好"等的区别,那么似乎仅靠强调被信任人的"外在动机",都是不足以让他们成为更可信任的人的。

当然,如果被信任人能够真正地从他们对委托人的关爱出发,或是从他们自身的善良意愿出发,那么问题就解决了。如已强调的,人们最信任的人是亲人,如果对方能像亲人般关心我,那么自然我们是信任他们的。但是要培育这种"内在动机"是很困难的。目前,就我所观察到的情况,一般只是靠加强道德教育,树立行业中的道德标兵,供人学习等;西方国家有时也强调从宗教角度出发,呼吁专业人士建立起对客户的宗教性的爱心等①。本文认为除了外在动机角度外,我们还需要从"内在动机"角度出发,增强被信任人的可信任性。至于具体的措施,还需要进一步的研究。

综上,我们的讨论指出了一个关于"信任"问题的悖论:没有风险的"信任"并不是真的信任。日常生活中,信任之所以是必需的,是因为我们无法做到对任何事情都亲力亲为,我们必须依赖他人;信任意味着我们不能时刻"监视"被信任人,被信任人总是在进行自主行为的。由此,单靠外部的契约规定,是无法真正确保被信任人的可信任性的。但是,关爱等"内在动机",并不能受我们控制,只有被信任人自己,才能完全清楚他是否真的是出于爱心才是值得我们去信任的。这也是为什么"信任"总伴随着危险的原因。

---

① 参见 Edmund D Pellegrino, David C Thomasma, David G Miller. The Christian Virtues in Medical Practice[M]. Washington D. C.: Georgetown University Press, 1996. 特别是其 introduction 部分。

信任中的伪善刍议

黎 松*

西南大学哲学系

摘　要　信任从概念本身来说,必然产生于两个相互的交往关系中。而两者如何发生一定的信任关系,从理性的角度而言,就需要对人的道德品质、实践能力和社会环境进行考察才可以建立。但由于信任始终是主观性的东西,信任关系中的要素处于变化之中,风险性和不信任也将伴随,既信任又不信任的伪善现象就诞生了出来。伪善作为一个表面上善而实际上恶的行为样态,表现在信任的前提中需外在的条件,信任的过程中主观的善和实践的恶并存,在信任结果中表现为亦善亦恶。而伪善问题的解决则需要正确地理解信任的本意,在理性的判断下,发挥情感的作用,运用社会规范来共同创建真正的信任关系,信任中的伪善问题自然迎刃而解。

关键词　信任；伪善；善；恶；理性

信任是人类合作和生存发展的基础,这是一个毋庸置疑的事实。但随着社会发展到今天,人们无论是在物质财富,还是在精神财富上都得到了极大的提升,而人与人之间的信任却反而逐渐下滑,成为当前社会关注的一个话题。从信任本身来说,是否自身就包含着不信任,或包含既信任又不信任的伪善因素,这是这个理性主导的社会所特有的现象。对这些问题的澄清,将有助于理解什么才是真正的信任,以此解答当前社会的信任危机问题,树立真正的信任观。

一、伪善解析

《说文解字》中说:"伪者,人为之,非天真也。"伪就是人为的意思,伪善就是人为之善。这里的人为之善不是指人通过行为活动体现出来的善,而是与善本身相背离的善,是善的反面,通过人为的矫作和虚假的行为体现出来。西方文化

---

* 作者简介:黎松(1983—　),男,贵州铜仁人,东南大学人文学院哲科系博士研究生,研究方向为西方道德哲学。

中的伪善是 hypocritical，来自于希腊语 hypokrisis。而 hypokrisis 由词根 hypo 和 krinein 构成，前者表示假借、假装、虚假的意思，后者表示判断、决断的意思。二者结合起来就是虚假的判断和虚假的行为，或是"由于能力上的不足而作出的决断"[1]。这样，在中西文化的词源上，伪善都包含着虚假、不真的内涵。

在后来的伪善理论发展中，西方《圣经》里的"法利赛派"因其对宗教教义的假装遵守而内心却不情愿，成为伪善的代名词。伪善也因此具有了表里不一、虚伪不真的真正内涵和真正体现。康德在人性论思想的看法上，认为人具有三种为恶的倾向。第一种是人本性的脆弱。基本的内容就是，我愿意做法则所规定的善的事情，但又没有战胜感性偏好的能力。第二种是人心的不纯正。主体意识到遵从法则而行动是善的，也有足够的能力来完成这项行为，但他并没有按照义务去行动，而是包含着其他的行为动机。第三种是人心的恶劣。主体在自由任性的支配下颠倒道德秩序，将道德法则的动机置于其他非道德动机之后，即使行为的结果是善的，内心的道德信念也已经败坏[2]。这就是伪善思想的一种典型的论述，尤其是第二种和第三种为恶的倾向，知道普遍的法则是善的，而且也有能力来完成和实现，但在任性和偏好的影响下，就是不按照法则来行动，形成思想与行动的脱节，达到亦善亦恶的行为效果。

黑格尔在《法哲学原理》一书中也对伪善进行了深刻的阐述。认为属于人的每一项活动和每一个行为的目的都是主体意识作用的结果，必然包含着肯定性的内容。同时主体也知道如何强调他的内容，并把它当做义务来实施。"在作这样解释时，他有可能对别人和对自己主张他的行为是善的，尽管由于他在自身中反思着，从而意识到意志的普遍方面，他是认识到这个方面跟他的行为的否定基本内容是相对照的。对别人说来这是伪善，对他自己说来，这是主张自己为绝对者的主观性的最高度矫作"[3]。伪善就是知道了自己行为的普遍方面而实施的特殊性行为，目的就是将特殊性说成是普遍性，把恶主张为善。其虚伪的形式是"把自己在外表上一般地装成好像是善的、好心肠的、虔敬的等等"[3]，或是利用一些有利的理由来为自己的恶行辩护，倒恶为善。伪善从总体上来说，就是利用一些外在善的形式，在行为普遍性的条件下，达到特殊性的恶的目的。

当代的一些伪善论的研究，倪梁康把"'伪善'产生的条件做了进一步的限定：只有'自身是善'与'在他人眼中显得善'之间产生分离的时候，伪善才会产生。或者说，'伪善'存在和出现的前提是一种'道德本体论'与'道德现象学'之间的根本冲突"[4]。即伪善的产生就是实质上的善和形式上的善的分离。王宏认为："伪善是恶的一种隐存样态，是道德做假与道德欺骗，是个体伦理与社会伦理冲突的结果，是道德信念与道德行为背离所致"[5]伪善就是一种基于道德信念和道德行为分离的道德欺骗。程建军提出："伪善在本质上是良好的善品性与基于此做出的善行为之间的断裂,是一种无善心却有善行的行为样态。"[6]伪善就是一种无善心和有善行的行为活动。

从这些关于伪善的理解里,可以发现的是,伪善必然涉及两方面的内容,一是事物的本来样态,一是事物的虚假样态。二者的矛盾,且以虚假的样态来取代本来的样态,伪善才会产生。由此伪善必然具有几方面的特征。第一是主体知道什么是善的行为,什么是恶的行为,对行动中的事情具有了善恶的定位。第二是善心和善行的分离,以外在虚假的善行来掩盖行为的恶性。第三是一种高超的道德欺骗,不仅会欺骗别人,同时也是一种自欺的行为。第四是伪善并不必然是一种恶,但绝对不是一种善。因此,伪善就是主体知道了行为的善恶性质,在实践活动中无善心有善行,达到行为效果伴随着恶的样态。它对人的行为的危害,尤其是在一些相互信任的关系中是非常大的。

二、信任中伪善何以存在

信任在我国文化的语境里,最开始信和任是分离的,在《说文解字》中,"信,从人言",信就是通过人的言语、许诺表现出来。在具体的使用中,不仅包含着信任的意思,还包含着诚信、诚实、信用、相信、任凭、凭据和消息的意思。而"任"在辞典中具有听凭、承担、保举、信任、托付和官衔的意思。信和任结合起来形成信任的概念,大致就是相信别人是值得依靠和值得依托的。西方英文世界的信任一词基本上是用 trust 来表示,《牛津英语大辞典》里讲述了它的几种内涵,一种是信赖、相信和信任的意思,意指相信某人的善良和诚信品质;一种是相信和可靠的意思,意指相信自己和别人的判断能力;还有一种是希望和期望的意思,意指希望获得他人的认可和肯定。从词源上来看,西方文化中的信任内涵就比我国文化中的信任内涵要丰富一些,不但包含着信任的德性内涵,相信别人的品质是可靠的,而且还包含着信任的客观判断性,即相信别人在能力上值得信任。但信任得以存在的基本方面二者是相同的,那就是信任的产生必须要在一个相互的交往关系中,单个人是不存在信任问题的。

在信任内涵的进一步理解中,究竟信任是不是一种德性,或是信任是一种怎样的交往关系,不同的作者给出了不同的解释。从信任的主体性来讲,"我信任他",是出于我内在的道德品质,也是出于对他人人格的敬重和对自己人格的尊重,相信善是存在的。这种道德本体论的理解,信任当然就是一种德性。中国传统文化对于信任的理解与这大致相符。而这也主要体现在与熟人的交往关系中。王青原认为:"信任是一种德性,意味着信任必须是建立在双方持续的公共生活中,将彼此出于意愿的善意转化为信任行动。"[7]信任是一种德性的存在条件,就是有一个共同生活的稳定环境和主体善良品质的意愿行动。超出这个范围的信任就不见得是一种德性了。如出于建立在彼此需要基础上的信任就不能成为一种德性。因为信任的产生是相互的稀缺和相互的利用需要,并不完全出于彼此道德品质上的肯定和信任。但这一种信任的理解却是很多研究信任的学者的主流看法,导致了信任概念本身的复杂性。

美国学者福山认为:"所谓信任,是在一个社团之中,成员对彼此常态、诚实、合作行为的期待,基础是社团成员共同拥有的规范,以及对个体隶属于那个社团的角色。"[8]信任实际上就是一种期望,期待他人能够遵守彼此的合作规范。吉登斯提出:"信任最初源于人类个体的本体性安全需求,是对他人或系统之可依赖性所持有的信心。"[9]即信任是基于人自身的安全基础而产生的对他人依赖的信心。二者都把信任基本上理解为对他人的期待和信心。心理学家莫顿·多伊奇认为:"信任是一种主观的、以行为体为中心的信念,即行为体是否信任他者取决于行为体对世界的主观态度。"[10]信任成为行为者的主观态度,也就涉及了信任中的风险问题。卢曼在信任观点的理解上,也认为信任的基础就是一定风险存在。我国学者郑也夫对信任关系的陈述包含着三个方面的内容,一个是信任中的时间差和不对称性,即信任者和被信任者在许诺和诺言的兑现上存在先后的顺序和不对称性;一个是信任中的不确定性,即信任自身必然伴随着一定的风险;另一个是信任因没有足够的客观基础,而属于主观的倾向和愿望[11]。这就对信任关系中的基本问题进行很好的概括。

美国的大卫·德斯迪诺(David DeSteno)在《信任的假象》一文中提出:"从根本上来说,需要信任其实隐含了一个基本事实,那就是你很脆弱。你无法完全凭借自己的能力满足自己的需要或获取自己想要的结果。"[12]信任的产生其实就是由于人自身的脆弱性,需要与他人的合作才能满足自身的需要,获得很好的生存。在人的关系网不断扩大的时代,各方面的分工变得越来越细,个人的生存当然不能仅靠个人来完成,必然需要与他人的合作,取得他人的信任,建立起信任的关系。但仅靠这种外在合作,由利益的关系而建立起来的信任,常常也会导致不信任的产生。西美尔认为信任处于知与无知之间,侧面反映出了信任是与不信任相对的概念。

从以上对于信任内涵的各种理解可以看出的是,信任就不光是一个伦理学的概念,同时还包含着心理学和社会学的内涵。信任的产生必然要发生在两个或多个相互的交往关系中,而人为什么又需要信任,从本质上来说,人是一种群居的动物,要在相互的合作中才会得以很好的生存。信任的存在有着人的脆弱性前提。但在具体的信任关系中,信任可以是一种基于德性的品质,也可以是一种主观的期许和信心。我对他人的信任完全出于道德品质的考量,可能就只是一种抽象的表达。而我为什么要信任他,他为什么要信任我,更多的是对他人能力、品行、社会环境的综合考虑得出的结论。可尽管考虑到了信任的各方面影响要素,信任中仍然存在着一定的风险性,因为信任始终属于主观的范畴,人的能力和社会的环境处于不断变化之中。不信任、不遵守承诺受着主观因素和客观因素的影响,也始终伴随在信任左右。由此就会出现既信任又不信任的情况。也就涉及伪善的问题。

另外,根据信任本身的概念,信任可以分为三种类型:一种是完全信任,一种是不完全信任,另一种是完全不信任。完全信任就是我能够完全地取信于他,不会怀疑他会背叛我,也不会附加任何附在的条件。这种情况只能存在于一定的伦理环境中,如父母对子女的信任,子女对父母的信任,就是一种无条件的完全信任。完全不信任就是对他人的道德品质、能力和社会条件的评判上取得了完全不可信任的结论,或是在两个陌生人之间同样会得出完全不信任的结论。生活中那种十恶不赦,完全不相干的人就是完全不可信任的表现。这在社会的信任关系中只能占据着极小的份额。不完全信任就是在信任中既有信任的成分又有不信任的成分,即既信任又不信任。按照人是一个有理性的存在者的理念,人的任何行为的发生都将有人的理性参与其中。对某一个人的信任或取信于人,总是需要一些理由来进行有效的判断的。那些盲目的信任就只能是信任的抽象阶段,而不是实践阶段。对于一个有理性的存在者来说,我信任你,或我为什么能信任你,需要对你的诚信品质和自身实践能力进行考察,同时还要对社会环境进行预测,才能得出信任的结论。我信任你实际上信任的是你的人品和能力。但随着人的社会关系的不断扩大,交往关系也变得越来越复杂,再加上整个社会的碎片化趋势,呈现出来的信任方式是,我信任你,你的品质和能力都值得信任,但还需要签订一定的契约、协定,拟定一些收据和凭条,才能真正地建立信任关系。在个人的主观上来说,我信任你,又不能完全信任你,还需要第三方的保证。这就形成了信任中的伪善问题。这也构成了信任关系中的绝大部分,成为现代社会信任关系中的主流。从个人客观上来说,在获得了他人的信任后,表面上遵守信任的承诺,实际上利用别人的承诺来获利。这也会导致伪善问题的产生。

根据上文的理解,伪善最大的特征就是无善心有善行,以表面的善行、德行来掩盖不善的内心,表里不一,使得行为的善恶从表面上很难分辨,而实际上是包含着恶的性质的行为。信任中本身就包含着两种不同的需要和交往关系,也就同时包含着不稳定和不信任的内涵。现实中对一个人的信任,按照正常的思维来说,总是要对信任的条件进行认真的考虑。主观上必然包含着既信任又不信任的内核,客观上也包含着既信任又不信任的特征,这就是伪善在信任中得以存在的土壤。而伪善在信任中的具体表现可以从以下几个方面来进行说明:

其一,信任前提中的外加条件。信任由于是发生在两个相互的关系中,各方都作为一个有理性的存在者,信任的发生必然就要对相互的情况,包括品性、能力等方面进行有效的考察。信任的主体必须意识到信任的对象是一个值得可靠的人,信任的对象也同时意识到信任的主体是可靠的,在这样的条件下,一个现实的信任行为才会发生。如果信任的主体和信任的对象都认为对方是不可靠的,那么信任就不会发生。信任双方的相互了解必然是信任得以产生的前提。但随着信任关系的扩大,任何主观的东西在没有成为定数之前都是存在风险的。从理性的角度来说,我是相信了你的才能和品质,由于不可预料的风险的存在,就还需要附加上信任的条件。这样我对你的信任才会有保障,才会放心。从本质上来说,一方面我相信你的诺言,另一方面内心又不相信你的许诺,实际上包含着是一种恶的信念。以外在的条件来绑架他的诺言。这就是信任中的一种表面善、内心恶的伪善思想。尤其在现代社会中,一些信任的产生,总是要附在很多的外在条件,从写借条、立协议,到资产和房产的抵押比比皆是。信任伴随着的就是伪善的性质。

其二,信任过程中的主观善和实践恶。在信任已经发生了的过程中,信任的主体经过了仔细的考量认为信任的对象是值得信任的。从主观上来说,我信任他,他也满足了我的条件,我给了他想要的东西,表现出的是我的善心。但在信任的过程中,特别是一些重大的信任中,信任的主体由于考虑到信任中的变数,往往又会在信任的过程中对于信任对象进行跟踪和监督,打探他人的秘密,也好在对方履行信任的过程中进行及时的调整和变化。这种情况在当代的社会中时常发生,美国前几年就曾利用现代的高科技对它的信任盟友英国和德国的领导人进行跟踪、窃听,盗取盟友的机密。这就是典型的表面善,而实践上包藏坏心的伪善信任问题。但从被信任者的角度,这样的伪善问题同样会发生。被信任者利用一些手段来获得信任者的信任后,表面上遵从对信任者的诺言,体现出对信任者的尊重。在信任的实践过程中,或是由于主观的原因,或是由于一些客观的原因,利用他人的信任,将信任者所给的物质用于其他的用途,获得更多的利益。这在现代社会的信任关系中也是大量存在的。

其三,信任结果中的亦善亦恶。信任虽然属于主观的东西,但它是在一定的行为中发生的,就必然会产生一定的结果。信任的产生是信任者将自己的东西给予被信任者,另外被信任者可能也附加了一些附在的条件,信任者相信被信任者能够履行承诺,完成信任所期望的善的结果。在一些简单的信任中,像对一个人秘密的保守,对某一件物品的看管,可能会达到信任者所希望的善的效果。但在一些复杂的信任关系中,涉及物质上的使用而非金钱上的使用时,信任的媒介在开始时是完整无缺的,但在被信任者的使用过程中,一直到信任结果的产生,信任的媒介物就必然会发生相应的变化。如借一个物质性的东西给别人使用,相信他不会把东西弄坏,但在东西还回来时必然存在着一定程度的磨损和损坏。信任者表面上显得和善,慷慨解囊,遵守了诺言,而实际上并不高兴,甚至包藏坏心。被信任者对信任者怀着友善的心情,但由于磨损的使用导致信任者的不愉快,甚至赔偿,被信任者也是不会心甘情愿的。这种信任的结果达到的就是既善又恶的伪善结论,表面上不会怪你,但实际上已对你产生了恶意。

三、伪善问题的回应

信任从概念的理解到实践的应用,其基本的支点就是信任必须发生在两个相互的关系中,不但存在着诚信、信誉问题,也存在着相互间的利益问题。这就导致了信任问题的复杂性。尤其是在现代社会,在工具理性的作用下,信任往往不是作为一种德性品质的理解,而更多的是在双方的利益下产生。伪善问题得以产生的条件就是信任完全在理性下的理解,使得信任中的风险性被不断地扩大,信任者与被信任者都处于既信任又不信任的场景中。表面上相信你,表现出和善的样态,实际上并不相信你,对信任的整个环节进行条件的限制和窥测,体现出恶的实质。这对于人们之间的交往,信任关系的真正形成都产生了巨大的阻力,对整个社会秩序的稳定也存在着很大的破坏性。如何规避信任中的这种伪善现象就不仅是一个理论问题,还是一个重要的社会实践问题。

首先,最为重要的就是要正确地理解信任的本意。信任概念从本身来说虽然包含着不信任和风险存在的可能性,但信任是一个主观性的东西。人的主观性的存在就代表着人的能动性和创造性的存在,在信任产生的时刻,就可利用自己的主观思维和意志能力对他人的能力、道德品质和客观环境进行一个很好的评判。值得信任就产生相互的交往行为,不值得信任就不让信任行为发生。而不能在对对方不知情的条件下,或是没有经过思考的盲目冲动下发生信任关系。这样,信任的产生就是建立在相互了解的基础上,彼此就减少了怀疑,内心行为和实践行为保持一致,形成一种良好的诚信品质。这才是信任的本意。伪善问题的表里不一更多的是对于双方的现实条件不够了解,盲目信任,以致有故意为恶伴随。信任在对于双方的充分了解下,产生的就应该是一种德性精神,我国古语中的"疑人不用,用人不疑"就是很好的体现。因此,既然信任了对方,相信了对方,就应秉承诚信的精神品质,这不光是对他人的尊重,也是对自己的尊重。伪善当然迎刃而解。

其次,信任不能只用理性的判断,还应该发挥情感的作用,将情感与理性结合起来。西方的先哲认为人是一个理性的动物,这话虽然不错,但人同时也是一个情感的动物。人的情感的力量是任何人和事都不可忽视的。西方近代的情感主义伦理学家们更是把情感理解为人的本性的东西、善恶的评判者。信任的行为中包含着理性的因素,这固然是信任中所必须的,但也不能只靠理性的作用。信任中的伪善问题,当前社会的信任危机,在很多情况看来,都是过分地运用理性的法则在信任中的应用导致的。如在信任的过程中,只用理性来进行思考,由于现实条件的变化性,不信任和伪善就会自然产生。情感作为人本性上具有的东西,任何人的存在都不可能说自己没有一点情感,是冷血动物。事实上,人与人之间之所以能很好地在一起,很大的程度上是靠基本的情感作用。人的情商也在很大程度上决定着人的未来。信任中的合作关系,或是一个成功的信任合作关系,除了理性发挥一定的作用外,更多地需要人的情感的作用,相信别人的人格和人品是可靠的,以此建立真正信任的关系。信任中的伪善问题也就会被这种理性和情感的作用取消掉。

最后,信任还需要合乎一定的社会规范和法律规范。信任一般是两个人的私下行为,二者不需要中介,也不需要什么旁证人和佐证物,完全依靠二者的主观判断发生。但在一些复杂的信任关系中,信任的双方都需要一定的条件,签订一定的协议,或是某些物件的抵押,信任才会发生。这种建立起来的信任关系,就会给伪善的留下空当和机会。一方面是两个人的信任是在私下的场合发生,属于两个人的私人行为,一旦某一方出于表面上的信任和善意,实践中不诚信或利用他人的信任为恶,信任者是无从知晓和无法进行监督的;另一方面,就算两人在信任的关系中签订了协议,但这协议是不是符合一定的社会规范和法律规范,在很多情况下都是不符合的,这也给伪善创造了条件。由此,为了防止伪善的产生,信任关系的建立就需要符合一定的社会规范和法律规范,使得双方在信任的过程中有客观的根据可依,任何一方都不能做出超出这些规范的行为,否则就会遭到社会规范的谴责,严重的将受到法律的制裁。

总而言之,伪善作为一种善恶共存的概念,在信任中体现为既信任又不信任,或表面上信任,而实际上不信任的样态。这间接地破坏着人们之间的信任关系,也影响着社会的正常秩序。这更多的是由于现代社会的理性思维导致的。当前社会的信任危机就是过度理性碎片化的体现,信任中的伪善现象大量充盈着。而问题的解决还是需要理解什么是信任的本意,不是相互的利益关系,而是对他人人格的信赖。在理性的基础上,加上情感的作用,运用社会规范的保障建立起信任的关系,不但信任中的伪善问题得到了解决,当前的信任危机也将消解。

参考文献

[1] 王强."伪善"伦理学研究的双重困境[J].烟台大学学报(哲学社会科学版),2011(4):10.
[2] 康德.康德著作全集:第6卷[M].李秋零,译.北京:中国人民大学出版社,2007:29.
[3] 黑格尔.法哲学原理[M].范扬,张企泰,译.北京:商务印书馆,2013:146,148.
[4] 倪梁康.论伪善:一个语言哲学的和现象学的分析[J].哲学研究,2006(7):93.

[5] 王宏.多学科视角下的伪善解读[J].江西社会科学,2013(3):69.
[6] 程建军,叶方兴.德性伦理视域中的伪善[J].南京社会科学,2008(12):18.
[7] 王青原.信任的伦理性格[J].伦理学研究,2011(5):55.
[8] 福山.信任:社会道德与繁荣的创造[M].李宛蓉,译.呼和浩特:远方出版社,1998:35.
[9] 董才生.论吉登斯的信任理论[J].学习与探索,2010(5):64.
[10] 闫健.当代西方信任研究若干热点问题综述[J].当代世界与社会主义,2006(4):156.
[11] 郑也夫.信任论[M].北京:中国广播电视出版社,2006:19.
[12] 大卫·德斯迪诺.信任的假象[M].赵晓瑞,译.北京:机械工业出版社,2014:1.

"东大伦理"系列·《伦理研究》
江苏省道德发展高端智库　江苏省公民道德与社会风尚协同创新中心　东南大学道德发展研究院

The Study of Ethics

伦理研究【第六辑】

（伦理精神卷·下）

主　编：樊　浩　王　珏
执行主编：许　敏

东南大学出版社
SOUTHEAST UNIVERSITY PRESS
·南京·

图书在版编目(CIP)数据

伦理研究. 第六辑, 伦理精神卷 / 樊浩, 王珏主编. —南京：东南大学出版社, 2020.12
 ISBN 978-7-5641-9397-3

Ⅰ.①伦… Ⅱ.①樊…②王… Ⅲ.①伦理学-文集 Ⅳ.①B82-53

中国版本图书馆 CIP 数据核字(2020)第 269565 号

伦理研究. 第六辑(伦理精神卷·下)
Lunli Yanjiu Di-liu Ji(Lunli Jingshenjuan · Xia)

主　　编	樊　浩　王　珏
出版发行	东南大学出版社
社　　址	南京市四牌楼 2 号　　邮编　210096
出 版 人	江建中
网　　址	http://www.seupress.com
电子邮箱	press@seupress.com
经　　销	全国各地新华书店
印　　刷	江苏凤凰数码印务有限公司
开　　本	700 mm×1000 mm　1/16
印　　张	33.25
字　　数	650 千
版　　次	2020 年 12 月第 1 版
印　　次	2020 年 12 月第 1 次印刷
书　　号	ISBN 978-7-5641-9397-3
定　　价	132.00 元(上下册)

本社图书若有印装质量问题,请直接与营销部联系. 电话:025-83791830

编辑委员会

名誉顾问 杜维明（哈佛大学）
　　　　　　John Broome（牛津大学）

主　　编 樊　浩　　王　珏

执行主编 许　敏

编委会主任 郭广银

编　　委 （按姓氏笔画为序）
　　　　　　王　珏　孙慕义　庞俊来
　　　　　　徐　嘉　董　群　樊　浩

主办单位 江苏省"道德发展高端智库"
　　　　　　江苏省"公民道德与社会风尚'2011'协同创新中心"
　　　　　　东南大学道德发展研究院
　　　　　　东南大学人文学院

总　　序

　　东南大学的伦理学科起步于20世纪80年代前期,由著名哲学家、伦理学家萧焜焘教授、王育殊教授创立,90年代初开始组建一支由青年博士构成的年轻的学科梯队,至90年代中期,这个团队基本实现了博士化。在学界前辈和各界朋友的关爱与支持下,东南大学的伦理学科得到了较大的发展。自20世纪末以来,我本人和我们团队的同仁一直在思考和探索一个问题:我们这个团队应当和可能为中国伦理学事业的发展作出怎样的贡献?换言之,东南大学的伦理学科应当形成和建立什么样的特色?我们很明白,没有特色的学术,其贡献总是有限的。2005年,我们的伦理学科被批准为"985工程"国家哲学社会科学创新基地,这个历史性的跃进推动了我们对这个问题的思考。经过认真讨论并向学界前辈和同仁求教,我们将自己的学科特色和学术贡献点定位于三个方面:道德哲学;科技伦理;重大应用。

　　以道德哲学为第一建设方向的定位基于这样的认识:伦理学在一级学科上属于哲学,其研究及其成果必须具有充分的哲学基础和足够的哲学含量;当今中国伦理学和道德哲学的诸多理论和现实课题必须在道德哲学的层面探讨和解决。道德哲学研究立志并致力于道德哲学的一些重大乃至尖端性的理论课题的探讨。在这个被称为"后哲学"的时代,伦理学研究中这种对哲学的执著、眷念和回归,着实是一种"明知不可为而为之"之举,但我们坚信,它是我们这个时代稀缺的学术资源和学术努力。科技伦理的定位是依据我们这个团队的历史传统、东南大学的学科生态,以及对伦理道德发展的新前沿而作出的判断和谋划。东南大学最早的研究生培养方向就是"科学伦理学",当年我本人就在这个方向下学习和研究;而东南大学以科学技术为主体、文管艺医综合发展的学科生态,也使我们这些90年代初成长起来的"新生代"再次认识到,选择科技伦理为学科生长点是明智之举。如果说道德哲学与科技伦理的定位与我们的学科传统有关,那么,重大应用的定位就是基于对伦理学的现实本性以及为中国伦理道德建设作出贡献的愿望和抱负而作出的选择。定位"重大应用"而不是一般的"应用伦理学",昭明我们在这方面有所为也有所不为,只是试图在伦理学应用的某些重大方面和重大领域进行我们的努力。

　　基于以上定位,在"985工程"建设中,我们决定进行系列研究并在长期积累的基础上严肃而审慎地推出以"东大伦理"为标识的学术成果。"东大伦理"取名于两种考虑:这些系列成果的作者主要是东南大学伦理学团队的成员,有的系列也包括东南大学培养的伦理学博士生的优秀博士论文;更深刻的原因是,我们希望并努力使这些成果具有某种特色,以为中国伦理学事业的发展作出自己的贡献。"东大伦理"由五个系列构成:道德哲学研究系列;科技伦理研究系列;重大应用研究系列;与以上三个结构相关的译著系列;还有以丛刊形式出现并在20世纪90年代已经创刊的《伦理研究》专辑系列,该丛刊同样围绕三大定位组稿和出版。

"道德哲学研究系列"的基本结构是"两史一论"。即道德哲学基本理论;中国道德哲学;西方道德哲学。道德哲学理论的研究基础,不仅在概念上将"伦理"与"道德"相区分,而且在一定意义将伦理学、道德哲学、道德形而上学相区分。这些区分某种意义上回归到德国古典哲学的传统,但它更深刻地与中国道德哲学传统相契合。在这个被宣布"哲学终结"的时代,深入而细致、精致而宏大的哲学研究反倒是必须而稀缺的,虽然那个"致广大、尽精微、综罗百代"的"朱熹气象"在中国几乎已经一去不返,但这并不代表我们今天的学术已经不再需要深刻、精致和宏大气魄。中国道德哲学史、西方道德哲学史研究的理念基础,是将道德哲学史当作"哲学的历史",而不只是道德哲学"原始的历史""反省的历史",它致力于探索和发现中西方道德哲学传统中那些具有"永远的现实性"精神内涵,并在哲学的层面进行中西方道德传统的对话与互释。专门史与通史,将是道德哲学史研究的两个基本维度,马克思主义的历史辩证法是其灵魂与方法。

"科技伦理研究系列"的学术风格与"道德哲学研究系列"相接并一致,它同样包括两个研究结构。第一个研究结构是科技道德哲学研究,它不是一般的科技伦理学,而是从哲学的层面、用哲学的方法进行科技伦理的理论建构和学术研究,故名之"科技道德哲学"而不是"科技伦理学";第二个研究结构是当代科技前沿的伦理问题研究,如基因伦理研究、网络伦理研究、生命伦理研究等等。第一个结构的学术任务是理论建构,第二个结构的学术任务是问题探讨,由此形成理论研究与现实研究之间的互补与互动。

"重大应用研究系列"以目前我作为首席专家的国家哲学社会科学重大招标课题和江苏省哲学社会科学重大委托课题为起步,以调查研究和对策研究为重点。目前我们正组织四个方面的大调查,即当今中国社会的伦理关系大调查;道德生活大调查;伦理—道德素质大调查;伦理—道德发展状况及其趋向大调查。我们的目标和任务是努力了解和把握当今中国伦理道德的真实状况,在此基础上进行理论推进和理论创新,为中国伦理道德建设提出具有战略意义和创新意义的对策思路。这就是我们对"重大应用"的诠释和理解,今后我们将沿着这个方向走下去,并贡献出团队和个人的研究成果。

"译著系列"、《伦理研究》丛刊,将围绕以上三个结构展开。我们试图进行的努力是:这两个系列将以学术交流,包括团队成员对国外著名大学、著名学术机构、著名学者的访问,以及高层次的国际国内学术会议为基础,以"我们正在做的事情"为主题和主线,由此凝聚自己的资源和努力。

马克思曾经说过,历史只能提出自己能够完成的任务,因为任务的提出已经表明完成任务的条件已经具备或正在具备。也许,我们提出的是一个自己难以完成或不能完成的任务,因为我们完成任务的条件尤其是我本人和我们这支团队的学术资质方面的条件还远没有具备。我们试图通过漫漫兮求索乃至几代人的努力,建立起以道德哲学、科技伦理、重大应用为三元色的"东大伦理"的学术标识。这个计划所展示的,与其说是某些学术成果,不如说是我们这个团队的成员为中国伦理学事业贡献自己努力的抱负和愿望。我们无法预测结果,因为哲人罗素早就告诫,没有发生的事情是无法预料的,我们甚至没有足够的信心展望未来,我们唯一可以昭告和承诺的是:

我们正在努力!

我们将永远努力!

樊　浩

谨识于东南大学"舌在谷"

2007年2月11日

编者引言

本辑文章基于《哲学分析》编辑部与东南大学人文学院联合主办的第十二届《哲学分析》论坛,"走向伦理精神——樊和平(樊浩)学术作品研讨会"论文集。根据《哲学分析》主编童世骏教授的提议,该研讨会于 2015 年 11 月 14 日在东南大学召开,主要围绕樊和平(樊浩)教授关于中国伦理与道德哲学研究的两个三部曲共六本专著,以"走向伦理精神"为主题展开学术交流与思想激荡。中国伦理学界前辈唐凯麟教授,宋希仁教授,朱贻庭教授,东南大学党委书记郭广银教授,中央教科院原院长、俄罗斯教育科学院院士朱小蔓教授,中山大学党委副书记李萍教授,教育部长江学者华东师范大学杨国荣教授,教育部长江学者吉林大学贺来教授,中国社会科学院孙春晨教授,以及来自美国、中国台湾和香港地区的专家学者约两百人出席了会议。会后《哲学分析》以三期连续发表了会议的研讨成果。

樊和平教授,笔名樊浩,教育部长江学者特聘教授(2007 年),首批国家"万人计划"哲学社会科学领军人才,教育部社会科学委员会哲学学部委员,教育部哲学教学指导委员会副主任,国家教材局专家,江苏社科名家,江苏省道德发展智库负责人兼首席专家,东南大学人文社会科学资深教授、人文社会科学学部主任和道德发展研究院院长、博士生导师。樊和平教授作为东南大学伦理学科的带头人,以"顶天"的学术抱负探索伦理道德的精神哲学形态、以"立地"的学术情怀带领东南大学伦理学团队,自 2007 年起组织了全国范围内关于伦理道德发展的三轮全国大调查,六轮江苏大调查,形成了四部调查报告,《中国伦理道德报告》《中国意识形态报告》《中国伦理道德发展报告》(全国卷)和《中国伦理道德发展报告》(江苏卷);建立了三部数据库,《中国伦理道德数据库》《中国意识形态数据库》和《中国伦理道德发展数据库》,从理论建构到调查研究执着探索中国伦理道德的理论前沿及其中国问题。他以"心有猛虎,细嗅蔷薇"的学术功力与定力,孜孜以求,硕果累累,其中最具代表性的著作是"中国伦理精神三部曲"和"伦理精神的形而上学三部曲"。前者包括《中国伦理的精神》《中国伦理精神的历史建构》和《中国伦理精神的现代建构》的三部曲,共 130 多万字;后者则由本世纪出版的《伦理精神的价值生态》、《道德形而上学体系的精神哲学基础》和《伦理道德的精神哲学形态》三部书组成,共 160 万字左右。

作为此次研讨会的主题,樊和平教授以一篇长文详细阐述了"走向伦理精神"的学术历程及其理论建构,认为"走向伦理精神"是现代中国伦理道德发展的精神哲学之路。走向伦理精神期待两个哲学觉悟:由"应当如何生活"的道德问题意识向"我们如何在一起"的伦理问题意识的哲学觉悟;由只是作为社会存在反映的"意识论"向主体建构的"精神论"的哲学觉悟。简言之,即"伦理觉悟","精神觉悟"。

围绕该主题和会议研讨的进展,本辑论文分为两部分:一是结合樊和平教授两个"三部曲"的学术著作进行学术阐发,包括台湾辅仁大学潘小慧教授、中国社会科学院孙春晨教授、南京大学陈继红教授、四川师范大学唐代兴教授和东南大学青年学者王俊等撰写的研究论文;二是以"伦理精神"为关键词的相关学术研究,主要是年轻学者的成果。这些专题性的研讨成果,为理解伦理道德发展的学术前沿及其中国问题,提供了独特的学术智慧。

目录

专题研讨

走向伦理精神 ……………………………………………………… 樊 浩（3）
中西四德的对观：伦理冲动的两种道德哲学形态 ………………… 潘小慧（20）
如何践履伦理精神：以人权的实现为例——阅读樊浩教授"伦理精神"
　系列著作的启示 ………………………………………………… 孙春晨（29）
中国伦理精神历史性建构的学术道路——管窥樊浩教授之历史哲学和
　道德哲学 ………………………………………………………… 唐代兴（36）
道德本性谋划的儒家进路——以樊浩先生"'德'—'得'相通"论为
　中心的讨论 ……………………………………………………… 陈继红（56）
"中国伦理精神"的建构与发越——樊浩先生伦理学研究之一种读解
　……………………………………………………………………… 谈际尊（73）
道德形而上学的"精神哲学"建构——评樊浩教授的伦理新著
　《道德形而上学体系的精神哲学基础》………………………… 王 俊（84）

"精神"与"精神哲学"

从"任性"到"和解"：社会道德问题的根源与伦理策略 ………… 王 强（97）
"性善论"的精神哲学意义 ………………………………………… 许 敏（112）
文化视域中的行政精神 …………………………………………… 王 锋（122）
"精神"的"突围"——试论康德伦理学的"社会向度" …………… 白文君（130）
从"生态伦理精神"到"民族精神" ……………………………… 牛庆燕（138）

伦理认同与"伦理优先"

基于情理合一的中国"伦理优先"传统及其现代文明意义 …………… 郭卫华(175)

认同的伦理变迁与危机 ……………………………………………… 汪怀君(184)

伦理认同的现代形态及其发展路向 ………………………………… 赵素锦(195)

论风险社会境遇下的新个体伦理责任结构 ………………………… 王建锋(203)

道德哲学中的"矛盾修辞法"——伯纳德·威廉斯与"道德运气"问题

…………………………………………………………………………… 贾 佳(216)

论基于中西方不同文化基因的公民教育——以古神话为分析文本

…………………………………………………………………………… 刘 霞(225)

专题研讨

走向伦理精神

樊 浩

东南大学人文学院

摘 要 在精神哲学意义上,现代中国伦理道德发展遭遇三大问题:道德僭越伦理,理性僭越精神,道德理性僭越伦理精神;相应存在三大病症:无伦理,没精神,道德理性泛滥;必须进行三大回归:伦理回归,精神回归,伦理精神回归。三大回归必须探讨三个前沿性课题:在人的精神发展和精神世界中,到底伦理优先还是道德优先? 伦理道德到底期待理性还是期待精神? 中国伦理道德的精神哲学形态到底是"道德理性"形态还是"伦理精神"形态? 伦理是人类的家园和"安宅",精神是回归家园的达道。伦理与精神,既是中国基因和中国传统,也是中国话语,"走向伦理精神"是现代中国伦理道德发展的精神哲学之路,它期待两个哲学觉悟或哲学革命:由"应当如何生活"的道德问题意识向"我们如何在一起"的伦理问题意识的革命;由只是作为社会存在反映的"意识论"向主体建构的"精神论"的革命;简言之,即"伦理"革命,"精神"革命。现代中国伦理道德的精神哲学形态是"伦理精神形态"。"伦理精神形态"是植根中国传统、针对现代问题、追求伦理理想和伦理信念的中国话语与中国形态,是伦理道德发展的现代中国精神哲学形态。

关键词 伦理道德;精神哲学形态;伦理精神;中国

不知何时,无论中国还是西方,道德取代伦理、理性僭越精神,成为时代精神的强势话语。雅斯贝斯曾经告诫:"世界正经历着一场极大的变化,以往几千年中的任何巨大变化都无法与之相比。我们时代精神的状况包含着巨大的危险,也包含着巨大的可能性。如果我们不能胜任我们所面临的任务,那么,这种精神状况就预示着人类的失败。"[①]歌德此前已经洞察:"上帝不再喜欢他的创造物,他将不得不再次毁掉这个世界,让一切从头开始。"饱尝变化的苦果之后,历史已经行进到这样的关头,应当着手完成雅斯贝斯提出的另一任务——发现时代精神状况中的"巨大

---

① 雅斯贝斯.时代的精神状况[M].王德峰,译.上海:上海译文出版社,1997:19.

可能性"。其重要内容之一,是在"上帝死了""打倒孔家店"之后,如何重建和拯救失家园的精神世界,必须严肃地反思,我们是否走偏了路,乃至需要重新做出一次选择:从"道德理性"走向"伦理精神"?

我们必须完成这一任务,否则正如雅斯贝斯所说,人类将在精神世界中失败。如果对现代精神世界进行体质诊断,就会发现三大症候:伦理僭越道德,理性僭越精神,"道德理性"僭越"伦理精神"。道德、理性、道德理性,成为现代精神世界的三大僭主。三大症候导致精神世界的三大现代性病理:无伦理,没精神,道德理性泛滥。走向"伦理精神",本质上是人类精神世界的一条回归之路,耸立于这个精神世界丛林中具有指引意义的是三个方向标:在人类精神世界的生命体系中,到底道德优先,还是伦理优先? 精神世界中伦理道德的辩证发展,到底需要理性,还是需要精神? 最后,精神世界的真谛,到底是"道德理性"还是"伦理精神"?

一、"伦理优先"还是"道德优先"?

在道德已经取代伦理而成为强势话语,在伦理已经不仅从人的精神世界而且从学术研究中渐渐淡出只是作为捉襟见肘的表达能力的偶尔补充的时代,"伦理优先还是道德优先"可能是一个伪问题,至少是虚问题。当今之际,无论对精神世界的忧患还是对精神世界的期待,都万千宠爱地凝聚于一个焦点:道德!"道德滑坡""道德建设"从否定和肯定两个维度突显道德在精神世界中的核心地位。然而仔细反思发现,在精神世界的舞台上,道德终究只是一个当红,准确地说是被捧红的光鲜明星,伦理才是在决定剧情的主题及其演绎的万种风情之后功成身退的导演或编剧。处于镁光灯下的是道德,将道德送进镁光灯下的是伦理,道德是演员,伦理是导演和编剧,这是精神世界的独特风情。主题和演绎风格由编剧和导演决定,演员只是主题的在场方式和人格化,满足于感官刺激的人们往往只见演员,不见导演和编剧,错把演员当主人,原因很简单,追逐明星只需要偏好与激情,恭候导演和编剧则需要慧心和三顾茅庐的赤诚。于是在精神世界的舞台上,伦理优先还是道德优先,似乎便类似于戏剧舞台上到底演员优先,还是导演与编剧优先? 也许这个问题只有演员自知,因为没有演员敢不对导演和编剧恭敬,错过他们的只是观众。

(一) 伦理家园

必须回到精神世界的舞台本身! 任何一个精神健全的人都会承认,在人的精神世界中,伦理与道德的关系,不是二者择其一,而是何者居于优先地位的问题。到底伦理优先还是道德优先,必须到人类文明和精神世界的一些根本问题中寻找启迪:人类文明和人的生命的本真状态是什么? 人的世界的终极问题是什么? 中国精神哲学的传统是什么? 当今中国精神世界的根本问题是什么?

人类文明和人的生命的本真状态是什么? 毫无疑问,实体状态。人类将自己文明的最初状态称为原始社会,时至今日,"原始社会"因为离我们过于遥远,因为我们对它的无知,成为未开化和没启蒙的代名词。为避免价值上的误读,我们毋宁将它称为"原初状态"。现代人已经对自己的原初状态全无记忆,可以肯定的是它是个体与实体直接同一的状态,原始文明留给现代文明的最大遗产是家庭与民族,它们被黑格尔称为自然的伦理实体,彼此以男人和女人为中介,创造伦理世界的无限与美好。所以,当人们对它进行"原始社会"事实判断时,往往忽视和忘却了其重要的人文价值:它是人类的家园,是人类文明的出发点。人的生命的原初状态是什么?同样是实体状态,是无中生有地在母体中从单细胞成长为灵长类的实体状态,十月怀胎后一朝分娩的几乎全人类同声的一声啼哭,隐喻着人类对自己与实体状态分离的痛苦和难以割舍的眷念。神话和童话全部的美好就在于它以本真和童真的方式忠实记载人类从原初状态中走出时那文明一刹那的情感和意识。几乎所有创世纪的神话与宗教,镌刻的都是人类从自己家园出发而回眸一视的精神旅程,盘古开天,女娲补天,走出伊甸园,绝不是人类的文学创作,而是最初的意识形态和生命自觉。必须追问的是,当因启蒙而终结原初状态被逐出伊甸园之后,人类全部努力的终极目的是什么?——通过道德拯救重回伊甸园。当个体生命产生与实体分离的自我意识之后,人的全部教化的目的是什么?——通过道德教化守住和回到自己的精神家园。然而,对人类文明和生命真谛的误读也许就在这里发生。走出伦理的家园是一种异化,终结实体性伦理世界的是个体性的教化世界,在精神世界的顶端,人类文明、人的精神通过道德回到自己的伦理世界的精神家园。由于这个过程的漫长和艰苦,由于道德的努力如黑格尔所说是"永远有待完成的任务",只能像孔子所说"造次必于是,颠沛必于是",便产生一种可能:误把过程当目标,将道德当作精神世界的主题和主人,忘却伦理的终极目的和家园意义。人们在世俗生活中周游四方,于是设计一些重大节日如中国的春节和西方的圣诞节,以回到家园,重温伦理世界的温馨。遗憾的是,在精神世界中,人们往往缺乏或者难以感受那种游子回归的盛大节日,于是在与自己的家园渐行渐远中,道德取代伦理,伦理的家园反而成为精神的一道背影。不过,即便如此,文明还是宿命般地不断强化人们的伦理家园意识,在基督教中是对重返伊甸园的憧憬,在哲学思辨中,就是黑格尔所说,死亡是个体性的完成,家庭的终极精神意义,就是使死亡成为一个伦理事件,让个体在完成之后重新回到家族的坟墓。

(二)传统与现代的对阵

由此必须反思另一个问题:中国伦理道德和中国精神哲学的传统是什么?中国传统精神哲学的经典范式是孔子"克己复礼为仁"的命题,日后的"五伦四德""三纲五常""天理人欲"都是这一范式的历史发展。因为这一命题是定义"仁","仁"似乎便成为话语重心。人们往往认为孔子学说的核心是"仁","仁"是孔子的创造,

"礼"是对传统的继承。最直接的根据,是"礼"在《论语》中出现79次,而"仁"出现105次。其实,数量根本不能说明问题。这一范式最大的特点,是礼仁一体,伦理道德合一。在"礼"的伦理实体与"仁"的道德主体之间,孔子表面上以"礼"释"仁",实际上以"复礼"即回到"礼"的伦理实体作为"仁"的价值标准,"礼"的伦理无疑比"仁"的道德更具优先地位。与之相联系的是关于"仁义"的理念。"仁义"在中国传统中如此重要,乃至日后成为道德的代名词,所谓"仁义道德"。然而"仁义"的精髓是什么?"仁"以合同,其精髓是"爱人";"义"以别异,其精髓是亲亲尊尊。"合同"与"别异"是仁义也是道德,相反相成的两个精神构造,它们都源于"礼"的伦理实体的要求。伦理是"惟齐非齐"的精神实体,在伦理实体中安伦尽分即根据自己的伦理地位克尽义务是道德教养的根本。所以,孟子由人性的四善端衍生出的仁义礼智四德,直接将"礼"从伦理实体的理念转化为道德规范,"仁"的合同与"义"的别异的统一,在个体行为与社会秩序中的表现,就对"礼"践履和"礼"的伦理实体的建构,最后再由"智"内化为人的良知和信念。在这个意义上,将"仁"作为孔子学说的核心,也作为人的精神世界的核心是一种误读,其误导在于将被规定的对象当作主体,反而将规定者置于次要地位。在"克己复礼为仁"这个中国人精神世界的经典范式中,"礼"的伦理处于前提性的优先地位。同时,也不能简单地将"仁"当作孔子的创造,老子"大道废,有仁义"的命题已经在孔子之先明白无误地阐释了"仁",只是孔子对它的发挥更系统。同时,如果只见"仁"之"爱人"的本性,不见其"合同"的精神哲学意义,这是对孔子也是对中国传统精神哲学的误读,这是将"仁"的道德置于优先地位的另一学术根源。

原初、终极、传统,如果这些都与当下的现实太远,那么,现代中国社会、现代中国人精神世界的根本问题和精神世界的走向是什么?"道德问题"——这似乎已经是一个全民共识。然而,三次全国性大调查所发现的分配不公和官员腐败的问题轨迹,遭遇人际冲突时伦理调节的绝对首选,伦理上守望传统,道德上走向现代的转型轨迹,已经明白无误地展示了"伦理"的主旋律。于是,需要探讨的不仅是对伦理主旋律的论证,更重要的是反思:伦理问题如何被当作道德问题?诚然,这与当下的话语系统有关,然而问题就发生在话语系统中的这种道德强势,最应当反思的不是话语偏好,而是道德压过伦理的强势话语如何发生及其精神哲学后果。一般说来,伦理是个体性的"人"与实体性的"伦"的关系,即人与伦的关系,是人伦之理;道德指向形而上的"道"与主体性的"德"的关系,是得道之行。伦理指向实体和他人,是社会的和客观的,所谓客观伦理;道德指向自我,是个体的,所谓主观道德。用古希腊的理解,伦理的本意是灵长类生物长期生存的可靠居留地;道德是由个体行为对普遍规范的践行而体现的社会承认和自我认同。二者的关联是,道德是个体的伦理教养或伦理造诣。因此,道德问题一般只是个体价值及其所形成的社会风尚问题,伦理问题则是与人的"居留地"或社会共同体的可靠性密切相关切的归宿感即伦理安全问题。中国文化是一种伦理型文化,"伦理型文化"的话语已经表明伦理(而不是道德)是文明的核心和根本诉求,它不仅申言伦理之于道德的优先地位,而且表明文化的实体主义取向,由此,伦理型文化才可能与另一种文化类型即宗教型文化相通对话,因为宗教型文化的取向也是指向实体,区别在于它指向彼岸上帝的终极实体,而伦理型文化指向此岸的家庭和民族等世俗实体。于是,将分配不公与官员腐败等归于道德问题,大大弱化了问题的严重性,因为两大问题的严重后果,是颠覆了社会生活中的伦理存在,并且由此颠覆了社会生活的伦理安全,是对"社会"本身的威胁,也是对社会生活中所有人的威胁。诚然,两大问题的发生有其道德原因,与人的道德品质直接相关,但无论如何,道德只是"流",伦理才是"源",当今中国最需要的不仅是"道德建设",而且是以"人"与"伦"的关系的重建为内核的伦理建设和伦理发展。应当将"道德"的问题意识转换为"伦理"的问题意识,将"道德"的价值诉求转换为"伦理"的价值诉求,实现问题意识和价值诉求的革命。

(三) 道德僭越伦理

综上,伦理道德一体是人类精神世界的真理,然而在精神世界与生活世界中伦理和道德到底谁处于优先地位,则是典型的现代性或者说是在走向现代性过程中出现的难题。在相当程度上,这一难题并非源于生活世界的事实,而是人的精神的自我遮蔽。伦理世界是人类精神的家园,在生活世界尤其是以个体为本位的法权状态中人类精神因漂泊而"离家",道德世界建构的是人的精神家园的回归之路,是"回家"。"家—离家—回家",是精神世界中"伦理世界—教化世界—道德世界"的辩证发展之路。人类文明和人的生活的原初状态、人类文明的终极问题,中国文化的传统范式和现实问题,都深刻而清晰地显示,无论在精神世界还是生活世界中,伦理都居于比道德优先的地位。然而背离家园的精神漂泊、对人类文明的大智慧和人类精神世界缺乏辩证把握,对现实问题的本质缺乏洞察,出现一种特殊的现代性镜像:道德僭越伦理,道德成为强势话语,甚至成为话语独白和话语霸权,导致对精神世界的误读和对精神生活的误导,只见"有仁义"的世俗诉求,不见其背后"大道废"的文明根源;只见"仁"的道德的努力,不见"复礼"即回归伦理家园的终极目的。当代中国社会,道德对伦理的僭越集中表现为三大症状。第一,"伦"的退隐,以"道"的抽象本体性僭越"伦"的家园实体性,伦理存在的危机。在中国话语中,"伦"即实体,即家园,即神圣性。天伦与人伦分别是人与自己的公共本质统一的两种形态,即自然形态与社会形态。现代社会"伦"的存在遭遇空前的危机。首先是市场经济的理性化和世俗化进程解构了作为"伦"的自然基础的家庭神圣性,继而大量存在的分配不公和官员腐败从财富与公共权力两方面颠覆了现实生活中的

"伦"存在,最后在"国—家"构造中,家庭、社会、国家诸伦理实体之间,尤其是个体与诸伦理实体难以达到贯通同一。在精神世界,"伦"的退隐表现为以"道"的在形上普遍性,僭越"伦"的诸伦理实体的家园具体性,追求所谓超越一切伦理实体和人伦关系的抽象普遍的"道",以此消解和取代具体的和具有家园意义的"伦"。当然,现代社会不是没有实体,而是只有经济实体、政治实体的理念,唯独伦理实体缺场。第二,"理"的解构,以"德"的主观性和相对性,僭越"理"的神圣性与绝对性,伦理认同的危机。"伦"是伦理的自在形态,"理"是伦理的自为形态,伦理之"理"是"伦"之"理"。然而现代性伦理的特点,是追求脱离具体的伦理实体和伦理规律的抽象普遍的所谓"理",人伦关系退变为人际关系是其集中表现。"人伦"的理念意味着一方面个别性的"人"通过"伦"的实体在精神上从自然存在提升为普遍存在;另一方面表征个别性的人与人之间的关系及其行为的合理性与合法性,只有在"伦"中才能确立,没有脱离"伦"的中介和伦理具体性的所谓"人际关系"及其行为合法性。由此,德性便是一种"伦理上的造诣","伦"之"理"便是对于"伦"的信念,是"见父自然知孝,见兄自然知悌"的"天理"。"人际关系"的理念消解了"伦"的终极根据,试图基于某种普遍法则即所谓抽象的"道"建构人与人之间关系及其行为的合法性,通过脱离伦理的主观性的"德"建构社会生活的普遍性与个体的主体性,使道德陷入相对性与主观性,沦为抽象的普遍准则和孤芳自赏的自我立法和灵魂慰藉,最终因无根源和无归宿而走向道德相对主义,进而由相对主义沦为道德虚无主义。正如黑格尔所说,如果道德仅仅以良心为基础,那简直就处于"善恶的待发点上"。"人伦关系"是实体认同,"人际关系"是道德自由。在相当程度上,"伦"或"人伦"正成为一个日趋消逝和濒临死亡的概念,现代社会正走一个"有道理,没天理"的时代,它标示着道德对伦理的僭越,也标示伦理的危机。第三,"道—德"僭越"伦—理",以道德的自由意志僭越伦理的精神家园,伦理观、伦理方式、伦理能力的危机。"伦"的家园本质决定"伦"之"理"或回归"伦"的规律是"一切从实体出发",这便是所谓"伦理观"。然而,现代社会的普遍镜像是通过以个体为本体的"集合并列",建构"没有精神"的形式普遍性,形成一种"无伦"的伦理观和伦理方式。另一方面,现代社会也面临伦理能力或回到"伦"的家园的能力的普遍退化,婚姻危机本质上是一场伦理能力的危机,因为从盘古开天、上帝造人开始,婚姻能力就是人类最重要的一种伦理能力,"男女居中室,人之大伦也"。综上,道德的自由意志日益取代伦理的精神家园,人们的精神世界正陷入有自由没家园,即有道德自由而没伦理家园的悖论和危机之中。"伦"的危机,"理"的危机,"伦—理"的危机,最后积弱为精神世界和现实世界的一种日益严重的缺陷:无伦理! 普遍存在的伦理缺乏症使时代精神陷入丧失家园的巨大危险,也使道德成为"真空中飞翔的鸽子",在精神世界中孤鸿哀鸣,面对生活世界的严峻挑战虽有狂力挽狂澜气势,终因文化超载而成为孤立无援和虚弱无力的绝唱。走出危险,必须正本清源,在精神世界中回归伦理的优先地位,给精神世界以完整性,也给人类精神以家园。

二、"理性",还是"精神"?

理性僭越精神,是现代性伦理道德的第二大症状,其病理表现是:"没精神"!

(一)"精神"基因

理性与精神的关系,原本是一个典型的西方问题,它在中国的流行相当程度上是中国人"感冒"即感染由西方输入的文化病毒,与市场经济转向等因素内生的自身免疫系统障碍遭遇的结果。中国伦理道德的传统从一开始就是基于价值认同的"精神"传统,所谓"中国传统",不仅"精神"在一般意义上是伦理道德的认同方式,而且是通向伦理道德心灵之路,从话语形态到建构方式莫不如此。孔子的"仁者人也",老子的"德者得也"开创了中国哲学的伦理句的话语形态,而不是西方式哲理句的话语形态。由此,不少学者批评中国哲学缺乏西方式的科学,甚至认为中国无哲学。实际上,这正是中国哲学的特色和伦理型文化的特殊气质和贡献所在。西方哲学的所谓科学是本体论和认识论的,而不是伦理道德的价值论,以哲学的认识论进行伦理道德的建构,最终结果必然以认识论的理性僭越价值论的精神,可以说,在文化体系中,只有中国哲学形成一套完整的基于伦理道德的"精神"而不是所谓哲学"理性"的话语体系和话语形态,从先秦到宋明理学关于心性问题的探讨莫不如此。对中国哲学的话语形态和论证方式的批评,相当程度上是对伦理型文化话语形态的误读甚至无知,是以西方哲学话语对中国哲学传统削足适履的结果。在建构方式上,孔子以"反本回报"论证"三年之丧"的孝道,将伦理道德植根于生活情理与对生命的终极关怀;孟子认为道德的根源在于"类于禽兽"的终极忧患,伦理的根源在于"教以人伦"的终极拯救,伦理道德行为植根于人的良知良能的"自然",所谓"见父自然知孝,见兄自然知悌,见孺子入井自然知恻隐"。孔孟之道奠定了中国伦理道德的"精神"而不是"理性"的基调。宋明理学是传统中国哲学的最后形态,围绕"理"或"天理"的核心概念和"致人极"的最高任务,出现程朱道学和陆王心学之辨,道学与心学之"道问学"与"尊德性"的分歧,相当程度上代表理性与精神两种气质。程朱道学在"精神"的基调中具有某种"理性"的倾向,因为它强调通过"理一分殊"的形上过程和"格物致知"的认知路径达到"天理",实际上是将认识论的诉求贯彻到伦理道德的价值建构中,这种理性化倾向被陆九渊批评为"太支离",转换为现代话语即"碎片化",陆九渊提出"收拾精神,自作主宰"的"简易工夫",即所谓"良心说",以良心为精神的主体。王阳明经历了从道学向心学的觉悟过程,先是按朱熹的指引格物致知,试图通过认识论的理性达到"天理",然而"格竹子"的失败和人生的挫折,导致流放途中的"龙场之悟",在皈依心学中将陆九渊的"良心"推进为

"良知"。其中对日后中国伦理道德发展影响最大的就是以"精气神"诠释良知,"精"是良知的"凝聚","神"是良知的"妙用","气"是良知的"流行",一言蔽之,良知即"精神"。陆王心学尤其王阳明的力行哲学,对中国近现代发挥了直接而重大影响,"精神"由此成为伦理道德的"中国话语"。可见,宋明理学虽然由于儒道佛的合一建立了本体论、认识论与价值论统一的体系,但价值论的"精神"而非认识论的"理性"是绝对主流,中国伦理道德的传统一以贯之是"精神"传统。

(二) 认识论向价值论的殖民

西方伦理道德的"理性"传统,相当程度上是认识论渗透、蚕食、颠覆,最后取代价值论的结果,它在由理性向理性主义的发展中得以完成。理性在西方从一开始就是在哲学中诞生并与宗教、伦理藕断丝连,同源共生,继而在向理性主义的演进中成为话语霸权。"理性"的基因始源于古希腊哲学。望文生义,在柏拉图的"理念"中,已经隐藏两种可能的走向:走向理性的"理"和走向上帝的"念",即所谓信念和信仰,正如恩格斯所说,在柏拉图的"众理之理"中已经有上帝的影子。亚里士多德对"理智德性"推崇,隐喻伦理学由希腊传统走向理性主义的可能,因为理性和理智之间存在体用关系。理性对精神的僭越,在西方近代哲学中已经埋下种子。在向近代挺进的过程中,理性首先作为蛰伏于中世纪宗教信仰的否定因素在文艺复兴中驱逐了上帝,继而蛰伏于伦理世界,通过认识论向价值论的蚕食僭越了作为伦理世界灵魂的"精神"。17世纪的理性主义演绎了这两个过程的哲学承接,笛卡尔、斯宾诺莎、莱布尼茨三位近代哲学家完成了将理性推进为理性主义的体系化过程。仔细考察便会发现,这些"从扶手椅中"诞生的哲学体系展示为由几个共同元素构成的由"理性"而"理性主义"的过程。第一,认识论:对确定性的追求。笛卡尔从对"第一知识"的确定性追求和"我思,故我在"的假设开理性主义先河,认为确定性并不存在于感觉而存在于"思"的理智之中。斯宾诺莎严格按照定义、公理、命题、证明的几何学的理性主义方法,创造了他的《伦理学》体系,以此广泛讨论包括上帝、人类心灵、情感、人类归属和自由等心理—物理、伦理和终极的一系列问题。然而,一旦"确定性"在伦理学中彻底贯彻,伦理道德建构便只是一个认识论的"理性"过程,而不是价值论的"精神"过程。第二,本体:实体与上帝。正如科廷汉所发现,"实体概念是理性主义形而上学的核心"[①]。由哲学"本体"向伦理"实体"的演化本是形而上学的本体性向伦理总体性转化的重要进程,然而,对"确定性"的认识论诉求,必然使伦理实体成为理性认识而不是精神认同的对象,最终为克服体系的"理性矛盾",必然需要上帝这一终极实体的预设,于是陷入哲学理性、伦理信念与宗教信仰的矛盾。笛卡尔揭示精神实体与物质实体的不对称性,认为人的身体实体是

---

① 约翰·科廷汉.理性主义者[M].江怡,译.沈阳:辽宁教育出版社,1998:81.

很容易失去同一性的偶然结构,而心灵则是纯实体,可以由其本质而成为不朽;斯宾诺莎将实体当作"自在地存在和由自身得以想象出来的东西";莱布尼茨认为只有上帝才能论证因果性、联系。将实体当作存在和心灵过程的统一,相信永恒实体的存在是近代理性主义的共同特征。第三,价值论:身心关系与幸福。身心关系是近代理性主义的共同关注,由此认识论走向价值论,但关于确定性的理性追求决定了他们不能真正在价值论的意义解决身心关系问题。笛卡尔的身心区分和心灵实体不朽理论,斯宾诺莎的"身心平行理论",莱布尼茨的身心"预定和谐理论",本质上都是身心二元论。他们将"幸福"当作哲学事业所关心的真正观念,①由此可以走向真正的伦理学,但由于以自由与道德的关系为重心,决定了其体系只能囿于理性化的认识论。可见,近代理性主义肇始于追求确定性的哲学认识论,然而它的彻底贯彻不仅陷入与宗教信仰、伦理信念的理论纠结,而且导致"理性"对于"精神"的话语与价值霸权。17世纪被称为"理性的时代",因为它摆脱了中世纪的宗教信仰,然而却出现一种矛盾的现象,上帝在三位理性主义者那里都具有核心地位,是终极实体,也是至高无上的善。由此便产生一种可能和趋势,理性和理性主义由认识论向价值论渗透,颠覆伦理学和伦理世界的一些基本理念,尤其是作为哲学、宗教、伦理的共同概念并关联着三者的"精神",虽然斯宾诺莎将意志和理智看作"同一个东西"②,这"同一个东西"被黑格尔称之为"精神"。理性主义致力于在哲学、宗教和伦理之间划出明显的界限,在理性、信仰和价值之间划出一道鸿沟,并试图在三者之间进行某种调和,然而理性对精神的僭越从这里已经开始。以确定性为追求的认识论的理性,一旦主宰信仰的世界和伦理的世界,必然成为对以认同为核心的"精神"的解构和颠覆的力量,只是经过康德和黑格尔,这一过程在现代发展到极端。康德《实践理性批判》在严格意义上是将道德作为实践理性的一种,以此作为纯粹实践理性存在的证明,但他关于道德的"实践理性"的证明,不仅导致将道德等同于实践理性的误读,也导致将道德理性化的误导。于是,他的体系最终陷入认识论与价值论、理性与精神的纠结。他在认识论上完成了对道德的理性论证,但在价值论上陷入"实践理性的二律背反",最后只能在借助"上帝存在"的公设,同时于精神上"仰望星空"。黑格尔在《精神现象学》中同样存在理性与精神的纠结,但将伦理道德作为"精神"则是其最大贡献。一方面,他将"感性—知性—理性"当作"主观精神",由此"理性"就成为"精神"发展的一个环节;另一方面,将伦理道德当作客观精神,是精神发展的一个独立而完整的阶段。所以,他特别强调理性与精神的严格区分及其向精神发展的必然性:"当理性之确信其自身即是一切实在这一确定性

---

① 约翰·科廷汉.理性主义者[M].江怡,译.沈阳:辽宁教育出版社,1998:171.
② 同①173.

已经上升为真理性,亦即理性已经意识到它的自身即是它的世界、它的世界即是它的自身时,理性就成了精神。"①精神是理性和它的世界的统一,即理性的现实性,由此认识论便向价值论转化。在黑格尔哲学中,伦理道德是精神,是精神世界的两大结构,但理性与精神的关系,则是一个容易混淆甚至在其哲学中本身就混淆的问题,因而他的精神哲学最后也必须借助宗教的终极实体,不过与康德不同,它在哲学的绝对知识中回到自身。康德、黑格尔体系中理性与精神的这种形而上学纠结,终于在19世纪和20世纪初导致西方哲学和西方精神世界的严重危机。因为,在"上帝死了"(尼采)和"形而上学终结"的现代社会,无论哲学的形上实体还是上帝的终极实体,已经不像在康德、黑格尔哲学中那样是化解体系的理性矛盾的一种公设或虚设,而是完全被消解为虚无。由此,"理性"便完成对"精神"的僭越,这种僭越在相当意义上是理性主义哲学对西方伦理道德传统颠覆的核心。

(三)"理性"僭越"精神"

"理性"到底何时登陆和入主中国已经难以考证,可以肯定的是,对现代中国伦理道德来说,"理性"似乎是一个风华绝代的"新人",而"精神"则是不折不扣的土著。理性与精神的纠结在现代中国的伦理道德领域不是不存在,而是没有被发现和揭示,因为在学界的集体潜意识中,这是两个隔空喊话并不相遇的星球,并不构成一对矛盾,甚至没有关系。"理性"一旦从西方舶来,几乎成为"合理性"的代名词而狂飙突进,自康德《实践理性批判》问世,自康德成为西方哲学的教主继而成为中国哲学西天取经的外神,道德便不仅被当作纯粹理性的证明,不仅是实践理性的一种,而且就是实践理性,"道德=实践理性"已经成为毋庸置疑的学术天条。作为哲学土著的"精神"要么在意识形态话语如"民族精神"中被偶然关注,要么作为话语习惯和文化潜意识在日常生活中被提及,在学术研究包括在精神世界中早已被理性"新桃换旧符"。借用以上对17世纪理性主义哲学矛盾的分析,当今中国伦理道德领域"理性"对"精神"的僭越表现为以下症状:第一,认识论的"理性"僭越:以确定性和合理性消解伦理道德的神圣性。确定性与合理性是现代理性主义的两个基本取向。人文科学尤其是伦理道德的最大特点,是它在最初出发点和终极层面往往不可追究和反思,作为人类的家园与归宿,它是信念的对象。认识与认同、信念与反思,是认识论与价值论的重要区别。中国民族对"三代"、西方民族对古希腊的眷念,相当程度上是对人类文明的精神家园的伦理情结。在伦理道德的终极基础方面,西方伦理对上帝的预设,中国伦理对家庭血缘关系的态度,都是典型的"精神",孔子对"三年之丧"的孝的伦理论证,孟子的"自然"良知观都是一种"精神"的态度,这是一种入世伦理的奠基于家族血缘关系的"自然"神圣性。毋宁说,在伦理

---

① 黑格尔.精神现象学:下卷[M].贺麟,王玖兴,译.北京:商务印书馆,1996:1.

世界和道德生活中,更多方面是不可理性的,一旦"理性"便颠覆了伦理道德本身。现代性将理性的触须深入到人类伦理世界的每个角落,在追求确定性和合理性的过程中颠覆了伦理道德的神圣性,从而导致伦理道德的"祛魅"。于是,"为什么"成为伦理道德的第一敌人,因为它将伦理道德仅仅作为理性认识的对象,而不是价值认同的对象。最终的结果,是先在伦理上失家园,继而在道德上失乐园,现代社会中由道德信用危机向伦理信任危机的转化,继而导致伦理安全危机的问题轨迹就是如此。第二,本体论的"理性"僭越:个体本位与利益算计。形而上学的"本体"理念移植到伦理道德领域便是所谓"实体",形上本体性与伦理总体性是认识论与价值论的两个不同论域和话语。伦理的精髓是个别性的"人"与实体性的"伦"的关系,道德的精髓是本体性的"道"和主体性的"德"的关系,两种关系本质上是世俗存在的确定性与精神超越性的关系,其真谛是通过"精神"的中介,将人从个别性存在提升为普遍性存在。现代性背景下理性放逐的结果,在伦理关系上必然由追求确定性而以个体为本位,在道德生活中必然由追求合理性而陷入利益算计或理性算计,因为个体是伦理关系中直接的确定性,利益最大化是最世俗的合理性。现代性伦理道德理性化的表现,是将人还原为原子化的存在或个体性的单子,然后试图通过制度安排、利益博弈的"集合并列",建立现实生活的普遍性。于是,无论普遍性的建构还是对成为普遍存在者的自我提升,便不再是基于"实体"信念的家园回归,而是理性的算计。然而这种普遍性只是形式的普遍性,而不是真正意义上的伦理道德的普遍性。于是,在伦理道德领域便陷入"囚徒困境",现代中国社会中的"老太困境""道德银行"便是理性祛魅的结果,"一个老太绊倒整个中国社会",折射的就是精神生活与现实世界的"囚徒困境"。第三,价值论上,心智混同,知行分离。心与身、灵与肉的关系是任何伦理道德体系的核心问题之一。伦理道德理性化的主体性表现,是以认知主体的"智"僭越和取代作为认知与价值统一的"心"。与心身关系相联系的是心与智、心与灵的关系问题,正因为如此,心、性、情、命便是中国哲学最基本的范畴。心与智是价值论与认识论的两个不同范畴,而心与灵则表示由主体走向和追求不朽的精神过程,所以,心灵与伦理道德相通,并由"灵"而与宗教相通,而"精神"在西方哲学中则被当作包括心灵、道德和宗教的概念。对于智或知的理性化追逐,使伦理道德成为一个心理和生理过程,而不是心灵过程。伦理道德的知与哲学认识论的知的最大区别是:前者是良知,后者是认知。心与灵、心与智混同的结果,便是知与行的分离。良知的最重要的品质是知行合一,而根据全国性大调查的结果,"有道德知识,不见诸道德行动"以80%的选择率成为现代中国道德生活的最大缺陷。综上,无论在学术研究还是在现实的伦理关系和道德生活中,理性与精神在现代中国伦理道德中的镜像,用一句话描述,就是:理性的玉兔东升,精神的金乌西坠。借用杜甫《佳人》中的诗句意象地表达,"但见新人笑,那闻旧人哭","理性"僭越"精神",导致的典型的"中国问题"或中国病状是:"没精神"！失家园是"没精神";"祛魅"是"没精神";知行分离还是"没精神"！可以说,在理性化过程中,中国伦理道德已经患上"精神缺乏症"。

三、"道德理性"还是"伦理精神"

道德僭越伦理,理性僭越精神,逻辑与历史的必然结果是:道德理性僭越伦理精神。于是便遭遇一个最具前沿意义的精神哲学难题:伦理道德的精神哲学本性到底是"道德理性"还是"伦理精神"？中国伦理道德的精神哲学形态,到底是道德理性形态,还是"伦理精神形态"？

（一）"道德理性"与"伦理精神"

"道德理性"与"伦理精神"的关系关涉三个哲学问题:"伦—理"过程与"道—德"过程的关系;伦理与道德在人的精神发展和精神世界中的价值序位;伦理与道德对精神和理性的不同诉求。伦理与道德作为人的精神发展的两个阶段和精神世界的两个结构,具有不同的精神哲学意义。如前所述,伦理的精髓,是个体性的"人"与实体性的"伦"的关系,伦理之"理"作为"伦"之理或"人伦"之"理",意味着无论伦理意识、伦理关系还是伦理规律,都是基于"伦"的实体的良知和天理,因而具有神圣性和必然性。"伦—理"的过程,是一个由"伦"而"理"的精神进程。道德的精髓是主体性的"德"与本体性的"道"的关系,核心问题是个体如何获得与分享"道"的普遍性进而建构与他人合一、与世界合一的主体性,"德者得也"即"得道"之谓也,因而"道—德"的过程是由"道"而"德"的精神过程。"伦—理"是从生命实体和具体的伦理情境获得的良知良能,"道—德"是透过对"道"的体认而获得的"德"的觉悟和"德"的建构。因而伦理具有家园性和历史具体性,但也有其限度,一旦离开具体的伦理经验和伦理体验便很难具有普遍性,于是"道"的形上普遍性以及由此进行的"德"的自我建构便成为必然要求,这就是所谓"道—德经"。也许正是在这个意义上,亚里士多德将德性分为伦理的德性和理智的德性,并认为理智的德性高于伦理的德性,因为在他看来伦理是风俗习惯,依赖于具体的历史情境和直接经验,难以传授,也很难在不同伦理故乡之间获得普遍性,于是就需要在道德中透过理智的中介进行教育和传授,并且通过理智的共识建构"道"的普遍性和德的主体性。借用西方哲学的话语,伦理是黄昏起飞的猫头鹰,背负深厚的伦理经验;道德是"真空中飞翔的鸽子",追求普遍理性和意志自由。其实,将伦理定位于风俗习惯完全是西方文化或者在其源头上是受希腊文化的局限。也许,在人类文明的原初阶段,伦理起源也表现为风俗习惯,然而在日后的发展中它便展开为诸多高级形态,黑格尔就指证了家庭、民族、社会、国家诸伦理实体形态。伦理是家园,是神圣,是自然和必然;道德是智慧,是理智,是应然和自由。于是,在人的精神发展和精神世界的建构中,伦理便具有优先于道德的地位——不仅在时间序列上优先,而且在价值序列上优先,因为道德的建构本性上是一种伦理上的造诣。

正因为如此,伦理期待精神,道德诉诸理性。因为,精神的真谛是"因'精'而'神'",或者说"聚'精'会'神'"。按照王阳明的解释,"精"是凝聚。何种凝聚?"伦"的普遍物的凝聚,是普遍物的单一性呈现形态,因而任何"精"都是以个别性呈现的普遍性,也正因为如此,在神话作品和文学创作中"精"才具有超凡的力量,不同"精"的区别仅仅在于其伦理属性。"神"是"妙用",是灵明,因为"精"是普遍物,因为个体与"伦"的普遍物之间的关系是理一分殊,因而不仅"精"之力量是"神"或具有神力的意义,而且每个人都可以因"精"而神,只需"聚精",便可以"会神"即与神明相遇,"见父自然知孝,见兄自然知悌"的良知良能,就是"精"之"神"的妙用。"伦理"之中,"伦"是体,"理"是用;"精神"之中,"精"是体,"神"是用。伦理是自在状态,精神是自为状态,"伦理精神"是既自在又自为的状态。所以,伦理与精神之间具有相互期待、相互诠释的关系。伦理,只有通过精神才能达到和建构。在这个意义上,"无伦理"自然"没精神","没精神"必然"无伦理"。与之相对应,道德则表现为对理性与理智的诉求。道德的真谛是"由'道'而'德'",理性的真谛是"由'理'而'性'"。德是对道的分享,这种分享,用朱熹的话语是"理一分殊",用佛教的话语是"月映万川"。"一月摄一切水月,一切水月映一月",万物因获得了"道"而有"德","德者道之舍",但"道"并没有因众多分享而有任何亏损,所以德与道的关系是"分享"而不是"分有"。正因为如此,道德是一种大智慧,是一种理性,柏拉图的"理型",老子的"道德经",传授的都是这种基于"道"的本体性的形上智慧和形上理性。

伦理期待精神,谓之"伦理精神";道德诉求理性,谓之"道德理性"。"伦理精神"与"道德理性"是人的精神发展和精神世界建构的两个最重要的结构与过程,问题在于,伦理精神之于道德理性具有优先的地位。因为,其一,伦理是人的家园,精神是回归家园之路,在人类文明进程和人的生命进程中,伦理精神都具有优先于道德理性的地位;其二,伦理精神是中国传统和中国话语,是入世文化背景下伦理道德的中国形态和中国贡献,它在文明体系中与伦理道德的另一文化形态即宗教形态比肩而立;其三,现代中国伦理道德发展的重大理论和现实问题,是以"道德理性"僭越"伦理精神",现代文明中的所谓"失家园""失乐园",首先是失伦理的家园,失伦理精神的乐园。

(二) 走向伦理精神

因此,无论根据伦理道德的精神哲学本性,还是基于伦理道德发展的"中国问题",现代中国伦理道德的精神哲学形态必须确立三大关键概念:伦理、精神、伦理精神。准确地说,必须确立三大优先战略:伦理之于道德的优先战略;精神之于理性的优先战略;伦理精神之于道德理性的优先战略。三大关键概念,三大优先战略,呼唤三大回归:回归伦理,回归精神,回归伦理精神。一言以蔽之,走向伦理精神!

走向伦理精神,指向也期待关于伦理道德的两个哲学革命。一是关于人类文明的终极问题的哲学革命,即由"应当如何生活"的道德问题意识向"我们如何在一起"的伦理问题意识的革命;二是关于伦理道德本性的哲学革命,由作为"社会意识"的"反映论"向能动建构的"精神论"的哲学革命。简言之,"伦理"革命,"精神"革命。

人类文明或精神世界的终极问题是什么?人们已经对这样的回答耳熟能详:"应当如何生活?"如此,道德便成为生活世界的主题。诚然,人与禽兽的区别,在于超越"自然"而追求"应然"的生活,然而黑格尔提醒我们,应然意味着未发生,道德的应然就是不断的未然;孔子也以他的人生经历告诉我们,道德的最高境界是没有道德的自由之境,所谓"从心所欲不逾矩"。康德的"纯粹实践理性"给我们提供一个借鉴,以意志自由为前提的道德只是"真空中飞翔的鸽子"。道德建构主体性,然而道德的应然也是主观性,每个主体都有自己的"应当",由此精神世界便可能成为"应然"的"'自由'市场",甚至成为"应然"的"战场"。人类从实体状态走来的史实,决定了精神世界的终极问题是"我们如何在一起"。伦理世界的主人是实体性的"我们",人类文明和个体生命的原初状态是未开化未分离的"我们";教化世界的启蒙使伦理世界的"我们"异化为原子式单子化的"我";人类自被逐出伊甸园,道德长征的根本任务,就是"我"如何成为"我们"?所以,宋明理学将义利、公私之辨作为人的精神世界的根本问题,"我"是私,所谓"一己之私";"我们"是公,所谓"天理之公"。自亚当与夏娃诞生以第一块遮羞布为象征的"别"的自我意识,自男女孩童从"两小无猜"催生"猜"的"别",人类文明、人的生命永远的课题便是"我们如何在一起"。老子启蒙世人:"大道废,有仁义,智慧出,有大伪。"老子高于孔子也因此貌视儒家的方面,就是讥讽孔子及其儒家只执着于仁义而忘却一个根本问题,即回到"大道"家园的终极目的。老子这段话的真义是,因为仁义是"大道废"的结果,只是对大道的回归与拯救,所以最高智慧是回到大道的家园,而不是在仁义的旅程中流连忘返。在他看来,包括仁义在内的教化世界的一切智慧,都不是文明的本真,而只是"伪"即人为。于是,孔子与老子在由伦理世界向教化世界转换的精神史上演绎了不同的文明正剧。孔子"周游",周游列国,以"明知不可为之而为之"的使命感推行仁义;老子"出关",出何种"关"?出"仁义"智慧的"大伪"之关,回到"大道"的本真状态。所以,老子与孔子、道家与儒家合璧,才是中国文化的完整智慧,孔子致力于教化世界的道德拯救,老子启迪回到"大道"的伦理家园意识。也许,这就是中国文明、中国人的精神世界总是儒道互补的根由。孔子"有仁义"的道德努力,老子"大道废"的哲学启蒙,孔子"周游",老子"出关",都是中国文明初年伦理型文化基因的生动演绎,是对中国人精神世界的哲学奠基。不过,对于精神世界、对于人类文明和人的生命的误读,也许就在这里发生。因为人们往往执着于"有仁义"的道德,忙碌于、紧张于道德的救赎,而忘记之所以需要"有仁义"根本上是因为"大道废"的伦理解读,道德救赎的根本目的在于回到自己的精神家园。由于这种不幸的误读,道德不仅在精神世界中处于优先地位,而且成为强势话语。

伦理道德的本性到底是理性还是精神?它在方法论上关联一个至今未经认真反思的哲学问题:伦理道德到底是对社会存在的反映,还是一种能动的精神建构?由此,它是认识论问题,还是价值论问题?中国学界既有的理论将它归之于"社会意识",根据历史唯物主义的理论,是与之相对应的"社会存在"的反映,因而又是一种"意识形态",既是人的意识的特殊文化形态,又是主观性和多样性的个体意识的社会形态,是与个体性相对应的"社会意识",与主观性相对应的"客观意识",总之是"社会意识形态"。这一定位当然有其合理性,黑格尔将伦理道德当作客观精神,相当程度上也是在把它作为社会意识的客观性意义上立论。在"社会意识"的意义上,伦理道德表征社会在价值意识方面的同一性,"意识形态"表征伦理道德既具有文化的同一性即所谓"形态",又具有社会的同一性。但是,关于社会意识和社会意识形态的定位遭遇两大难题。第一,它同样只是认识论而不是价值论的定位。如果只是社会存在尤其是物质生活条件的直接反映,那么,伦理道德将陷入自然决定性,是生理—心理的自然过程,而不是价值过程,不可避免地"祛魅",由此便可能在追逐社会存在的变化的过程中走向伦理道德虚无主义。第二,它可能被当作"意识形态的暴力"而在现代性背景下遭遇人们本能的抵触。因此,关于伦理道德本性的哲学定位,应当包含认识论与价值论两个方面,局限于"社会意识"及其反映的认识论定位必然导致"理性"对"精神"的僭越。应当在精神哲学的视域下将它当作精神的自我建构和不断发展的辩证过程。由此,必须进行一次由意识反映论走向精神建构论的哲学革命,历史唯物主义与精神哲学的双重哲学视野,是走出"没精神"困境的哲学之路。在这个意义上,伦理精神的回归期待一次马克思历史唯物主义与黑格尔精神哲学的哲学对话。

(三)"伦理精神"的中国精神哲学形态

回归"伦理",回归"精神",回归"伦理精神",完成这三大回归,现代中国伦理道德就具有独特的精神哲学形态:"伦理精神形态"。

"伦理精神形态"是与西方"道德理性形态"相对应的中国精神哲学形态。中国伦理道德在传统上是伦理道德一体、伦理优先的精神哲学形态;在现代,根据人类文明遭遇的"如何在一起"的严峻挑战,针对现代中国伦理道德发展面对的问题与难题,伦理回归和精神回归的必然结果,就是"伦理精神形态"的推进与建构。"伦理精神形态"的哲学主题是"在一起",文化气质是"回归"。伦理是人们"在一起"的家园,"精神"是"从实体出发"的重返家园之路。"伦理"是安宅,"精神"是达道。无论"伦理""精神",还是作为二者同一的"伦理精神",都植根于中国传统,也都是中国话语,因而"伦理精神的精神哲学形态"既是一种建构,也是根据问题诊断的哲学革命,但归根到底是一次回归——既是对中国传统、中国话语的回归,更是对人类精神发展和人的精神世界的回归。与"伦理道德一体、伦理优先"的传统形态相比,"伦理精神形态"更加突显民族传统和现代问题意识。

"伦理精神形态"最易引起误读和误导的方面,是它可能被批评为一种保守主义。因为,"伦理"的本性是存在,"精神"的本性是认同,在"伦理"与"精神"之间建构的是相互同一的亲和。在现实性上,"伦理"不仅是作为人的生命根源和文化眷念的家园性存在,而且也是如家庭、社会、国家的诸伦理实体的现实存在;"精神"以对伦理存在的认同为前提,其本性是"从实体出发"的思维与意志的统一。由此,"伦理精神"似乎就潜在某种令人不安的保守倾向,不像"道德理性"那样,追求道德的"应当"和"理性"的反思,在"道德"和"理性"之间存在某种反思性紧张。然而这只是问题的现象层面。"伦理精神形态"有一个不可动摇的信念和追求,并以此为前提:一切存在,首先必须是"伦理的"才是现实的。这就回到"凡是现实的都合理的,凡是合理的都是现实的"那个著名的黑格尔悖论。"伦理精神形态"传递一种理想,一种信念:"凡是伦理的才是现实的,凡是现实的必须是伦理的。"相反,这一命题从来并不认为也丝毫不意味着现存已经是伦理的,而是说现存的只有成为伦理的才是现实的。"伦理即存在",是说一切存在必须是伦理的,只有具有伦理性才是也才可能成为现实的存在。于是,"伦理精神形态"便是前提地指向现实批判性的命题,准确地说是表达对现实的伦理批判的命题。它传递一种取向和追求:一切存在,只有经受伦理的批判才是现实的和合理的,就像笛卡尔说一切只有经受理性批判才是现实的一样。在这个意义上,"伦理精神形态"是让一切成为伦理,对一切诉求伦理的精神哲学形态。因此,"伦理精神形态"面对"无伦理""没精神"的现实,就是一种"明知不可为之而为之"的批判性的人文理想主义,因为它在对传统的回归中建构,所以毋宁说是"新古典人文主义"。

诚然,"伦理精神形态"并不是对"道德理性形态"的全盘否定,更不是泛伦理主义,泛精神主义。"伦理精神形态"的坚持和坚守,是非宗教的入世文化背景下中国伦理道德的民族精神形态,是中国精神哲学传统的现代转换和现代话语,表达在现代背景下,以"伦理精神"为重心和问题指向建构人的精神世界,推进人的精神发展的意向与抱负。不过,"伦理精神形态"也是对现代的和西方的"道德理性形态"的反思与批判,但它更强调,在宗教型文化和伦理型文化背景下,伦理道德具有不同的精神哲学形态,"伦理"与"道德"是两种文化、两种文明的不同精神哲学重心,也是两种精神世界的不同重心,而"精神"则是沟通两种文化、连接伦理与宗教的共同话语,由此,两种文化、两种文明的精神哲学形态便"理一"而"分殊"。"伦理精神形态"传递一种宏愿:中国文明将继续沿着自己的轨道为人类精神发展,为人类精神世界做出独特的贡献,以此屹立于世界精神文明之林。与之相对应,回归伦理,回归精神,回归伦理精神的三大回归,绝不是泛伦理主义和泛精神主义,绝不是以此否定道德,否定理性,否定道德理性,而只是扬弃道德对理性的僭越、理性对精神的僭越、道德理性对伦理精神的僭越。它所做的最重要的工作是:"把上帝的还给上帝,把恺撒的还给恺撒";把理性还给道德,把精神还给伦理;把道德理性还给西方,把伦理精神还给中国;最后,把家园和回归家园之路还给全人类。

我们,正走向"伦理精神时代"。

中西四德的对观：伦理冲动的
两种道德哲学形态

潘小慧

台湾辅仁大学哲学系

一、致敬

首先，感谢樊和平（樊浩）教授和大会的邀请！能参与这么一个聚焦于伦理学议题和来自四面八方的同侪同道的学术讨论会，是个人荣幸，也是个人最佳的学习机会。其次，对樊教授关于中国伦理与道德哲学研究的两个三部曲（第一个即"中国伦理精神三部曲"，120余万字；第二个即"伦理精神的形而上学三部曲"，160万字）①、共六本专著，共280万字呕心沥血的写作与出版，致上最崇高的敬意！从1988年至今2015年，历经人生最精华的27年时光的努力耕耘，成果的确丰硕。这项事实充分展现樊教授除了作为一位专业学者的勤奋外，还有难得一见的早慧以及哲学天分。这是许多学者望尘莫及的，至少对我而言如此。

二、两个三部曲的特点

樊教授系列著作呈现伦理学体系化建构的企图与努力，文献上广纳、兼采中西，终究形成一家之言，对中国哲学伦理学学界定然造成一定的影响力与贡献。樊教授的著作内容有什么特点呢？个人的初步理解如下：

一般人使用"伦理"和"道德"语词时多是任意且模糊不清的，樊教授则坚持"伦理"和"道德"二词在概念上的区分，这主要受黑格尔精神现象学和法哲学体系的影

---

① 第一个三部曲，即"伦理精神"的历史哲学研究系列——"中国伦理精神三部曲"：(1)《中国伦理的精神》，22万字，南京：河海大学出版社1990年版，台北：台湾五南图书出版社公司1995年版；(2)《中国伦理精神的历史建构》，38万字，南京：江苏人民出版社1992年版，台北：台湾文史哲出版社1994年、1998年、2000年、2002年版；(3)《中国伦理精神的现代建构》，60万字，南京：江苏人民出版社1997年版。第二个三部曲，即"伦理精神"的道德哲学研究系列——"伦理精神的形而上学三部曲"：(1)《伦理精神的价值生态》，42万字，北京：中国社会科学出版社2001年、2007年版；(2)《道德形而上学的精神哲学基础》，58万字，北京：中国社会科学出版社2007年版；(3)《伦理道德的精神哲学形态》，60万字，北京：中国社会科学出版社2015年版。下文提及以上六书内容时仅注明页数。

响；道德是个体性、主观性的，伦理则是社会性和客观性的。道德侧重个体的意识、行为与准则、法则的关系，而伦理是侧重社会"共体"中人和人的关系，尤其是个体与社会整体的关系。① 这基本符合学界的常识，以中国哲学的说法，诚意、正心、修身属于道德，齐家、治国、平天下属于伦理。于是，道德世界观的主体是个体，伦理世界观的主体是实体或共体。②

接着，樊教授将"精神"诠释为"理性与实在的统一"，加上受黑格尔《精神现象学》的影响，采取"民族是伦理的实体，伦理是民族的精神"的看法③，于是将伦理、民族、精神三个概念贯通为一体，也为"伦理精神""中国伦理精神"④的确立提供了哲学基础。⑤ 樊教授试图为（中国）伦理精神建构一个"伦—理—道—德—得"的概念诠释系统，作为伦理精神概念发展的五个要素与四个过程，得出"伦理的真谛是人理，道德的真谛是得道"的结论，并借此使得伦理和道德在文化本性上融为一体，真正成为一有机的精神。⑥

尤其令人激赏的，在方法上，樊教授除了关注伦理理论的建构，也分别在2003年、2006—2008年主持或参与三次相关调查工作⑦，因而得出不少可贵的观察与推论。例如，樊教授铿锵有力地说：

> "道德上满意—伦理上不满意"的伦理—道德"异情"，"伦理上守望传统—道德上走向现代"的伦理—道德"两行"，最终导致"伦理的实体—不道德的个体"的伦理—道德分裂。三大悖论，呈现伦理—道德"分离—分道—分裂"的演进轨迹，或"异情—两行—伪善"的演进轨迹。伦理与道德的"异情两行"，必然导致"伦理的实体—不道德的个体"的价值分裂和伦理伪善。⑧

凡此种种，显示樊教授的作品，既展现出一个思辨清楚、逻辑严谨具批判性的哲学家风格，也呈现出关注普罗大众、植根经验现实的文学诗人风格。

---

① 樊浩.道德形而上学体系的精神哲学基础[M].北京：中国社会科学出版社，2006：191.
② 同①193页.
③ 受萧焜焘观点的启发.参见樊浩.伦理精神的价值生态[M].北京：中国社会科学出版社，2007：163.
④ 由于"伦理"和"道德"二词在概念上的区分，因此使用"伦理精神""中国伦理精神"而非"道德精神""中国道德精神".参见樊浩.伦理精神的价值生态（再版序言）[M].北京：中国社会科学出版社，2007：再版序言4.
⑤ 樊浩.伦理精神的价值生态（再版序言）[M].北京：中国社会科学出版社，2007：再版序言3.
⑥ 同⑤"再版序言"第4-5页.
⑦ 同⑤第118页.
⑧ 同⑤第155页.

三、讨论：伦理冲动的两种道德哲学形态

樊教授指出：

> "冲动"概念回归道德哲学体系的形上意义在于：冲动是一个道德哲学的概念；道德哲学体系不仅应当而且必须以冲动为重要对象。① 伦理冲动的人性机制有两种：意志和情感，准确地说，伦理意志和伦理情感。②

依此，樊教授针对中西方伦理精神和道德哲学的德性体系进行分析，尤其对作为其基础的基德或母德的人性结构进行分析。得出惊人的巧合是，中西方伦理的基德或母德都是四个德行。希腊四德智、义、勇、节③首先由柏拉图提出，亚里士多德系统阐发，将其视为一组达德。此四德在《圣经》中也屡见不鲜，著名教父安波罗修（Ambrosius，约 340—397）、奥古斯丁（Augustinus，354—430）都曾讨论过，认为它们是一切德行的根本，恰如门绕门枢而动，于是称之为"四枢德"（Cardinal Virtues）。至此，四枢德成为后世西方人心目中全部道德生活之所依，故又称为基本德行。中国四德（或儒家四德，或孟子四德）仁、义、礼、智的德目，在《论语》中已经提出，《孟子》则首度将四者并列，作为人心人性有别于禽兽的"几希"之性的内涵。樊教授进一步探问："这两个德性体系的人性基础有何精微的文化差异？"他提出的解释系统是：

> 西方四德的人性结构是"理性＋意志"；中国四德的人性结构是"理性＋情感"。理性是它们的共同要素，但在德性体系和人性结构中的地位不同；意志与情感分别构成二者的冲动机制或非理性结构。

（一）西方四德

以上的提法基本不错。但我对西方的德行分类与解释稍有不同。"德行的主体是灵魂"④的提法，若此处的"德行"指的是广义的德行的话，那没有问题；但如果指的是狭义的"伦理德行"的话，可能必须加上"灵魂的欲望部分"。德行的对象，按樊教授有理性和欲望两个，"理智是理智德性的内容，是思考或思辨的德性，勇敢、节制是伦理的德性，是追求或行为的德性，公正兼具两种德性或介于两种德性之

---

① 樊浩.道德形而上学体系的精神哲学基础[M].北京：中国社会科学出版社，2006：274.
② 同①。
③ 樊教授的说法是"理智、正义、节制、勇敢"，其中"理智"一词值得商榷。
④ 同①第 276 页。

间。……而且正像《尼各马科伦理学》中将'理智'放于勇敢、节制、公正之后那样……"①因此,樊教授判定西方四德的人性结构,3/4是意志,而意志就是伦理德性与伦理冲动的人性机制。虽然将意志提点出来的框架与结论,我个人基本是认同的;但部分文句的阐述,我认为还必须进一步分辨解释。

1. 关于"理智是理智德性的内容,是思考或思辨的德性""而且正像《尼各马科伦理学》中将'理智'放于勇敢、节制、公正之后那样"

此二句的"理智"当指四德之智德,若然,则值得商榷。首先,西方哲学关于"德行的种类",在福音尚未来临的古希腊时期,只涉及本性之德,但福音来临之后的中世纪时期,德行开始分成两大类:本性的和超性的。在本性之德方面,因为人性行为有理智(the intellect or reason)与欲望(the appetite)两个原则,而人的德行必是此二原则之一的完善。若是为达致人行为的善而具有之思辨或实践理智的完善,称为理智德行(intellectual virtues);若是其意志、欲望而有的完善,称为伦理德行(moral virtues)。于是,本性之德可分为理智德行与伦理德行。

其中"思辨理智德行"旨在认识真理、追求真理,为真而求真,包括"智慧"(wisdom)、"科学"(science)和"理解"(understanding)三种;"实践理智德行"旨在产生行动,为美或善而求真,包括"艺术"(art)和"明智"(prudence)两种。"艺术"是"制作的正理","明智"是"行为的正理"。艺术不关涉欲望,只有朝向好作品的倾向;明智由于关涉欲望,预设欲望的正直,除了有朝向好作品的倾向,还要设法将它实践出来;明智正可以矫治欲望,而为伦理之德所必需。也因此,"明智"可以是一实践理智之德,也是一伦理之德,称为"智德"。所有理智之德,除了明智之外,都非最完美的、最高尚的,故严格说来,不能称为"德"(狭义之德、伦理之德),它们与人的伦理行为无关,对人的善良风俗不产生影响。它们是广义的"德",能帮助人的某些能力产生良好的作用,例如优良的技术人员、成功的学者、著名的教授、杰出的艺术家。所以,理智之德与其说是"德行",毋宁说是"德能"。亚里士多德也说过:"在谈到伦理德行时,我们不说一个人是聪明的或有才智的,而说他温良、谦恭。"②伦理德行以人性行为的正直为对象,它管辖人的整个伦理生活,使人的理智、意志和欲情中规中矩,人性光辉得以发扬。那些蕴含欲望的正直之德行就称为"基本德行"(principal virtues)。此基本伦理德行主要有四种:智德、义德、勇德和节德。下图为按阿奎那伦理学所绘制的德行分类图。

---

① 樊浩.道德形而上学体系的精神哲学基础[M].北京:中国社会科学出版社,2006:276.
② 参见亚里士多德.尼各马科伦理学[M].第一卷第13章,载苗力田主编.亚里士多德全集(第八卷).北京:中国人民大学出版社,1992:26.

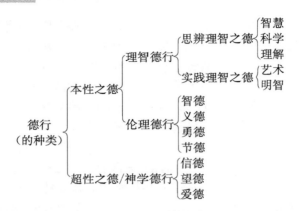

其中,希腊文 φρονησις(phronesis)①,是由 φρον 和 ησις(智慧)组成,φρον 在希腊文意指人体的膈。按照希腊人的看法,在膈以上的部位,是心灵、头脑、思维的部位,而在横隔膜以下的部位,则是腹部、情欲、排泄的部位,因而 φρον 就有一种不同于思维的实际欲望和实践行动的意思。所以当 φρον 和 ησις(智慧)相组成为 φρονησις 时,它就自然而然地意指一种实践的知识或明智考虑的能力。② 其拉丁文 prudentia,英文作 practical wisdom(实践智慧)/prudence,原意为"聪明",除了是一种伦理德行——"智德"③外,也是一种理智德行——"明智"④,而为一最为特殊且重要之德。这种知能或知的对象是道德实践,负责将道德的普遍真理用于道德生活中的个别事物,以满全人的善愿和正当目的。在这四种德行的枢纽中,柏拉图认为智德第一,因为智德是理性之德,是指挥之德。奥古斯丁认为智德的本务在于分辨善恶,主张人不要重视有死有灭的事物,而应注意天上永恒之物,而将四枢德归于仁爱之中,因此奥古斯丁以仁爱为德行之首。尼斯的圣格列高利(Gregory of Nyssa, Ca. 335—394)将智德放在第一位,认为智德是其他德行的团结者,四德好比屋之四角,四德应和谐发展。托马斯·阿奎那(St. Thomas Aquinas, 1225—1274)说伦理德行可以没有某些理智德行,如智慧、科学、艺术,但不可以没有明智。亚里士多德在《尼各马科伦理学》中论及,伦理德行是在欲望官能之中;据此,prudentia 作为一伦理德行也是最尊贵的,因为它的主体是"理智",是最尊贵的官能,比意志和其他欲望官能优越。在中文里,尤其在伦理学内,我们将 φρονησις/

---

① 高思谦称之为"明智"或"实践智慧"。参见亚里士多德:《亚里士多德宜高迈伦理学》第六卷,第五章,高思谦译,台北:台湾商务印书馆 1979 版,第 132 页。罗斯(W. D. Ross)的英文本译为"practical wisdom"。参见 Aristotle, *Ethica Nicomachea*, translated by W. D. Ross, edited by Richard McKeon, in *The Basic Works of Aristotle*(台北:马陵,1975),第 1026 页。
② 参见洪汉鼎.当代诠释学与实践智慧概念[J].社会理论学报,1998(2).
③ 伦理德行作为狭义之德,故将 Prudence 译为"智德"。
④ 理智德行作为广义之德,故将 Prudence 按照其原意"聪明"译为"明智"。

prudentia/prudence 以"智德"之名总括。《尼各马科伦理学》或许将智德的讨论置于勇敢、节制、正义之后,但不代表其重要性较低,正好相反,它是最重要的德行。

在伦理事物上,显然地理智扮演命令者和推动者的角色,而欲望能力则是受令者和被推动者。但欲望并非一味地接受理智的指导;因为欲望(灵魂的非理性部分),虽非本质上的,却也分受了理性的因素。① 按照理智指导的欲望对象,根据它们与理智的不同关系而分属不同种类。其中智德是最重要的,也就是亚里士多德所谓的"实践智慧",阿奎那说的"行为的正理"(recta ratio agibilium)②,它协助所有德行而且在其中运作。伦理之德不能没有智德,因为它是一种使我们做好选择的习惯。做好选择有两个必要条件:一是意向必须朝向正当的目的,这是伦理之德的任务;二是人必须具有关于目的的正确讯息:也就是必须有他的理智正确地考虑(counsel)、判断(judge)和命令(command),这正是作为实践理智之德—智德(命令属之)和其他思辨理智之德(考虑、判断属之)所共同合作完成的。命令在此,显然是最主要的活动,而考虑、判断则是次要的。

2. 关于"公正兼具两种德性或介于两种德性之间"

此处的"公正"即所谓的义德,乃敦促人的意志去实践予人应得之物;勇德,使人的愤情得以追求所应追求的,忍受所应忍受的③;节德,使人的欲情得以克制所应克制的④。按照阿奎那,伦理德行中以智德为最尊贵,因为它的主体是"理智",是最尊贵的官能,比意志和其他欲望官能优越。义德的主体是"意志",其优越性次于理智,仍属于精神官能之一。以"欲望"为主体的德行有勇德和节德。勇德先于节德,因为以比较接近理性官能的愤情(the irascible)为主体,且比节德的主体—欲情(the concupiscible)难以克制,所以比节德优越。节德在伦理德行中殿后,因为它除了以欲情为主体外,只负控制食欲和性欲的责任,而这些欲望乃人兽所共有的低级欲望。"义德"的主体是意志,其优越性或地位的确在以"理智"为主体的智德与以"欲望"为主体的勇德和节德之间,但并不兼具两种德行。

因此,正确地说,西方四德智、义、勇、节的主体依序是"理智、意志、愤情、欲情",或"理性、理性欲望、2 感性欲望"或"理性、3 非理性"或"理性、3 欲望",未必可归结为"理智/理性+意志"。但是按照亚里士多德和阿奎那的观点,他们都肯定伦

---

① 参见亚里士多德:《亚里士多德宜高迈伦理学》,第一卷,第十三章,第 20 页。
② St. Thomas Aquinas, *Summa Theologica*, translated by Fathers of the English Dominican Province, New York: Benziger Brothers, 1946, I-II, 57, 4.
③ 樊浩.道德形而上学体系的精神哲学基础[M].北京:中国社会科学出版社,2006:275.引《尼各马科伦理学》之言:"勇敢就是如何对待忍耐和痛苦""勇敢的意义就在于能忍受痛苦"。
④ 樊浩.道德形而上学体系的精神哲学基础[M].北京:中国社会科学出版社,2006:275.引《尼各马科伦理学》之言:"节制就是在快乐方面的中道。"

理行为是"人性行为";只有那些以人为主人的行为,才可以真正被称为人性行为。而人是借着自己的理智和意志(即理性能力,也就是"自由意志"),而成为其行为的主人的。人性行为的结构即是由"理性+意志"完成。其中,意志作为理性欲望,其欲望能力的对象目标固为"善",但欲望本身是盲目的能力,只倾向于先由理智所认识的善,理智若未提供善、未指出何物为善,欲望能力则缺乏对象。"理智/理性+意志"的人性(行为)结构的主导仍在于理智,亚里士多德和阿奎那的伦理哲学也被称为是一种"主知主义"。

(二) 中国四德

至于中国四德(或儒家四德,或孟子四德)仁、义、礼、智,孟子首度将四者并列,并在《孟子》书中反复出现。其中有五处最为重要,如下:

(1) 孟子曰:人皆有不忍人之心。……由是观之,无恻隐之心,非人也;无羞恶之心,非人也;无辞让之心,非人也;无是非之心,非人也。恻隐之心,仁之端也;羞恶之心,义之端也;辞让之心,礼之端也;是非之心,智之端也。人之有是四端也,犹其有四体也。(《孟子·公孙丑上6》)

孟子将四德的始源归根于内在人"心",表明四德在"心"的思维基础上作为"心"的四种表现,呈显道德心的四个重要面向。

(2) 不仁、不智、无礼、无义,人役也。(《孟子·公孙丑上7》)

孟子指出若缺乏四德,显示人无自主性,丧失主体性,道德主体无法成其为一道德主体,则只能是别人的仆役。

(3) 孟子曰:仁之实,事亲是也;义之实,从兄是也。智之实,知斯二者弗去是也;礼之实,节文斯二者是也;乐之实,乐斯二者,乐则生矣;生则恶可已也,恶可已,则不知足之蹈之、手之舞之。(《孟子·离娄上27》)

此章对四德的理解十分重要,指出四德和"乐"的内在意涵及其关系。"仁之实,事亲是也;义之实,从兄是也"其实就是《论语》所谓的"孝弟(悌)",是儒家伦理的基础。"智"德则是"知斯二者弗去是也"[①],智德的地位虽不及仁、义二德,仁、义二德却必须透过智德方能见之明而守之固,借由智德肯定二德不可动摇的基础地位,因此,智德也是儒家伦理所视为的必要之德。"礼"的实质就是节制或文饰仁、义二德。"乐"(yuè/ㄩㄝˋ)的实质就是乐(lè/ㄌㄜˋ)于从事仁、义二德,从中产生快乐;快乐一产生就无法停止,无法停止就会不知不觉地手舞足蹈起来。此章表明"智""礼""乐"的实质内涵都是环绕仁、义二德而来,由此也见得仁、义二德比起"智""礼""乐"似乎更为核心。

---

① 樊浩.道德形而上学体系的精神哲学基础[M].北京:中国社会科学出版社,2006:277.樊教授指出"其本体状态即是道德良知"。

(4) 孟子曰：……恻隐之心，人皆有之；羞恶之心，人皆有之；恭敬之心，人皆有之；是非之心，人皆有之。恻隐之心，仁也；羞恶之心，义也；恭敬之心，礼也；是非之心，智也。仁义礼智，非由外铄我也，我固有之也，弗思耳矣。（《孟子·告子上6》）

孟子指出作为四德的种子或始源的四端之心是人普遍具有的（具普遍性），且指出四德及四端之心是人生而即固有的（具先天性）而非外来或后天加诸人的。

(5) 孟子曰：……君子所性，仁义礼智根于心。（《孟子·尽心上21》）

孟子肯定君子所性之四德乃"根于心"，即所谓"即心言性"之说。这说明儒家的"人性论"其实更好说是"心性论"；孟子可说是建立儒家人性论向内求索的第一人，也倾向将伦理学朝往道德内在性的思维方式。

作为恻隐之心的仁，可以说是儒家伦理道德的根本或本源，统称为一种"道德情感"。樊教授采取类似的说法，他也说："羞恶之心、恭敬之心，严格说来都是情。"①关于智德，孟子一次言"是非之心，智之端也"，一次言"是非之心，智也"，但跟其他三德相同，都是以"心"来称说。樊教授则以为："是非之心可以说是理，但它不是希腊式的思辨之理，而是性之理，情之理。"②首先，此"智"作为"是非之心"，乃纯就人性论与道德实践而论，与建立科学或自然知识毫不相干。"是非之心"乃同于"心之官则思"之"心思"，此即心经过思考反省而作出是非之评价或判断；换言之，在道德实践发生之初，作为道德主体之良知必然发为是非之心以从事道德判断。是非之心一旦发用，即思考、反省、各方审慎考虑之后，正确判断完成并命令道德主体去实践之时，此时方可言"智"德/"智德"。是非之心未发用时，即是潜存于人本心的"智性种子""智之端"，发用后才有所谓"智"，"智"在此是一种德行，未必不能相当于西方之"智德"。由于孟子以为"仁义礼智根于心"，心是内在的，而四心的发用方可成就真正的仁义礼智四德，故孟子主张"仁内义内"，甚至可以据上下文意以及孟子思想脉络加上"礼内""智内"。固然一个伦理道德行为，我们或许可称之为"仁之行""义之行""礼之行"或"智之行"，然而这些道德行为之所以是道德的，关键并不在于它们符合外在规范或标准，而是在于它们源自良知本心的恻隐、羞恶、辞让、是非之心。所以，孟子说得好："由仁义行，非行仁义也。"③仁义（礼智），并不是外在或外加的价值规范或标准（非由外铄我也），而是内在于我心的义理、我固有之也，道德主体我只是自然地"由"之而行，并非刻意地矫揉造作地行仁义（礼智）。按照孟子，伦理道德实是本心本性的延伸与扩充，是相合于良心善性的，不似荀子学说主张相反于本性、恶性而来自化性起伪的人为造作。

---

① 樊浩.道德形而上学体系的精神哲学基础[M].北京：中国社会科学出版社，2006：277.
② 同①.
③ 《孟子·离娄下19》.

其次,"智"作为四德之一,孟子强调其具体内容主要在于"知仁、义二者弗去是也"。"是非之心"的主要鉴别对象是"仁"与"义"两项主德(或两项主要价值)。仁的具体表现是"事亲",义的具体表现是"从兄""敬长",孟子以为仁、义二者是最要紧的德行,而"智德"的意义正在于认识到仁、义二者是最要紧的德行、不可须臾离也。能如此认识之人,正是智者,正是具备智德之人。这样的认识于孟子而言其实并不困难,因为"智"也是吾人内在固有的,可以说是一种"无不知爱其亲""无不知敬其兄"的"良知";此亦影响后代儒者如王阳明直言"知是心的本体,心自然会知。见父自然知孝,见兄自然知弟,见孺子入井,自然知恻隐"①。自此,孟子可以说是儒学首度将"良知"与"智德"二者密切关联起来的第一人。孟子又说:"凡有四端于我者,知皆扩而充之矣,若火之始燃,泉之始达。"此"知皆扩而充之"之"知"正是道德主体之"良知"/"智德"积极主动化为道德实践的具体表现。樊教授以为"从形式上看,这种是非之心的智是一种理性,但它本身的内容是由仁与义决定的,因而在一般情况下,这种智也是一种生活的情理"②(如前文之"性之理,情之理")。

最后,樊教授归结出"四德—四心之中,3/4 的是情感,1/4 的是理性,是一种'理性+情感'的并以情感为主体的特殊人性结构。"这样的诠释,对孟子哲学来说大抵是客观合理的,唯儒学各家的说法细节不一,无法一概而论。例如对"礼"之为德的讨论,它是"内"或"外"? 或兼"内""外"? 对孟子是"内",其他儒者则未必。但儒学共有的思想资源"仁","仁者人也""仁也者人也"等,都不约而同朝向儒家伦理学以伦理/道德情感为基的道德哲学形态。

---

① 《传习录·卷上》。
② 樊浩:《中国伦理的精神》,第 82 页。

如何践履伦理精神：以人权的实现为例
——阅读樊浩教授"伦理精神"系列著作的启示

孙春晨*

中国社会科学院哲学研究所

摘　要　伦理精神蕴含在家庭和民族的实体之中，它具有客观的现实性和历史性。将黑格尔"从实体性出发"的伦理观运用到人权的实现过程中来考察，个人与家庭和民族之间的现实性实体关系就成为人权实现的伦理基础，而重视人伦关系的儒家仁爱伦理可以为此提供有益的借鉴。儒家仁爱伦理强调日常生活中的伦理关系对实现具体人权的重要性，鼓励人们最大限度地利用人与人之间的伦理关联性，首先维护家族成员和亲密朋友的权利，然后再向外围扩展。以名定责、责权对应，根据名分等级确立不同人的道德义务是儒家仁爱伦理的基本原则，"名分"观所蕴涵的角色责任伦理思想，可以帮助人们正确看待权利与义务、权利与责任的关系。

关键词　伦理精神；伦理实体；人权；伦理关系；权利与义务

"伦理精神"是贯穿樊浩教授伦理学研究学术生涯的核心概念，他以多本鸿篇巨制予以诠释，使得"伦理精神"成为其独特的学术标识。樊浩教授理解和把握伦理精神主要基于两个思想资源，一是中国厚重的道德文化传统，二是德国伟大哲学家黑格尔的伦理学。他通过对中国传统道德哲学和黑格尔伦理思想的分析，在细致辨析伦理和道德之异同的基础上，建构了内容丰富且具有创新意义的伦理精神学术体系。在我阅读樊浩教授"伦理精神"系列著作的过程中，特别对其有关伦理精神与家庭和民族等伦理实体（或曰"伦理共同体"）之紧密关联的观点表示由衷的认同。之所以有如此深切的感受，不仅仅是因为从学理上而言，伦理精神必然体现在人群共同体的各种伦理关系之中，而这样的认识如今已被诉诸抽象的人的伦理普遍主义所忽略，在这一点上，我与樊浩教授的观点是一致的，而且还出于对解决

---

* 作者简介：孙春晨，中国社会科学院哲学研究所研究员、博士生导师。

现实人权实现难题的思考,面对后现代社会因迷恋个人权利而导致的义务感缺失以及道德冷漠的现实境遇,唯有"从实体性出发",才能在共同体的现实伦理关系中找到践履人权伦理精神的可靠路径,以克服"原子式个人主义"迷恋个人权利的道德弊端。

一、伦理精神是"单一物和普遍物的统一"

何谓伦理精神?从樊浩教授的多部著作中可以看到伦理精神的内涵界定是不断丰富和深化的。在《伦理精神的价值生态》一书再版序言中,樊浩教授叙述了界定"伦理精神"概念的思路和进程。他认为,"精神"是与"伦理"在道德哲学本性上相通甚至同一的概念,"精神"是体现中国道德哲学的民族特性的话语,也是伦理道德的哲学本质。"精神"不是"实践理性",而是高于"理性",是理性与现实的统一,是以德性为统摄的知、情、意的统一体。同时,他认为,"在历史哲学中,伦理精神与民族精神相互诠释,彼此同一"[1]。对此观点,我有不同的看法。民族精神是一个民族在长期的文明发展进程中所形成的在观念、习俗、信仰、规范等方面的群体意识和群体特征,如果这个界定能够成立,那么,伦理精神一定是民族精神,但与民族精神并不是完全同一,民族精神外延更大,它包含着伦理精神,但不限于此,因为宗教精神和法律精神也是民族精神的组成部分。

樊浩教授撰写"伦理精神"系列著作的重要理论支撑之一是黑格尔的伦理学,要理解樊浩教授关于伦理精神的讨论,就必须准确地把握黑格尔的相关论述。在谈到如何对伦理问题进行研究时,黑格尔分析了两种可能的观点:"伦理性的东西不像善那样是抽象的,而是强烈地现实的。精神具有现实性,现实性的偶性是个人。因此,在考察伦理时永远只有两种观点可能:或者从实体性出发,或者原子式地进行探讨,即以单个的人为基础而逐渐提高。后一种观点是没有精神的,因为它只能做到集合并列,但是精神不是单一的东西,而是单一物和普遍物的统一。"[2]在这里,黑格尔肯定了"从实体性出发"研究伦理的观点,断然否定了对伦理问题进行"原子式探讨"的观点。"从实体性出发"的实体是伦理性实体,这样的伦理性实体包括家庭和民族,伦理精神就蕴含在家庭和民族的实体之中,而不是存在于抽象性的个人身上,伦理精神不是纯粹的先验观念,它具有客观的现实性和历史性。

黑格尔关于精神是"单一物和普遍物的统一"的观点,清晰地展现了伦理精神的现实性品格。它表明,能够成为"精神"的那些"伦理性的东西"必然现实地存在于个人与共同体的普遍伦理关系之中,正因为如此,个人的伦理行为就应当被理解

---

[1] 樊浩.道德形而上学体系的历史哲学结构[J].学术论坛,2007(9):1-6.
[2] 黑格尔.法哲学原理[M].范扬,张企泰,译.北京:商务印书馆,1996:173.

为一个家庭成员或一个民族共同体成员的行为,是在伦理实体中的行为。当个人基于家庭或民族的实体性伦理关系而实践伦理行为时,作为伦理行为主体的个人才符合伦理性存在的要求。个人的伦理行为依赖于家庭或民族共同体的伦理关系,它只能从"单一物和普遍物统一"的精神出发,只能从家庭与民族的现实伦理精神出发。樊浩教授在探究了黑格尔"从实体性出发"研究伦理的观点后得出了如下结论:伦理不是个别性的人与人之间的关系,而是个别性的人与他们的实体之间的关系;伦理行为不是个体与个体相关涉的行为,而是并且只是个别性的人与他的共体或公共本质相关涉的行为。伦理就是个别性的人作为家庭成员或民族公民而存在;伦理行为就是个体作为家庭成员和民族公民而行动。① 个人与家庭或民族共同体的现实伦理关系决定了其在社会生活中需要担当多重伦理角色,中国道德文化传统的"人伦"观尤为强调个人必须履行角色伦理行为并承担相应的伦理责任,而"原子式探讨"的伦理观则过分看重个人的权利而忽视了责任和义务。

  从抽象的人出发,被黑格尔称之为"原子式探讨"的伦理观点,在当代伦理学研究中依然相当盛行。例如,普遍主义人权观即是以抽象的人的概念为基础。西方近现代伦理文化传统中的个体主义将人视为具有自由、自立、理性等特性的"原子式"个体,这种对人的本体论意义上的理解,成为西方自由主义伦理学和规范伦理学的当然逻辑前提。一个人仅仅因为是人,其内在价值就必须得到确认和维护,而人权就是人的诸多内在价值之一。以"原子式探讨"的方式来论证普遍人权,其抽象度越高,普世性就越加明显,所能涵盖的范围也更为广泛,但随之而来的问题是,普遍主义人权观的解释力和实践力趋于弱化,导致了人与人、人与社会伦理关系的矛盾与紧张,并引发了道德权利与道德义务的严重分离。

  黑格尔"从实体性出发"的伦理观所揭示的个人与家庭和民族伦理关系的须臾不可分离性,不仅为精神以及伦理精神的存在和发展做出了奠基性的论证,而且也只有在"单一物和普遍物的统一"中,精神以及伦理精神的践履才成为可能。这就要求每个人都应该"道德地"行动,以尊重他人的道德权利。人权是人的一种道德权利,是伦理精神的当代表现形态之一,普遍人权观虽然是西方文化的产物,但是,经过几个世纪的发展与演变,人权已逐渐成为全人类共有的伦理精神财富,即使对西方国家的人权主张和人权行动持批判态度的少数国家也很少公然质疑人权的普遍性,而通常只是从文化多样性的视角对人权概念的具体内涵以及人权的实现条件和实现方式持有不同的见解。开放的中国欣然接受了当代人权价值观,既然伦理精神是现实性和历史性的存在物,那么,一个民族的伦理精神就不是一成不变和僵化的,而是不断发展着的,人权理应成为中华民族伦理精神中的重要因子。

---

① 樊浩."伦"的传统及其"终结"与"后伦理时代"[J].哲学研究,2007(6):23-29.

如果将黑格尔"从实体性出发"的伦理观运用到人权的实现过程中来考察,那么,个人与家庭和民族之间的现实性实体关系就成为人权实现的伦理基础,而重视人伦关系的儒家仁爱伦理可以为此提供有益的借鉴。

二、建立在伦理关系之上的人权实现路径

现代西方文化中的人权概念,无论是"天赋人权",还是"法赋人权",都是以个体主义为基础的,人权概念从其诞生起就带有浓厚的个体主义色彩。这就容易导向一种高度抽象的人权理论,为了展示人的权利的普遍性和平等性,就必须抽掉人的具体规定性,原本一个个鲜活的人,被抽象为概念化的人。"天赋权利的主体作为在自由与平等中诞生并享有一连串抽象的应得权利的某人而出现。他是一个没有历史和传统、性别、肤色或宗教信仰、需要和欲望的人。"[①]同时,基于个体主义的人权理论特别强调单个人的权利,而忽略了单个人的权利与他人权利、不同群体权利之间的现实联系。

就人权实现的基础来说,至少包含着对人与人之伦理关系的理解,并且要"从实体性出发"。儒家仁爱伦理将人视为处在一定伦理关系中的个体,用黑格尔的话说,人是一个伦理性实体。一个人若想享受作为人的基本权利,就应该意识到,其他的人也同样需要享受作为人的基本权利,而且,个人权利的实现离不开家庭和民族伦理关系的网络支撑。与个人权利实现相关的道德行为方式,存在于丰富的血缘关系、亲情关系和共同体结构的内在肌理之中,而最大限度地利用人与人之间的实体性的伦理关联,通过对与自己相关的利益人的道德考量和伦理关怀来主张自身和他人的权利,这是儒家仁爱伦理可能开出的互利互惠式的人权实现路径。

儒家仁爱伦理鼓励人们首先维护家族成员和亲密朋友的权利,然后再向外围推展。因为在伦理关系的紧密程度上存在差异,维护具体人的具体权利自然就有先后之分,那些生活于血缘和亲情伦理之网中的家族成员和亲密朋友的权利理应得到最为切近和最为有效的维护。儒家将人的权利植根于真实的人际伦理关系之中,在这种伦理关系中,人与人的行为彼此影响,一个人的道德实践必然依赖其生活于其间的伦理性共同体,而家庭和民族是伦理共同体的基本单元。认识到这一点很重要,因为它比"自然状态"或是"无知之幕"的思想实验更符合日常生活的实际情形。"自然状态"和"无知之幕"的思想实验"要么错误地假设人是分离的(甚至是对立的),要么错误地认为他们至少可以通过思考忘掉所受之培养或者人际间的相互依赖"[②]。同样重要的是,儒家建立在伦理关系之上的人权实现路径,在权利

[①] 科斯塔斯·杜兹纳.人权与帝国[M].辛亨复,译.南京:江苏人民出版社,2010:108-109.
[②] 沈美华,韩锐,刘晓英.人权的儒学进路[J].现代哲学,2013(3).

与善（德性）何者优先的问题上做出了自己的回应。西方当代人权理论主张权利优先善，人们通常就权利而主张其权利，人们只是诉诸权利，而置基本的社会伦理关系的和谐建构于不顾。儒家仁爱伦理则主张权利与善的结合，权利的实现可以促进善意识的提升，而善意识的提升又能更好地推进权利的实现。儒家仁爱伦理允许个体的基本权利可以优先于家族或共同体的利益，但又鼓励个体在主张权利后，应该考虑到向他人和伦理共同体以至全人类扩展权利或利益，使权利在最广泛的范围内得以实现。

普遍人权中的"人"，不是处在某种幻想的与世隔绝、离群索居状态的人，同时，人作为一种现实性伦理存在，必然是社会之人，因而，人的权利问题也必然广泛地存在于社会生活之中和人与人的交往之中，一个远离社会和人际交往关系的孤独个体，其权利只能是一种想象中的权利，而孤独个体的想象权利必然游离于社会关系之外，自然也就不可能得到满足和实现。人总是在一定的社会关系中生存和发展的，一个人在担当不同的社会角色时、在面临不同的生活情境时，其所享有的权利自然就存在着差异，如果只是用一种具有普遍化意义的抽象人权来解释人在复杂多样的生活情境中的行为选择，试图以人权的抽象性和普遍性来解释现实生活中各具特色的具体权利问题，就可能走向绝对理性主义伦理学的老路。

普遍人权强调的是"原子式"个人的抽象权利，但是，现实的人总是处于复杂的社会生活背景之下的。儒家仁爱伦理强调伦理关系对实现具体人权的重要性，如果以此来衡量西方社会的普遍人权观念，儒家就很难理解一个无所依靠的抽象权利概念存在的合理性，一个人只因其为人类的成员就应该被赋予某些不可转让的权利，这样的权利观念对儒家来说也是不可思议的。儒家仁爱伦理认为，自我只有在其与他人及社会的伦理关系中才能体现出本质规定性，也只有在与他人及社会的伦理关系中才能完善个体的品性并实现自身的权利。因此，个体唯有在人伦关系和互惠互利的情境中才能完整地实现自我的价值。

三、权利与义务相统一的人权实现路径

现代西方的普遍人权观念来源于近代以来的自然权利论，以天赋权利为核心的西方伦理观必然以权利为首要的追求目标。根据普遍主义人权观，所有人从出生之日起，就自然而然地享有人权，而无论其是否履行对他人和社会的义务。权利不与义务挂钩，不以义务为条件，无疑凸显了人的权利的无限至上性。但是，义务与权利的统一是伦理学的基本主张之一，当今主流伦理学理论都认同"没有无义务的权利"和"没有无权利的义务"的基本判断，不仅仅理论如此，在人类社会的日常生活中，权利和义务也总是相互关联的，它们是不可分割的统一体，如果片面地强调人的权利或者片面地强调人的义务，都将导致对人权本质内涵的肢解，也就不可

能真正地理解人权的道德价值,更谈不上实现人权。权利促进了人的平等和自由等价值的实现,而义务则表达着人在享有平等和自由权利时应承担的道义性责任。每一个人对权利和自由的享有,同时也就意味着其应当履行相应的义务。而普遍主义人权观在实践中的运用,可能会出现某人只享有权利而不尽义务的情形,按照普遍主义人权观,由于某人是人,所以,无论某人对社会和他人是否尽义务,某人的权利都是不可让渡和不可剥夺的,这将导致具体的人的权利与义务相分离的情形出现,为了实现某些人的权利,就有可能牺牲另外一些人的权利。

借鉴黑格尔关于精神是"单一物和普遍物的统一"的观点,可以将个人的权利实现视为"单一物",而包括个人权利实现在内的所有人的权利实现则是"普遍物",只有当"单一物"和"普遍物"统一起来时,才是伦理精神真正的和全面的体现和践履。更进一步说,权利与义务的统一是"单一物和普遍物的统一"的伦理表达形态。

从权利与义务的关系角度看,权利宣言也就是义务宣言。凡是作为一个人所享有的权利自然也是另一个人应享有的权利,因而,为了保障他人的权利而实施的道德行为就是个体的义务。一个人拥有一种权利,意味着其同时承担着对别人的义务,所有关于权利的命题实际上都可以转换为关于义务的命题。如此,如何表述人的权利似乎无关宏旨,问题的关键在于,当谈论人权时,必然带出一个人对他人应负有何种义务的追问。对权利拥有者而言,获得权利的多少取决于其对他人承担义务的多少。将权利与义务统一起来思考,使得权利的涵义具有了更为合理的解释力。

儒家仁爱伦理强调善(德性)相对于权利的优先性、实质正义相对于程序正义的优先性以及公共利益相对于个人利益的优先性,更关注和谐相处的伦理关系,而不是个人主义自主伦理。因此,在处理日常伦理关系及与权利相关的问题时,个人对他人和社会必须承担角色所赋予的义务。仁爱伦理关乎社会的人伦秩序,而要建立和谐的社会伦理秩序,就必须对不同的人提出不同的义务与责任。例如,在"父慈子孝、兄良弟悌、夫义妇听、长惠幼顺、君仁臣忠"[①]中,慈和孝、良和悌、义和听、惠和顺、仁和忠分别对应于父与子、兄与弟、夫与妻、长与幼、君与臣这些伦理关系者所应该履行的伦理责任。如果父母不慈爱子女、子女不孝敬父母,而一味追求各自的权利,那么,父母与子女之间的权利与义务伦理关系就不可能顺利地发展下去,家庭就不可能和谐美满。以名定责、责权对应,根据名分等级确立不同的人的道德义务与责任,这是儒家仁爱伦理的基本原则。一个人在家庭和社会中担当什么样的角色,就必须履行相应的道德义务与责任;一个人的名分发生变化,其道德义务与责任也会随之发生变化。在现实社会中,每个人都是具体的人,抽象的人的

---

① 《礼记·礼运》

权利只有在不同主体的生活实践中才能得以落实。因此,不同的人在社会伦理关系中拥有什么样的"名分",其所应享有的权利存在着差异,权利的实现方式也是多种多样的。在享有应得权利的同时,必须承担相应的义务与责任。

当今的时代是一个迷恋权利的时代。人权是个好东西,但是,如果将权利与义务完全脱钩,如果不能克制自己无休止的权利欲望,那么,坚持权利并不一定能够帮助一个人以人的方式而存在,反而会导致冷血的"权利狂"的泛滥。一个毫无义务感的人,在对权利提出诉求时并不会展现其自尊的品格,却有可能暴露其对他人和社会的严重麻木不仁和推卸责任的丑恶嘴脸。有尊严的权利实现需要包括义务感在内的优良道德品格作为其前提,因此,儒家仁爱伦理尤其强调克己、自我修养的重要性。"道之以政,齐之以刑,民免而无耻;道之以德,齐之以礼,有耻且格。"①义务感的确立以及对权利和义务关系的正确认识和理解,要求个体通过克己而提高道德修养水平。

人人享有绝对平等权利的理想只能在抽象和观念意义上存在,现实生活中,由于人与人之间存在着诸多的差异性,人权的实现方式和实现程度其实是非常复杂的和多样的。儒家仁爱伦理对人的"名分"的理解,固然与现代普遍主义人权观的人人平等原则相冲突,然而,在人人追求自身权利而忽视甚至蔑视对他人和社会所应承担的义务与责任的现实社会环境下,儒家的"名分"观所蕴涵的角色责任伦理思想,可以帮助人们正确看待权利与义务、权利与责任的关系。

---

① 《论语·为政》

中国伦理精神历史性建构的学术道路

——管窥樊浩教授之历史哲学和道德哲学

唐代兴*

四川师范大学伦理研究所

摘　要　樊浩教授基于"现实的伦理"和"伦理的现实"之双重动机,以"中国伦理精神的历史性建构"为"一以贯之"的主题,在历史地还原性建构中国古代伦理精神基础上,确证中国伦理精神现代建构的必然性,由此创建从个别到一般、从具体到抽象、从历史到现实的三维认知体系和以心理学探本、形而上学辩证和决疑论解决为基本构成的"价值生态"方法论。然后熟练运用心理学向形而上学进发和形而上学向心理学回归的双重方式来解决中国伦理精神历史性建构中的决疑论问题,完成了对中国传统伦理及其精神的逻辑还原,为现代社会伦理及理论体系的建构提供了传统资源,也为其打开一种认知视野,开辟出一种认知路径。这种近似于胡塞尔的志业方式和工作方法,比单纯的学科理论体系的建构更重要、更根本,也更值得肯定和敬重。

关键词　中国伦理精神；价值生态；心理学探本；形而上学辩证；决疑论解决

在中国学术之现代进程中,伦理学是后起之学。伦理学能够得以形成与独立并获得良性发展,为其做出最卓著贡献者当数罗国杰和唐凯麟两位先生。伦理学之越来越成为现代哲学的显学,得益于它从基础理论和应用研究两个方面创造出来的实绩与影响,其最突出的方面,就是伦理学始终面对生活、应对时世的各种问题而不断将自己拓展到其他人文社会科学领域,形成各种跨学科的应用研究,使伦理学几乎涵盖了人文社会科学所有领域而形成各种各样的应用伦理学。然而,伦理学在应用领域的长足发展,却最终得益于基础理论的建设。在伦理学基础理论

---

* 作者简介:唐代兴,男,四川师范大学二级教授、伦理学特聘教授、四川省学术和技术带头人；主要研究方向:生存理性哲学—生境伦理学；主要著作有《生态理性哲学导论》《生态化综合:一种新的世界观》和八卷《生境伦理学》等。

研究领域,可以说是"百花齐放"、学者辈出,其中,樊浩教授应是"最有影响"的伦理学者之一。我之所以做出如此判断,是基于个人能力对伦理学基础理论发展进程中的重要成果的客观性判断,当然,我必须为此判断担负起应有的责任,这种责任主要有两个方面:

一是学术人格责任。仅此而论,我本人目前已至"耳顺"之年,不属于任何派系或地域团体,自踏上学问之路始至今近40年,一直作为生活竞技场的旁观者而按照自己的方式思考人的现代生存和伦理问题,形成自成一体的哲学追问方式和伦理学探究理路,学术、思想、理论独立和人格独立,是我对自己的基本判断,也是我一生的基本持守。正是因为这种基本持守,使我的平常不得不能再平常的生活承受了常人难以承受的孤独、艰辛,以及来自不同方面的各种形式的傲慢、蔑视尤其是还有一些误解或曲解。今天写这篇文字或许同样可能引来一些"非议",然我只能以夫子之"人不知而愠,不亦君子乎?"而受纳之。

二是学术判断力责任。我之所以愿意对樊氏理论做一力所能及的尝试判断,是基于我本人的基本判断力对如下三个基本的判断准则的运用:

第一,学者之为学者,必备宗教般虔敬的社会责任心和传承使命感。

第二,学者之为学者,必有自我定位定性"一以贯之"的学术主题。

第三,学者之为学者,必创构出将自己推进时间之域的体系性成果。

这三个判断准则实际上是对学者之为学者所做出的三个方面不可或缺的基本要求。客观地讲,第一个要求是实质性的,第二个要求是内容的,第三个要求是形式的。对任何学者言,第三个要求的达到必有赖于第二个要求的具备,但第二个要求的具备却是建立在对第一个条件的真正拥有的基础上的。所以,从根本论,具备宗教般虔敬的社会责任心和文化学术思想传承使命感,才是学者之为学者的根本动力和智慧源泉。

以此为依据,我之愿意对樊氏成果做一尝试判断,是基于如下三个基本理由:首先,樊氏以其不懈努力建构起了属于自己的体系性专业成果,这就是"伦理精神"的历史哲学研究(三部共120余万字)和道德哲学研究(三部共160万字);其次,樊氏如上研究成果体现了"一以贯之"的主题,这即是中国伦理精神的历史性建构;其三,阅读樊氏著作,你能从字里行间感受到一种虔敬的社会责任和学术使命。

一、责任和理想:入内出外的视野与方法

樊氏研究所形成的理论成果之进入我的关注视野,在于其运用西人的哲学资源为方法来辩证中国伦理思想精神传统的合理性和能够进行现代转换的可能性,研究的根本动力却是"伦理的现实"和"现实的伦理":对"现实的伦理"的反思,基于

实际的社会责任;对"伦理的现实"的重构,体现真诚学术理想及其传承使命。此二者恰恰是我进入樊氏伦理世界,体认其既"入乎其内"又"出乎其外"的学术胸襟、认知视野和伦理方法论。

诗人对宇宙人生,须入乎其内,又须出乎其外。入乎其内,故能写之;出乎其外,故能观之。入乎其内,故有生气;出乎其外,故有高致。[1]15

我借王国维先生这段文字来概括樊氏致思中国"伦理精神"之境界。黑格尔曾曰:"音乐是流动的建筑,建筑是凝固的音乐。"以效颦方式来看哲学与诗之本质蕴含,真正的诗是形象的哲学;真正的哲学是理性的诗:哲学的真正性,始终体现在它"入乎其内"的生意盎然和"出乎其外"的意境高远,孔子、老子、柏拉图、康德、黑格尔、胡塞尔、海德格尔……的哲学无不如此。

以此观之,樊氏研究"入乎其内"和"出乎其外"的是中国伦理。中国伦理,当然是中国人的伦理,但中国人的伦理并不一定是中国文化哺育出来的伦理。在樊氏所建构起来的伦理世界中,中国伦理只能是中国文化哺育出来的伦理。这里的中国文化,是指中国的古代文化。中国文化是一种内陆文化,其内陆的特定地理构造和地质生态决定了中国文化得以衍生的基本社会结构必是家国一体、君父合一,其基本价值框架是血缘本位、人情主理、入世取向:血缘本位,形成报恩心灵诉求;人情主理,形成耻感文化取向,入世取向,形成人生与社会的动力。正是这种基本的社会结构和基本的价值取向,才演绎出独特的中国伦理精神。

以"中国伦理精神"为致思的基本对象,"入乎其内",所要致力于解决的是中国"伦理的现实"问题;"出乎其外",所要致力于解决的是中国的"现实的伦理"问题。可以这样讲,"伦理的现实"问题和"现实的伦理"问题构成了樊氏研究中国伦理精神的双重动力。

"伦理的现实"问题之所以构成樊氏伦理研究的内在动机和持续不衰的动力,源于其传承中国伦理的学术使命;"现实的伦理"问题之所以构成樊氏伦理研究的内在动机和顽强动力,源于其引导社会开创现代文明的社会责任。相对而论,后者构成前者的动力,前者成为后者的努力目标,但对前者的实现的最终目的却又是为了实现后者。正是因为二者互为目的—手段的动态生成关系,才形成了樊氏理论的巨大解读张力。

在樊氏的思维世界中,"现实的伦理"问题,就是现实的非伦理性。现实的非伦理性,表征为社会道德沉沦和美德消隐,它使整个社会的政治展开、市场运行、经济增长甚至是新闻传播、文化宣传、教育实施等都缺乏耻感意识和报恩机制:"无论如何,一个无'恩'可言的社会,一个不知'报恩'的社会,总是一个失落的社会;一个无'耻'的社会,一个'耻感'丧失对人的行为调节功能的社会,总是一个不健康的社会,也是没有境界和弹性的社会,是一个无法在入世文化背景下维持的社会。"[2]421

人虽然是个体生命,但始终具有他者性,每个人的生命诞生、成长、生活,都离不开他者,哪怕是我们在超市里买的一瓶水,也是经历了数不清的人的劳动和服务才最终到达我们的手中,没有这些数不清的人的劳动和服务,你哪怕有再多的钱,也不能买到一瓶水喝。所以,人之所以要寻求职业工作和劳动,不仅仅是为了谋生,更为根本的是以这种方式回馈和报答。换言之,人要寻求职业工作和劳动,是在续接和加固"享受恩惠与回报恩情"这一必须存在的社会生存链条。以此来看,一个"无'恩'的社会",既是一个无责的社会,更是一个无情的社会。这样的社会的形成的内在机制,恰恰是私利、私欲无限度膨胀彻底扭曲人性,使人只为利和欲而存在。当人们都为利和欲而趋之若鹜时,社会就沦为了"无耻",一个"无'耻'感的社会",是一个"凡事有利而往"和"凡事无利而不往"的社会,在这样的社会里,往往可以干任何坏事都没有心理障碍。概括地讲,"无恩""无耻"的社会,既是"摸着石头过河"的社会,更是"捉住老鼠就是好猫"的社会。前一种社会倡导,形成短视主义的行动方式和利害取舍方法,惟经济增长模式、惟数据政绩论、竭泽而渔论以及"挖东墙补西墙"等等,都是其具体的操作体现;后一种社会鼓动形成实利主义价值认同,一旦这种价值认同被推向普遍和极端,就形成势利主义的社会取向。短视主义一旦与实利主义、势利主义缔结良缘,必共同生产出"只讲目的,不讲手段"和"为达目的,不择手段"的行动准则这一"怪胎"来。当"只讲目的,不讲手段"和"为达目的,不择手段"的行动准则为人们所普遍践行,并为社会所普遍认同时,社会必然既无"耻"感,更无"恩"意。一个无"耻"无"恩"的社会的现实,必然是非伦理取向的。所以,"现实的伦理"的非伦理取向和非伦理状况一旦进入有社会责任的伦理学者的审视视野,自然就会敏锐地发现整个国家社会的基本伦理问题的症结所在。

中国伦理的基本问题的首要方面,是个体与整体之间的伦理矛盾:"中国伦理乃至伦理学的基本问题有二:一是个体与整体、个人与社会的关系问题;二是个体至善与社会至善的关系问题。当只求个体至善,不求社会至善时,整体主义的价值取向就可能导致专制主义。"[3]46

中国伦理的基本问题的第二个方面,表现为极权政治对人性的扭曲,最终形成社会道德的难存:这就是新中国建立之后,"为了保护新生的政权,也为了建立起社会主义的上层建筑,'文革'前后的近20年展开了许多政治运动,每次运动除了对人们是一种政治上的换脑外,也是道德上的洗礼"。这种洗礼从三个方面得到强化:一是对传统伦理采取"破"而不"立"的批判必然造成"传统虚无主义"和"伦理虚无主义",最终导致"伦理的失序与社会的失范"。二是"这一时期的道德善是在作为军事共产主义道德延续的特殊境遇下形成并借助政治的力量得到巩固的,一旦政治的导向发生变化,一旦这种道德上的惯性削弱或不复存在,如果新的伦理未能及时建立或巩固,必然会出现道德的混乱"[2]164。三是这种军事共产主义道德一旦脱离计划经济的温床而面对社会经济的转型,必然形成与市场经济的伦理原则的根本冲突,这种冲突从另一个方面加剧了人性的扭曲,最终导致整个社会的道德沉沦。因为中国的经济转型是在没有任何文化思想资源准备的情况下突然展开的,它由强大的政治力量推动而掉进那只"看不见的手"的市场深渊之中:"由于市场经济在中国的必然性和合理性,由此所导致的一切似乎也就具备了不证自明的现实性。于是,一方面包含着现实性与非现实性的市场经济的盲目作用,一方面是政治伦理关系与道德生活的导向功能的淡化与放弃,道德的混乱与滑坡自然在所难免。"[2]165

中国伦理的基本问题的第三个方面,就是家庭伦理的淡化和消解:"自近代以来,中国传统的道德体系和伦理精神经受了长达一个半世纪的解构",而这种解构的核心内容恰恰是家庭伦理;不仅如此,通过对家庭伦理的解构而实现了对"赋予家庭伦理的伦理使命和伦理意义被消解。"[3]55

中国伦理的基本问题的第四个方面,就是经济决定伦理。经济决定伦理,或许在本体论层面有其有限合理性,但在价值论层面却始终呈现完全的非合理性,这是因为经济决定伦理的实践体现一定的危害:首先,经济决定伦理本质上是一种机械决定论,它在事实上成为伦理的"致命杀手",它造成对社会健康机能的"最大伤害就是使伦理丧失作为文明生态中的独立因子和人文精神核心构成的地位,使伦理的神圣性屈从于强大的经济世俗性之下,成为经济的奴婢"[3]105。伦理一旦成为经济的奴婢,必然导致伦理虚无主义,这是"伦理独立性与现实性的真正丧失,最后,伦理道德除了它的物质基础和经济标准外,'一无所有'"[3]107。其次,经济决定伦理这一物质主义信念,一旦通过政治强力而化为坚挺的经济指导思想和经济政策导向(唯经济增长指标论、GDP考核体制、消费促生产的消费主义政策等等),必然形成强大的"利益驱动论"社会观和"利益驱动论"社会机制,导致经济脱嵌社会、脱嵌伦理和脱嵌环境,必将造成五个方面的结果:一是强大的物质利益驱动机制必然将"文化"和"道德"的人还原为原子主义的"经济人",而"经济人"的实质恰恰是"生物人"。人一旦沉沦为以物质为目的的生物人,哪怕是经济增长了,物质丰富了,小康生活了,其在最终意义上不仅呈现为人的彻底堕落,更意味着社会的全面倒退。二是"它将活生生的、有着更高文化与价值追求的社会经济还原为以生物性的本能冲动为基础的'自然的经济'",并且,这种脱嵌社会、伦理和环境的"孤立的经济冲动力,不仅难以真正推动经济社会的发展,反而会导致深刻的'文化矛盾'"。三是脱嵌社会、伦理和环境的经济模式和经济冲动体系,在制造"文化矛盾"的进程中必然导致"文化沙漠"。[3]108-109四是经济决定伦理这一实利主义社会观,必然"逻辑地导致个体道德的物质条件决定论",全面促成人对本原性的"道德责任的消解",使"人的伦理"最终彻底地堕落为"生物的伦理",人一旦不幸陷入"生物的伦理"的生存处境中,物质贪欲、感官刺激、身体甚至灵魂消费此三者必将人驱赶上"在消解人的道德责任的同时,也消解了人的尊严"[3]109-110。其五,脱嵌社会、伦理和环境的"经济决定论的逻辑必然在文明体系内和文明体系之间导致价值霸权。在文明体系内,它否定了各文明要素之间的平等的和辩证互动的关系,不是将经济作为价值体系的基础和核心,而是作为价值体系的宙斯,由它决定一切,裁制一切。于是,由人的本性所造就的文明的丰富多样性,只剩下孤零零的物质化的经济意志,人文精神、道德理性,乃至整个'上层建筑',都是经济意志的分泌物。在这里,与动物相区分的和相对立意义上的'人',既不是由文化造就,也不是由上帝造就,而是由经济造就的"[3]110-111。

中国伦理的基本问题的第五个方面,是知识人和学者的伦理困境。经济决定论所制造出来的畸形市场经济,不仅给国民带来伦理的困惑和道德上的瓦解,也给知识人、学者带来了伦理道德的困境:首先是穷与富的困境,这种困境既源于社会分配不公,更源于学者在唯物质主义和唯消费主义环境中渴望"鱼与熊掌兼得"的本能冲动,这种本能性冲动推动更多的学者走向主体性异化。其次是成与毁的矛盾:"一方面由于中国学术界民主与批评精神的缺乏,另一方面也体现了学术研究自身的规律。学术研究未成熟的追求成熟,学术风格未定型的追求定型,但一旦成熟,一旦定型,又极易丧失自我更新的创造性活力,并由此难以接受异见,容忍成毁。"其三是寂寞与辉煌的困境:"学人追求辉煌,但学问本身又必须寂寞。寂寞与辉煌的矛盾,表现于静与动、苦与乐、淡泊与进取的矛盾。"[2]428-429这三大困境所形成的三种矛盾最终源于实利主义风潮下中国学人对学问本身的"主静"和"主敬"精神的丧失,期待堕落、渴望堕落并身体力行地追求堕落,似乎构成了中国学人化解如上困境与矛盾的最好出路。

如上五个方面构成了樊氏伦理研究所必须面对的"现实的伦理"状况,正是这一"现实的伦理"状况所构成的巨大学术动力,推动樊氏走向对"伦理的现实"的探求。

抽象地讲,其"现实的伦理"表述着一个基本的问题:这就是"现代进程中的中国社会伦理何以如此堕落"?其"伦理的现实"则表述着另一个基本问题,即"如何解决现代进程中的中国社会的伦理堕落"?前一个问题因为直面现实而涉及诸多的敏感性,所以只能用"曲笔";后一个问题需要从历史中去挖掘伦理思想和精神资源并需要进行形而上学的辩证,自然远离现实而可以消解各种敏感性顾虑,所以必然大胆地运用"直笔"。这种"曲-直"相生的研究策略和表达智慧,恰恰成为樊氏理论所内蕴的巨大理解张力的源泉。

具体地讲,面对现代进程中中国社会伦理堕落的现实状况而谋求解决之道,这是巨大的历史性的社会工程,即谋求真正解决中国社会伦理堕落的工作,既不是三年五年计划所能完成的,它需要几代人甚至几十代人承先启后的努力,更不是某几个人或某几个团体可以解决的,它需要全社会整体动员并身体力行方可产生成效。面对此一历史性的社会大工程,伦理学者所能做的,就是为其提供伦理知识、理论、思想、方法资源。然而,落实在伦理学者个体身上,他只能根据自己的天赋、气质、性格、人文资质、意志力量、学术能力及其实际的生存条件与环境,做出只属于他才可做出的贡献。樊氏选择了"伦理的现实"问题作为自己"安伦尽分"学术使命。

"伦理的现实",就是"伦理的真实存在,是伦理的具体存在性状";"伦理的真实存在性状",就是伦理本身有机生态的存在,因为只有"处于有机生态中的伦理,才是真实的伦理,也才是具有生命力的伦理。同时,也只有在这样的生态中,伦理才能找到它的转换点与建构基础。"[2]3-4

当这样来看"伦理的现实",它既不可能在"现实的伦理"中求得,因为"现实的伦理"本身是非伦理的,是对伦理的堕落,是伦理虚无主义;同时,也不能向其他文明体系中寻求,只能向自己的传统寻求,这是因为:第一,生命来源于他者,人的诞生和成长、存在或死亡,都蕴含在他者所敞开的进程之中,这个由他者所构组起来的生命进程,是任何人都无法摆脱的;第二,人的他者性决定了任何个人都必须走向他者、走进群,结集群体,组构起社会甚至共同缔造出国家,但由人组构社会和缔造国家却要承受其特定地理结构和地质生态的限制而形成共同愿意化的存在方式、行动模式和行事准则,这就构成了约定俗成的共同生存"传统",这些被视为传统的东西,可能会经历许许多多的巨大变化,但它本身却始终保持自我的稳定性和持续性而在"变中不变"和"不变中变",即在自我坚守中适应新的变化、革新新的变化,这是传统之为传统的根本。[4]"传统的生命力,传统的活力,就在于蕴涵于自身并作为其内在否定的创造性。创造性,才是传统之成为传统的真谛。传统之所以能'传'下来,成为某种'道统',本质上不是因为它不变,恰恰是因为它顺应和适应了历史发展的变化,从而获得新内涵和新的活力。"[5]57

从自己的传统中寻求解决现代进程中国社会伦理堕落的伦理资源,所面临的基本任务是如何确证中国传统伦理的真实。

确证中国传统伦理的真实,具体展开为两个方面的艰难工作:首先是如何还原传统伦理的本真面貌?其次是如何对体现其具体真实的传统伦理予以现代转换并使其发挥社会功能?

解决前一个问题,必须入乎其内,直接抵达传统伦理的本质世界,抓取出传统伦理的灵魂,这就是抓纲张目,这个"纲"就是"中国伦理精神";这个由"纲"所生成的总"目",就是"德性""道心"和"佛性",它涵摄了"伦—理—道—德—得"实践理性精神和家族本位、伦理政治、克己自省、进退相济、中庸和谐的人伦生活原则。

对前一个问题的谋求解决,必要指向对后一个问题的关注,这就需要建构"伦理生态"。从本质上讲,"伦理生态"概念蕴含诸如伦理、经济、政治、文化、教育及其传统和未来等各社会要素相互嵌含、有机共生的自在原理、根本规律及其运行机制,不仅为如何探讨、发现和把握社会伦理、经济、政治、文化、教育及其传统和未来相互嵌含、有机共生提供了解释学功能,而且孕育着"价值生态"思想、智慧和方法。"价值生态"概念不仅"凸显伦理、道德与其他诸价值在文明体系中的共生、互动和让渡"的多元可能性与现实性,而且为中国伦理精神如何突破自我限制而达向一般伦理精神,获得精神哲学的资格,开辟了道德形而上学的辩证的道路。

二、伦理精神:"一以贯之"的研究主题

确证中国伦理传统的真实,必须围绕"中国伦理精神"而展开,探讨中国伦理精神的历史性建构,则构成樊氏"一以贯之"的研究主题。以此来看樊氏的伦理学努力,就是企图创建起中国伦理精神历史性建构理论。要理解樊氏的这一理论,必须首先明晰他所讲的"伦理精神"。

樊氏将"精神"定义为"理性与实在的统一"。在樊氏理论中,精神具有指向行动的意义和发挥行动的功能,它比理性更实在,是理性的高级形态。相对伦理精神而言,家庭是实体的具体构成,民族是实体的整体呈示。所以,"民族是伦理的实体,伦理是民族的精神"。所谓伦理精神,是"反映民族人际关系的设计、组织和调节方式"和"人们处理和调节人际关系的原则、规范及其风格"并"体现人们社会生活的价值趋向以及人们处理和调节人际关系的特征"的整合表达。所以,"'伦理精神'不是指某些具体的伦理思想,而是这些伦理思想所体现出来的精神本质与精神特征,它所体现的是一定伦理思想的抽象、普遍意义,即精神之实体,不是具体历史意义,是人们处理人际关系的心理定式,思维方式,性格特征,价值取向,它具有自身运动与自我圆满的特征"[6]9。在这里,"伦理精神"关联起另外两个概念,即"道德精神"和"伦理实体"。要理解二者的生成关系,须从"伦理"与"道德"的关联入手。

在《中国伦理的精神》中,樊氏从三个层面来定义"伦理":从形态学定义,伦理即"人伦",具体讲就是天伦与人伦;从本质论定义,伦理乃人伦之理,即人际关系原理、原则;从功能学定义,伦理是伦与分,即人际关系中主体所该居的地位以及由此地位所规定必要遵循的行为规范。对此三者予以归纳概括,就形成伦理的客观形态(人伦秩序)、主观形态(人伦原理)和道德:伦理,是建构社会的基本精神结构、框架;道德,是在其社会基本精神结构、框架下的个体主体要求和行为规范。所以,"伦理精神是一种人伦精神,道德精神则是一种人格精神"[5]10。更具体地讲,"伦理精神是社会内在生活秩序的精神,道德精神是个体内在生命秩序的精神;伦理精神是社会秩序的精神,道德精神是个体意志选择的精神。前者追求的是社会生活的和谐,后者追求的是主体的自觉、精神的实现、人格的价值。从逻辑上说,虽然伦理

精神包融了道德精神,但二者又不能直接同一,伦理精神的现实化有待向道德精神的转化"[7]。

精神始终内生于实体并由实体所承载。"实体"作为存在的本体,它构成存在的自身规定,它既有标识自身的独立生命形态,又具有建构自我的内在本性及自组织功能。因而,实体本身却蕴含精神,精神必寄寓于实体。正是在这一构成意义上,樊氏认为"伦理"本身是实体与精神的统一体:伦理实体是伦理的实在方式和本体构成;伦理精神是伦理的内在规定与基本诉求,它对应伦理精神的两分而形成具有客观形态的人伦关系、人伦秩序和主观形态的人伦原理、人伦规范。如果以民族国家为伦理构成的单元,那么,伦理实体就是民族,它的具体形态就是家庭;伦理精神就是民族精神。所以,民族是伦理的实体,伦理是民族的精神,这是对中国伦理精神之历史性建构的根本把握。

"中国伦理精神的历史性建构"之所以构成樊氏伦理研究"一以贯之"的主题,就在于它能够还原中国伦理的真实,并在还原其"伦理的真实"的基础上实现其伦理传统的现代转换,以为从根本上重建现代社会伦理提供"自给自足"的伦理资源。这是历史性建构中国伦理精神的双重动机,这一双重动机生成于现实中国生存发展根本地缺乏引领其健康前进的伦理精神。这种根本性的缺乏源于三种社会力量的自发共育,这就是政治决定伦理的历史冲动、经济决定伦理的现实力量和民族国家传统被历史性消解所形成的文化沙漠。

基于这样一种三维存在现实,历史性建构中国伦理精神,必须立足于本土、立足于民族文化传统、立足于民族伦理实体。从根本论,民族国家的伦理精神孕育社会的道德规范并滋养个体道德精神,引导激励个体道德精神生成的社会"道德规范的合法性与合理性,只有在文化传统与现实生活的辩证关系中寻找"[3]157。道德规范的合法性与权威性,必须有其神圣性的根源。立足于本土探讨中国伦理精神的历史性建构,最终是既为历史地建构起蕴含并呈现中国伦理精神的社会道德规范体系及其行为准则确证其合法性、合理性和权威性,也是为中国伦理精神的现代建构确证其可能性、现实性和必然性。

从如上两个维度确证中国伦理精神的历史性建构,须从两个方面努力:一是应围绕中国"伦理精神"的历史还原和彰显,展开中国伦理理论的建构,这既要涉及中国伦理精神生成建构的社会生态和文化特质的整体把握和准确提炼,更要涉及中国伦理精神建构的根本伦理认知、基本伦理思想、整体伦理知识、宏观伦理方法和伦理原理系统的生态还原,并通过这种整体的生态还原而为中国伦理精神的现代建构提供必需的伦理资源,包括伦理认知体系、价值导向系统、伦理知识基础和伦理方法引导。二是必须在此基础上探索伦理社会建构。伦理社会建构是指社会的伦理化建设,它的本质是社会发展的人性化、生境化、文明化。概括地讲,中国伦理理论建构,是中国伦理精神的历史建构的基本任务,这一任务的初步完成就是《中国伦理的精神》和《中国伦理精神的历史建构》;中国伦理社会建构,却是中国伦理精神的现代建构的基本任务,这一任务的初步完成就是《中国伦理精神的现代建构》。

探讨中国伦理精神的历史性建构,首先须理解"历史性"一词,它不同于"历史":"历史"是一个过去时态概念,它实指已经过去了的存在历程;"历史性"却既包含过去时态又呈现当下时态并指向未来时态,它是一个生成性的时态概念,意指从过去指向未来如何可能,是存在自身面向未有、未来而自为地敞开自身的生成性概念。所以,"中国伦理精神的历史性建构",既是对中国已有的伦理精神的存在性还原或者整体性呈现,又是对已有的伦理精神如何发挥现代功能的可能性探索,由此形成"中国伦理精神的历史性建构"逻辑地展开的两个环节:这就是中国伦理精神的还原性建构和中国伦理精神的功能性建构。然而,无论是还原性建构还是功能性建构,都必须追求其具体的真实。

以"具体的真实"为基本要求和根本尺度,历史地还原性建构中国伦理精神,必须考量民族中国的历史存在,揭示民族中国的历史存在的具体构成,把握中国文化的自性结构和生态特质。因为,伦理作为民族的精神,必须以民族为主体,以民族文化为土壤,以民族文化精神为母体:中国伦理精神是中国文化精神的具体形态,中国伦理精神的生成性敞开,最终是中国文化精神的实践功能发挥的呈现方式。

以"具体的真实"为基本要求和根本尺度,展开中国伦理精神的功能性建构,就是对中国伦理精神进行现代建构。中国伦理精神的现代建构的实质,是对中国古代伦理精神进行现代转换,使其成为中国现代伦理建构的自足精神资源和动力原理、规范指南。因而,展开中国伦理精神的功能建构所必须确立的逻辑起点,只能是"伦理生态"。所谓伦理生态,就是伦理的现实性和具体性,它必需以伦理具备自我真实为前提,并以伦理自足地张扬自我真实为呈现方式。以自我真实为基本诉求、以具体性为内涵规定、以现实性为实践指南,伦理生态的实质是有机性。伦理生态的有机性,实质上是指伦理精神对作为整体的社会之各系统互动运行发挥涵摄生成协调功能。以"伦理生态"为认知起点和研究方法,探讨中国伦理精神的现代建构,必须将其置于"伦理—文化生态""伦理—经济生态""伦理—社会生态"三维平台,真正把握中国伦理精神向现代伦理建构提供有机整合生成的规律,这即是"市场原理与伦理原理统一规律;'德—得'相通规律;人文资源规律"[2]273-274。以此三大规律作为中国伦理精神指向现代伦理的整合建构,是基于历史、逻辑和现实有机统一的需要:社会革命运动对文化传统的持久批判和否定所形成的伦理精神真空和"以经济建设为中心"的垄断性市场发展冲动体系所形成的经济脱嵌伦理、经济脱嵌社会、经济脱嵌文化及其历史要求性而产生的种种社会困境与危机,必然要求中国伦理精神的现代建构需要通过"伦理生态"的有机论方法来引导经济、政治及其文化、教育等重新嵌入社会和伦理之中,接受"市场原理与伦理统一规律""'德-得'相通规律""人文资源规律"的规范与引导,以化解根本的文化冲突,顺利推进社会、经济、政治、文化、教育的整合性转型。

更进一步看,"市场原理与伦理统一规律""'德-得'相通规律""人文资源规律",在樊氏理论中既起到了统摄民族国家的历史"文化生态"和现代社会的"伦理生态",使之获得本原性生成结构的功能,又衔接和贯穿中国伦理精神的历史建构和现代建构,使之成为传统的中国伦理精神指向现代社会伦理建构的桥梁;同时,这三大规律还内在地贯通了"伦理生态"与"价值生态",使之为正面展开"伦理精神"的道德形而上学拷问及其精神哲学基础的审查开辟了通道。中国伦理精神的真实还原及其指向现代社会的伦理建构,不仅涉及如何可能的问题,更涉及是否合理和合法的问题,必须将其置于更为广阔的视野予以形而上学辩证,这种辩证工作需要完成两个基本任务:一是中国古伦理精神能否获得一般"伦理精神"的资格?二是"伦理精神"成为形而上学的确证对象是否具备其精神哲学基础?只有当完成这两个方面的工作,中国伦理精神的历史性建构的清基和奠基工作才算真正完成。

三、三维建构:螺旋式认知框架与理论体系

在伦理学中,有三个问题必须分开,我们分别把它们叫做心理学问题、形而上学问题和决疑论问题(casuistic question)。心理学问题激发我们去探求道德观念和道德判断的历史起源;形而上学问题要求我们去探询"善""恶"和"义务"这些概念的意义何在;决疑论问题则激发我们去探询各种善恶的衡量尺度,人们认识这种尺度,以致哲学家可以设置真正的人类义务的秩序。[8]

重新阅读樊氏的两个系列著作,所获得的最直观的体认有二:

最抽象的往往是最具体的——它使纯粹理性成为可能。

最遥远的恰恰是最现实的——它打开了实践理性之门。

樊氏围绕中国伦理精神展开历史性建构的审问之路,是通过个案到一般融通了抽象与具体、历史与现实,使之构成一个螺旋式上升的体现思辨个性的认知系统。这个思辨化的认知系统恰恰又将"中国伦理精神"的心理学问题、决疑论问题和形而上学问题予以了整合辩证,并使之构成一个历史性敞开的辩证运动进程。

樊氏以哲学的思辨方式,建构起体现自己思维风格和思想个性的认知系统和理论体系。审视樊氏研究成果,其理论体系的建构以认知系统为支撑。其认知系统却呈双重三维结构,即表层三维认知结构和深层三维认知结构。

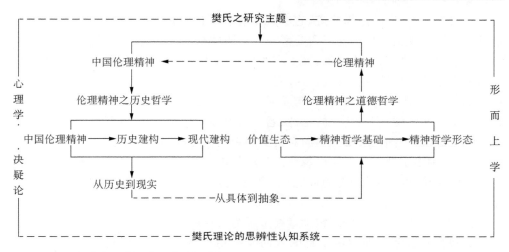

1. 从个案（具体）到一般（抽象）

在其表层三维认知结构中，第一维认知结构是从个案分析到一般审问，打开了从历史到现实的通道，也开启了从具体到抽象的大门。所谓个案分析，就是对中国伦理精神予以整体把握，其奠基成果是《中国伦理的精神》，其主攻方向是《中国伦理精神的历史建构》，其目标指向是《中国伦理精神的现代建构》。

在其奠基研究中，樊氏的主观努力涉及的内容很多，几乎将其后所要致力于解决的问题都装进了这本书中，所以内容显得有些庞杂，认知结构相对平面化，思维展开的哲学辩证色彩淡薄，经验理性导向非常明朗。但细读此著作，其所致力要解决的核心问题有二：一是中国古代伦理的逻辑还原；二是中国古代伦理精神结构的建构。把握家国一体的社会结构，从中国古代伦理生成的文化构成和中国古代伦理范型两个方面对中国古代伦理予以逻辑还原，首先揭示孕育中国古代伦理的文化是以血缘、情理、入世为三维导向：家族血缘是中国文化的本根，以情导理是中国文化的价值设定，积极入世是中国文化的生存取向。以血缘、情理、入世为导向的文化，本质上是一种伦理文化，在这种以伦理为底色的人本（而不是神本）文化哺育下，"家族主义""情感至上"和"现世超越"构成中国伦理范型的基本要素。以家族主义、情感至上、现世超越为范型规范，"德性、道心、佛性的有机统一，便形成了中国传统伦理精神有机而完整的结构。在这个精神体系中，德性是这种结构的主干，它集中体现了血缘、情理、入世的文化方向特征；道心是中国文化自身产生的调节与补充的机制；佛性则是中国文化融合外来文化，同化、改造外来文化而产生的调节与完善的机制"[6]44。

以德性、道心、佛性为三维结构形态的中国伦理精神，一旦被逻辑地还原，所面临的根本问题是它如何获得其自身的历史建构？这个问题的实质是中国伦理精神自我完善、自我发展的逻辑轨迹,它客观地存在着内外两个维度:其内在逻辑轨迹展开为中国伦理精神构成的三大要素——即德性精神、道心精神、佛性精神——的自我发展、自我完善、自我定型;其外在逻辑轨迹展开为以德性、道心、佛性为构成要素的中国伦理精神自我发展、自我完善、自我定型的宏观道路,它敞开为先秦、两汉、魏晋、隋唐、宋明等历史阶段,构成了正、反、合之历史进程:先秦时代,中国伦理精神获得正面建构,它以孔孟的德性、老庄的道心为精神框架,以五伦为价值取向;秦以降至两汉,中国伦理精神走向对自身的否定性建构,其体现为以三纲五常为价值取向;这种由正及反的发展以魏晋玄学和隋唐的老学为中介开辟出宋明道路,最后通过宋明理学和心学的努力而完成"合"的使命,中国古代伦理精神的历史建构由此完成。

伦理的本质是人理,伦理精神最终呈现为人理精神,它始终因为人的繁衍生息而形成自我并必然指涉生生不息的人而发挥精神激励与导向功能。正是因为如此,经历古代的漫长历史建构完成的伦理精神,必然要达向现代而实现自我重构,这就是中国伦理精神的现代建构。

中国伦理精神现代建构的实质语义,是中国传统伦理精神走向现代的自我建构,必然暴露出如下三个基本问题:

(1) 中国传统伦理精神有无走向现代之自我建构的内在诉求?

(2) 中国传统伦理精神是否具备走向现代自我建构的自足能力?

(3) 现实是否为中国传统伦理精神走向现代自我建构提供基本条件?

如上三个问题凝聚成樊氏研究中国伦理精神之目标,如何解决这三个基本问题构成了《中国伦理精神的现代建构》的内在努力。

人之成为人、民族国家之构成民族国家而生生不息,是建立在已有的传统基础上的,离开了传统,不仅没有了秩序,而且首先使社会倒退到自然状态,人只停滞于生物状态,这种状况却是人和民族国家要本能拒绝的。这种本能的拒绝构成了每个当下时态对传统的吁求,这种吁求内在地生成起传统对不断更新的现实生活的顽强要求和主宰冲动。所以,传统之成为传统,就在于它历史地构成欲求引导现实和主宰现实的冲动体系。

传统之成为传统,必须具备两个方面的能力,即自我固化的坚守力量和适应变化的革新力量。传统的魅力、传统的光辉、传统的常在性,均来源于二者之对立统一的整合张力。在樊氏看来,中国传统伦理及其内在精神几千年弦歌不辍,而且每挫愈奋,首先在于它那"变中不变"的自我固守力量,这种力量就是中国传统伦理精神中的"五伦"精神和"德—得相通"原理,前者将天伦与人伦有机地统一起来,将人的规律与神的规律有机地统一起来;后者将物质、利益与精神、情感有机地统一起来,将道德作为与生存需要有机地统一起来,将富与贵有机地统一起来,不仅为个人幸福,也为社会幸福开辟出一条可以通过实际努力而达到的幸福道路。另一方面,由于"五伦"精神和德—得相通原理又是建立在家国一体的社会结构和以血缘为本位、以情感导向理性和进退相济的价值生态及其自给自足的存在方式基础上的,所以,中国古代伦理精神又蕴含着"个体与整体、个体至善与社会至善""心与身、精神自由与社会""自我意识与社会意识、向内探求与向外追索"的矛盾。本能地突围这三大矛盾恰恰构成了中国传统伦理精神"不变中求变"的顽强冲动,这种顽强冲动以否定性的方式恰如其分地生成为中国传统伦理精神走向现代之自我建构的自足力量。

中国传统伦理精神虽然天然地具有指向现代社会的内在诉求和自足力量,但它走向现代社会的建构,还需要现实的社会条件为其提供可以建构和能够建构的社会平台。在樊氏看来,处于急剧变革进程中的现代中国社会,其客观的"现实的伦理"状况就是伦理的自我消解。但社会在伦理自我消解的进程中又呼唤伦理的重构,这是一方面;另一方面,处于变革进程中的现代中国社会,其基本的社会结构发生了根本的变化,家国一体的社会结构最终让位给了市民社会结构,这一变化要求其伦理精神的功能发挥必须走向社会生态,并在走向社会生态的进程中建构伦理生态,实现社会人文力的自觉转换,实现对社会"伦理—经济生态"的导向性建构,中国传统伦理中的"五伦精神"——尤其是其天伦与人伦有机统一的伦理精神和"德-得相通"原理,却为其提供了全部的可能性。

然而,这种可能性并不等于必然性。因为,由于社会基本结构的改变,社会生态的根本变化,社会发展方向的工业化、城市化和现代化,其所需要建构的伦理精神决不可能是对传统伦理精神的横移和照搬,它需要具有从个别达向一般的全部资质。由此,《中国伦理精神的现代建构》既现实地构成樊氏"伦理精神之历史哲学"研究的终结,又现实地构成其"伦理精神之道德哲学"研究的逻辑起点。

樊氏研究的主题从"中国伦理精神"的历史建构向"伦理精神"的现代建构转换,其实质是要在道德哲学的层面论证传统向现实转换,具体地讲是中国传统伦理精神向一般伦理精神转换何以必然?这就必须予以道德形而上学的辩证。现代人类社会的全球生态化方向必然要求伦理审视生态化,由此产生"伦理生态"。伦理生态的社会视野蕴含"价值生态"的哲学方法论,正是对这种方法论的发现和运用,使对现代社会之伦理精神进行道德形而上学拷问变成必然,亦使中国传统伦理精神获得对现代社会之伦理精神的建构提供其精神哲学的基础变成现实。这一双重的辩证过程所结出的理论硕果,就是其"'伦理精神'之道德哲学"建构,它的物化成果即是《伦理精神的价值生态》和《道德形而上学的精神哲学基础》。

2. 从心理体认到形而上学

对中国传统伦理精神的历史建构转向对中国伦理精神的现代建构,这是从个别到一般,也是从具体到抽象和从历史到现实的展开进程。这三维一体的展开进程却是对其深层认知的启动。在对中国伦理精神的历史性建构的系统研究中所呈现出来的三维视野的深层认知结构,就是威廉·詹姆斯所讲的伦理研究的心理学探本、形而上学辩证和决疑论解决。

客观地看,伦理研究中的心理学探本、形而上学辩证和决疑论解决,其实不过是伦理学研究的三大基本方法,对这三大研究方法的整合审查,就形成伦理学研究的方法论。樊氏将这种融心理学探本、形而上学辩证和决疑论解决于一体的方法论,称之为"价值生态"审问。所谓"价值生态",从本质上讲,就是价值生成、建构、运作的生境逻辑化。所谓生境逻辑,就是自然、生命、人共在互存、共生互生的逻辑,这种逻辑就是对宇宙律令、自然法则、生命原理和人性要求的一体化功能发挥方式。从最终意义上讲,人类文明进程中所创构的各种形态的观念逻辑均要以其生境逻辑为源泉并接受生境逻辑的导向,否则,就会形成逻辑的荒谬或者说逻辑的专制。具体地讲,心理学法则生成的最终依据是生命的竞—适法则和人性法则,前者即是生物的"竞—适"法则最终构成人、社会、民族国家的基本生存法则[9];后者乃因生而求利,得利而爱、失利而怨恨的人性机制和人性动力法则,它可具体表述为生己与生他、利己与利他、爱己与爱他的对立统一。[10]形而上学是对存在的根本拷问,通过这种拷问而探究存在本体。存在既是物理的,也是心理(即心灵、情感)的,存在之本体实质上敞开为物理和心理内外两个维度。形而上学对存在的拷问和对存在本体的辩证,恰恰打开通向宇宙律令和自然原理的道路:所谓宇宙律令,就是宇宙自创化与它创化的有机统一原理,它内在地蕴含野性狂暴创造力与理性约束秩序力及其对立统一所形成的张力,它成为世界生生不息存在的原动力,也是生命世界之生生不息敞开其"竞—适"生存运动的原动力,同时也构成人类社会价值生态生成的原始范型。所谓自然法则,是指存在世界之"变中不变"和"不变中变"的对立统一法则,它现实地构成生命世界之"竞—适"法则的自身规定和生利爱之人性原理的本质诉求,同时也构成人类社会价值生态功能发挥的整体推动力。

伦理精神的心理学探本、形而上学辩证和决疑论解决,此三者作为"价值生态"方法论的基本构成,其内在的逻辑生成结构恰恰是一个等边三角形结构。

心理学与形而上学,同是哲学的构成,从结构构成论,哲学作为世界真理和人类思想精神的大厦,其自我支撑的主干(对亚里士多德和笛卡尔来讲,就是物理学)或者说支柱内蕴一根由地及天的进动

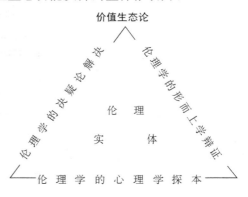

轴:哲学之轴的底端是心理学,心理学是哲学最深幽的部分;哲学之轴的顶端是形而上学,形而上学是哲学最抽象的部分。就存在论,从心理学向形而上学进发,这是哲学从存在的深渊达向对存在"巅峰"的显扬;从形而上学向心理学回归,这是存在的"巅峰"玄思潜沉于存在的渊谷。然而,无论是从心理学向形而上学进发,还是形而上学向心理学回归,最终必要达于同一,因为存在是一个整体的场域,存在的本体运动起点是一,终点也是一,按照柏拉图的说法,从存在的形成世界达向对存在的本体世界的致思,无论是从心理学起步或是从形而上学起步,自己的起点就是对方的终点。因而,面对存在的本体世界,最深幽的也是最巅峰的,最巅峰的亦是最深幽的,这就是存在世界之"变中不变"和"不变中变"的辩证同一。这是一方面,另一方面,无论是从心理学向形而上学进发,还是形而上学向心理学回归,必然要遭遇决疑论问题,并必然要解决决疑论问题。换言之,决疑论问题既产生于心理学向形而上学进发,也产生于形而上学向心理学回归;同时,决疑论问题的解决亦必然通过心理学向形而上学进发和形而上学向心理学回归的双重方式来实现。这就是心理学与形而上学相向运行如何最终实现对对方的"同一"的秘密所在,这亦是中国伦理精神的历史性建构为何需要"价值生态"方法论的整合运用的根本理由。

民族是伦理的实体,伦理是民族的精神。以民族为伦理实体的伦理精神,从民族生命的底部生长出来,并负载人性使其焕发导向民族存在、强化民族生存方式和行动准则的价值系统。伦理精神的生成建构和功能发挥,在本质上是民族心灵、民族意志、民族情感取向的;或者更具体地讲,伦理精神的生成建构与功能发挥,始终是心理学的。探讨中国伦理精神的历史性建构,须充分运用心理学方法,以探求其伦理精神的本体存在方式。换言之,以"伦理的真实"为基本要求而探讨伦理精神的历史建构,必然要予以心理学探本,当运用心理学探本方法来逻辑地还原中国伦理精神,就会发现,血缘亲情构成了中国伦理精神历史建构的心理动力和人性机制,情感主导理性构成了中国伦理精神历史建构的根本价值诉求,以生命本能和感觉直观方式建构普遍的人伦关系或如"见父知孝"般地采取伦理应对行动,构成了中国伦理精神历史建构的根本体认方式和行为准则。

人的心理问题,只有当心理学从哲学中剥离出来踏上科学主义道路时,它才成为一个意识问题或者意识的潜在性(比如前意识或无意识)问题,但在心理学作为哲学的内在维度的时代,人的心理问题却是一个心灵问题,心灵问题的核心构成内容却是天赋生命的自由意志和灵魂,它蕴含人性并张扬人性。所以,在中国伦理精神的历史建构中,对人性的内在化拷问,必然触摸到真实的地域主义和血缘主义化的民族的心灵、民族的意志、民族的自由想望和本能渴望,这就是人本,这更是其人伦原理生成的生命原动力。对人性的抽象玄思,最终发现中国伦理精神历史建构的天道智慧,这就是天伦。当人伦与天伦相向融通,或者说当心理学向形而上学进发、形而上学向心理学回归,中国伦理精神的历史建构的逻辑还原,最终具体落实为对"伦—理—道—德—得"之心理学和形而上学的重构,于是,整体呈现中国伦理精神的人伦原理得到逻辑的还原。

"人伦原理"是伦理的文化定位的基本坐标点。"人伦原理"的文化底蕴蕴涵于"人伦"与"原理"的人文本性之中。"人伦"昭示着在中国文化中,"伦理"决不只是某种西方式的契约,而是扎根人生,具有深厚民族根基的文化设计,是社会自组织与文化目的性的体现;而既为"原理",不仅预示着伦理主体的不可分割的有机性,而且突显出在伦理关系中个体间的互感互动,自我运作。因此,"人伦原理"便逻辑地包含着三个方面的内涵:一是作为此岸世界的伦理关系所内蕴的文化原理,其核心概念是所谓的"人道";二是作为彼岸世界的伦理精神所体现的意义追求和终极价值,其核心概念是所谓的"天道";三是"人伦原理"的文化运作的所形成的伦理世界与伦理现实,其核心概念是所谓的"伦理实体"。人道—天道—伦理实体,三者形成人伦原理的客观—主观—主客观统一的辩证结构。[2]311

中国伦理精神的历史性建构,从历史走向现实、从古代迈向现代,最根本的问题是其逻辑还原过程的决疑论问题。这些问题的核心内容可以概括为四个方面:

第一,中国伦理精神的构成要素问题。

第二,中国伦理精神建构的基本方式问题。

第三,中国伦理精神之现代建构的基本条件问题。

第四,中国伦理精神之现代建构的形而上学依据和精神哲学基础问题。

如上四个基本问题将中国伦理精神的历史性建构纳入一个有机的整体,在这个整体中,中国伦理精神是以德性、道心、佛性为核心要素而融统法、墨等各种伦理思想于一体的大民族精神。并且,中国伦理精神建构的基本方式,不是一次完成的空间方式,而是不断生成建构的历史方式,逻辑地还原中国伦理精神建构的历史进程,它萌生于夏商周,初成于先秦,规范建构于汉唐并最终完善于宋明,其间经历了"正—反—合"的辩证逻辑过程。

中国伦理精神的历史建构,符合人类伦理的实践本性:人类伦理的实践本性是历史地传承与境遇性生成,其内在的原动力是宇宙创化律令和自然法则,前者是创造与秩序的内在统一,后者展开为生生不息的"生—变"运动。具体地讲,人类伦理的历史传承所遵循的是"变中不变"的自然法则,人类伦理的境遇性生成所遵循的却是"不变中变"的自然法则。"变中不变"与"不变中变"的自然法则生成人类伦理的实践本性,它现实地并且也是历史地推动人类伦理传承不息和境遇性生成的对立统一运动,这一对立统一运动才构成中国伦理精神之现代建构的基本条件。

伦理始终是人伦之理。从发生学看,人伦之理的生成建构,最为直接地来源于人的个体性存在和资源性生存,由于前者,人在宇宙世界中存在是孤独、渺小的;因为后者,人在地球上生存是脆弱、无力的。人作为资源需要的生存者,仅凭个人的力量根本无法求取生存,必须借助于他者的力量才可真正解决存在安全和生存资源的保障性问题,所以人最需要的东西是人,人只有走向他人、组建社会、缔造国家,建构秩序,人伦由此产生,人伦之理由此获得。人伦之理的本质内涵是人伦精神,其根本动力和规范机制就是"得-德"原理,即由直心地得而成德,其所遵循的是生己与生他、利己与利他、爱己与爱他对立统一的人性法则。另一方面,社会虽然始终由个人所组构、国家最终由众人共同缔造,但组构起来的社会和缔造出来的国家,必要特定的机构来管理和具体的人来经营,由此产生政府和君主,君主或政府如何经营社会、怎样管理国家,同样面临德与得的关系建构问题,人伦之理一旦由个人、血缘家族而指向社会,则必然建构起社会伦理,健康运行社会伦理精神必然是由德而得,遵循"德—得"原理。从社会与人所构成的"德—得"原理向由人与人所构成的"得—德"原理的相向融通,就是"德—得相通"原理,这一原理构成了中国伦理精神现代建构的又一基本条件。

张扬人类伦理之实践本性的生变法则和打通人与人、人与社会之"德—得相通"原理的辩证运动,才为价值生态的生成提供了动力,更为社会伦理—经济生态、社会伦理—政治生态、社会伦理—文化生态、社会伦理—教育生态的现代建构获得古代伦理精神的返本开新,开辟出实践理性的道路。

四、自我卓越的超拔方向

严格说来,哲学始终应该是思辨,只有真实的思辨才可开启心理学向形而上学进发和形而上学向心理学回归的机制而真正谋求解决不断涌现出来的决疑论问题。正是在这个意义上,哲学才获得最高性而统摄一切。也正是这个意义上,中国文化思想发展的当代进程中所真正缺少的是哲学。虽然在当今的畸形学术竞技场中,不少人以哲学家自诩,但实际上那些自我标榜的哲学家却离哲学很远。我之所以敢如此冒昧地做如此断言,是因为我在10年前出版的《生态理性哲学导论》中做出过如下申言:哲学家是哲学思想和方法的生产者,只有创造出新的哲学思想、方法体系的人,才有资格称之为哲学家;反之,"哲学研究是对哲学的研究;而从事研究哲学的人不是哲学家,应该称之为哲学学家(包括哲学专家和哲学史家):哲学学家的职责就是对哲学(哲学家、哲学成果、哲学之思的历史以及哲学流派等等)的研究。因而,哲学研究因哲学学家而产生,哲学学家因哲学研究而获得了存在的理由。如果将如上四者合起来考察,则哲学和哲学研究、哲学家和哲学学家之间又构成了如下存在关系,哲学与哲学研究的关系是:哲学是生产,哲学研究是消费(即选择、传播、运用);哲学家与哲学学家的关系为:哲学家是生产者(即人类精神道路的开辟者);哲学学家是消费助理者,或者说消费的推销者(即人类精神道路的清理者和拓宽者)"[11]。以此为衡量准则,无论是过去或现在,真正能够成为哲学家的是极少数人。因为一个人要成为哲学家,不仅要有思想的创造热情与向往,而且能够自觉地运用心理学探本和形而上学辩证的方法对存在世界涌现出来的根本困境予以决疑论解决,并且通过这种决疑论解决而建构起自成认知风格和人格个性的思想和方法体系。

伦理学作为哲学达向社会实践的普遍方式,以对它的探究为学术志业的人,要真正成为伦理学家或道德哲学家,同样需要心理学向形而上学进发和形而上学向心理学回归的双重方式来解决伦理生存的根本决疑论问题,并从而建构起体现独特认知风格和思想个性的伦理理论和方法。以此来看樊氏的伦理学努力及其所做出的实际成就,可以称之为道德哲学家。

我的如是评价是基于两个方面的基本考量:首先,樊氏自觉地以心理学探本、形而上学辩证和决疑论解决为基本构成的"价值生态"方法论来系统研究中国伦理精神的历史性建构,其理论成果自成一体,并体现独特的文化生态学认知风格和思辨个性。其次,樊氏围绕中国伦理精神的历史性建构所建立起来的理论成果,在认知层面解决了两个基本问题:一是通过对中国传统伦理精神及其伦理体系的逻辑还原,为现代社会伦理及理论体系的建构提供了传统资源。二是通过对中国伦理精神的历史建构予以决疑论解决和对现代建构何以可能予以形而上学辩证,为现代社会伦理及理论体系的建设打开一种认知视野,开辟出一种认知路径,提供一种认知方法论。

就其社会伦理及伦理理论体系建构的艰难性和理论资源和认知资源对伦理理论体系建构的基础性这两个方面讲,这种以伦理学理论体系建构所需要的理论资源和方法资源的建设为志业的学术努力,显得比单纯的学科理论体系的建构更重要、更根本。胡塞尔是其最好的例子,他的整个现象学理论都只是方法论和思想资源意义的,用胡塞尔自己的话来讲,他致思现象学问题的全部努力,都是为重建一种更高的、更完善的科学的哲学清理基石、奠定基础,提供方法论。客观地看,樊氏的学术志业及其努力,就有些类似于胡塞尔的工作方式,这种工作方式和努力方式,更值得肯定和尊敬。

现代伦理精神和道德形而上学体系应当进行一种辩证复归,这种复归的要义是:走向"和谐伦理";

完成这种复归,建构和谐伦理精神与和谐道德形而上学体系,最迫切需要的方法支持是:道德辩证法。[3]680

这是樊氏《道德形而上学体系的精神哲学基础》的两句结语:前者展望了中国现代社会伦理及伦理理论体系建构的目标方向和预设目标;后者特别强调建构现代社会伦理及伦理理论体系的必备条件。然而,即使具备这种条件并沿着这一方向前进,要使中国古代伦理及其精神变成建构中国现代社会伦理及伦理理论体系的自足资源,或者说要按照中国古代的伦理精神和道德框架来建构现代社会伦理及伦理理论体系,必然要遭遇"韩非子预设",即如何解决主观设计的可能性在其客观历史进程中始终呈现其绝对的脆弱性问题,因为汹涌向前的历史进程始终难以最终脱嵌"不期脩古,不法常可,论世之事,因为之备"[12]之变动轨道以自我超拔之无畏力量摆脱"韩非子预设",或许最该是当代社会及伦理理论体系重构所翘首以待的。

参考文献

[1] 王国维.人间词话[M].上海:上海古籍出版社,1998.
[2] 樊浩.中国伦理精神的现代建构[M].南京:江苏人民出版社,1997.
[3] 樊浩.道德形而上学体系的精神哲学基础[M].北京:中国社会科学出版社,2006.
[4] 希尔斯.论传统[M].傅铿,吕乐,译.上海:上海人民出版社,1991:14-20.
[5] 樊浩.伦理精神的价值生态[M].北京:中国社会科学出版社,2001.
[6] 樊浩.中国伦理的精神[M].台北:五南图书出版公司,1995.
[7] 樊浩.中国伦理精神的历史建构[M].台北:文史哲出版社,1994:30.
[8] 詹姆斯.信仰意志[M].英文版.朗曼斯·格林出版公司,1923:185.
[9] 唐代兴.生境伦理的哲学基础[M].上海:上海三联书店,2013:85-116.
[10] 唐代兴.生境伦理的人性基石[M].上海:上海三联书店,2013:177-194.
[11] 唐代兴.生态理性哲学导论[M].北京:北京大学出版社,2005:94.
[12] 王先慎.韩非子集解[M].北京:中华书局,1998:442.

道德本性谋划的儒家进路

——以樊浩先生"'德'—'得'相通"论为中心的讨论[*]

陈继红[**]

南京大学马克思主义学院

摘　要　樊和平先生提出了一个观点:"德""得"相通是中国伦理精神的价值原理。其要义在于:中国伦理同时具有目的价值和工具价值,并由此形成道德理想主义与道德实用主义互为依托的特质;此种特质解决了"德""得"之间的张力,并指向于个体至善与社会至善的统一。以儒家经典为分析文本展开思考,"德者,得也"中存在着道德本性谋划的两种进路:主流儒家以道德为目的性之存在,事功学派以道德为工具性之存在,而"德""得"之张力则在大众文化中得以消弭。因之,樊先生虽然准确把握了中国伦理精神的特殊旨趣,却没有具体解答这两种儒家进路在中国文化中的发展线索与实际影响。儒家伦理形态能否成为当下的道德救穷之途,或可从其中得到启示。

关键词　"'德'—'得'相通";道德本性;儒家进路;道德之"得";功利之"得"

关于道德本性的谋划,决定了不同伦理形态的分途而讼。在当代西方,美德伦理(德性主义)将道德理解为能够带来"内在利益"的本身即可欲之目的,而规范伦理(特别是功利主义)则以道德为一种缺乏内在价值的工具,或者是获得"外在利益"的手段。基于此,麦金太尔将"道德"与"利益"之间的逻辑区分出了两种趋向:以道德作为目的,则可以获得有益于群体的"内在利益";以道德作为手段,则指向服务于个人的"外在利益"。同时,他指出了这两种利益形态之间的不可公度性:"纵然我们可以希望,通过拥有美德我们不仅能够获得优秀的标准与某些实践的内在利益,而且成为拥有财富、名声与权力的人,可美德始终是实现这一完满抱负的

---

[*] 基金项目:本文为国家社科基金重点项目"中国传统士德研究"(14AZX017)阶段性成果,同时亦受到教育部新世纪优秀人才计划、江苏省"333"工程人才计划的资助。

[**] 作者简介:南京大学马克思主义学院,教授、博士生导师。

一块潜在的绊脚石。"① 无可否认的是,当功利主义对道德本性的谋划盛行于世时,确实出现了令人担忧的"外在利益"对"内在利益"的过度挤压,正是在此种意义上,美德伦理成为对抗规范伦理的一个利器。

饶有兴趣的是,学者们亦将此种时代的期冀郑重地投向了儒家伦理,认为"可以期待许多有关儒学德性化如何克服康德义务论与功利主义的理论缺陷的讨论,并迫使西方伦理学回应儒学的挑战"②。此种期冀的背后存在着一个普遍的理解:儒家伦理形态是中国意义上的美德伦理(或德性伦理),在对道德本性的谋划中,儒家是以道德作为标志"内在价值"之本真目的,而非任何意义上的工具。③ 于是,在儒家那里,"道德"与"利益"之间的逻辑亦被描述为麦金太尔式的"内在利益"与"外在利益"的对抗,也就是说,道德可以为人们提供的仅仅是一种"内在利益",并且,它很可能会妨碍"外在利益"的实现。然而,在此种普遍流行的观点之外,我们却听到了另一种不同的声音。

自 20 世纪 90 年代以来,樊和平先生在他的"伦理精神"系列著作中,反复提及了一个重要的观点:"'德'—'得'相通"。他认为,与利益相关的"得"同时指涉了"内在利益"与"外在利益"两个层面,"德"(道德)与这两个层面皆是相通的。因之,"在中国西方文化的理解中,'德'便同时具有两种价值:目的价值与工具价值。目的价值是基本价值,而工具价值无论如何也难以否认与排除,麦金太尔试图在理论上加以排除,可在最后的结论中事实上又承认了它的存在"④。在此种理解向度下,作为中国文化主体的儒家伦理形态并非完全的麦金太尔意义上的美德伦理,而是同时关照到了规范伦理(特别是功利主义)对道德本性的诉求。樊先生引证了罗素的一句话:"一种可以使人们幸福生活的伦理学必须在冲动和控制两极之间找到中点。"⑤ 或许,凭借此言可以更好地理解樊先生的意图:一种解决当代道德危机的可行之路应当是对道德本性的重新谋划,在规范伦理学与美德伦理学之间寻找到一种中道,而儒家伦理形态正是那个回眸一见的精彩担当者。

那么,樊先生是否为我们展现了一条可行之道?或者说,关于道德本性的两种

---

① 麦金太尔.追随美德[M].宋继杰,译.南京:译林出版社,2008:221-222.
② 余纪元.德性之镜:孔子与亚里士多德的伦理学[M].林航,译.北京:中国人民大学出版社,2009:3.
③ 如石元康认为,儒家的伦理思想,基本上是把道德视为一种人格培养的活动。德性标示了一种"内在价值","德"与"福"的结合是必然的。道德实践或德性的培养永远是目的,而不是手段。(参见:石元康.二种道德观,试论儒家伦理的形态[M]//从中国文化到现代性:典范转移?北京:三联书店 2000:119.)陈来虽然认为,"中国古代的'德'字,不仅仅是一个内在意义上的美德的概念,也是一个外在意义上的美行的概念"。但是,他同时亦指出,"春秋文化的历史发展表明,'德'越来越内在化了。"[参见:陈来.古代德行伦理与早期儒家伦理的特点——兼论孔子与亚里士多德伦理学的异同[J].河北学刊,2002(6).]
④ 樊浩.伦理精神的价值生态[M].北京:中国社会科学出版社,2001:343.
⑤ 同④344.

不同谋划真的能够达成协议吗？这个问题的背后同时关涉了两个前置性的问题：中国文化中的"'德'—'得'相通"论何以成立？如果成立，"得"的两层内涵——"内在利益"与"外在利益"又何以达成和解？樊先生在儒、释、道的宏阔视野中阐述了上述问题，本文则希望以代表中国文化主体思想的儒家经典作为主要分析文本，将问题的思考进一步推向深入。或许，此种分析方式有助于使种种疑问得以澄明。

一、目的之"德"：道德的内在获得

在中国传统经典中，"德"与"得"是两个具有互释性的范畴，"德者，得也"的阐释思路几乎成为诸家的共识。① 基于这一思路，樊先生以"'德'—'得'相通"作为"中国伦理精神的价值原理"或"中国伦理精神的真谛所在"②，应该说是一个非常谨慎而客观的结论。

樊先生区分了"'德'—'得'相通"的五种结构内涵："得"必须"德"，"德"为了"得"，"德"必然"得"，"德"就是"得"，"得"就是"德"。③ 此种细致入微的区分揭示了关于"德者，得也"之具体内涵的不同理解思路，展现出一个学人对中国文化深刻的洞察力。那么，如何进一步理解这五种结构内涵之间的差异呢？穷根溯源，所谓的差异实际上聚焦于对道德本性的两种不同谋划：道德是目的，抑或道德是工具。在儒家内部，这两种谋划同时存在。

在儒家那里，"德者，得也"的一种主流阐释思路是：道德的内在获得状态。由此，道德的本性被谋划为一种目的性之存在。

诸儒的代表性阐释如下：

德，谓自得于心。（孔颖达）④

德，谓义理之得于己者。（朱熹）⑤

德者得于理也。（刘炫）⑥

诸儒纷纷将"德"解释为义理之"得"，即道德的获得。而孔颖达所谓"自得于心"，更是阐明了义理之"得"的特质：道德的内在获得状态。此种阐释思路实际上

---

① 代表性的阐释如：朱子注《论语·述而》中"据于德"曰："德者，得也，得其道于心而不失之谓也。"此说代表了诸儒的观点。（参见：朱熹.四书章句集注[M].北京：中华书局，1983：94.)《管子·心术上》云："德者，得也，得也者，其谓所得以然也。"此为法家之说。王弼注《老子》第三十八章"上德不德"曰："德者，得也。"此为道家之论。

② 樊浩.伦理精神的价值生态[M].北京：中国社会科学出版社，2001：345.

③ 同②351.

④ 李学勤.尚书正义[M].北京：北京大学出版社，1999：98.

⑤ 朱熹.四书章句集注[M].北京：中华书局，1983：162.

⑥ 李学勤主编：《孝经注疏》，第36页。

是儒家人性论的一种延展,而道德的目的性存在则由此得以证说。从"得"的两层意涵分而视之,这一问题便将逐步趋向明朗。

其一,道德(义理)之"得"指称了一种人性的完成状态,道德之实现由此被限定为一种"内在获得状态",而道德之目的性存在则理所当然地成为题中之义。在早期儒家那里,道德(义理)即被视为本于人性之存在。孔子认为,"仁者人也"(《中庸》),将作为诸德之总称的"仁"界定为人所独有的存在方式,在道德与人性之间初步建立了一条隐约的通道。孟子则将此种隐约之义澄明为一条畅遂之途,认为仁、义、礼、智所表征的道德系统本然地存在于人心之中,构成了人性的全部内涵,即所谓"非由外铄,我固有之也"(《孟子·告子上》)。这就在人性的界说中限定了道德(义理)之"得"的特质——只能是一种自觉的"内在获得状态",而绝无可能是外力强加的结果。

《孟子·告子上》中记载的孟子和告子之间关于"仁义内在"的一场辩论,使得此种思路更为明确。告子认为:"仁,内也,非外也;义,外也,非内也。"这个观点与孟子的相同之处在于,承认了"仁"生发于人心的内在性;二者的根本分歧在于:"义"的存在状态是内在于人心,抑或外在于人心?所谓"义",即道德判断的标准。① 告子的逻辑是,应当从客观事实上去理解"义"。因为客观事实是外在于人的存在,因而作为判断事实标准的"义"理所当然是外在于人的,即所谓"彼长而我长之","长"的标准在外;"彼白而我白之","白"的标准在外。如果这个观点成立,那么孟子在道德与人性之间开辟的一条通道将被彻底颠覆,由心善而性善的进路亦将阻滞。如此,道德只能是外在于人的一种"外在获得",不复具有"内在获得"的特质。孟子冷静地应对了告子的诘问,认为客观事实本身并不会产生"义",只有主观的道德判断活动会产生"义"的问题。孟子指出:"异于白马之白也,无以异于白人之白也。不识长马之长也,无以异于长人之长欤?且谓长者义乎?长之者义乎?"这就是说,告子的错误在于将客观事实与主观心理活动混为一谈。"义"与"仁"同样是由心之所发,具有内在于人的特质。

朱子接续了孟子的话锋,指出:"'彼白而我白之',言彼是白马,我道这是白马。如着白衣服底人,我道这人是着白,言之则一。若长马、长人则不同。长马,则是口头道个老大底马。若长人,则是诚敬之心发自于中,推诚而敬之,所以谓内也。"(《朱子语类·孟子九》)这就进一步指明,告子"义外"之说的错误根源在于将客观描述与主观判断混为一谈。而孟子的"仁义内在"的主张亦得以进一步充实,朱子提出"心具众理""心包万理,万理具于一心"之说,进一步说明人心本然地包藏着

---

① 张岱年认为,"义"是"一个裁制众德,使其适宜、合度的伦理准则。"(参见:张岱年.中国哲学大纲[M].北京:中国社会科学出版社,2004:27-28.)

"天地间公共之理"(道德系统)。

心学家们则在"心即理"的理论框架下对告子展开了激烈的批评,如王阳明认为,"夫外心以求物理,是以有暗而不达之处;此告子'义外'之说,孟子所以谓之不知义也。心,一而已。以其全体恻怛而言谓之仁,以其得宜而言谓之义,以其条理而言谓之理;不可外心以求仁,不可外心以求义,独可外心以求理乎。"(《传习录中》)由是可知,在儒家思想的主流中,道德之"得"意指人性从一种潜在状态转化为现实状态,或者说,个人获得了自身本有的善。由此,道德被视为本于人性、存于人心的一种内在之存在。

其二,道德之"得"亦隐喻了一种动态的过程——修身,作为道德的获得途径,修身的内向性使道德的"内在状态"得以进一步证说,道德体系亦由此而跃升为信仰体系。《大学》以"正心、诚意"作为"修身"的前提,意味着"修身"是一种努力向内(心中)寻求的道德实践活动,而非借助外物的外向性活动。此种意蕴在孟子那里得以详阐,他区分了两种"求"的不同性质,"求之则得之,舍则失之,是求有益于得也;求在我者也。求之有道,得之有命,是求无益于得也;求在外者也"(《孟子·尽心上》)。所谓"求在我者"的内容,即仁、义、礼、智所表征的人性内涵,"求"与"得"具有一致性;所谓"求在外者"的内容,即口目耳鼻之生理欲求,它们能否获得取决于外在于人的命运,与作为主观努力的"求"(修身)并没有必然的关联。① 由是,"外在利益"被彻底排除出了修身的内容,道德之"得"与修身活动获得了同一性。这不但阐明了修身的内向性,同时又使作为修身内容的道德之"内在状态"得以反证,即所谓"求之在我者"。

孟子又将修身的必然性落实到了"天道"与人性的勾连中。他说:"尽其心者,知其性也。知其性,则知天矣。存其心,养其性,所以事天也。殀寿不贰,修身以俟之,所以立命也。"(《孟子·尽心上》)这就打通了天道与人性之间的阻隔,而修身则被理解为沟通二者的中介。如此,修身即意喻了道德之"得"的一种动态过程,而道德的"内在性"亦在"天道"中获得了合法性证明,被赋予了信仰之意蕴。

孟子的这个思路被后儒进一步发扬光大。在宋儒那里,道德体系与信仰体系完全成为了一条通途。如果说在孟子那里,天道与人道依然具有二分性,那么二程则将天道和人道则完全视为一体。他们认为:"道,一也。岂人道自是人道,天道自是天道。"(《河南程氏遗书卷第十八·伊川先生语四》)朱子沿着这个路子系统论证了这个问题。他将孟子所言"不忍人之心"解释为"天地生物之心"(《朱子语类·孟子三》),进而将仁、义、礼、智所表征的道德系统上升为"天理"。他明确指出:"且所谓天理,复是何物?仁义礼智,岂不是天理?君臣、父子、兄弟、夫妇、朋友,岂不是

---

① 此种观点在孟子关于"性"与"命"的区分中亦得以阐述,参《孟子·尽心下》相关论述。

天理?"朱子又将"天理"解释为一种神秘的先验性存在:"未有这事,先有这理,如未有君臣,已先有君臣之理;未有父子,已有父子之理。"(《朱子语类·程子之书一》)按照这个思路,代表人道的道德系统与代表天理的信仰系统是完全合一的,即所谓"天人本只一理,若理会得此意,则天何尝大,人何尝小"(《朱子语类·大学或问四上》)。如此,内向性的修身活动在信仰的支撑下获得了强大的精神动力。也正是在这个意义上,朱子提出"居敬穷理以修身",亦强调"持敬",以此表达对信仰的敬畏。(《朱子语类·论语十》)

于是,在儒家的主流思想中,以道德之"得"为唯一指向的修身活动实际上是一种信仰的追寻,并构成了人生的全部意义。

综而论之,道德之"得"含蕴了道德的"内在获得"之状态与途径,作为一种人性的完成状态,道德是本于人性的存在;作为一种动态的修身过程,道德体系与信仰体系由此而获得了同一性。于是,道德的本性被儒家谋划为一种具有自足性的目的性之存在,而非实现其他目的的手段。

也正是基于对道德本性的此种谋划,儒家将"德者,得也"的可能性建立在"内在利益"的获得中,并认为"外在利益"并不具备妨碍二者之间通约的能力。孔子说:"贤哉回也! 一箪食,一瓢饮,在陋巷,人不堪其忧,回也不改其乐。贤哉回也!"(《论语·雍也》)那么,颜子所乐在何呢? 程颐认为,"颜子之乐,非乐箪瓢陋巷也,不以贫窭累其心而改其所乐也"[①]。朱子进一步点明了颜子"乐"的意涵:"惟是私欲既去,天理流行,动静语默日用之间无非天理,胸中廓然,岂不可乐! 此与贫窭自不相干,故不以此而害其乐。"(《朱子语类·论语十三》)这就是说,"乐"实际上是与道德之"得"相关的一种心理状态,它并不受"贫窭"之类的外在之"得"的影响。于是,儒家直接在"内在利益"与"外在利益"之间划出了一条分界。而后者并不在道德之"得"之内。

由是,樊先生所指"'德'就是'得'",正是对儒家上述阐释思路的准确把握。他认为,此种思路以"'德'作为唯一的目的,形成为'德'而'德',即为道德而道德的泛道德主义、道德至上主义"[②]。同时又指出,此种道德至上主义的弊端在于"容易与社会生活相脱节,在具有理想性的同时具有虚幻性,当与封建政治结合时并为之利用时便具有虚伪性"[③]。应当说,此种批评是比较中肯的。那么,儒家当真"与社会生活脱节"了吗? 或者说,"外在利益"真的被儒家驱逐出道德的内涵了吗?

---

① 朱熹.四书章句集注[M].北京:中华书局,1983:87.
② 樊浩.伦理精神的价值生态[M].北京:中国社会科学出版社,2001:351.
③ 同②355.

二、两种"得"之二分性与同一性

儒家关于"德者,得也"的另一条阐释思路是:功利("外在利益")的获得。关于功利之"得"的性质,儒家的思考有两种不同的路向,一种路向认为功利之"得"是道德之"得"派生的结果,这是孔子儒家的主流观点。另一种路向认为功利之"得"与道德之"得"具有同一性,这主要见于事功学派的思想。在前者,道德的本性依然被理解为一种目的性之存在,在后者,道德的本性则被界说为一种工具性之存在(目的性与工具性的并存)。显然,后者并非儒家的主流。

这两种思路交锋的主要问题是:功利之"得"是外在于道德之"得",还是内在于道德之"得"? 早在先秦时期,儒家与墨家之间就存在着严重的分歧;时至宋代,此种分歧则在儒家内部趋于明朗。

在儒家的主流观点中,功利之"得"与道德之"得"之间既具有"二分性",亦具有关联性。此种关联性显见于"德者,得也"之阐释思路,儒家将之进一步阐发为"内得于心,外得于物"①。其中,"内得于心",即前述之道德的"内在获得状态";"外得于物"则意谓此种状态的外在发用,即所谓"施之为行"。② 深究下去,所谓"外得于物",指向的是他人(物)之"得",此种"得"通常与功利相关。在这个意义上,"德"亦具有"恩惠"或"恩德"之义,指向于他人之利及天下大利。③ 由是观之,儒家并不以道德之"得"为一种悬置的理想,而是认为其应当落实于功利之"得"。易言之,只有在"内得于心、外得于物"兼备的情状下,道德之"得"才算是完满。樊先生以"内圣外王之道"说明了此种意蕴。④

需要说明的是,在儒家的主流观点中,一己之私利并没有被排除出功利之"得"。孔子认为,由道德之"得"亦可以推出个己的功利之"得",如寿禄、富贵、名声,等等。⑤ 他又以舜为例,表明了"大德者必受命"的观点。⑥ 因之,功利之"得"同时涵容了公利与私利双重意涵,它们皆与道德之"得"具有关联性。

---

① 李学勤.春秋左传正义[M].北京:北京大学出版社,1999:138.
② 同①.
③ 儒家的此种阐释路向如何晏注《论语·宪问》"何以报德"云:"德,谓恩惠也。"孔颖达亦云:"德加于彼,彼荷其恩,故谓荷恩为德。"(参见:李学勤主编:《论语注疏》,第 198 页。)王聘珍云:"德,恩德也。"(参见:王聘珍.大戴礼记解诂[M].北京:中华书局 1983:23.)
④ 樊浩.伦理精神的价值生态[M].北京:中国社会科学出版社,2001:349.
⑤ 孔子的相关阐述如:"仁者寿。"(《论语·雍也》)"君子谋道不谋食。耕也,馁在其中矣;学也,禄在其中矣。君子忧道不忧贫。"(《论语·卫灵公》)"富而可求也,虽执鞭之士,吾亦为之。如不可求,从吾所好。"(《论语·述而》)
⑥ 子曰:"舜其大孝也与! 德为圣人,尊为天子,富有四海之内。宗庙飨之,子孙保之。故大德必得其位,必得其禄。必得其名,必得其寿,故天之生物,必因其材而笃焉。故栽者培之,倾者覆之。《诗》曰:'嘉乐君子,宪宪令德。宜民宜人,受禄于天,保佑命之,自天申之。'故大德者必受命。"(《中庸》)

程朱等人不但对此表达了充分的认同,而且进一步阐明了此种关联性获得的条件:必须以承认两种"得"之间的二分性为前提。在对《论语》"子张学干禄"的注解中,程颐认为,"禄在其中"指称了一个"修天爵则人爵至"的结果,孔子的主旨在于"使定其心而不为利禄动"①。朱子将这层意思说得更加明确:

"'子张学干禄'一章,是教人不以干禄为意。盖言行所当谨,非为欲干禄而然也。若真能著实用功,则惟患言行之有悔尤,何暇有干禄之心耶!"(《朱子语类·论语六》)

"虽不求禄,若能无悔尤,此自有得禄道理。……学本为道,岂是求禄!然学既寡尤悔,则自可以得禄。……圣人教人只是教人先谨言行,却把他那禄不做大事看。须是体量得轻重,始得。"(《朱子语类·论语六》)

由是可知,"干禄"所代表的功利并非一个具有自足性的目标指向,只是道德之学外推的一个自然结果。于是,道德之"得"与功利之"得"在目的与结果之定位中具有了二分性。此种"二分性"的界说不但意味着功利之"得"不可能存于道德之"得"的内部,更为重要的是,它指出了功利之"得"的正当性前提:以道德之"得"作为目的性诉求。如果此种前提不存在,那么两种"得"之间的关联性便不可能成立。以朱熹之言,即为:"有道德,则功术乃道德之功,道德之术;无道德,则功术方不好。"(《朱子语类·论语五》)此种意涵在朱熹对汉唐之"功""德"分立的评说中更为分明,他指出,"史臣正赞其功德之美,无贬他意。其意亦谓除隋之乱是功,致治之美是德。自道学不明,故曰功德者如此分别。以圣门言之,则此两事不过是功,未可谓之德"(《朱子语类·论历代三》)。此种"功""德"绝对二分的一个重要原因在于,汉唐诸君"无一念之不出于人欲"(《陈亮集·寄陈同甫书》),这就倒置了功利之"得"与道德之"得"的二分性关系,以前者而非后者作为目的性存在。

但是,此种思路并没有证说功利之"得"的普遍性,也就是说,这很可能是一个偶然的结果。其缺陷是"外王"的弱化,正如韦政通所指,"理学家们,不管对心对性的了解有何不同,他们对外王问题比较忽视,是一无可争辩的事实。……所谓外王,就是圣德的功化,这是道德的理想主义的看法,不但在现实政治中无法落实,孔、孟、荀在这方面的努力也是失败的"②。

在儒家内部,解决这个问题的是以陈亮、叶适为代表的事功学派。他们将功利之"得"纳入了道德之"得"的内部,认为二者具有同一性,功利之"得"从一个外推的结果转而成为一种目的性存在。此种思考是在与朱熹等主流儒家的论辩中完成的。

---

① 朱熹.四书章句集注[M].北京:中华书局,1983:58.
② 韦政通.中国思想史[M].上海:上海书店出版社,2003:840.

陈亮、叶适在关于"义""利"关系的重新思考中否定了朱熹等主流儒家的二分性思路。如果以一个思想史事件来集中展现此种分殊,关于管仲之仁的讨论当是最佳之选。

在《论语·宪问》中,孔子说了一句引发争议的话:"桓公九合诸侯,不以兵车,管仲之力也。如其仁!如其仁!"那么,"如其仁"是否意味着孔子以"仁"称许管仲呢?诸儒对此意见纷纷,朱熹则明确表示了肯定,认为"管仲出来,毕竟是做得仁之功"(《朱子语类·论语二》),"管仲之功自不可泯没,圣人自许其有仁者之功"(《朱子语类·论语三十》)。于是,朱熹似乎以外在功利作为"仁"之评价标准,这就与前述之二分性思路发生了矛盾。但是,接着下来的这段话则使得疑云全消:

"如管仲之仁,亦谓之仁,此是粗处。至精处,则颜子三月之后或违之。又如'充无欲害人之心,则仁不可胜用;充无欲穿窬之心,则义不可胜用'。害人与穿窬固为不仁不义,此是粗底。然其实一念不当,则为不仁不义处。"(《朱子语类·大学三》)

这方是朱熹评述管仲之仁的重点所在。在他看来,以功利为表征的管仲之仁只是"仁"之"粗处",而"三月不违仁"的颜子之仁才是"仁"之"精处"。所谓"粗处",意指"仁"之外在表象,如害人与穿窬之具体行为;而"精处"则体现了"仁"之本质,这在根本上决定于由颜子的"一于天理"的心理状态或人之"一念"。所以,朱熹许管仲为仁,实际上是以功利之"得"作为"仁"的一个外显标示,而非其评判标准。因此,"志于功利"的管仲之仁并非由内而外的自然结果,只是一个单纯的外在表象,只能称为一个"粗底"的"仁",经不起深究。可以说,在朱熹的视野里,管仲与汉唐诸君一样,成就的皆是仲尼之门羞称的霸道。

但是,陈亮却对此提出了不同的看法。他说:"孔子之称管仲曰:'桓公九合诸侯,不以兵车,管仲之力也。如其仁,如其仁。'又曰:'一匡天下,民到于今受其赐。微管仲,吾其被发左衽矣。'说者以为孔氏之门五尺童子皆羞称五伯,孟子力论伯者以力假仁,而夫子之称如此,……故伊川所谓'如其仁'者,称其有仁之功用也。仁人明其道不计其功,夫子亦计人之功乎?"(《陈亮集·又乙巳春书之二》)

在此,陈亮与朱熹的观点是截然对立的。陈亮提出一个重要的观点:"夫子亦计人之功乎?"这就是说,功利之"得"可以作为"仁"的评判标准,管仲之仁即"仁"的完成。陈亮并不否认管仲之功为霸道,但是在他那里,王道与霸道、义与利本为一体,不可分视为两事。针对朱熹"义利双行,王霸并用"的批评,陈亮提出了一个重要的回应:

"诸儒自处者曰义曰王,汉唐做得成者曰利曰霸。一头如此说,一头如彼做;说得虽甚好,做得亦不恶:如此却是义利双行,王霸并用。如亮之说,却是直上直下,只有一个头颅做得成耳。"(《陈亮集·又甲辰秋书》)

田浩指出了这段话的意义所在:"从本质上,朱熹将王、霸或义、利当作并列概念,而陈亮只把它们看作一个。"①陈亮以此表明,功利之"得"并非道德之"得"外推的结果,而是具有即此即彼的同一性,即所谓"功到成处,便是有德;事到济处,便是有理"②。正是在这个意义上,陈亮认为汉唐诸君的"功"与"德"具有内在一致性,否定了朱熹的二分论。而朱熹所谓"仁"之"粗处"与"精处"之分亦被消解了。

陈亮对管仲之仁的肯定,与其关于"仁义"的界说也有相当的关系。

"圣人之惓惓于仁义云,又从而疏其义,若何而为仁,若何而为义。非以空言动人也,人道固如此耳。余每为人言之,而吾友戴溪少望独以为财者人之命,而欲以空言劫之,其道甚为左。"(《陈亮集·赠楼应元序》)

这就是说,"仁义"并非性命之空谈,而是以功利之"得"作为个中内涵,亦即所谓"利者,人道之末也。"(《陈亮集·问答》)当功利之"得"成为"仁义"的内涵时,它就从外在的结果转而成为目的性之存在。于是,主流儒家所推崇的目的与结果二分论从根本上被颠覆了。

不仅如此,在陈亮那里,功利之"得"并不以道德之"得"作为正当性前提,它本身即为道德正当性的评判标准。这就进一步强化了功利之"得"的目的性意蕴。他认为,儒家所谓"成人"的意涵应当落实为"适用为主"(《陈亮集·又乙巳春书之一》),而此种表征外在外功利的"适用"正是人道得以发扬光大的依托。他说,"天下,大物也,不是本领宏大,如何担当开廓得去?……高祖太宗及皇家太祖,盖天地赖以常运而不息,人纪赖以接续而不坠;而谓道之存亡非人所能预,则过矣"(《陈亮集·又乙巳春书之一》)。对于孟子纯然向内用功的醇儒式思路,他则以为无利于人道的实现,"孟子终日言仁义,而与公孙丑一段勇如此之详,又自发为浩然之气,盖担当开阔不去,则亦有何于仁义哉!"(《陈亮集·又甲辰秋书》)这就突破了主流儒家不"计较成败利害"的观点,以外在结果作为道德评判的重要依据。

在此种思路下,陈亮认为管仲已经实现了"成人"之目标:"管仲尽合有商量处,其见笑于儒家亦多,毕竟总其大体,却是个人,当得世界轻重有无,故孔子曰人也。"(《陈亮集·又乙巳春书之一》)

叶适的观点与陈亮颇为相合。他对管仲的评价是:

"然而礼义廉耻足以维其国家,出令顺于民心,而信之所在不以利易,是亦何以异于先王之意者!惟其取必于民而不取必于身,求详于法而不求详于道,以利为

---

① 田浩.功利主义儒家:陈亮对朱熹的挑战[M].姜长苏,译.南京:江苏人民出版社,2012:118.
② 陈止济评说陈亮:"功到成处,便是有德;事到济处,便是有理。"(参见:黄宗羲.宋元学案[M].全祖望,补修.北京:中华书局,1986:1839.)

实,以义为名,人主之行虽若桀、纣,操得其要而伯王可致。此其大较而已。"(《叶适集·管子》)

叶适的核心观点是:管仲的功业可以归结为"以利为实,以义为名",这就以"义"与"利"为一种名实关系,肯定了二者的同一性。此种思考亦是在与朱熹的交锋中展开的,二人论辩的中心是董仲舒"正其义不谋其利,明其道不计其功"之论。朱熹认为,"正其谊,则利自在;明其道,则功自在。专去计较利害,定未必有利,未必有功。"(《朱子语类·论语十九》)这就是说,以功利之"得"作为目的性诉求,必然无法实现功利之"得"。这就抽掉了功利主义儒家立论的根基。叶适对此反驳道:"仁人正谊不谋利,明道不计功。此语初看好,细看全疏阔。后世儒者行仲舒之论,既无功利,则道义乃无用之虚语尔。"(《习学记言序目·卷二十三》)这不但回到了陈亮的观点,而且指出了将道德之"得"与功利之"得"二分的命门所在:一种缺乏社会意义的文人空谈。对于朱熹盛赞为王道的三代,叶适指出,"三代以前,无迂阔之论。盖唐、虞、夏、商之事虽不可复见,而臣以诗、书考之,知其崇义以养利,隆礼以致力。……夫所谓迂阔者,言利必曰与民"(《叶适集·士学上》)。这就将"正义"与"谋利""明道"与"计功"视为不可分割的一体,道德之"得"与功利之"得"的同一性由此得以进一步确证。在此种思路下,叶适虽然并未明言管仲之仁,但实际上已经许其为仁。

综而论之,在事功学派那里,功利之"得"与道德之"得"之间具有同一性,而非分立之存在。此种"中国的功利主义伦理"①颠覆了主流儒家的观点,具有西方功利主义意义上的以结果作为道德评判标准的倾向。于是,功利之"得"成为目的性之存在,而道德的本性则在某种意义上被谋划为工具性的存在。此种谋划使主流儒家那里无法解决的"内圣"与"外王"之间的张力得以解决。如蒙培元所指,"叶适的重视功利,也不是不要道义,而是以利益分配的合理性判定道义,由于道义视功利之合理与否而定,因此没有冲突不冲突的问题"②。

樊先生所指"'得'必须'德'""'德'必然'得'"即指主流儒家的思路,这是前述"'德'就是'得'"的另一种表达向度。而"'德'为了'得'"、"'得'就是'德'"则见于事功学派的思路。他认为,"当怀着'得'的目的而修'德'、行'德'时,便是道德实用主义。"③在他的理解中,主流儒家与事功学派对道德本性的两种谋划同时并存于中国伦理文化中,"中国伦理具有双重价值:目的价值和工具价值。两方面互为依托……形成中国伦理精神的崇高性与平实性、理想性与现实性"④。

---

① 田浩.功利主义儒家:陈亮对朱熹的挑战[M].姜长苏,译.南京:江苏人民出版社,2012:2.
② 蒙培元.叶适的德性之学及其批判精神[J].哲学研究,2001(4).
③ 樊浩.伦理精神的价值生态[M].北京:中国社会科学出版社,2001:355.
④ 同③.

三、张力之下道德本性的大众文化体认

关于道德本性的谋划不仅是精英文化的核心议题,同时也是大众文化力求表达的主题。在以民间故事、神话、小说、戏曲等为主体内容的中国古代大众文化中,充盈着关于两种"得"之关系的思考。其中,道德之目的性存在与工具性存在是两条并行的线索,但其表达方式则显现出大众文化的个性气质。与精英文化不同的是,大众文化的着力点并不在于提供一个精致的理论体系,而在于解决两种"得"之间的张力。

樊先生提出了一个重要问题:"'德'—'得'相通",到底是一个现实或事实,还是一种追求与信仰?他认为,从理论上看,"'德'—'得'相通",是伦理的必须,是文化的根本价值原理。但是,在伦理的逻辑与历史起点上,"现存"的"事实"是"德"与"得"的不相通,乃至是二者之间的背离。由此,就产生了伦理生活中关于"德"与"得"的矛盾,现实中不相通,理想中执着地相信并追求相通。此种矛盾,体现了事实与价值之间的张力。①

樊先生所谓之"张力",在主流儒家那里尤其明显。如前所述,在孔子等诸儒看来,功利之"得"只是道德之"得"外推的一个可能结果,而非必然结果,二者之间很可能存在着紧张关系。正如杨泽波所指出的:"儒家并不关心康德意义上的圆善问题,保证有德之人必有福,不打这个包票,是因为他们看得很清楚,道德与幸福不是一码事,一个在内,一个在外,分属不同的领域,不能混在一起。"②于是,主流儒家提出了解决张力的方案:要求作为"君子"的社会精英通过内向性的修身来解决问题,这在"陈、蔡之厄"中体现得尤为明确。《论语·卫灵公》中记载:"在陈绝粮,从者病,莫能兴。子路愠见曰:'君子亦有穷乎?'子曰:'君子固穷,小人穷斯滥矣。'"这就在社会精英与普罗大众之间划出了一条道德分界。但是,此种修身的路径并不具有完全的说服力。且不论子路等精英分子的内心飘摇,即便是孔孟这样的圣人,亦无法在张力面前保持完全的平静。孔子虽然不以陋巷、箪食、瓢饮为不乐,却因无法实现政治抱负而发出悲叹;孟子虽然享有"后车数十乘,从者数百人,以传食于诸侯"的优渥待遇(《孟子·滕文公下》),但同样因无法实现"修其天爵,而人爵从之"的理想而有失意之叹。他们所耿耿于怀的政治理想指向于天下公利,而这正是功利之"得"的内涵。

在自身努力之外,主流儒家又寄希望于"天道"来解决此种张力,但是并没有展现一个精致的彼岸世界,这就大大减弱了"天道赏善而罚淫"的说服力。于是,当以

---

① 樊浩.伦理精神的价值生态[M].北京:中国社会科学出版社,2001:356-357.
② 杨泽波.从德福关系看儒家的人文特质[J].中国社会科学,2010(4):48.

德行著称的冉伯牛身染恶疾时,孔子发出了难以理解的悲叹:"斯人也而有斯疾也!"(《论语·雍也》)此种悲叹,几乎使人怀疑他的道德信仰是否会因此而有些许的动摇。

张力之存在,使主流儒家与普罗大众之间构成了交流障碍。但是,此种障碍在大众文化的努力下得以消弭。樊先生基于一种宏阔的思路,以中国古代神话故事中的"善恶报应"思想为范例说明了这个问题。① 如果将这个问题落到微观的思路上,以作为诸德之首的"孝"作为分析范例,亦可以发现大众文化的一种努力方向:证明道德之目的性之存在,并且使儒家那里没有充分展开的"天道"充分发挥了效用。大众文化对儒家"孝"德的传播中,最具影响力的表现形式当属作为儿童启蒙教材的"二十四孝"故事。现摘录两则如下:

> 郭巨,字文举,家贫,有子三风,母减食与之。巨谓妻曰:"贫乏不能供母,子又分母之食,盍弃此子? 子可再有,母不可复得。"妻不敢违。巨一日掘坑三尺余,忽见黄金一釜,金上有字云:"天赐孝子郭巨黄金,官不得夺,民不得取。"②

> 王祥,字休徵。早丧母,继母朱氏不慈,于父前数谮之,由是失爱于父。母欲食生鱼,时值冰冻,祥解衣卧冰求之,冰忽自裂,双鲤跃出,持归供母。③

第一则故事是"为母弃儿",讲的是郭巨牺牲儿子供养母亲;第二则故事是"卧冰求鲤",讲的是王祥牺牲自我满足母亲的要求。它们表达了"二十四孝"故事的共同主题:提倡子女牺牲自我以完成对父母的义务,此种牺牲包括自己的身体、人格、地位、利益等。这完全是儒家"孝"德思想的反映。并且,它们使儒家"天道赏善而罚淫"之理论设想得以形象地展开:在故事中,郭巨和王祥因为"孝"而得到上天的奖励,前者得到足以享用一世的黄金,后者不但如愿求得双鲤供奉母亲,成年后亦官至高位。此种以神秘的"天"为"孝"担保的思路成为一条贯穿于"二十四孝"故事中的主线,它同时点明,"孝"行之目的并不在于上天的奖励,而在于"孝"德的完成。这与主流儒家对道德之"得"与功利之"得"关系的理解是一致性的。如果说在儒家那里,"孝"作为"天之经,地之义"(《孝经·三才》)的信仰意蕴只是一种观念想象,那么在大众文化中,此种观念想象则在神佑之下转而成为以世俗生活为中心的现实想象,"孝"之目的性存在由此得以进一步确证。

重要的是,"二十四孝"故事并没有仅仅停留在现实想象中,它在某种程度上已

---

① 樊浩.中国伦理精神的历史建构[M].南京:江苏人民出版社,1992:67-68.
② 喻岳衡.孝经·二十四孝故事[M].喻涵,湘子,译注.长沙:岳麓书社,2006:42.
③ 同②60.

经成为现实生活的范导。在相关史书记载中,我们看到这样的故事:

> 田改住,汶上人。父病不能愈,祷于天,去衣卧冰上一月。同县王住儿,母病,卧冰上半月。(《元史·孝友列传》)

> 刘宗洙……父汉臣,明季从军。襄城破,被数创,几殆。恩广两耳断,号泣负以归。宗洙方走避寇,闻父难,往赴,贼截其耳鼻。居数年,父病,尝粪,时称襄城"尝粪孝子"。《清史稿·孝义列传》

第一则是"卧冰求鲤"的现实翻版,第二则是明显仿效"二十四孝"中"尝粪忧心"的故事。在《元史》《明史》《明清史稿》中,记述了诸多勇于牺牲自我的孝子,他们的事迹基本上都可以在"二十四孝"中寻到原型。在文学作品中,也可以发现此类故事:

> 有周顺亭者,事母至孝。母股生巨疽,痛不可忍,昼夜嚬呻。周抚肌进药,至忘寝食。数月不痊,周忧煎无以为计。梦父告曰:"母疾赖汝孝。然此疮非人膏涂之不能愈,徒劳焦恻也。"醒而异之。乃起,以利刃割胁肉,肉脱落,觉不甚苦。急以布缠腰际,血亦不注。于是烹肉持膏,敷母患处,痛截然顿止。①

在清代,割肉疗亲之类的故事屡见不鲜。在蒲松龄的笔下,此类故事被注入了神秘的力量并获得了正当性,"天道"从文学的角度得以阐扬。不能否认,此类故事对普罗大众确实具有一定的说服力。因之,在"孝"德的宣扬中,主流儒家与大众文化在某种程度上实现了对接。

但是,我们还可以从中寻找到此种对接中的裂缝,这些民间故事所大力宣扬的"孝",是否完全以道德为一种目的性之存在?或者说,孝子们在做出惊人的孝行时,是否完全没有功利之"得"的考虑?

在此种思考的推动下,我们看到了大众文化关于"孝"第二种阐释方向:承认道德之"得"与功利之"得"的同一性,并以功利之"得"为一种目的性存在。此种价值倾向不但与事功学派之间发生了关联,而且掺杂着佛家与道教的思想。以下几则资料或可说明问题:

> 邵敬祖,宛丘人。父丧庐墓。母继殁,河决,不克葬,殡于城西。敬祖露宿依其侧,风雨不去。友人哀之,为缚草舍庇之,前后居庐六年,两髀俱成湿疾。至治三年,旌其家。《元史·孝友列传》

> 永乐间,江阴卫卒徐佛保等复以割股被旌。而掖县张信、金吾右卫总

---

① 蒲松龄.聊斋志异[M].北京:中华书局,2013:195-196.

旗张法保援李德成故事,俱擢尚宝丞。迨英、景以还,即割股者亦格于例,不以闻,而所旌,大率皆庐墓者矣。《明史·孝义列传》

> 吕敦孚……母病将殂,思肉食,敦孚方七岁,贷诸屠,屠不可,泣而归。闻母呻吟,益痛,内念股肉可啗母,取厨刀砺使利,割右股四寸许,授其女弟,方五岁,令就炉火炙以进。……乡人皆嗟异称孝童。长为诸生,学政温忠翰疏闻,寻除华容训导。《清史稿·孝义列传》

上述感人的孝行均受到了政府的大力表彰,孝子的自残行为得到了回报,或是因此得名,或是因此得位,"并旌其门""至大间表其门""上状旌之"等表彰性的词语在此类记述中频频出现。在一些文学作品中,此种倾向同样存在。《太平广记》中记述了这样一则故事:

> 渭南县丞卢佩,性笃孝。其母先病腰脚,至是病甚。……佩即弃官……将欲竭产而求国医王彦伯治之。……忽见一白衣妇人,姿容绝丽……妇人曰:"妾有薄技,不减王彦伯所能,请一见太夫人,必取平差。"佩惊喜,拜于马首曰:"诚得如此,请以身为仆隶相酬。"……遂引妇人至母前。妇人才举手候之,其母已能自动矣。妇人曰:"但不弃细微,许奉九郎巾栉,常得在太夫人左右则可,安敢论功乎。"……即具六礼,纳为妻。①

在这则故事中,"性笃孝"的卢佩得到了上天的奖励:一位美丽而能干的女子治愈了卢母的顽疾,不但自愿嫁与卢佩为妻,而且许之以福寿双全的生活图景。从表面上,这个融合了道教思想的故事与"二十四孝"的价值倾向似乎并没有太大的差别。差别显示在随后的情节中,卢佩对女子作为人的身份发生了怀疑,于是女子自动离开了他。饶有意味的是,在故事的结尾,卢佩的态度直转急下:

> 佩因出南街中,忽逢妇人行李。佩呼曰:"夫人何久不归?"妇人不顾……明日,使女僮传语佩曰:"妾诚非匹敌,但以君有孝行相感,故为君治太夫人疾。得平和,君自请相约为夫妇。今既见疑,便当决矣。"……佩曰:"虽欲相弃,何其速与?"

这段话表明,当卢佩得知夫人是能够给自己带来福寿的地祇时,不禁为自己的鲁莽之举而后悔莫及。这段情节道出了人的逐利本性,即便是孝子也不能免幸。和前述三个故事一样,它很容易将大众认知引向这样的方向:通过"孝"而实现功利之"得"。

---

① 李昉,等.太平广记[M].北京:中华书局,2014:2425-2426.

于是,一方面,我们对孝子的动机是否"一于天理"发生了怀疑;另一方面,也对此类故事的意图产生了猜疑:这是将"孝"引向道德信仰呢,还是以功利之"得"为"孝"作证呢?应该承认的是,后一种意图在其中具有当然的主导性。孔子认为,"君子喻于义,小人喻于利"①(《论语·里仁》),这就是说,能够以道德之"得"为目的性存在的只能是少数精英分子,对于普罗大众而言,功利之"得"才是一个实在的目的指向。作为大众文化的一个组成部分,上述故事使两种"得"的同一性获得了神力的保障,由此顺利解决了主流儒家无法应对的张力,这与普罗大众的价值倾向是非常吻合的。也正是在这个意义上,精英文化与大众文化之间的间隙得以弥合,二者实现了无障碍的交流。在此种大众文化的体认路向中,道德的本性被理解为获得物质幸福的必然手段,或者说是一种工具性存在。不得不承认的是,相对于主流儒家的观点,此种关于道德本性之谋划的影响对普罗大众而言更具影响力与说服力。

综而论之,在中国传统文化中,对道德本性的体认实际并存着两种不同的思路:在主流儒家那里,以道德为目的性之存在;在事功学派那里,以道德为工具性之存在。这两种观点在精英文化与大众文化中交织并存,并拥有不同的认知人群。基于对儒家文化整体性的理解,樊先生发出这样的感慨:"'德'既是手段,又是目的。作为手段,它是为了实现'得';作为目的,它与'得'具有殊途同归,融为一体。两方面就这样既统一又矛盾地相互融摄着,构成中国伦理精神的特殊旨趣。"②

四、并非定论的结论

樊先生所谓"特殊旨趣"实际上具有一种延伸意涵:德性主义与功利主义这两种不同伦理形态的共生并存,构成了儒家伦理形态的复杂图景。以道德作为纯粹之目的,类似于麦金太尔意义上的德性主义;以道德作为实现外在利益的工具,则类似于西方功利主义。在伦理道德问题日益复杂的当代社会,我们能够在何种意义上对儒家伦理寄予期望呢?

西方学者们发出了"期望中国"的呼声,希望通过对道德之目的性存在的证说,以古典式的内在道德信仰解决对外在利益的过度追逐问题。显然,此种期望是朝向主流儒家的。在此种思路的推波助澜下,回归儒家德性主义成为当下中国的一

---

① 对于这段话的理解存在诸多争议,本文采用了刘宝楠的观点。他认为:"如郑氏说,则论语此章,盖为卿大夫之专利而发,君子、小人以位言。……'无恒产而有恒心进,惟士惟能','君子喻于义也。'若民则无恒产,因无恒心','小人喻于利也。惟小人喻于利,则治小人者必因民之所利而利之,故易以君子乎于小人为利。君子能乎于小人,而后小人乃化于君子,此教必本于富,驱而之善,必仰足以事父母,俯足以畜妻子。儒者知义利之辨,而舍利不言,可以守己,而不可以治天下之小人,小人利而后议义,君子以利为天下义。"(参见:刘宝楠.论语正义[M].北京:中华书局,1990:154-155.)

② 樊浩.伦理精神的价值生态[M].北京:中国社会科学出版社,2001:349.

种理论趋向。但是,深陷其中的中国学者们似乎过滤掉了一个事实:这是一种西方"后现代"的思维模式,尚处于"现代化"背景下的中国是否应当将之照单全收?无可否认的是,在转型时期的中国,功利之"得"才是普罗大众首要的目的诉求,道德之"得"只有与之发生必然的联系,才能具有合理性与说服力。如果将伦理形态的发展方向仅仅定位于以道德之"得"为唯一目的之德性主义,那么很可能造就普遍的道德伪善与社会的无序。如樊先生所指,一个"德""得"不相通的社会,绝对不是一个公正的社会。只有当"德"与"得"相贯通,"德者得也",以"德"获"得"时,社会才具有基本的合理性与公正性。[①]

樊先生的"'德'—'得'相通"论实际上强调了两种"得"之间的同一性,明确地将功利之"得"作为道德之"得"的必然结果。但是,他并没有完全依循功利主义儒家的思路,而是试图将儒家的两种伦理形态融为一个整体。在他的系列著述中反复强调了如下观点:伦理(道德)兼具工具价值与目的价值,不能偏废其中任何一方。他认为,把"德"与"得"相联,会失却"得"的神圣光环,乃至玷污"德"的神圣性。然而顺此逻辑,道德会偏离自己原初的轨道,也会失去干预社会生活的文化功能。[②] 同时,"德"与"得"之相通,也意味着个体至善与社会至善的统一,而这正是伦理文化的本性所在。[③] 按照此种思路,在当下中国,解读儒家的努力方向并非单纯地回到主流儒家,而是应当同时汲取功利主义儒家的观点,在此基础上建构一种兼及道德之双重价值的伦理形态。唯其如此,才可能实现个体至善与社会至善的统一。

应当说,樊先生仅仅是提出了一个理论设想的框架。这种设想是否可行,这个宏大的框架内应当填补哪些内容,都是值得学人们进一步深入思考的问题。

[①] 樊浩.伦理精神的价值生态[M].北京:中国社会科学出版社,2001:359;樊浩.中国伦理精神的现代建构[M].南京:江苏人民出版社,1997:648-649.

[②] 同①338.

[③] 樊浩.中国伦理精神的现代建构[M].南京:江苏人民出版社,1997:644;同①359.

"中国伦理精神"的建构与发越
——樊浩先生伦理学研究之一种读解

谈际尊

东南大学人文学院

摘 要 樊浩先生近三十年的学术生涯,从其所确立的旨趣、铸造的品格到创设的论题皆别具一格,蔚为伦理学领域之一大景观,其中又以"伦理精神"的申述与阐发最为别具匠心。伦理精神不是对伦理精神化或精神伦理化的简单解释,而是以此达成对人类精神终极追求的探寻,即探究伦理精神作为"单一物与普遍物的统一"之至善究竟对人类文明发展意味着什么;切近而言,即是中国伦理精神对中国现代社会形态具有何种意义。对此,樊浩先生不惜运用一种近乎偏执的"文化战略"之深沉笔触、势大力沉的理论思辨和"顶天立地"的担当意识来展开其思考,为此所展开的对于全球化背景下"文明冲突"的伦理省思、韦伯创制"理想类型"之伦理范型的方法论超越、黑格尔精神哲学形态方法的批判性借用、生态哲学借以建基的"价值生态"的方法论发越等等,都被创造性地融入"伦理精神"主题的卓越运思当中。显然,樊浩先生的伦理思考不是对伦理世界的单纯观照与直观映射,而是通过伦理世界进入到对整个精神世界的哲学反思。他新近指出的人类文明必将以"伦理共和"的方式完成自身多样性体系建构这一观念,再度反映出这一致思取向。

关键词 伦理精神;中国伦理精神;"中国问题";价值生态;"伦理共和"

在一个道德传统资源极其丰裕的文化环境中研究伦理学似乎是一件吃力不讨好的事情,无论是"照着说"还是"接着说"都被认为是围着古人圣言打转转甚至被斥为"炒冷饭",而一旦脱开"子曰诗云"去"自己说",则又有"有违圣人之言"之嫌而落得离经叛道的污名。但唯其如此,以"知其不可而为之"的决绝态度勉力为之,以"虽不能至但心向往之"的超越精神奋力前行,以"为万世继绝学"的大丈夫气概担起文责,则似乎又是古往今来所有"以学术为业"者之职责使命所系。如此,我们不妨说,光荣和辉煌归之于古人,而责任和梦想属于今人。在今天专治伦理学的众多学人当中,樊浩先生以中国伦理道统的接续和开新为己任,致力于道德哲学与伦理体系的方法论研究,为当代中国伦理道德状况出诊把脉,开启了伦理道德诸形态之间的对话互动,其学术旨趣之深远,学问品格之纯正,论题创设之新颖,前继往者,后启来者,无疑是当代中国伦理学事业的重镇。观乎樊浩先生的学术研究,实有"顶天立地"之担当①,在其十几部著述洋洋洒洒几百万言的字里行间,映照出一个纯正的伦理学人的学术追求。由于樊浩先生著述颇丰,无法一一详述,这里仅就其著述中一以贯之的"中国伦理精神"这一关键性议题谈些学习体会。

一、"中国伦理精神"的逻辑建构与实践方式

知识分子的心路历程往往反映出时代精神的变迁。樊浩先生正式的学术生涯始自其呕心沥血完成的"中国伦理精神三部曲"(即《中国伦理的精神》《中国伦理精神的历史建构》《中国伦理精神的现代建构》),这三部著作分别探讨中国伦理精神的逻辑结构、历史结构以及传统伦理的现代转换问题。何以要将"中国伦理精神"作为中心概念并投注以百万言申述之?樊浩先生尝解之曰:"世纪之交的中国,面临的是一个大变革的时代,对于肩负着跨世纪使命的年轻学者来说,特别是对从事伦理学这样的现实性很强的研究的学者来说,引经据典、说古论今的学问表现固然重要,但更重要的是为我们这个民族迎接新世纪的挑战贡献新思想与新观点,虽然这些观点不一定具有真理性或者不具备完全的真理性,但能为社会提供某种战略研讨总比钻进书斋做'纯学问'要强。"②显然,这种偏重"战略研讨"而非"纯学问"的著述方式同20世纪80年代"新启蒙"文化环境有关联,亦是对"五四"新文化运动之遥相呼应。这多半是其时促成新一代青年学人之问题意识的背景性因素。

在一百多年前的1915年,当德国人马克斯·韦伯完成其"东方学"论著《中国的宗教:儒教与道教》之后,他完全想象不到该著所提出的问题像幽灵一样笼罩在"中国上空",长久地影响到几代知识分子对"中国问题"的求索。"中国问题"当然不是"西方问题",但性质不同的问题却可以共享相同的问题意识,这正是韦伯"以学术为业"所透露出来的中心意识,即秉持"理智的正直诚实"来探求不同文明的独特发展方向,以展现人类精神所内蕴的普遍性价值。恰乎是里外应和,在韦伯提出中国传统文化无法适应现代社会之时,"五四运动"先驱者提出了科学民主的口号。但与之同时,亦有清醒的知识分子有耻于简单粗暴地"打倒孔家店",更无意于投身到自断文化根基和精神命脉的各色运动中去,而是自觉地肩负起继

---

① 樊浩,夏冰."顶天立地"的学术追求——樊浩教授访谈[J].学术月刊,2013(1).
② 樊浩.中国伦理精神的现代建构[M].南京:江苏人民出版社,1997:757-758.

续文化道统的责任，自梁漱溟以降之新儒学无不以此为担当。梁氏之所思所想无不以"中国问题"为怀①，这种嵌入到学术生命中的情怀熏染了后来者，激发当代中国知识分子在"以学术为业"的过程中不断求索"中国问题"。妥切把握韦伯所提供的域外思想背景与梁氏开启的内部思想背景，乃是我们评判当代中国思想界之学术贡献的基本参照系，这对于人文学者而言尤其如此。以此观之，樊浩先生自中西文化比较研究立身，转而专治伦理道德之学，其"顶天立地"的学术品格无疑是对"韦伯命题"和梁氏"中国问题"的呼应。

按照"五四运动"这一代士人精英"全盘性反传统主义"的路数②，传统儒家文化被当作历史包袱抛进了垃圾堆，加之域外如韦伯等人对中国传统文化之现代性前景的否定性评估，使得整个中国传统文化变得面目全非。这对于一个曾经名扬四海的"礼仪之邦"来说情何以堪？所幸有诸如留存大陆的新儒家的几声呐喊，亦有海外新儒家的援助，但毕竟时过境迁，如何再度激发传统文化之精神活力，重新确立起当代中国人安身立命之根本，就成为膺服于道统之传承者的使命所在。在一种斗争哲学刚刚开始退出历史舞台而人心惊悸未定之时，传统伦理精神中的文化基因恰好具有安定魂魄之功效。再者，当人们一旦从人与人关系的斗争走将出来，急速投靠于物质力量的时候，传递传统伦理中的"人文力"亦不失为是一种缓解焦虑之途。③ 或许正是这样的情势，樊浩先生执着于用一种简约笔法与清晰逻辑相结合的方式将"中国伦理精神"凝结出来，委实就不单单是"应时之作"了，而是从哲学层面对时代精神的"战略研讨"，这正应了马克思"哲学是时代精神的精华"之判语。

"中国伦理精神"的真谛何在？如何把握"中国伦理精神"？"中国伦理精神"如何现实地展开？对于这些基本问题，樊浩先生的诠释路径别具一格，既不像一般思想史著述那样陷入对浩如烟海典籍资料的收集整理，亦不是完全脱离经史子集的自由言说或自说自话，而是通过中国伦理的自我逻辑生长让其自然"显现"出来。因此，樊浩先生借助现代解释学的"理解"概念，将之视为"真理性方法"，在"倾听""贯通""托载"中完成对传统伦理精神的把握。④ 依照这一方法，从历史、现实与逻辑三个维度切入，将"伦理""道德"这一对相关概念拆解开来，即将"伦—理—道—

---

① 梁漱溟作为一个问题中人，希望以一种"抓住问题不放手的研索力"来思考"中国问题"，他在《乡村建设理论》开篇的"自序"中就直言其任务就是认清"中国问题"并以此解决中国的"前途"，参见：梁漱溟·乡村建设理论[M].上海：上海人民出版社，2006：3.据此，有人将梁漱溟的学术生命概括为"前半生奔波于中国问题，后半生则为中国人的人心问题操心"。参见：李向平."人心依旧"的中国问题[J].南风窗，2009（20）.

② 林毓生.中国意识的危机[M].贵阳：贵州人民出版社，1986：47.

③ 樊浩.伦理精神的价值生态[M].北京：中国社会科学出版社，2001：213-215.

④ 樊浩.中国伦理精神的现代建构[M].南京：江苏人民出版社，1997：22.

德"所蕴含的古典内涵离析出来,揭示伦理与经济、社会与文化的内在关联并确立伦理的价值合理性,即是"中国伦理精神"的"自我显现"。伦理发展是一个过程性与阶段性的统一。伦理精神不可能有终极的一劳永逸的建构,而是一个不断调适的过程,即使在同一个社会形态中也表现为一个不断更新的历史文化过程。同时,伦理精神建构亦并非伦理理论或伦理体系的自我完成,无法通过内部的逻辑架构达到自我构建或自我证成,而必须参照特定的社会实在来确立起最终的理论间架。

  樊浩先生对"中国伦理精神"的"理解"之路也许会给其招来过于简约的指控,但若将"中国伦理精神三部曲"看作一个有机整体,并洞悉其内在逻辑中一以贯之的问题意识,此种误解或曲解就会消弭。前文已经指出支撑"中国伦理精神"的背景性资源和文化环境,其力作《中国伦理精神的现代建构》绪论的标题"现代中国伦理精神的辩证转换和现实建构"即能昭示这一明晰的问题意识。根据黑格尔的精神现象学,"精神"作为世界之本体乃是一个类似于自然生态的自组织系统,精神的自我运动、自我展开与自我显现就构成无限多样的现实世界。"伦理精神"亦是如此,其本身就是一个自足的生态组织,只有"在伦理与其他社会现象、意识现象的有机联系中把握伦理","伦理精神"方能得以显现出来;也只有在这样的生态中伦理才能找到它的转换点和建构基础。① 因此,"伦理精神"就是"伦理的真实"或"伦理的具体"而非抽象的伦理。在当下的中国现实中,伦理与经济、伦理与社会、伦理与文化这三大关系是构成伦理生态的基石,确立起"伦理—经济、伦理—社会、伦理—文化三大伦理生态"就是当代中国伦理的基本课题与基本矛盾。② 正因为如此,处理好市场经济与公有制、个人主义与集体主义价值观、个体本位与家族本位、个体至善与社会至善、多元与一元等矛盾,就构成现代中国伦理建构必须面对的基本课题。③ 但是,找到了问题症结所在并不代表问题的解决,解决这些基本课题最直接的办法是可以借鉴他者的做法,至少"儒家家族伦理与日本固有文化的耦合运作"凝结了日本文化,日本文化就是"儒学与本土文化结合而形成的有机生态"。④ 以"士魂商才"和"《论语》+算盘"为主要标识的现代文化成功地帮助日本实现了现代转型,其"集团主义的竞争力""家族主义的和谐力""优秀的劳动道德观念"可谓是儒家文化现代转换的成功典范。⑤ 他山之石,可以攻玉。根据日本的经验,现代中国伦理精神生态就需要实现多方面的突破,尤其需要在建立伦理制度、确立伦理的

---

① 樊浩.中国伦理精神的现代建构[M].南京:江苏人民出版社,1997:4.
② 同①726.
③ 同①732.
④ 樊浩.儒学与日本模式[M].台北:五南图书出版公司,1994:27.
⑤ 同④236-238.

社会与文化的机制和树立伦理建设的新的哲学观念等三个方面实现超越①,以尽快杜绝社会失序、行为示范的现象,倡导力行体道,在全社会范围内形成良好的行为习惯和社会风尚。

至此,樊浩先生的"三部曲"完成了中国伦理精神之逻辑、历史与现代建构的任务。但是,这一任务的完成并不是"伦理精神"系列研究的完结而毋宁说是下一步工作的开始。换言之,"三部曲"的研究完成了中国文化语境为之设定的议题,"伦理精神"如何在一个开放多元的文明体系中获得其存在现实性和价值合理性,依然是一个值得深究的课题。为此,樊浩先生的伦理学研究转向下一站,谋求在一个更为宽广的论域谈论"伦理精神"的学理基础。

二、"中国伦理精神"的生态复归

在生态主义或环境哲学的话语中,"生态"已经从一个纯粹的自然科学概念转化为具有深度内涵的人文理念,其中也包括其方法论方面的意义。在国内学界,樊浩先生是较早从哲学层面开发和阐述生态思维和生态价值观这一类概念的学者,将之引入到伦理学有关主题的研究则使得其学术成色别有风味。

汪晖在反思当代中国思想状况时曾经指出,许多知识分子有意无意将自己置于现代化意识形态设定的固有框架里或仅仅在道德层面中讨论问题,忽视了资本活动过程尤其是市场、社会和国家的相互渗透又相互冲突复杂关系的研究,缺乏"对于中国的现代性问题的反思",因而往往抓不住"隐藏在当代知识分子的道德姿态背后的更为深刻的问题"。② 汪晖确乎道出了一个知识界值得注意的普遍现象,但这种现象可能更多的是存在于喧嚣的"思想市场"中,那些"思想市场"的缄默者营造的却是另外一番风景:他们关注各种时尚思潮并与之保持距离,在"缄默"中抗辩种种花样翻新的说辞,以此去求解那些"更为深刻的问题"。有意思的是,作为一位专治伦理学的学者,樊浩先生又如何能够避开"卫道士"角色和意识形态阴影而从坚实的学理中求得"真问题"的解答?

在各种为市场经济寻找道德合法性的言论中,樊浩先生首先批判了"经济伦理"概念的狡猾性乃至虚妄性,为此提出了一个十分明确的看法:处理经济与伦理的关系是中国现代化的基本课题,而对这一基本关系的认识和解决则在相当意义上决定着中国现代化的走向和道路。③ 正因为如此,他在前后几部著作中对这一问题倾注了不少的心力,从历史、理论与实践等多个层面有力地回应了有关"经济

---

① 樊浩.中国伦理精神的现代建构[M].南京:江苏人民出版社,1997:742.
② 汪晖.当代中国的思想状况与现代性问题[J].天涯,1997 (5).
③ 樊浩.道德形而上学体系的精神哲学基础[M].北京:中国社会科学出版社,2006:250.

伦理"的各种理论范式和研究方法。在他看来,"经济伦理"实质上是一个实践问题的理论表述,其目的是伦理为经济"立法"并为之提供价值依据和道德动力。但是,"经济伦理"无论在道德哲学层面还是在实践精神层面至少面临三个难题:首先是价值悖论,即伦理作为目的就会窒息经济,而作为工具则又会丧失文化意义;其次体现为规范悖论,即"经济伦理"规范无论是由伦理主题还是经济主体来裁定都难以获得真正意义上的伦理合法性;其三是实践悖论,即"经济伦理"无法走出制度化"围城",制度化则丧失伦理本性,不制度化又将丧失现实效力。如此一来,"经济伦理"就不啻是一个"虚拟命题",将陷入动力危机、合法化危机和合理性危机的深渊之中。① 如何从根本上走出这一危机?樊浩先生切近新的生态文明并从中创设出"生态思维"的概念,呼吁建立起与生态文明相匹配的道德形而上学体系来予以决断。这意味着道德哲学范式的转换,目的是将单个元素为本体或本位的关系向前推进,由对元素和关系的关注进入到由其所形成的文明机体或文明整体的关注,由此形成关于伦理—经济关系的新的哲学理念或理论范式。②

　　针对目前中国所处的现实环境,樊浩先生认为,经济与伦理是两个与人类相始终的文化设计与文化因子③,并以此推动伦理—经济的生态复归。企业不单单是一个经济实体,而且首先是一个伦理实体,这亦是樊浩自《中国人文管理》以来一直坚持的基本思想。这意味着人的关系与人的经济活动在逻辑和历史起点上实际上是一个一而二、二而一的问题:只要人类的谋利获得建立在社会共同体基础上,就必然会形成与之相应的伦理关系;反过来,只要那种建立在人与人以及人与自然之"公义"基础上的谋利活动,方能够获得可持续性的保证。在中国传统文化中,"经济"的原始含义乃是"经世",经济活动先在地被赋予了"经时济世"或"经邦济国",而英国经济学家马歇尔所理解的经济学既是"一门研究财富的学问,同时也是一门研究人的学问"④,这意味着伦理学先天具有人文本性,而经济也就先在地具有伦理的意涵。如此看来,经济与伦理就能够构成一个自足的人文生态:"人类追求物质资料满足的本能冲动由于伦理的参与就由'谋生'上升'经济',伦理参与的本质,就是赋予人的'谋生'以'人理'内涵与意义,从而使自然秩序变为人为的秩序。"⑤这样一来,单向度地探讨伦理与经济的关系就偏离二者作为文化体的根本,而只有同时兼顾伦理的经济意义和经济的伦理意义才能推动伦理—经济的生态复

---

① 樊浩.道德形而上学体系的精神哲学基础[M].北京:中国社会科学出版社,2006:146-165.
② 同①230.
③ 樊浩.中国伦理精神的现代建构[M].南京:江苏人民出版社,1997:475. 樊浩.伦理精神的价值生态[M].北京:中国社会科学出版社,2001:236.
④ 阿弗里德·马歇尔.经济学原理[M].朱志泰,译.北京:商务印书馆,1997:23.
⑤ 樊浩.中国伦理精神的现代建构[M].南京:江苏人民出版社,1997:477.

归,最终实现科斯洛夫斯基所说的"最强的动力"与"最好的动力"的有机统一。①

在审视人类的谋利活动中,樊浩使用"经济冲动"来取代"资本"概念,以便更为形象地探究后者蕴含着的同人性反冲着的本质内涵。所谓的"经济冲动"就不是单纯的经济学概念,亦非政治经济学观念或经济伦理学理念,而是上升为一个"道德形而上学的法哲学命题"②。在经济学的范畴中把握"经济冲动"这一概念只会导致将之等同于"利益驱动",从而将经济活动引向"恶的发展",这是现代经济学无法走出自身的理论困境并致使整个社会陷入发展主义泥淖的基本原因。樊浩将之视为现代经济学的悲剧乃至现代文明的悲剧。如何走出"悲剧"?这需要人们具有更为广阔的视野来审视人类的经济行为。法哲学意义上的"经济冲动"命题不仅含涉了市场、社会与国家复杂关系的宏观研究,而且还能够为从中观和微观维度分析集体行动、共同体结构和个体意志有机关系提供基本参照。以此,法哲学意义上的"经济冲动"观念就被表述为:以自由意志为基本规定,既"通过创造财富获得自由",亦"摆脱内在情欲的束缚而获得自由"。③ 在这种以"自由"为旨归的法哲学视野中,"经济冲动"之肯定性结构与否定性结构的辩证互动共同造就了它的现实性和合理性。这样,作为传统经济学之中心概念的"利润"便被延展为"财富"观念,进而被上升为"创造财富的自由活动"之命题,这意味着现代经济学通过创设"经济人"观念来界定人性的做法被抛弃,"人"重新获得解放,"人"的问题亦最终被"哲学地"解决。不难看出,这一致思方向不仅是康德"实践理性批判"与黑格尔"法哲学原理"意义上的,同时也兼顾了马克思"黑格尔法哲学批判"所坚持的解释方向,这表明"经济冲动"不是一个单纯的"经济学问题",即不是一个纯粹的物与物的关系问题,而是一个需要放在人与物和人与人这一"法的关系"网络中进行深入透析的基本问题。显然,在樊浩的这一话语构成中,"经济冲动"不但冲破了传统经济学的牢笼,使之回到了斯密、马歇尔与阿玛蒂亚·森这一本真经济学谱系对整全的人的关照上来,而且纠正了经济伦理学或伦理经济学构筑的自说自话倾向,这无疑为伦理学的尊严及其自身的职责赢得了地位。

三、"伦理精神":"中国问题"的道德解码与哲学范式

自晚清士人精英提出"三千年未有之变局"这一判语以来,所谓的"中国问题"就成为知识分子群体或自外而内或自内而外求寻答案的心结,新近更是有诸如"中

---

① 科斯洛夫斯基认为:"人的最强的和最好的动力相互处在一定的关系之中,因为最强的动力不总是最好的动力,而最好的往往动力不强。"参见:彼得·科斯洛夫斯基.伦理经济学原理[M].孙瑜,译.北京:中国社会科学出版社,1997:14.
② 樊浩.道德形而上学体系的精神哲学基础[M].北京:中国社会科学出版社,2006:368.
③ 同②369.

国模式""中国经验""中国价值"等流行说法。樊浩先生内在着一种独特的学术气质,始终对流行观念抱着存疑的态度:他所谓"中国问题"当然不可能脱离特定历史语境,但其从道德哲学或伦理学话语中谈论这一问题又并非是刻意要做出"另辟高论"的样子,而是要在历史文化与现实冲撞中求得均衡的深入思考的结果。这意味着伦理道德既要"入乎"意识形态来体现其现实功用,又要"出乎"意识形态来保住其本有的价值理性作用。如何以伦理道德的方式切入"中国问题"?樊浩先生用"顶天立地"这一形象术语来表达其对当代中国道德哲学研究的期待:所谓"顶天"是指用道德形而上学来把握"中国理论形态",而"立地"则是透过深入的实证调查研究去发掘"中国问题"包裹着的伦理道德状况。① 为此,樊浩先生率领其伦理学团体对当前中国的伦理道德状况进行了大范围的调查,并对所收集数据进行了卓有成效的分析,最终形成既有实证支撑又有理论内涵的《中国伦理道德报告》,为"中国问题"的伦理学研究创设了一个崭新的平台。

　　建立在思辨理性基础上的哲学反思令人目眩心颤,依托科学理性所揭示的事实同样会撩人心弦,有关中国伦理道德状况的调查结果就对人们的日常感受和现实经验造成了不小的冲击。人们普遍对现实伦理的现状感到不满意,这是日常生活的一般性"经验呈现",但专业性人士可以对这种"不满意"做出具体而深入的分析。针对"你对当前我国的道德风尚和伦理状况总体上的满意度"这一问题的调查结果,在75.0%的人回答对道德状况满意或基本满意与73.1%的人回答对人际关系不满意之间会引发什么样的"伦理问题"?樊浩先生用"无伦理"与"没精神"来概括其中蕴含的伦理意涵,前者指的是人们对自身所享受到的道德自由普遍感到满意,但对作为道德自由的伦理后果即人际关系却表达了一种相反的感受,后者是指由此形成的"伦理—道德悖论"所导致的普遍存在没有精神的"单向度的人"这一残酷事实。

　　在剖析上述问题所体现出来的"伦理—道德悖论"之中,黑格尔关于伦理是"本性上普遍的东西",与道德更多是指称"个体道德"之间的严格而精微的学理区分为之提供了哲学分析的前提,以之来透视当前伦理道德现状可以获得意想不到的结论。人们之所以对"道德建设"之现实感到不满意,一个重要理由就是个体道德的普遍性缺失,但更深刻的根源却在伦理关系的失范,即原因不在"道德"而是在"伦理"。同时,如果缺乏对社会现实中以权力和财富为中心表现出来的伦理"现象形态"加以理论的分析,并找到现代社会同一性瓦解的伦理根源和精神基础,"伦理—道德悖论"就无法得到解决。实际上,"伦理—道德悖论"是当今伦理危机的基本表征,它在中国走向现代社会的征途中积累而成。经济生活方式的急遽变化对伦理

---

① 樊浩,等.中国伦理道德报告[M].北京:中国社会科学出版社,2012:1.

的冲击巨大,伦理在经济生活中逐渐退隐以致常常缺位,同时由于市场经济鼓励人们走向传统家庭生活,加之独立子女政策的强力实施以及程式化的不断推进,社会结构的变迁大大削弱了家庭作为自然伦理实体和伦理存在的意义,乡村作为伦理策源地的功能被摧毁,个体精神无所依归,社会共同体之伦理基础无以确立。这样,个体在物质生活水平提高的同时其精神逐渐退化,幸福感下降,而伦理在聚合社会共同体方面的能力亦行将消逝。正因为如此,樊浩先生把"伦理保卫战"看成是解决"中国问题"必须攻克的重大现实课题,至少这是走出当下严重的信任危机和实现社会伦理聚合力的突破口。①

"伦理保卫战"实质上是对探索现代中国道德哲学理论形态的一种诗性表达,既是对来自现实压迫的呼应,同时更是伦理学人"以学术为业"的感悟。概言之,"伦理保卫战"是要"保卫"精神,特别是促进"伦理精神"的孕育生长。这包含两个关联的方面:一方面,伦理是现代文明的文化共识和意义所在,现代人需要的是伦理启蒙而不仅是道德自由。在全盘性反传统的氛围中,探寻中国现代性道路的激进主义者陈独秀俨然是一个清醒者,他并不坚持倒洗澡水非要连同小孩一起倒掉,而是主张唤起国人的"伦理的觉悟",并将之视为是"最后觉悟之最后觉悟"②,以此为现代社会改造之先导,这与其时普遍高举科学理性与自由民主权利之大旗的同代人明显不同,事实上意味着现代中国首先需要的文化启蒙是伦理启蒙而非道德启蒙。罗素建立在对两次世界大战基础上的反思亦有此种人文关怀,认为人类要走出自相残杀的困境就必须学会"伦理思考"③,这兴许是对以康德为代表的仅仅张扬道德自由而遮蔽了伦理精神的一种反思与纠偏。陈独秀与罗素不约而同地呼唤伦理精神,已然为现代文明的出路指出了一个明确的方向。另一方面,必须实现伦理与道德的同一,建构伦—理—道—德的辩证价值生态。对康德式道德自由的伸张是人们普遍获得满意感的背景性资源,亦可以说是"五四"之道德启蒙所取得的局部性成果。但正如上面指出的那样,个体在享受道德自由的同时并未获得足够的幸福感和归属感,社会共同体的伦理基础依然未能确立起来。在中国文化生态中,"伦理"是一种精神本体,在儒家之道统中表现为"为仁由己",但孔子之"仁"又是一个可以无限趋近却永远无法完成的精神追求,就像西方文化世界中"上帝"一样,人们时刻感受到"上帝与我们同在",但"上帝"又始终处于彼岸并永远充当世界意义和人生价值的向导。

显然,"伦理保卫战"既是伦理之精神的捍卫,更是对创制人类文明多样性的呼

---

① 樊浩,等.中国伦理道德报告[M].北京:中国社会科学出版社,2010:4.
② 任建树,张统模,吴信忠.陈独秀文集:第1卷[M].上海:上海人民出版社,1993:179.
③ 罗素.伦理学和政治学中的人类社会[M].肖巍,译.北京:中国社会科学出版社,1992:159.

吁,其逻辑的展开必然导向樊浩先生一个新的断语:走向"伦理共和"。实际上,陈独秀的"伦理的觉悟"与罗素的"伦理思考"乃是对人类文明进入伦理精神时代的一种提示,期待在诸文化传统、文明形态与理论形态中实现以"伦理精神"为坐标的哲学对话。现代文明前所未有地激起了不同文明形态之间的冲突,解决冲突的钥匙不是建立在暴力逻辑基础上的文化对抗或文化帝国主义,而是建立在"承认"基础上的文化对话,因为只有"承认"才能凸显人类尊严并将人类社会进步的动力源泉建基于不竭的道德思考之上。当代社会理论批评家霍耐特提出的规范性承认概念承接了这一致思方向,他将获得"承认"视为当代社会运动的新形式和新目标,认为"社会反抗和社会叛乱的动机形成于道德经验语境,而道德经验又源于内心期望的承认遭到破坏"[1],于是"为承认而斗争"亦应该是一种"伦理保卫战"。当然,"承认"不仅仅就是"伦理承认",但诸如陈独秀"伦理的觉悟"与罗素"伦理思考"之类的观念依然有力地提醒我们,实现不同伦理道德形态之间的哲学对话,迈向"伦理共和"的第一步,既是伦理道德的终极追求,亦是人类精神的终极追求。在这里,樊浩先生将他个人的道德信念与学术研究同一为一体,再次展示了一种非凡的思考力。

结语:伦理学人如何"为道德的势力服务"

伟大的人物之所以伟大,就在于他肩负起了时代赋予他的伟大使命。与之类似,卓越的思想家之堪称卓越,亦在于有效地提出并回答了属于那个时代的问题。在人类历史发展中,大国的崛起更容易为优秀知识分子的成长创造出良好的"外部环境",国族层面各种势力的聚合博弈、复杂社会生活呈现出来的多样性以及由此激发出来的人性力量汇聚在一起,为知识分子开放的心灵提供无穷无尽的思考空间。19世纪中期以来,大踏步行进在现代化之路中的德国出现了一大批卓尔不凡的思想家,其中以卡尔·马克思为代表的知识分子走向了"改变世界"的革命道路,而以马克斯·韦伯为首的具有"超凡魅力"的学界领袖则仍然固守"解释世界"的学术路径。后来,韦伯向慕尼黑一批青年学子发表的"以学术为业"和"以政治为业"两篇著名的演讲,也许可以看作是对于这两种不同道路的选择所做出的不偏不倚的"辩护",只不过他自己终其一生都未能真正脱开过"以学术为业"而进入到"以政治为业"的范畴。但是,"以政治为业"对于韦伯来说可谓是"虽不能至但心向往之",正因为如此,他在这两篇演讲中贯彻了一种"吾道一以贯之"的精神,即"应道"的"责任伦理"精神,提请后来者必须以一种近乎上帝之"召唤"的担当意识和献身精神来完成各自面对的事业,或献身于人类精神价值的探索,或献身于现实中的政

---

[1] 霍耐特.为承认而斗争[M].胡继华,译.上海:上海人民出版社,2005:170.

治活动。极而言之,韦伯所理解的"志业"都必须"为'道德的'势力服务"①。

对于伦理学人来说,"为'道德的'势力服务"似乎是天经地义的事情。但是,以樊浩先生看来,这种"服务"不仅是发出几声呐喊,亦不是时时援引道德语言针砭时弊,甚至不是个人抱定道德信条躬身践履之,而是作为伦理学殿堂中的踽踽独行者为时代把脉,为社会前行指明方向,为众生确立有意义的生活方式,为人类文明以"伦理共和"的方式完成自身多样性体系的建构。他说:"在多样性的文明体系中,人类精神发展、伦理道德发展的抱负和胸怀,不是率领潮流,也不是趋炎附势地顺应潮流,更不是为潮流所裹挟,而是追求和达到一种伦理上的共和。"②伦理学人不是"先知",但必须有"先知"的精神气质;不是"独行侠",但必须有"独行侠"的道义担当。不唯如此,樊浩先生曾就学术研究处于浮躁与繁荣并存的时代发出"给思想留下孤独的机会"的呐喊,呼吁根基深厚的学术研究和思想创新,还曾言当前伦理学的研究在面向"热点"问题的同时背向了"前沿"问题,因此要反对跟风起哄,如对西方理论的盲目跟从就出现了"西方人生病,中国人跟着吃药"的滑稽事情。如此种种,皆体现出一位学人的独特学术气质。

对于自己从事的伦理学事业,樊浩先生曾经有一个警醒之言,他说:"伦理是人类文明体系的重要构成,但并不是唯一构成;伦理代表着人的生活目的,但伦理并不是人类文明的全部目的,更不是唯一目的。"③这意味着"为'道德的'势力服务"可以如同战士冲锋一样喊出"伦理保卫战"的口号,但"伦理保卫战"乃是迈向"伦理共和"的第一步,在伦理同其他文明因子的互动交融中绘就人类文明的多彩画卷,也许正是每一个伦理学人心中的梦想。

---

① 韦伯.韦伯作品集:第1卷[M].钱永祥,等译.桂林:广西师范大学出版社,2004:184.
② 樊浩.伦理道德形态的精神哲学对话(未刊稿)。
③ 樊浩.伦理精神的价值生态[M].北京:中国社会科学出版社,2001:230.

道德形而上学的"精神哲学"建构

——评樊浩教授的伦理新著《道德形而上学体系的精神哲学基础》

王 俊[*]

东南大学

一、《道德形而上学体系的精神哲学基础》的话语源流

在日益走向现代化的当今中国,家国一体的传统伦理资源一直是中国伦理思考与实践的喉中之梗,去之不行,消化不易,如何将这种传统资源进行现代转化,既是一个课题,又是一个难题。关于这个问题,甚至更为宽泛的传统文化问题,近代以来存在着西化派、保守派和创造性转化派(以下简称"转化派")之争。西化派以胡适为代表,主张全盘西化;保守派以辜鸿铭、吴宓等为代表,坚持国粹主义;创造性转化在学理上由张岱年先生提出,以毛泽东的《矛盾论》《实践论》为代表。解放以后,西化派和保守派被绝对否定,失去了表达自由,转化派被意识形态化,也失去了学理上的独立话语,这就造成了改革开放以前的泛意识形态化问题,学理思考几近停止。改革开放以后学理上的研究得以恢复,80年代初,新西化派成为最有影响的学术话语,康德、尼采、萨特等成为学术新宠,90年代后,新西化派开始分化,以哈耶克、罗尔斯为代表的新自由主义成为新西化派的主流话语,但随着对外开放的深入和市场经济的推行,新自由主义话语潜存的问题也日渐为国人所了解,唯西是从的新西化派话语开始遭到质疑。在新西化派失去影响时,新保守派却日渐抬头,以蒋庆为代表的新保守派认为当前中国文化的最大问题是"变夏为夷",主张复兴政治儒学,读古书,穿古服,倡导并实践了一股少儿读经运动,这股思潮与刘小枫、甘阳等新西学保守派所倡导的施特劳斯(Leo Strauss)式的古典政治哲学合流,形成了中国当前学术话语中的新保守派,在当前的主流意识形态话语之外,这股话语很有市场。除此之外,在当前的中国学界,除了新西化派话语和新保守派话语之

---

[*] 作者简介:王俊,(1976—),哲学博士,东南大学副教授,人文学院副院长。研究方向:伦理学、外国哲学。

外,新转化派话语也日渐发生影响,按照笔者的看法,樊浩教授就是新转化派的代表,他的《伦理精神的价值生态》《道德形而上学体系的精神哲学基础》等著作都是新转化派的代表性著作。下面,笔者想结合《道德形而上学体系的精神哲学基础》,谈一谈新转化派的特点及樊浩教授在这一话语中的独特地位。

承继传统转化派的学理思路,新转化派倡导以现实问题为出发点,对中、西、马三种思想学术资源进行整合,创造出具有时代特色、代表时代精神的学术理论。就此而言,新转化派是典型的拿来主义,它尊重现实问题,强调理论的现实解释力,但不拘泥于学术源流,主张以我为主,为我所用。综观樊浩教授的伦理新著《道德形而上学体系的精神哲学基础》(以下简称《基础》),这种新转化派特色非常明显。在《基础》一书中,樊浩教授不以一般的学术源流为出发点,而以现实的道德哲学问题为出发点,以围绕市场经济所生发出来的伦理与经济、伦理与法律、伦理与历史、伦理与哲学问题为基石,系统地整合中国传统伦理、德国古典伦理及当代市场经济伦理资源,在道德形而上学的层面构建适合中国国情、具有理论解释力和理论包容性的道德形而上学体系,其创造转化的意图非常明显。

樊浩教授《基础》一书,给人印象最深的是作者的问题意识和道德哲学思考的意识。依笔者的看法,《基础》一书以道德哲学思考为总线,整个问题可以分为三类:关于传统与现实的理论契合问题;关于现实的理论解释问题;关于理论自身的逻辑自恰问题。当然,需要说明的是,笔者这种问题切入的方式可能符合《基础》作者的思考方式,而不符合该书的写作方式,鉴于作者强烈的体系意识和德国古典哲学的思辨风格,在写作上,该书有一种典型的黑格尔式的颠倒,即把思考的结果与思考的问题颠倒过来,按照体系的要求,先讲作为结论的一般原理,再以原理为线索讨论具体的问题。这种写作方式造成了一定的阅读困难,但能很好地照顾到理论的逻辑自洽。有写作经验的人都知道,在较深的层次上,内容与形式的矛盾总是难以调和的,内容与形式的冲突程度往往反映了思想的深刻深度,也正是在这一意义上,深刻的著作才需要解读。就此而言,我们的问题式切割不是一种介绍,而是一种解读,当然,这种问题式切割可能显得有些"粗暴",但按照海德格尔在《康德与形而上学问题》第二版序言中的说法[1],这种"粗暴(violence)"乃是与作者的真正对话,是对作者最大

---

[1] 在《康德与形而上学问题》一书的第二版序言中,海德格尔这样回应别人的指责:"读者一直攻击我解释的粗暴。他们对粗暴的主张确实能受到这一文本的支持。在它反对在思想家间展开思想对话的努力时,哲学史的研究总是正确地受这一指责的影响。同历史语文学有其议程的方法相反,一种思想的对话受制于其他法则——更易被违犯的法则。在对话中,偏离的可能性是更为威胁性的,不足总是更为频繁的。"他说:"对我而言,在思的道路上,在涉及以上东西的时候,我在其中偏离的例子和当前的努力已经是如此显而易见,以至于我因此拒绝通过补遗、附录和后记加以补偿。"最后,他说:"思想家从其不足中学会了变得更为坚定。"
Heidegger. Kant and the Problem of Metaphysics[M]. translated by Richard Taft. Bloomington: Indiana University Press, 1990: XVIII.

的尊重,因为真正的写作者需要得到的是具有思想深度的对话,而非廉价的赞美。

在对待传统的问题上,无论是中国传统,还是西方传统,体现在新转化派身上的最显著特色是抽象继承。在传统转化派看来,传统并不是价值一律的,而有精华和糟粕之分,所以在对传统的继承上要去其糟粕、取其精华,但是由此引出的问题是,如何区分精华与糟粕? 精华与糟粕的区分是绝对的还是历史的? 这些问题其实不是一般的问题,而是永恒性的难题。所以,如果在区分精华与糟粕的问题上采取的是历史而具体的态度,那么,就可能导致"文革"式的悲剧:在具体的历史条件下,把精华与糟粕的区分绝对化,导致很多文化传统的破坏甚至被摧毁。正是有了"文革"的前车之鉴,传统转化派的具体历史的继承遭到质疑,被历史否定,并造成了传统继承问题上的难题。恰是在这一历史背景下,新西化派和新保守派话语再次抬头,要么全盘西化、要么坚持国粹的问题则成为值得讨论的问题,面对新西化派和新保守派的这种或者西化或者国粹的极端,新转化派在反思传统转化派的问题之后,提出了抽象继承的原则,即在对传统文化做一种先验性结构分析的基础上,对其做一种框架上的继承,或者说,通过先清理出传统文化的合理框架,再对之加以继承,以旧瓶装新酒的方式解决传统与现实之衔接的历史难题。综观樊浩教授的《基础》一书,这种新转化派的抽象继承特征非常明显。《基础》上卷的第一章题为"逻辑体系:伦理观念的价值生态及其资源意义",作者从逻辑结构的角度提出了中国传统伦理的合理结构,即"伦—理""道—德""德—得""得—德"的结构,并认为这一结构构成了中国传统文化的"人文力"和意义世界,是中国文化中去之不掉的东西,是中国传统从古至今一直在发挥着现实效力的文化之根,故而应该继承。但是,显而易见的是,这种由结构分析而导致的继承不是具体历史的继承,而是一种抽象的继承,它所继承的不是具体历史的观点,而是抽象的结构,是精神,是意义世界。由此,我们不难看出该书的题中应有之意了:道德形而上学体系与精神哲学基础,前者是结构,后者是根基,这两者足以保证传统文化之"旧瓶"的安全,至于装什么酒,怎么装,那就是如何转化的问题了,如果前者是"原"的问题,那么,后者就是"创"的问题了。

如果按照黑格尔辩证法的"正—反—合"公式,(新)保守派是"正",(新)西化派是"反",(新)转化派则是"合"。在"原创"的意义上讲,(新)保守派的位置是"原",强调不变和永恒,故要"保"、要"守";(新)西化派是"创",强调时间性与历史性,故要"西"、要"化";(新)转化派是两者的结合,要求"原"与"创"的统一。就此而言,(新)保守派和(新)西化派不可能产生真正的原创,真正的原创只能产生于(新)转化派,但是,(新)保守派和(新)西化派又是原创之所以能够产生的必要条件,没有它们所营造的学术积累,综合创新只能是空洞的口号。因此,原创是一种学术生态,其中的任何一环被破坏,原创都不可能产生。中国近代之所以大家辈出,就是这种保守派—西化派—转化派的合理学术生态的存在及内在循环,典型的是蔡元培时代的北大。随着新保守派、新西派和新转化派的学术重建,随着新的学术合理生态的重建,可以期望的是,在不久的将来,中国将会再次迎来原创爆发、大家和大师辈出的新时代。

二、《道德形而上学体系的精神哲学基础》对现实的理论回应

从"原创"的本义上说,"原"要解决的是源头上、根基性的问题。如上所述,《基础》一书作者所采用的策略是抽象继承,用"伦—理""道—德""德—得""得—德"的框架所表明的精神基础与意义结构回应"原"的要求。在"创"的问题,即时代性的问题上,《基础》一书作者的回应主要表现在他对"经济—伦理"关系的思考。

20世纪90年代以来,中国社会的现实问题主要是围绕着市场经济展开的。随着市场经济的推进,经济与体制、经济与法律、经济与道德、经济与社会等问题逐渐展现,在一段时期内,经济话语成了霸权话语,大有一切都必须给经济让路之势。但是,随着市场经济的发展,市场经济作为经济—法律—道德—社会等的合理生态问题日益显露,市场经济不再是经济学家的赛马场,而是各种力量的综合体;市场力不再只是一种经济力,而是一种综合力,已经成了一个不争的共识。正是基于这一时代特征,体制、法律、道德和社会如何回应市场对综合力的要求,成了市场对中国政治家、法学家、伦理学家和社会学家的真正考验,这些领域的精英能否回应和如何回应这种市场综合力的要求,将表明我国学术思想研究的程度和力度,从本质上讲,这是一种对原创的要求,也正是在这一维度上,我们国家才提出建设创新型国家的目标,但创新不只是科学技术的创新,而是科技—体制—法律—道德—社会的综合创新,不然,一种合理的创新生态就不可能形成,科技创新也不可能得到真正实现。

作为对市场经济的道德回应,《基础》一书的作者专题性地思考了"经济—伦理"的关系问题,提出了一种"人文力"的概念。围绕着"与市场经济相适合的道德体系"问题,作者具体分析了市场经济和道德体系的哲学基础,按照作者的看法,市场经济的哲学基础是基于欲望的经济冲动,道德体系的哲学基础是基于精神的道德冲动,两者的关系是"最强的冲动"与"最好的冲动",两者的平衡是市场—道德的合理生态,两者的失衡是不合理的市场—道德生态。不合理的市场—道德生态有两种:大市场—小道德和大道德—小市场。大市场—小道德是经济冲动超过道德冲动,形成了不道德的市场经济,这种市场与道德的不平衡最终会破坏市场经济,典型的是第二次世界大战前的西方市场经济,由于任凭市场对道德的破坏,最终形成了大规模的垄断,导致了大规模的经济危机,几乎彻底地摧毁了西方市场经济(注:这个例子是笔者根据作者的理论而举出来的)。而大道德—小市场是道德冲

动超过了经济冲动,形成了道德化的非市场经济,典型的是新中国成立后的计划经济模式,由于意识形态的道德冲动完全压倒了经济冲动,市场几乎无法存在,结果导致道德冲动压抑了经济冲动,造成了经济停滞。由此可见,无论是经济冲动压倒道德冲动,还是道德冲动压倒经济冲动,都会造成市场经济的破坏,正因如此,作者提出并具体分析了"与市场经济相适应的道德体系"。

按照作者的看法,历史上形成了三种"与市场经济相适应的道德体系"模式,第一种是"经济决定伦理"的模式。这种模式以流俗化的马克思主义经济基础决定上层建筑理论为依据,它混淆了本体层面与价值层面的区别,导致了"机械决定论",从经济决定论的角度否定了经济与道德的良性互动,导致了经济与道德的剥离和"实践上的虚妄",最终导致了"奴婢伦理""经济的孤立"和"道德责任的消解",故此,"经济决定伦理"的模式不是真正"与市场经济相适应的道德体系"模式。

第二种模式是"理想类型",其现实模式是韦伯的"宗教—伦理—理性经济行为"模式,或者说"新教资本主义"模式。这种将"新教伦理"与"资本主义"嫁接的模式,源于韦伯对20世纪初资本主义精神危机的思考,从为失去其内在精神之资本主义招魂的设想出发。韦伯将新教伦理与资本主义联结起来,把资本主义初期的经济冲动解释为新教伦理之宗教道德冲动的世俗体现,由于新教的"预定论",新教伦理的信仰—道德冲动能与世俗的经济冲动很好地结合起来,成为促使资本主义经济发展的内在精神动力,也就是所谓的"资本主义精神"。按照韦伯的看法,20世纪初的资本主义精神危机,乃是新教精神的失落,除非重拾新教精神,否则资本主义别无出路。依其源流,我们可以看到,即使"新教资本主义"模式真的是资本主义初期的道德—经济模式,这种模式也已经是一种历史模式了,因为在韦伯生活的时代,这种模式已经岌岌可危了,这种精神招魂的方式,没有也不可能从新教伦理的维度挽救被祛魅了的资本主义世俗世界。但是,从理论的角度看,韦伯的这种解释模式很有意思,具有理论的创见,所以,《基础》一书的作者特别重视韦伯的这一理论模式,充分肯定了韦伯的理论贡献。但在肯定的同时,《基础》一书的作者并不盲从,而是在分析了韦伯模式隐含的内在普遍性与特殊性的矛盾后,否定了这一模式的普遍性价值,因为新教伦理为西方文化所特有,把它泛化为资本主义精神是一种用特殊取代普遍的僭越。故此,以之为依据,提出中国的"儒教资本主义模式"是一个错位的回应,而不是一种真正与市场经济相适应的中国道德—经济模式。

第三种模式是20世纪兴起的"经济伦理"模式,同"经济决定伦理"和"新教资本主义"模式不同,这种模式强调从经济活动本身的伦理要求去解释经济与伦理的关系,也就是说,与经济相关的伦理要求不是源自外在的道德约束,而是源自内在的道德要求,市场经济本身就是一种道德自律的经济,市场不仅是经济的,而且是道德的,市场模式本身就是一种道德经济模式。很显然,这种"经济伦理"模式很好地取消了经济与伦理之间的"与"的关系,将人们一直看成是他律的市场经济转换成了一种自律的市场经济,但是,这种解释也存在着内在的悖论:作为经济伦理的伦理资源源自何处?经济行为如何自身产生伦理行为?经济伦理如何处理经济与伦理的冲突?在冲突中,何者具有优先地位等问题,这些理论上的困境使得经济伦理模式无法解决实践中的难题:如《基础》作者所指出的,在遇到目的—工具的冲突时,它会陷入两难困境,另外,它无法解决"立法者"与"解释者"的悖论,由此会导致既当运动员又当裁判的尴尬。对于"经济伦理"的解释模式,《基础》一书作者同样不予认同,除了看到这种模式的"目的—工具"两难和"立法者"—"解释者"困境之外,《基础》一书作者还指出了这一模式可能导致制度与信念的冲突,作为经济活动的规范,伦理制度化是其必然要求和趋势,但是,伦理制度化必定会导致伦理的文化本性受到损害,导致讲规则、无信念的伪善和冷漠,最终会使制度失去人性的支撑,导致"制度化危机"。由此,《基础》一书作者认为由于"经济伦理"模式割断了市场经济与道德传统的历史关联,也不是最佳"与市场经济相适应的道德体系"模式。

在分析上述三种模式之后,《基础》一书作者提出了自己的"第四种理念",即一种"道德体系"与"市场经济"相适应的"生态模式"。从"相适应"的视角出发,《基础》一书作者排除了经济决定道德之简单自然过程的理论诠释,认为"相适应"的过程是一种价值建构过程,因此,"与市场经济相适应"的伦理学要务不是从经济的角度说明道德价值的必要性,而是从道德价值的角度创造经济行为之价值指向的必要性。所以,对应着与市场经济"相适应"的价值品质极为重要,是"经济增长""进步""发展"还是"至善"的问题是首先需要解决的价值范导问题。作者认为,以"经济增长"作为市场经济的价值目标不仅浅视,而且不可持续,必然会导致文化价值的危机,比如产生幻灭感等,以"进步""发展"作为价值目标虽然比"经济增长"更好,但也不是最佳的,因为"进步""发展"过于模糊和宽泛,不是纯粹的价值观念,其价值范导力有限,可能还会导致"失乐园"式的迷茫和"实质性自由"的困境,因为,实质性自由无法摆脱个体自由与社会自由的冲突。最后,作者认为,只有以最古老的"至善"价值作为市场经济的范导性价值才最为合适。因为,一方面,"至善"不仅是纯粹的价值观念,以其为市场经济的价值目标可以避免价值工具化;另一方面,"至善"是幸福与德行的合一,它既能照顾到市场的经济冲动,又能照顾到文明的道德冲动,故而,最有价值范导力和理论说服力。

但是,怎样才能发挥道德的范导力,做到以"至善"价值为目标的道德体系与市场经济"相适应"呢?《基础》一书作者的对策是"生态适应",即不把经济—道德关系看成固定不变的僵硬模式,而是看成一种随历史环境变化的生态互动,以"有机性和内在关联性原则;整体性原则;共生互动性原则;具体性原则"①为准则,建立经济与道德的辩证互动。

"理论是灰色的,生命之树常绿",但唯有忍耐得了灰色理论的人才能享受生命之树的果实。对现实的理论解释无异于用理论之梯攀登生命之树,梯子越长,攀得越高。樊浩教授对"市场经济"与"道德体系"如何"相适应"的理论追问,无疑是在不断延长理论之梯,顺着此梯攀登,我们将能看到更多的现实生命之绿,具体景况,当然不是笔者三言两语可以道尽的,有兴趣的读者当然应该亲自去阅读。

三、《道德形而上学体系的精神哲学基础》的理论建构

如果把"原创"分为量变式的和质变式的,那么,一切积累型的学术,只要有自己独特的见解,都可以称为"原创",但这种"蚂蚁搬家"式的原创是量变式的,是同质基础上的深入化和精确化,因此,量变式的原创具有片面的深刻性。如果以此为标准,我们上面提到的(新)保守派和(新)西化派的成果,只要是有见地的,都是量变式的原创,都有其历史合理性和不可磨灭的价值,只是遗憾的是,这种具有原创特色的量变在当代中国不是很多,这也为质变式的原创带来了困难,因为质变式的原创与量变式的原创是辩证互动的,没有量的积累,质的变化也必然滞后。

质变式的原创表现为独创性理论的建构。在当代中国,可以称为独创性理论建构的大家寥寥无几,或许只有李泽厚先生的新实践哲学体系堪当此名,李先生"以马解儒"—"以儒解马"式的"儒马互释"和"儒马交融"的新实践哲学体系对中国的历史和现实具有相当的理论解释力,可谓独创性的哲学体系,除此之外,较有学术公信力的思想体系不多。

从质变式的原创来看,(新)转化派是这一使命的自觉承担者,从话语源流上讲,李泽厚先生也当属于这一话语体系,但在李先生之后,有独创性的新转化派体系难以得见,原因当然是多方面的,除了主观的资质之外,客观的环境及学术层积也是重要原因。众所周知,在学术如此沉积的今天,把握一家一派学术已属不易,进行综合创新更是难上加难,历史至今,虽然有此冲动者无以计数,但能临高绝顶者却是屈指可数。就《基础》一书而言,它是否达到了独创体系的质变式原创的高度,我们还不敢妄言,但作者追求质变式的原创,构建独特体系的努力无疑是很值得注意的。

纵览《基础》一书,不难发现作者明确的体系意识和鲜明的理论建构特色。从结构上看,《基础》的结构非常恢宏,共分三卷十篇二十章,外加内容提要和结语,总字数超过60万。在我们这个以时效性为特征的时代,这种鸿篇巨制式的写作日益

---

① 樊浩.道德形而上学体系的精神哲学基础[M].北京:中国社会科学出版社,2006:170.

少见,为思想焦虑和为体系操心似乎有些不合时宜,然而,从思想的独立性的角度看,逆时髦而动恰是思想者独特的精神品格,所谓"不识庐山真面目,只缘身在此山中",拉开距离,或许更有理论透视的观察优势,故此而言,不合时宜可能更合事理,而学者的品格总不在合时宜,而在合事理,否则,理论就不可能具有现实批判性和未来预见性,也就失去了理论应有的作用和品格。

回到《基础》一书,我们看到,作者所做的工作主要是体系上的中国传统与德国古典传统,特别是与黑格尔体系传统的融合,将中国伦理的体系内容与黑格尔的体系构架结合起来,形成以黑格尔的现象学—法哲学—历史哲学为特征的体系进路和以"伦—理""道—德""德—得""得—德"为体系的内容精神进路,由此形成具有综合创新式的理论体系构造。

构造体系的目的一方面是为了理论逻辑的自洽,另一方面是为了理论资源的汇合与凝聚,其共同的目的是为了解释现实,关照历史与未来,而不是为了体系而体系,如果为了体系而体系,就不可避免地落入体系上的形式主义,华而不实,空洞无物。历史上有很多为体系而体系的体系,最终遭到人们的诟病与嘲笑,比如,康德对沃尔夫体系的责难与嘲笑。黑格尔的体系虽然内容丰富、思想深刻,但其过于强烈的目的论色彩,也造成了体系上不可避免的矫揉造作,故而受到恩格斯、尼采等后来者的批判。当然,体系和现实,或者说形式与内容的对接是个非常艰难的问题,特别是在思想矛盾的深处,形式与内容的相合几乎是不可能的。因此,历史上的思想大家都或多或少地面临着协调体系与现实或形式与内容的困境,这是思想深处的困境,而正是这种困境造就了有深度和有创造力的思想,恰如我们上文所言,内容与形式的冲突程度往往反映了思想的深刻程度。体系与现实、形式与内容之间的张力,是理论解释现实的理论意志与现实变动发展之间的张力,体系或形式面临着既要最充分地解释现实,又要最大可能地适应现实的变化,要取得永恒性与时间性的平衡,其难度之大,可以想见。

在体系与现实或内容与形式的问题上,《基础》一书也呈现出其内在的张力,一方面,《基础》一书作者要解释的现实问题非常具体,即,如何构造与市场经济相适合的道德哲学体系,另一方面,作者又不想自己的理论仅仅停留在这一现实问题之上,而是要在这一现实问题的思考上超出具体问题,体现道德哲学的终极关怀。所以,如何统一现实关怀与终极关怀的问题是作者面临的难题。现实关怀的时间维度是现在,终极关怀的时间维度是将来,而要将现在与未来连接起来,作为现实关怀与终极关怀共同之价值资源的过去又必不可缺,故而,从时间维度上看,如何连接现实关怀与终极关怀难题乃是如何统一过去、现在和将来的问题,因而是一个统一的时间性现实的体系问题。就此而言,对《基础》一书的作者来说,体系问题必不可少,但体系的好坏又在于它解释现实关怀的力度和对终极的关照程度,就这两个方面来说,《基础》一书作者对传统资源的"伦一理""道一德""德一得""得一德"的历史构架,对"经济一伦理"关系的现实思考,及对"和谐伦理"的未来追求,都值得我们关注。关于前两者,我们已经在上文提到,关于"和谐伦理"的未来追求,我们再简单谈谈。

依照《基础》一书关于中国传统伦理资源的道德哲学构架,"伦—理—道—德—得"的融通构成了中国伦理精神,按照黑格尔法哲学和历史哲学的发展途径,这种伦理精神一定会过渡到与现代民族国家的结合,最终通过现代民族国家的形式实现伦理的价值使命,即在现代民族国家中,达到家庭—民族—国家伦理的有序格局,以及伦理实体与道德个体的统一,并最终实现道德世界、伦理世界和生活世界的统一,自然规律与道德规律的统一,趋向历史的大同。就此而言,中国古代的大同理想资源与马克思主义的共产主义价值资源汇合,在伦理精神的历史运行上达到一种"预定的和谐"。当然,我们在此不可能详细的谈论《基础》一书在这方面繁杂的哲学建构,而只能大而化之的点到为止了,有兴趣的读者,不妨去翻书开卷吧。

总而言之,通过对中国伦理精神的重构,对"经济—伦理"关系的道德哲学追问和对"和谐伦理"的价值预设,《基础》一书构建了融传统—现在—未来于一体的道德形而上学体系,并为之做了精神哲学的论证,关于这种建构,我们是否可以称为"新精神哲学"呢?笔者提出的这一看法是否合适,让我们留给历史去评定吧。

四、《道德形而上学体系的精神哲学基础》的民族本位与精神使命

"只有民族的才是世界的",通观《基础》一书的体系建构,我们能清楚地看到作者的民族本位和世界视角。从民族本位来看,《基础》一书的作者虽然不拘一格地借用各种思想体系和伦理资源,但在根基问题上始终不变地坚持民族传统资源的优先立场,比如,在道德体系的人文之根和价值之始上,作者坚决抵制韦伯的宗教说,而主张家庭说,即,坚持家庭伦理作为中国伦理的人文之根与价值之始,如其所言,"20世纪初特别是20世纪70年代以来,中国不断地引进西方文化包括西方的伦理价值观念,但是,毋庸置疑的事实是,宗教根本不可能作为中国道德体系的源始性价值资源。因为,到底以什么为道德体系的人文之根和价值之源,根本上是由这种民族的伦理—文化生态所决定的,即使找到可以替代的文化因子,也必须与这个民族的伦理—文化生态相吻合。"[①]。从世界视角来看,《基础》作者关注的是中国伦理的普适性价值及其对世界伦理的贡献,用他自己的话来说就是,"在西方文明于20世纪事实上成为优势文明,并在相当程度上被当作效法的范型,在这种文明范式已经面临深刻危机的背景下,中国伦理的价值生态能为21世纪的文明复归

---

① 樊浩.道德形而上学体系的精神哲学基础[M].北京:中国社会科学出版社,2006:59.

和文明互动做出怎样的文化贡献?"①

与《基础》一书作者的这种民族本位和世界视角相对应,《基础》一书所强调的伦理精神是民族的,即"伦—理—道—德—得"所构成的精神世界,但论证方式和体系形式是世界的,或者说,是出自西方的普遍性逻辑形式。用普遍形逻辑形式将中国伦理精神普世化,可能是《基础》一书作者的初衷,或者说是其自觉承担的精神使命。

17世纪之后,西方资本主义逐渐兴起,中国日渐落后于世界。18世纪,西方资本主义在政治革命和工业革命的引领下高歌猛进,而古老的中国在中华帝国的迷梦中酣睡未醒,直到西方列强在19世纪40年代用震耳欲聋的坚船利炮敲开了中国大门之后,又经过一个多世纪的积贫积弱,才赢来了民族的独立。但新中国成立之初,受各种因素的影响,极左思想干扰了经济建设、破坏了文化生态。政治独立、经济落后、文化萧条,是改革开放之初中国所面临的历史现状。经过几代人的奋起,时至今日,中国经济蓬勃发展,国际影响越来越大,但与我国的经济政治地位所不对称的是中国文化的创造,究其原因,可能在于文化的长周期性特征,"十年树木,百年树人",文化一旦遭到破坏,其重建周期远远大于政治经济,中国近来的原创困境,可能就缘出于此。

经过几十年的文化积淀,传统意义上的保守派—西化派—转化派文化生态得以重建和延续,新保守派—新西化派和新转化派的文化生态得以形成,中国基本上赢来了文化原创的大好时机,在此前提下,谁能脱颖而出,那就是历史机缘与个人努力的问题。

---

① 樊浩.道德形而上学体系的精神哲学基础[M].北京:中国社会科学出版社,2006:26.

"精神"与"精神哲学"

从"任性"到"和解":
社会道德问题的根源与伦理策略[*]

王 强[**]

中共上海市委党校哲学教研部

摘 要 任性,使得金钱与权力这些现实世界中的伦理普遍物失去了伦理本性而成为任性个体的欲望存在,甚至沦为社会冲突的个体行动工具。任性的道德冲突表现在三个方面:其一,"任性"普遍物的道德冲突,产生了"道德贱民"与"服务的德行"腐化;其二,个体性与普遍物之间的道德冲突,凸显市民社会"有财(富)而不富(足)"的贫困现实及官民对立的矛盾;其三,个体性与个体性之间的道德冲突,表现为"不行动主义"的道德冷漠以及"行动主义"的道德绑架以至"丛林主义"的暴力伤害。现代多元化民主社会中不能简单地排斥任性的特殊性原则,但也不能任由其"虚无化"的发展,而是在与伦理性的调和统一中得以保存,这就是和解的道路。这需要:第一,制度上的和解,即通过制度的历史变迁实现对公共领域的规范性重构;第二,重视家庭作为和解的中介机制,介于个人与社会之间,家庭是培育个人与共同体统一的情感与规范的训练场;第三,个体间的和解,他者的在场是对任性行动的自我否定,是自我与他人和解的前提;最后是自我的和解,行动的动机与理由统一,人格同一性的实现。

关键词 任性;和解;根源;伦理策略

现代对道德问题审视与反思,从宗教的形而上世界来到世俗经验世界,道德王国的伦理精神下降为现实王国中的伦理普遍物,社会财富与国家权力成为其现实的直接表达。因而,黑格尔曾指出财富与权力的伦理本性是普遍性,普遍的占有、共享并服务于所有人,这是世俗的"教化世界"中伦理精神的对象性、现实性的存在。然而,从现代资本主义开始,财富和权力变成赤裸裸的金钱与统治工具时,它

---

[*] 基金项目:本文系国家社科基金青年项目(批准号 15CZX052)暨中国博士后科学基金第 57 批面上资助项目(编号 2015M571501)阶段成果。

[**] 作者简介:王强(1980—),男,安徽亳州人,哲学博士,副教授,复旦大学哲学博士后,中共上海市委党校哲学部教师,主要从事康德伦理与政治伦理研究。

的现实性基础就不再具有伦理普遍性,个体的任性僭越替代了普遍性,成为个人的欲望与所有物的象征。在个人主义时代中,个体性的任性不仅仅是行动属性的表达,更重要的是作为一种个体主观化道德的精神状况与社会现实。随意率性、"恣意妄言、纵情行事"①,张扬了个体个性与自由,但缺少了伦理教养的"粗鄙"举动,在伤害他人的同时往往也使自己受伤害(不自由)。于是,在社会历史发展的客观逻辑与伦理精神的"时代症候"交叠影响下"我们应该如何生活",在一个"任性的时代"中我们如何"生活在一起",成为急迫的哲学追问。通过"和解"的努力,我们才可能超越任性过一种有伦理的好生活。

一、钱与权的任性是道德问题的根源

在世俗世界中,作为伦理普遍物的金钱与权力的现代命运如何?一方面,通过金钱的占有、权力的获得使得个体具有了普遍性存在——平等与尊严的人格;另一方面,个体又试图把自我特殊性凌驾于金钱与权力的普遍性之上,以此为原则的行动就是为非作歹。于是,个体间对社会资源的争夺以及分配不公的机制问题,使得怨恨的道德心态产生,普遍物在现实世界中彻底丧失伦理性。

1. 现实社会中的伦理普遍物:财富与权力

现代世界对于伦理道德的揭示,在视角上发生重大的转变,即从传统形而上的伦理精神世界到现代世俗的物质世界,从彼岸的上帝之国到此岸的现实王国。这种理论视角的转变带来了一系列相关的变化:其一,从上帝之国中超验的伦理精神与现实王国中的世俗道德截然对立,二者之间的关联性逐渐加强,对世俗道德的拒斥与敌视在削弱,并且在一定程度上彼岸的伦理精神能够"外化",当然对于本质的彼岸世界而言这是"异化",而在现象世界却成为现实的对象性环节,黑格尔指认这种普遍性的伦理本质就是"国家权力"与"财富";其二,基于现实王国对世俗道德的哲学审视,也调整了自身思维的视角,要求扬弃"主观性"思维而转变为"客观性"思维。这一点鲜明地体现在黑格尔对哲学的定义上,"哲学的任务在于理解存在的东西,……它是被把握在思想中的它的时代"②。因而,这也标示了对现代性的时代特征的自我确证,所以哈贝马斯认为黑格尔是现代意义上的第一位哲学家。于是,对于道德哲学的反思而言,"黑格尔说,对于门外汉,反思就是忽此忽彼地活动着的推理能力,它不会停在某个特定的内容之上,但知道如何把一般原则运用到任何内

---

① 陈先达先生在对"任性"的界定中,是从行动的理性与任性的区分角度来理解"任性"及其现象的,并指出任性的自由与真正的自由的不同。(参见:陈先达.自由与任性[N].光明日报,2015-04-29.)本文中,任性更多的是指一种社会伦理的精神状态和状况,集体行为的伦理表征,而不仅仅是一种个体行动。

② 黑格尔.法哲学原理[M].范扬,张企泰,译.北京:商务印书馆,1996:序言12.

容之上"①。这就是主观性思维的外在反思,它意味着"空泛的、不确定的"普遍性(类)"是与特殊的东西没有内在联系的"②。因而,在现实世界中对伦理道德的"内在"的反思,不是超离于现实世界的抽象批判,而是要把视角植于现实存在物之中。所以,无论是从超越主观性思维的抽象、空洞无物的历史定位出发,还是从后形而上学经验化的转化出发,聚焦于现实世界的情感、经验、交往、劳动及其所有物的道德哲学视角,都是一个不可避免的趋势。

但同时,在古典哲学伦理学思路中一方面认为伦理普遍物是伦理精神的现实性,是伦理精神的"外化";另一方面则认为它是处于"异化"境况中的伦理精神,普遍物甫一出现就遭到质疑而处在异化之中。在《精神现象学》中,黑格尔指出,在精神异化而成的现实世界中国家权力与财富是伦理普遍物,因为它们是"普遍的精神的本质""普遍的作品"。这一点在财富、劳动以及对自我的满足上表现得尤为清晰,比如财富,"它既因一切人的行动和劳动而不断地形成,又因一切人的享受或消费而重新消失"。而且,哪怕是在一个人的个体性行动上,劳动和享受既是为一个人的也是为一切人的。③ 这无疑是现代社会高度的组织性与劳动分工造成的,而这促成了权力与金钱在历史发展中作为伦理普遍物的理想状态。但同时,这种伦理普遍物的现代处境也是一种异化的状态,这一点在现代资本主义社会发展中也得到体现。资本主义并不是以政治共同体的权力共享与共同劳动及其产品的共同分享为基础,政治权力在不同阶级中丧失普遍性,而劳动的普遍性地位也被资本所取缔。因而,历史地看,以财富和权力为代表的伦理普遍物在资本主义社会中的异化,正是马克思将之再颠倒而确立劳动价值论、无产阶级革命论的合理性所在,这在于恢复财富、权力本身的伦理普遍性本质。

2. 伦理普遍物的"异化":任性的时代症候

在现代市场经济的大潮中,"一切未来社会组织都不可避免地依存于以市场为中介的生产领域和分配领域"。因而,即便是认定"财产和权利体系是一个消极的"伦理领域,与"市民社会"相对应;但它在现代伦理总体性中仍具有"构成性"的意义,黑格尔仍把它纳入绝对伦理的制度组织当中。④ 这也是现代伦理超越城邦制伦理之所在,古代国家把主观性和特殊性的原则和存在形式从实体性的国家中完全排除出去,然而在这个以自我"需要的满足"为目的的社会环节中得以存在。但是,历史理性的狡黠在于自我满足的特殊性与普遍性、特殊性原则与普遍性原则,从来都是"相互倚赖、各为他方而存在的,并且又是相互转化的。我在促进我的目

---

① 伽达默尔.伽达默尔集[M].邓安庆,等译.上海:上海远东出版社,2003:111.
② 黑格尔.小逻辑[M].贺麟,译.北京:商务印书馆,2004:48.
③ 黑格尔.精神现象学:下卷[M].贺麟,王玖兴,译.北京:商务印书馆,1979:50-51.
④ 霍耐特.为承认而斗争[M].胡继华,译.上海:上海人民出版社,2005:16,18.

的的同时,也促进了普遍物,而普遍物反过来又促进了我的目的"①。因而,伦理普遍物的"异化"并非是单向度的历史发展,而是辩证发展的过程,这也使得和解具有现实可能性。

现代性的开端之处,伦理道德以"失家园"的代价而进入现代社会,出现了"以孤独的单子式的道德主体的自我意识为前提"的道德"异乡人"。② 因而,在"以需要为目的"的市民社会中,一方面,普遍物以个体特殊性形态表现出来,"普遍性只是在作为它的形式的特殊性中假象地映现出来",因而伦理不可避免地丧失了。另一方面,财富的个人占有与个人的权利要求也具有普遍性意义。自我需求的"特殊目的通过同他人的关系就取得了普遍性的形式,并且在满足他人福利的同时,满足自己"③。这是一种辩证运动,"主观的利己心转化为对其他一切人的需要得到满足是有帮助的东西",曼德维尔在蜜蜂寓言中也指出"私恶即公利",但是容易产生的问题是用私恶的手段性代替、遮蔽公利的目的性,造成异化的发生。

在这里,普遍物的实现是以"中介"和"手段"形式,它产生了辩证关系的两个方面:一方面是积极作用,西美尔是较早认识这一现象的哲学家之一,在《货币哲学》中他就曾指出,以货币为中介的平均化、夷平化趋势包容社会各个阶层,促进了个体间的平等以及个性化的自由。另一方面,普遍物成为服务个体的工具,个体特殊性的任性试图凌驾于一切普遍物之上并试图代替它,这也成为一种鲜明的现代道德问题的症候。手段与目的之间的"倒置"深入现代伦理精神领域,在主观性阶段的顶点是伪善,而任性则是现实世界中个体特殊性的顶点。康德认为任性的行动获得的是"外在应用的自由",而非道德的自由法则④;于是,个体任性的约束就只能通过外在性的同业公会、警察以及司法体系来进行。这种人与物价值关系颠倒(异化),马克思对这一现象的最初认识是以异化劳动理念为基础的。他认为,在资本社会中,"从所有权的持有到所有权的交换原则都走向了自身的反面,普遍的原则成为虚假的观念——颠倒了的意识形态。"⑤而且,在资产阶级的人格表征中把自身阶级的特殊性凌驾于普遍性之上,用资产的私人所有及其剥削掩盖劳动的普遍性,从而把这种异化深耕于历史深处。

3. "任性"对现代道德生活的颠覆

在此境况之下,不同于尼采在抽象的哲学层面对现代社会虚无主义特征的揭

---

① 黑格尔.法哲学原理[M].范扬,张企泰,译.北京:商务印书馆 1996:199.
② 田海平.何谓道德——从"异乡人"的视角看[J].道德与文明,2013(5).
③ 同①195,197.
④ 康德.康德著作全集:第 6 卷[M].李秋零,张荣,译.北京:中国人民大学出版社,2007:221.
⑤ 魏小萍.资本主义经济关系中的政治、哲学与伦理——以 MEGA2 中马克思文本为基础的阅读与理解[J].哲学研究,2012(9).

示以及"上帝死了"的宣告;财富与权力在社会领域中的任性特质使得道德虚无主义成为一种历史必然现象。实际上,钱与权的任性所造成的虚无主义影响更为严重,世俗社会中道德的现实基础就面临垮塌,上帝之死使得彼岸的人类精神世界荒芜,而伦理普遍物的价值瓦解宣告了"后伦理"彻底的虚无主义时代的到来。于是,我们不难发现,"剩下的难题只是'物质利益'的冲突,确切地说是人们为了实现其人生观争夺有限资源而产生的冲突。之所以称之为物质利益的冲突而不是人生观的冲突,是因为直接对立的并不是不同的人生观本身,意思是说一种人生观的实现并不一定要阻止其他人生观的实现;相反,只是由于人生观的实现需要物质资源,而物质资源又是有限的,于是在持不同(甚至相同)人生观的人们之间就会发生利益冲突,尽管他们的人生观本身并不相互排斥"①。但是,现代伦理道德的多元化并不一定以"任性"为前提。因为,伦理共识、普遍性的道德规范及其有效性的消解,一切皆有可能是世界中的"群魔乱舞",同时也包括道德价值观、人生观的确证基础上的不同与冲突。而这一状况进一步加剧社会领域道德问题的复杂性,因为,在虚无主义气质之下的任性行动既包括与价值观无涉的纯粹物质利益的冲突,又包括价值观基础及其道德辩护根据的根本差异。

于是,任性氛围下的道德生活,个体性道德行动颠倒了善恶,并进一步促成缺乏行动能力的怨恨道德心理的产生。黑格尔认为,个体任性的道德行动实际上是建立在道德自我意识的判断基础之上,"认定国家权力和财富与自己同一的意识,乃是高贵意识",反之就是"卑贱意识";前者为"善"后者为"恶"。② 尼采则进一步指认,随着道德同一性及宗教形而上学基础的解体,道德必须通过谱系学重新考察其起源。在道德生命的源头就有"主人道德"与"奴隶道德"的对立,但"主人被打败了;卑贱者的道德取得了胜利"③。在近代欧洲正是基督教文化中奴隶道德发动的隐秘道德革命从而颠倒了善与恶,"市民"道德占据了上风。因而,现代道德必须建立在对"价值重估"的基础之上。

同时,在这里行动能力的缺乏实际上是对权力和财富所代表的伦理普遍物的怀疑和不信任的态度,并通过不行动来贬低普遍价值,怨恨的道德心理由此产生。舍勒就曾指出,"当嫉妒按怨恨的本性而涉及无能获取的价值和财富时,它才导致怨恨的形成";在此基础之上,舍勒对怨恨的进一步考察得出其"价值攀比"的特征,"当这些价值和财富处于比较范围(同别人进行比较的比较范围)时,嫉妒就更是导致怨恨的形成"④。当下,中国社会流行的网络热词"羡慕嫉妒恨"成为怨恨心态的

---

① 慈继伟.虚无主义与伦理多元化[J].哲学研究,2000(5).
② 黑格尔.精神现象学:下卷[M].贺麟,王玖兴,译.北京:商务印书馆,1979:51.
③ 尼采.道德的谱系[M].梁锡江,译.上海:华东师范大学出版社,2015:78-79.
④ 舍勒.价值的颠覆[M].刘小枫,编校.北京:三联书店,1997:16.

典型表达:一方面是无法获得财富与价值的能力上的不足,另一方面是所行与所得之间的横向对比,造就了这种否定、无力、自我怜悯的道德精神状态。最重要的是,现实世界中普遍物丧失了普遍性,任性成为道德生活的基调和底色,于是道德冲突就在所难免。

二、任性之下的社会道德冲突

在需要的社会领域,是以个体特殊性需要的满足为出发点,因而,"这又是主观目的和道德意见的理智发泄它的不满情绪和道德上愤懑的场地"[①]。那么,在权力与财富之间、个体性要求与普遍物之间以及个体的特殊性行动之间,任性成为超越个人(意识)的伦理精神、时代问题症候以及个人行动的法则,从而造成伦理的内的分歧与冲突。

1."任性"普遍物的道德冲突

"后黑格尔"时代,对社会领域问题的关注几乎被法律、政治所垄断,社会领域的道德问题处于"有名无实"的境况之中。当然,这也符合黑格尔等古典理论的认知,因为市民社会处于"无伦理"的过渡环节,发挥规范约束作用的是外在的司法、警察、同业公会等形式,并最终向国家过渡。因而,以财富和权力为代表的外在的、对象化的伦理普遍物就成为争论的焦点,二者的冲突就成为社会道德冲突的首要表现。两大伦理普遍物之间的冲突,并不像自然伦理阶段两大伦理实体(家庭与国家)、伦理规律(神的规律与人的规律)的冲突那样造成个体的伦理悲剧(安提戈涅),主观性原则、特殊性形式被完全排除在外,并走向毁灭(个体)。在市民社会阶段,由于个人的特殊性占据伦理精神的主导地位,因而,"自在地存在的普遍物跟主观特殊性的统一"[②]就没有统一于普遍物之中,而是成为满足个体目的性的手段。这样,权力与财富之间的碰撞,并没有导致二者的解体或消失,而是相互影响、侵蚀其公共性与普遍性,使二者走向了各自的对立面。

首先,对财富而言,财富被异化为普遍的贫困、精神上的贫困,并孕育了"道德贱民"的产生。在社会领域,财富作为伦理普遍物本应该通过对个体需求的满足来实现,即每一个市民的富足,但是富裕并没有成为社会的普遍现象,相反成为普遍现象的是贫困。黑格尔指出,"需要的目的是满足主观特殊性,但普遍性就在这种满足跟别人的需要和自由任性的关系中,肯定了自己"[③]。现实社会中,与个人需要、自由任性相结合不是财富而是贫困。因为,"当广大群众的生活降到一定水

[①] 黑格尔.法哲学原理[M].范扬,张企泰,译.北京:商务印书馆,1996:205.
[②] 同①237.
[③] 同①204.

平——……之下,从而丧失了自食其力的这种正义、正直和自尊的感情时,就会产生贱民,而贱民之产生同时使不平均的财富更容易集中在少数人手中"。于是,贫困就成为一种普遍性、精神上的存在,"由'贫'生'贱'根本上是一次伦理蜕变"①,贱民成了社会领域中普遍贫困、精神贫困的人格象征和话语表达。这一点倒像是尼采"奴隶道德"及其怨恨心理的政治经济学表达。"贫困自身并不使人就成为贱民,贱民只是决定于跟贫困相结合的情绪,即决定于对富人、对社会、对政府等等的内心反抗"②。这样,社会财富就转向了自身对立面的贫困,而且贫困成为一种被异化的"普遍物"——精神贫困。

其次,对权力而言,权力的公共需要本应是服务于公众的,却异化为个人的工具、仅仅是满足特殊性欲望的需要。在现实中公共权力服务、满足每一个公民的需要并没有成为普遍的观念,黑格尔指出正是通过"服务的德行"国家权力变成了现实。③ 但相反,权力的私用、服务德行的腐化却成为一种普遍存在,国家权力在其被意识之处失去了自身的正当性与合法性基础。另外,现代社会公私领域融合的发展趋势,私人事务的公共化管理以及公共权力对私人领域的干预,压缩和混淆了纯粹私人经济生活的独立性以及截然清晰的公私界限。所以,哈贝马斯指出,公共权力对社会领域的"入侵"以及"公法之私人化"④,产生了公私不分的社会领域。因而,现代意义上的社会领域,就成为以满足个人特殊性需要为目的的利益冲突的战场;同时,随着公共权力的介入,公共权力与社会财富之间的纠葛,也面临着利益的侵蚀沦为个体欲望满足工具的危险。

2. 个体性与普遍物之间的道德冲突

在社会领域这一"需要的体系"中,自然的伦理实体已经解体,特殊性的个体成为主角,因而,在这一阶段的伦理道德就取决于两个方面、两个原理:即普遍物的"内在性"与"外在性"、道德行动的特殊性原则与普遍性原则。而且,这二者无论是内外两面还是两种原则,都是相互独立、相互冲突的关系,以至于"市民社会在这些对立中以及它们错综复杂的关系中,既提供了荒淫和贫困的景象,也提供了为两者所共同的生理上和伦理上蜕化的景象"⑤。在这里,个体主观性需求上的不满足造成贫困问题的痼疾,只不过不同于上文所提到的"普遍的"贫困的伦理精神问题,而是指从特殊性产生的个体贫困。这样,由财富和权力中的伦理普遍性与个体性的冲突就从一种伦理意识转化为社会现实,作用在市民个体身上。

---

① 樊浩.伦理病灶的癌变:贱民问题[J].道德与文明,2010(5).
② 黑格尔.法哲学原理[M].范扬,张企泰,译.北京:商务印书馆,1996:244.
③ 黑格尔.精神现象学:下卷[M].贺麟,王玖兴,译.北京:商务印书馆,1979:52-53.
④ 哈贝马斯.公共领域的结构转型[M].曹卫东,等译.上海:学林出版社,1999:178-179.
⑤ 同②199.

第一种道德冲突形式是，社会财富不能解决个体市民的贫困问题，而处于"有财而不富"的状态；在现实生活中表现为贫富分化、贫富差距的不断扩大。贫困作为一种现代"苦恼"，在现代社会领域无论如何去解决贫困问题，似乎都摆脱不了有财富但不富足的状态。黑格尔认为，一方面，单纯依靠社会救济可能把穷人与劳动分离，而劳动又是在市民社会中获得经济地位和自尊情感的基础；但另一方面，通过劳动来脱贫就需要刺激经济发展，生产就会过剩，贫困问题依然无法解决。这里就显露出来，"尽管财富过剩，市民社会总是不够富足"①，黑格尔的总结直指贫困在于贫富分化的无法克服。现代社会中贫困是一个自我矛盾、自我分裂的现象：一方面是个体贫困的场景，但另一方面是个体的挥霍和浪费（有钱任性）；一方面是"需要"的欲望的不断提升，另一方面是无限的需要又陷入无限的剥削。因而，贫困成为现代社会矛盾的"复合体"，诸多问题以贫困为焦点相互交织；同时，这也凸显了贫困在社会问题中的中心地位。一方面，贫困在社会中成为一种"客观现象"，需要本是社会生活中人们自然生理欲求的表现，但是"对需要的需要"就构成了市民社会发展的内在动力，"需要"就从个体的主观性欲望转变为经济生活的客观规律。需要的"自为"与"为他"之间既紧密相连又相互冲突，尤其在资本主义社会中，"需要并不是直接从具有需要的人那里产生出来的，它倒是那些企图从中获得利润的人所制造出来的"②。这一问题的关键在于，社会的"劳动中介"被"资本的剥削"逻辑所代替，财富的普遍分享就成为奢望。同时，这也造成另一面的荒谬景象"穷奢极侈"。黑格尔指出，对财富的匮乏和浪费，二者没有本质区别，同样是个体的任性造成的。

第二种道德冲突形式是，公共权力不能满足市民社会以及个体福利生活的需要，在现实生活中表现为"官民对立"。在这里，国家权力不再是一种普遍性的观念或高尚的德行，而是通过特殊物获得了特定的存在形式，即以法律、警察、公会的形式表现出来。在社会领域中，普遍物对每一个市民的主观需要的满足除了物质财富这种外在的自然物之外，还有自我的人身安全、财物所有权、安全秩序乃至社会福利等方面的现实需要。公共权力要使得"每一个人的生活和福利是一种可能性"，就必须在抑制"不法"的同时又对"单个人生活和福利"给予保障（不仅针对贫困还有挥霍浪费）。于是，在公共权力与民众普遍福利的要求之间存在着价值张力，社会中"普遍事务和公益设施都要求公共权力予以监督和管理"，这是公共权力存在的必然性；但同时，权力对"大量的特殊目的和特殊利益"的保护和保全③，也

---

① 黑格尔.法哲学原理[M].范扬,张企泰,译.北京:商务印书馆,1996:245.
② 同①207.
③ 同①239,248.

使自身具有偶然性和不确定性,因而随时会陷入沦为自身对立面的泥潭,即通俗意义上我们所说的"官民对立"。也正是由于这种不确定性,黑格尔才认为同业公会解决这些问题更为合适。

3. 个体性与个体性之间的道德冲突

市民社会之所以成为伦理的"消极"领域,一个重要的原因在于个体行动是受制于"外在的法"的约束,个体行动在法的规定中找到自我的定在,既受所有权的保护又要面对不法的惩治。因而,这一阶段个人行动自由的法的规定是一种"必然性"而非"道德性",个体的特殊性需要与行动离不开法的保护,但同时又试图超越和凌驾于一切法律和义务的规定之上,寻求自我的自由。于是,在这种情况下,行动在个体性原则之间就必然发生道德冲突,在伦理精神的逻辑发展中良心出现了。在现实生活中就表现对自我特殊需要的过度关注和满足,利己主义、奢靡之风泛滥;同时对他者基本权利的忽视、漠视,道德冷漠情绪压倒同情与关怀,犬儒主义盛行。具体来看:

其一,个体性道德的"行动主义"冲突。在个体的判断行动中,个体性原则对个体性原则的强加,形成了"道德绑架"的不道德声讨以及"被道德"的道德强迫现象。道德行动的个体性原则,就是行动的任性试图摆脱甚至替代道德法则,但是与他人的同样举动相冲突。康德从"法权"与"德性"的区分,指出"伦理学不为行为立法(这是法学的事),而是只为行为的准则立法",也就是为任性立法。因为,任性不等于自由,"人的任性是这样的任性:它虽然受到冲动的刺激,但不受它规定,因此本身(没有已经获得的理性技能)不是纯粹的,但却能够被规定从纯粹意志出发去行动"①。在这里,康德倾向于把任性作为一种潜在的道德行动能力,但是主观特殊的冲动必然要受到外在法律的约束;而通过道德立法,把人的生存从自然的"任性"提升为人格的"德性",从受外在必然性的约束提升为内在自主性的规范。否则,任性中不受约束的"行动能力"还可能以道德借口进一步突破法律底线,沦为道德暴力,甚至有恶化成道德"丛林主义"的危险。

其二,个体性道德的"不行动主义"冲突。道德行动的个体性原则带来现实的冲突,然而,个体性的"不行动主义"或者"沉默主义"也会造成一种道德情感上的对立与冲突——道德冷漠。从道德行动来认识道德冷漠现象②,似乎是一种道德"悖论",个体化的行动是恶,然而"不行动"为什么也是恶呢?在个体性原则的社会中,每个人的道德自我意识都自以为具有高尚的良心,这个良心又具有"凌驾于一切特

---

① 康德.康德著作全集:第6卷[M].李秋零,张荣,译.北京:中国人民大学出版社,2007:220.
② 注:高兆明教授也是从"道德行动"角度展开对道德冷漠的界定,并区分主体与旁观者两种情况,考察了道德冷漠的主观感受、价值立场以及相关者的道德义务等方面。本文中,我们主要是从"行动者"的"第一人称"视角分析。参见:高兆明."道德冷漠"辨[J].河北学刊,2015(1).

定法律和义务内容之上的至高尊严"。因而,如果行动"那简直就是处于转向作恶的待发点上的东西"①,就如上文所指出的行动主义的冲突。然而,还有一种情况,黑格尔指出,"自我意识生活在恐惧中,深怕因实际行动和实际存在而玷污了自己的内在本心的光明磊落"②。因为,它知道在个体主义社会中,个体行动总不被他人认同,自我的"优美灵魂"与道德判断之间相互不承认,与其冒险行动,它更渴望通过不行动保存自我的纯洁性和道义性。但是,这种"看起来"的道义性只是道德自我意识的一厢情愿和自我欺瞒,恶没有得到谅解,优美灵魂没有在现实性中实现和解,却留下了真实道德感觉"空虚"与"冷漠"。

三、和解作为重建社会共同体的伦理策略

任性之下的道德冲突是现代世俗社会中欲望伦理、个体化道德以及物化文明逻辑的必然,特殊性原则被强行排除的古代城邦社会与放任特殊性的现代自由主义,都无法真正解决"任性"问题。黑格尔认为,古代社会"柏拉图的理想国要把特殊性排除出去,但这是徒然的,因为这种办法是与解放特殊性的这种理念的无限权利相矛盾的。主观性的权利连同自为存在的无限性,主要是在基督教中出现的,在赋予这种权利的同时,整体必须保持足够的力量,使特殊性与伦理性的统一得到调和"③。个体任性在与伦理性的调和统一中得以保存,这就是和解的道路,和解④也成为重建现代社会共同体的伦理策略。

1. 公共领域的规范性重构:制度中的和解

无可厚非,这种"和解"的伦理精神发展道路是由黑格尔开辟的,但是,后世的非议往往掩盖了这一道路的历史价值。这是由于黑格尔在指出"和解"这一历史道路的同时,又把这种统一的力量赋予了国家。因为"现代国家的原则具有这样一种惊人的力量和深度,即它使主观性的原则完美起来,成为独立的个人特殊性的极端,而同时又使它回复到实体性的统一,于是在主观性的原则中保存着这个统一"⑤。但是,在后形而上学语境中,仅仅依赖于现实国家的实体性力量,这种和解也会走向强制或统治的异化,以国家为表征的伦理实体、伦理普遍性的价值幻灭

---

① 黑格尔.法哲学原理[M].范扬,张企泰,译.北京:商务印书馆,1996:143.
② 黑格尔.精神现象学:下卷[M].贺麟,王玖兴,译.北京:商务印书馆,1979:164-167.
③ 同①200-201.
④ 注:樊浩先生提出"和解"是当代精神科学的理论形态,尤其是多元文化时代中如何重建时代与文本之间的关系,在保存文化的精神本质的同时达成共识成为当务之急,强调其作为精神之学的和解的方法论意义。本文中的"和解",是在社会多元价值现实中道德自我与世界、道德自由与伦理认同、个人至善与良善生活等诸多"伦理-道德"的二元对立中,寻求一种二者辩证发展的道路。参见:樊浩.和解:"精神科学"的当代形态[J].学术月刊,2011(11).
⑤ 同①260.

了,但这并不意味着这条和解的道路行不通了。

因为,"和解"的历史价值在于:其一,和解是伦理道德的"家园精神"的辩证统一。它不同于承认是相互自由平等的主体间的价值中介,和解植根于人类精神家园,在与自我的矛盾对立因素之中寻找统一的可能。"和解(versöhnlichkeit)是这样一种精神,它恢复了人与自身的统一,人与他者的统一,人与自然的统一。"①其二,和解是伦理道德的历史发展过程,从传统伦理向现代伦理转变的重要契机与方式。正是在历史发展中"经历悲剧性冲突而达到某个较高的和解的揭示……两个目标都得到了实现。历史逐渐治愈了它制造的创伤"②。因而,在历史取向上与伦理认同接近,但不同于认同的单向维度,和解是双向的,兼具了伦理认同与道德自由的两重动力。其三,在现代复杂的社会关系中,和解是一项系统的伦理工程。它不仅在国家层面,也不仅仅国家才有这种伦理和解的能力;社会的多个层面、多重关系以及包括家庭社会有机体在内,都是和解的伦理精神作用的领域。于是,在现代文明中"欲望与合理性,道德的个体与实践的总体,物化的文明与'人'的觉醒之间的一种'伦理的和解'"③,就应该成为重建社会共同体的伦理力量。

因而,首先是制度中的和解,在这里伦理的历史就成为"制度性规范的更替"过程。在公共领域中的规范性重构上,一方面,在公共领域中社会共识达成、合作的可能是通过制度形式表现出来,制度对现实社会关系与问题起着调整、规范的作用。于是,"制度性规范"是与现实存在物结合在一起的,正如黑格尔所敏锐观察到的,"古希腊城邦却不可能也不应该被重建起来,因为它无法同现代的个体主义的自由精神相结合",而这种自由现实是"反映在市民社会的内在差异及财产关系中的"④。因而,在与财富、权力相关的社会冲突中个体自由通过制度性规范真实地确立下来。另一方面,随着社会的发展演变,个体自由的满足通过制度的变更得以实现,即个人的自由需要与能够满足的程度在社会制度中得以和解,和解在制度的历史变革中推动了道德发展。和解把多元化世界中个体性诉求与共同生活的制度规定相统一,于是,伦理上的"和解"就是为了在世俗社会中过一种伦理生活的努力。

2. 家庭中个人与共同体的统一:和解的中介机制

现代社会中超越个人任性的道德生活形态,是从家庭生活开始的。在从传统向现代社会的转变过程中,家庭作为自然伦理形态面临必然解体的命运,但同时,

---

① 泰勒.黑格尔[M].张国清,朱进东,译[M].南京:译林出版社,2002:90.
② 同①104-105.
③ 田海平.谁是道德的"敌人"——伦理由超验向经验转变中的文明作用[J].天津社会科学,2015(1).
④ 同①100.

它又是社会伦理的"第一环节"与伦理关系调整的枢机。无论是自然伦理形态还是社会伦理阶段,家庭一个非常重要的伦理功能就在于,使得相互对立的因素达成一致并在家庭伦理关系找到自己的位置。这就是家庭作为伦理和解机制的作用所在,同时,家庭中这种对立统一关系的"自然"属性也成为和解伦理精神的源头与训练场。

首先,家庭的出现使得人类动物性的自然需求成为一种"伦理事件",人与自身的自然存在达成和解,成为伦理性的存在。黑格尔认为家庭中的伦理同一性中,使得人类的自然欲求与对象之间的关系摆脱了纯粹的无意识(动物的本性)状态,而成为伦理精神发展的原始起点与内在环节。比如机械工作、种植、畜牧驯养等劳动产品在家庭生活中得到共享,剩余产品的出现、对物的占有促使人与人之间权利的合法化,性爱的单纯欲望要求也在家庭关系中得以纯化为夫妻之间的爱情、兄弟姐妹之间的情爱,而在教育中情感、需求等自然欲望得到安顿,从而把个体的人从特殊性提高到普遍性。即"在此种关系中,对立面的同一性不是表现为一方对另一方的征服,而是表现为完全有伦理内在的同一性"①。当然,这种和解是以自然性的扬弃为条件,个体的特殊性完全被家庭关系所掩盖,因而也造成了二者之间的紧张关系。

其次,多元社会中,家庭作为个体与社会矛盾、对立的和解中介的地位更为突出。家庭伦理之所以能够实现对立面之间的和解,是因为"爱",爱是家庭伦理和解的重要机制。哈贝马斯曾指出青年黑格尔用恋人关系来说明这一点,"在爱情中,分离的东西(das Getrennte)仍然存在但不再作为分离的东西(Getrenntes),而是作为一致的东西(Einiges);并且有生者(das Lebendige)感觉到有生者,彼此息息相通"②。爱既是一种自然情感,又是一种伦理情感;家庭成员之间有爱的需要,而在家庭关系中家庭利用爱把各个成员连成一体,成为一个"整体的"存在。比如对于婚姻而言,现代契约关系对于婚姻伦理属性("精神的统一")的解构,就造成婚姻成为两个任性个体之间的结合,其脆弱程度可想而知。但同时,现代家庭伦理关系的民主化、平等化的"再造",使其在自我调整中适应多元社会的变化要求。这样,一方面,在家庭中伦理和解经验成为个体进入社会领域最初的伦理经验。在家庭中,个体最初感受到的不是孤立的存在,人是关系性的存在,这种相互依赖的关系正是道德秩序得以建立的人性前提。另一方面,随着家庭关系的调整,家庭成员具备了与现代社会和解的"伦理技能",同时也更能接纳不被社会承认的成员重获伦理关爱,而防止经济与精神上"双重"贫困的发生。

---

① 张颐.张颐论黑格尔[M].侯成亚,等译.成都:四川大学出版社,2000:29.
② 哈贝马斯.作为"意识形态"的技术与科学[M].李黎,郭官义,译[M].上海:学林出版社,1999:9.

3. 他人对自我的道德约束：个体间的和解

个体间冲突的和解，是现代社会中最为复杂的一个环节，向上与国家社会这些作为"世界"的背景相联系，向下与个体的生命感受、主观心理相联系。更为重要的是，个体间的和解仅仅通过经济的或政治的方式是无法实现的。首先，在经济领域中，人们只是把个体行动归因于自我主观性的需求，而这种行动规范与社会关系的调整就依赖于法律，彼此在那些"外在"的财产、权利中承认对方的存在，它规定我们如何生活在一起。正如黑格尔所说："行法之所是，并关怀福利，——不仅自己的福利，而且普通性质的福利，即他人的福利。"①显然，这提供了共同生活的必然性，而不是自由性。其次，在政治领域中，罗尔斯的正义理论及其演化路径说明，即便是经过理论收缩，在政治领域中达成的公平正义的共识，但在多元化社会的现实中，"一个单一价值在社会里组成了社会秩序合法性的基础"②依然无法"应用"。和解，依然是一个悬而未决的问题。

因而，回到伦理领域，自我与他人之间的和解，根本上是要解决个体孤立存在的状态。个人之间除了这种外在利益诉求、相互支配的关联方式之外，伦理关系是否可能，"伦理式"的关联需要什么条件？对于这个问题，简单的回到个体原子状态的现代社会的产生以及个体自由、自主人格的现代生活经验，或是20世纪中国家所表征的伦理普遍性对个体的强制及其带来的"道德灾难"，都是不全面的。但这两个方面恰好说明了，作为现代伦理生活的"共同"经验，只是以个体的特殊需要为前提必然产生"任性"的个体，而没有个体自由的伦理普遍性构建同样是不行的。因而，个体间的伦理和解，不是以完全单子式的个体性存在为前提，个体间本就有共享的伦常习俗、共同的道德经验以及共通的道德情感。在这一点上，和解相较于承认更靠近认同，二者都在伦理共同体的场景之中。但同时，现实中个体间冲突的和解不是仅仅通过公民身份的获得就能得到解决的，个体的特殊性需要获得他人的承认，"他者"的异质性得到包容和尊重，进而通过限制自我的行动为他人的生存留下空间。这样，在一个共同的"世界"场景中，具有共同伦理习俗但又有不同性格特点的个体之间达到了和解。所以，个体间的和解也是个体生存"风格"的认可，在同一片蓝天下，我以"我的样子"生活，你以"你的样子"③生活。

在此基础上，现实生活世界中个体间的伦理和解，一个重要的前提就是道德生

---

① 黑格尔.法哲学原理[M].范扬，张企泰，译.北京：商务印书馆，1996：136.
② 霍耐特.自由的权利[M].王旭，译.北京：社会科学文献出版社，2013：107.
③ 注：在《精神现象学》中黑格尔就提到了"和解"之所以失败就在于道德自我意识被判断为"恶的意识"之后，而坚称"我就是这个样子"，但对方却没有同样的招认，于是带着失望回到自我意识自身就成为无法现实化的"优美灵魂"。参见：黑格尔.精神现象学：下卷[M].贺麟，王玖兴，译.北京：商务印书馆，1979：第六章"精神"第三部分"对其自身具有确定性的精神、道德"C节"罪恶及其宽恕"部分.

活状况的评估与分析。当下,个体间的道德生活呈现出一种"非完全的虚无主义"状态,这对于伦理和解是一全新的挑战。彻底的虚无主义或价值观之间的冲突与和解在前文中都有提及,非彻底的虚无主义是因为社会成员传承了民族国家共同体的伦理传统,这构成个体价值判断的"世界性"底色,但是在日常的差异化行动上又"遮蔽"了这一伦理属性。慈继伟先生就指出:"一方面人们口称不信上帝或不再信上帝,但另一方面他们的道德观却依赖于上帝存在这一前提,而他们本人并未意识到这一点。"①因而,凸显社会成员生活的共同世界背景②,在向个体开显伦理道德的"世界性"价值基础之上,个体行动的根据就摆脱了"隐蔽"和不透明的状态,而成为与他者之间的默契与共识。当然,作为一种行动理由而被自我意识到,并能对个体行动提供有效的辩护,这就涉及道德人格的同一性问题,自我的和解。

4. 人格同一性的可能:自我的和解

现在社会上流行一种说法,"不要变成自己讨厌的人",背后就透露出时代变迁、社会转型过程中道德人格的同一性问题。自我在社会发展演变过程中的身份焦虑,现在的我还是当初的那个我吗?当年的初心还在吗?自我的初心与现实行动如何保持一致?这些问题的背后还有一个更为根本的问题,自我能否对自己的行动提供有效的道德辩护?理性证明是否可靠?而这种提出行动理由的辩护与其说是向他人的证明,不如说是向自己的表白("我是什么样的人"),对自己的说明与说服。因而,实际上,自我的和解,敞开了道德行动根据的终极领域,使得行动理由处于"自明"的辨别与自我辩护的辩证关系之中。同时,通过道德行动理由的提出,自我将自己的自我意识与现实存在、自我判断与他人判断、理想性与现实性统一起来。

现代以来,有两种相互对立的道德行动理由的说明:一方面是理性主义,但启蒙以来的理性主义伦理生活观正面临严峻的考验,人们发现理性主义的道德理论内部正发生一场"自反"的斗争,即它所提出的道德宣称或者说道德辩护与道德行为动机之间出现了不一致、不和谐,造成道德自我的"精神分裂"。另一方面是德性主义,德性伦理进入到现代伦理的契机正是基于对理性主义的批评,而共同的伦常习俗以及共同体成员身份的认同,确实解决了自我内心的道德焦虑与理性主义的内在悖论,给自我行动找到了一个世俗世界的经验依靠。但是,这种共同体主义的视角也有自身的问题:其一是对个体成员道德意愿的忽视;其二,"好生活"传统模式也面临着现代转换和更新。因而,在道德行动的内在动机与可辩护的理由之间

---

① 慈继伟.虚无主义与伦理多元化[J].哲学研究,2000(5).
② 注:这里的"世界"不具有普适性,恰恰相反是指具有共同伦理习俗、民族文化心理以及现代国家等因素的社会共同体。因为,伦理"和解"发生的领域和方式都是较为具体的,它并不追求普遍性目标。

能否实现统一,成为自我和解的关键。

因而,在现代社会中,自我和解并没有排除个人的道德理性与反思;相反,从更成熟的形式上看,它成为"一种对社会特殊的批评性反思",并反对"被驱动去做他相信是恶劣的、有害的、丑陋的、卑贱的东西"。同时,在伦理共同体中给予自我足够的自主性空间,不能让"一个人被他想做之事弄得很厌烦、惊骇和沮丧"①。这样,在理性反思、底线坚守以及情感呵护等多重努力下,自我和解才是可期待的。因而,自我和解、人格同一性的实现与否也是考量"好生活"的重要指标,社会伦理精神健康与否的测量计。

---

① 斯托克.现代伦理理论的精神分裂症[M]//欧若拉·奥尼尔,伯纳德·威廉斯,等.美德伦理与道德要求.徐向东,编;谭安魁,译.南京:江苏人民出版社,2007:59.

"性善论"的精神哲学意义

许 敏

东南大学人文学院

摘 要 社会的急剧转型、伦理方式的根本转向解构了中国伦理认同的精神基础:"性善论"。"性善论"作为真理亟需获得新阐释使本身已是合理的内容获得合理的形式。为此,本文以黑格尔的精神哲学为理论资源,呈现性善论中"四心"与伦理客观化自身的环节之对应、同一与同构关系,表明"性善论"内蕴单一物与普遍物统一、伦理向道德自然转承的精神逻辑。性善论预设了个体获得自由的伦理能力,这是当前中国社会建构伦理秩序与个体生命秩序的精神前提。以精神的方式把握"性善论",使之成为解决当前中国问题的精神资源。

关键词 性善论;伦理;精神

"性善论"是中华民族的文化基因,是中国文化传统的精神基础和中国人安身立命的精神起点。然而,近年来中国社会频发的人性冷漠、冷酷甚至残暴的事件,使之遭遇猛烈冲击。人与人之间、诸群体之间呈现为高度戒备与防范。相互提防捍卫自身权利的人与群体,并没有因此获得安全感和自由,它正演变为一切人对一切人的战争。中国社会正发出振聋发聩的呐喊,"我们能否在一起?"在中国伦理型文化中,性善论信念是社会重建伦理秩序,个体真正获得自由和解放不可或缺的精神资源和精神根基。随着社会变迁,"性善论"亟需获得新阐释和新发展,因为从精神领域中真理发展的规律而言,它需要被理解并使本身已是合理的内容获得合理的形式。在这种资源的发掘和转换中,以黑格尔的精神哲学理论为分析工具,系统呈现"性善论"的精神哲学意义,彰显其对建构和谐社会秩序与个体获得自由和解放的意义尤为必要。

一、"性善论"与伦理的内在精神逻辑

伦理是人类超越自然有限性所创造的体现类本质即自由的精神世界,它作为自由的理念和活的善,是替代抽象善走向定在的环节和形式,是真正影响人们现实

生活的伦理力量。这些环节和过程是,"通过作为无限形式的主观性而成为具体的实体。具体的实体因而在自己内部设定了差别,从而这些差别都是由概念规定的,并且由于这些差别,伦理就有了固定的内容。这种内容是自为地必然的,并且超出了主观意见和偏好而存在的。这些差别就是自在作为地存在的规章制度"。[1]164 具体地说,中国儒家伦理的体系作为中国人成熟自觉的民族性格之表达,从设计主旨到礼仪规范各环节都是伦理客观化自身的生动呈现。伦理通过无限形式的主观性而成为具体的实体:家—国—天下,它们是体现伦理必然性的差别性实体,这些实体内部又通过制定各种规章制度,如"伦""份"与礼仪,使伦理必然性得到落实。

"伦"是中国人的实体自觉。孟子曰,"人之有道也,饱食、暖衣、逸居而无教,则近于禽兽。圣人有忧之,使契为司徒,教以人伦:父子有亲,君臣有义,夫妇有别,长幼有序,朋友有信。"(《孟子·滕文公上》)父子、君臣、夫妇、兄弟、夫妇为五种基本的人伦关系。五伦设计原则是人伦本于天伦,父子、兄弟为天伦,君臣、朋友为人伦,夫妇介于天人之间,君臣对应父子,朋友对应兄弟。这五种基本的伦理关系隶属于三大伦理实体:家、国、天下(四海之内皆朋友)。儒家对伦理实体的设计逻辑是家国一体,由家及国至天下。家、国、天下是既有内在逻辑关联又相互区别的伦理实体。"五伦"涵盖了家、国、天下三种差别性伦理实体中最基本的人伦脉络,是社会建构伦理秩序和个体生命秩序的基本内容。"伦"之精神旨向是"和"——"家齐、国治、天下平",超越自然状态的矛盾与冲突,建构起属于人的自由世界。

差别性的实体又通过各自内部不同的规定,将伦理必然性落到实处。这种规定包括两环节:一是"伦"向"份"的细化,不同伦理实体内部伦理关系和伦理角色不同,进而又有不同的份(即"伦"与"份"是相对应的),"为人君,止于仁,为人臣,止于敬;为人子,止于孝;为人父,止于慈;与国人交,止于信"。(《大学》)后被发展为父慈子孝、君惠臣忠、夫义妇顺、兄友弟恭、朋友有信。父子、君臣、夫妇、兄弟、夫妇为"伦",父"慈"子"孝"、君"惠"臣"忠"、夫"义"妇"顺"、兄"友"弟"恭"、朋友有"信"为各自伦理角色所承载的伦理义务——"份"。二是"份"向"礼"的转化。"份"既定,如何付诸实践?这是"礼"的伦理使命。相对于"份","礼"作为伦理普遍物客观化自身的最后环节,具有更大的直接性、具体性,它把"份"的要求具体化为规范与准则,并由此衍生出一系列形式化的礼仪,直接付诸人的道德实践。家、国、天下三种不同伦理实体中都有详尽的礼仪制度。儒家伦理的设计以"惟齐非齐""和而不同"为原则,以发端于家庭血缘关系中自然的不平等和神圣性,体现"和"的伦理必然性。在儒家伦理中,"整个社会仿佛一队交响乐团,不同人处于不同位置,有不同角色规范,然此等不同,并不引致矛盾和冲突,而是彼此补充,构成谐协的整体。"[2]113 个体安伦尽份,社会和谐有序,"家齐、国治、天下平"。总之,在中国儒家伦理中,伦理通过主观形式逐步完成了自身的客观化,家—国—天下,伦—份—礼,共同构成建构社会秩序、调整个人生活的永恒正义和必然性力量。

伦理最终必须以个体为载体获得显现的形态和现实性。同样,个体也必须分享、凝结伦理普遍物才能获得实体性的自由。因此,伦理必须走向道德。但如何走向道德?黑格尔认为:"充分认识伦理性的东西与个体内在的关系同一是属于能思维的概念的事。"[1]166 换言之,伦理向道德转化应该是概念的逻辑展开。所以黑格尔说:"关于德的学说不是一种单纯的义务论,它包含着以自然规定性为基础的个性的特殊方面,所有它就是一部精神自然史。"[1]169 即德的形成是个体微缩再现类获得自由的历程。个体与伦理实体、伦理普遍物之间具有内在必然的同一性,以证明伦理性的实体是个体的真正本质,它对个体来说不是陌生的东西,相反地,个体在其中感受到没有任何区别的同一性,"这是一种甚至比信仰和信任更其同一的直接关系"[1]166。

"性善论"是儒家伦理中伦理与道德内在同一性的体现。它从实体、"普遍物"出发,缜密呈现伦理普遍物与个体内在的同一性与同构性,表明无论从内涵还是实现方式上,个体与伦理普遍物都是完全同构的对应关系,这里已经蕴含了单一物与普遍物统一、伦理向道德自然转承的精神逻辑。

二、人性与伦理的精神统一

何谓"善"? 黑格尔认为,"善就是被实现了的自由,世界的绝对最终目的"[1]132。善的本质是自由。"性善论"认为人本性善良,先天具有获得自由的可能性与能力。孟子曰:"恻隐之心,仁之端也;羞恶之心,义之端也;辞让之心,礼之端也;是非之心,智之端也。人之有是四端也,犹其有四体也。"(《孟子·公孙上》)"仁义礼智,非由外铄我也,我固有之也,弗思耳矣。"(《孟子·告子上》)个体先天具有"仁、义、礼、智"四德的萌芽。

性善论预设了人性与伦理内在的精神同一性,即个体先天具有获得自由的伦理能力,回归实体性,建构并践履与他人的实体性同一关系,是个体由自在走向自由的全部使命。"恻隐之心、羞恶之心、恭敬之心、是非之心",作为"仁、义、礼、智"四端与伦理的精神统一性体现为恻隐之心:伦理实体感;羞恶之心:伦理敏感性;恭敬之心:良能,分别对应于伦理客观化自身的环节,伦:实体—份,义务—礼;"是非之心":良知是涵盖个体的伦理实体感、"义"之伦理敏感性、"礼"之良能,由形上—形下—形上螺旋式上升,最后复归于伦理实体,知行、思维与意志统一的能力萌芽。"性善论"表明个体自在地分享了伦理的全部基因,内含隐而未发的道德种籽。

(1)恻隐之心——伦理实体感

恻隐之心是四德中最为根本的内容"仁"之萌芽,是人发自内心的怜悯、同情同类的实体感、一体感。人与万物在最初自然的意义上是混沌不分的原始统一状态,随后逐步区分而产生对立与冲突。只有人能够超越"分"的冲突状态,复归于"和"的自由世界。王阳明说,"天地万物与人原是一体,其发窍之最精处是人心一点灵明。"(王阳明《传习录》下)人的高贵之处在于能够使无限的东西和完全有限的东西、一定界限与完全无界限统一起来,即具有超越有限性而达于无限自由的能力。个体也自在地分享这一类本质,呈现为恻隐之心,即与他人、他物相与为一的实体感。个体意识到自己不是一种孤立的存在,而与他人、他物具有同一性关系。个体与别一个人或物的统一方式是从实体性出发,通过分享实体性而相互统一起来,以此超越"分",实现"和"。

家、国、天下,从人到自然万物,恻隐之心的实体感覆盖各种差别性伦理实体:家庭作为自然的伦理实体,其血缘之情是"恻隐之心"的自然之源和泉眼。"恻隐之心"从家庭出发向外衍射,呈同心圆般涟漪扩展,每一个同心圆代表不同层面的伦理实体。在不断扩展和提升的伦理实体中漾开的"恻隐之心",表现为"亲亲—仁民—爱物"。"亲亲"之情是对有血缘关系的家庭、家族内部成员的实体感,即"见父自然知孝,见兄自然知悌。""仁民"之心是对家族之外的国家乃至文化意义上的"天下"之人的一体感,将血缘之情提升至"人"的实体感。"爱物"之心是与自然万物相统一的实体感。个体对人之同类怀有"怵惕恻隐之心";对"有知觉"之同类的鸟兽存有"不忍之心",对有生命之同类的草木抱有的"悯恤之心";对无生命的在存在意义上的同类之瓦石持有"顾惜之心"。(王阳明《大学问》)从人的世界到物的世界,从人类社会的和谐到人与自然的和谐,这是一个逐步向更高实体回归也是获得最高、最终自由的过程。

"恻隐之心"的伦理实体感表明个体能够在不同境遇下,针对不同对象,按照相应的伦理实体超越矛盾与冲突,实现"和"的能力。反之,无恻隐之心意味着缺乏实体感,没有伦理实体的归属意识,也意味着同一性能力的缺失,这将陷入与他人、他物对立冲突中,自由亦无从谈起。所以以人的类本质——自由为参照,无恻隐之心的确不应是"人"的存在,孟子曰"无恻隐之心,非人也"。我们每个人内心最为柔软之处,就是与生俱来的怜悯同类的"恻隐之心",是蕴藏在每个人心中引导个体从"我"走向"我们",最终获得自由和解放的能力。

(2) 羞恶之心——伦理敏感性

"羞恶之心,义之端也。"何谓"义"?"义者,宜也。""义"是个体对伦理应当的敏感性。

在儒家伦理中,伦理秩序的"和"是以"差别"为其实现方式即"和而不同"。具体说来,在立体的人伦网络中的不同节点,不同的伦对应不同的份,即不同的伦理权利与伦理义务。每一个体必须按照其所处的伦理角色履行其伦理义务,这是伦理作为普遍物对个体的必然要求。"份",即"分"、区分和区别,明确规定了个体行为的伦理应当。它是伦理在客观化自身的重要环节,以规律和原则的形式体现普遍物。在黑格尔看来对伦理的直道而行就是伦理的正直、儒家的"义"。

人性中天然具有"义"的萌芽,"羞恶之心,义之端也"。朱熹注:"羞,耻己之不善也;恶,憎人之不善也。"(朱熹《四书集注》)"羞"是个体的自我反思与省察,对自身的不当行为与动机心生愧疚难当之情。"恶"是个体对他人不当行为与动机的判断与评价。个体"羞"与"恶"的评判标准就是善。但这种善在个体内部还是抽象的、形式的善,需要以客观伦理、"份"(义务)为内容和依据,因此说"羞恶之心"只是"义之端"、萌芽,还需要进一步教化和修养。它对于个体的解放意义在于,表明个体先天具有内化伦理普遍物,恪守"伦份"的伦理敏感性。

具体来说,"份"与"义"的精神同一性表现为,义务通过限制个体的自然意志和主观任性,规定个体行为之应然,而个体自身具有以"份"为普遍内容的伦理自觉。

一方面,"份"使个体摆脱从情欲、冲动和倾向等自然意志的规定性中汲取其内容作为行为依据的状态。人最初根据在他本身内的直接实存是一种自然的东西。[1]64事实上,自然的东西自在地无所谓善恶,自然万物的存在皆如此。但人作为精神是一种自由的本质,他具有不受自然冲动所规定的地位。[1]29所以自然的东西一旦与自由相关时,就因包含不自由的规定而成为恶。换言之,人如果希求自然的东西,那么这种东西就成为与善相对抗的否定的东西。恶的本性在于,人能希求它,而不是不可避免地必须希求它。[1]145-146那么对于个体来说,如何满足自然需要?使冲动纯洁化,以庄严的哲学格式将自然冲动从它们直接而自然的规定性的形式,以及从它们内容的主观东西和偶然东西解放出来,而还原到它们实体性的本质。换言之,以自由的逻辑替代自然的天性,以人的方式来实现,在伦理实体中,"份"赋予自然冲动形态表现出来的内容以合理的实现方式。在儒家学说中,修身养性是个体向实体性回归,不断提升人性的过程。"身"是自然冲动的载体,是个体性、私欲的象征,是需要被克服扬弃的"小体";"心""性"是道德本体,是需要存养的"大体"。因此修身养性就是要"养心寡欲"。(《孟子·尽心上》)以伦理普遍物扬弃个体性,使个体获得普遍性的教养,成为普遍物的特殊性存在。

另一方面,义务又使个体摆脱了在自我反思中缺乏客观规定性的主观特殊性,即主观性的任性。它将个体从"主观性所死抱住的抽象的善"[1]168中解放出来。"份"所规定的客观内容作为真正的善才是个体省察自身与评判他人的客观标准。

"份"所表达的伦理应当因此转化为个体行为之"义",即将客观伦理付诸行动的伦理敏感性和伦理自觉性。个体自觉地以客观伦理、"份"为标准,进行自我省察和对他人行为的判断监督,自觉维护伦理正义与伦理秩序。这是将客观伦理内化为自身认知并向行为转化的重要环节。客观伦理的实现仰赖个体的主观呈现,将实体性从形上思维、概念转向落实为行动的伦理自觉,这是伦理实现与个体获得自由的必然要求。"人不可以无耻,无耻之耻,无耻矣"(《孟子·尽心上》)人性中与生俱备的"羞"与"恶"共同构成个体对伦理的敏感性即"义"的萌芽。"无羞恶之心,非人也","羞恶之心"是个体获得自由所必备的能力,也是理论向实践转化的必要环节,否则客观伦理、个体的伦理实体感都只是"优美的灵魂"。

(3) 恭敬之心——良能

《说文解字》曰"礼,履也"。"礼"作为规范、礼仪、规章制度,是伦理普遍物客观化自身的最后环节,它作为调整个人生活的伦理力量,将伦理实体性落到实处。相对于"份",礼则具有更大的直接性、具体性,直接付诸人的道德实践。"礼之用,和为贵","和"即伦理秩序、伦理自由实现的样态,体现了儒家伦理的精神和"秩序情结"。周公制礼"经礼三百,曲礼三千",纲目毕张,矩细皆备。"礼"通过对"伦"与"份"的生动演绎,准确呈现差序格局中的伦理秩序。"冠以明成人,昏以和男女,丧以仁父子,祭以严鬼神,乡饮以和乡里,燕射以成宾主,聘食以睦邦交,朝觐以辨上下。"[3]328乡饮酒时,主人拜迎宾于庠门之外,三揖而入,三让而升,所以致尊让;盥洗扬觯,所以致洁;至、洗、受、送,皆拜,所以致敬。相接以尊让则不争,挈敬则不慢,不慢不争则远于斗辨,而无暴乱之祸。故云:"非专为饮食者也,为行礼也。"又曰:"乡饮酒之礼,六十者坐,五十者立侍以听政役,所以明尊长也,六十者三豆,七十者四豆,八十者五豆,九十者六豆,所以明养老也;民知尊长养老,而后乃能入孝弟;民入孝弟,出尊长养老,而后成教;成教,而后国可安也。君子所谓孝者,非家至而日见之也;合诸乡射,教之饮酒礼,孝弟之行立矣。"礼记射义,曰:"古之诸侯之射也,必先行燕礼,卿大夫之射也,必先行乡饮酒之礼。故燕礼者,所以明君臣之义也,乡饮酒之礼者,所以明长幼之序也。"[3]359礼以"非齐"的行为规定实现伦理的"齐"与"和"。

"礼"作为超越个体的伦理力量,"不仅包含着对生命形式的共时性承诺,而且包含着对生活传统的历史性承诺"[4]。它将伦理演绎积淀为风俗,浸润每一代人、每一个体。从根本上说,客观形态的礼以个体为载体实现伦理之"和"。同样地,内化客观之礼并外现为斯文的以及良好行为方式的个体,是获得真正自由的存在。"克己复礼"是个体获得自由解放的必由之路和伦理要求。

"恭敬之心,礼之端也",表明客观之礼与主观个体的内在统一,非外铄于我,心中自有之。《说文解字》曰:"恭,肃也。""肃者,持事振敬也。""恭"与"敬"可以互释,是对实体虔敬之情的行为表达,是礼的本质与内涵。这也是"礼"作为祭祀本义的体现。祭统曰:"凡治人之道,莫重于礼。礼有五经,莫重于祭。夫祭者,非物自外至者也。自中出,生于心者也。心怵而奉之以礼。是故唯贤者能尽祭之义。故所以重祭礼者,欲人能致其诚敬而已,故可以为'教之本'为治国之本也。"[3]363在祭祀中个体产生的敬畏、虔诚两种情愫,不是外在赋予,而是发自内心地对实体的虔敬之情。中国人的祭祀传达出中国文化尊天敬祖的旨向，因为"天之大德曰生""人本乎祖"，"天""祖先"是儒家伦理价值始点或终极实体。"恭敬之心"表明个体内在地具有执着坚守伦理实体感之"仁"与伦理敏感性之"义"的意志。正如，"恻隐之心"是个体内在的实体感、"羞恶之心"是伦理敏感性，那么，"恭敬之心"则是将"伦"与"份"付诸行动的良能。它是个体先天具有的将实体感准确外化为对天地、祖先的敬重，对他者辞让相尊，虚己让人之行为的能力。无论是丧祭礼中个体流露出的虔敬之情，还是乡饮酒礼、燕射之礼中的辞让之行，都是个体内部自足的伦理实体感与伦理敏感性的恭敬表达与遵行。

据《史记·孔子世家》所载，孔子"儿时嬉戏常陈俎豆"。俎豆是祭祀之物，张德胜认为，礼的传统在孔子孩提时代便已渗入他的脑细胞了，人所娴习而信守的东西，往往成为自我的一部分。[2]27 在儒家看来，外在礼仪教化的实质是对个体"恭敬之心"的启蒙与接引，通过庄重肃穆的仪式，唤醒个体对实体的敬畏与恭敬之情使之外化为行动。

（4）"是非之心"——良知

"是，知其善而以为是也；非，知其恶而以为非也。"（朱熹《四书集注》）辨别是非进行道德反思是人与生俱来能力。人之异于动物就因为他有思维。思维就是使对象普遍化，它透过感情和表象，将对象包括人自身的一切特殊性都剥离，获取具有普遍性的本质与规律，以此作为实践的前提。至于思维能否转化为实践而成为现实，取决于是否以普遍物为内容。"是非之心"作为最初的追求普遍化的能力，蕴含个体获得自由的萌芽与要素。换言之，个体具有道德思维和判断能力，实体和普遍物为其提供客观内容和标准。

在伦理共同体中，在条分缕析的"份"和纲目毕张的礼仪之中，是非善恶的标准很明确，个体简单地按照规定行动也体现了普遍物。但在黑格尔看来，这只是一种伦理的正直，仅仅是一种较为低级的东西。[1]168 因为"一个人做了这样或那样一件合乎伦理的事，还不能就说他是有德的；只有当这种行为方式成为他性格中的固定要素时，他才可以说是有德的。德毋宁应该说是一种伦理上的造诣"[1]170。这要求个体准确地把握伦理普遍物，尤其是在真正的冲突中凸显个体德性的层次。众所周知，"份""礼"在一般意义上规定善恶标准和行为方式，但并不能穷尽现实生活中所有场景下的行为方式。即使在各种关系已经得到充分发展和实现的比较成熟的伦理状态中，也要求个体在真正冲突中具备明确的判别、做出符合精神本性的抉择。这种艰难的道德选择考验个体的道德水平。"真正的德只有在非常环境中以及在那些关系的冲突中，才有地位并获得实现。"[1]169 这种非常环境是由真正的冲突造成的，需要个体做出真正的牺牲。这就要求个体具备应对道德困境，充分发挥个体坚守伦理本性的主观能力。

当伦理普遍物成为个体性格中的固定要素时,这一目标才能够实现。这要求理性认识达到更高的境界,这包括两方面:一是个体意识到伦理普遍物与自我的深刻同一性与解放性。个体的精神证明伦理性的实体就是自身的本质。个体曾经与伦理实体相抗衡的主观意志,及其缺乏客观普遍性的形式的良心在伦理实体性中消失了。"意识到他的尊严以及他的特殊目的的全部稳定性都建立在这种普遍物中,而且他确在其中达到了他的尊严和目的。"[1]171 个体的主观性本身成为呈现实体的绝对形式,是伦理性实体实存的外部现象。个体性与普遍物、伦理与道德实现了统一。至此,在关于是与非的判断上,个体的主观任性被彻底扬弃,代之以实体性的伦理普遍物,是对"仁"与"义"的真理性认识,表现在是非判定上的伦理坚守即为良知。二是通透地理解和把握人类的精神世界,超越现象世界的有形规范进入形上的澄明之境。这就是"智","智者,无惑"。个体再现类生命的精神历程,精神世界是源出于人类的自由世界。个体自在地拥有这种通达自由的能力,知道自己是某种无限的自由的东西,拥有洞悉一切、超越一切,回归实体的能力。至此,个体不再局限于情感、认识与实践的区分,而是自然而然的合一,理性与意志的统一。最终在伦理、道德从实体—个体—实体螺旋式上升的圆圈运动中,每一个体最终都复归于伦理实体,精神成为天性,伦理成为一种性格。

"是非之心"作为"智之端",表明个体自在地分享类所具有的超越分的世界,以实体感消弭冲突,以"义"为路径,以"礼"为践履,再复归于实体达于澄明之境,最终获得自由的能力。

三、"性善论"的现代意义

在现代科学面前,人性论是一个有待证实的科学问题,事实上,它从来不是一个科学问题,而是隶属于精神范畴的人文设定。黑格尔在谈到教育学时指出:"教育学是使人们合乎伦理的一种艺术。它把人看做是自然的,它向他指出再生的道路,使他的原来的天性转变为另一种天性,即精神的天性。"[1]171 这清晰地表明,德性不是从个体自然本性中自然流淌出来的,而是经由教育赋予取代最初的自然本性的第二天性。换言之,伦理普遍物根本不是从个体中内生出来的,相反是艰苦的教育使之成为个体的伦理性的性格。那么,个体接受教育获得伦理解放的前提是什么?这就是人性设定。人性设定是超越个体自然本性、超越以科学方式把握客观自然的方法而人为做出的价值设定,即精神世界的设定。黑格尔将德性的形成称为是一部精神的自然史,其中自然规定性只是构成个体存在的特殊方面,是精神生成和发展的自然载体,关键词是精神。所以,人性论只能以精神的逻辑来理解和把握,它是精神世界的真理,以科学的态度求证人性只能是与真理渐行渐远。

"性善论"是中国儒家文化在精神世界中的人文设定,它需要我们用精神的方式来把握和呈现其在伦理普遍物客观化自身,同时将个体提升至实体之辩证过程的重要作用。在黑格尔看来,性善或性恶的设定都是主观任性,但这是一个民族、一种文化的主观设定,性善论赋予直接意志的各种规定以内在的肯定性,因而认为人性本善;但这种自然规定是与自由和精神的概念相对立,应该被否定与根除,因而人性是恶的。他认为,性恶论比性善论要高明些,基督教的原罪说对于人而言更具有自由解放的意义。[1]28-29但事实上,中国的性善论设定并非将人的自然规定设定为善,而是将人之所以异于禽兽者,作为潜在的自由本质被设定为"大体",它同样张扬了人的自由本质,与基督教的设定殊途同归。

既然"性善论"是一种人文设定,它就不应当作为知识被认识,而应遵循精神的规律被认同。"性善论"作为中国人心中长期信守的素朴信念,需要个体的伦理认同即价值皈依。当前中国社会伦理认同的难题在于,随着社会的急剧转型,传统伦理实体遭遇解构,社会的伦理方式已经从实体性出发转向"原子式地探讨"的集合并列方式①,即以单个的人为基础而逐渐提高,个体的主体性得到极大张扬,这表明时代的教养已经发生根本转向,个体已经不满足于无条件地接受和信守某一信念,一切应认为有效的东西都遭到了理性质疑。个体作为自由思维的存在,从自身出发要求理解和知道在内心深处自己与真理是统一的。"性善论"呈现了与伦理的精神同一性,证明其对个体的解放意义。

"性善论"饱含了中国伦理型文化的逻辑,是解决当前社会转型中所遭遇伦理难题的中国智慧。与西方宗教型文化仰赖外在的超越,即以人格化上帝为监督、忏悔、赎罪,以彼岸世界为目标而获得解放不同,中国伦理型文化是内在型超越,在现实生活世界完成自由和解放,没有人格化的超越性存在,完全依赖个体的自我内在超越,因此,它重视唤醒和培育个体的道德自觉,将超越性的能力赋予每一个体。性善论的设计理念是从伦理实体性出发,并以向伦理实体性复归为目标,将实体性作为个体的伦理禀赋先天地给予个体,使单一物与普遍物具有内在的精神统一,由此不假外力,水到渠成。中国儒家文化乐观、从容、自信,对每一个体给予充分的信任与期待,相信每个人能够成为一个参天地之化育的自由人即大人。它似一位和颜悦色的老者、智者,"润物细无声",教化心灵于无形。"文化之于社会,犹如性格之于个人。"这是中国文化独具的大智慧,也是当前中国社会公民道德发展的精神资源。

---

① 黑格尔曾断言:"在考察伦理时永远只有两种观点可能:或者从实体性出发,或者原子式地进行探讨,即以单个的人为基础而逐渐提高。后一种观点是没有精神的,因为它只能做到集合并列,但是精神不是单一的东西,而是单一物与普遍物的统一。"

参考文献

[1] 黑格尔.法哲学原理[M].范扬,张企泰,译.北京:商务印书馆,1961.
[2] 张德胜.儒家伦理与社会秩序[M].上海:上海人民出版社,2008.
[3] 蒋伯潜.十三经概论[M].上海:上海古籍出版社,1983.
[4] 杜维明.儒家思想新论:创造性转换的自我[M].南京:江苏人民出版社,1991.

文化视域中的行政精神

王 锋**

中国矿业大学文法学院

摘 要 行政精神是一种观念性存在。这种观念性存在预示着行政精神的客观存在性,首先是作为一种客观精神而存在。这种客观精神又可以进一步从技术与价值,或者技术与伦理两个方面来展开。而当我们这样来理解行政精神时,当我们把行政精神理解为一种具有主观性特征的客观精神时,我们就会发现,行政精神是可以进一步分为三个层次的,即作为客观存在的社会精神,作为实存的组织文化以及作为主体性的行动者的美德。

关键词 行政精神;客观精神;双重维度;三个层次

如何理解行政精神?根据我们的总结与思考,应当注意行政精神的"一、二、三"。简单说来,作为一种观念性存在,也就是说作为一种具有主观性特点的客观性存在,行政精神到底如何理解,就成为一个需要深入思考的问题。不同于物质形态的客观存在,行政精神的客观实在性具有特殊性,这就是它是一种观念性的存在。但这种观念性的存在并不能否认其本身的客观实在性。从客观实在性出发,沿着公共行政的双重性特点进一步深入,我们对行政精神的把握可以从技术与价值两个维度得以展开。在此基础上,我们说,作为一种具有主观性特点的客观存在,行政精神首先是作为一种客观的社会伦理精神而存在的。而这种客观存在的伦理精神要体现自己的存在,就必须转化一种实存的存在形态,这就是说,社会意义上的作为绝对精神存在的行政精神要落实为一种实存性的形态,这就是以组织文化的形式存在的行政精神。而行政精神要有效发挥作用,就要内化为行政管理者的一种美德。此种意义上的行政精神更鲜明地体现出主观意志的特征。因而,

---

* 基金项目:本文为国家哲学社会科学基金《行政精神研究》(13BZZ061)、江苏省 2014 年"青蓝工程资助项目"及第七批中国博士后特别资助项目《走向服务型政府的行政精神研究》(2014T70496)的阶段性研究成果。

** 作者简介:王锋(1973—),男,陕西澄城人,哲学博士,中国矿业大学文法学院教授,南京大学公共管理博士后,主要研究方向为行政文化、行政哲学。

我们认为行政精神是具有主观特征行政的客观性存在,是主观精神与客观精神的高度统一。

一

公共行政有精神吗？这是人们看到"行政精神"一词后最直接的反应。行政精神似乎是个不可思议的东西。公共行政是理性的化身,在人们心目中早已形成了一种刚性的、僵硬的印象,而精神则是一种内在的品质、气质,属于意识方面的内容,具有相当大的主观性。行政与精神两个词无论如何也发挥不出巨大的想象力,能把它们结合在一起。正如法默尔所说:"'行政精神'这个短语似乎是一个矛盾修辞;行政和精神似乎是不相容的两个东西。出现这种情形的原因在于,行政实际上被看作是理性化的同义语。人们认为,这一靠规则和程序为生的东西将使那所谓的精神性的本质永远地附属于理性。不论正当与否,人们认为,它就是要使人附属于无生物,使人附属于非人,甚至可能是要使精神的热情与活力附属于理性的冷漠的'不'。"①行政与精神分属于不同的世界,二者无论如何是无法联系在一起的。公共行政真的有精神吗？行政精神何以成立？

行政是有精神的。行政与精神是可以结合在一起的。纯粹技术化的行政是无头脑的,它很容易为强权所左右。公共行政服务性的发展,凸显了行政与精神之间结合的必要性与可能性。行政精神所表达的是在一个稳定的社会结构下政府及行政管理者所形成的具有稳定的、长期性且相对固定的规则、意识、要求等。行政精神是一种观念性存在。这也就是说,精神离不开人的意识,在某种意义上具有主观性特征。但问题在于,这种主观性就是一种纯粹的主观任意吗？如果我们从一种客观的意义上来看,我们就会发现,行政精神虽然具有主观性,但其内容是客观的。这也就是说,它是一种客观性的主观性表达。行政精神可以从客观与主观两个层面上来进一步把握。一方面是作为客观精神的行政精神。一定的行政精神是建立在一定的社会关系以及行政关系的基础上的。如果说社会关系及行政关系是客观化的,那么在此基础上所形成的相应的行政精神也是客观的。农业社会、工业社会以及后工业社会相应的等级关系、交换关系及服务关系决定了与之相应的统治行政、管理行政以及服务行政,也就形成了相应的经验化的行政精神、理性化的行政精神与超理性的行政精神。作为客观精神的行政精神是在稳定的社会结构下所形成的占主导地位的在社会中以及在行政组织内的氛围、要求,这种氛围是客观存在的,是在既有的历史变迁中逐渐形成的。这种客观化的行政精神通过制度、思想、

---

① 法默尔.公共行政的语言:官僚制、现代性和后现代性[M].吴琼,译.北京:中国人民大学出版社,2005:265.

规则等物化的形式表现出来。对于既定的行政组织及其内部行政人员来说,这种稳定的行政精神就是他们行为的背景性框架,是他们行动的选择性背景。另一方面,行政精神又是主观的,这种主观性就体现在它附着于行政管理者身上,是既有的社会行政精神在个体身上的内化,同时,又在他们身上典型地体现出来,从而具有鲜明的个体性及主观性。理解行政精神应当从社会及个体、客观与主观两个维度来思考。如果仅仅关注其主观性的一面,那就会把行政精神理解为纯粹的主观任性,变得无法把握;如果仅仅从客观性的一面来理解,那就会把行政精神看成与行政管理者没有任何关联的纯粹外在的东西,从而失却了行政精神的实质性意义。

作为客观存在的行政精神,是作为物化存在的公共行政组织的核心与灵魂,行政精神是在一定社会中生成的,并且在长期实践中累积而成,是在长期的行政实践中所形成的精神性存在。任何历史时期的公共行政都有自己独特的行政精神,它包含着社会对特定条件下公共行政的期望与要求,这种期望与要求不是随意的,也不是个别行政人员的主观任性,而是有着深刻的历史必然性,具有客观性的内容。这种内容既是社会要求的凝结,也是行政实践的丰富总结,它在演进中物化为行政思想、行政制度、行政理想,转化为行政人员的行政意识、行政态度、行政情感、行政伦理,但这些外化与物化的行政精神,其核心都离不开行政精神的支撑,没有行政精神,这些东西都成为离散性的。行政精神的主观性就在于它是特定历史时期客观形成并作为行政人员的生活背景,它内化为行政人员的行政态度、行政情感、行政美德,这些具有主观形式特点的行政精神构成了行政精神丰富多彩的一面,没有个体的特殊表现,没有个体对行政精神的体认,行政精神也就无以表现出其多样性、丰富性。恰恰是由于不同的行政管理者,才使得行政精神表现出丰富多彩的样式,才不至于使行政精神成为冰冷的说教。行政精神是公共行政活的灵魂,是与丰富的行政实践如影随形的。如果说作为客观精神的行政精神是其普遍性的一面,那么,作为主观精神的行政精神则是其特殊性的一面。

正如黑格尔所说,精神有着自己的发展史。行政精神也有自己的历史。从人类社会的演进历史来看,人类社会经历了农业社会、工业社会,现在正处在后工业社会的待发点上。农业社会的统治行政是基于权力意志的行政管理,其典型的行政精神是经验化的行政精神。工业社会的管理行政是基于法治的行政管理,其典型的行政精神是理性化的行政精神。而正在生长中的后工业社会的服务行政是基于伦理精神的行政管理,其典型的行政精神是超理性的行政精神。如果说农业社会的治理是基于权力意志,工业社会的治理是建立在法治精神上的话,那么后工业社会的治理则是建立在伦理精神的基础上。后工业社会服务行政下的伦理精神内在的要求公共行政的技术性与价值性在服务行政过程中达到高度统一。

农业社会政治与行政混沌一体,尽管行政管理以独特的形式顽强地表现出自己的存在,但在统治居于一切的思维中,行政管理事实上只能作为政治的附庸。工业社会的社会分工与专业化的深入发展,使得管理与协调成为必然,这也就构成了管理行政生长的空间与理由。后工业社会作为一种根本不同的社会类型,其核心在于人与人之间服务关系的生长并成为社会的主导性关系,在人与人之间相互服务与被服务的过程中,政府的核心与作用就在于为这种普遍性的服务关系提供服务,这种服务必然是公共服务。这就成了后工业社会条件下服务行政生长的空间。管理行政的物化形式最为典型的体现就是官僚制体系以及基于控制的思维而倾向于对社会一切领域进行规制,即用法的精神来控制社会,确保社会处于确定性状态。但是后工业社会的发展,使得这种管理形式及其精神类型越来越不合时宜了,规训化的管理无法容纳后工业社会的丰富内容与实践。后工业社会以服务行政社会的服务关系为基础,以人与人之间的相互服务为核心,以人的回归为目的,在满足人的要求与实现人的要求中实现公共行政的存在价值。这样也就预示着后工业社会将要发展出与之相应的行政精神。

文化的核心是精神。每一种文化都是关于它所生长的环境的精神化表达。如果一个社会出现了普遍的精神危机,那么存在着两种可能:第一,是这个社会内部隐含着危机与冲突,且这种冲突与矛盾已经从其内部不可调和,因而这种危机就是这个社会处于危机四伏在精神上的表现;第二,这种精神危机可能预示着一种新的文化类型的出现。正是在这个意义上,格里芬说:"如果工业资本主义最深层的危机是文化危机的话,那么我们必然会在其核心之处发现一种精神危机。"[①]如果说工业社会孕育了伟大的法治精神,把社会一切领域都试图置于规则的控制之下,这在管理行政中得到了淋漓尽致的体现,那么,后工业社会的风险性、反思性则意味着建立在工业社会基础上的法治精神不再适合时宜了,不能适应后工业社会的治理要求,时代呼唤一种新的行政精神出场。

二

笔者曾提出公共行政的双螺旋结构这样一个理解框架。在笔者看来,片面强调公共行政的技术性或价值性无论是哪一个方面,都无助于对公共行政的整体准确把握,而我们在理论与实践中对公共行政所造成的误读与误解在很大程度上也缘于此。对公共行政来说,技术性与价值性构成了公共行政的两极,这两极犹如双螺旋的两股,它们是平行的两股,这二者之间存在着矛盾,这种矛盾及其解决,交替影响公共行政,从而使公共行政本身的发展呈现出螺旋式上升的过程。换句话说,

---

① 格里芬.后现代精神[M].王成兵,译.北京:中央编译出版社,2005:61.

公共行政技术性与价值性之间的矛盾无法得到一劳永逸的解决,它是一个矛盾产生—矛盾解决—新的矛盾产生这样一个永无止境的过程,而正是这样一个辩证的矛盾过程推动着公共行政本身的发展。如果从这样一个模型出发来考察以往公共行政的发展史,其中所存在的诸多困惑也就迎刃而解了。古典行政的技术化路线,由于忽视了对公共行政价值性的考量,因而在实践过程中受到人们持续不断的批评,而新公共行政作为对古典公共行政的反动,鲜明地提出了公共行政的价值性一面,并深入论证公平正义是公共行政所坚守的核心价值。而新公共行政的失误之处同样也在于走向极端,不恰当地夸大了公共行政的价值性,没有看到或者说忽视了公共行政的技术性的一面,把古典公共行政中所蕴藏的合理性内核也一同抛弃了。新公共管理又步其后尘,把泰罗的科学管理精神又重新捡起来,引入市场竞争,呼唤公共管理者的企业家精神,企图通过这样的方式来提高政府效率。但问题在于当政府如同企业一样,当政府官员如同企业家一样,有了营利的动机与意图后,它还能坚守公共性吗?这也就构成了新公共服务不遗余力地对新公共管理批判的理由。从对公共行政发展史的简单回顾中,我们看到,这种学说之间的纷争,其实就是公共行政技术性与价值性之间的矛盾在理论上的反映。而如果从另一个视角来思考的话,我们不妨把诸学说相互竞争的历史看成是公共行政的两极之间的一种交替作用、螺旋上升、发展的历史。

以双螺旋结构来考察公共行政,技术性与价值性构成其平行的两极,它们共同对公共行政发挥作用。在它们的相互影响、相互促进过程中,共同推动公共行政理论与实践的进步。在这样一个历史进程中,这两者之间矛盾的存在与解决呈现出相互缠绕、螺旋式的上升过程。从一方面来看,在特定时期内,公共行政选择一定的价值,并通过相应的技术性安排来使得特定价值得到实现或尽可能实现。而随着时间的推移,在价值与技术安排之间会存在不相适应的地方,这样,要么公共行政要适应社会的变化,选择新的价值来作为自己在新时期内的价值目标,然后通过制度变革、行政改革、体制变化等技术性手段,来适应新的行政价值要求;要么固步自封,自我封闭,这样导致的结果就是行政与社会之间的矛盾与冲突会愈来愈紧张。从另一方面来看,公共行政理论的演进史也体现出技术与价值之间的矛盾运动,我们不妨把新公共行政看作是对古典行政的纠正,而新公共管理运动则又是对新公共行政的纠偏。新公共服务理论也同样如此。只不过,理论上的运动与变化所表现出来的公共行政的双螺旋结构的运动更曲折、更复杂。

公共行政的技术性与价值性之间存在着矛盾。正如休谟在其《人性论》中自豪地宣称发现了伦理学中的一个重大发现,即在"是"与"应当"之间存在着不可逾越的鸿沟,从而引发了著名的"休谟难题"。这就是在自然科学中主要是寻找事物之间的因果关联,它是由因果律所决定的世界,而在伦理世界,更多地是在寻求"应当",这是一个应然的世界,休谟认为在实然与应然之间不可通约。同样,在公共行政的两重性之间也存在着休谟所说的事实与价值之间的紧张。因为纯粹技术化的行政管理,只能是一种工具,这就是古典公共行政所说的执行政策的工具,它很容易为强权所左右。纯粹价值化的行政管理同样也存在问题,价值体现为一种应当,尽管它事实上具有客观必然性,但这种应当如果没有相应的机制来予以实现,就只能是水中花、镜中月,这也是为什么新公共行政很快被新公共管理所代替的原因。

在我们看来,公共行政是技术性与价值性的统一。美国著名管理学家西蒙指出:"决策不仅包括事实命题。当然,就其有关事物未来状态的说明而言,决策是描述性的……决策还有某种规范性——它们都是选定一种未来状态作为最佳者,并让行为直接指向选好的方案。简言之,决策既有事实成分,又有伦理成分。"① 就技术性一面来说,它所追求的是公共行政的科学化,当我们把公共行政当作对国家与社会公共事务的管理时,我们所遵循的是科学的、技术的逻辑,即寻求公共行政的科学化。就价值性的一面来说,正如弗雷德里克森所说,价值是公共行政的灵魂,价值性因素虽然不那么容易为人们感知,但却是理解公共行政的重要维度。

公共行政具有两重性,即技术性与价值性。从技术性的一面发展出行政科学,当我们承认政治与行政二分,并致力于行政管理的科学化、技术化,在此基础上孕育出公共行政的科学精神,工具理性就是这种科学精神的最经典表达。在理性精神的影响下,公共行政被看作一个技术化的过程,是可以训练与学习的技术化知识。因而公共行政中的理性精神也就被简化为理性的计算。这种理性计算就是一种成本收益的考虑,即是威尔逊所说的,行政学研究的目的,在于揭示政府能够适当地和成功地进行什么工作,以及政府怎样才能以尽可能高的效率及在费用与能源方面用尽可能少的成本去完成这些适当的工作。②

价值性的一面在公共行政的演进中体现不如技术性那么明显,但却构成了理解公共行政的另外一条重要线索,尽管这一线索不那么引人注目,不如技术化行政那么张扬,并为人们所认同与关注。价值是公共行政的灵魂,这种价值性是由行政管理的公共性品质所决定的,因而公共行政的价值性一面是内生性的,不是外在的赋予,也不是政治的强加物,它具有自身内在的价值性。这种价值精神的清晰表达就是呼唤公共行政的伦理精神。张康之教授曾呼吁公共行政需要伦理精神,毋宁说是对后工业社会背景下公共行政对时代精神的自觉回应。这里需要引起我们注意的是,我们不能沿着工业社会所形成的工具理性思维来考察或考虑公共行政的价值精神,或者说如果我们以所谓的科学性来衡量价值精神时,我们又会把伦理与

---

① 西蒙.管理行为[M].杨砾,等译.北京:北京经济学院出版社,1988:45.
② 彭和平,竹立家,等.国外公共行政理论精选[M].北京:中共中央党校出版社,1997:1.

价值落入科学理性的窠臼,这就是以各种科学指标来评价价值。如果是这样的话,就会造成对行政精神的误解与误读。正如我们一再强调的那样,作为一种实践理性,作为一种超越工具理性的行政精神,当我们超越科学理性来思考行政精神时,其核心就在于突破对行政精神的碎片化理解。如果我们最后还是按照科学理性的思维去分析价值精神,进而去建构与服务型政府相适应的行政精神的话,我认为那注定是失败的,因为我们并没有跳出科学理性的陷阱。就行政精神的两个维度来说,科学精神和伦理精神构成了理解其构成的两个重要方面。在这个意义上,我们不如说,科学精神与伦理精神是对作为客观精神的行政精神的进一步展开,也是我们深入理解行政精神构成的必要阶段。

三

如果从另外一个角度来思考行政精神的话,我们认为行政精神可以从宏观、中观和微观三个层面做出进一步解释。从宏观意义上来看,一个稳定的社会结构都对政府及行政管理者具有稳定的、长期性且相对固定的规则、意识、要求等,这些累积而成的规则、意识、要求等就构成了宏观意义上的行政精神。这些规则、意识、要求等世代累积,具有相对的稳定性。正如黑格尔在《精神现象学》中探索精神现象的发展规律一样,此种意义上的行政精神一旦形成,就会在社会中沉淀下来,具有自己相对独立的演进逻辑,成为社会的客观要求,这种行政精神在任何社会、任何时期都是需要的,也是客观的。从这个意义上来看,行政精神具有客观性、普遍性,它构成一个社会的政府及其组织行动的精神性的背景框架。从另一方面来说,不同时期、不同社会、不同民族对公共行政及政府的要求不尽相同,因而行政精神就典型地体现出其时代性的特点。从这个角度来看,行政精神又具有时代性与地方性。

中观意义上的行政精神是在组织的层面上理解的。宏观意义上的行政精神尽管反映社会的客观要求,但如果没有组织层面的载体,没有实体的支撑,也就注定了组织文化与行政精神始终处于虚空状态。当我们从组织的意义上来理解行政管理时,行政精神也需要从组织层面上来体现。如果说企业作为一个组织有其文化的话,我们称之为企业文化,那么,公共行政作为组织也应当有其组织文化,这种组织文化不是一种庸俗化的理解,即举办一些活动、贴一些标语就认为组织有文化了。其实不然,组织意义上的文化不仅仅是这些物化的东西,尽管组织文化需要这些物化的东西,也必须通过物化的形式来体现其存在的必要性。文化的核心是精神,文化必然是一个组织内生的,如果是被动的按照上级或领导的意志来制造一些所谓的文化活动及形式,这是对组织文化的极大误解。对于公共行政来说,组织意义上的文化及其精神,一方面是社会客观行政精神的接受与内化,另一方面是行政组织内生的过程。典型的行政组织是一个金字塔式的官僚制等级结构,这也就是说,在官僚制组织内部实行的是命令—执行这样一个链条,对于行政官员来说,最大的荣誉就在于如何不折不扣地执行领导的命令,这是其基本原则。也正是在这个意义上,作为组织形态的行政管理是最不需要文化的,因而我们看到的是作为组织形态的行政管理的文化及其精神缺失。也正因为此,我们认为行政精神是缺失的。行政组织不仅没有接受社会所要求的客观的行政精神,反而形成了不可明言的潜规则。就行政组织来说,组织意义上的文化及精神是欠缺的。

从微观或者个体的层面上来理解行政精神,行政精神更多的指向行政管理者的行政气质、行政态度、行政人格等。社会对政府及行政的客观要求经由组织这一层面的接受之后,转化为行政管理者行动的背景性框架。当行政管理者作为积极的行动者在既定社会环境及组织框架行动时,也就意味着这些外在的环境是既定的、外在于他的,包括作为客观精神的行政精神。只有当个体在这一既定的框架内接受既有的行政精神的熏陶、模塑之后,这些已有的精神文化才能被他所接纳,进而成为他的行动指南。也只有在此基础上,作为行动者的行政管理者才能在这一框架下积极地行动,对这种客观化的行政精神的内化与接受,并成为个体行动的特质,这种特质就体现出行政管理者对行政精神的理解、参悟与再创造,并体现为丰富多彩的行政精神实践。正是在这个意义上,我们说,行政精神具有主观性。如果说宏观与中观层面上的行政精神是作为客观存在的行政精神的话,那么微观意义或个体层面上的行政精神是作为主观存在的行政精神,行政精神是客观精神与主观精神的统一。

参考文献

[1] 法默尔.公共行政的语言:官僚制、现代性和后现代性[M].吴琼,译.北京:中国人民大学出版社,2005.
[2] 彭和平,竹立家,等.国外公共行政理论精选[M].北京:中共中央党校出版社,1997.
[3] 西蒙.管理行为[M].杨砾,等译.北京:北京经济学院出版社,1988.
[4] 格里芬.后现代精神[M].王成兵,译.北京:中央编译出版社,2005.
[5] 张康之.论伦理精神[M].南京:江苏人民出版社,2010.
[6] 张康之.寻找公共行政的伦理视角[M].2版.北京:中国人民大学出版社,2012.
[7] 黑格尔.精神现象学[M].贺麟,王玖兴,译.北京:商务印书馆,1979.
[8] 黑格尔.精神哲学[M].杨祖陶,译.北京:人民出版社,2006.

"精神"的"突围"
——试论康德伦理学的"社会向度"

白文君*

汕头大学社科部

摘 要 黑格尔对康德伦理学的批判是深刻的,但也是缺少"同情心"和略有偏颇的批判,理论任务和立场的不同导致二者"大相径庭"。互换立场和"设身处地"的观察可能使得评价更为公允。与在形而上领域纯逻辑的思考不同,康德的道德原则在宗教和政治哲学领域运用中,诉诸在社会关系中存在且具有人际差别的主体,而不是孤立式的、原子式的主体;诉诸现世的人为共同努力,而不是彼岸世界的超人性的力量。这一变化展现了康德伦理学的"社会向度"。

关键词 精神;康德伦理学;社会向度

在众多研究者看来,康德的伦理学既取得非凡的成就又有明显的缺陷。这些缺陷诸如形式性、主观性和缺乏现实性等。这种批判的主要代表是黑格尔。在黑格尔看来,康德的伦理学是一种主观主义道德,它沉湎于个人意识里,追求个体道德上的"圣洁",对个人意识之外的"漠不关心"。从总体而言,黑格尔的批判是深刻而准确的。但就康德的著作整体而言,黑格尔的批判有细微的"偏颇"。如果联系康德的伦理神学和政治伦理学就会发现,精神(黑格尔意义上的用语)在康德的伦理学中并非"沉寂",而是精神有想"突破"主观性和形式性的"重围"的"冲动",也就是说,康德的伦理学,尤其晚期做的一些著作,表现出对社会与现实的关注。

一、黑格尔的批判

黑格尔对康德是异常"关注",一方面是康德的理论太不平常,后人不可能跳过;另一方面是黑格尔必须完成对康德的批判和超越,才能建构自身。关于后者,

---

* 作者简介:白文君,汕头大学社科部副教授,2008 年东南大学人文学院伦理学专业博士毕业。

黑格尔有两点特别值得关注：一是对伦理和道德两个概念的严格区分。黑格尔认为，道德是主观意志的法，或者说主观意志的普遍化。而伦理则是客观意志的法，是"它概念中的意志和单个人的意志即主观意志的统一"。[1]43道德作为反思的自由意志，仅仅具有自为的性质，还不能作为自在自为的实体而存在。而伦理则是主客观的结合，是在概念和定在上都得到完全发展的统一的实体，是自在自为的存在。相对黑格尔在这两个概念上的严谨，康德则显得过于"随意"，他时常混用这个概念。在黑格尔看来，康德虽然使用"伦理"这一概念，但是无"伦理"的。正如在《法哲学》中所说："康德多半喜欢道德一词。其实，在他的哲学中，各项实践原则完全先于道德这一概念，致使伦理的观点完成不能成立，并且甚至把它公然取消，加以凌辱。"[1]42伦理与道德的区分，从一个侧面反映黑格尔对康德伦理学说的不满，表现出超越康德伦理学的渴望。二是理性与精神的区分。康德和黑格尔都是理性主义者。康德喜欢使用"理性"，黑格尔不满意康德的与感性相排斥的理性概念，更喜欢使用"精神"。精神是理性与"它的世界"的统一，是"单一物和普遍物的统一"。[1]173相较于康德的理性，精神既具有主体性，还具有实体性。康德理性也具有主体性，但仅仅表现为自律，始终囿于自我意识里。精神的主体性表现为它是一种否定自身超越自身的运动。精神还具理性不具有的实体性，精神扬弃自身的异化返回自身。康德的理性始终无法扬弃外在物的客观性，只能是内在性的、自省式的主体。当然精神并不是与理性完全分割，而是绝对精神自我发展历程中前后两个阶段。在《精神现象学》结构中，"精神"处在"理性"之后，作为"真实的精神"的伦理居于作为"理性"体现的道德之后。也就是说，道德最终要过渡到伦理，伦理就是对道德的超越，这是绝对精神自我运动的必然要求。黑格尔以"精神"取代"理性"，标志着自己独特的话语形成，也标示对康德伦理学的超越。

　　黑格尔对康德道德理论的批判虽然深刻，但也是"不讲情面且带有偏颇"。[2]81二人立场不同，理论任务不一。康德的主要道德观念是：它只捍卫自主性，并且回避任何一个"成文"的道德。[2]81他孜孜以求的是把被当时英法的庸俗的唯物主义伦理学所"败坏"的德性概念拯救出来，并以德性来说明、表现人的自主性。康德轻视感性，强调理性的纯粹性，这自然会导致了理性与感性、义务与性好的二元分裂。在康德看来，只有这样分裂才能真正保证德性的崇高，进而捍卫人的自主性与作为人的尊严。与此相关，康德强化了形式与质料、先验的与经验的分裂，其目的是"保证"意志的纯粹性。所以，康德道德理论呈现出的形式性、主观性和内在性是由康德的立场、理论任务以及理论针对所决定。康德分裂理性与感性的做法尽管隐含着他对人性脆弱复杂性的深刻认识，但也凸显了他在方法论上的机械性。我们可以这样理解康德：只有这样，才能达到他的理论目的。尽管有些矫枉过正，但也可以理解为"沉疴需猛药""过正才能矫枉"。黑格尔的理论任务在于"综合"，他试图综合两股趋势或渴望,一个渴望是肇始于"狂飙运动",而后被浪漫主义光大的"表现主义",表现主义的渴望是要求统一,要求自由,要求与人相融合,要求与自然相融合。[2]37反对十七、十八世纪分析性、原子论的思想。另一渴望是在康德和费希特那里达到模范表达的激进的道德自主性,它追求人的自主性和彻底的自由。康德对人的自主性和自由的捍卫是不遗余力的,诚如德国学者里夏德·克朗纳所言,"在康德以前,从来没有人如康德一般地彰举过人类;从来没有人曾经赋予人类到如此一程度的形而上的独立性和自立性"。[3]75黑格尔深知表现与自由是相互矛盾的,自由要求打破表现所追求的统一,要求打破人内心、人与人之间以及人与自然之间原始的未分化的全体性。黑格尔所向往的古希腊城邦在个体意识和自主理性的催生下不可避免地解体了。不过在黑格尔看来,这种必然的分化将盼望着一个更高的和解。他坚信在他那个时代,这个和解必将到来。"因此,对黑格尔来说,哲学的主要任务可以被表达为扬弃对立的任务。"[2]104黑格尔以精神——这个作为实体的主体——的自我异化,自我复归来演绎表现与自由在不同时期不同阶段的分化与和解。

从上面的分析可知,康德和黑格尔因为立场、理论任务不同导致二者采用了不同的表达形式,康德偏爱道德的自主性,强调二元性;黑格尔偏爱伦理的实体性,强调统一性。他们都完成了自己的理论任务。黑格尔站在自己的立场上去渴求康德多少有点是"缺少同情"的表现。即使站在黑格尔的立场上看,康德的道德与黑格尔的伦理处在精神发展的不同阶段,伦理是对道德的超越,黑格尔对康德的道德指责不免"成人嘲笑儿童的天真"的意味。

二、康德伦理学的"社会向度"

黑格尔坚持伦理高于道德的立场。他把康德视为道德典型代表,对之批判主要集中为:主观性(个体性)、形式性(缺乏内容和质料)。如果以黑格尔的精神发展历程而言,精神在道德阶段封闭与自我意识之内,对自我意识之外"漠不关心"。如果仅仅局限于康德的德性论,这种评价是公允的。但如果联系康德的伦理神学和政治伦理学作整体观之,就不难发现这种评价是有失偏颇的。康德的伦理学也呈现一定的"社会向度"。

(一) 伦理神学或理性宗教的视角

康德在至善论"悬设"上帝存在和灵魂不朽,以及"道德导致宗教"的观点,从来不乏批评者,甚至是嘲讽、戏谑之声,如海涅和叔本华。实质而论,上帝存在的信念是康德最诚挚的信仰,这种信念贯穿康德的整个伦理学,即使被人认为最不应该与上帝发生"关系"的道德律,也难以逃脱与上帝的"关联"。"康德的道德律则之学说背后极端得几近乎宗教性的信念同时支撑了康德就上帝存在方面的学说。任何对第二种学说的怀疑都终将必然影响到第一种学说的有效性。"[3]79 所以,不应该,也很难将康德道德学说与他的神学、宗教学说分开。而从后者反观前者,会有不同的发现。

1. "拒斥"幸福到"接纳"幸福

康德对德性与幸福之关系的处理,如在德性论中对幸福的"拒斥",在至善论中以一种神学的"接纳",都受到后人的诟病。对前者的指责是:这样的德性过于严苛,几近于禁欲主义。对后者的指责是:是对德性论中的立场的背叛,以一种虚幻的前景满足现世的渴望。这两种指责都是"误解"了康德。误解主要根源于孤立地看待康德的德性论和至善论。如果将康德伦理学各部分有机地联系起来看,康德并不反对人追求幸福,还认为缺少对幸福的满足,对道德律的信守也是不能持久的。康德只是主张,对幸福的欲求不能成为履行义务的决定性动机,否则就会败坏德性。显然康德对德性是出于严峻主义的立场,以及对人性脆弱性的深刻洞察。在他看来,要保证德性的纯粹性,就要使德性"远离"幸福。这种远离只是想让德性成为幸福的前提条件,而不是相反。也就是说,远离的目的是为了"更好"地结合。无论是伊壁鸠鲁学派将德性归之于幸福,还是斯多亚学派将幸福归之于德性,都令康德不满,二者都是通过取消一方来达到双方的统一。囿于其方法上的机械性,康德只能在二者之外,即悬设上帝存在与灵魂不朽来"保证"二者的统一。如果联系康德对上帝的态度,康德的这种处理方式还是可以理解的。这样,在康德的伦理学中,德性是配享幸福的前提条件,幸福则是德性"合理"期望。

在道德神学的视域下,康德的德性论可以"接纳"幸福。如果这种观点可以成立,那么,人们对康德德性论的批判会更公允些。

2. 从灵魂不朽到伦理共同体

从德性论,到道德神学,康德的分析都是抽象的、形而上的,缺乏人际间的比较和对现实社会的"关照",从而引起缺乏现实性指责。但如何将视域扩充至康德的理性宗教,这种指责的力度可能会有所"减缓"。

理性宗教是康德的德性论、道德神学"关注"现实的产物,理应被视为康德伦理学的一部分。康德在《论宗教》中说,道德为了自身起见,并不绝对不需要宗教。相反,借助纯粹的实践理性,道德是自足的。……因为道德法则要求实现通过我们而可能的至善;……因此,道德不可避免地要导致宗教。[4]1-4 康德的理性宗教,是属于康德的道德"世界观"的一部分。首先,这种宗教是以道德为前提的。康德认为,人们在做了他应该做的之后,藉此自然就会有"我可以期待什么"的心理预期,而"救赎"和"永福"是人的主要期待,因而宗教是在道德的"刺激"下产生的。可以说,没有道德,没有宗教是可能的。其次,道德是宗教的目的。康德认为,宗教的合法性只有出自道德意图才有可能。为此康德以理性原则以及是否有利道德为准绳,对基督教许多内容作了许多道德解释，以此建构他的理性宗教。可以有理由认为，康德宗教理论是其道德理论的实践延伸，理应被视为其伦理学的一部分。

在《实践理性批判》的"辩证论"中，康德认为要使得德性与幸福统一，唯一可接受的方式是让德性成为配享幸福的条件，而不是相反。这种"配享"不是多次、分阶段"兑现"，而是在人达到至高的德性后方可配享幸福。依照康德对德性的严峻主义的立场和对人性脆弱性的洞察，人在成就德性之路上充满了反复和进退的曲折。人在现世达及至高的德性是不可能的，只有把人成就德性的努力延伸来世才有可能，所以康德"悬设"灵魂不朽。为了保证德性之后必然、公正的配享幸福，康德还"悬设"了上帝存在。在《单纯理性限度内的宗教》一书中，康德为了使至善在现世成为可能，就必须建立伦理共同体。伦理共同体是一群自由人的联合，其目的是促进善并防止重新坠入恶。"即使每一个个别人的意志都是善的，但由于缺乏一种把他们联合起来的原则，彼此就好像是恶的工具似的。由于他们不一致而远离善的共同目的，彼此为对方造成重新落入恶的统治手中的危险。"[4]91 如何建立伦理共同体？康德认为"一个伦理共同体的概念是关于遵循伦理法则的上帝子民的概念"[4]92。因此，伦理共同体必须具备两个要素：所有成员共同遵守的伦理法则，共同体成员是上帝的子民。就伦理法则成为普遍法则而言，就必须需要一个公共的立法者，这样的立法者只能是上帝。而"共同体成员都是上帝的子民"只能由教会来造就。

从上面的分析可知，康德在《论宗教》里用"伦理共同体"代替了《实践理性批判》中的"灵魂不朽"。为什么会发生这样变化？

首先，追求至善的主体的视角发生了变化，由一种纯粹的、抽象的、原子式的主体转变为一种在社会现实中存在的主体。在《实践理性批判》中，为了满足达到至善的第一个条件，即人如何获得道德上的最高的善（或者说神圣意志），康德诉诸个体单独努力。这样的个体是抽象的、逻辑上的个体，没有人际间的比较和差别。这样在人获得道德上的最高的善的过程中只有先天的障碍，即有限的理性存在者的非纯粹意志与神圣意志之间存在着无限的"距离"。康德相信，这种"距离"可以通过人的不断地纯化意志得以克服，这种克服需要一种持续的人格和在时间中无限的存在，为此康德悬设灵魂不朽作为人获得道德上最高善的条件。而在《单纯理性限度内的宗教》中的追求至善的主体是在社会现实关系中存在的、有差别的个体。因此，人要获得道德上的最高的善，最大的阻力是人为的障碍，即"坏"的人际关系会把善良的人带回到恶的原则统治下。如果不建立一种完全在人心中真正防止这种恶并促进善的联合体，无论单个的人想要如何致力摆脱恶的统治都是不可能的。而这种联合体就是伦理共同体。

其次，至善的可能性样式发生了变化。在《实践理性批判》中康德所着眼的至善是一种逻辑上的可能,为此他尽量屏蔽了人的各种具体信息,如个体差别、各种社会关系,把人当作一种抽象的、原子式的存在,因而仅仅在纯粹逻辑意义上探讨至善如何可能。这种至善仅仅是逻辑意义上的可能,并没有社会现实性。在《单纯理性限度内的宗教》中康德所着眼的是在现实中如何实现至善,这种实现更要求具有社会现实性,他就不能不考虑人际比较和各种社会关系。他试图建立伦理共同体来消解人际差异,使众多差异的个体重新整合成一个整体,一个"单纯的个人"。康德在基督教中看到这种可能,至善在现实中实现就如上帝之国在尘世间实现。这种实现不仅要求个体德性,更要求人类整体上的德性,因此必须建立伦理的共同体以保证上帝之国的实现对德性的要求。从以上的论述中表明,上帝之国的尘世现实是道德与宗教的结合,从而使至善的实现具有社会现实性。关于这一点,文德尔班也指出"圣徒社会",人类的伦理和宗教的结合,表现为实践理性真正的至善。至善远远超越了德行与幸福两相结合的主观的和个人的意义,内容上具有道德律在人类历史发展中的实现。[5]

(二) 政治哲学的视角

康德的政治哲学关注的焦点是权利与正义,追求的是"永久和平"。它是以康德的道德学为基础的,是其道德法则在政治领域上的实践,可别视为康德伦理学的延伸。透过康德的政治哲学,可以反观康德伦理学的社会学向度。

1. 政治共同体

在思考国家的起源时,康德深受霍布斯的影响,认为人类社会的原初状态是一种野蛮状态(无法律的状态),在这种状态中,"每个人根据他自己的意志都自然地按着在他看来好像是好的和正确的事情去做,完全不考虑别人的意见"[6]137。因此每个人都不可能是安全的、不受他人侵犯的。在安全和利益的考虑下,人们决定离开自然状态,并和所有那些不可避免要互相来往的人组成他自己的共同体,大家共同服从由公共强制性法律所规定的外部强制。人们就这样进入一个文明的联合体,在其中,每个人根据法律规定,拥有那些被承认为他自己的东西。在此基础上,人们根据原始的契约,组成了国家,确定统治者和臣民。在国家中,每个人都放弃了他们外在的自由,为的是获得作为一个共和国成员的自由。政治共同体和国家的出现,在康德看来是大自然之目的性的表现,"大自然迫使人类去加以解决的最大问题,就是建立起一个普遍法治的公民社会"[7]8-9。

政治共同体与伦理共同体的区别在于:第一,在前者中人们共同服从是一种带有强制性的律法法则,后者则是人们是在无强制的、纯粹的德性法则之下联合起来的;第二,前者需要一个"主人",即一个领导者或统治者使人们联合,后者需要一个上帝使人们联合;第三,伦理共同体的理想指向人类整体德性的提升,政治共同体的理想则指向人类的永久和平。在康德看来,政治共同体理应向伦理共同体"过渡",但这种过渡应该是一种自愿选择,而非强迫的驱使。

2. 世界共和制国家联盟

在政治共同体之上建立国家,可以保证部分的安全和权利。仅此不够,因为国家与国家之间也为彼此的利益和权利陷入相互战争的状态,就如同人与人在原初状态陷入相互敌对和相互战争一样。这种国家之间无律法的状态蕴含着战争,使得在政治共同体(国家)内获得安全感和权利都是暂时的。战争可能会使某些国家暂时获益,却不能确保国家长久的安全和拥有的权利,人类理性会选择结束战争,走出国家间的无律法的状态,正如原初状态的人们选择走出野蛮状态一样。康德认为,和平有两种,一是暂时的和平,仅仅指结束一场战争。二是永久的和平,即战争状态的永久消失,和平状态的出现。对于前者可以通用国家之间的和平条约达到。和平条约仅仅结束一场战争,并不能结束战争状态。人类理性显然不会满足于此,"理性从其最高道德立法权威的宝座上,又要断然谴责战争之作为一种权利的过程,相反地还要使和平状态成为一种直接的义务;可是这一点没有一项各民族之间的契约就不能建立起来或者得到保障。——于是就必须有一种特殊方式的联盟,我们可以称之为和平联盟。……这一联盟并不是要获得什么国家权力,而仅仅是要维护与保障一个国家自己本身的,以及同时还有其他加盟国家的自由,却并不因此之故需要他们屈服于公开的法律及其强制之下"[6]116。

这种和平联盟是共和体制国家的联盟,"如果幸运是这样的安排的:一个强大而开朗的民族可以建成一个共和国,那么这就为旁的国家提供了一个联盟的中心点,使得它们可以和它联合,而且遵照国际权利的观念来保障各个国家的自由状态,并通过更多的这种方式结合而渐渐地不断扩大"[6]117。在《法的形而上学原理》中,康德把这种联盟又称作"一个永久性的民族联合大会",康德承认,要达到永久和平是不可能的,但至少可以朝这一目的努力,可以不断地接近这个理想目标。[7]186-187

从以上的分析可知,康德的伦理学不是不关注社会现实,在其宗教思想和政治哲学思想中,就展现了他对现实问题的关注。不过这种关注仍然略显"单薄"。这种单薄可以这样解释:康德的先验主义立场使得他认为,具体的实践问题,以及具体的经验问题的解决,有赖于最高的实践法则的确立。只要最高的实践法则得以解决,具体的经验问题只要依照法则而行即可。所以康德最关注的最高法则的证立、最基本概念的厘清、最基础性的观念的辨析等,这也是康德在《道德形而上学奠基》和《实践理性批判》重点所要解决的。由此可知,康德的伦理学并不缺乏"社会向度",而是缺乏对其的"解蔽"。

三、精神的"困顿"与"突围"

沿袭黑格尔的思维逻辑和表达术语,绝对精神在康德式的道德发展阶段达到一种新高度,具有一种新的深刻。但精神也陷于康德的道德世界观中无法克服的二元分裂的"苦恼意识"之中。康德的先验主义立场和理论偏好制造了二元分裂,但又试图弥合这种分裂,分裂之深不得不"援请"上帝来完成这种弥合,统一的实现被置于一个彼岸世界的遥远未来。精神在此阶段欲和解这些分裂最终而不能,这是苦恼意识另一种形式,可被视为精神的困顿。不过精神也试图走出这种困顿,尝试性"突围",但囿于康德的机械性的方法论和先验主义的立场,这种"突围"无果而终。康德的机械方法论,致使他只看到对立双方的对立面,而没有看到对立双方也存在同一。这种"短视"致使他不能在对立双方中寻找统一点,而是把目光投到双方之外,这就造成发展的非连续性。先验主义的立场致使其强调法则与经验的分离,强调普遍性法则的自成与自足,为了保持其纯粹性和普遍性,拒绝将经验性对象纳入自身。先验法则在经验上的运用,或者下贯经验领域,不是发展和完善法则自身,为其增添经验成分,而仅仅展现和证立自身,因而,先验的法则无法扬弃经验对象的客观性,也无法克服自身的形式性和主观性。对于旨在寻求理性与"它的世界"之统一的精神来说,超越康德道德,过渡其他阶段,就成为一种必然。精神在康德伦理学内部的"突围"最终是失败的。但这种尝试在一定程度上展示了康德伦理学的"社会向度"。

参考文献

[1] 黑格尔.法哲学原理[M].范扬,张企泰,译.北京:商务印书馆,1961.
[2] 泰勒.黑格尔[M].张国清,朱进东,译.南京:译林出版社,2009.
[3] 克朗纳.论康德与黑格尔[M].关子尹,译.上海:同济大学出版社,2004.
[4] 康德.单纯理性限度内的宗教[M].李秋零,译.北京:中国人民大学出版社,2003.
[5] 文德尔班.哲学史教程:下卷[M].罗达仁,译.北京:商务印书馆,1997:764.
[6] 康德.历史理性批判文集[M].何兆武,译.北京:商务印书馆,1990.
[7] 康德.法的形而上学原理[M].沈叔平,译.北京:商务印书馆,1991.

从"生态伦理精神"到"民族精神"*

牛庆燕**

南京林业大学马克思主义学院

摘　要　20世纪中叶以来,伦理学的形态兼容"生态"概念呈现出不断向外拓展的发展态势,历经传统人际伦理从"代内"到"代际"的推进过程,伦理学的发展进化从协调人与人之间的伦理关系、协调人与社会之间的伦理关系之后,继续向前拓展,进而协调人与大地的伦理关系。生态伦理的觉醒,历经生物科学意义上的生态觉悟、人与自然关系的生态觉悟、人与世界关系的价值生态觉悟和文明生态觉悟,生态伦理精神开始以一种新的历史姿态呈现出来,这是人类文明的生态觉悟。通过剖析生态伦理从生物中心主义到生态整体主义的逻辑进路,进而构建生态伦理的"中国形态",从生态伦理的元理论层面的研究开始,到生态哲学的理论拓展,进而阐述了马克思主义生态自然观与中国传统"天人合一"的生态伦理观,都为构建生态伦理的中国形态奠定了理论基础。因此,应当构建生态时代的伦理精神与民族精神,并最终使"生态伦理精神"成为"民族精神"。

关键词　生物生态；自然生态；文明生态；生态伦理精神；民族精神

如果说,生态学在19世纪只适用于自然界,到20世纪中叶扩展到人类社会,代表着一种深刻的文明跃迁,那么,伦理学从传统只适用于调整人与人之间的关系,推扩到新的历史视野下关注人与自然的关系,则体现着时代忧患意识的觉醒和文化的进步。于是,一种关注人类和整个生态世界命运的全新的交叉学科——生态伦理学,伴随着时代脉搏的跳动跃然于世,它是一种崭新的生态智慧学科和全球性的生态觉悟,它从诞生之日起就有着强烈的现实批判和价值关怀的意蕴,包含着

---

*　基金项目:本文系2012年度国家社会科学基金青年项目:"发展中国家的生态文明理论研究"(项目编号:12CZX066)的阶段性成果之一；国家重大招标课题:"现代伦理学诸理论形态研究"(10AZX004)的阶段性成果之一。

**　作者简介:牛庆燕(1978—　),女,山东泰安人,任职于南京林业大学江苏环境与发展研究中心,哲学博士,副教授。研究方向:道德哲学　生态伦理。

对人类的责任、义务、伦理使命、生命安顿的真诚关切。它在现实性上起始于对人与自然的关系的反思,发端于对人类生存环境、对人类文明未来发展命运的关注,这种潜在于人类文明的胚胎之中经过漫长发展而回归的文明觉悟,从一开始就蕴含着极为深刻而普遍的哲学意义,是人类文明发展的辩证复归。由于人与自然的关系是人类文明的基础,因而人对自然的态度的变化,人与自然关系的重大调适以及从道德形上哲学的高度应对自然生态困境的努力,将不再仅仅局限于道德哲学家们的概念话语转换域界,它应当也必将成为整个人类伦理精神的价值自律,必然带来人类世界观、价值观和文化精神的深刻变革,也必会推动人类世界生态文明的进步。

一、传统人际伦理的历史演绎:从"代内"到"代际"

传统的人际伦理是对特定共同体的人类成员提出道德要求的人与人之间的道德规范体系,是依靠社会舆论、风俗习惯和人们的内心信念形成的价值共识和道义准则,它明确地强调人际共同体的共同利益,通过对个体成员的行为有所褒扬和有所贬抑的道德规范和要求,推动人类共同体成员彼此协作实现共同利益。因此,传统的人际伦理凝聚了利益共同体的价值共识和伦理规约,体现了明确的边界意识。为实现特定群体利益而凝和的人类共同体,其形态多样,并逐步形成了自身固有的历史演化脉络,从远古时代自然形成的氏族、部落、部落联盟、家庭等利益共同体形态,到随着人类实践活动的逐渐拓展和科学技术领域的不断分化,发展为基于地缘、职业和阶级形成的利益共同体,共同体成员彼此联系、相互交往、共同活动,在共同利益的边界范围和共同的时空范围内,形成了多样化的共同体样态。

然而,时间和空间距离的阻隔,使得当代人和遥远的后代人以及不同的空间场域的人之间不能构成现实的利益共同体,从而被称之为有限时空边界的利益共同体和道德共同体。作为特殊的道德共同体,有限时空边界的利益共同体依循共同体成员共享的价值体系和共同的核心价值观念进行价值判断和道德选择,在当下的时间和相邻的空间场域内直面道德难题从而化解道德困惑。因此,有限的时空边界构筑的人类利益共同体,其遵循的伦理规范是一种代内伦理和场域伦理。

经济全球化和科技现代化的到来,使得人们依托世界市场和信息技术化的生存方式而使自身逐渐暴露在"风险社会",这种"风险"跨越了阶级、种族、性别、地域、民族和国家的界限,成为蔓延世界的风险难题。伴随经济现代化带来的环境污染、资源枯竭和能源危机冲破了时间的阻隔,不仅影响到遥远的后代人的利益,也开始威胁整个人类的可持续生存和发展,整个人类的利益超越了时间维度、地域空间、制度政权和单个国家的利益边界,使当代人之间、当代人和遥远的后代人之间建立起紧密的利益关联,各个民族、国家甚至整个人类的命运连成一体,成为现实的全球利益共同体、命运共同体和跨越时空边界的道德共同体,其遵循的是"远距离"的代际伦理规范。

当今时代的人们已经具备足够的能力通过自主的行为选择影响到遥远世代的利益,因此,必须穿越时空的阻隔建立不同世代之间的利益关联并形成跨时代的利益共同体,由此,人类不断地反思自身的生存处境并最终建立起化解生态难题的代际伦理规范。代际伦理确立了整体人类普遍认同的道德价值观念,为人们在现实社会中的道德选择提供了全新的价值坐标和实践准则,这是人类应当具有的道德价值共识和生态智慧,它需要整个人类利益共同体和道德共同体的通力合作共同面对全球性的风险难题。

代际伦理学的产生极大地拓展了传统伦理学的时空维度,并拓宽了传统伦理学的研究视域,但是,应当看到,无论是传统的代内伦理、场域伦理,还是代际伦理都属于人际伦理,主要协调人与人、人与社会之间的伦理关系,囿于研究范围的局限,人与自然之间的伦理关系尚未进入伦理学的研究视野。

伦理学的进化发展历经协调人与人之间的伦理关系、协调人与社会之间的伦理关系之后,继续向前拓展,进而协调人与大地的伦理关系。如果说,协调人与人、人与社会的伦理关系属于伦理进化的初级阶段,其片面关注人际伦理规范和"人类优先性",强调人类在自然界的中心地位和唯一拥有的道德主体资格,应当成为特殊的道德关怀对象,那么,人与大地伦理关系的拓展则将代内伦理、代际伦理真实地推进到生态伦理的视野,同时也成为生态伦理觉醒的历史坐标。

二、生态伦理精神的觉醒——从"生物生态""自然生态"到"文明生态"

如果说,到目前为止所有伦理学的致命缺陷是局限于处理人与人的关系问题,那么,从"人际"到"种际"的跃迁则是生态伦理的觉醒和伦理精神的觉悟。生态伦理的觉醒,存在于人类生态觉悟的辩证运动中,历经生物科学意义上的生态觉悟、人与自然关系的生态觉悟、人与世界关系的价值生态觉悟和文明生态觉悟,生态伦理精神开始以一种新的历史姿态呈现出来,这是种际伦理的精神觉悟,也是人类文明的生态觉悟。回溯自19世纪以来生态理念和生态理性的辩证运动,它表现为三个历史阶段或历史形态。

第一,19世纪生态伦理的历史形态是生物科学意义上的"生物生态"。1866年德国生物学家恩斯特·海克尔在其《有机体普通形态学》一书中首次提出"生态学"的概念,这里的生态学仅仅是属于生态科学、生物科学、生命科学与自然科学的研究领域,强调生物机体与周围环境的共生和谐与协同进化,突出生物居住环境的系统性、完整性和有机性,并具有"生命家园"的伦理韵味。"生态学"的词源来自于希腊文"oikoslogos",其中,"oikos"突出"家园"与归属的含义,"logos"则更多地强调科学研究与逻辑思考。因此,"生态学"一词在词源学的意义上内蕴着可能的伦理关怀。由此,生态学家 E.P.奥德姆认为:"许多年来,我一直极力主张生态学已不再是生物学的一个分支领域,它源于生物学但已发展为一门独立学科。该学科结合了有机体、自然环境和人类——与生态学一词的词根'oikos'的意义一致。"①"生态学"的学科边界继续向前拓展并逐渐突破了生态科学的研究局限,最终发展为系统研究"人—自然—社会"协调发展的综合性的知识体系,它强调整个自然生命系统的多样性、复杂性与有机性,在塑造生态系统的完整、稳定和美丽的过程中推进有机体、自然环境和整体人类的和谐共处,于是,"生态学"便具有了"价值""善""道德"与"伦理"的精神内涵。"当生态学发展到人和自然普遍的相互作用问题的研究层次时,就已经具有了哲学的性质和资格,它已经形成了人们认识世界的理论视野和思维方式,具备了世界观、道德观和价值观的性质。"②

"在生态学理论构成中,其'生'就是生气、生机、生命、生殖的意思,它所追求的目标就是使生物及其群落乃至整个系统如何能有正常兴旺的生机,使生命能健康地生存并显示出生机勃勃的状态。对生命的'亲和'以及崇生、惜生、护生、优生正是生态观念的灵魂所在。"③然而,资源短缺、能源枯竭与环境污染所招致的生态困境正日益遮蔽"生"的意义真谛,人类在今天所遭遇的生存困境迫使人类开始从自身反思对自然的态度和行为,希望通过自我拯救重塑人与自然的共生和谐,这是人类对生命真谛的反思,同时也是对"生机"与"生态"意义回归的渴求与企盼。

第二,20 世纪生态伦理的历史形态是人与自然关系意义上的"自然生态"。20 世纪中叶以来,人类伦理思维的触角极大地向前延伸,历经半个多世纪的岁月沧桑,生态伦理由历史舞台的边缘逐渐走向理论关注的中心,它从伦理价值深层关注生态难题,探寻最适合整个人"类"生命系统和自然生态系统可持续存在的伦理方式,这是人类精神"自由"的价值旨归,也是生态时代发展的必然趋向。

生态伦理学的诞生是直面现实,并以问题的方式提出而引起广泛的关注的过程。生态学与伦理学的结合是 20 世纪 30 年代以来环境恶化的结果,直到 1962 年美国作家蕾切尔·卡逊出版了震惊西方世界的《寂静的春天》后,生态伦理学界才开始以一份道义责任感和伦理使命感关注人类的生存和生态自然系统的永续存在,直面生态困境,唤醒人类的生存理性并促进人类主体的道德觉醒,人类生态觉悟的推进和飞跃使生态从"自然"内部的科学转换为人与自然关系的理念,由此,人

---

① 佘正荣.生态智慧论[M].北京:中国社会科学出版社,1996:40.
② 同①41.
③ 李西建.美学的生态学时代:问题与意义[J].新华文摘,2002(9).

类的生态理念和生态理性便获得第二种历史形态。

生态伦理的发展突破了单纯注解和延续传统伦理思想的文化模式,第一次把伦理道德的范围从人与人的关系扩展到人与自然的关系,引导人们以崭新的视角来审视人与自然的关系以及人与自然关系背后的人与人的关系,倡导人类运用自身的理性和能动性,遵循自然规律,恢复生态平衡,在维护、发展生态系统的平衡与繁荣的基础上建设人与自然和谐共生的生态文明,一定程度上标志着人类在对自身存在的价值和意义方面开拓了一个全新的思维方向和研究领域。从人际伦理到生态伦理观念的拓展是人类伦理思想史上的革命,其道德关怀对象范围的不断扩展标志着人类伦理文化观念的革新,它着眼于人类文明甚至整个宇宙世界的普遍进化,在人类漫长的演化发展史上,必将逐步经历这样一个逐步摆脱种族歧视—性别歧视—物种歧视枷锁的思想价值观念的境界提升过程。一个多世纪以前,进步人士为解放奴隶、争取人权而斗争,一个多世纪后的今天,生态主义者为解放自然、实现生态和谐而奔走呼号。

从哲学理论层面来看,人与自然的关系成为哲学界思考的一个重要命题。人类开始反思控制自然的行为理念,并开始由主宰自然、征服自然转向重视自然、保护自然,并努力构建起生态伦理学的系统理论框架,如汉斯·萨克塞的《生态哲学》、罗尔斯顿的《哲学走向荒野》、岩佐茂的《环境的思想》、施韦泽的《敬畏生命》、利奥波德的《沙乡年鉴》和《大地伦理》等生态著作都是这个时期的产物。同时,社会实践层面的生态环保组织不断涌现,如火如荼的生态环保运动开始在世界各地广泛开展,并开始在国际领域不断产生积极进步的影响。继1962年蕾切尔·卡逊的《寂静的春天》发表之后,1968年"罗马俱乐部"成立,并于1972年提交了关于《增长的极限》的报告,第一次把资源环境问题作为一个重要的全球性问题呈现出来。同年,联合国斯德哥尔摩《人类环境宣言》把保护环境作为"发展"的目标之一,1987年联合国"世界与环境发展委员会"的报告《我们共同的未来》以及1992年联合国"环境与发展大会"通过的《里约环境和发展宣言》,使人与自然的关系、资源的有限性、生态保护等问题在世界范围内引起广泛关注。由此,学界掀起了一场关于"蓝色救生艇"的人类生存意识的大讨论,并由此引发了"地球村"的概念和地球"生命共同体"的思想。"人类共同体"和整个"生命共同体"的思想的提出,使伦理学的研究透过人与人的道德关系深入到人与自然关系的视野,以人类伦理意识的觉醒和人的道德主体性的觉悟去关爱自然、呵护自然,通过发现自然本身的美与力量去尊重自然、敬畏自然,最终建立人与自然的一体相依、包容与共的共同体关系,这是生命共同体的精神实质,也是生态伦理精神的觉悟。由此,西方社会甚至开始了一场声势浩大的绿色运动并一度渗透到政治领域,绿党作为一种独树一帜的政治力量登上了政治舞台,人与自然关系意义上的生态觉悟开始从学理层面上升到实践和现实政治层面。因此,生态伦理精神的觉悟不仅是一种理论要求,从某种意义上说,更是一种实践诉求。

中国生态伦理学的出场,既是西方社会理论和实践影响的产物,也是对本国日益严峻的生态困境的忧思。一方面,20世纪80年代随着西方生态伦理和绿色环保运动的全球影响的日益提升,一批生态哲学和生态伦理学著作被先后引介并翻译成中文,在中国国内产生了重要的学术影响,成为国内生态领域理论研究的重要资源和依据,并形成了一批以西方生态著作作为研究对象的理论成果。与此同时,国内学界逐渐形成了一批关注生态伦理研究的理论学者和理论著作,由此,生态伦理学开始成为中国学术研究的一门显学。另一方面,中国的生态伦理学的崛起是国内学界对中国日益严峻的生态困境进行理论反思和学术努力的产物。科技现代化和信息技术化的迅猛推进,使我国的经济建设取得了举世瞩目的成就,然而,伴随着物质财富的不断累积和国民经济的翻番,人们付出的却是生态系统濒于崩溃的惨痛"代价",当认为经济的发展可以以牺牲环境为代价、边污染边治理时,其背后隐含着生态责任的缺失和对生态伦理精神的背离。由此,学界开始对经济发展与生态环境的关系、人与自然的关系的命题进行审慎思考,并形成了生态伦理学在中国的最初形态。

我国学界对生态文明理论的研究和探索始于20世纪80年代,虽然重视中国传统哲学中的生态哲学思想的挖掘和整理,但是,当代中国生态伦理学的话语系统和关注的问题域囿于西方生态伦理研究的范式,带有明显的西方话语印记。

首先,在中国生态伦理学话语系统的结构论证中,中国生态伦理学是在大量引介、翻译和述评西方相对成熟的环境伦理、生态哲学、大地伦理的经典著作的基础上发展起来的,借鉴、认同或批判西方生态伦理的研究范式,思想基础和论证方法局限于西方的思维模式和现有理论成果的范围,尚未开创中国生态伦理学的话语体系。

其次,从中国生态伦理学关注的问题域剖析,中国生态伦理学论证的核心命题源于西方生态伦理的研究框架,如走出"人类中心主义"还是走入"非人类中心主义"、坚持"生态中心主义"还是"人类中心主义","强人类中心主义"与"弱人类中心主义"的区别与联系,自然界的"工具价值""内在价值"与"系统价值","道德主体"与"道德顾客"。一种观点认为,生态伦理以"生态"为本位,以追求人类社会和生态和谐发展为目标;另一种观点则认为,生态伦理以"人类的整体利益和根本利益"为本位,以追求经济可持续发展为目标。有学者较早意识到生态问题所具有的社会政治性质与西方环境利己主义倾向,并给予了深入的批判和思考。但是总体来看,我国学界似乎主要还沉浸在译介、阐发西方生态思想中,对西方生态文明理论的创新性给予了过多的欣赏,对西方的"环境共有"和价值立场缺乏审慎的思考,不自觉地把生态问题当作一个离开社会政治关系、离开人而独立存在的实体,对发展异化引发的环境问题、伦理问题与社会问题应对乏力,无法真正解决发展的代价问题,建构中国形态的生态伦理并实现科学发展。因此,寻找中国生态伦理发展的立足点并建构自己的话语系统,是一项摆在我们面前的突出任务。

新兴的生态伦理学科在中国大地上刚刚萌生,或许必须经历也难以避免这一蹒跚学步的初始阶段,但是,如果对第二阶段进行认真省思,或许应当从理论和实践层面上使生态伦理中国化、使环境哲学本土化,关注、研究、推进并努力解决当下的中国生态问题,在借鉴、吸收国外相对成熟的生态伦理成果的基础上,融汇、建构、创新并发展中国形态的生态伦理学,这是破茧成蝶的伦理精神和伦理勇气。历经 30 多年的研究探索,我国生态伦理学界在建构生态伦理学的基础理论、挖掘西方生态伦理的思想理念并系统阐发中国传统生态哲学中的精神资源方面取得了积极的理论成果,逐渐体现中国生态伦理研究的理论特质,并最终使生态伦理思想在中国大地生根发芽。

生态伦理将伦理关怀的对象由人际间扩展到人与自然的关系,它致力于对人与自然关系的重新思考和审视,并运用生态伦理道德的规范和原则来调节人们的行为,以人类发自内心的自觉行为来保证人与自然的协调发展,这一努力的积极成果就是生态伦理学学科体系的建立和逐步完善。但是,仔细思考不难发现,以人与自然关系为取向的生态觉悟,在理论和实践维度上难以圆融自洽,它本质上仍是一种狭隘并且具有致命缺陷的生态理性,最终没有逃脱人类"中心"的樊篱,生态理念在"他者"的凯歌行进中最终深陷"为我"的泥沼,因而只能是不够彻底的生态智慧,也不可能使生态融入文明,并成就"生态文明"。

第三,21 世纪生态伦理的历史形态应当是具有生态觉悟的"价值生态"和"文明生态"。在人类近半个多世纪的生态觉悟进程中,人们逐步明确,"生态"应当走出"自然"科学,并走进由人、自然、社会交织起来的系统生态整体,不仅是"自然生态""环境生态",更是"经济生态""政治生态""文化生态"和"文明生态",不仅是纯粹思辨和抽象的哲学概念,更是价值理念、伦理精神、生态智慧和文明智慧,这是"自然生态"向"价值生态"的转换和跃迁,同时也是"生态哲学"和"生态伦理"的文化觉悟和文明觉悟。

生态伦理的新的历史形态向前拓展的第一个环节,应当使原初意义上的生态哲学提升为生态世界观,生态哲学和生态世界观具有解释世界的理论同一性,但却凸显了阐释自然界和社会的两种态度,如果说,生态哲学是理性思辨的论证,那么,生态世界观却带有明显的关注世界的实践情怀,由生态哲学提升为生态世界观,则理论的态度跃迁到实践的态度。如果说,生态世界观是行为意志层面的"实践一般"和形上智慧,那么,生态价值观才是走向实践的重要的"人性冲动"和人格构造,它是理论和实践之间必要的中介结构,是行为实践的"冲动力的合理体系"和实践智慧。经由生态世界观到生态价值观的转换,便形成了具有历史合理性的"价值生态",由此,"生态哲学—生态世界观—生态价值观—价值生态"理念链条的搭建,为生态伦理由理论形态向实践形态的推进和生态伦理精神的觉醒准备了理论前提。

生态伦理精神的觉醒是人类伦理思想发展史上重要的里程碑,它是对全球范围内日益突出的生态环境问题的忧思,也是对整个人类未来生存和发展空间的忧虑与警醒。当环境难题日益成为影响社会发展进程的关键性因素的时候,生态伦理思想在人类伦理思想发展的各个阶段开始迅速成长并凸显出来,成为一门成熟和独立的学科体系,并开始以一种全新的姿态呈现在世人面前。

三、生态伦理精神的逻辑进路:从生物中心主义到生态整体主义

20世纪中叶以来,随着生态困境问题的日益凸显,生态伦理学的发展经历了一个关注生命个体—关爱生命实体—关怀生态系统的生命演化历程,其最终表现是人类道德关怀范围的不断拓展和生态伦理学研究界域的不断拓宽,或者说,从生物中心主义到生态整体主义的发展是生态伦理发展史的演进轨迹。不同的生态伦理学的理论流派从彼此诘责对立到对话交流、沟通融合,经历了一段漫长的历史进程,然而,其最终的理论旨归却是建构接纳、包容、超越甚至整合人类中心主义与非人类中心主义(包括动物权利论/解放论、大地伦理学、生物中心论、生命中心论与生态中心论)的多元对话的生态伦理学,这是生态伦理学诸理论流派多元整合的生态发展趋向,也是整体主义的生态伦理学。

如果说,动物权利论/解放论、敬畏生命和生物平等主义基于传统伦理学理论倡导生命至上,重点关注生物个体的生命权益,那么,生态整体主义则从生态学理论出发,将伦理关怀的中心由个体生命拓展到整个自然生态系统,关注生态整体的利益和命运。因此,从生物中心主义到生态整体主义的推演是生态伦理发展的逻辑轨迹,也是生态伦理精神的觉醒和生态时代的道德觉悟。

(一) 生物中心主义——关注生命个体的伦理情怀

生物中心主义是生态伦理发展的初始形态,从辛格的"动物解放的伦理学"、雷根的"动物权利论伦理学",到施韦泽的"敬畏生命的伦理学"与泰勒的"生物平等主义伦理学",其理论轨迹逐渐铺展开来,共同把人与人之外的所有生命个体纳入人类的道德关怀范围内。

动物解放论的主要代表辛格(P. Singer)在《所有动物都是平等的》一文中以妇女和黑人要求平等权益的解放运动为切入点,认为解放运动的宗旨就是要拓展传统伦理学道德身份的范围,论证了所有动物拥有平等权益的正当性:"我们应当把大多数人都承认的那种适用于我们这个物种所有成员的平等原则扩展到其他物种

身上去。"①"人类的平等原则并不是对人们之间的所谓事实平等的一种描述,而是我们应如何对待他人的一种规范。"②辛格认为各种动物之间感知能力、智力水平的差异并不能成为他们能否享有平等原则的依据,只要有感知能力的动物和人一样能够感受到痛苦和快乐,就应当平等地考虑人和动物的利益,这里的平等原则虽然具有伦理韵味,但是动物的权利与人并不完全等同。辛格反对物种歧视,反对用动物做实验和杀戮动物,甚至认为食用动物的肉也是不道德的行为。但是辛格指的所有动物,只是限于具有感知能力的高等动物,并以物种的意识和感受能力作为它们获得道德权益的尺度。如,怀孕18周以下的胎儿和植物等由于无感觉能力,所以无从获得道德权益。动物解放论从对人类自身特有的关怀之心出发,避开传统伦理学中公认的道德等级体系,关注自然界中的其他动物,打破了传统伦理学中的道德等级划分使道德关怀的范围得到了很大程度的扩展,也使人们的伦理思考发生了前所未有的变化。

动物权利论的代表雷根(T. Regen)认为,某些动物和人一样都拥有"天赋价值"或"固有价值",它们自身就是终极目的,因此,我们应当尊重动物的权利,并把动物权利运动看作是人权运动的一部分,在实践上应禁止动物实验、取消动物的商业性饲养和纯娱乐、消遣性的狩猎活动。由此,雷根认为,只有生命个体才有权益,物种无权益,道德地位只能赋予个体,而不能赋予物种整体。

施韦泽(A. Schweitzef)突破了传统伦理只关注人与人之间的道德规范的限定,指出"爱""同情"和"善"的原则应当赋予所有的生命个体,仅仅具有内在的善和良知不是真正有道德的人,只有把所有的生命个体看作与自身的生命同等重要并在实践中真正善待一切生命才是完整彻底的伦理观,"善是保持生命、促进生命,使可发展的生命实现其最高价值。恶则是毁灭生命、伤害生命,压制生命的发展。这是必然的、普遍的、绝对的生命原理"③。"在本质上,敬畏生命所命令的是与爱的伦理原则一致的。只是敬畏生命本身就包含着爱的命令和根据,并要求同情所有生物。"④由此,建构了以生命为中心的敬畏生命伦理学。敬畏生命的伦理观基于对自然的情感体验和伦理态度,认为自然界中所有的生命个体没有高低贵贱之分,所有生命都是唯一的和神圣的,一切生命包括动植物都具有内在价值,人类对所有生命肩负着同等的道德责任和伦理使命,因此敬畏生命的伦理观对传统伦理观提出了革命性的挑战,不仅打破了传统伦理学固有的道德等级高下的观念,而且拓宽

---

① 辛格,江娅.所有动物都是平等的[J].哲学译丛,1994(5):25.
② 同①27.
③ 阿尔贝特·施韦泽.对生命的敬畏——阿尔贝特·施韦泽自述[M].陈泽环,译.上海:上海世纪出版集团,2007:129.
④ 同②9.

了自然界生命的概念,人类作为拥有道德理性思维能力的生命物种应当善待自然并对所有生命采取敬畏态度。

泰勒(P. Taylor)继承并发展了施韦泽的思想,并提出所有生命都具有固有价值,它源于生命存在本身的"善",这种传统的生命目的中心论最终构建起了人与自然之间的道德关系,因为"善是客观的,它不依赖于任何人的信仰和观点。这是一个可由生物学证据证明的论断,是我们可以知道的东西"[①]。这种善源于生物的生命本性,成为每一个生命个体所具有的固有价值。因此,泰勒的"生物平等主义伦理学"和"尊重自然"的伦理思想延续发展了施韦泽的"敬畏生命"伦理思想,其对"生命平等"的伦理精神的阐述具有内在的一致性,泰勒以生命至"善"概念为基础,认为所有生物的生命本性决定了都拥有内在的"善",因此所有生物个体都拥有内在价值,人类与所有的生命形式一样都拥有绝对平等的天赋权利和道德价值,"应该赋予具有内在价值的物体以道德关注,所有的道德主体有责任尊重具有内在价值的物体的善"[②]。因此,人类不仅有责任考虑自己的"基本需要"和"非基本需要",而且也应当考虑其他生命形式的"基本需要"和"非基本需要",这是人类应当担负的道德责任。

辛格的动物解放论、雷根的动物权利论、施韦泽的"敬畏生命的伦理学"与泰勒的"生物平等主义伦理学"是个体主义路向的主要代表。一般意义上,传统伦理学只承认人的道德身份,认为人对自然并无直接的道德责任和义务。对此,辛格、雷根、施韦泽和泰勒把道德关怀对象从人类延伸到人之外的其他动物,并且把理论的焦点预设在单一个体的权益和价值之上,这些理论以动物对苦、乐的感知能力作为理论判据,试图推导出它们具有与人无涉的天赋权利或固有价值,其目的在于规范人类对动物的行为。

动物解放论/权利论从对人类自身持有关怀之心到对自然界的其他动物生命持有关怀之心的思想转变,使道德关怀的范围得到了很大程度的扩展,但是,很多环境伦理学家认为,只是关心有感知能力的动物是不够的,没有感知能力的自然界的其他物种也同样应成为道德关怀的对象。施韦泽的尊重生命的伦理思想和泰勒尊重自然伦理思想从两个不同的视角阐述了生物中心主义的基本精神,施韦泽认为伦理学应是无界限的,生命是无高低贵贱之分的,生命在他的观念中不仅仅指的是人类的生命,还包括自然界的其他物种,像动物、植物等,泰勒继承和发展了施韦泽的环境伦理学的思想,进一步丰富了自己的生态思想,并认为人类与其他的生命

---

① 戴斯·贾丁斯.环境伦理学:环境哲学导论[M].林官明,等译.北京:北京大学出版社,2002:158.
② Michael E Zimmerman, J Baird Callicott George Sessions, et al. Environmental Philosophy: From Animal Rights to Radical Ecology[M]. NJ: Prentice-Hall, 2001: 73-86.

形式一样都拥有绝对平等的天赋价值和道德价值。

以上理论形态各具特色,但是不约而同地把立论的依据置于生命个体,只是关注生命个体的权利和价值,而没有考虑生物共同体的实在性、个体生命之间的关联性、生命的过程性以及生命个体和其所处环境的关系,本质上都立足于传统伦理学,是对西方传统伦理学相关理论和概念的移植和延伸。

(二) 生态整体主义——从生态整体角度出发的伦理关怀

20世纪30年代,整体主义生态伦理思想(Holistic Environmental Ethics)开始在西方伦理学界被广泛关注。在西方,自20世纪30年代起,一些学者开始研究整体主义环境伦理思想。最初,美国著名的环保主义先驱者奥尔多·利奥波德(Aldo Leopold)早在《沙乡年鉴》一书中提出"大地伦理学"的概念,认为当一件事情有助于保护生命共同体的和谐、稳定和美丽的时候,它就是正确的,反之,就是错误的。受其思想启发,1993年,国际环境伦理学学会前主席贝尔德·克利考特(J. Baird Callicott)在《大地伦理的理论基础》一文中将"大地伦理学"的道德原则概括为"伦理整体主义"(Ethical Holism),认为"伦理整体主义"是当代环境哲学发展中最令人兴奋的发展之一,它给我们展现了一种统一环境伦理的可能性,从而奠定了整体主义生态伦理思想在整个生态伦理思想史中的重要地位。此后,挪威环境哲学家阿伦·奈斯(Arne Naess)在系统剖析生态危机的社会文化根源的基础上,建构了整体主义深层生态学,美国环境哲学家霍尔姆斯·罗尔斯顿 III(Holmes Rolston III)运用整体主义思想阐释了自然的内在价值和系统价值,建构了整体主义的自然价值论伦理学,整体主义生态伦理学逐渐进入中西学界的研究视域,并作为重要的研究课题获得深入而广泛的关注。

整体主义的生态伦理学的核心命题在于,生态系统的整体利益是人类应当追求的最高价值,维持和保护生态系统的完整、和谐、稳定、平衡和持续存在是衡量和评判人类社会发展和生活方式的根本尺度和验证标准。整体主义环境伦理思想的兴起是当代环境运动的一个重要理论进展,代表着当代生态文明建设的一种新的理性认知,其思想不但反映了人与自然关系认知的哲学范式的根本转换,而且更体现着现代环境伦理学理论的纵深发展,进而从根本上改变了现行的人类环境价值取向和实践模式,是对环境伦理学研究的进一步深化和发展。伦理整体主义超越了以人类利益为根本尺度的人类中心主义,超越了以生物个体的权利为核心思想的动物解放论和动物权利论,颠覆了长期以来被人类普遍认同的一些基本的价值观念。整体主义生态伦理思想为生态伦理学当前的理论困境提供了解决路径,对生态伦理学的理论建构和发展具有不可替代的独特价值,作为当代生态文明建设的一种新的理性认知,是对生态伦理学研究的进一步深化和发展。从实践维度看,整体主义的生态伦理思想有助于激发人们对全球化视野下生态环境问题的道德关切,对当代中国生态文明建设具有重要的启示意义,能够为当代中国社会主义生态文明建设提供有效的理论支持,形成与现代生态文明要求相适应的新的社会发展理念,科学地指导人们在生活实践中做出明智的选择。因此,深入细致地探讨整体主义生态伦理思想的理论基础、理论实质、理论价值以及现实意义,并最终形成整体主义的生态伦理论纲,将会改变国内学术界对该理论研究薄弱的现状,从而在深度和广度上为整体主义的生态伦理思想研究开拓一个新局面。

生态整体主义基于生态学的基本理论把自然界的无机体、有机体及其环境之间的相互关系、生态过程和生态系统整体预设为道德主体,通过道德主体范围的拓宽,对环境问题做出了伦理解答。总体看来,生态整体主义的主要代表包括以下三个流派:利奥波德的大地伦理学、奈斯的深层生态学和罗尔斯顿的自然价值论伦理学。

利奥波德大地伦理学的基本思想是要扩展道德共同体的边界,他说:"土地伦理只是扩大了这个共同体的界限,它包括土壤、水、植物和动物,或者把它们概括起来:土地。"①生物共同体的完整、稳定和美丽被大地伦理学视为最高的善。利奥波德认为人类只是生物共同体中的一员,他曾这样表述道:"土地伦理是要把人类在共同体中以征服者的面目出现的角色,变成这个共同体中的平等的一员和公民。它暗含着对每个成员的尊重,也包括对这个共同体本身的尊重。"②我们人类要学会像山一样思考,大地伦理学的建构不能缺少人类对自然的情感体验,共同体的拓展过程不光要依托生态学所提供的知识,而且也需要我们的情感,"土地伦理进化是一个意识的,同时也是一个情感发展的过程"。③ 我们仅仅用经济价值来衡量土地是片面的,应转变旧的价值尺度,确立新的价值尺度。

利奥波德作为生态整体主义的倡导者提出了其著名的"大地伦理学"理论。利奥波德认为伦理学应依据于一个共同的前提条件,即每一个个体都是共同体的成员,依据这一观念他得以把伦理关怀从人类延伸到整个大地。在生态共同体之中,"当一件事情有助于保护生命共同体的和谐、稳定和美丽的时候,它就是正确的;当它走向反面时,就是错误的"。④ 这一基本原则的提出,为整体主义路向其他流派的发展提供了理论前提和伦理预设。利奥波德以整体论为基础,使整体论观念与生态学理论的相结合,建立了生态共同体概念,从而完成了对道德共同体边界的扩展。

挪威著名哲学家奈斯创立的"深层生态学"有两条基本伦理原则,即自我实现

---

① 利奥波德.沙乡年鉴[M].侯文蕙,译.长春:吉林人民出版社,1997:193.
② 同①194.
③ 同①214.
④ 同①213.

论与生物圈平等主义。在深层生态学中,上述两条基本原则内在关联、相互结合共同构成了整个理论的基本框架。奈斯的自我实现论,实现的是一种"大我",即与大自然融为一体的"自我",而非西方文化传统中的"自我"。奈斯认为,自我实现是一个逐渐扩展自我认同对象范围的过程,也是全部生命潜能的实现。我国学者雷毅指出,深层生态学是通过"自我实现",即发掘人内心的善,来实现人与自然的认同,这个过程是一种积极主动的过程,人性如何,正是人与自然和谐共处的基础。

罗尔斯顿的"自然价值论"伦理学属于传统的价值论伦理学,是从自然价值的角度来为保护生态系统提供道德根据。罗尔斯顿从现代生态学出发,对"自然价值"这一核心范畴是否具有客观性以及自然是否具有内在价值等问题展开了系统的、实证的论述。这也是罗尔斯顿自然价值论不同于其他理论的独到之处,从而使其在当今环境伦理学中占有重要地位。

如何把道德身份拓展到人之外的其他自然存在物,既是个体主义路向,也是整体主义路向必须回答的首要问题。整体主义路向认为,自然存在物无论是有生命的有机个体,还是无生命的物质乃至整个生态系统都拥有与人无涉的道德价值,人类对它们的保护应不以自身的利益得失为判据或衡量标准。人类不是道德身份的唯一拥有者,人之外的其他自然存在物,例如,动物植物、山川湖泊以及整个生态系统都是道德身份的所有者。在理论上,整体主义路向不仅拓展了道德对象的范围,而且着重强调了生态系统和非生命自然存在物都具有的道德身份,以及自然系统的整体价值。整体主义路向在对个体主义路向进行批驳时,同时肯定了个体主义路向以生命本身作为判据对道德身份的拓展,是伦理思考的重要转折点。这一思想把道德关怀的对象由人推及自然界的大多数生命存在物,从而赋予伦理学新的理论意义。正如施韦泽所述,只关注人的传统伦理学是普遍伦理学中的一种特殊伦理学,它的重大错误就在于把伦理限定在人际间的行为。"但关键在于,人如何对待世界和他所接触的所有生命。"①

由于个体主义思想过于强调生命个体的权益,而没有考虑非生命自然存在物和生态共同体的实在性以及整体性,使其理论具有一定的局限性。"一个完整的伦理学必须给非生命的自然物体(比如河流和山川)和生态系统予以道德关注。……生态伦理学应当体现'整体性',比如物种和生态系统以及存在于自然客体间的关系等生态'总体'应当受到伦理上的关注。"②"就生态的范围而言,整个地球系统就是一个整体,必须从整体的角度考量,才能从根本上解决生态危机问题。"③

---

① 阿尔贝特·施韦泽.对生命的敬畏——阿尔贝特·施韦泽自述[M].陈泽环,译.上海:上海世纪出版集团,2007:129.
② 戴斯·贾丁斯.环境伦理学:环境哲学导论[M].林官明,等译.北京:北京大学出版社,2002:175.
③ 徐嵩龄.环境伦理学进展:评论与阐述[M].北京:社会科学文献出版社,1999:221.

现代生态学的深入发展,使人们逐渐认识到自然界中的物种是普遍联系和相互依存的。生态整体主义关注生命物种之间的相关性、生物和其环境之间的相互联系、相互作用以及生命过程,认为不仅生命个体具有道德主体的地位,而且生态系统作为一个整体也是一个道德主体,强调生态系统的整体性是系统存在和发展的关键,并通过强调系统的整体性使道德身份拓展到人类以外的其他非生命存在物,认为非生命的自然存在物是生态系统不可或缺的一部分,人类应把自己伦理关怀的范围从个体生命延伸到整体生态系统,应对整个生态系统负有道德义务和伦理责任。生态系统作为一个整体是其他有机个体得以生存和发展的条件,无论是有机物,还是无机物都处于相互依存、内在关联之中,生态系统本身固有的整体性、过程性、相关性使其具有不依人为转移的内在价值,所以自然本身就是价值主体和伦理主体,以系统整体的观点来看,整体主义的生态伦理学是对生态个体主义的超越和提升,也是生态伦理精神的整体主义觉悟。

整体主义的生态伦理学以整体共生性原则和系统优化原则为逻辑起点,体现了人与自然的系统整体性和协同进化的动态过程,生态伦理学的整体主义路向使人类真正体验到荒野自然的野性之美和生机勃发的生命力之美,在自然界数以万年的动态的进化历程中,自然因孕育生命而获得自身的价值,生命因自身的存在本身而获得价值,由此,人类应当敬畏生命、敬畏自然,通过对自身人性的完善来确证人对自然的伦理信念并承担对自然的道德义务和伦理责任,这是作为"类"的意义存在的人的伦理精神情愫。

四、构建生态伦理的"中国形态"

面对经济全球化和科技现代化浪潮的迅猛冲击,在回溯和梳理生态伦理发展历史脉络的基础上,应当努力探索现代生态伦理学的发展样态,并积极建构生态伦理的"中国形态"。借鉴和吸收国外学界关于人类中心主义与非人类中心主义之争、关于自然内在价值、关于人与自然的伦理关系等问题的争论,是当代中国生态伦理学萌生的第一阶段;广泛研究和深入探讨西方生态伦理学、马克思的生态学思想、生态学马克思主义、中国传统生态学等思想资源,并形成中国当代生态伦理学的内生的逻辑和根基,是当代中国生态伦理学发展的第二阶段;在辩证批判和扬弃的基础上建构立足全球视野、面向中国国情、解决中国问题的、具有中国特色的生态伦理学的中国形态,是中国生态伦理建构的第三阶段,也是现阶段应当完成,也必将完成的哲学任务。

西方生态伦理学研究发轫于20世纪70年代,并逐渐成为一个哲学、政治学、经济学等多学科的研究对象。西方的生态伦理学虽然流派众多,但在探讨生态危机产生的根源和解决途径问题上,以诺顿、墨迪等为代表的"人类中心论"一味强调和注重人类的整体利益和长远利益,没有进一步揭示现实世界人类共同利益与各国利益的矛盾统一关系,没有揭示被掩盖或湮没在"人类的共同利益"之中的西方发达国家的价值判断和价值选择;以辛格、泰勒、罗尔斯顿、奈斯等为代表的"生态中心论"一味强调生态伦理学的出发点和最终目的是自然生物共同体本身的"和谐、稳定和美丽",没有进一步揭示现实世界中环境保护与经济发展的不同意义。这种"重建人类生态价值观"的思维路向对于世界文明形态的发展具有广泛的价值意义。然而,总体来看,西方的生态伦理学是面对西方的具体情况,适应西方的社会体制,在西方的社会心理和历史文化土壤中孕生的,不可避免地带有浓厚的"西方中心主义"色彩,他们的"普适"环境哲学和经济"零增长"理论忽视甚至漠视其他国家的发展权和环境权,与人类道德文明的进步背道而驰,在实践上严重损害了发展中国家的利益和全球的生态文明发展,并不完全适用于中国具体问题的解决。

生态伦理是中国 20 世纪下半叶以来生态觉悟和生态运动的基线。生态伦理学在当代中国的出场,是沿循西方研究的轨迹并在西方的话语体系内部小心翼翼地进行的。一方面是西方生态问题研究和相关伦理问题的研讨的渐趋深入和成熟在国内学界引起了积极响应,另一方面是生态环境难题的日趋严峻对人类生存底线的挑战引起了国内学界的重视。如果说,原始渔猎社会人与自然的关系是古朴和谐,农业社会人与自然关系的紧张初露端倪,那么,到了近代工业社会,当人类高举现代科技的利剑向自然开战时,人与自然的关系便开始彻底决裂,无视自然的现代工业生产方式使自然界遭到了不可逆性的损伤和破坏,人类遭到自然无情的报复,于是,西方学界和民间社团组织开始反思人与自然的关系、人类的价值观念与实践模式。西方社会独特的个体主义的文化背景决定了西方生态伦理发展走的是自下而上的推进道路,许多民间环保组织和自发的绿党政治运动都为生态伦理的发展提供了理论和实践资源,然而,中国社会的文化传统和历史背景使中国大量的社会团体和许多个体缺乏明确的生态觉醒意识,自下而上的发展路径并不适合中国国情。中国的生态伦理建构应当坚持自下而上与自上而下相结合的路径,在进行理论自发与自觉相结合的生态伦理的元伦理层面的研究的基础上,推进生态伦理理论体系和逻辑构架形态的研究,同时要形成政府主导的生态政策性层面的实践研究。此外,还要鼓励大量民间的团体和个人自发和自觉的生态理论研究与生态实践落实,以此正确认识和把握当代中国生态伦理建设状况,构建中国生态伦理新模型,形成以马克思主义为指导的中国学派的生态伦理和生态哲学。

(一) 生态伦理的元理论层面研究

生态伦理学作为现代生态科学和社会伦理学的交叉学科,其涉及的生态元伦理问题比较庞杂。在人与自然的关系问题上,涉及人与生物群落之间是否存在伦理关系、人类如何对待生态价值、如何调节人与环境之间的关系、人类能否超越自然控制自然、人与自然如何实现主客统一;在伦理的本质问题上,涉及伦理是人与人之间、人与非人之间还是非人的存在物之间的关系问题、人对其他生命物种和自然界的伦理态度问题;在价值属性问题上,涉及价值具有属人性还是客观的性、人类中心主义与非人类中心主义、生物中心主义与生态中心主义、痛苦中心主义与意识中心主义等等。生态伦理的元理论层面研究从最基本的概念系统出发,探讨最基本的生态伦理问题,核心是尊重生命共同体与爱护自然,它在理论上要求确立自然界的价值、人与自然的系统整体性、重塑人类的生态价值观念并确立人对生命自然的伦理义务与生态责任,实践上要求按照生态伦理的道德规范约束人的行为,并为政府的宏观发展决策和实践行动提供深层的理论依据和政策建议。

在生态伦理的理论视域中,对于生态困境根源的探寻、对人类生存意义的终极价值关怀的关注以及对人类生存困境的伦理隐忧的关切,以非人类中心主义对人类中心主义的质疑和批判为突出表现,认为肇始当前生态困境的人类中心主义及其"征服自然"的理性意识是当前困境的深层思想理论根源,"人类中心主义在许多涉及所谓生态危机的文章中是个贬义词",生态伦理的合理性的论证主要建基于对人类中心主义的文化批判之上。人类中心主义的最早明确表述源于古希腊哲学家普罗泰戈拉的"人是万物的尺度",它把人的主体地位凸显出来,此后伯里克利延续此论断,明确指出"人是第一重要"。公元前 1 世纪,犹太教、基督教的"上帝创世说"从理论的深层侧面再次印证了一种思想上对于人的主宰地位的认同,宗教世界观使上帝成为世界的主宰同时也使人类在上帝的特别关照下被赋予了地球的看护者和管理者的独特地位。公元 2 世纪,天文学家托勒密的"地球宇宙中心说"再次给予人类以宇宙中心的体系证明。到了文艺复兴时期,人类中心主义逐步形成自身完整的理论体系,表现为诺顿(Bryan G.Norton)的弱的人类中心主义、帕斯莫尔(J.Passmore)的开明的人类中心主义以及墨迪(W.H.Murdy)的现代人类中心主义,认为人是万物的尺度,道德只是调节人与人之间关系的规范,人的需要和利益的满足与实现是道德原则的唯一相关因素,人是唯一的道德代理人(moral agent),也是唯一的道德顾客(moral patient),只有人才有资格获得道德关怀,人是唯一具有内在价值的存在物,其他存在物质只具有工具价值,即使承认自然的内在价值也只是人的评价系统发挥作用的结果,而不是自然本身固有的"内在价值",由此把人类身处其中的自然生境绝对化为自己的能量摄取地,从而便为对自然的功利性的疯狂攫取提供了理论上的价值辩护,在此价值观念指导之下,培根的"知识就是力量"将人类中心主义由理论推向实践,经过法国哲学家笛卡尔的"二元论"的机械强化,人类中心主义作为一种主宰世界的世界观、价值观以及一种既定思维方式便开始潜移默化地熏陶渗透于人类的生产与生活实践过程,甚至一度成为时代发展的"价值坐标"。

基于对人类面临的现实的生态困境的忧思,生态中心主义"对一切人类中心主义框架下的理论和决定保持警惕",在漫长的历史发展过程中,非人类中心主义历经哲学伦理学以及文化价值观层面上的辩证融合,逐渐形成由浅入深的生态伦理派别:包括以辛格和雷根为代表的动物解放/权力论、以施韦泽的"敬畏生命"和保尔·泰勒的"尊重大自然"为表征的生物中心论,尤其是以奥尔多·利奥波德的"大地伦理学"、阿伦·奈斯的"深层生态学"和罗尔斯顿的"自然价值论"为代表的生态中心论,其影响辐射面覆盖整个生态伦理领域,并逐渐发展成为现代西方环境运动的一种主流意识形态。它们针对人类中心主义自身的理论弊端分别提出了积极的应对策略,从人类自然观、价值观、伦理观的理论思维层面和生态实践层面以及制度层面进行了一定深度的理论原则探寻,从而在理论价值观的意义上为人类重新认识和处理人与自然之间的关系以及重新审视近代工业文明成果和人类生存方式,提出了一种以促进人与人、人与自然、人与社会、人与自身的"生态和谐"为旨归的文化伦理价值观念,这是生态中心主义面对当前日益严峻的生态难题对困境根源的理论探寻,同时也是生态伦理自身的理论旨趣所在。在生态中心视野的关注下,伦理学的权利、价值、义务的概念范围突破了原来伦理框架向前发展,在权利问题上,它打破了物种的局限,认为自然同样享有生存和发展的权利,理应受到人类的生态尊重,认为非人类存在物不仅具有相对人类而言的工具价值、使用价值,更重要的是因占据生态自然系统各自相互不可替代的"生态位"而拥有本身固有的内在价值和系统价值,于是,在人类履行环境义务方面,因所有生命权利的等同而要求人类必须善待一切自然存在。由此,"过去的伦理学是不完整的,因为它认为伦理只涉及人对人的行为。实际上,伦理与人对所有存在于他的范围之内的生命的行为有关,只有当人认为所有生命,包括人的生命和一切生物的生命都神圣的,他才是伦理的"。"只有体验到对一切生命负有无限责任的伦理才有思想根据。"所以,生态伦理应当是一种走出"中心"的整体主义大伦理观,这是一种人与自然一体相依的"整体思维"和"绿色思维"。

因为,从根本上说,人类是整体自然生态系统的内部要素,人类作为自然之子,首先是一种自然存在,人与自然二者具有内部同一性,人类依靠自身理性的力量可以能动地改变自然却不能脱离自然而孤立存在。所以,人能够超越自身却永远不能够超越自然本身,只有在有意识地维护自然的和谐与稳定的前提下才能够确保人类自身的永续与繁荣,人与自然生态系统的整体稳定运行有利于维护地球生物圈的稳定、完整和美丽,这是人类社会与自然生态系统和谐运行本身的内在目的和应有之意。所以,在一定意义上说,生态伦理是一种基于人与自然和谐一体的文化伦理理念和哲学形上了悟,是人类在经过痛彻的自我反省之后的"自我发现",是对拯救生态危机并探求可持续发展的深切的人文忧患,是一种对客观自然规律科学认知基础之上产生的谦恭和敬畏的伦理心态,是"真"与"善"相伴而行的伦理使命和伦理责任。它站在"全球视野"的文化高度关注整体的生态难题,力图融合整个国际社会的意志和道德行为,从而共同面对和处理人类世界的生态困境,寻求一种"诗意栖居"的绿色文明生活境界,它既是人类道德意识形态的完善和进步,更是地球文明形态的进展和飞跃,是整体人"类"共同的伦理价值诉求。虽然在国际政治文化发展纷繁复杂的今天,这种愿望带有理想化的色彩,但是,毕竟这是一种努力方向。

因此,当代中国的生态伦理学的发展应当首先进行元伦理层面的深入研究,借鉴吸收西方生态伦理学研究的理论资源和精神资源,但是,中国当代的生态伦理学研究要真正地走到历史前沿,并不能简单地沿循或局限于西方现有的话语体系之中,应当也必须要从中国的文化传统和社会现实出发,直面中国环境难题的现状,形成中国形态的生态伦理学的理论生长点。

(二)生态哲学的理论拓展

生态哲学和生态科学是建构生态伦理的中国形态的重要精神资源。如果说,生态科学着重探究生态自然领域的结构、现象和发展规律,主要属于自然科学的研究范畴,那么,生态哲学的拓展则使生态伦理学的建构具有了更加生动和丰富的理论内涵。首先,生态哲学之"生态",它基于生态科学的基本理论和知识体系结构,使生态伦理学的研究建立在科学的生态规律的基础上;其次,生态哲学之"哲学",它以生态科学的基本理论知识为基点,以世界观和方法论的辩证思维视角审视社会现象进而阐释社会问题,揭示人、自然、社会之间的关系与规律,从而使生态伦理学科具有浓厚的社会科学的理论性质。自然中心主义强调人与所有生命物种之间存在不可分割的伦理关系,人类中心主义认为人与自然之间的伦理关系归根到底属于人与人之间的伦理关系,这是建构在生态哲学思维模式基础上的伦理分歧。但是,生态伦理学科的诸多理论学派,无论自然中心主义还是人类中心主义都应当尊重生态规律,并遵循自然规律,从而展现生态科学的理论意蕴,同时,生态伦理学的生态描述以社会科学的形态出现,它赋予自然内在的价值和权利,并充分彰显生态系统的和谐、稳定与美丽,体现人与自然的一体相依与同根同源,当人类以生态哲学的思维意向去审视生命自然并进行价值评价时,自然界的秩序、规律、统一、稳定便彰显出来,这是生态伦理学的理论资源与思想基础。中国形态的生态伦理学的建构应当以生态哲学为理论基础,但是需要辩证地批判和继承。

经过生态哲学的提升和扩展,"生态"与"伦理"的关联方式发生了根本性的变化,自然生态和生态科学意义上的"生态伦理"最终演绎为价值生态意义上的"伦理生态"。如果说,"生态伦理"是在伦理学或道德哲学意义上对生态的伦理诉求,那么,"伦理生态"就是以伦理为原点对人与他的世界的"价值生态"的建构。如果说,

"生态伦理"的学科视野仅仅致力于人与自然关系的"文明"建构,那么,"伦理生态"的哲学演绎则被赋予了"整个文明"的涵义。早在20世纪40年代,罗素就曾预言:"在人类历史上,我们第一次到达这样一个时刻:人类种族的绵亘已经开始取决于人类能够学到的为伦理思考所支配的程度。"[1]"伦理生态"的真谛,无疑是它超越"生态伦理",使"生态伦理"成为"为伦理思考所支配"的文明,至此,生态伦理开始走向"文明"、融入"文明"并最终成为"文明"。

(三)马克思主义生态自然观

马克思主义关于人与自然关系的基本理念应当成为中国生态伦理形态建构的理论基础。不同的历史演化阶段,"自然观"呈现出不同的时代特征,它在思想观念深层影响着人们的生态道德认知,冲击着人们的价值观念,然而,对"自然观"的道德认知和把握在一定程度上存在模糊性和局限性,要从"自然观"的认知层面实现对生态困境的超越,有必要重返马克思主义经典作家的"自然观"视域,超越人与自然关系的异化困境,建构人与自然的一体关系,在人与自然和谐共生的生态实践"自然观"的认知理念下,达至"实践—认识—审美"链条的契合共生,因为"人与人之间矛盾的真正解决"和"人与自然之间矛盾的真正解决"是人类可持续发展的题中之意。

马克思主义经典作家从唯物辩证法的视角透视人与自然的生态关系,在系统总结历代自然哲学家自然唯物主义观点的基础上,实现了人与自然关系理论的突破和超越。马克思之前的许多旧唯物主义者认为自然是客观的物质性的存在,依靠自然认识自然,在推崇自然物质性的基础上,有利于掌握客观自然规律,推进人类探寻宇宙奥秘,但此时的自然成为抽掉了历史和生命的纯粹物质性的存在,既没有自然的历史,也没有历史的自然,成为脱离了人类能动的创造性活动的异己的绝对存在。康德等德国古典哲学家则在此基础上认识到人与自然之间辩证统一的关系,并主张以主体能动的思维意识和历史的观念把握客体自然,由于思维能力和知识的局限,古典哲学家仅只在抽象思辨的层面把握人与自然的辩证统一关系,并没有找到人与自然统一的现实基础。费尔巴哈在德国古典唯心主义思辨的基础上,把人与自然的统一关系提升到哲学的高度来把握,由于费尔巴哈哲学的直观性,客观的物质自然与现实的感性世界被当作直观的客体对象来理解,忽略了主体的能动创造性。青年马克思在对古典自然哲学的研究中,看到了人与自然之间的辩证关系,具有唯物主义和无神论的印记,但受黑格尔唯心主义的影响,直到《1844年经济学哲学手稿》诞生,马克思关于人与自然关系的思想才逐渐成熟,在系统总结并批判了黑格尔唯心主义和费尔巴哈形而上学的唯物主义观点,认为黑格尔所主

---

[1] 罗素.伦理学和政治学中的人类社会[M].肖巍,译.北京:中国社会科学出版社,1992:159.

张的主客体在理念中统一的唯心主义与费尔巴哈对自然的过度"唯物化"带来的是一种机械式的原子观点,自然在人类的视野中成为孤立的原子,人与自然的分离和对立不可避免,因此,在马克思主义的视域中,人与自然通过人类的劳动实践克服异化走向统一,这是一种辩证唯物主义的观点。

首先,人与自然关系的异化。

马克思所处的时代是 19 世纪工业社会所造就的商品经济时代,资本主义工业时代"在它的不到一百年的阶级统治中所创造的生产力,比过去一切时代创造的全部生产力还要多,还要大"[①]。然而,物质财富增值的背后却是人的世界的贬值,劳动在创造着物质财富的同时也在生产着作为商品的劳动自身和劳动力本身,劳动成为异化于人的类本质而存在的机械活动,使自然界和人的生命活动同人相异化,人类原本的类本质追求成为人类个体谋求生存的手段,人类失去了作为能动的自由主体的性质,成为劳动的异化存在。"异化"一词导源于拉丁文"alienation",具有让渡、转让、疏远之意,黑格尔曾经在其主体的自我内部精神的矛盾运动中指明"异化"实际上是主体内部精神的自我否定过程,是转化、派生出自我的对立面并压迫、制约自我与他物的过程。费尔巴哈借助"异化"批判宗教中的神是人的本质的自我异化过程,经典马克思主义者通过其社会批判理论揭示了人类面临的时代困境,"今天的意识形态的根据是,生产和消费再生产着统治,并为其辩护……但在同时,它却又在维持着苦役和行使着破坏。个体由此付出的代价是,牺牲了他的时间、意识和欲望;而文明所付出代价则是,牺牲了它向人们许诺的自由、正义和和平"[②]。这便是由人的劳动异化所带来的人的异化和文明社会的异化。基于人的异化现象,马克思对人性做出了原初的"本真状态"的假设,随着资本主义工业化的进行,出现了人性的扭曲与异化,由此进一步展开了其社会批判理论,人的能动创造本性作用于自然,自然应当成为人化的自然,是人的本质的外化,然而由于人的类的本真状态的丧失,出现了人的异化,自然的人化也就不是真正人的自然,人类与自然为敌必会带来自然与人类为敌,即自然以一种异化的姿态奴役、主宰、压迫人,这就是人与自然关系的异化。

人类认识自然、改造自然的实践活动应当是推动人类自由、自主的生命活动并不断实现人的"类本质"的过程。马克思分析认为,在资本主义制度下,人类的实践活动却是以异化劳动的形态呈现的,异化劳动的进行成为人的"类本质"不断流失的过程,人类逐渐丧失了人之为人的本质成为与之异化的生命存在。人类实践活动追求的终极目的应当是在意识与自我意识的指导下不断趋向生命的自主与自

---

① 马克思,恩格斯.马克思恩格斯选集:第一卷[M].北京:人民出版社,1995:256.
② 马尔库塞.爱欲与文明[M].黄勇,薛民,译.上海:上海译文出版社,2005:9.

由,人类作为生命主体和类存在,在道德自我意识的激发下,应当能够不断返观和思考自身的生命活动和生存生活,从而趋向"自由"之境。异化劳动下,人类生命活动的本质追求逐渐成为维系肉体生存的工具和手段,人类的生活、生命与动物的谋生活动相等同,失去了人作为"类本质"的自由之境,人之为人的本质蜕化为谋求肉体生存的手段。然而,人类的肉体生存一旦上升为人的生命的本质追求,那么,人与动物的区别也就模糊了,如此,人对物质欲望的追求和满足成为生命的终极目的,贪欲的释放和人性的堕落同时涌现,物质丰饶中的纵欲无度以及对自然的疯狂占有和征服必然成为生态世界的景象。马克思批判指出:发达资本主义工业国家中,劳动的异化促动着人与自身"类本质"的异化,物质欲望的释放和满足,使得人类自身成为被物质役使和支配的工具,异化劳动伴随而来的是异化消费,为消费而消费,物质的消费进一步成为人类生命存在的终极目的,"物"的占有成为人类生命本真状态的表征,如此,物的世界反过来占有和支配人的世界,人类在物欲的牵引下成为物性的人格化再现,人类的价值和尊严的衡量标准便成为对物质占有的多寡和等次高低,人性在资本主义社会极度"物化",人拜倒在"物"的脚下,成为物的奴隶,由此,人与自然的冲突和对立便不可避免。

在人与自然的异化关系中,自然成为人类物欲占有和征服的对象,不再是人的本真力量的表现和确证,而人类则在丧失了自身的类本质的基础之上成为臣服于物欲的工具,当人类欲望的释放达到一定程度,自然便成为人类的工具意义上的存在。人类被物欲工具化,自然被人类工具化,人类丧失了人之为人的本质存在价值,蜕化为生物学意义上的人,自然失去了作为系统生命的有机整体性,成为原子化的孤立、静止的僵死的质料存在,自然相对于人类而言,只具有工具价值,而不具有系统价值甚至内在价值,从而进一步引发人类活动对自然的过度干涉,以及自然对人类滥用的疯狂报复。马克思曾经指出,当动物的东西成为人的东西,而人的东西成为动物的东西的时候,人与自然的异化也就产生了,人与自然之间的关系演变为纯粹的目的与手段、征服与占有的关系,原本应当具有的生命关爱和道德关怀被遮蔽,纯粹的物欲征服背后掩盖了人与自然之间的伦理关系。马克思在其社会批判理论中进一步指出,在一种自发的形成的社会当中,只要私人利益与公共利益还存在分裂,并且分工还不是出于个体自觉自愿的活动,那么,人类的劳动还是异于人类生命活动的异化劳动,并没有融入人类本真的生命历程,这是社会发展条件的限制,并且,由于特定的历史阶段人类实践活动、认识水平和对知识把握程度的局限,人类对自然规律和对自身的认识尚且有待提高,人类的异化与自然的异化的发生也就难以避免,这是马克思主义视域中由人的异化所引发的人与自然生态关系的异化,也是近现代以来生态困境的历史导因之一。

其次,劳动实践:必要的中介。

马克思在其经典著作中从劳动实践的视角考察人与自然的关系,并明确指出劳动实践是人与自然辩证统一的中介,劳动实践使人从自然中独立出来成为区别于动物的生命存在,成为具有自身本质力量的类存在。"人不仅仅是自然存在物,而且是人的自然存在物,也就是说,是为自身而存在着的存在物,因而是类存在物。他必须既在自己的存在中也在自己的知识中确证并表现自身。"①并且,"劳动这种生命活动,这种生产生活本身对人来说不过是满足他的需要即维持肉体生存的需要的手段。而生产生活本来就是类生活。这是产生生命的生活。一个种的全部特性、种的类特征就在于生命活动的性质,而人的类特性恰恰就是自由的有意识的活动"②。人类作为"类"存在物,其超越于动物的本能式生存方式,是在一种具有意识和自我意识指导的生命活动中,依靠自身创造的文化和知识的力量不断地确证自身,追求生命的自由和自主的过程中实现的。自然作为客观存在的生命本体,其存在并不以人类的物质需要和意志愿望为转移,人类作为能动的意识主体,只有在利用工具并积极地改造自然的生命活动中,才能够在自然中获得物质资料、能量与信息,以维系自身的生存和发展,"自然界为劳动提供材料,劳动把材料转变为财富"③。所以,人与自然之间存在一个必要的中介转换,这就是人类的劳动实践。劳动实践是人类在自然中的存在方式,马克思曾经指出:劳动是人在自然中以自身的活动方式引起、调整和控制人与自然之间的物质变换过程,因此,劳动实践创造着人类生存和生活与发展的根本条件,在生产物质生活本身的同时,推动着人类意识与自我意识的产生和对象化思维能力的发展,于是,人类成为脱离动物本能式生存的"类"存在物和主体性的生命存在,从而能动地关照自然客体。

同时,劳动实践活动促动人与自然相互作用,并把统一的自然分化为"人化的自然"与"自在的自然"。如前所述,人类作用于自然的活动不同于动物的消极本能式地适应环境的生存方式,人类通过实践活动积极能动地改造自然的过程,也是自在的自然不断被"人化"的过程,同时也是人类社会的历史形成的过程,当然,通过实践活动的中介,人也不断被自然化和社会化,这就是"人化的自然"与"自然的人化"以及"自然的社会化"和"社会的自然化"相统一的过程。马克思曾经对"人化的自然"和"自在的自然"做出区分,"人的感觉、感觉的人性,都只是由于它的对象的存在,由于人化的自然界,才产生出来的"④。由于人类实践活动的参与,自在自然被打上人类的目的和意识的烙印,按照人的方式和人的需要规定物质的自在存在形态,从而转化为"为我之物"参与到自然规律支配的自在世界的运动过程之中,因

---

① 马克思,恩格斯.马克思恩格斯全集:第四十二卷[M].北京:人民出版社,1979:131.
② 马克思.1844年经济学哲学手稿[M].北京:人民出版社 2000:57.
③ 马克思,恩格斯.马克思恩格斯选集:第四卷.北京:人民出版社,1995:373.
④ 同①126.

此,"整个所谓世界历史不外是人通过人的劳动而诞生的过程,是自然界对人说来的生成过程……因为人和自然界的实在性,即人对人说来作为自然界的存在以及自然界对人说来作为人的存在,已经变成实践的、可以通过感觉直观的"[1]。自在自然则是相对于人类的实践活动而言具有一种先在性和客观性,而实践活动相对于自在自然而言则具有历史局限性,它永远无法穷尽自然许多未知的奥秘,因此又需要不断的"人化"的力量予以不断的探索。同时,实践活动是人类的自然性与社会性统一与联系的纽带,人类作为自然存在物,依靠劳动实践的力量从自然中获得提升,并且"劳动创造了人本身",劳动的介入使得人类从原始混沌状态中独立出来,超越于动物的本能生存而成为人之为人的存在,在人化的自然中不断地生产和创造属于自身的新的生存状况和规定性。因此,人类的活动既依托于自然并符合自然的运作规则,具有"自然性",同时又具有"社会性",在社会实践基础上塑造着个人与他人的价值互动关系,而"自然性"与"社会性"同样依靠劳动实践的中介获得统一。

此外,伴随着人类主体意识的觉醒和主观能动力量的增强,特别是工业革命以来的人类的劳动实践,使得人与自然的关系呈现出对立与统一的运作模式。人类作为自然的生命存在,其劳动实践本身是自然孕生的人类的活动能力,必须遵循自然的运作逻辑,而人类主观能动性的日益增强不再满足于忍受自然压迫和限制的"自然生活",这种日益增长的需求推动着人类借用近代自然科学和技术的手段改变自身的自然生存,特别是工业革命以来机械式社会化生产的推动,实现了人类社会力量的增强,人类的生活方式与思维模式发生了改变,"工业的历史和工业的已经产生的对象性的存在,是一本打开了的关于人的本质力量的书"[2]。"在人类历史中即在人类社会的产生过程中形成的自然界是人的现实的自然界;因此,通过工业——尽管以异化的形式——形成的自然界,是真正的、人类学的自然界"[3],在这种工业社会的人类学的自然界中,人类在机械论自然观下对自然采取了征服、主宰和统治的态度,因此,自然虽然通过人类的生存实践不断显示自身的存在价值,人类的劳动实践虽然是人与自然辩证统一的中介,但是同样能够以异化的形式造成人与自然的对立。人类劳动实践对自然所造成的"负面效应"是由于在特定的历史背景下人类在某种片面的需要和欲望的支配下,无视自然生态平衡的演化规律,对自然为所欲为的产物,从而引起自然对人类的惩罚和报复,人类的劳动实践能力虽然随着历史的发展不断向前推进,但是无论如何,人类的劳动实践不能脱离自然的客观存在属性。马克思曾经告诫人们:"我们不要过分陶醉于我们人类对自然界的

---

[1] 马克思,恩格斯.马克思恩格斯全集:第四十二卷[M].北京:人民出版社,1979:131.
[2] 同[1]127.
[3] 同[1]128.

胜利。对于每一次这样的胜利,自然界都对我们进行报复。每一次胜利,起初确实取得了我们预期的结果,但是往后和再往后却发生完全不同的、出乎预料的影响,常常把最初的结果又消除了。"①因此,人类应当对自然的报复予以及时警醒,明确人与自然的一体性和人类应当承担的生态道德责任,把人类的劳动实践活动放到整个自然生态系统中去考察,防止人类实践活动的不恰当进行所造成的环境污染、资源短缺与生态失衡,维系自然生态系统的良性循环与人与自然关系的和谐互动。

因此,劳动实践是人与自然、主体的自然与客体的自然、自然的人与社会的人相统一的中介和纽带,劳动实践的发生使得人与自然之间的物质变换成为可能,并进一步推动着人类世界的历史演进,由此,我们可以确证,"人与自然界的完成了的本质统一"。

再者,"人与自然界的完成了的本质统一"。

马克思、恩格斯在其早期著作中已经从实践本体论的视角指明了人与自然界之间不可分割的内在联系,"历史本身是自然史的即自然界成为人这一过程的一个现实部分"②。马克思认为,人类的发展贯穿于自然的发展进程中,人与其他自然存在物一样都有现实的感性存在的本质和自然属性,因此是"物质的本质力量的存在",自然创生了人,人是地球环境长期演化的结果,作为自然之子,与自然具有一种天然的孕育繁衍的血缘关联。因此,人本身是自然界的一部分,人一方面作为能动的具有生命力和创造力的自然存在物,具有生命欲求和意识主动性,但同时人还是感性自然的存在物,在自然面前具有受动性,人类只有依赖自然所提供的物质资料才能谋求自身的生存和发展,人类作为自然演化史的产物,其生命活动已渗透融入整个自然生命系统的食物金字塔的物质能量循环中,人类作为自然存在物,应当在遵循自然规律的前提下与其他自然物质进行物质、能量和信息的交换,因为,自然是人的一部分,并且自然的存在高于人类的存在,维持自然的存在应当是人类的最高目的。"在实践上,人的普遍性正表现在把整个自然界——首先作为人的直接的生活资料,其次,作为人的生命活动的材料、对象和工具——变成人的无机的身体。自然界,就它本身不是人的身体而言,是人的无机的身体。人靠自然界生活,这就是说,自然是人们为了不致死亡而必须与之不断交往的人的身体。所谓人的肉体生活和精神生活同自然界相联系,就等于说自然同自身相联系,因为人是自然的一部分。"③因此人类应当把自然这种人的无机身体作为自我生命系统的有机组成部分,弃绝统治自然的工具和目的性思维,因为遵循自然规律实际上也是在尊重

---

① 马克思,恩格斯.马克思恩格斯选集:第四卷[M].北京:人民出版社,1995:383.
② 马克思,恩格斯.马克思恩格斯全集:第四十二卷[M].北京:人民出版社,1979:128.
③ 同②95.

人的"类"的内在规定性。自然作为人的无机身体相对于人类而言,具有经济价值、生态价值、科学研究价值与审美价值,推动着人类精神生活的丰富和完满,所以,人类应当为维系自然的存在担当义不容辞的责任,因为"人是自然界的一部分","自然是人的无机身体",人与自然的关系紧密相联。并且,只有在社会的劳动实践中,自然才成为人的现实的生活要素,离开了人类社会的存在,人与自然的关系也就无法理解,"被抽象地孤立地理解的、被固定为与人分离的自然界,对人说来也是无"①。自然恰恰是在依靠人类的理性和智慧而获得无限的丰富性和多样性,自然的存在、本质与规律才在人类的理解下获得广泛而生动的发展,不断印证着自然存在的内涵与价值,"社会是人同自然界的完成了的本质的统一"②。"只有在社会中,自然界对人说来才是人与人联系的纽带,才是他为别人的存在和别人为他的存在,才是人的现实的生活要素;只有在社会中,自然界才是人自己的人的存在的基础。只有在社会中,人的自然的存在对他说来才是他的人的存在。而自然界的真正复活,是人的实现了的自然主义和自然界的实现了的人道主义。"③即,人类的社会属性与在社会中进行的实践活动共同促成着人与自然的统一,续写着作为自然史的人类历史。

  因此,人与自然的关系实际上是人与自己的无机身体、人与自身的关系,人与自然由某种"价值之链"和"存在之流"联系起来,人在自然之中,自然在人之中,人类自身的命运与自然自身的命运、自然的未来与人类的未来密切联系在一起,成为不可分割的有机整体。稳定完整的生态系统是人类生存与发展的基础,侵犯了自然的利益就等于侵犯了人类的利益、价值与尊严,毁坏自然就是毁坏人类赖以活动的自己的身体器官,人类源于自然又超拔于自然,人在保护自然的同时又在改造自然,按照人类的劳动实践的方式,在理解自然规律的基础之上准确地把握自然规律和善待自然,才是从长远上看来人之为人的存在方式。"因此我们每走一步都要记住:我们统治自然界,决不像征服者统治异族人那样,决不是像站在自然界之外的人似的,——相反地,我们连同我们的肉、血和头脑都是属于自然界和存在于自然之中的;我们对自然界的全部统治力量,就在于我们比其他一切生物强,能够认识和正确运用自然规律。"④自然为人而存在,人也为自然而存在,人与自然互为存在,实现自然的存在目的包含实现人的存在目的,人的存在目的包含了所有生命的存在和发展,以自然的良序持久的发展来维系自身的持续生存和发展为最高展现,"人为自然而存在"推动"自然为人而存在",因此,人为自然存在与自然为人存在辩

---

① 马克思,恩格斯.马克思恩格斯全集:第四十二卷[M].北京:人民出版社,1979:178.
② 马克思,恩格斯.马克思恩格斯选集:第一卷[M].北京:人民出版社,1995:57.
③ 同①122.
④ 马克思,恩格斯.马克思恩格斯选集:第四卷[M].北京:人民出版社,1995:383-384.

证统一在一起,从而保证人与自然都获得无限的丰富性,推动人与自然的协同发展,这是人与自然辩证关系的必然要求。人与自然互为存在目的和追求的关系进一步揭示了自然为人而存在内在于人为自然的存在的关系中。然而,当前社会一系列生态困境问题的爆发恰恰暴露了人类在"自然为人存在"的观念下忽略了"人为自然存在"的本质归属,忽视了人类源于自然的生命本性,当无知的人类释放自己的本能冲动向自然宣战时,自然也必定会以"恶"的方式惩罚人类。因此,具有理性意识的人类应当返观自身的"类"本性,善待自然,在维护生物多样性和确保自然的再生能力的基础上促进自然生态的平衡与和谐,如此,自然必定会呈现给人类一幅欣欣向荣的自然景象,促进人类的持续生存与发展,人类对待自然的态度和行为也便是人类对自身的态度和行为,这便是人与自然的同一性。

  人与自然的辩证同一关系在马克思的理论视域中渗透着"共生自然观"的伦理意蕴,从人与自然和谐共生的伦理视角出发,必然会突破传统自然观的局限,把伦理关注的范围扩充到人与自然宇宙万物的关系,进一步扬弃了人与自然、人本主义与自然主义的分离和对立,使自然在真正完整、稳定和美丽的意义上绽放自身的价值,使人类在"类"的生命完整性和丰富性的角度表现自身的意义,因此,"共生自然观"是人类在理性自觉地掌握现代高科技的成就的基础上超越人与自然消极意义上的原始的共生和谐,而寻求人与自然在共同发展基础上的动态平衡,在尊重自然与人类生命存在的基础上建立良性互动和共存共荣的生态关联。在马克思的理论中,这是一种扬弃人的自我异化,使人向合乎人性的"类"的方向的复归,实现对人的本质的真正占有过程,自然在不断的"人化"过程中也便成为真正的人本身,随着社会生产的发展和人的解放,人类全面占有自己的本质,自然成为对象性的人本身。马克思认为:"共产主义是私有财产即人的异化的积极扬弃,因而也是通过人并且为了人而对人的本质的真正占有;因此,它是向作为社会的人即合乎人的本性的人的自身的复归,这种复归是彻底的、自觉的、保存了以往发展的全部丰富成果的。这种共产主义,作为完成了的自然主义,等于人道主义,而作为完成了的人道主义,等于自然主义,它是人和自然之间、人和人之间矛盾的真正解决,是存在和本质、对象化和自我确证、自由和必然、个体和类之间的斗争的真正解决。它是历史之谜的解答,而且知道自己就是这种解答。"[①]未来共产主义社会在消灭了私有制的基础上扬弃了人的本质异化的社会条件,是人的全面发展的历史阶段,并能够实现人与自然关系的真正和解,"社会化的人,联合起来的生产者,将合理地调节他们和自然之间的物质变换,把它置于他们的共同控制之下,而不是让它作为盲目的力量来统治自己;靠消耗最小的力量,在最无愧于和最适合于他们的人类本性的条件

---

① 马克思,恩格斯.马克思恩格斯全集:第四十二卷[M].北京:人民出版社,1979:120.

下进行这种物质变换"①。这是生态文明时期人与自然关系的发展路径。

(四) 中国传统"天人合一"的生态伦理观

中国形态的生态伦理建构必须积极扬弃和批判继承中国传统文化中"天人合一"的生态伦理理念,中国传统文化中的生态伦理理念超越了西方生态伦理、自然中心主义和人类中心主义的论争框架,从而能够为中国形态的生态伦理的构建提供了不同的生态思维方式,中国传统文化的思维理路承继现代生态难题,在传统和现代之间搭建起沟通和对话的平台,不仅推进传统生态伦理精神的现代转化,而且彰显了21世纪生态伦理学的中国气息、中国气质与中国气派。

"天人合一"的生态伦理理念是东方传统文化资源的基础性命题。随着人们认识能力的逐渐提高,人们在具体的生产实践中增强着对自然万物本性和农作物季节性生长规律的体认,在遵循自然规律的基础上追求人与天的合一,即"天人合一"。"天"是至高的权威和人力不可抗拒的自然力量,人类在具体的生态实践中要"惧天""畏天命",进而在"尊天命"的基础上顺天而动,遵循自然规律,以确保农业生产和生活的稳定。当然,后来"天人合一"的精神理念进一步为统治政权所用则是另一层面的意义,但是"天人合一"的自然观具备不可替代的生态价值,是远古文明中主客一体的原始本体思维的延伸,不仅是一个哲学存在论的命题,更是价值论的命题,它认为自然是一个统一性的有机整体生命系统,肯定自然存在的价值及其自然规律对人类实践活动的制约调节作用,并且认为人作为自然中具有能动意识的生灵,理应关爱自然、尊重自然的价值,扩展道德关怀的范围。"民胞物与""兼爱万物""推己及物"的价值思想以及"道法自然""众生皆具佛性"的生态指导理念都是东方传统自然观的朴素唯物辩证思想展现,这同时也是"天人合一"形上精神旨归的理念体现,挖掘探究"天人合一"的有机论自然观和生态伦理思想的精华,为远古文明时期生态现状的改观和生态难题的应对提供了良性的指导模式,在生态困境问题凸显的当今时代,合理审视东方传统生态资源对于建构中国形态的生态伦理具有极为重要的理论价值和精神意义。

"天人合一"是中国传统儒家文化的根本观念,为善待生命准备了哲学形而上的终极性依据,作为一种世界观、宇宙观和普遍的思维方式,体现着人生最高的精神追求境界,作为儒家生态智慧的精髓,彰显着和谐的人生态度。其所倡导的"仁者以天地万物为一体"即人类与自然和谐共生,人类作为自然的智慧之子理应与自然和谐共处。张载在《正蒙·乾称》中提出:"乾称父,坤称母,予兹藐焉,乃混然中处。故天地之塞吾其体,天地之帅吾其性。民,吾同胞也;物,吾与也。"视天地为人

---

① 马克思,恩格斯.马克思恩格斯全集:第二十五卷[M].北京:人民出版社,1975:926-927.

类的父母,万民为自己的同胞,天地间万物生灵为自己的朋友伙伴,天、地、人、物共生共存,内在统一于和谐大家庭,从而为合乎德性的践行提供了一种观念阐释,为儒家伦理"天人合一"的精神旨归提供了实践经验生活的文化关怀,为情理上善待万物提供了应然性与必然性。人与自然万物的亲缘性注定了和谐相处的可能性,人不仅应以同胞关系泛爱众,更应以伙伴关系兼爱物,把天地放在自己心中,与万物确立一种相依之情。与此同时,人类作为宇宙中最高层次的理性存在者,理应对宇宙自然天地中的一切事物倾注更多的道德责任意识,它在遵从和维护人类价值和尊严的同时,又内在地肯定了自然万物与人类本身的血脉相通性。孔子在其典籍中很少论及天地之道,但却体现出丰厚的生态哲思:子曰:"天何言哉?四时行焉,百物生焉,天何言哉?"①一语道破了天地万物化育流行的自然规律,"大哉!尧之为君也。巍巍乎,唯天为大,唯尧则之"②,这里又充分肯定了圣人要遵循天道的必要性,即人与自然的一体性。传统儒家的天既是一种"自然之天",又是一种"天之德性",即天道、天德,天以一种客观存在的自然规律使万物生长,四时运行,"天地位焉,万物育焉"③,"养长时,则六畜育;杀生时,则草木殖"④。天是一切自然现象运行和变化的根源,作为宇宙的最高本体,含蕴了一切自然生态万物,因此人的活动要顺天而动,儒家强调爱物、取物必须"与天地合其德""与四时合其序",即取物以时,"伐一木,杀一兽,不以其时,非孝也",孔子从伦理道德的高度表达了强烈的护生意识。与此同时,孟子把遵循自然规律作为智者和圣者的内在要求,"所恶于智者,为其凿也。如智者若禹之行水也,则无恶于智矣。禹之行水也,行其所无事也"⑤,依照规律则为智者,如大禹治水。荀子基于对天德的感悟和自然规律的体认,主张从人文化成的人道需求和目的意义层面去效法天道,达至与天地万物贯通一体。因此,儒家的"自然观"主张,人源于自然,唯有依赖自然方能谋求生存和发展,因此应当顺天而动,在遵循自然规律的基础上保护环境和自然资源,与自然和谐相处,这一生态思想精髓主要浓缩于其"天人合一"的精神旨归:

首先,天人合其德。《易传·文言》做过精彩论述:"夫大人者,与天地合其德,与日月合其明,与四时合其序,与鬼神合其吉凶,先天而天弗违,后天而奉天时。"这里的天是人文化成的自然界,天之德与人之德相通相悦,人之德性的根源即为天之德性,因而从理想意义上来看,天人处于本一状态。孟子为实现仁政理想,其性善论认为圣人君子大人的仁义礼智等道德属性皆源于天所赋予的人自身的四种善

---

① 《论语·阳货》
② 《论语·泰伯》
③ 《中庸·天命章》
④ 《荀子·王制》
⑤ 《孟子·离娄下》

端:"恻隐之心,仁之端也;羞恶之心,义之端也;辞让之心,礼之端也;是非之心,智之端也。人之有是四端也,犹其有四体也。"①人类的仁义礼智四德皆由天赋予,是仁者先天具有的德性,人类的道德心理、道德情感、道德规范在这里都打上了天道化的烙印,最终实现天人合其德。其次,天人合其性。人性与天性相互贯通融会,孟子对此有所论述,"心之官则思,思则得之,不思则不得也,此天之所与我者"②,"尽其心者,知其性也。知其性,则知天矣"③。人心人性与天心天性相互贯通,人的知识才华以及善性皆来源于天,只有充分发掘人心的能动性与至诚本性方可体悟融合天心,人之性与天之性合一。孟子认为天具有真实无伪的"诚"的善性,人能够通过后天自觉把握天道,把人先天具有的"诚"的道德潜质挖掘出来:"诚身有道,不明乎善,不诚其身矣。诚者,天之道;思诚者,人之道也"④,人与天皆具"诚"性。《中庸》则通过"诚"将人之性与天之性相合:"唯天下至诚,为能尽其性。能尽其性,则能尽人之性。能尽人之性,则能尽物之性。能尽物之性,则可以赞天地之化育。可以赞天地之化育,则可以与天地参矣。"人道与天道相通,人与天地万物具有同根同源同性之气,并且通过"诚"这种被天道化了的真实无欺的道德意志和伦理德性,推行忠恕之道这种天下之达道,泛爱众而兼爱物,爱物养物,与天地参。再者,人之性与天之性合其类。人的性情德性类同可比于天地万物之理,董仲舒认为:"人之为人本于天,天亦人之曾祖父也。此人之所以上类天也。"⑤天作为最高的本体存在,是化生万物、包孕万有的自然界,"天以终岁之数成人之身,故小节三百六十六,副日数也;大节十二分,副月数也"⑥,因而人之性与天之性同属一类,同其道理。《序卦》云:"有天地然后有万物,有万物然后有男女,有男女然后有夫妇,有夫妇然后有父子,有父子然后有君臣,有君臣然后有上下,有上下然后礼仪有所错。"所以,"天尊地卑,乾坤定矣。卑高以陈,贵贱位矣。"⑦这里自然现象的秩序类比于人类社会的等级秩序,恰恰说明人类社会之性与天之性合其类。最后,人之性与天之性相感互应。这里的天既是自然之天,作为自然万物的运行规律,同时又是充满神异之气的神灵之天,"天者,百神只君也","天有四时,王有四政,四政若四时,类通也,天人所同有也"⑧。董仲舒在这里通过自然界的秩序与君王统治秩序相类比,为封建社会的纲常伦理等级秩序找到天然的合理意蕴,同时也指出了人类社会与自然

---

① 《孟子·公孙丑上》
② 《孟子·告子上》
③ 《孟子·尽心上》
④ 《孟子·离娄上》
⑤ 《春秋繁露·为人者天》
⑥ 《春秋繁露·人副天数》
⑦ 《易传·系辞上》
⑧ 谢祥皓,等.中国儒学[M].成都:四川人民出版社,1998:108.

是一个和谐的有机整体,为建立人与自然的和谐生态观提供了深厚的精神旨归。"天人合一"的哲学理念从深层意义上来看,天道的显现存在于道德形而上的意义世界与价值世界,唯有靠精神层面的道德体悟才能把握天之道,而这又恰恰契合了现实世界中的人要自觉运用仁学实现自身礼乐教化达至天人相合的重要性与必要性。因此,这不仅仅是生态学意义上、科学理性视野中的境界,更是伦理学意义上的、人文价值视野中的道德理想境界,它在深层意义上印证了儒家自然道德体系的本源性基础,表达了对理想境界的终极追求和人文道德关怀,在一定程度上为探讨生态社会人与自然的伦理关系准备了价值源头上的理论根基。

"天人合一"的古朴有机自然观不仅是东方生态智慧中儒家生态思想的具体展现,并且也是道家朴素深刻的生态哲学思想体现,在道家生态思想中主要体现为"道法自然"。"道"作为道家思想体系的核心范畴和主导理念,是宇宙生成论和宇宙本体论的辩证统一,"道"是万物的始基、本源和万有之根,是宇宙万物运动变化的客观规律,"有物混成,先天地生。寂兮寥兮,独立而不改,周行而不殆,可以为天地母。吾不知其名,字之曰道,强为之名曰大。大曰逝,逝曰远,远曰返"①。"大道泛兮,其可左右,万物恃之而生。"②"道生一,一生二,二生三,三生万物,万物负阴而抱阳,冲气以为和。"③因此,道不仅是滋生、养育万物的本体和母体,更是化生万物从而成为宇宙生生不息的动力源泉,作为"天道",是天地万物运行和发展的普遍自然规律,"无为而尊",作为"人道"则指人类社会所普遍遵循的行为准则和道德原则,"有为而累","道"是一种无目的的目的性,是符合最高目的和必然规律却不作主宰的至上理念,"道生之,德蓄之……长之育之,亭之毒之,养之覆之。生而不有,为而不恃,长而不宰,是谓玄德"④。道家在此基础上进一步提出"道法自然"的天人合一命题,老子认为自然之法是最大的道,人必须顺从这个道,"故道大,天大,地大,人亦大。域中有四大,而人居其一焉。人法地,地法天,天法道,道法自然"⑤。由此得出"希言自然。故飘风不终朝,骤雨不终日。孰为此者?天地。天地尚不能久,而况于人乎"。⑥ 因此顺应自然、无为而治,才是大道。这里,在强调人的实践主体能动性的基础上,更加突出了"道"的至上性以及万物平等相依的生态理念。"天地与我并生,而万物与我为一"⑦,"人与天一也"⑧,依"道"生成的天地人构成系

---

① 《老子·道经》(第二十五章)
② 《老子·道经》(第三十四章)
③ 《老子·德经》(第四十二章)
④ 《老子·德经》(第五十一章)
⑤ 《老子·道经》(第二十五章)
⑥ 《老子·道经》(第二十三章)
⑦ 《庄子·齐物论》
⑧ 《庄子·山木》

统有机的生命整体,道家提倡全生保身、珍视生命,反对残杀生命,"射飞逐走,发蛰惊栖,填穴覆巢,伤胎破卵"①是道家思想的生态禁忌,因为,"物无非彼,物无非是"②,自然万物彼此相生相存,这是至高的"道"的理念辐射,最终达到"自然"的常态生存。因此,"道"是向"自然"的理念认同与价值合一,"自然"是"道"的皈依,"道"是"自然"的彰显,在至高的层次上,二者合二为一,"道"即"自然","自然"即"道","道"是自然的本真状态和人的自然天性的自然而然的自在形态,是化育万物的自然规律和统摄宇宙苍生、人类社会以及内心精神世界的理之"总理"。"道"与"自然"合一,从而构成中国传统"天人合一"有机论自然观的道家生态哲学延伸,如此,"道法自然"便意为,"道"以己为法而别无所法。所以,"人者,圣人也。法者,水平之准与之平等如一也。人之所以大,以其得此道而与地一,故曰法地。地之所以大,以其得此道而与天一,故曰法天。天之所以大,以其与道一,故曰法道。道之所以大,以其自然,故曰法自然。非道之外别有自然也。自然者,无有、无名是也"③。自然之"无有""无名"正是道家"无为"思想之真意,"无为"之自然正是对自身生存的"有大为","无有""无名"却是"自然"背后之至大和至刚,天、地、人相统一,构成"道"之生命整体。

  佛教虽然没有明确提出"天人合一"自然观的生态理念,但却以宗教信念的形式潜在地契合了"天人合一",它站在佛教的生命关怀的高度主张应当以平等的态度对待人类、生物与非生物,因为"众生平等""万物皆有佛性",个体依靠道德修行的努力能够向佛的本体境界迈进,从而获得"内在价值",因而具有平等的生命本质,所以应当以平等慈悲的心态关怀宇宙众生,即对万物苍生施以慈爱悲悯情怀,以平等博爱的"大悲"原则和普遍、平等、无差别的悯爱之情惠顾一切众生,诸功德中,不杀第一,珍惜生命、尊重生命、听从自然、素食和放生所达致的"无常""缘生"等都体现了佛教生态伦理自然观的道德情怀。

  中国传统文化是自然经济条件的产物,如何对传统生态伦理进行合理的解释和创造性转化,以及运用现代生态科学方法对传统生态伦理思想进行继承、创造和发展,成为建构生态伦理的中国形态必须认真思考的紧迫问题。

  此外,西方生态学马克思主义应当成为中国生态伦理形态建构的重要的精神资源。西方生态学马克思主义对西方现代价值体系和近代技术理性进行控诉和抨击,进而将资本主义的制度危机和生态危机捆绑在一起进行严肃而认真的批判,认为资本主义制度体系的经济理性和科技理性摧垮了自然生态,社会制度的不合理

---

① 《太上感应篇》
② 《庄子·齐物论》
③ 《道德真经注》

最终导致异化消费和异化生存方式,因此,必须树立合理的需求观和幸福观,对于中国形态的生态伦理学的建构来说,认真审视科技理性和经济理性是绕不开的必要的理论前提。无疑,西方生态学马克思主义具有一定的启发性。

中国生态伦理形态的确立,必须要有自身独特的研究视域和核心命题,由此形成中国生态伦理研究的相对完整的理论体系,因此,中国当代生态伦理形态的建构体系和研究框架,不能局限于西方现有的逻辑结构,必须研究和解决中国经济社会建设过程中呈现的生态问题、伦理问题与社会难题。中国小康社会建设处在特殊的历史发展时期,尤其是改革开放以来中国在经济、社会与文化领域中发生的深刻变革,即经济转轨、社会转型与文化冲突,人们常以社会失序、行为失范与价值失衡来概括经济全球化的时代背景下中国所面临的伦理困境。如果把当前中国社会建设中的伦理状况放到伦理—经济—社会的文化立体坐标中进行生态的考察,那么,中国伦理困境的根源,在于伦理生态的失衡。首先,"生态"不是"生存"状态,而是超越了"生存"状态的"生命"持存境界,是活的生命有机体在不断的自我否定中所达致的自我超越,是孕育了无限的生命活力的生生不息状态;其次,"生态"不仅仅是"生物的居留场所"和生命的存在状态,更是一种"生存姿态""生活样态"和"有机形态",凸显的是主体内部各要素与外部环境诸要素的有机关联及其对主体生命所具有的意义。伦理不仅是人类文明和人类文化系统的有机构成,在其现实性上,与经济、社会的价值形式辩证互动,从而构成活的生命有机体,即生态有机体。

黑格尔曾经在其《法哲学原理》中把道德与伦理作了两个环节的区分,如果说抽象法是客观的善,道德是主观的善,那么,伦理则是客观与主观的统一,而个人的权利与道德自由只有在社会性的伦理实体中才能够真正实现,"主观的善和客观的、自在自为地存在着的善的统一就是伦理"①。具体看来,首先,"伦理是自由的理念。它是活的善,这活的善在自我意识中具有它的知识和意志,通过自我意识的行动而达到它的现实性;另一方面自我意识在伦理性的存在中具有它的绝对基础和起推动作用的目的"②。所以,伦理是具有生命自由意义的活的善。其次,"伦理性的东西就是自由,或自在自为地存在的意志,并且表现为客观的东西,必然性的圆圈。这个必然性的圆圈的各个环节就是调整个人生活的那些伦理力量"③。因而,伦理是生命的自然有机系统和现实合理系统。此外,"这一理念的概念只能作为精神,作为认识自己的东西和现实的东西而存在"④。所以,伦理的现实表现形态是精神,通过伦理精神的有机体系的自我生长确证自身。综上,透过黑格尔辩证

---

① 黑格尔.法哲学原理[M].范扬,张企泰,译.北京:商务印书馆,1979:162.
② 同①164.
③ 同①165.
④ 同①173.

法体系的分析,能够看到伦理作为一种文化因子所具有的生命性、有机性、现实合理性与精神生长性,从而可以进一步推论,伦理本身是一种生态的存在。

麦金太尔曾经分别在理论合理性与实践合理性的视角,透过具体的历史传统和不同的文化情境试图确证伦理因子的价值合理性。罗尔斯则主要集中于经济、社会与政治关系的分析来证明"正义"的伦理价值合理性与价值普遍性。由此,可以得到的启示是伦理的价值合理性存在于伦理与经济和社会所建构的有机生态结构中,"伦理生态"的基本结构为"伦理—经济生态"与"伦理—社会生态"。"伦理生态"所造就的是一个国家、一个民族在特定历史时期的伦理精神,是人类文化价值的体现和人类文明智慧的展现,同时,伦理精神造就了一个国家的民族精神,生态伦理精神应当成为民族精神。

五、生态伦理精神成为民族精神

迄今为止,人类生态觉悟历经了"生物科学意义上的觉悟""人与自然关系的觉悟""人与人、人与世界关系的价值生态觉悟"。那么,第四次伦理启蒙与生态觉悟的进程已经开始,那就是"人类文明的生态觉悟",即生态文明,这是针对生态危机、环境污染、资源枯竭以及政治问题、经济问题和社会问题而提出的一种全新的文明观,是人类主体反思之后的道德觉醒和文化启蒙,并最终使生态伦理精神成为民族精神。因此,第一,"生态"应当走出"自然"科学,成为关联人和自然关系的理念,走入"生态哲学";第二,生态应当从"自我"回归"他者"、社会、民族和国家,使"生态"融入"文明","文明"走向"生态",使"生态伦理精神"融入"民族精神",进而成为"民族精神",经人与自然关系的文明的过渡和中介,转换为关乎整个人类文明的概念。

生态文明是人类社会继原始文明、农业文明、工业文明之后对人类文明模式的最新探索和追求,它是人类在改造自然以造福自身的过程中为实现人与自然的和谐共生所取得的物质与精神成果的总和,"既包括人类保护自然环境和生态安全的意识、法律、制度、政策,也包括维护生态平衡和可持续发展的科学技术、组织机构和实际行动"[1]。它以人与自然、人与人、人与社会、人与自身的和谐共生、良性循环、全面发展和持续繁荣为基本目标,"主张用生态的规则、规律及原理作为基本观点和方法,来处理人与自然、与经济发展、与社会等方面的关系"[2],它推动人类自觉地把一切社会经济活动都纳入地球生物圈的良性循环,通过实现人与自然和人与人双重和谐,进而实现社会、经济与自然的可持续发展和人的自由全面发展,是一种涉及生产方式、生活方式、价值观念和制度建设的文化伦理样态,也是一场关

---

[1] 薛晓源,李惠斌.生态文明研究前沿报告[M].上海:华东师范大学出版社,2007:18.
[2] 钱俊生,余谋昌.生态哲学[M].北京:中共中央党校出版社,2004:355.

乎人类未来和发展命运的世界性革命。

生态文明发展是一个世界性的课题,生态文明理念要推进全球伦理体系的重构离不开国际性的合作,在国际局势错综复杂的当今时代,对于中国的生态伦理发展和生态文明建设来说,应当使生态伦理精神成为民族精神,通过推进异质文明的生态对话、生态融通与生态合作来应对和解决民族和国家在发展过程中所遭遇的重大现实课题,并最终建构生态时代的民族精神。

首先,构建生态时代的伦理精神与民族精神,消解"经济中心"与"科技至上"的价值霸权。经济全球化和信息技术时代的到来解构了人类文明的有机性并催生了人类"精神"的碎片化,其最终的结果是导致西方发达国家经济与科技的价值霸权。西方的经济现代化和科技现代化创造了辉煌灿烂的物质文明成果,但是,经济价值霸权和科技价值霸权的肆意推进却招致史无前例的生态危机,经济增长指数和幸福发展指数背道而驰,人类追寻"富足"却限于生存困境。"经济决定论"和"科学至上主义"最终引发科学精神与人文精神的对峙。当现代中国将"以经济建设为中心"的发展战略推进并演绎为发展的绝对理念时,"经济中心"和"科技至上"顺理成章地演绎为经济和科技的价值霸权。长期以来,人们过于推崇科技的积极作用,而忽视了现代科技应当具有的人文价值和伦理规约,"科技至上"导致"GDP"主义盛行和市场逻辑的主导地位,当以经济价值衡量社会进步,甚至以经济价值消解和取代人类社会的其他价值时,全球化的迅速扩张和永无止境的占有与消费成为必然,"科技至上"主义甚至认为,在经济全球化的进程中,环境污染、人口增长、资源短缺、能源危机等生态难题将随着现代科技的发展和经济的发展迎刃而解,科学技术发展无极限,经济增长无极限,可供人类使用的自然资源无极限,且认为完全的自由放任和个人自主的市场竞争原则战胜了国家公权并带来经济的快速增长。然而,这样的经济逻辑使社会、生态、经济三者之间的矛盾愈演愈烈,它根本忽视了掌握和运用现代科技的人的作用,不了解生态资源的有限性,不能深刻洞察全球化进程中生态系统日益衰退这一社会现实,最终招致自然生态的危机,甚至整个社会文明的危机。因此,必须确立社会文明的生态合理性并推进人类文明体系的生态发展,对于处于第三世界的中国来说,推进科学发展观和生态文明建设应当被看作是消解价值霸权的努力。

其次,构建生态时代的伦理精神与民族精神,避免文化殖民主义的侵略与扩张。经济全球化既是一种浪潮也是一股思潮,在世界文明体系的交流和交锋中,它潜在地涵盖了发达的资本主义国家在经济和科技方面的优势和主导地位,西方发达的资本主义国家凭借其强大的经济实力和广泛的政治影响力,通过信息网络化的大众传播媒介与经济政治文化一体化的方式将自己的价值理念、文化观念、风俗习惯甚至经济发展方式向弱势的第三世界国家输出,企图运用和平演变的方式进行意识形态的渗透并重塑其他国家的价值观念,进而巩固自身的霸权地位并实现征服世界的野心。经济全球化、政治全球化与文化全球化的实质是经济、政治和文化的一体化,世界文明体系的发展应当具有多样性和丰富性,妄图用一种文化、一种文明取代生动、多样和丰富的文明体系,不仅违背了文明发展的规律,也背离了人类社会的成长规律。文化殖民主义的侵略和扩张是一种价值故意,不仅侵蚀和冲击第三世界国家民族文化的文化品质,也逐渐消解第三世界国家人民的文化归属感和身份认同感,当"家园"的集体记忆和根基意识被彻底解构时,民族文化的独立性、自主性与特殊的文明胎记便丧失殆尽,民族精神彻底瓦解。当第三世界国家的民族在国际舞台上彻底丧失了发言权进而对西方文化主观默认与自觉服从时,一种强烈的民族文化身份认同的焦虑感便凸现出来。因此,面对强势文化和意识形态的渗透,发展中国家如何固持和发展本国民族文化并自觉抵御意识形态领域的渗透,变得尤为重要。

因此,新的历史时期应当继续推进人类文明体系的生态对话,通过异质文明和异质民族的生态对话来逐步消解经济和科技的价值霸权与文化殖民主义。"生态对话"是传统与现代、中国与西方之间完整、平等的生命对话,是在对本民族文化和价值观自觉认同与承认基础上的交流、融通与合作,是以生态的发展观取代以利益为中心的发展观,是借鉴吸收西方文化的有益成果、积极参与世界文化竞争并发展本国民族文化、弘扬民族精神的"生态自觉",是生态伦理视野下的价值观的深层变革,同时也是一种文化生态和文明生态。由此,通过人类文明体系的生态对话,发展中国家才能够在价值文化多元的世界中确立自身发展的生命坐标,最终在生态对话的基础上促成生态发展,因为生态时代的民族精神、伦理精神、文化精神和整个文明精神应当是完整有机的生态体系,唯有如此,生态伦理精神才能融入民族精神,并最终成为民族精神。

伦理认同与"伦理优先"

基于情理合一的中国"伦理优先"传统及其现代文明意义

郭卫华*

天津医科大学医学人文学院

摘　要　道德哲学是人类作为精神主体解答"我们如何在一起"的重要文明形态。针对这一人类文明主题,儒家道德哲学立足于中国血缘文化背景,涵育了中华民族独特的文化品格:以血缘关系为基点而建构"人伦本于天伦"的伦理秩序,并以伦理作为人之所以为人的精神确证和中国人道德世界的价值根基;基于血缘关系的伦理秩序的顶层设计,促生了"情"在道德哲学中的本体地位,同时儒家道德哲学以"伦"之"理"为价值前提,从血缘亲情出发,把人的自然情感提升为道德情感、伦理情感;"情"—"理"有机互动而成的情理精神被儒家道德哲学纳入五伦体系中,进而成为追求终极价值——"伦理共和"的内在精神动力。中国基于情理合一的"伦理优先"传统不仅是认识"中国精神"的重要途径,而且也为走出理性独霸引发的现代精神危机提供了重要启示。

关键词　情感;理性;道德哲学;伦理优先

目前已有的人类精神文明形态都具有从人性出发的双重品格,既通过人的主体性的发挥认识和改造既定的现实世界,同时又在这一过程中建构一超越现实的理想世界和价值世界,并且后者对人类来说更具根本意义和主要价值。面对基于人性的身与心、人与我、天与人之间内在的张力和冲突,如何实现现实世界和价值世界的有机平衡和统一成为人类精神文明的永恒主题。西方宗教型文明以"上帝"作为最高的伦理实体,认为现实世界与价值世界的和谐与统一在于,通过信仰的超越性克服现实世界对自我的束缚,在与上帝同一的理想世界中而实现神圣性的自我;中国伦理型文明则围绕"伦"或伦理关系追求现实世界与价值世界的统一,即人

---

* 作者简介:郭卫华(1978—　),女,汉族,河北定兴人,天津医科大学医学人文学院副教授,哲学博士,主要从事中国伦理方面的研究。

通过发挥道德主体性克制自我的欲望需求和主观任意性，按照"伦"的实体要求和价值追求，在实现道德自我（继善成性）的同时成就他人和社会，即所谓"克己复礼为仁""己欲立而立人,己欲达而达人"。两种不同文明路径涵育了二者不同的文化品格：西方宗教性文明基于理性的对上帝的绝对信仰使其弱化了对现实关系的建构，以致西方文明走向伦理道德相分的文明道路，"现代西方道德文明和道德哲学的典型特征是古希腊'伦理'与近代'道德'的批判性对置，它展现为现代道德哲学的两种相反的走向：道德的强势与伦理的回归"[1]；中国文明特别是儒家道德哲学则基于"情"的合同本性和入世态度，极为强调个体价值在关系中的呈现，"伦"作为个体与其实体相通辩证统一的综合形态，"伦理优先"传统便成为以儒家为代表的中国传统文化的独特标志，"如果用一个字诠释中国传统伦理的精髓，那就是'伦'；如果用一个字概括现代中国伦理所遭遇的根本性挑战和最大难题，那也是'伦'"[2]。然而，由于现代理性文明特别是工具理性的滥觞，使得"伦"的文明理念在现代社会中遭到重创，"'上帝死了'与'打倒孔家店'，在相当程度上既是一次理性的启蒙和理性的胜利，但也是一次理性之于神圣的暴力，其最后的结果是也只能是：'伦'死了，至少，'伦'殇了！——不仅人格化的终极实体即上帝死了，而且作为生命根源的'伦'的实体也死了，由此，生生不息的人的精神生命夭折了，人类走向失家园的艰难的漂泊之途。"[3]针对"伦"对于人类精神文明的独特意义，理性滥觞引发的现代精神文明危机，重申儒家基于情理统一而形成的"伦理优先"传统不仅是认识中国人的民族特性和中国人精神世界历史由来的重要途径，而且也是与西方文明进行平等对话以及走出现代性精神危机的重要切入点。

一、"伦理"对人之成为人的精神确证

伦理是人之所以为人的存在方式，其真义在于个体与其公共本质之间的关系。人类对这种关系的主动建构和能动维系构成了人和动物的根本区别。在动物界中虽然也存在关系，但是动物界中的关系只是动物本能的呈现，而人类社会的关系却呈现为价值关系。从一定意义上说，人类社会的伦理关系本质上是人的"类"属性的事实和人的主体性价值之间的相互承认与相互承诺。而这种基于"伦"的主体性价值则彰显着人的本质属性，"后稷教民稼穑，树艺五谷；五谷熟而民人育。人之有道也。饱食、暖衣、逸居而无教，则近于禽兽。圣人有忧之，使契为司徒，教以人伦，父子有亲，君臣有义，夫妇有别，长幼有叙，朋友有信"。（《孟子·滕文公上》）"人伦"本质上是人与其公共本质之间的价值关系。在儒家看来，"伦"作为反映人的精神生命的社会秩序，是社会最基本的价值，"伦"之"理"是对人之所以为人的精神确证。

从人之自然生命存在的角度来看,"伦"是保证人类生存的最基本价值。人一出生作为未完备的生命状态,其生存和成长需要得到首先来自于家庭共同体的细心呵护与教化,这也成为人类价值世界的根源。"夫君子之居丧,食旨不甘,闻乐不乐,居处不安,故不为也。……予之不仁也!子生三年,然后免于父母之怀。……予也有三年之爱于其父母乎?"(《论语·阳货》)父母爱孩子本是一种自然情感,但是儒家却对这种自然情感进行文化凝练,并以伦理的方式加以维护和加强,这即是儒家"孝"的理念。"孝"在儒家道德哲学的根本意义,不仅在于其成为维护父子人伦关系的基本道德规范,而且更是儒家整个伦理规范体系的基础。因为"孝"本身意味着基于情感回报的彼此的道德责任和义务,即所谓"义"。这种责任和义务既确证着人的伦理身份,又可以基于"人伦本于天伦"的伦理思维方式,超越家庭的局限性扩推到社会、国家和天下。在儒家道德哲学看来,人之所以能够形成群体社会,并在尊重差异的基础上分工与合作,世界万物为人所用,又能尊重和主动维系各守其分的伦理秩序,就在于人能够与其公共本质之间保持一致性,按照"伦"的普遍性要求成己成物。有了"伦"之"理"的引导,人们就可以在安和的环境中生活和工作,尽己所能,去追求合乎"伦"的普遍价值。人成为伦理的存在,个体生命才能合成"类"的力量来共同应对来自于自然和社会本身的生存威胁,"'伦理'的核心问题,是个别性的'人'与实体性的'伦'的同一性关系及其表达方式。'伦理'的根本文化使命,是将'人'从个别性的'单一物'提升为实体性的'伦'的普遍物,进而达到永恒与无限,从而使共同生活成为可能"[4]。

从人的精神生命的存在来看,"伦理"是人之实践活动合理性和合法性的基础。人之活动与动物行为相比,最大的特点是人始终会以精神的力量超越动物本能去行动,也即是说,人的实践活动本质上是意志自由的外在表现。意志自由对于人具有双重意义:一方面人通过发挥意志自由超越"命"的外在限制,在创造物质财富、改善人类生活质量的同时,也能够通过求真、求善、求美的价值追求而建立一个强大而美好的世界;另一方面,由于意志自由总是以个性化的方式表现出来,因此其在凸显个体价值的同时,又往往会使人陷入主观任意性的危险中,进而与群体价值发生冲突,特别是个体意志自由的发挥如果得不到"伦"之普遍性的有效疏导,其又有可能对群体价值产生极大破坏。如何化解这种冲突,对于重视关系的儒家情理主义道德哲学来说,如何实现人伦和谐始终处于优先地位。关于此,儒家道德哲学的基本理路,就是以人的理性能力建构伦理秩序,以人的向善之情能动地维系伦理秩序,并力图实现人伦和谐。在儒家道德哲学,对此的价值呈现,具有代表性的伦理理念就是"仁—礼"的有机互动。孔子继承周礼,把人的真情实感融入"礼"中,这样,"礼"不再仅仅是外在的秩序规范,而是成为符合人的内在精神需求的伦理实体,"与西方道德哲学不同的是,'礼'不仅表现出强烈的'伦'的实体气质,而且彰显家庭与国家直接同一即家国一体的伦理规律,因而在'礼'的伦理世界中,没有像黑格尔所说的家庭成员与民族公民两种伦理实体意识之间的紧张和冲突,而是将家与国、家庭成员与民族公民两种'伦'及其实体意识直接贯通"[5]。而对"礼"的践行则成为实现人伦和谐的重要伦理途径,"礼之用,和为贵。先王之道斯为美,小大由之。有所不行,知和而和,不以礼节之,亦不可行也"。(《论语·学而》)而作为"礼"之内在精神基础的真情实感也不是普通的自然情感情绪,而是经过"伦"之"理"疏导和提升的仁爱情感。"仁"的基本规定就是爱人,"爱"的伦理本性就是人以主体性的姿态按照"伦"之"理"的普遍性要求("礼")与他人相通,并最终以肯定自我、扩大自我的方式创造符合社会要求的道德价值。孔子将"仁""礼"统一,奠定了儒家以"情"为主、情理统一的情理主义伦理精神形态。孟子沿这一理路提出系统的"情感+理性"的人性结构,"恻隐之心,仁之端也;羞恶之心,义之端也;辞让之心,礼之端也;是非之心,智之端也"(《孟子·公孙丑上》),为儒家"伦理优先"传统进一步确立了形而上学基础。

儒家道德哲学从人的现实需求和价值意义的追求等双重层面出发,把"伦理"作为人之所以为人的精神确证。同时,儒家又以人是"情感+理性"的人性结构作为"伦理"的形上前提和基础,其中,以基于理性之别异性的"礼"为伦理秩序的顶层设计,基于血缘亲情的道德情感、伦理情感为"居伦由理"的内在精神动力。儒家道德哲学依托"礼"的伦理秩序,极力发挥"情"的合同功能,为解决"我们如何在一起"的人类文明主题提供了独特的文化理念:一是对关系的重视,在道德哲学中体现为"伦理优先"的文化品格,"中国的道德强调道跟德相互对应,从人自己去了解世界,世界永远跟人同时存在,同时重要,因为人靠世界来滋养,世界也靠人来滋养,这就是关系主义,人人为我,我为人人,我中有你,你中有我"[6]31;二是对"情"的重视,在道德哲学中把"情"提升到本体高度,并把"情"作为维系人伦和谐的精神基础,"儒家始终从情感出发思考人生问题,'存在'问题,并由此建立人的意义世界与价值世界,这又是非常可贵的,应当说有其独特的贡献"[7]。

二、"伦理"之性情教化功能

"伦"之"理"对人的引导作用的发挥虽然以情感为内在动力,但是这种情感又不是任意的,儒家情理主义道德哲学从天道的角度把"情"提升到本体的高度,特别是孟子直接把情感作为善性的根本内容,但是情感具体落实到个体生命中,呈现出纷繁复杂的情状,如有基于自然的血缘亲情,有人之情绪反应的喜怒哀乐爱恶欲之七情,有本体性的"四端"之情等诸多情感形式。在这诸多情感形式中,有道德情感,也有自然情感,特别是自然情感,有些自然情感通过引导可以化育为道德情感,还有些自然情感或情欲却与道德背道而驰。因此,儒家一方面把情感作为伦理的内在精神动力，另一方面又以"伦"之"理"的普遍性疏导、涵养人的自然情欲、情感，以发挥"情"的道德哲学功能。

儒家情理主义道德哲学形态从两个路向发挥"情"的道德哲学功能。一是将道德情感置于主导地位，按照五伦的普遍性要求，通过发扬和扩充道德情感来激发人的伦理觉悟和提升人的伦理能力，并把其他情感形式置于道德情感的引导之下，此路向以孟子为代表；一是通过"礼"的伦理教化，即通过人的理性反思能力来规约和引导人的自然情欲，同时把自然情感转化为道德情感，此路向以荀子为代表，即荀子提出的"礼以养情"。孟子讲性善，他认为人类之所以能够由个体向伦理实体回归，实现人之所以为人的价值和意义，就在于人天生就具有的善端或者是善情，"仁义礼智，非由外铄我也，我固有之也，弗思耳矣"（《孟子·告子上》），既然仁义礼智内在于人的生命之中，那么它又如何表现于外，转化成为人的伦理能力呢？在孟子看来，人的"四心"（情感＋理性的人性结构）顺着"伦"之"理"的普遍性要求，以道德性的自我战胜物质性的自我，通过扩充先天的道德情感能力，就能够培养出"修身、齐家、治国、平天下"的伦理能力。而荀子则抓住自然情欲的一面，认为人天生是恶的，但是由于人类有理性反思的能力，能够通过后天"礼"的教化功能开发出后天的向善之情，"今人之性，生而有好利焉，顺是，故争夺生而辞让亡焉；生而有疾恶焉，顺是，故残贼生而忠信亡焉；生而有耳目之欲，有好声色焉，顺是，故淫乱生而礼义文理亡焉。然则从人之性，顺人之情，必出于争夺，合于犯分乱理而归于暴。故必将有师法之化，礼义之道，然后出于辞让，合于文理，而归于治。用此观之，然则人之性恶明矣，其善者伪也"。（《荀子·性恶》）孟子持性善，强调先天的向善之情，荀子持性恶，强调后天的伦理之理和价值理性，似乎二者格格不入。实际上二者又具有内在的一致性：孟荀都把"情"作为伦理的内在精神根源，认为"伦理"存在的必要性和可能性都是因为人的情感需求并能够化育人的自然情感而成就人的道德情感，从而是人由自然生命存在而转化为道德性的生命存在。孟子主情和荀子主"礼"之理的互补性，相得益彰地强化了先秦儒家的情理精神。同时，这种一致性在化解人之个别性和伦理普遍性之间冲突和矛盾的同时，又共同维护和发展了儒家情理主义道德哲学形态"伦理优先"的文化品格。

儒家情理主义道德哲学形态这种既以情理合一为伦理的内在精神根源，同时又注重以"伦"之"理"引导人的情欲需求和发挥人的向善之情揭示了人类文明的真理。人类文明可以说是人性之中情感和理性共同创造性发展的结果。人类的理性认知和反思能力，使人类能够使万物为我所用，协助人类创造出强大的物质世界，为提升人类的自身认识世界、改造世界的能力发挥了重要贡献。但是由于"理性"的别异性特征，它在强化人的主体能力的同时，也将人类抛入到天人相分、群己相分的巨大危险之中，因为人之所以能生存于世，除了具有理性能力之外，更重要的是人还能团结一致,将诸多个体的力量凝结为类的力量来应对生存威胁。如何从"理"之别异性的危险中解放出来,这种解放的力量就来自于人类的另一种人性能力,即情感,情感最核心的特征就是合同性,而且这种合同性不同于"理"之形式普遍性的"集合并列",而是以一种"你中有我,我中有你"的融合感通方式将个体投入到关系中来实现人之所以为人的价值和意义,所以人类通过"理性"具有求真的本性,通过"情感"具有求善、求美的价值追求。儒家这种情理合一的道德哲学形态对于身处21世纪的人类具有重要的启发意义。可以说,过去的一百多年,人类在科技理性和经济理性的支撑下创造了巨大的物质文明,然而这种物质文明在造福人类的同时,也激发了人的物欲需求,腐蚀生活,如发生在20世纪的世界大战、法西斯发动的大屠杀以及面对科技文明对人类异化的危险,不得不让我们反思理性的黑暗面,同时透过对20世纪以及21世纪的理性反思,我们又认识到情感之于人类的重要性,"感情已重获尊严,'不可解释的'而且可能是非理性的同情心和忠诚重新获得了合法性,它们是不能根据它们的效用和目的去'解释他们自身'。人们在做任何事情的时候都不再疯狂地追求明显的或者潜在的效用。后现代世界是这样一个世界,在这个世界中,神秘之物不再是一个赤裸裸地等待着找出规则的沉默的外在异物"。"我们又一次学会了尊重模糊性,注意关心人类之情感,理解没有效用和可计算的酬劳之行为。"[8]这也正是儒家情理主义道德哲学形态的现代文明意义之所在。

三、由移情共感走向"伦理共和"

对于"伦理优先"的儒家道德来说,如何构建和谐的人伦关系是其终极价值追求,人的全部价值和意义就是对关系特别是伦理关系的维护,"中国人的思维与此不同,关系是真正的内涵,建立更好的关系、更大的关系、更包容的关系是人的需要。人在关系中成长,在关系中超越,在关系中满足、继承。这是一种生态哲学,它超越而内在,理性而又情绪、情感,这种情感和意义我称之为感通"[6]30。从哲学的角度看,情感主要存在于关系中,并且是强化关系、融合关系的主要精神力量。儒家道德哲学也正是抓住了中华文明的这一特征,始终把伦理关系放在首位,并从中华文明的血缘文化出发,以血缘亲情作为"情"的根基和源泉,进而把"情"纳入到"五伦"的伦理关系网络。这样,"五伦"就为"情"从个别性提升到伦理普遍性提供了一个包括天人在内的大脉络,由个体到家庭,由家庭到社会,由社会到国家,由国家到天下,由天下到整个宇宙,在这个第次扩大的伦理关系中,"情"之求善、求美的内在精神动力不断被激发出来,由"孝悌之仁爱"到"天地万物一体为仁",人之生命的价值和意义也不断地呈现出来。

基于人的"类"本性以及意志自由的本性,一方面人类的生存和繁衍始终离不开对"关系的主动建构和维系,另一方面对于现实的关系来说,关系总是由个体组成的,这样,人类在构建关系时又总是面临着个体及其关系或由关系组成的整体之间的内在张力。如何化解内在张力?既在尊重个体自由自主性的同时也能构建和谐的人伦关系?对于这些问题的思考和解决成为整个人类文明的基本价值目标。西方文明以对象化的思维方式,利用理性之别异性的哲学功能把天人、人我之间处于对立的关系中,并运用理性力量通过强化自身认识世界、改造世界的能力以维系伦理关系,于是在西方文明发生之初,其"强力征服"的色彩极为强烈,并且这种"强力征服"为维系人伦关系、化解个体与伦理实体之间的关系抹上了一层悲剧性的色彩,如古希腊时期"苏格拉底之死"的悲怆和伦理意义、中世纪对上帝的绝对崇拜引发的宗教冲突及近代西方强国利用基于理性传统而发展起来的科技力量和经济力量侵略、欺凌弱国,以致引发两次世界大战,到现代人类又陷入于一个表面繁荣内藏危机的世界:科学技术在增强人类能力的同时又使人类面临被异化的危险,经济理性的独霸地位在提高人们物质水平的同时,又极大刺激了人们的物质欲望,以致消费主义盛行以及对大自然的疯狂掠夺,使人类面临着严重的生态危机,各国之间深层的军事较量而发展起来的现代科技武器一旦被触发又有可能使整个地球不复存在,世界恐怖主义和反恐怖主义的激烈较量而引发的社会恐慌。所有这些都证明,人的理性能力虽然使人类会变得非常强大,如果不对其"别异性"的功能进行约束和引导,那么人之"类"的本性就会遭到破坏,从而从根基上破坏人之生命的价值和意义。与西方理性主义文明相比,中华文明特别是儒家情理主义道德哲学形态则更注重发挥"情"的合同功能来化解个体与其伦理实体之间的内在张力,即儒家始终以有机生态的整体主义思维方式感知、体悟天人之间、人我之间的伦理关系。这种感知体悟正发自于人性内心的向善之情,即孟子所言的"恻隐之心""羞恶之心""辞让之心"。

  人性之内在的向善之情首先具有源于天道的伦理普遍性,"道始于情,情生于性",同时其落实到具体的个体生命中又具有特殊性。因此,人伦和谐的构建就在于如何通过提炼个体生命中具体的、特殊的"情",并使之成为更合理的有利于个人和社会发展的力量。儒家情理主义道德哲学形态基于中华文明的血缘文化特征以及由家及国、家国一体的社会特征,首先以血缘亲情为基点,即把血缘亲情的伦理提炼作为"情"之根源,"孝悌也者,为仁之本与","孩提之童无不知爱其亲者,及其长也,无不知敬其兄也。亲亲,仁也;敬长,义也;无他,达之天下也"。(《孟子·尽心上》)儒家情理主义道德哲学把血缘亲情置于本根地位,看似简单直率,实际其对血缘亲情的伦理提炼为发挥"情"的道德哲学功能延展了无限广阔的空间。从本体的角度看,血缘亲情基于不可改变的自然血缘关系,这就为"情"提供了本体根据,即人类文明的发展之所以必须根基于人性人情之需,就在于这是天道之必然,血缘亲情是人类所共有的通性，每个人的生命都源于父精母血，如果否认这一点就是否认生命本身，更是与"天道"背道而驰。同时，儒家对血缘亲情的重视并没有使其价值追求只局限于小范围的家庭，而是有发挥"情"的整体性特质，对血缘亲情无限外推，把对血缘亲情的重视提升为对天下人的大爱，其理由就是每个人都有亲人，都有亲人爱护，那么我们作为有血有肉的人也应当从爱亲人的移情共感出发，像爱亲人一样爱天下之人乃至于整个宇宙的生命，从"爱其亲""朋友如兄弟手足"到"移孝作忠"再到"天下一家"，依"五伦"关系的扩推，血缘亲情逐渐被提升为具有更大普遍性的道德情感和伦理情感。这样，与西方理性主义文明传统相比，儒家情理主义道德哲学形态在中国社会生活各个层面的渗透，使中国各种关系和社会活动都蒙上温情脉脉的面纱。当然，在这面纱之下，儒家重情的情理主义的世俗化和异化而成的人情社会在一定程度上破坏着社会公正，这种文化心理在今天仍对现代民主法治的运行起到一定的冲击和阻碍作用。但是，我们应当透过儒家情理主义世俗化、异化的外在表象，认识到儒家情理主义道德哲学形态对"情"的重视，不但没有使个体与伦理实体之间、诸伦理实体之间处于绝对对立中，而且始终以乐观的方式追求和实现人伦和谐，如"舜窃父而逃"，从现代民主法治等理性精神来看，舜偷偷地背着父亲逃到海边隐居是不法的表现，甚至是徇私枉法，但是对于儒家来说顾及亲情也是人之常情，应得到道德上的辩护，而且儒家传统道德把"舜窃父而逃"只当做个案来处理，并不是具有伦理普遍意义，因为"窃"和"逃"本身就意味着不法，儒家主张的"孝"在注重血缘亲情的同时，也主张"义"对"孝"的限制，儒家对"父为子隐，子为父隐"的道德辩护实际上是通过对个案的特殊处理，来维护血缘亲情之于人的根本意义和伦理上的普遍意义。

　　从西方理性主义之别异性的弊端和中国情理主义之融通性的优势来看，以情理合一的方式构建人伦和谐具有更大的合理性和理想型。因为在现代社会乃至未来社会，随着科技、经济的发展以及社会组织力量的越发强大，特别是工具理性日益占主导地位，人类面临的未来威胁，就是人类面对纷繁的物质欲望会落入自满的自我中心主义中而与伦理普遍性渐行渐远，随之人会盲目依从金钱、权力、科技而渐失主体性。因此，如何在一切形式的科技理性、经济理性之上，建立一个反映人之"类"的本性和意志自由，是儒家基于情理合一的"伦理优先"传统重新唤醒人的伦理觉悟和培养人的伦理能力的本质之所在，"伦理世界的原初状态，是个体与实体直接同一的'伦'的状态；原始文明智慧密码，是对'伦'的诉求和依赖；因之，'伦'的能力，是人类的本能，更是人类必须具有的基本文化能力。"[3] 由情理精神促成的伦理世界里，个体生命在"伦"之"理"的引导之下超越自身的个别性和主观任意性进而成为普遍性的、主体性的生命存在，同时也是个体与伦理实体之间"你中有我，我中有你"的相互关联状态。这种主体性自由和伦理普遍性不是外部力量强加的,而是人性自有的向善之情的外化,而个体与伦理实体之间的相互关联不是个体间简单的"集合并列",而是基于精纯感情(如血缘亲情)的精神联结。

参考文献

［1］樊浩."伦理"—"道德"的历史哲学形态[J].学习与探索,2011(1):9.
［2］樊浩."伦"的传统及其"终结"与"后伦理时代":中国传统道德哲学和德国古典哲学的对话与互释[J].哲学研究,2007(6):23.
［3］樊浩."后伦理时代"的来临[J].道德与文明,2013(6).
［4］樊浩.伦理,如何"与'我们'同在"?[J].天津社会科学,2013(5):5.
［5］樊浩.《论语》伦理道德思想的精神哲学诠释[J].中国社会科学,2013(3):128.
［6］成中英.新觉醒时代:论中国文化之再创造[M].北京:中央编译出版社,2014.
［7］蒙培元.情感与理性[M].北京:中国社会科学出版社,2002:26.
［8］齐格蒙特·鲍曼.后现代伦理学[M].张成岗,译.南京:江苏人民出版社,2003:38.

认同的伦理变迁与危机*

汪怀君**

中国石油大学(华东)马克思主义学院

摘 要 人类发展的历史进程是不断获得自我精神认同的过程。从原始、传统到现代与后现代阶段,精神认同的模式在不断发生变化。原始初民在神话与宗教中寻找认识自我与解释世界的依据;传统社会中,人们安身立命于家族之根,按照身份行事,获得生命的意义;而现代人则把认同的稻草投注在技术与专家身上,再度寻找着新的自我同一性;后现代多元化、不确定性、流变性,使得人们避免任何固定不变的认同,在追求选择自由的同时也意味着困惑与危机,这是后现代人必然的生存境遇。

关键词 认同;伦理变迁;认同危机;后现代

认同在不同的学科领域中有不同的表述。首先,认同有着深层的哲学根基,它的核心就在于同一性与差异性的辩证关系,要时刻避免虚假的同一性。其次,在社会心理学中,认同是通过自我的社会化过程来实现的,在这个过程中随时都伴随着认同危机问题;而在文化与政治意义上的认同,比如近些年来兴起的理论焦点——"文化认同""认同政治",则从更宽泛的民族、国家、世界的范围,展示了它的复杂性。从哲学、心理学、文化学、政治学对它们所进行的分析,是从不同的横切面与角度对认同的理性认知。从纵向来看,无论何种形式的认同都是关于人的精神认同。所谓精神认同是人类寻找灵魂家园与归宿的过程,是人类的"大我"从蹒跚学步到快步奔跑的体现。这些精神认同在不同的历史时期侧重点不同,思想家们或者是以厚古薄今,或者是以抑古扬今的态度来对待它们,然而,它们孰优孰劣难以评判,尽管如此,其功能与作用却无可否认。

---

* 基金项目:本文为教育部人文社会科学研究青年基金项目"消费异化与人的价值复归——符号消费伦理研究"(11YJC720039)、中央高校基本科研业务费专项资金资助项目"符号消费视域下面子消费的伦理研究"(15CX05010B)阶段性成果。

** 作者简介:汪怀君(1978—)女,山东临清人,中国石油大学(华东)马克思主义学院哲学系副教授,哲学博士,主要研究方向为社会伦理。

一、神话与宗教：原始初民的认同

神话是原始初民的口头文学,是原始文化的结晶。它是初民们运用原始的思维方式对自然现象和社会生活所作的叙述和解释,反映了人类早期生活状况。"神话反映了古代先民对某一问题的困惑以及尽自己的智力限度所作的回答。尽管这种回答与现代科学和'理性'相去很远,却是早期人类认识世界的一种自足的解释体系,成为他们思维结构的基础,成为他们心理活动的外在表现。可以说,神话是原始先民'不可求证'(当时也无需求证)但能'悠然意会'的原始哲学、科学、宗教,以及原始的道德、历史、文学的统一体、浑沌体。"[1]原始初民在与自然进行抗争时,由于认识的局限性,只能根据自己的生活经验和想象力来给予某些问题比如"人类自身是什么与周围世界是什么"作出解答。这就决定了原始初民回答问题的特殊方式以及原始文化的创造特性:神话方式的追问。神话是一种文化积淀,也是各民族意识的发端。不同的东西方神话传说定格了不同的民族意识取向,反映了民族认同的不同旨趣。再延展开来,人们甚至可以发现神话孕育了各民族不同的思维方式,以及不同的善恶价值观念。

因此,英国著名的民族学家、民俗学家爱德华·泰勒认为,神话应该作为研究人类历史和发展规律的一种手段,作为一种科学去对待。神话不能当作虚假的事物,更不能完全靠推测去解读。"被某些人当作虚假的无稽之谈而抛弃的真实的神话,以其创作者和传播者几乎未梦想过的方式,证实着它正是往事的源头。神话的意义已遭到曲解,然而它们毕竟有意义,每个被传讲的故事,对其被传讲的那个时代来说,都有一定意义……"[2]282比如世界各地流传的氏族部落的头领、创建国家的人民英雄的一类神话传说,都有其类似性。这些英雄在婴幼儿时期都有着神奇的经历,他们起初被抛弃,后来弃婴们都被救了,而且是被某种强大的动物养育。在这里,通过神话传说,各族都向分别的精神核心认同,即其来源是强烈可信的,有威力的,是不容置疑的,甚至带有神秘色彩。为此,达到了一种目的,即宣扬其存在是合理的、是天意命运如此。再如有关名祖传奇的神话,部落和民族常常采用自己首领的名字。有些部族非常重视自己祖先的传承谱系,认为祖先不但是亲属,而且是神。在神话创作者的系谱学和历史中,部族、民族和国家的名字通常不费周折就变成了名祖英雄的名字。批判地去看待名祖传奇,仍然可以看到其包含有真正的历史意义。英雄的家系包含着古代的民族观,包含着由于移民、侵略而发生的变动关系,包含着由于亲族关系的存在而进行的交往联系。部族、民族、国家由于名祖的存在而增强了凝聚力,产生了向中心靠拢的聚合力和认同力。因而泰勒说,把各地相类似的神话分成广泛相同的类别,就有可能在神话中按迹探求一定规律支配的想象过程的作用。这让我们更加确信,"真实并不比虚构更可靠"一样,神话比历史或许更加独特。

泰勒充分肯定了人类发展的蒙昧时期的重要性。而神话就发生在全人类于遥远的世纪里所经历的蒙昧时期。神话的发生和最初的发展,是在人类智慧的早期儿童状态之中。把各种不同民族的神话虚构加以比较,并努力探求作为它们相似的基础的共同思想,人们就越是确信,自己在童年时代就处在神话王国的门旁。儿童是未来的人的父亲,这种说法在神话学中说,比平时说具有更深刻的意义。在考察低等部落离奇的幻想和粗野的神话传说时,发现它们都有最独特、最起码的形式,因此,蒙昧人是全人类的童年时代的代表。蒙昧人的神话可以作为后来神话创作的基础,是文明发展到较高阶段的神话的源泉。[2]284-285

然而,卡西尔对泰勒所认为的原始心灵和文明人的心灵之间没有区别,原始人的行为和思考简直像地道的哲学家的观点不甚赞同。野蛮人被描写成一个发展了形而上学或神学体系的"原始哲学家"。泛灵主义被宣称为从野蛮人发展到文明人的宗教哲学的基石。如果按照泰勒的描绘便会得出一个结论,在最原始的唯灵论与最先进最深奥的哲学或神学体系之间,仅仅是一种程度上的差异,这显然是不正确的。神话思想完全被理智化了,已经失去了它的特性。泰勒的理论中,完全忽视了神话的"非理性"因素——即情感的背景,只有在这种背景下,神话才得以发源、兴旺和衰落。[3]9-14但是也不能完全隔绝文明人的心灵与原始人神秘的心灵,因为如果二者没有任何连接点的话,那么寻求接近神话世界的希望就不得不放弃,这个世界就成为一本永远无法开启的天书。卡西尔说,虽然我们不能同意泰勒关于"原始哲学家"能以一种纯粹的思辨方法来达到他的结论的描述,但是在野蛮人身上同样发现一种在不成熟的、含蓄的状态中的分析与综合、辨别与统一的能力。野蛮人通过对人与物的分析,进行细化分类,尽管与现代人的分类原则大不相同,但步骤相似,其目的就是力图实现一种秩序。这些活动反映了人类本性的共同意愿,即希望生活在一个富有秩序的宇宙中,克服那种天人无分、缥缈不定的混沌状态。

相较泰勒以生物学原理为基础的人类学理论,卡西尔的理论更加突出了人类从蒙昧时期过渡到文明时期过程中的质变,以及社会化的重要性。按照卡西尔的观点,神话或者宗教的存在,不管它们如何独特或者虚幻,其实质都是人类认识自我,寻找秩序的需要。不同的人属于哪一部族,是否被认同,与其他植物、动物类有哪些不同,找到自己的归依,既是对心灵的慰藉,也是实际生存的需要。卡西尔进一步分析了神话与宗教在人类社会生活中的功能,神话主题和宗教典礼的操作具有无限的多样性,但是它们的动机都是共同的。神话和宗教就如其他学科门类一样,在多样性中寻求某种统一性。"在全部人类活动和人类文明形式中,我们发现有一种'多样性中的统一性'。艺术给予我们一种直观的统一性;科学给予我们一种思想中的统一性;宗教和神话则给予我们一种情感的统一性。艺术向我们敞开一个生活形式的宇宙;科学向我们展示一个规律和原则的宇宙;宗教和神话则开始关注生活的普遍性和根本的同一性。"[3]42在原始信仰中,是没有形而上学同一性或者说抽象同一性的,有的是具体的同一性,表现出来就是要把个体和群体生活,以及自然生活统一起来的深刻而炽热的欲望,在宗教祭祀过程中充满了这种欲望。在这个过程中个人融化进一种不可区分的整体中。这正如罗素所言:"任何地方的原始宗教都是部族的,而非个人的。"[4]人们举行一定的仪式,通过交感的魔力以增进部族的利益。这些宗教祭礼往往能够鼓动集体的极度热情,个人在其中消失了自己的孤立感而觉得自己与全部族合为一体。

二、家族与身份:传统社会的认同

在东西文化的比较中人们早已注意到,东西方在原始社会阶段并无太大的差别。但是从原始社会过渡到文明社会,东西方就表现出明显的差异与特色。中国古代的社会结构就是血缘宗法制度文化影响的结果。中国古代社会以血缘关系为纽带,从家族直接走向国家,宗法制度与政治制度相结合,形成了延续几千年的"家国一体""家国同构"的社会结构与社会体制。冯友兰先生认为,"家族制度,在过去就是中国的社会制度"[5]。在一般意义上,"家"与"国"拥有完全不同的组织结构原理,然而,在血缘文化中,这两种不同的社会形式却凝结为一体。"家"是"国"的原型与母体,"国"是"家"的扩充与放大,血缘关系是构成家国同构的基础。因此,传统中国人的家族意识根深蒂固,家就是中国人心中至上的"天",具有超强的凝聚力与向心力。在家中,是"孝子",敬奉祖先,孝顺父母,儿女绕膝,每日信心满满;离开了家,是"游子",浪迹天涯,便少了生活的根基与心理的归依;背叛了家,是"逆子",被逐出家门,在孤苦飘零中没入黄土,至死也不能归家是人生最大的痛苦。一个人被家族认同,是他生活意义的来源,反之,不被家族认同,被众人唾弃,他已失去了安身立命的根基,意志消沉,惶惶不可终日。

林语堂先生也认为家族制度是中国社会的根基,中国的一切社会特性无不出于此,可以用它来解释中国社会的所有问题。而家族制度背后的社会哲学是儒家的"名分",它的中心思想是等级,是维持社会秩序之原理。名分赋予每一个男人女人以一定的社会地位。社会的理想是"凡人各得其所"。"名"即"名称""名义","分"即"本分""义务"。一个"名"给予某人在社会上以特定的地位,并明确了他与别人的关系。没有"名,"没有一个特定的社会关系,人们就不知道自己的"分"。如果每个人都知道自己的地位,并使自己的行为与自己的地位相称,社会秩序就有了保障。[6]"名分"其实就是按照自己的身份地位去行事,既尽己所能,又不越俎代庖。让每个人都清楚自己的身份,这需要"制礼作乐"。孔子非常重视礼,"礼"的根本要求就是"君君臣臣""父父子子",不同的身份有不同的行为规范。礼的本质是一种基于身份基础上的社会秩序。礼的教化目的就是要让每一个人认同自己的身份，依身份行事，做出有违身份的事情来则为人们所鄙夷。传统中国人在衣食住行方面都有严格的规定以与自己的身份相符合。比如明代的官服用动物来区分品级。文官一品用仙鹤，二品用锦鸡，三品用孔雀，四品用云燕，五品用白鹇，六品用鹭鸶，七品用鸂鶒，八品用黄鹂，九品用鹌鹑，杂品用练鹊。武官一二品用狮子，三四品用熊罴，六七品用彪，八品用犀牛，九品用海马。[7]人们通过一个人衣服上织绣的仙鹤图案，就可知他的高层官位，立马肃然起敬，或屈膝谄媚。而某个官员私下制作与官位不符的服装，则有谋反的嫌疑，即使他一次也没穿过也可能因此而丢了脑袋。

　　家族绵延在东方社会尤其是在中国的意义重大，在西方社会则不同。西方社会从原始阶段向文明阶段的过渡，是以公民契约关系代替了血缘氏族关系，建立了以城邦为中心的地缘性国家。所以西方社会并不是在"家"的基础上建立了"国"，"家"的功能也远不如中国人的"家"。德国社会史学家汉斯-维尔纳·格茨在描述欧洲中世纪的日常生活史时，谈到了家族与家庭的发展，可以看出传统社会中东西方的家族意识有着明显不同的价值取向。中世纪的家既包括亲族的联合体，也包括家族的联合体。家族是按照日耳曼人的传统以统治的形式组织起来的，是与男子联系在一起的。家族是一个自治的、有合约的、有法律的管辖区，在这里，个人的和公众的权力重叠在一起，一家之主也在履行国家的职能。如同家族一样，亲族也是一个公众的法律团体，是一个具有合约的、有法律的联合体，在内和平共处，对外进行保护。作为法律的联合体，家族与亲族的职能大体上是明确的，依法处理着家产的继承与日常的纠纷争斗。至于家族中亲属的亲疏程度是难以确定的，特别是在中世纪早期，按照日耳曼人的习惯，每个人只有一个单名。从单名上一般都无法清楚地确定是某个人物，更谈不上明确地确定家系了。中世纪早期贵族家庭的地位和职位强化了家族意识。贵族家庭开始用名单或者是家谱的形式记录他们的姓氏家族，委托他人撰写自己的家族史。家庭找到了固定的中心，家族成为一个有固定姓氏的家系，一个父系原则占支配地位的"家"。[8]对比中国传统社会的家族与欧洲中世纪的家族，前者是血缘共同体，追求伦理与向善，后者是法律联合体，是劳动的单位与法律的单位；血缘共同体中，按照亲疏远近的差序格局定名分，而在中世纪家族中，要维护成员利益，贵族家庭对外要显示血统的高贵。所以中国人的家族意识体现出血缘认同，按身份行事以求秩序与和谐；欧洲中世纪人的家族意识体现出利益认同，贵族要尽可能地彰显地位与身份。

　　西方社会注重每个人的个体性和独立性，但是在欧洲中世纪时期也存在着森严的等级制度与等级身份，这是阶级社会不可避免的。特权和等级观念，渗透了封建制度下的中世纪社会，这是个三分社会即三"等级"社会。"僧侣是眼睛，因为他们看到并给人们指示安全的道路；贵族是手臂，他们的责任是保护社会、实施正义并包围王国;平民是人体的下部,他们的责任是支持并负担着政治集体的上层部分。"[9]中世纪不同等级与阶层的人的生活是多种多样的,修道士的日常生活不同于贵族的,农民的日常生活不同于市民的。随着阶层的分化,凡勃伦认为,出现了金钱上有实力的区别于劳动阶级的有闲阶级。下层阶级获得财物的通常手段是生产劳动,劳动是屈居下级的标志,参加劳动是要降低品格的。有闲阶级拒绝劳动是体面的,是保持身份的一个必要条件。上流社会对于粗鄙形式的劳动,很少不是本能地感到厌恶的;对于苦工贱役,高雅人士总是感觉它们是污秽、不雅的,必须由仆役来做。一个上流人士如果能够免于"躬亲贱役",就会感到安慰,感到一种自尊心与高贵身份的满足。凡勃伦举了这样一个例证:法国某国王,据说由于要遵守廉洁,不失尊严体统,拘泥过甚,竟因此丧失了生命。这位国王在烤火,火势越来越旺了,而专管为他搬移座位的那个仆人刚巧不在身边,他就坚忍地坐在炉边,不移一步,终于被熏灼到无可挽救的地步。但是他虽然牺牲了,却保全了最高贵的基督教陛下玉体的圣洁,没有被贱役所玷污。[10]这个国王之所以一动不动,直到被烤死,是通过拒绝劳动以显示自己真正的"有闲","有闲"并不是懒惰或清静无为,而是非生产性地消耗时间。有闲阶级的生活是不参与一切实用的生产性工作,过着一种从容的、舒适的高洁生活,这种"有闲"是社会地位的标志。可见,这种等级身份认同甚至达到了极端的程度。

三、技术与专家:现代社会的认同

现代社会给了人类全新的生存境遇,有了"人为自然立法"的主体力量与勇气,然而现代性也将人类从温暖的传统家园与巢穴中抛掷出来,使人类再度寻找着新的自我同一性,并不断质疑着这种同一性的合理性,忍受着矛盾的挣扎与痛苦。齐格蒙特·鲍曼说,根据尼克拉斯·卢曼的观点,随着前现代社会的阶层社会转变为现代的、按功能区分的社会,个体的人不再能牢固地定位在社会的单一子系统中,从社会角度看,他是失去了家园的人。所有的个人都失去了家园,而且永远地、在存在意义上失去了家园——无论他们发现自己此刻置身何处,也无论他们碰巧在做什么。他们在任何地方都是异乡人,没有一个地方可以让他们真正有家的感觉,这些地方也不可能给予他们自然的身份。个体的身份因此变成了相关的个人需要获得的东西,个人永远都不能安全而明确地拥有它——因为它不停地受到质疑,而且必须再次对它进行谈判。[11]304-305因此,尽管传统家族人际关系看似复杂,身份的等级色彩浓厚,但是每个人可以较为轻松地进行身份定位,获得家族认同。反观现代社会与现代性,"变"与"新"是其特质。无尽的变化始终使人们处于陌生的境遇中,需要无休止地与陌生人发生缺乏凝聚性的程序化关系,身心俱疲而又无法逃脱。技术的革新不断使人们相信只有更精湛的高技术才能保证生活世界的质量,现代社会疑惑与彷徨的人们甘愿把自己的信任托付给掌握技术的专家,从而变得心安理得。现代人把认同的稻草投注在技术与专家身上,殊不知,一个技术接着一个技术,技术联结着技术,要掌握此种技术就必须了解那种技术,技术之网使人们深陷其中不可自拔,而所谓的专家们不断地分门别类地细化技术,生活世界已然被割裂,变得碎片化,这或许是现代性注定的困境。

自从马克斯·韦伯提出西方社会理性化的过程是一个价值理性异变为工具理性的过程,众多思想家将其作为出发点与理论依据,展开了工具理性批判与技术理性批判。法兰克福老一辈的理论家们尤其关注"科技异化"问题,他们认为科学与技术正在起着与意识形态相同的社会功能,甚至由于科技的运用使得社会问题烟雾缭绕,变得更加具有诱惑性与欺骗性,由此转移了人们对社会制度的不满和反抗情绪。马尔库塞在《单向度的人》中对科技异化为意识形态的问题作了更深入、更系统的论述。马尔库塞认为,科学与技术本身成了意识形态,具有明显的工具性与奴役性,技术形式成了新的社会控制形式。他说:"在发达的工业社会中,生产和分配的技术装备由于日益增加的自动化因素,不是作为脱离其社会影响和政治影响的单纯工具的总和,而是作为一个系统来发挥作用的。这个系统不仅先验地决定着装备的产品,而且决定着为产品和扩大产品的实施过程。在这一过程中,生产装备趋向于变成极权性的,它不仅决定着社会需要的职业、技能和态度,而且还决定着个人的需要和愿望。因此,它消除了私人与公众之间、个人需要与社会需要之间的对立。对现存制度来说,技术成了社会控制和社会团结的新的、更有效的、更令人愉快的形式。"[12]发达工业社会是一个单向度的社会,也是一个新的极权主义社会,它不是依靠恐怖与暴力,而是依靠先进的、系统的技术装备来实现的。发达工业社会可以通过现代传媒技术如电视、电影等实现对人日常生活世界的控制。人们以为自己可以自由地操纵自己的闲暇私人时间,然而,不知不觉中独立意志已被掌控在他人之手。人们舒舒服服地享受着、认同着这种不自由的生活。发达工业社会还可以通过整套的工业技术如大型机器与设备等实现对人们的工作世界的控制。人们由劳动"蓝领"变为技术"白领",自以为成为掌握技术的核心要员,然而,更多的技术等着人们去研发,没有终点,人们已经异变成了技术的工具。

社会学家吉登斯对现代性作了不同的解读,认为突出特征在于它的抽离化机制。抽离化机制有两种类型,即符号标志和专家系统。符号标志是交换媒介,比如现代社会体系中更为精致的、更为抽象的货币经济。货币把时空分成诸多类别,而专家系统通过专业知识的调度对时空加以分类。在现代性条件下,专家系统无孔不入,渗透到社会生活的所有方面,如食品、药物、交通等等。专家系统并不局限于专门的技术知识领域。就现代性的专家系统而言,医生、咨询者和心理治疗专家的重要性和科学家、技术专家或工程师一样,并无差别。[13]18吉登斯对现代专家知识的专业化表示忧虑,认为它导致了现代性的无规律的失控品质。专家解决问题通常是限于明晰或精确的难题范围。然而,一个特定领域的问题越是受到精确的关注,那对另外某些人而言,所涉及的知识领域就越是模糊不清,人们也越是不能预测超越特定领域所产生的后果。一方面,专家关注的领域愈是深邃,也愈是狭隘,并且更可能产生无法控制的、难以预料的后果。也就是说,现代人选择了对专家系统的信任,也不得不接受它所必然附带的风险。

除了人类专家系统,具有高附加值的高技术电子专家系统同样具有极强的诱惑力与冲击力。鲍曼赞同卢曼把对电子专家系统的信任看作是一种另类的"爱",它是不涉及个人情感的,只是现代社会中个体存在的必然。一方面,个人要保持自己的独立性与差异性,另一方面,这种差异必须得到社会的认可,构成人格同一性的主观世界只有在主体间的交流中才能够实现。因此,"爱"只是一种特殊的交流样式。现代世界失去了家园的异乡人依然需要"爱",于是"爱"的替代品出现了。电子专家系统尤其是现代人的钟爱,"……传统的解决方案(即浪漫的或激情的爱)渐渐地失去了价值,而且失去了吸引力,而对作为替代品的专家知识的需求却越来越多,可以获得的数量和品种也不断增加。这样就可以回到开始的地方:可以说专家知识是一种没有爱的爱(没有互惠之风险的爱,没有令人担忧的感情依赖的爱),它不需要人类伙伴来提供。在用户一方,原则上没有什么能阻止用计算机专家系统,或魏岑鲍姆的ELIZA类型的电子交谈专家来取代人类专家"[11]314。现代社会的一个非常重要的特征就是,人们缺乏安全感,不再相信传统经验,信任的是有专门知识的一类人。专家知识在当今时代越来越不可或缺,或者说专家知识在创造过程中加强了对自己的需要。专家知识具备了自我繁殖的能力,它不用他证,它就是它自己存在的理由。受到专门训练的专家来制定正常的社会标准,告诉人们什么是好的,什么是不好的。他们的双眼不断发现社会方方面面的漏洞,为了补救这些漏洞又发展了更好的技术。他们就这样成为社会的"诊疗师"。生活世界本身由专家知识来建构、阐明、监控。鲍曼认为,现代社会的大部分矛盾性和不安全感就产生在由专家生产和管理的技术渗透的生活环境中。每一个问题的解决都带来了新的问题,而解决之方仿佛永远只剩下一条技术之路。总之,无论是技术乐观主义者还是悲观主义者,无论是技术爱好者,还是技术恐惧者、技术绝望者,都必须承认人类世界再也无法回到技术统治与专家知识以前的世界。技术进步带给人们是更多的幸福还是更多的痛苦,或许注定是一个悬而未决的问题。

四、多元与流变:后现代社会的认同与危机

从原始社会、传统社会到现代社会、后现代社会,人类就如一个逐渐长大的顽童,从懵懂的自我意识的获得,到主体意识的确立、张扬与狂妄,再到主体意志的消

沉与落寞,无论是最初的喜悦、理性的自信,还是其后的彷徨,都是在寻找自我,获得自我认同的过程。古老的传统已渐渐远逝,现代性也已然发展到巅峰,有巅峰就必然有回落。尽管现代性越来越多地表露出了转变的痕迹与倾向,但现代性是否已经终结,我们是否正生活在一个后现代时期,存在着不同的看法。有人认为现代性的发展已经出现了断裂,我们正生活在一个全新的时代——后现代时代,这个时代体现的是完全的、彻底的非连续性;有人则否认当前阶段与现代性之间的任何彻底断裂,而强调二者之间的连续性;还有一些人讨论非连续性与连续性之间的辩证关系,一方面分析断裂的层面与新特质的产生,另一方面也说明了新阶段与现代性之间的连续性。所以,尽管对后现代时期的评价有所不同,它的出现却让我们更加清晰地认识到了现代性的缺陷,都同意它对当代社会生活产生了深远的影响。

如吉登斯认为,人类社会正处于现代晚期,呈现的是高度现代性。虽然他有意避开"后现代"的提法,但事实上也分析了后现代性的某些特性。现代晚期的社会,降低了生活中总的风险性,但同时也导入了先前年代所知甚少或全然无知的新的风险参量。科学技术的发达、电子媒体的发展,使得我们今天生活的世界已远远不同于以往任何时期的世界。这些都影响着自我认同的方式,"在现代性的后传统秩序中,以及在新型媒体所传递的经验背景下,自我认同成了一种反思性地组织起来的活动"[13]5。自我反思性活动根源于对这个世界所持有的怀疑态度,以及多元化的场景选择。给予自我一个经过详细论证的相对肯定回答,做出一个风险较小的路径选择,是自我反思的必然结果。然而,人类所依赖的科学技术与专家知识系统,却把自身的完整性割裂开来,追求知识的精准是唯一的,情感与道德则被排斥在外。"在晚期现代性的背景下,个人的无意义感,即那种觉得胜过没有提供任何有价值的东西的感受,成为根本性的心理问题。"[13]5在这里,事物发展过程中出现了动荡,呈现为"危机"。晚期现代性在很多层面都倾向于产生危机,只要个体或团体生活出现了不适,并达到一定程度,"危机"就会存在,它甚至成为了现代晚期社会或者后现代社会的"正常"现象。情境的差异性与多样性使得自我无所适从、极度焦虑,丧失了本体存在的安全感。

泰勒认为,认同危机的产生在于已有框架和视界的缺失,在其中自我本来可以决定什么是好的,什么是有价值的或值得赞赏的。现在价值观问题失去了可以采取立场的框架,自我不知所措,无所适从,陷入了"认同危机"的处境。"……一种严重的无方向感的形式,人们常用不知他们是谁来表达它,但也可被看作是对他们站在何处的极端的不确定性。他们缺乏这样的框架或视界,在其中事物可获得稳定的意义,在其中某些生活可能性可被看作是好的或有意义的,而另一些则是坏的或浅薄的。所有这些可能性的意义都是固定的、易变的或非决定性的。"[14]泰勒指出,认同是某种给予人们根本方向感的东西所规定的,是复杂的和多层次的。而无方向感和极端的不确定性,使得人们在内在的道德空间中无法定位,在外露的物理空间中举止混乱,迷失了发现自己的道路。而伊罗生则从纵深的"时间"维度分析认同。生活在与世隔绝深谷中的族群,如"活的过去",看似数百年"静止不动",但在强大的现代世界面前也早已被判了缓刑。再恬静的农村、再偏远的角落,都很不幸地被现代人"一一发现"。曾经的根基被动摇,族群带着祖宗牌位颠沛流离。"再来是另一种更为无根的人,这种人是现代世界里面被人调包的婴儿,他们是社会、经济与科技变迁的产物,是移民与文化混合的产物,他们的信仰、观念和要求完全与先人脱钩。"[15]他们被迫以新的方式来建造自己的"姆庇之家",将过去继承得来的残骸,赋予新的包装,凑成新的认同。

如果说伊罗生还在千变万化的现代世界中寻找新的族群认同的可能性,而鲍曼则认为生活在后现代的人们习惯于绝对的流变,避免任何固定不变的认同。到了后现代,结构化世界的一致性、持续性与稳定性不复存在。后现代世界是充斥着一次性产品的世界,是随时可以抛弃的,其流变之快让人们感到任何方式的认同建构都徒劳的。但是,似乎人们并没有被彻底击败,因为这个世界没有成功与失败之分。选择的开放性与无终结性是这个世界的特点。鲍曼认为,最为恰当地描绘后现代人的生活那就是"游戏"。在游戏过程中,游戏规则不断地改变着,每个游戏都变得非常短暂。"使游戏缩短意味着:警惕长期的承诺;拒绝坚持某种'固定'的生活方式;不局限于一个地点,尽管目前的逗留是快乐的;不再献身于唯一的职业;不再宣誓对任何事、任何人保持一致与忠诚;不再控制未来,但也拒绝拿未来作抵押;禁止过去对目前承担压力。简言之,它意味着切断历史与现在的联系,把时间之流变成持续的现在。"[16]104时间一旦被隐藏起来,它就不再是一个有方向的飞逝之箭,时间之于空间的结构性也已崩塌。无方向、无所谓"前进"与"后退",随之而来的就是无意义。"问题不再是如何发现、发明、建构、拼凑(甚至购买)一个认同,而是如何防止长期坚持一个认同——而且,要防止它紧紧地附着在身体之上。完美与持久的认同不再是资产;它日益明显地成为一种债务。后现代生活策略的轴心不是使认同维持不变,而是避免固定的认同。"[16]105在后现代社会,在某种程度上,人们都在移动与变化,不论是身体的还是思想的,不论是当前的还是未来的,无论是自愿的还是被迫的,于是,差异性与不确定性就出现了。曾经的确定性给了人们安逸与舒适,也让人们付出了惨痛的代价。尽管确定性的吸引力非常之大,但确定性的复归已然不可能。多元化、多样性、流变性,意味着困惑与危机,这也是人类追求自由的必然选择,特别是后现代人的生存境遇。

参考文献

[1] 邓启耀.中国神话的思维结构[M].2版.重庆:重庆出版社,2004:13.
[2] 泰勒.原始文化[M].连树声,译.上海:上海文艺出版社,1992.
[3] 卡西尔.国家的神话[M].范进,杨君游,译.北京:华夏出版社,1990.
[4] 罗素.西方哲学史:上卷[M].何兆武,李约瑟,译.北京:商务印书馆,1963:33.
[5] 冯友兰.中国哲学简史[M].涂又光,译.北京:北京大学出版社,1995:24.
[6] 林语堂.中国人[M].郝志东,沈益洪,译.上海:学林出版社,1994:182-183.
[7] 姚建平.消费认同[M].北京:社会科学文献出版社,2006:57.
[8] 格茨.欧洲中世纪生活[M].王亚平,译.北京:东方出版社,2002:25-31.
[9] 汤普逊.中世纪经济社会史:下册[M].耿淡如,译.北京:商务印书馆,1997:334.
[10] 凡勃伦.有闲阶级论[M].蔡受百,译.北京:商务印书馆,1964:36.
[11] 鲍曼.现代性与矛盾性[M].邵迎生,译.北京:商务印书馆,2003.
[12] 马尔库塞.单向度的人[M].刘继,译.上海:上海译文出版社,1989:6.
[13] 吉登斯.现代性与自我认同:现代晚期的自我与社会[M].赵旭东,方文,译.北京:三联书店,1998.
[14] 泰勒.自我的根源:现代认同的形成[M].韩震,等译.南京:译林出版社,2008:33.
[15] 伊罗生.群氓之族:族群认同与政治变迁[M].邓伯宸,译.桂林:广西师范大学出版社,2008:258.
[16] 鲍曼.后现代性及其缺憾[M].郇建立,等译.上海:学林出版社,2002.

伦理认同的现代形态及其发展路向[*]

赵素锦[**]

南京艺术学院马克思主义学院

从整个伦理学发展和思想研究上看,如果说时间序列所讲述的是道德个体如何成长为道德主体,历时态地演绎"如何成为一个人"的道德发展话题,那么,空间场域所展现的就是共时态背景下"成为一个人"之后"如何尊重他人为人",即自我与他者、道德主体与伦理实体及道德主体之间"如何在一起"的伦理认同问题。显然,两者比较起来,后一个问题更为人们所苦恼和困惑,尤其是到了现代社会,道德滑坡、道德冷漠、道德怨恨、道德暴政等社会现象的频繁讨论,使得"我们如何在一起"的伦理认同问题越来越成为现代人亟待解决的时代课题。

一、伦理认同的现代道德困境

对伦理认同(ethics identity)主题研究而言,当下或许既是一个最好的时代,也是一个最坏的时代。这一方面在于,当前社会正进入一个个人主义盛行的时代,有人称之为"自拍杆"时代,他者对于自我来说逐渐成为一个不需要的隐形存在者,因此,伦理道德认同所提出的"我们"之类的问题似乎正成为一个"伪命题";但是,另一方面,自我与他者又时刻在虚拟与现实之间交相存在,个体自我总在渴望着朋友及他人的点赞,获得关注和认同,又总是以一种伦理道德的眼光来看待和判断他者及周围的一切,这似乎又表明,伦理道德认同之"真命题"的确立比任何时候都迫切。"跌倒老人扶不扶"这一引发全国人民神经痛感的触动源,即是最为确凿的明证。

事实上,在由东南大学人文学院组织发起的"当代中国伦理道德状况""当前我国思想道德文化多元多样"等全国性伦理大调查中,相关数据结果表明,当前中国正处于一种伦理认同危机之中,人们在对社会主义制度认识、国家主流意识形态理

---

[*] 基金项目:国家社科基金青年项目《现代民主伦理研究》(2015CZX052)的阶段性成果。
[**] 作者简介:赵素锦(1978—),女,河南西华人,南京艺术学院思政部讲师,哲学博士,主要研究方向:美德伦理学等。

解、社会主义核心价值观念、传统伦理道德观念、当前伦理道德现状等多方面存在认同上的困惑、争论、分歧、对立和危机,展现出当代中国急需加强伦理道德建设的紧迫性和必要性。① 同时,现实生活中频发的道德难题,如全社会热议的道德冷漠现象、面对社会不公正和德福不一致时所发出的道德怨恨现象、以道德为最终标准衡量和评价人思想行为所演变的一种道德暴政的现象,等等。所有这些,也从消极性、否定性方面反映出当前中国所面临的伦理道德难题,实质上是道德自我与他者(广义理解上的)之间"如何在一起"的认同伦理问题。

然而,伦理认同难题的出现并非自古就有,在所有与伦理认同主题相关的各类研究著述中,都显示出一个明显特征,即认同概念的出现和使用,与全球化(自我存在的时空场域发生变化)、科学理性主义(新自我观出现)、消费革命(导致自我与社会、角色的分离)、新传媒技术出现(使时空的自然一致性得以消解)等概念密切相关②。这一切表明,认同伦理问题实际上是一个与现代性有关的问题,是在现代自我观的形成基础上发展而来的,有着独特的现代精神气质。什么是现代性?对这个概念的界定人们不一而定,但对其理解却颇有共同之处:现代性是近三四百年以来人类社会经济文化生活所呈现出来的最重大变化和显著特征,它既表达着人类在告别传统社会时的急切心态,又昭示出现代社会发展进程中的冲突矛盾,不断质疑拒斥传统、积极渴望拥抱未来,各种复杂心情纠结在一起,形成了现代人爱恨交织的诸多现代性问题。其中,崇尚新颖进步、工业化与理性主义主宰、原子个人主义思维、全球化框架等,构成了现代性问题的关键要素或主要条件。在这种现代性条件下所呈现的伦理道德冲突,主要是两方面的:一是时间维度所发生的"新"与"旧"之间的冲突;二是空间维度所展现的"自我"与"他者"之间的冲突。因此,有学者认为,"'现代性'问题背后最大的紧张和焦虑并不是经济和技术发展问题,而是价值认同的问题。③

泰勒曾明确指出,认同肖像的描绘正是以现代性新理解为出发点的,而关于自我的现代理解的新变化,则是理解现代认同问题的重要根源,其代表作《自我的根源:现代认同的形成》正是围绕这一思路全力展开和详细论证的。无独有偶,持此种观点的并非泰勒一人,吉登斯、弗里德曼、齐美尔等人都从不同的视角和维度表达出相似的观点。吉登斯提出,自我认同(self-identity)的新机制和现代性制度之

---

① 樊浩.中国伦理道德报告[M].北京:中国社会科学出版社,2010.
② 弗里德曼.文化认同与全球性过程[M].郭建如,译.北京:商务印书馆,2003;
吉登斯.现代性与自我认同:现代晚期的自我与社会[M].赵旭东,方文,译.北京:三联书店,1998;
泰勒.自我的根源:现代认同的形成[M].韩震,等译.南京:译林出版社,2001;
莫利,罗宾斯.认同的空间[M].司艳,译.南京:南京大学出版社,2001.
③ 张旭东.全球化时代的文化认同[M].北京:北京大学出版社,2005:5.

间是一种相互塑造的双向过程。① 在他看来,现代社会是一个后传统社会,构成现代性发展的动力主要有三个基本要素,即时空分离、抽离化的社会机制、社会制度的内在反思性,这些动力伴随而来的是信任机制和风险环境的变迁,引发的是现代自我存在的本体性焦虑。在这种现代性环境中生活的自我"是脆弱的,是易损的,是有裂痕的,是呈碎片状的"②,与一种认同意义上的自我理解是相对照的,即作为行动者的反思解释的连续性自我。要实现自我认同,需重塑一种基本信任(本体性安全的源泉)来认知组织个人与客观世界之间的自我经验,因为信任是构筑自我认同和他人、社会认同的重要基础性条件,也是人抵御存在性焦虑的情感疫苗。此外,弗里德曼将现代自我观——即一种自我的主体性与其认同的社会自我内容相分离——视为现代性的新生结构,提出文化认同的建构方式依赖于个体自我观的建构方式③;在现代社会这里,个体被剥去了传统社会所依赖的世界观和历史性架构,成为独立自存的生命体;自我的主体性在商业化时代的刺激下蜕变为充分表达的欲望,而消费行动代表着实现欲望的方式,换句话说,现代人用信用卡消费所刷出的不是肆意购物时的愉悦心境,而是自我欲望获得实现和确证的存在感。这些观点不约而同地说明一个问题,即现代新自我观的形成,是认同伦理思想发展的一个重要基石。

同时,现代社会日益高涨的对他者伦理的关注热情,一方面使现代社会对道德自我的研究视野更加宽广;另一方面,却也使一种对立式的主体性理解更加凸显,从某种意义上讲,让当下伦理认同的实现变得更加艰难。启蒙之后人们对自我意识的特殊性和差异性的自觉,使得一种原初的自我伦理认同感难以重现。应该说,差异性本身构成同一性建构的一个前提,"我们"的确认是基于"我"而来,然而当下,差异性却成为认同实现的一个障碍,对"我"的过度张扬和放大,已使得承认"我们"成为难题。有关认同话题的讨论也变得多样和复杂起来,民族、文化、身份等诸种认同话题此起彼伏,争议不休。

二、现代伦理认同的同一性建构形态

在古代实体性伦理世界分解之后,现代人在思虑自我和他者伦理关系与道德关系上的差异与同一的同时,努力构建同一性认同。然而,现代伦理认同问题却日益陷入一种形态繁多、争议迭起的道德困境之中。现代认同理论形态有三条资源路径:一是源自黑格尔的霍乃特、泰勒;二是承继康德理性思想而来的哈贝马斯;三

---

① 吉登斯.现代性与自我认同[M].赵旭东,方文,译.北京:三联书店,1998:2.
② 同①197.
③ 弗里德曼.文化认同与全球性过程[M].郭建如,译.北京:商务印书馆,2005:42-43,47,53.

是继承休谟情感一脉的舍勒。

（1）自我认同形态

泰勒对现代认同问题的理解实质上等同于对人类主体性或自我概念的现代理解，他认为要对现代认同有一个清楚的把握，就必须对自我与善的道德问题重新审视清楚，否则，是无法把握到现代认同的真谛，因为二者始终是纠缠在一起的。

泰勒认为，由于现代道德哲学将关注的焦点集中在正确的行动和责任等问题之上，因此，就成了一种"干瘪瘪的和斩头去尾的道德观"。① 在这个道德世界里，泰勒分别从尊重和尊严两个概念出发来描述道德思维中的三个轴心：对于前者，尊重成了自我理解和道德直觉的一个新方面，并构成对人类生命意义及其完整性理解的重要内容，随之而来的是自我控制和自律概念在道德生活中的凸显；而后者即尊严则是自我在日常生活的公共空间中与他人发生关联的另一个重要概念。对他人的尊重和责任感、完满生活的理解和尊严概念，现代人对这三个轴心中的任何一个的理解，都与传统时代大为不同。其中最大的差别，就是泰勒所说的现代人关于生活意义和框架的缺失，"因为框架是我们赖以使自己的生活在精神上有意义的东西。没有框架就是陷入了精神上无意义的生活"②。"框架为我们在所有三个方面的道德判断、直觉或反应提供了明显或隐含的背景。清楚地表述一个框架，就是阐明什么形成了我们道德回应的意义。"③"我的认同是由提供框架或视界的承诺和身份规定的，在这种框架和视界内我能够尝试在不同的情况下决定什么是好的或有价值的，或者什么应当做，或者我应赞同或反对什么。换句话说，这是我能够在其中采取一种立场的视界。"④泰勒认为，认同意义上的自我界定，不是生物学意义上的有机体，而是指"我们只是在进入某种问题空间的范围内，如我们寻找和发现向善的方向感的范围内，我们才是自我"⑤。换句话说，现代自我认同理解的重要构成，是自我借助于语言在获得自我本质定义和领会自我本质理解的对话关系中所形成的意义世界。而善尤其是规定自我精神方向的善，是衡量我们生活价值和意义的标杆。

（2）理性交往形态

哈贝马斯所讨论或要解决的只是在一个道德共同体中，人们之间的行为约束力或规范性问题如何具有合法性的问题。他的工作和任务就像麦金泰尔对近代道德理论所说的那样，仍是在为道德合理性寻找根据。他通过批判道德认知的两大

---

① 泰勒.自我的根源：现代认同的形成[M].韩震,等译.南京：译林出版社,2001：4.
② 同①24.
③ 同①35.
④ 同①37.
⑤ 同①47.

传统谱系即情感休谟一脉和契约论一脉,来建构其所理解的同一性形态。平等尊重每一个人的利益是哈贝马斯的交往实践理论的前提基础。"仅仅依靠交往生活方式的特征,还不足以说明,一个历史共同体的成员为何一定要超越他们的特殊主义的价值取向,又为何一定要进入一种对等和包容的普遍主义承认关系当中。……对差异十分敏感的普遍主义要求每个人相互之间都平等尊重,这种尊重就是对他者的包容,而且是对他者的他性的包容,在包容过程中既不同化他者,也不利用他者。"①哈贝马斯把康德的义务论向前推进了一步,即认为"义务扎根在交往行为当中,并且具有传统特征,自身并没有逾越家庭、部族、城市或国家的范围。交往行为的反思形式则不是这样:论证自身超越了一切特殊的生活方式。因为,在理性话语的实用前提当中,交往行为所设定的规范内涵获得了普遍化、抽象化和无限化,也就是说,扩展到了整个包容性的共同体,只要主体具有言语和行为能力,并且可以作出自己应有的贡献,就不能把他们排挤在共同体之外"②。哈贝马斯认为,现代社会失去了"先验的善"来提供某种普遍性基础,只能依赖与话语实践中的"内在性",也就是说,话语实践本身是公正判断道德问题的唯一资源,规范的普遍有效性就在于它得到所有交往实践主体的认同。因此,哈贝马斯提出商谈伦理来作为我们实践交往中的重要方式。

哈贝马斯认为,现代社会失去了传统时代的本体神论的先验背景,在这种情形下建构普遍性,任何理论论证上的努力都无济于事,只能依赖于参与者在共同体中的交往实践活动本身,只有身处其中的所有当事人达成一致,共同认同某种规范,此规范才具有实质意义上的普遍性约束力和权威。那么,在具体的交往实践中如何形成普遍规范,只有通过交往主体之间的商谈。"只有那些在实践话语当中得到所有当事人赞同的规范才可以提出有效性要求。这里的'赞同',是在话语前提下得到的,意味着一种用认知理由建立起来的共识;我们不能认为,赞同就是所有人从自我中心主义角度做出的协商。"③而是基于对每个人的利益格局和价值取向可能造成的后果或影响的考量,所达致的能够自愿认同的普遍规范。

在哈贝马斯的交往理论中,关于善的理解较少,但哈贝马斯对它的处理比较特殊,认为它是沟通团结和正义的重要桥梁,前者是一个以情感为纽带的小范围地域之人所需要的,或者可以套用费孝通的话语,前者是一个熟人社会的通行原则,而后者是一个陌生人社会所不可缺的原则。善恰恰关联两者,但他所言的善,究竟是哪种善的形态即实体性善、利益性善或个体性善,则是模糊的。哈贝马斯所讲的包

---

① 哈贝马斯.包容他者[M].曹卫东,译.上海:上海人民出版社,2002:43.
② 同①43-44.
③ 同①44.

容实际上是平等的同义词,它的内涵是为交往主体的平等商谈扫清障碍,"包容性只是意味着进入话语不受任何限制,而不是指任何一种强制性的行为规范都具有普遍性。交往自由在话语当中是均等分配的;话语自身也要求具有真诚性,所有这些是指论证义务和论证权利,而决不是指道德义务和道德权利。……话语伦理学论证道德视角的关键在于,认知游戏的规范内涵只有经过论证规则才会转变为对行为规范的选择,而且,这些行为规范和它们的道德有效性要求一道贯彻在实践话语当中"①。

在哈贝马斯看来,共同的实践经历构成了理性商谈得以可能的基础,理性人格的具体角色就是自由而平等的公民,他寻求的是不同种族共同体、语言集体、宗教群体和生活方式之间的平等共存。

(3) 相互承认形态

霍乃特作为哈贝马斯的亲炙弟子,其理论源头虽是承继黑格尔的承认思想而来,但却是为了"阐明一种具有规范内容的社会理论"。② 霍乃特认为,现代社会理论是基于古典政治哲学在遭受现代社会结构的变革之后转变而来,也是基于永恒的利益冲突等现代契约论理论基础的建构而来,这就注定了现代社会中的主体是为了自我的持存而斗争的。而黑格尔(青年时期)的最大贡献在于改造了霍布斯等人对现代社会共同体(私利的战场)的理解,将它视为一个伦理总体性概念,这样一来,现代社会对原初人类关系状态的理解(自然状态)也随之发生改变,即由人与人之间的斗争转向人们对伦理共同体的认同。在霍乃特看来,青年黑格尔是把主体的自由根植于伦理共同体的约束之中,从主体间的社会伦理关系范畴出发来规范社会生活,他将承认视为主体自我构建主体间伦理关系的基础,是一种主体自我与另一主体之间不断和解与对立的运动过程,这一过程同时也是社会伦理关系的建立过程。在这个过程中,形成了三种承认关系,即"在家庭的情感承认中,人类个体是作为有具体需要的存在而被承认的;在法律的形式—认知承认关系中,个体是作为抽象的法人而被承认的;最后,在国家这一具有情绪启蒙意义的承认关系中,个体是作为具体的普遍,即作为特殊的社会化主体而被承认的"③。黑格尔所讲的这三种承认方式,爱、法律和社会尊重(团结),构成了霍乃特社会承认关系的固定结构,也是霍乃特所认同的主体间承认模式。

但是之后,黑格尔的思想发生了意识哲学的转向,以意识的精神形成过程研究代替或主导了主体间交往关系的研究路向,早期的承认理论由此搁置。而且,在霍

---

① 哈贝马斯.包容他者[M].曹卫东,译.上海:上海人民出版社,2002:47-48.
② 霍乃特.为承认而斗争[M].胡继华,译.上海:人民出版社,2005:5.
③ 同②29.

乃特看来,即使青年黑格尔的这一理论今天仍具有价值,但要再现这一理论,仍困难重重。"黑格尔的核心思想依然坚持形而上学前提,而这些前提与当代思想的理论条件已经不再切合了。"①为此,霍乃特提出了对黑格尔承认理论的经验现象学改造,他借助于米德的自尊概念、客我概念、普遍化他者概念、社会发展概念等,给黑格尔的承认理论引入一个自然主义和社会心理学的基础,不仅使自我成为一个具有人类自我意识的主我,而且获得了互动伙伴的普遍化认同。米德通过劳动分工模式的设想,试图达致自我实现与社会规范性生活的联系和一致,然而霍乃特舍弃了他的这一设想,认为这无法解释现代社会的伦理一体化问题,转而仍投向黑格尔的伦理概念。可以说,米德的社会心理学观念只是给予了霍乃特解决现代社会承认问题的经验性论证根据,并不是最终的理想解决方案。

麦金泰尔对现代性道德困境的表述,给出了一个论断:无休止的争论和分歧。当我们拿这一论断来看待现代伦理认同理论形态时,也会惊奇地发现它无比准确。各种认同理论持续活跃,都在展示自己提供了唯一可行的路径。泰勒与哈贝马斯、霍乃特、舍勒等人的一个重要区别是,前者在努力构建一个形而上学的框架背景,以此作为探讨认同问题的基础或出发点,他所主张的是一种伦理型认同;而后者则是在一个后形而上学的视野中来重塑认同,他们对伦理认同的现代理解乃是一种道德关系意义上的认同,主要指道德自我与他者之间的认同,即自我认同是建立在其他道德主体的承认基础之上或道德主体间的彼此承认,它以道德主体与他者之间的差异性和异质性为前提。在后形而上学时代的今天,"我们能否在一起"就成了一个问题,而以何种方式、如何实现"在一起"就成了人们争论不休的问题,这正是现代性道德困境和危机的重要表现。

由此可见,如何对待形而上学这一态度上的不同,构成了他们理论观念上发生分歧的重要根源。同时,现代认同理论体系中诸种形态间的分歧与批驳,也展现出现代性道德难题的另一个重要问题,即当前社会所需要的,到底是伦理优先还是道德优先?

三、伦理认同的未来发展路向

应该说,承认自我与他者的差异性和异质性,是伦理道德思维的一个重要起点。古代中国哲学中的"分""殊"思想,但是,为什么古代社会没有我们所说的伦理认同危机呢?回顾伦理认同的历史哲学形态研究:第一,考察中国古代社会伦理型的实体同一性精神形态,家族血亲的自然生命同一性为社会国家伦理同一性奠定根基,构建个人与国家原初的直接同一。其二,考察西方古希腊知识型的实体同一

---

① 霍乃特.为承认而斗争[M].胡继华,译.上海:人民出版社,2005:71.

性精神形态,逻各斯思维在对世界普遍本质的追问中形成公民与城邦一体的实体性存在,实现了伦理世界的自为同一。中西方两种不同的伦理认同方式,分别从自在、自为两个层面扫清了"我们能否在一起"的前提障碍,建构了"我们如何在一起"的直接同一性基础,使伦理认同问题在中西方古代社会成为一个"伪命题"。

近代认识论发展起来的主客二分观念,对于认同理论有着重要的基础性意义,正是在此基础上,同一性与差异性问题日益受到重视,尤其在启蒙科技理性主义精神、自由主义精神和资本逻辑思维等现代社会要素的强力冲击下、如何跨越差异重返同一状态,成为人们谋划的重心。因此,现代同一性的建构受到前所未有的关注,上述诸认同形态的争议即是明证。然而,这也表明,对认同伦理问题的理解,仅仅站在现代性自身的角度来解决是不够的,"不识庐山真面目,只缘身在此山中"。

纵观现代伦理认同理论形态间的分歧,值得思索几个问题:面对启蒙之后多元分殊的事实,构成现代伦理道德同一性认同的基础到底是什么?形而上学的背景和框架究竟还需不需要?需要的是何种形式的形而上学背景?道德意义上的认同与伦理意义上的认同,难道只能任选其一,它们之间构成必然的冲突吗?应该秉持着何种理念和原则,来确立未来认同理论的发展路向?

论风险社会境遇下的新个体伦理责任结构*

王建锋**

洛阳师范学院马克思主义学院

摘　要　在风险已成为影响人类生活常态的当代社会,确认责任承担方式的责任伦理学却遭遇到了前所未有的理论困境和实践难题;表现出了"有组织地不负责任"的状况。这种状况的产生不仅表明了当代社会风险的结构性、不易控制性、潜在性等特征,而且也表明了责任伦理本身的抽象性、建构性及远离人生活的现实性等特征。个体主体作为伦理责任的真实承担者是从事实际活动的现实个人,个体伦理责任能力的形成及有效个体伦理责任行为的落实,才有可能使责任伦理规避风险成为可能。在当代社会,个体伦理责任是全面的、丰富的,它不仅表现为个体主体对"自身、他人及社会"的伦理责任,而且也表现为个体对"自然及未来人"的伦理责任;是以"个体主体对自身责任"为核心的"五位一体"的新个体伦理责任结构。

关键词　风险社会;责任伦理;个体主体;伦理责任

　　当代社会,责任伦理被普遍视为风险治理或风险规避的伦理策略。其目的在于借助责任原则唤醒人们的风险意识和责任意识,进而为避免人类共同灾难的发生,寻找一条合理的理论出路。但是,在风险治理的实践活动中,责任伦理学却遭遇到了前所未有的理论困境和实践难题,表现出了责任主体迷失、责任失衡及"有组织地不负责任"的状况。如何借助责任伦理学的基本理论来合理制定规避风险对人类生存威胁的伦理策略,已成为责任伦理学理论和风险治理实践活动中的时代性难题。作为行为主体对自身活动能力及其活动后果的主动回应与自觉承担,责任总是和具体的行为主体相联系。在风险已成为影响人类生活常态的当代社

---

*　基金项目:国家社科基金项目(项目编号:11BZX069)、河南省社科规划项目(项目编号:2013BZX018)、河南省教育厅人文社会科学规划项目(项目编号:2016-gh-002)、洛阳师范学院省部级培育项目(项目编号:2013-pyjj-013)阶段性研究成果。

**　作者简介:王建锋(1970—　　),男,河南洛阳人,洛阳师范学院马列理论教研部讲师,哲学博士,研究方向为哲学、伦理学基本理论及应用。

会,对个体主体表现样态的伦理责任进行研究,不仅在理论上有可能为责任伦理学研究提供一种新的理论视野,而且在实践上也可能为改善风险治理活动中的责任主体迷失、责任失衡及"有组织地不负责任"的状况提供新的伦理启示。

一、风险社会理论:责任伦理凸显的理论视野

技术及其发展所产生的风险问题已影响了人们生活的各个领域。在一定程度上,当代社会可称之为"自然性的终结"(克劳斯·科赫语)的风险社会。德国哲学家汉斯·约纳斯在追问现代技术缘何成为哲学及责任伦理学反思的对象时曾明确而深刻地指出:"由于现代技术在今天已经延伸到了人们生活的一切相关领域——生命与死亡、思想与情感、行动与遭受、环境与物、愿望与命运、当下与未来。"[1]简言之,在技术及其所引发的风险已成为威胁人类全部存在的、首要的且最迫切的时代性问题时,哲学、伦理学就必须在技术及其所引发的风险问题上说点什么。在当代社会,哲学、伦理学对技术及其风险问题进行道德检验和伦理评估,反映了人们对现代社会发展模式及其后果的矛盾心态。一方面,发明和使用技术是人类活动能力的一种表现方式,且也是人类特有的一种活动及表现方式。但另一方面,任何能力的使用,在实现最初善良愿望的同时,也不可避免地带来了恶的发展后果;且这些恶的后果确实又不可分割地与先前预期的、善的意图、善的后果相联系;并在一定程度上,最终远远超过了先前的善和当下的善的后果。也正是在这样的意义上,风险社会学家乌尔里希·贝克认为我们正生活在"文明的活火山上"。正如他在描述风险社会的风险景象时所指出的那样:"在发达的现代性中,财富的生产系统地伴随着风险的社会生产。相应地,与短缺社会的分配相关的问题和冲突,同科技时代社会发展所产生的风险的生产、界定和分配所引发的问题和冲突相重叠。"[2]15这就是说,风险社会既是传统社会的问题和冲突在当代社会的表现,也是因现代科学技术发展、应用所产生的问题和冲突在当代社会的表现;且这两种社会存在形态的风险问题和矛盾冲突被挤压到了同一空间。即,现代社会的风险是多重因素相互叠加的结果。

与传统社会的风险在一定程度上的"可控制性"相比,现代社会的风险越发具有"不易控制性"的特点。"在现代化进程中,生产力的指数式增长,使危险和潜在威胁的释放达到了一个我们前所未知的程度。"[2]15这就是说,在当代社会,技术在给人的发展和人类社会的进步带来巨大便利的同时,也给人的发展和人类社会的可持续发展带来了前所未有的破坏力和更大的不确定性。技术的普遍使用已使人类社会成为一个日益受技术及其风险问题严重影响的社会。人类已经生活且习惯于生活在由自身造就的、受技术控制的庞大社会体系之中了。诚如海德格尔所说的那样:"当我们把技术看作是某种中立的东西时,我们就会感受到我们日益受技

术的摆布,因为人们在今天特别热衷的这一观念是我们完全看不见的技术的本质。"[3]这就是说,技术已经成了我们今天赖以生存和进行社会活动的一种方式,我们要生存也必须依赖技术。这是因为,技术作为人特有的活动能力及其重要体现,发明和使用技术是人特有的存在方式。

风险社会是人类社会活动在发展的现代化进程中,尤其是新兴技术迅猛发展的过程中不可避免的产物,是我们不得不面对的社会风险景象。从社会发展进程的这一视角来看,与传统社会的风险相比,现代社会风险的产生是因为工业文明发展到一定程度,它所产生的风险"侵蚀且破坏了当前有深谋远虑的国家建立起来的风险计算的安全系统"[4]。这就是说,现代社会的风险与传统社会的风险相比,现代社会的风险更具有"人为性"的特殊含义。在当代社会,作为对人类生存威胁的重要因素,风险对人类生存来说既是一种挑战和威胁,也是一种人类持续生存和持续发展的新机遇。在这样的意义上,风险既是一种客观存在着的社会现实,也是当代社会发展进程中的一种社会化的风险景象。换言之,对风险及风险社会的理解不全是本体论意义上的,而是也有认识论的参与,是一种建构主义的风险社会思维模式。风险社会理论的重要代表人物贝克就认为:"风险社会理论并不是关于要爆炸的核潜艇理论,它也并非千年之际对'德国人的焦虑不安'的另外一种表达,相反,我正在研究一种理解我们时代的新的、乐观的模型。"[5]194这就是说,风险社会既是一种对现代社会风险现象的描述与呈现,也是一种对现代社会新的运作机制的可能性建构。质言之,作为对"现代性"及其后果的理论反思,风险社会理论既是一种"自反现代性"的社会发展理论和社会发展模式,也是人类社会将可能体验到的"柳暗花明又一村"式的新希望。即,风险社会是一个风险和机遇并存的社会。

另一位著名的风险社会学家,英国社会学家吉登斯也曾经明确指出现代性的后果就是风险社会的肇始。他认为现代化进程的积极推进,不仅造就了人类生活的便利和人类活动能力的提升,而且也造就了一个更加"失控的世界"。"我们今天生活于其中的世界是一个可怕而危险的世界,这足以促使我们去做更多的事情,而不是麻木不仁,更不是一定要证明这样一种假设:现代性将会导向一种更幸福、更安全的社会秩序。"[6]由此可见,在反思"现代性"后果的意义上,风险社会理论是一种对现代性及其后果的自我反思,且具有社会批判性质的社会发展理论,其目的是在于经由对"现代性"的批判,进而为人的生存和人类社会的可持续发展,提供一种新的社会发展理论和新的社会发展模式,具有批判性、建构性等特点。

作为对"现代性"及其后果进行自我反思的重要社会发展理论,风险社会理论绕开了"理性与非理性的直接对立",把风险和风险社会作为反思和批判"现代性"问题的基本范畴。风险社会理论通过描述现代社会的风险景象,批判现代化进程中的风险后果,为人类社会的可持续发展提供了一种新的社会定序。如果用一句话来概括现代社会与传统社会的差别,那就是在传统社会中人们对威胁自身生存条件的直接反应是"我饿";而在现代风险社会学的意义上则是"我怕"。换言之,风险社会理论蕴含了人类对"自身安全性"丧失的再思考。与传统社会存在的风险相比,现代社会的风险更多的具有"人为性""结构性""复杂性"及"不确定性"等特征。当然,在当代社会,风险并不就在眼前,而是某些发生在将来的可能性。作为一种影响人类生活的常态现象,风险已成为一种驱赶人的力量;风险及风险社会理论的思维方式迫使人们为了活在未来,使生活在现在的人们不得不考虑风险对人类生存及其"生存安全性"的影响,甚至提前做好准备,进而为预防未来可能的危险或灾难的发生提前做好准备。

在当代社会,风险及风险社会理论是一种链接人类现在与未来的、人的生活、人的活动的思维方式。面对风险,尤其是现代社会风险对人类生存的严重威胁,作为技术的发明者、使用者及风险的制造者,人类也必须以自身的伦理觉醒来合理规避由自身活动能力所产生的风险。责任伦理正是在这样的时代状况下,在沉寂了多年之后,开始重新进入人们的认识视野。技术的普遍使用,已经使人类生活在一个日益技术化的社会里了。"面对他治。孤勇地扭过头去"[7]不是解决问题的合宜方式。既然我们永远无法摆脱技术及其风险对我们生存影响的"天命";我们也只有通过凸显责任伦理的方式来为避免人类共同灾难的发生找到一条可能的理论出路。质言之,风险社会理论既是对现代性及其后果的理论反思,也是责任伦理学研究的时代境遇。凸显责任伦理、强化人的伦理责任意识和人的生存危机意识,体现了技术风险时代人类风险意识、责任意识的伦理新觉醒。

二、"有组织地不负责任":新个体伦理责任彰显的现实责任状况

在当代社会,技术及其发展所产生的风险问题和矛盾冲突在人们生活的各个领域都产生了深刻的影响和变化,风险已成为制约和影响人们生活的新常态。换言之,在风险社会中,各种全球性的"人为性"风险已经渗透到了人们生活的方方面面,只不过是生活在风险威胁中的人们已经习惯了这样的社会生活罢了。面对风险对人类生存的威胁及其可能引发的社会性灾难,责任伦理以其独特的理论视野,将人的伦理责任在空间的维度上由"近距离责任拓展到了远距离责任",在时间维度上,把人们"当下的伦理责任拓展到了未来的伦理责任";把传统社会中由个体责任主体应当承担的个体性伦理责任拓展到当代社会由类主体、群体主体应当承担的整体性伦理责任。质言之,责任伦理以其对人类生命存在的伦理忧患与赍思,倡导了一种积极的责任意识和危机意识,其目的在于借助责任伦理学的基本原理,唤醒人们的风险意识、责任意识和危机意识,进而在理论上为避免人类生存的危机和共同灾难的发生寻觅一条可能的出路。但是,由于当代风险的全球性、不确定性、

不易控制性、不可预测性以及人类活动的复杂性等特点,又使责任伦理本身成了理想的乌托邦。换言之,在风险已成为威胁人类生存和可持续发展的当代社会,由于对责任伦理的探讨仅仅具有抽象的理论意义,而使之失去了其应有的实践价值。诚如贝克所说的那样:"在威胁和危险就要变得更加危险和更加显而易见时,我们却处于两难的境地,越发不能通过科学的、合法的和政治上的方法来确定其证据、归因和补偿。"[8]贝克的这一见解,不仅表明了风险本身的结构性、复杂性、不易控制性等特点,而且也恰如其分地指出了责任伦理在风险治理活动中的理论困境和实践难题。

在当代社会,大量的风险被人为地制造出来,大量的、潜在的危险被转换成其他存在形式的风险。在面对风险对人类生存威胁的关键时刻,人生来就有逃避责任的自然倾向。在风险和危机面前,"愿意肩负责任的人是极为罕见的"[9]。这就是说,在风险社会中,面对风险对人类社会及其生存的严重威胁,人们极有可能想方设法转嫁责任或者逃避与自身活动能力相宜的伦理责任。这是因为,在当代社会中,由于对风险定义的"知识依赖"及"风险话语霸权"的客观存在,那些制造风险的人,极有可能把由他们制造的风险转换成其他形式的、潜在的风险,并把这些风险转嫁给那些对现代风险"无感知"的人们。在风险社会中,"如果说现代风险是被制造出来的,那么正是公司、政策制定者和专家结成的联盟制造了它们,然后建立一整套话语体系来推卸责任,把他们制造出来的风险再转换为其他形式的某种风险"[10]。由此可见,这种"有组织地不负责任"及相互推诿责任的现状,真实地反映了技术风险时代责任伦理的理论困境和实践难题。"有组织地不负责任"现象的产生,一方面表明了风险本身的复杂性、结构性、不易控制性等特征,但另一方面也表明了与风险社会时代特征相吻合的责任伦理,及有能力承担伦理责任的真正主体还尚未形成。换言之,在风险社会中,由于影响风险产生的因素是多重因素的相互叠加,当诸多因素被考虑,并进入人的实际行为的过程中时,责任主体就变得更加模糊起来了。在风险社会中,由于风险的产生是多层次行为主体相互作用的结果,在追究责任的过程中,"这时的责任承担就必须是以一定的'普遍连带'的原则来进行,也即某个或某几个责任主体对特定技术责任的承担并不必然导致其他主体对这一责任的豁免"[11]。这就是说,在风险社会中,由于技术本身的不确定性及风险的结构性,势必会造成责任主体的悬置、责任意识淡薄,甚或"有组织地不负责任"状况的发生。

在当代社会,造成责任伦理治理风险的理论困境和实践难题及"有组织地不负责任"状况的发生,其原因是多方面的。从风险社会理论的视角来看,风险社会本身的复杂性是导致"有组织地不负责任"状况产生的重要诱因。风险及风险社会的"人为性"特性导致了越来越多的社会矛盾。一方面,面对风险的客观存在,现代社会制度不得不承认风险威胁与灾难的可能性发生;但另一方面,现代社会又企图否认威胁与灾难的存在,并力图掩饰风险产生的社会根源和经济根源,想方设法排除或逃避对风险可能带来的灾难性后果作出适当的补偿与可能性的控制。"风险社会的特征是越来越多的环境退化的矛盾——被感知的和可能被感知的风险被制造出来……但伴随着环境的法律和法规的扩张。然而与此同时,没有一个人或一个机构似乎明确地为任何事负责。"[5]191 这就是说,在风险社会中,由于风险本身的复杂性、潜在性及不易控制性特征,使承担风险后果的责任主体更加泛化和抽象化。即,在风险向"全球飘移"的现代社会景象下,责任主体普遍联系的间接化、链条化、立体化使责任主体及责任行为更加无法明确。

在风险日益全球化的当代社会,风险后果在时间和空间的双重维度上不断地向纵深扩展。从时间的维度上看,当代人类行为的风险后果未必就在当下发生,而是很可能在很长一段时间以后,甚至在好几代人之后才可能显现出来。从风险后果产生的空间维度上来看,区域性的风险后果也未必就仅仅发生在该区域内,而是呈现出向"全球飘移"的特点。风险后果的潜在化,对于当下的行为主体来说,很难确定谁是真正的责任主体。"全球市场(风险)是'有组织地不负责任'的一种新形式,因为它是一种极端非个人化的制度形式,以至于即便是对自己也无需承担任何责任。"[5]8 由此观之,在风险社会时代,由于风险自身的复杂性特点及风险后果的潜在性特征,使责任意识及责任承担更加碎片化,进而出现了责任主体迷失及"有组织地不负责任"的社会状况。此外,在当代社会,由于行为主体的社会分工越来越细,在制造"人为不确定性"的风险社会过程中,不同类型、不同层次的行为主体都扮演了一定的角色。从风险可能引发的灾难性后果来看,威胁是巨大的,但从具体行为主体与风险后果的直接联系来看,单独任何一个行为主体的行动,都不足以引起这样致命的风险后果或灾难的发生。

责任的分散化使责任主体无法明确,出现了贝克所说的"有组织地不负责任"的状况。这种"有组织地不负责任"状况,在一定程度上也客观地反映出了责任伦理在风险社会中的理论困境和实践难题。"现已流行开来的'责任'这个术语为道德方面提供了一个良好的入口,但它提供不了更多的东西,因为它既非基本的也非中心的概念。"[12]11 这就是说,技术的发现和应用及其为社会发展所带来的利益,使人们在对现代技术顶礼膜拜的过程中,忽视或有意逃避掉了其可能带来的风险及其应当承担的伦理责任。换言之,在科学技术推动现代社会发展的历史过程中,科学技术给社会发展带来表面繁荣的同时,实际上在很大程度上也掩盖了其可能带来的风险与灾难。"近代科学在发现和发明方面的成就是值得描述的,但不可忽视的是,每种笼统化的描述,无论是主题、方法,还是不同形式的知识兴趣,都充满着矛盾。"[12]11 由此观之,在风险社会中,由于技术的不确定性及风险后果的潜在化,使行为主体对责任的承担出现了前所未有的困难。那些"科学家对于'正面的成绩'也是乐于承担责任的,但遇上'负面的伴随现象'时,他们宁可说这是不可预见的附带后果或者是一种残余风险。"[12]11在现实生活中,我们可以经常看到,风险制造的各方都可以为自己的行为找到一大堆辩护理由,进而达到推卸责任或者逃避责任的目的。这种"有组织地不负责任"状况的发生,恰如其分地反映了现行的责任伦理治理风险模式在风险社会中的理论困境和实践难题。因此,在风险日益成为制约人类生存和可持续发展的时代条件下,要建构具有实践性及可操作性的责任伦理还必须造就敢于担当的道德个体。个体伦理责任的彰显和自觉承担,才有可能改善当代社会中存在的责任主体迷失、责任承担失衡及"有组织地不负责任"的社会状况。这是因为,个体伦理责任感是责任伦理得以建构和践行的重要伦理基石;只有每一道德个体真正承担起与自身活动能力相宜的伦理责任时,才有可能在根本上形成具有"类凝聚力"的、整体性的伦理责任能力和积极有效的、整体性的伦理责任行为。

三、"五位一体"的伦理责任结构:新个体伦理责任可能的存在形式和表现样态

虽然责任伦理指出了当代社会最核心的问题是责任问题,但责任伦理并没有真正触及"具体的责任主体是谁"这样一个伦理学的基础性问题。在无法明确回答"具体的责任主体是谁"这一伦理学基础性问题的时代状况下,讨论责任伦理或伦理责任就无疑缺乏说服力和有效的伦理着力点,责任伦理学最终也难免会落入形而上学的窠臼。面对全球化的风险社会状况,整体性、结构性、抽象性的责任伦理要求,显然是难以有效化解技术时代的风险,难以有效改善"有组织地不负责任"状况,而只能停留在抽象的理论探讨上,进而失去了其应有的伦理维持人类生存、扼制人类毁灭的道德价值。因此,在风险社会中,要塑造敢于担当的责任个体,进而发展、丰富、完善具有生存意识、危机意识、责任意识的责任伦理就必须另辟蹊径。

责任作为与人的社会实践活动相伴而生的、主体对自身行为的一种回应能力,责任与人类社会并存,是人类社会化的必然产物。换言之,责任既是一种社会对人作为主体的道德要求,也是人成为人的内在规定。任何有效的、积极的责任都必须有一定的行为主体来承担,任何责任也必须是某一主体的责任,没有脱离责任的主体,也没有脱离主体的责任。诚如马克思所指出的那样:"作为确定的人、现实的人,你就有规定,就有使命,就有任务,至于你是否认识到这一点,那都是无所谓的。"[13]这就是说,责任既是人作为人、成为人的必要条件,也是一切道德存在并发挥作用的重要基础。每一个在道德上有价值的人都要有所承担,没有承担、没有责任的人是不可能实现其存在的道德价值和生存的伦理目标的。个体伦理责任在个

体的生活世界中生成,并在解释个体生存意义的历史过程中形成、展开。

当代社会,风险社会的形成很大程度上是现代社会发展模式所造成的生活世界"碎片化"的结果。众所周知,现代社会作为一个彰显人的"个性"的社会,与人类社会"个体化"的历史过程是分不开的。在现代社会中,"个体化"既带来了人类物质生活世界的辉煌,也使人类社会失去了赖以生存的精神家园。从差异与统一的视角来看,现代社会造成了个体的"剥离化",使人与人之间缺乏必要的同情与信任,人们相互之间理解的基点少了,不同个体之间的统一性在减弱,而差异性却在不断增加。这一现象,在道德领域里最重要的反应就是不同个体之间的信任危机。换言之,"个体化"从根本上弱化了人类情感的共同根基,导致且加剧了现实生活的碎片化趋势。伴随着社会理性化的历史步伐,科层制所导致的各种"中介"因素的增多。在现实生活中,职业个体对自己生活的安排,总是表现为以经济利益为核心,市场为导向的现代化。这一趋势的加剧,必然会造成个体主体重视切近自身的经济利益,漠视更高的道德价值现象的客观存在,进而在根本上缺乏对人类生命持续存在的终极道德关怀;这种现象的产生,在伦理责任或责任伦理学方面的最明显的表现就是个体主对公共事物(业)责任意识淡薄、责任定位模糊。

在当代社会,责任伦理作为人类规避自身风险的"历史经验",要超越现代性的"整体危机",在理论上,必须完成个体伦理责任的现代转换,进而形成具有"类"凝聚力的、新的个体伦理责任结构;在实践上,更要合理协调不同个体的利益,重建新的个体伦理责任,使人的生存意识、责任意识成为个体可能生活世界中积极有效的生存意识、责任意识及责任能力。面对责任伦理的理论困境和实践难题,"当代道德哲学必须对现实的道德悲剧和传统道德哲学的理论困境给予充分关注。"[14]这就是说,在当代社会,要完成个体伦理责任的现代性转换,无论在理论上还是在实践上,我们也只有重塑个体主体性,重建与个体主体发展水平、发展能力相适应的个体伦理责任。即,风险社会时代的新个体伦理责任。

在风险社会境遇下,个体伦理责任的再度复出或个体伦理责任现代存在方式的时代转换是为了更好地促使人的生存和人类社会的可持续发展。这是因为,从价值论的理论视域来看,"责任所要实现的目的,包括良好的社会秩序、良好的人际关系及人与自然的和谐发展等,但从根本上说,责任的目的还是人本身。"[15]这就是说,在当代社会,新的个体伦理责任作为与人类生活世界密切相关的责任,新个体伦理责任是个体主体对"自身、他人、社会、自然环境及未来人"所应承担的"五位一体"的个体伦理责任。换言之,个体对他人、社会、自然及未来人承担相应的伦理责任,本质上是对自身的伦理责任,其目的仍在于人本身。正是在这样的意义上,发展和提高自己的生命,尽全力维护自己生命的存在,使它具有最大的道德价值是责任伦理学的最高原则。与传统社会的伦理责任要求相比,在当代社会,新个体伦理责任承担的范围、对象无疑是扩大了。这一事实的客观存在,也要求个体伦理责任的存在方式及表现形式必须发生根本的转变与时代转换。在风险社会的论域内,个体伦理责任存在方式的历史性转换,在更深的层次上,其目的在于揭示人生存的意义;而个体伦理责任存在方式的当代转换,则为个体生活意义的展开、提升提供了最为根本的、最为有效的伦理原动力。

在当代社会,个体伦理责任的现代性转换,不仅表现在人类活动的时间维度上,而且也表现在人类活动的空间维度上。从个体伦理责任现代性转换的共时态来看,个体伦理责任无论在责任的对象、范围还是在责任的选择、担当等方面都发生了深刻的变化。在当代社会,作为真实的责任主体,个体主体也应当调整自身的责任意向,以维护人类生存和人类可持续发展作为责任选择及安顿自身生存意义的特定情景。换言之,现代性所造成的现代社会人生活的价值处境,既是讨论个体生活价值及其生存意义的价值处境,也是个体伦理责任完成自身价值转换的时代境遇。特别是在人类作为统一的风险主体开始出现以后,应对和规避风险已成为人类整体性伦理责任的时代要求,个体伦理责任完成自身横向转换的历史任务也变得更加迫切和必要。在风险社会中,个体作为伦理责任的直接承担者,其责任联系在横向上已经突破了传统的人与人之间的线性化伦理责任行为联结,而是呈现出伦理责任的立体性结构。个体伦理责任只有在当代社会的共时态转换的完成,才有可能重塑敢于担当伦理责任的真实个体主体。这是因为,"对于现实生活和人类实践而言,伦理的使命就是提升个体道德素质,培育人们的责任感,塑造时代所需要的伦理精神"[16]。在当代社会,个体伦理责任感的生成,对于改善责任失衡及"有组织地不负责任"的状况必将起到强有力的推动作用。个体伦理责任的现时代转换,是个体生存意义及人类整体生存意义得以有效解释的着力点;是具有"类存在性"凝聚力的整体性责任伦理得以形成、得以建构的基石和重要的人文动力。个体伦理责任存在方式及其表现样态的当代转换,使个体伦理责任由隐性状态走向显性状态,并在当代社会中发挥有效的伦理调节功能,进而使之揭示人类生存的意义成为可能和必要。另外,从人类作为种的延续这一视角来看,在当代社会,个体伦理责任也需要相应地、自觉地完成历史态的现代转化,只有当每一个体真正自觉担负起对子孙后代的伦理责任时,人类社会才有可能持续生存和持续发展。

在当代社会,人类活动及其引发的风险问题本质上是人类实践活动的产物,要解决人类实践过程中出现的风险问题,也只能用实践的方式来解决。这是因为,人类"社会生活在本质上是实践的。凡是把理论导致神秘主义的东西,都能在人的实践中以及对这个实践的理解中得到合理的解决"[17]。这就是说,在当代社会,要解决风险对人类生存的威胁也必须通过实践的方式,强化人的责任意识,尽而为人的持续生存和持续发展寻觅新的出路。实践是人活动的基本方式,也是责任伦理生成、实现的基本方式。责任与实践相伴而生,在普遍的社会联系中,人实现自身生存的目的,并承担与自身能力相适宜的伦理责任。这是因为,在人的实践活动中,"道德选择以意志自由为前提,又以道德责任为结果,主体在自由地选择对象的同时,也自由地选择了责任"[18]。这就是说,主体自由地选择责任,并自觉、自愿地承担责任,在本质上是与主体实践活动的能力是一致的。主体有什么样的活动能力和表现样态,就有什么样的责任存在方式和责任表现样态。在当代社会,要维持人类的持续生存就必须使每一个体担负起与自身活动能力相适应的"五位一体"新伦理责任。这种新的伦理责任与传统社会的伦理责任相比,无疑是对个体责任主体提出了新的、更多的责任要求。在风险社会中,每一个体都有责任提醒自己,不仅应对眼前负责,还要对未来负责;不仅要对自身负责,还要对自己的同类及自己生存的环境负责;不仅对当代人负责,还要对未来的人负责。新个体伦理责任在个体主体的社会实践活动中产生,并在个体化的实践活动中发挥积极作用。即,责任是人存在和维持自身生存的社会要求。在风险日益成为影响人类生存和持续发展的当代社会,要使责任真正成为某一个体主体最有效的责任行为,也必须在个体具体的实践活动中去寻找与其活动能力相适应的、具体的行为活动主体。

结 论:"五位一体"新个体伦理责任的生态合理性

在风险社会的时代境遇下,有效个体伦理责任的生成和落实不仅能有效改善当代社会责任主体迷失、责任失衡及"有组织地不负责任"的责任状况,而且也能促进人类社会的和谐与持续发展。在风险时代,个体责任能力作为个体伦理责任实现的必要条件与个体主体的活动能力是一致的。以个体主体"对自身责任"为核心的、"五位一体"的新个体伦理责任是基于人与自然和谐理念、公平正义的、按比例合理分担的新个体伦理责任,具有生态合理性。在风险社会中,个体伦理责任的生态合理性主要是指个体伦理责任与当代社会人的生产、生活、生存方式相适应。作为与当代社会人类生产、生活、生存方式相适应的基本道德品质和基本伦理责任要求,个体伦理责任既是当代人类社会规避风险、改善责任失衡状况的道德努力,也是当代社会和谐、持续生存、发展的伦理责任要求。这种生态合理性既体现了人的生存与自然和谐之间的有机联系性,也体现了个体伦理责任与当代人类社会生产、生活、生存活动之间的有机联系性。即,个体伦理责任与当代社会人类生产、生活、生存方式的"相适应"及由此产生的合理性。

在风险日益成为威胁人类生存的当代社会,个体伦理责任的生成与落实不仅能造就敢于承担的责任个体,而且也能形成有效的、具有"类存在"特性的伦理责任能力、伦理责任意识和伦理责任行为。在风险社会中,个体伦理责任的生成与落实不仅可以调整因利益分配与风险生产、分配之间的错位关系,而且也可以改善责任失衡状况,弥合个体利益的根本分裂与对立,进而营造生态化的社会运行秩序。在风险时代,人类面临的生存危机从表面上看是人类活动造成了人与自然关系的紧张,但深层次的问题则是人类生存观念及人性的危机。在生态伦理学的理论视野里,"生态危机从表面来看是人与自然的关系发生了错误,而其深层问题则是人性的危机。它使欲望获得了独立资格且成为人的标志,而人则沦为欲望的奴隶并受欲望的驱使"[19]。这在一定程度上,深刻表明了现代社会生态危机的实质。换言之,在风险社会中,风险的产生在很大程度上是由人不合理的欲望及不公正的社会制度造成的。技术作为推动当代社会发展的重要动力,不仅改变了人类生活的物质基础,而且也加剧了社会资源、利益、风险分配的更加不公正。正是在这样的意义上,技术被普遍视为当代社会风险产生的重要风险源。在当代社会,面对风险对人生存的威胁,我们也应当改变我们生活的思维方式、利益分配方式,以负责任的态度对待人与自然的关系,以公平公正的利益、风险、责任分配方式来协调利益分配与风险生产之间的错位关系,进而改善责任失衡及"有组织地不负责任"的社会状况,并弥合不同主体之间利益的根本分裂与对立。

新个体伦理责任作为对传统人道主义个体伦理责任的超越,是在人与自身、他人、社会、自然及未来人和谐生存的新人道主义基础上建构起来的。它既是人的主体性现代转换的一种新个体伦理责任,也是人的思维方式、行为方式、责任实现方式在当代转换的新个体伦理责任理念。它不仅为个体自身利益的实现提供道德担保,而且也为人类整体的生存和可持续发展提供与自身活动能力相宜的伦理责任担保,是从事实际活动的、现实的人的全面责任;是一种不同于传统社会纯粹建立在"买卖关系"基础之上的新个体伦理责任。它既是个体内在的责任意识自觉,也是个体真实的、有效的、具有"类存在"特性的新伦理责任行为;更是一种既立足现实,又对未来充满希望的新个体伦理责任结构和伦理责任行为。换言之,这种新的个体伦理责任结构,不仅考虑了个体自身生存的社会生态合理性,而且也考虑了个体生存的自然生态合理性,是社会生态和自然生态相统一的,具有新的伦理价值和揭示人类生存意义的生态合理性。

在风险社会中,新个体伦理责任的生成与落实体现了社会生态与自然生态的合理性统一,是个体主体追求自身幸福生活的可能选择。在风险已成为影响人们生产、生活、生存重要因素的当代社会,合理、谨慎地选择自身存在价值的实现方式和途径,已是人们必须作出的时代选择。风险社会作为人类社会发展的特定阶段或特殊表现形式是人类自身选择的结果,在目前的时代状况下,要改善人类生存的现实处境,人类也必须作出新的、更加谨慎的选择。风险作为"人为性"社会活动的产物,本身就是人类选择活动的结果。在当代社会,它既可能是一种威胁人类持续生存的破坏力,也可能是一种"致力于变化的社会的推动力"。

从风险社会环境对个体生存影响的双重视角来看,一方面,技术时代的风险使人们生活在一个安全感丧失、焦虑、更加不确定的社会环境之中,但另一方面,风险的不确定性又有可能提升个体反思选择的水平、促使个体不断地认识风险,从而提高自身抵抗风险的能力。在这样的意义上,我们也可以说风险社会为每一个体提供了重新选择的机会,选择在很大程度上已经成为人们日常生活中的能力、责任和义务。

在风险社会中,对个体主体选择来说,风险是个体"开拓自我"和"自我开拓"的新机会、新挑战。选择合理的生产、生活、生存方式已成为人们当下选择的重要内容和重要的活动方式。这种反思性的选择,需要每一个体把自身眼前利益与人类发展的长远利益相结合,使之符合人类整体持续生存和可持续生存的伦理要求,同时兼顾他人利益与社群利益,并考虑环境的承载能力,是一种"综合性的反思平衡",是社会生态、自然生态相协调的合理选择。在当代社会,要实现人类社会的持续生存和可持续发展,生活在风险时代的人们也理应以更加谨慎的姿态、更加负责任的态度来开拓自我、提升自身的选择能力,并以新的"为人性"的具体伦理责任行为来治理、规避因自身"人为性"活动所产生的风险,进而为维持人的尊严、体现人的价值,寻觅一条更好的、消解风险、规避风险的有效路径。

在当代社会,不仅需要与风险社会发展水平相适应的责任伦理精神,更需要具有敢于担当、能够担当起与自身活动能力相宜的伦理责任个体。这是因为,风险社会中表现出来的责任主体迷失、责任失衡及"有组织地不负责任"的状况,固然在一定程度上表明了当代社会责任伦理理论本身的抽象性、不切实际性及缺乏治理风险的有效性,但作为从事实际活动的现实个人,个体主体是伦理责任的认知者、选择者、担当者,个体伦理责任意识的真正觉醒才有可能形成真实的、有效的、规避技术时代风险的且具有"类存在"特性的伦理责任能力和伦理责任行为。换言之,在技术风险时代,一方面,需要类、群体本质属性的伦理责任意识向个体主体渗透,使个体主体敢于承担、能够承担起与自身活动能力相宜的伦理责任;但另一方面,也预示着个体属性及其存在样态的伦理责任能力的真实形成,才有可能形成真实的、有效的、治理风险的整体性伦理责任能力。在技术及其风险已经深刻影响了我们生产、生活、生存及思维方式的当代社会,"五位一体"新个体伦理责任能力的生成和落实不仅有可能完善、丰富责任伦理理论,改善当代社会"有组织地不负责任"的责任状况,维持人类持续生存和人类社会的可持续发展,而且也有可能实现个体幸福生活的价值目标。概而言之,在当代社会,新个体伦理责任体现了社会生态和自然生态的双重合理性统一,是个体追求自身幸福生活的一种可能选择,具有理论、历史、生态三重向度的伦理合理性。

参考文献

[1] 约纳斯.技术、医学与伦理学[M].张荣,译.上海:上海译文出版社,2008:15.
[2] 贝克.风险社会[M].何博闻,译.南京:译林出版社,2004.
[3] 宋祖良.拯救地球和人类的未来:海德格尔的后期思想[M].北京:中国社会科学出版社,2005:51.
[4] 亚当,贝克,等.风险社会及其超越:社会理论的关键议题[M].赵延东,等译.北京:北京出版社,2005:10.
[5] 贝克.世界风险社会[M].吴英姿,孙淑敏,译.南京:南京大学出版社,2011.
[6] 吉登斯.现代性的后果[M].田禾,译.南京:译林出版社,2011.
[7] 张一兵.无调式的辩证想象[M].北京:三联书店,2000:157.
[8] 贝克.风险社会再思考[M]//薛晓源,周战超.全球化与风险社会.北京:科学文献出版社,2004:145.
[9] 雅斯贝尔斯.时代的精神状况[M].王德峰,译.上海:上海译文出版社,2006:23.
[10] 肖巍.风险社会中的协商机制[J].学术界,2007(2):35-42.
[11] 孙萍,杜宝贵.技术责任问题研究述评[J].科学学与科学技术管理,2003(8).
[12] 赫费.作为现代化之代价的道德:应用伦理学前沿问题研究[M].邓安庆,朱更生,译.上海:上海译文出版社,2005.
[13] 马克思恩格斯选集:第3卷[M].北京:人民出版社,1960:329.
[14] 王珏.组织伦理:现代性文明的道德哲学悖论及其转向[M].北京:中国社会科学出版社,2008:97.
[15] 谢军.责任论[M].上海:上海人民出版社,2007:87.
[16] 田秀云,白臣.当代社会责任伦理[M].北京:人民出版社,2008:35.
[17] 马克思恩格斯选集:第1卷[M].北京:人民出版社,1995:55.
[18] 罗国杰.伦理学[M].北京:人民出版社,1988:360.
[19] 卢风,刘湘溶.现代发展观与环境伦理[M].保定:河北大学出版社,2004:59.

道德哲学中的"矛盾修辞法"

——伯纳德·威廉斯与"道德运气"问题

贾 佳

扬州大学社会发展学院

摘 要 1976年起,由伯纳德·威廉斯等人发起的对"道德运气"问题的争论,成了当代伦理学研究的重要议题之一。其中,威廉斯本人对"道德运气"概念的存在与否仍有晦涩难解之处。本文认为,与一般理解不同,威廉斯并不认为运气能够影响道德评价和道德责任认定,而是希望通过对"道德运气"这一"矛盾修辞"的探讨,来取消当代道德哲学发展中的种种误区,用"伦理"这一更贴近生活、内容更丰富的概念来取代道德。

关键词 道德哲学;运气;伦理;"行为者悔过";实践理性

道德哲学的一般观点认为,在进行道德评价或确定道德责任时要遵循"可控原则(control principle/CP)",即行为人所受到的道德评判仅仅局限在其能够掌控的因素之内。① 根据这一原则,如果两个人道德行为的不同仅仅是由某些他们无法掌控的因素造成的,那么就不应该在道德上给予二人不同的评判;虽然日常生活中运气的影响无处不在,在道德领域却不存在"运气"问题。与这种观点相关的是一种愿望,即将人生的幸福与完满尽量多地与人的"本质"相联系,而尽量少地与个人所能控制的因素之外相联系——这样就可以漠视外在的不幸,追求内在的幸福;并且,越是能够自足的人生,就越是无关运气。古希腊人经常预设某种人类活动(通常是沉思)与运气无关,并有着至高无上的价值,持这种理想的有伊壁鸠鲁学派、犬儒学派及斯多葛学派,而柏拉图和亚里士多德也不例外。近代以来,这种试图使某种与人生中最根本的事物或价值相联系的因素脱离运气掌控的尝试也从未停止,其中,最具影响力的是康德动机论的道德哲学理论,这种观点将道德看做是最高的

---

① Nelkin Dana K. Moral Luck[EB/OL]. The Stanford Encyclopedia of Philosophy. http://plato.stanford.edu/archives/win2013/entries/moral-luck/.

价值,并且只与行为人的动机相关而无关结果。但是,在日常生活的实践推理中,很多情况下却并非如此,这正是伯纳德·威廉斯(Bernard Williams)提出"道德运气(moral luck)"问题的前提。

一、"道德运气"问题的提出

"道德运气"这一用语,最早也出自威廉斯。1976年,两位学者——威廉斯与托马斯·内格尔分别以"道德运气"为题,以相互回应的方式发表了各自的文章,引起了对"道德运气"问题的争论①。"道德运气"可以理解为"某一行为人能够被当做是道德判断的对象,尽管他所受到的道德评价中有很大一部分因素超出了他的掌控"②。从理性分析的角度来看,对不受行为人控制的因素造成的结果进行道德评价尤其是道德谴责是不合理的,但在日常实践中或者在人们的直觉思维中,这种认同"道德运气"的心理却普遍存在。即道德哲学与人们的日常生活发生了冲突。

在伯纳德·威廉斯看来,"道德运气"这个概念是一种"矛盾修辞法(oxymoron)"③。他认为"运气"这一无所不在的东西表明了生活本身往往脱离了行为人意志的掌控,从经典道德哲学尤其是康德主义的视角来说,如果某件事情的发生不是行为人意志掌控的结果,那么无论对行为人本身还是旁观者,要求对此事负道德责任或者做出道德评价都是不合法的。道德责任和道德评价对"运气"的免疫是行为人"自由"的表现,由此为这被运气主宰的不公正的世界带来了吸引力和慰藉。并且,道德价值是一种超越性的体现个人尊严的最高价值,因此,道德对运气的免疫也表明了我们作为理性的行为人的最重要的一部分价值能够不受外在运气的侵扰。所以威廉斯认为,在体系化的道德尤其是康德式的道德哲学体系中,不会有运气的容身之地。这种康德式的理论以一种纯粹的形式蕴涵了我们对道德的基本观点,但威廉斯坚称使道德免于运气侵扰的努力却注定是要失望的(失望的原因并不在于道德运气的真实存在)。他在文章中用"行为者悔过(agent-regret)",后发性反思等实践推理和日常行为中经常发生的情景,以及假想中的画家"高更"为例,说明了运气的无处不在。但威廉斯对"运气"与"道德"之间关系的论述,却存在着一定争议。

---

① Williams Bernard. Moral Luck [J]. Proceedings of the Aristotelian Society, 1976(supplementary vol. 50); Nagel Thomas. Moral Luck[J]. Proceedings of the Aristotelian Society 1976(supplementary vol 50).后分别收录于 Moral Luck. Cambridge: Cambridge University Press, 1981 与 Mortal Questions. New York: Cambridge University Press, 1979.

② Nelkin, Dana K. Moral Luck[EB/OL]. The Stanford Encyclopedia of Philosophy. http://plato.stanford.edu/archives/win2013/entries/moral-luck/.

③ Statman D. Moral Luck[M]. Albany: State University of New York Press, 1993: 251.

威廉斯对道德运气问题的论证主要是关于行为者本人的,托马斯·内格尔(Thomas Nagel)论证的主题则主要偏向于客观的道德评价,他更广泛展示了运气对道德的影响及其意义。内格尔还将运气对道德的影响进行了分类:构成性运气(constitutional luck)、境遇性运气(circumstantial luck)、原因性运气(causal luck)与结果性运气(resultant luck)。① 这四种运气分别与行为人人格的形成、所处的环境、如此行为的原因与行为的最终结果有关,几乎涵盖了与道德行为相关的所有要素,因此也造成了道德义务或道德责任与运气之间的矛盾:如果说只有在行为人能够控制的范围内才有道德责任可言,但运气却无时无刻无处不在的话,那么行为人能够承担道德责任的范围就会变得无穷小。

道德运气问题在以这种形式被提出之后,进一步引起了极大反响。因为"'道德运气'一词本身就不可能不激发起我们的兴趣,就算只是因为我们中的某些人单单对这个词的存在就感到无比震惊了"②。继而,"道德运气"问题不光影响了道德评价和道德责任等个人的实践环节,更是成了伦理学、法哲学和政治哲学论争中的焦点议题之一。

不过,大多数学者否认"道德运气"问题的存在。一般认为,行为者行为中的不可控因素尽管会影响行为本身造成的结果,却不会影响我们根据他的意图作出的道德评价。如对此的认识论论证认为,对不同结果行为的不同对待表明的不是结果上的道德运气,而是对不同事例的不同认识;如果能够清楚认定二者动机和信念完全相同,就不会再有不同的待遇。扩展到境遇性运气上,则境遇性运气同样只影响道德判断的根据,而非行为人的应得(deserve)。也就是说,我们之所以会根据境遇和结果来对他人的行为作出不同的反应,不是因为道德运气本身的影响,而是因为某些境遇下的行为以及行为的结果会使我们对行为人的动机和意志产生更清楚的认识。另一种否认道德运气的路径是区分开根据结果等不可控因素对某一行为作出的直觉性反应和道德评价;即认为对不同结果反应不同是可理解且合适的,但不能以此就对他们的行为做出不同的道德评价。比较极端的立场则如 Michael J. Zimmerman③ 认为,要区分不同结果造成的责任范围(scope)和程度(degree);某些人由于运气而没有实施某些行为,则他们负责任的范围为0,在程度上却与和真正的实施者相同。也就是说他们虽然不为任何事负责,但仍要负道德责任

---

① 这四类运气的名称并非全部为内格尔所起,其中"境遇性运气"与"原因性运气"出自 Daniel Statman 在其编纂的 Moral Luck 中的介绍,而"结果性运气"出自 Michael Zimmerman 的"Luck and Moral Responsibility", Ethics, 1997: 374-386,只有"构成性运气"为内格尔所提及,但也是对威廉斯"构成性运气"的借用,只不过其包含的范围有所不同。

② Walker M U. Moral Luck? [J]. The Journal of Value Inquiry,1985 (19):319-326.

③ Zimmerman M. Luck and Moral Responsibility[J]. Ethics, 1987 (97): 374-386.

(responsible *tout court*)。这一论断展示了遵循否定道德运气之路的逻辑结论的图景。

也有一些人主张接受道德运气的存在。如 Judith Andre 认为伦理思想传统造成了"混血"的道德概念,道德责任中既有康德主义又有亚里士多德主义传统,其中后者允许道德价值中运气的影响。而 Margaret Walker 认为道德运气只对本体性的或纯粹的(pure)道德行为者成问题,如果将人类的不纯粹性纳入道德概念中,道德运气就不再是个问题。只有将道德行为人看做本体性的,才会认为道德运气会造成矛盾,但行为人本身是"不纯的(impure)",他们内在而非外在于时空、因果中,行为人的历史和行为都属于其中。道德运气是关于人们的道德情境和人类行为的事实。这一事实要求我们理解和回应实际情况中的道德危险,注意到作为行为人的"不纯洁"(impure)性。此种情境下行为人才能展示出正直(integrity)、慈善(grace)和明智(lucidity)这些德性——即不纯的行为人的德性。她反对道德运气的是纯粹的(pure)行为人理论——完全不受因果性的影响或者至少不受行为人意志之外的外在因果性的影响。

二、威廉斯的"道德运气"问题解读

虽然"道德运气"的提出者是威廉斯,但一般来说讨论者基本会绕过威廉斯的许多重要见解和意图,甚至认为威廉斯的观点"太经不起推敲"。[①] 尤其是他的"行为者悔过"概念和在"高更"例子中所用的推论方式——用理性合理化论证和理性反思取代道德合理化辩护——往往被看做是不合法的。实际上,在道德运气问题上,威廉斯的研究路径和结论都十分与众不同,如他关注的焦点主要集中在"理性的正当化"而非"道德的正当化"上。威廉斯注重的是行为人能否以及如何正当化(justify)自己的行为。道德哲学中往往强调"自主行为(voluntary action)",认为在不存在自主行为的时候就不存在行为人的"自责(remorse)"或"愧疚(guilt)"心理;而对于实际上却直觉存在着这样一种感情,一般被冠之以"遗憾(regret)",并否认这是一种与道德相关的情感,暗示着仅仅把这种情况看做"事情不受控制地发生了",或把它看做他人的行为。因此,重要的不是行为人事实上做了什么,而是他是否自主地做了"应该"做的事。但威廉斯认为这种区分即便合法,也是没有意义的。他提出了"行为人悔过(agent-regret)"概念,认为这是一种行为人对自己过去行为的某种反思,并产生一种"如果没这么做就好了"的想法。这种反省并不仅仅局限于行为人的主动(voluntary)行为,而是包含了与行为人的某种主动行为有一定的

---

① Andrew Latus. Moral Luck [EB/OL]. The Internet Encyclopedia of Philosophy (IEP), URL http://www.iep.utm.edu/moralluc/.

因果关系的行为,如一位自己在驾驶上毫无过错,却撞死了一名不懂交通规则随意冲向道路中间的孩子的司机。从康德式的道德评价的角度来说,对此事件他不负任何责任,但他本人却很可能不由自主地产生"行为人悔过"心理。并且,旁观者对此事件的反应也会和行为人本身的心理有关。如果司机马上放下包袱,自我安慰说"这不是我的错"很快释怀,那么即使是完全不认为司机有任何过错的旁观者也难免会对司机的心态感到诧异或不满。因此,"行为者悔过"心态的产生不仅是描述性的,同时也是规范性的,即被认为"应该"产生这种心态;即使完全没有过错,旁观者依然会认为司机与发生的事件之间有着某种关系。所以,威廉斯重视的主要并不是道德运气论争中通常的"如果某事件发生是在行为人的控制范围之外,是否可以对此作出道德判断和道德评价"的问题,而是如果说道德与运气无关,并且道德是一种具有超越性或凌驾于其他一切价值之上的价值,那么是否道德对运气的免疫能使作为理性行为人的我们也因此超越于世俗之上,达到人生的静逸与平和状态。

"高更"问题也是如此。假想中的高更抛妻弃子追求艺术的行为如果完全如威廉斯所"虚构"的理由所述,则从道德至上的角度来说,无论结果如何都是会受到责难的,即使成功,也只能说是为艺术牺牲了"应负"的道德责任和义务。如果承认道德的至上性,那么至少在高更这里,体现的主要并不是运气对道德的影响,而是对道德至上性本身的质疑。问题在于高更的行为对他自己来说是否是理性的。威廉斯认为唯一能够理性地否证高更的只能是他的失败。既然成功在某种程度上依赖于运气,那么理性的正当化论证在某种程度上就也依赖于运气。即理性的正当化论证与运气部分相关。而道德的正当化论证却不能如此。因此,理性的正当化论证与道德的正当化论证就有可能相互冲突。运气(行为的结果)与道德价值无关,无论高更的决定产生怎样的结果,在道德上这一行为都是"不好"的。但高更行为在理性上是否能够得到合理化辩护却不能在他下决定的那一刻作出,而必须等待该行为的结果。因此理性的合理化论证不能等同于道德上的合理化论证,并且道德不是价值的唯一来源。高更的道德上"不好"的行为如果成功,却能够得到理性的辩护,并且具有美学上的巨大价值,以至于我们可能会庆幸于高更作出了为了成为画家而离开家庭的决定:即我们有时候会庆幸于某些道德上正确的事却没有发生。如此一来,在威廉斯看来,道德的至高无上性受到了质疑。在此情境下,道德价值与其他价值发生了冲突,而胜出的是其他价值;并且道德负于的是受到运气影响的价值——即道德"给这不公正的世界带来一丝安慰"的功能就此丧失了。

关于道德运气问题,威廉斯提出了三个主要论点:

论点之一是关于近代以来的道德概念本身。在威廉斯看来,近代以来所用的

"道德"概念,"是伦理的一种特定发展形式,在西方文化中有着特殊的意义。它特别地强调了某些伦理的概念而忽视其他,发展出了一种特殊的责任概念,并具有某些特定的预设"①。对于"道德"一词,威廉斯有着不同于一般的理解,这种理解是与他对"伦理"一词的理解相关的。由于区分开了伦理与道德,并将道德看做伦理的一种特殊发展形态,因此威廉斯的着眼点之一就是,与更广泛意义上的"伦理"相比,狭义的"道德"究竟有多重要?反对道德运气者一直有一种观点,即威廉斯所说的"行为者悔过"等与对结果的后发性反思相关的情绪,以及行为者由于"运气不佳"而受到的责难等,虽然都是确实存在的,却与道德无关。而在威廉斯看来,这种区分毫无意义,并且就算在这层意义上道德对运气免疫,那也只是幻象而已。

第二层论点则主要关于广义的"伦理"在整个人类价值体系中的地位。如对威廉斯的"高更"来说,追求艺术的(美学的)价值甚至要高于广泛意义上的伦理(家庭)的价值。高更的例子主要是使我们限制伦理思考中的"统治"因素,因为这已经渗入了所有的实践领域。

第三层论点与后发式的反思证明(retrospective justification)相关。即对高更行为的合理化证明不能是在行动之前,而只能是在行为成功或失败后的一种后发性反思。也就是说,行为的动机本身无法如康德所述,预先证实行为的正当性;这种情况不仅仅在伦理行为中,在任何实践理性的反思中都会出现。是否理性的自我评价只能通过事前考虑到行为后果来实现,还是说任何理性思考都无法避免不幸的后果?对于不理想结果的自我评价,如果结果本身受到了运气的影响,是否也能理性作出?对此威廉斯予以肯定。

通过道德运气的概念,威廉斯将这三个层面的问题联系起来。威廉斯强调了运气问题对实践领域的渗透:道德—伦理—理性行为,以及三者之间的关联。因此对威廉斯而言,理解道德运气不可避免,这是更深入理解整个实践理性的关键一步。

三、"道德运气"与当代"道德"问题

所以,威廉斯在意的不是运气在道德中的作用,而是否定不需要运气的"道德"本身。如前所述,威廉斯界定的"道德"概念,代表了伦理理论(尤其是康德以后的伦理)当代发展的一种趋势:注重一些普遍化、形式化的原则,而与人们的生活世界本身相脱离(这与黑格尔对康德道德理论的态度相似)。康德试图从"人是理性的行为者"这一"人的本质"出发,推论出一个道德自治的理想王国。他对道德的解读本质上表明了一种对行为人的特定形上概念:道德行为的自我是一种"本体"的自

---

① Williams Bernard. Ethics and the Limits of Philosophy[M]. Routledge, 2006: 6.

我,超出时间和因果,与实质上的、经验的自我截然不同。根据这样一种对人的本质的界定,只有从普遍化的动机出发的行为才是"合道德"的,自然也就没有运气的容身之地了。

威廉斯将运气区分为内在运气与外在运气,其中真正对行为的正当性有决定性影响的是内在运气。或者说,内在运气和外在运气都关系到行为的正当性能否得到辩护,但只有内在运气关系到能否证实行为的非正当性。如在高更的例子中,如果一场意外使高更失去了作画的能力,则被认为是外在运气造成了行为的失败;而如果高更由于思念妻儿等原因而无法用心作画最终失败,则导致失败的可被看做是内在运气。外在运气所导致的失败将使行为的正当性永远无法得到证实,承受这种失败的人所受到的打击是外在的——即行为失败了。但这样的失败并不能说明当初高更的选择是错误的,因此对行为者来说,这种失败的打击所产生的感情类似于旁观者,而少有"行为者悔过"。但内在运气带来的成功与失败就完全不同。由于内在运气造成的失败不是某一行为的失败,而是行为人个人的失败。正因为如此,"内在运气"与"行为者悔过"就不仅仅是对一种行为结果的自我评价或责任认定,而是会影响到行为人的人格本身。受到内在运气的影响最终失败的高更与成功了的高更相比,已经不再是同一个人。而从单纯的否定运气存在的道德理论中,失去的正是这一点——行为人的行为与生活之间的紧密联系。

如果说道德概念本身的使用的动机就是为了确立一个超越运气的领域,那么在威廉斯看来这一尝试本身就是失败的,这种区分的动机也就失去了意义。康德式的道德概念包含并影响了如下内容:道德、理性、正当化以及超越性的最高价值。威廉斯反对现代意义上的道德理论,认为这是狭隘且扭曲的。道德能够以放弃超越性的方式抵御运气,不过由此一来,道德保持完整性,却不再让人关注;需要被关注的是伦理,即关于我们应该怎样生活的最一般问题的理论。道德运气概念展示的是狭义道德本身的问题,需要将这种道德与伦理以及其他人类关切联系起来。

与之相对应的,则是古代伦理。如亚里士多德同样试图从人的本性出发,推论出伦理的基础(也就是人为什么要过有德性的生活)。而他的结论是目的论的:遵循伦理考量的行为,或者说有德性的行为,自身是内在的、理性的,它最大地给予了个人倾向于或想要做的事以完整的形态,这就是这个人的自我利益,因为人类的幸福最根本的组成就是理性生活,这是人与其他动物的本质区别。亚里士多德主义将伦理考量的力量从人类本性中推导出来,表达于人们的性情中。虽然反对亚里士多德伦理中的目的论倾向,认为不能以"幸福"这一人生目的为基点推出伦理考量和按照的德性生活的必要性,但威廉斯认为亚里士多德式的"伦理"观念比康德式的道德更为具体,与现实的人类生活有着更紧密的联系。但试图对人的伦理生活做出哲学的解读和指导在威廉斯看来是不可能的,问题不在于伦理而在于哲学的局限;不过,即使亚里士多德伦理学无法从根基上回答"人该如何生活"的"苏格拉底问题①",却至少从人的生活层面给出了有意义的回答。

关于运气问题,一般认为亚里士多德的理解是,德性大体上与运气无关,但幸福(eudaimonia)却依赖于运气。认为生活与运气无关就意味着排除"好生活"中的许多依赖于运气的成分,如健康、社会认同、朋友和家庭等。这些成分与人性有着本质的关联,缺少这些的人类生活将会是贫苦和乏味的。所以必须在丰富多彩但会被运气影响的生活,与对运气免疫但仅仅关注某种活动(沉思)却无视其他能够丰富人生的活动的生活中作出选择。因此,虽然"思辨生活是最大的幸福",但作为凡人的我们,在伦理生活中却不能脱离运气的干扰,甚至可以说,只有在运气的干预之下,才能成就真正的自我与德性。

四、结论

有些威廉斯的批评者认为他的作品大多数为"破坏性的"或"否定性的"。威廉斯对此的部分回应则是他对伦理学细致入微且特殊主义的理路——通过对伦理问题细节的探讨——只对那些赞同某种版本的道德体系的人来说是否定性的。那种认为只要有严肃的伦理考量,就不可避免的要以道德理论的形式来进行,而其他的理路都是"否定性的"的预设,本身就是他所批判的思维方式。不同于道德虚无主义者认为伦理理论是虚假的,或者伦理生活中空无一物,所以道德哲学对此无话可说;威廉斯则认为在我们日常的伦理思考的内容实在是太多,以至于道德哲学无法掌控,而通常的哲学方法对此有歪曲或误解的危险。

威廉斯区别了两种研究道德哲学的方式。其中之一通过检验"伦理生活的现象学",反省"我们所信、所感、所习以为常,我们面对义务与认清责任的方式;对羞耻与愧疚的感知"②。另一种方式则为西方传统道德哲学所推崇,即建构伦理理论,且"倾向于从某一特定伦理经验、信条的要素展开。一种伦理理论被理解为命题构成的体系,如同科学理论一般,一方面为我们的信念提供了一种框架,另一方面则批判或修正它们。"③近代以来道德哲学发展的两条主要路径是康德主义与功利主义。二者的主要观点南辕北辙,但却有一个共同之处——脱离了人的生活。康德主义的绝对命令被认为是"真空中飞行的鸽子";而看似易于理解、贴近生活的功利主义,仔细琢磨之下也充满了与日常生活的冲突之处。而 20 世纪以来一度独

---

① Williams Bernard. Ethics and the Limits of Philosophy[M]. Routledge, 2006.
② 同①93.
③ 同①93.

占伦理学视野的元伦理学,更是以其逻辑和语言分析的形式,与生活渐行渐远。"道德运气"问题之所以能成为问题,某种意义上来说正是由道德哲学的这种发展方向造成的。"我坚信人们要更信任问题而非答案,直觉而非论证,多元杂糅而非体系化的和谐……如果论证或体系化的理论思考导致的结果对直觉来说无法明证,或者对某一问题的巧妙应对无法解除我们对这一问题依然存在的确信……那么就是说这一论证本身存在某些问题,需要进一步的努力。"[①]对道德运气问题的讨论由于与社会公正与分配问题相联系,已经逐渐脱离威廉斯与内格尔讨论的初衷,但这一问题的存在却依然表明了一点——与日常生活相冲突的道德哲学研究并不是我们所追求的方向。

[①] Negal Thomas. Mortal Questions[M]. Cambridge: Cambridge University Press, 1979: x-xi.

论基于中西方不同文化基因的公民教育

——以古神话为分析文本

刘 霞[*]

南京晓庄学院教师教育学院

摘 要 古神话是一个民族叩响文明大门发出的最初声响,带着一个民族的文化基因。中西方古神话中不同的基因,孕育了不同的中西方文化。"天人合一"与"神人合一",信仰"天命"与相信"命运","崇德"与"崇力"是中外古神话体现出的不同的文化胚胎。不同文化胚胎奠定了民族的性格和发展的方向,因而也能提供中西方文化交流碰撞中最具解释力的答案。作为西方文明产物的公民及公民教育,引进到中国至今百余年。从"公民教育"在中国,到"中国公民教育"需要经过漫长的本土化的过程。然而,在西方文明作为强势文明的侵蚀下,公民教育本土化面临着巨大的挑战和困惑。在人类文明又一次面临巨大转型之时,通过对古神话的研究,让彼此重新回到文明的家园。在回归之旅中,尊重中西方不同的文明基因孕育出的迥异的文化样态,肯定中国公民教育的传统文化参与以及对人类文明的吸收和融合,不仅对于中国公民教育的建构提供理论支撑,也必将对全世界的公民教育提供中国智慧。

关键词 古神话;文化基因;公民;中国公民教育

各个民族在经历史前文明时,以幻想的方式将本民族最原初的状态和文化心理表达出来,因而产生了一种特殊的艺术形式——神话。马克思说:"古代各族是在幻想中,在神话中经历了自己的史前时期。"[①]如果将人类的发展史与个体成长史相比较,那么"神话是人类童年的印记,它虽然具有孩童的天真与幼稚,但透过它可以清晰地把握民族自身脱胎出来的遗传特性,也可以窥视民族初年在建构自己

---

[*] 作者简介:刘霞,南京师范大学道德教育研究所博士研究生、助理研究员。
[①] 马克思,恩格斯.马克思恩格斯选集:第1卷[M].北京:人民出版社,1972:6,114.

的伦理世界时所体现出来的精神倾向,从而透视出民族文化价值体系的起点"①。神话作为人类童年的集体记忆,是先祖们从野蛮走近文明发出的第一声呐喊,是人类在婴童期以最为独特的方式呈现出的一种先验意识和本真状态,因而,作为一个民族的集体记忆是神秘而厚重的。古神话中蕴藏着人类的文化基因和精神源头,不可复制,不可再造,必须恭敬地将其作为"一种规范和高不可及的范本"②进行深入研究。

一、作为文明胚胎的古神话

郭沫若先生将神话分为自然发生的和人为的。人为的是后来假造的,是考古般的推察,自然发生的是包含一定史影的③。本研究所指古神话,是在原始社会中自然发生的神话故事。原始,本是个特别有表达力的词,含有人类对自己的家园深深的崇敬和眷念之情。任何时代、任何民族,都不能以理性主义和价值判断的方式来看待"原始"。对原始社会作出"落后""野蛮""愚昧"等价值判断是对文明之源的轻视、对人类家园的不敬。神话在原始社会自然发生的,是指在物质生产力和文化水平较低的情况下,人类对自然充满好奇和敬畏而又想战胜和征服自然的过程中留下的最原生态的表达。这些表达以口头的方式代代相传,后来被整理成文字,这就是本研究中所认为的最为狭义的古神话。

古神话是一切文明的胚胎,是特定时代留下的足迹,是对原始世界真实的勾描,文明的大门一旦打开,神话立刻散亡。对任何民族来说,古神话都是不可再造的,"神话之所以不可以再造,就在于神的规律的先验性和人的规律的本然性,通过对'天'的由来揭示生活世界的可能性"④。因而,郭沫若先生将后来"文明人"加工和编制的神话,都归为"假造"。就如同人类的生命发展,只有婴儿期特有的样态是最为原生态的,成人的任何模仿都只是一种假造,因为成人永远不可能回到婴童时期。马克思肯定了古神话的不可复制以及其作为基因在今后文明样态中的显现。"一个成年人不能再变成儿童,否则就变得稚气了。但是,儿童的天真不使他感到愉快吗?他自己不该努力在一个更高的阶梯上把自己的真实再现出来吗?在每一个时代,它的固有的性格不是在儿童的天性中纯真地复活着吗?为什么历史上的人类童年时代,在它发展得最完美的地方,不该作为永不复返的阶段而显示出永久的魅力呢?"这段文字被马克思作为《政治经济学批判》导言的结语,就是在强调人

---

① 樊浩.中国伦理精神的历史建构[M].南京:江苏人民出版社,1992:62.
② 马克思,恩格斯.马克思恩格斯选集:第2卷[M].北京:人民出版社,1972:114.
③ 郭沫若.郭沫若全集:第11卷[M].北京:人民文学出版社,1992:63.
④ 乔利丽.作为伦理世界的中国古神话——从《山海经》探究中国古神话的伦理精神[J].东南大学学报(哲学社会科学版),2010(5).

类童年时代的神话,具有永恒的审美价值。

在我国,一直以来古神话被归类为文学作品,仅作为故事的形式被人们消遣,古神话的研究也大都停留在文学领域。然而作为人类文明基因的古神话,其内在而未被理性把握的精神成为一种具体存在,以独特的话语体系和诉述方式,将人类初期的实体世界和精神样态淋漓尽致地显现出来。因而古神话透露和记载的是原始社会中人对自然、对他人、对自身的认识,即使是凸透镜似的显示,也是后人主观性的推测无法比拟的。茅盾先生肯定了作为中国精神发端的古神话内容的多样性,"原始人民并没有今天文明人的理解力和分析力,并且没有够用的发表思想的工具,但是从他们的浓厚的好奇心出发而来的想象力却是很丰富的;他们以自己的生活状况、宇宙观、伦理思想、宗教思想……创造了他们的神话和传说"[1]。因而,蕴藏着文化基因和精神源头的古神话同时孕育了一切文化,必须从多种角度进行研究、把握。如果将古神话仅仅归于文学作品,实在是对这一宝贵财富的忽略。文学、伦理、哲学、宗教、政治等代表人类文明的各种观念都是在古神话的基础上萌芽,古神话理应成为诸多文化研究的原始质料。郭沫若在他一生所撰写的不少著作中,特别是有关古代社会研究的著作中,就曾经充分地发掘、利用过古代神话传说这些珍贵的原始资料。郭沫若先生反复强调:"古代神话传说的珍贵,主要表现在它在研究我国古代社会方面是不可多得的甚至是唯一的资料。"[2]

古神话研究的意义还不止于此,因为古神话记录了一个民族文明的基因,是呈现文明样态的胚胎,任何人都必须对一个民族的原初状态怀有深深的敬畏之情。任何一个民族都不至于狂妄到嘲笑本民族和他民族的神话,如同一个成人不至于狂妄和无知到嘲笑一个婴儿的举止和思维一样。在对文明基因尊重的前提下,人类文明更能进行友善而平和的对话,更容易达成文化交流的共识。此外,神话固然都产生于原始社会,但反映的是不同民族的生产生活,加之在后世文明的口头传播中,时代的道德、伦理、政治等都参与了对神话的筛选、改造和加工。因而,神话具有了非常鲜明的民族特色。正因为其民族特色鲜明,才为交流和对话提供空间。

在轴心时代,中国文明和古希腊文明分别傲居东西文明的顶峰,且这两种文明都留下大量的神话故事。虽然这两个文明对待神话故事的态度迥异:希腊人将全部的民族热情倾注于他们的神话,而中国人的神话在文明开端后迅速散亡在历史、哲学、伦理、政治、文学等领域。但这两种文明的神话都因为携带着强大的文明基因,对中西方后来的文明以及民族性格产生了巨大的影响。因而,本研究所选择的中西古神话,即以中希古神话为主。古希腊神话选择的德国著名神学家古斯塔

---

[1] 茅盾.茅盾说神话[M].上海:上海古籍出版社,1999:158.
[2] 张积玉.对郭沫若古神话传说研究的初步探讨[J].陕西师范大学学报(哲学社会科学版),1982(4).

夫·施瓦布(1792—1850)的《希腊神话》；而中国神话故事的文本则选择的是当代中国著名古神话大师袁珂先生的《中国神话传说》《山海经校注》等。

二、中西方古神话中的不同文明基因及其孕育出的不同文明样态

中西方文明在各自的古神话中孕育、发端。古神话中清晰地透露了不同民族的遗传性特性，蕴藏着文化的基本元素，因而规定了不同文化的起点，体现出不同民族根据自身特殊性所进行的文化选择和文明设计。此后，人们裹挟着原始文明的基因，孕育出各自不同的文明样态。

(一) 神话中的精神模式："神人合一"与"天人合一"

在原始思维中，人并没有将这个世界对象化，人与这个实体是一体的，处于"不分"的状态。因为不分，人就在这个实体中有了两种不同的世界，一个是现存的物质世界，这是个感性的世界，看得见，摸得着；而此外，还存在着一个神秘的世界，这个世界充满了神奇的力量，看不见但是能左右感性世界的活动。主持这个超能量神秘世界的是神。

在古希腊神话中，众神主要居住在奥林波斯圣山上。他们的所有社会结构与组织形态与人类一样，主神宙斯有妻子、众多的情人、儿女以及兄弟姐妹。希腊神话中的神和半人神，其最主要的特征就是拥有征服这个世界的超能量。现存的感性世界（人的世界）和超能量的神秘世界（神的世界）彼此交往互动：宙斯有许多人间的妻子，生了许多人间子女，这些人间子女作为半人神也拥有超凡的能力，与神不同的是他们的生命会终结。人通过这样的方式和神的世界对话，并合为一体。

在希腊神话中，人与神，看似拥有着与这个世界不同的驾驭能力，但是人和神之间永远在对话，共同作用于这个世界，他们之间是交往的关系。在交往中，人在民间的各种活动中处于主体地位。希腊的诸神只是"参与"人的活动。著名的特洛伊战争之所以成为一场声势浩大，产生诸多英雄的著名战争，就是因为诸神分别代表不同的立场参与其中。公元前12世纪初，以小亚细亚的富裕城市特洛伊的王子帕里斯拐走斯巴达王后海伦为导火线，希腊各城邦联军开始了远征，经十年苦战，攻陷特洛伊城。当大英雄阿喀琉斯决定再次投入到战争后，"一场由人和神参加的战斗就要开始了"，天神们分别帮助特洛伊人或希腊人。赫拉（天后）、雅典娜（智慧女神）、波塞冬（海神）、赫尔墨斯（亡灵接引神）和赫淮斯托斯（火神）向希腊人奔去（帮助希腊人，笔者注）；阿瑞斯（战神）、阿尔忒弥斯（月神）、阿波罗（太阳神）、勒托（太阳神阿波罗的母亲，宙斯的另一个妻子）和阿芙洛狄忒（爱神，是火神赫淮斯托斯的妻子）则赶往特洛伊人的队伍。① 就是主神宙斯也没有在人间的战争面前保

---

① 施瓦布.希腊神话[M].司马全,等译.北京：人民文学出版社,1998：174.

持中立的立场,而是站在了特洛伊人的这边,多次为特洛伊人化险为夷。因为"神人合一",希腊神话中诸神的形象和行为,相当彻底的"人化",他们与人之间几乎没有距离。宙斯及其领导的诸神,有七情六欲,非常世俗,贪图享受和快乐,有时还做出荒唐的事。在古希腊神话中,神很少有恐怖感和神秘感。

同样,在中国,拥有超能量的神也存在着。与西方诸神住在圣山上不同,中国的神仙都居住在天上。因为农耕文明对天的依赖,中国人对天敬仰、敬畏。在中国人看来,天之所以有这么强大的力量,是因为天上住着被赋予超凡能力的神。一开始,天地之间是相通的,"人之初,天下通,人上通,日上天,夕上天,天与人,旦有语,夕有语"①。为了保持神与人之间的距离,维持宇宙的秩序,天帝将天地之间的通路阻隔住。通路被阻隔后,中国人为了和神对话,有了"天人合一"的文化设计。

"天人合一"在古神话中指的是天是人的作品,天合于人。"天"作为"人"的作品,在人的意志中产生,从开天辟地的盘古起,天就作为了人精神、肉体的凝结。《五运历年记》中,盘古是人类的老祖宗,他开天辟地后,"神于天,圣于地。天日高一丈,地日厚一丈,盘古日长一丈"。盘古累死后,"气成风云,声为雷霆,左眼为日,右眼为月,四肢五体为四极五岳,血液为江河,筋脉为田土……精髓为珠玉,汗流为雨泽"。盘古不仅开天辟地,而且本身也化为天地。盘古新开辟的天地很不结实,一场大变动后,天上露出丑陋的大窟窿,女娲在造人后,又开始辛辛苦苦地修补残破的天地,"女娲炼五色石以补苍天,断鳌足以立四极,杀黑龙以济冀州,积芦灰以止淫水"。(《淮南子·览冥篇》)不仅如此,女娲的死也不是灭亡,而是和盘古一样,转化为宇宙的物事。女娲的一条肠子,化作了十个神人,《山海经·大荒西经》的记载是"有神十人,名曰女娲之肠"。"精卫填海"也体现出天是人的精神产物。《山海经·北山经》记载:"有鸟焉,其状如乌,文首、白喙、赤足,名曰精卫。其名自詨,是炎帝之女,名曰女娃。女娃游于东海,溺而不返,故为精卫,常衔西山之木石以堙于东海。"大诗人陶渊明读后无比哀叹赞美:"精卫衔微木,将以填沧海。"精卫填海的神话传说至今光辉地存活在中国人的心里,可见其展现出的对精神作用于天地的意志得以传承。天地因为人的参与,作为人精神的作品,与人是合一的。

因为天是人的作品,"天人合一",故而老百姓有了生活的信心和勇气,认为居住在天上的神定会庇护保佑人类过上风调雨顺、安静祥和的幸福生活。这样的设计也减少了对神的恐惧感和神秘感,"天人合一"成为中国文化的基调,先秦儒家、道家直至宋明理学、陆王心学,都是在这一基调下形成的精神体系。

西方神话中的人神合一,使得终极关怀的本体变得多和杂,即使有神的权威存在,个体也具有独立性。为了实体的维系,就必须要设想一超越于个体之上的机制

---

① 袁珂.中国神话传说[M].北京:世界图书出版公司,2012:89,184-194,176.

以寻找终极关怀,西方人的这种思维方式必然找到上帝。"人人为自己,上帝为大家"的思维,开启了西方宗教型文化的先河;在中国人看来,"天"相对于"神"更具有普遍性,"天行有常,不为尧存,不为禹亡",因而,中国文化设计中的"天"就能作为终极关怀。"天人合一"使得"天伦"成为中国伦理的范型和最高概念,个人不是西方文化中对自身理性的认同,而是对天道的认同。"天人合一"形成了"人伦本于天伦而立"的基本原理,最终"人伦"与"天伦"内在统一①,从而形成中国特有的伦理型文化。

(二) 神话中的个体:"命运"与"天命"

神是个体的象征,人通过神展现的是对自身的认同,与西方文化中强调只属于自己的"命运"相呼应;"天"作为中国文化中整体的象征,"天人合一"代表着个体对整体的认同与服从,从而产生了中国人所谓的"天命"。

人生活在世间,除了有很多无法去解释的自然现象,还有诸多生活中的情仇爱恨困扰着、决定着个人的喜怒哀乐,悲欢离合。中西方神话故事都试图去解释、描绘人生的这种状态,旨在减轻痛苦,予以希望。希腊神话对人一生或喜或悲的解释简单直接:这是你的命运。命运不受任何自然和人为力量控制,也摆脱了神的干预,只属于每一个个体,只要是神谕表明要发生的事,无论个体和他人怎么努力改变,都是无济于事的。命运在一个人还没有出生的时候就被赋予,一生中都不可抗拒。命运如同预先设定好的轨道,人的一生在此运行,不偏不倚,所有的演绎都是一种因果关系。

俄狄浦斯还没有出生的时候,就得到将来要"弑父娶母"的神谕。为了避免神谕所预言的必行,父亲残忍地给俄狄浦斯的脚踝钻了两个洞,并用皮带将它们捆在一起(俄狄浦斯的名字即为"肿痛的脚"),然后要求牧人将他扔掉喂狼吃。然而,无论谁,作出何种努力,都无法改变神谕。俄狄浦斯最终还是在极其偶然的状态中,杀害了亲身父亲,并在命运的安排下成为母亲的丈夫。最后,得知真相的俄狄浦斯在悲愤和绝望中捅瞎自己的双眼。每个人命运的神谕都会应验,谁也逃不过命运的安排。比如特洛伊战争中的帕里斯,在出生之前就被预言将毁灭特洛伊城,虽然父母将他丢弃,但是他还是活了下来,并拐走了王后海伦,受到整个希腊军队的报复,最终,希腊军队摧毁了特洛伊城,神谕在帕里斯身上应验。每个人都有属于自己的命运,自己无法改变,别人无法左右,作为个体的命运也独立于神的掌控。欧罗巴是腓尼基国王的女儿,宙斯被其美貌吸引,变成健壮的大公牛将她骗走。爱神阿芙洛狄忒劝她说:"你命中注定要做这位不可征服的天神的人间妻子。"

命运属于个体,因而,西方神话故事一开始就给西方的文明埋下了个体权利的

---

① 樊浩.伦理精神与宗教境界[J].孔子研究,1997 (4).

种子,强调个体的人生确立和目标实现。因为一切都是注定的,因而个体可以不去承担任何道德责任,在行为上具有决定的自由,西方文化中的自由精神也得以孕育。俄狄浦斯因为无法改变"弑父娶母"的神谕才犯下错误,所以不必对自己的行为负有道德责任,因而能得到了人们的同情和安慰,甚至得到了神灵的敬意与帮助。因为有命运的设定,在西方神话中,个人充满了自由,希腊神话中的世界是一个一切都被允许的自由世界。

西方人讲命运,中国人讲天命。中国人信奉"天人合一",相信有着作为普遍性存在的道,人的个别性活动必须符合普遍性的规律。因为要符合普遍准则,天命成为一种整体化的思维,每个人都不是单独的存在,因而无法拥有只属于自己的命运。在中国神话中,与命运生而注定、个体拥有自由的天性不同,天命要求每个人都要努力奋斗,行善积德,天命是一种善恶报应,与个体的德行息息相关,与对他人、对社会、对国家的态度相关。

中国的神话故事中,没有人一出生就背负神谕、有着被设定的命运。中国人相信只要道德修养和行为能获得承认,就能一步步改变着自己的命运。舜出生不久,母亲就死了,后母心肠歹毒,同父异母的弟弟们顽劣跋扈,父亲是后母摧残毒打舜时的帮凶。但是舜依旧笃厚善良,孝顺恭敬,人们都喜欢靠近他住。因而,在尧寻访贤人的时候,舜得到人们的一致推荐。舜从普通的农民变成了天子的女婿后,依旧贤孝,对残害他的爹、妈、弟弟像之前一样孝顺友爱,最终通过尧的考验,做了天子。舜晚年外出巡视,不幸死在苍梧之野,人们像死了爹妈一样悲哀。人的努力和修为可以使得一个普通的人成为天子,也可以使得一个人变成动物。《搜神记》中"蚕神"就是这样的故事。一位姑娘对马开玩笑,只要马能找到其父亲并将其接回家,自己就做马的妻子。然而,当马找回其父亲,姑娘不仅没有遵守自己的诺言,其父亲还将马杀死,"暴皮于庭"。故而"马皮蹶然而起,卷女以行",姑娘被马卷了几天后,人们才在大树上发现了"女及马皮尽化为蚕而绩于树上"。因为此女不讲诚信,故而使得自己由人变为动物。德性不仅能改变普通人的命运,也能改变神仙的命运,嫦娥奔月就是这样的神话。嫦娥随后羿来到人间射日,为了能在人间长生不老,后羿从西王母那里求得"不死药"。此药两个人吃都能不死,而一个人吃就能升天成神仙。嫦娥因为自私独自享用仙丹,升上了天,但是刚飞到月宫,就由美貌的仙子变成了丑陋的癞蛤蟆。《淮南子·览冥训》记载:"羿请不死之药于西王母,(嫦)娥窃以奔月,怅然有丧,无以续之。"故而有了李商隐的"嫦娥应悔偷灵药,碧海青天夜夜心"的嘲讽。

在没有阶级的原始社会,人与人之间都是平等的。但是因为信仰不同,天命和命运之间的平等具有相当不同的含义:在命运面前个体自由、独立、平等;在天命面前,个人只有通过自身努力,才能成为道德的完人,才能回归到一个完整的秩序中。

中国人的平等是"人人可以为尧舜"的人格平等。

(三) 神话中的英雄:"力量崇拜"与"美德崇拜"

每个民族的神话故事中,英雄都是主角。整个古希腊神话是一首波澜壮阔的英雄史诗,而中国神话故事中的英雄化为一种民族精神,至今传唱。西方的 hero 翻译成中文为"英雄",但是由于文化的差异,这个词的含义差别非常大。其最明显的差别是西方对待英雄是"崇力不崇德",中国则是"崇德不崇力"。

西方神话中,神的主要区别是神力的大小。宙斯具有最高的神力,因而是主神。在希腊的大英雄中,额克琉斯、赫拉克勒斯等都是以"力"征服对手,获得英雄的称谓。希腊神话中从不关注英雄的德行。在希腊神话中,主神宙斯是个凶暴而自私的人。他是推翻自己父亲并把其同老一代的提坦神打入塔耳塔洛斯之后,才成为奥林波斯山上的天神和宇宙唯一的主宰的。在知道妻子墨提斯将生一个比自己强大的孩子(雅典娜)时,便把妻子吞进肚里。赫淮斯托斯是宙斯和赫拉的儿子,但是在一次父母发生争执时,他站在母亲一边反对父亲,宙斯一怒之下把他扔下天庭。特洛伊战争中最有名的大英雄阿喀琉斯,作战勇猛,力大无比,故有"没有阿喀琉斯就攻不下特洛伊城"的预言。但这样的大英雄,却因为一次与阿伽门农的争吵,在战争的紧要关头离开,并发誓以后再也不参加任何战斗,哪怕所有的希腊人都死在赫克托耳的刀下。就在希腊军队的许多英雄丧命,战争节节败退的危急时刻,阿喀琉斯依然因为忘不了阿伽门农用卑劣的手段夺取战利品而拒绝参战。直到他最好的朋友的死才激起了他参战的激情。希腊军队的总领阿伽门农也是位大英雄,而他为了占有美丽的克律塞伊斯,得罪了太阳神的祭司,使得希腊军营被降下许多灾难和不幸。

马克思在研究希腊神话时,高度评价希腊神话中的英雄普罗米修斯这一艺术形象。为了人间的光明和温暖,普罗米修斯从天上盗火到人间,因为违背了宙斯的旨意,受到宙斯的惩罚,但他决不屈服,反抗到底,最后终于获得解放。马克思在《博士论文》的序言中引用普罗米修斯的话说:我宁肯忍受痛苦也不愿受人奴役;我宁肯被缚在崖石上,也不愿作宙斯的忠顺奴仆。马克思把普罗米修斯尊崇为争取自由的英雄,"是哲学的日历中最高尚的圣者和殉道者"[①]。马克思对普罗米修斯英雄行为——自我奉献和自我牺牲给予了道德上的高度赞扬。马克思对普罗米修斯的赞扬,也说明在整个希腊神话中,真正具有道德情怀的英雄是相当少的。

中国神话不推崇作为支配和征服自然的力量,而是尊崇作为超自然的精神之力,即道德的力量。中国的神话故事中的英雄是对人类的文明和生产生活作出贡献的文化英雄。盘古和女娲是创世纪的英雄,都具有非凡的超能量,但是中国人崇

---

① 马克思,恩格斯.马克思恩格斯全集:第40卷[M].北京:人民出版社,1982:190.

拜的是他们为万民立命、为民牺牲的崇高品格。盘古开天辟地凭借的是力量、勇气、担当和智慧；女娲补天凭借的是灵巧、细腻和精致，而他们最根本的目的都是为了人们能够光明、幸福地生活。中国人都是炎黄子孙，而中国的炎帝、黄帝都不是以力量征服和统治这个世界。炎帝以仁爱著称。炎帝教人类播种五谷，让太阳发出足够的光和热来，使得五谷孕育生长，让人们衣食无忧，人民感恩他的功德，尊称他为"神农"。为了给人们医病，他尝遍各种草药，为此，曾经一天中毒七十次，"神农尝百草之滋味……一日而遇七十毒"。（《淮南子·修务篇》）尧作为中国历史上有名的好国君，以节俭、朴素、爱民治理天下……尧如何顾及人民？《说苑·君道》记载："尧存心于天下，有一民饥则曰此我饥之也，有一人寒则曰此我寒之也，一民有罪则曰此我陷之也。"国家有人饿肚子没有吃，尧自责："这是我使他饥饿的。"没有衣服穿、犯罪，尧都自责，把一切责任都担在自己的肩上，因而人民对这样的好国君，衷心爱戴，毫无怨言。主张移山并身体力行的愚公，年逾九旬提出移山，可以说完全丧失征服自然的力量，然而他要改变自然、战胜自己的精神和气概不逊于追日的夸父和填海的精卫。中国神话中只有力量而无德行的人并不是人们崇拜的英雄。古神话中的后羿，是跟希腊大英雄赫拉克勒斯一样具有超凡力量的神射手。他为人民除去了七桩大害（射死九个太阳、杀死怪兽、怪物、九婴、大风、巨蟒、大野猪），但是天帝责怪后羿不通人情，太残忍，一下子射死自己的九个儿子；人们也责怪后羿，不顾家、不怜爱妻子，而去离家流浪，恋上水伯的妻子宓妃。后羿作为为民除害的力大无比的壮士，虽向西王母求得永生药，但被妻子偷吃，而不得永生，最后被其弟子逢蒙杀害。

西方崇拜"力"的力量，强调力量和知识，强调征服。为了征服自然，西方人从最初崇拜个体的力量，到追寻技术和科技的力量，故而推动了科学技术的发展；中国人追寻"德"，强调道德的力量，认为英雄是"自知者英，自胜者雄"，强调为仁由己，形成了中国强调大伦理宗教，并保持了几千年不间断的文明。

三、文化坚守与交流中的中国公民教育

"公民"及"公民教育"都是源于西方的概念，是西方文明的产物。百年前因救亡和启蒙的需要，中国的一批知识精英引进了西方的公民理念。历经百年沉浮，在全球化的今天，培养适应社会发展所需要的时代公民的任务比历史上任何时候都更为迫切、艰巨。然而，公民教育要在当今中国蓬勃发展，必须摆脱"公民教育在中国"（Citizenship Education in China），去建构"中国公民教育"（Citizenship Education of China）。如何建构中国公民教育，首要的是认可并尊重中国文化的特征，在与西方公民文化的交融中坚守、创新。东西方文明因携带着不同的基因，故而在文化的交流融汇中呈现出巨大的差异。中西方神话中表现出的中西方文化的

差异,对中国公民教育提供了重要的解释力。

(一) 公民权利教育:基于伦理共同体的构型

高度发达的伦理,是中国文化的基因性特征。伦理作为一种本性上普遍的东西,指向的是人的公共本质。黑格尔对于伦理有著名论断:"在考察伦理时永远只有两种观点可能:或者从实体性出发,或者原子式地进行探讨,即以单个的人为基础而逐渐提高。后一种观点是没有精神的,因为它只能做到集合并列,但精神不是单一的东西,而是单一物与普遍物的统一。"[①]从实体出发的伦理型文化使得中国社会基本上属于一种关系本位的构型,这种关系是基于血缘形成的伦理共同体。梁漱溟先生认为:"中国之伦理只看见此一人与彼一人之相互关系,不把重点固定在任何一方,而从乎其关系,彼此相交换;其重点放在关系上了。伦理本位者,关系本位也。"[②]

与西方自由主义的个人本位不同,中国的伦理型文化所形成的伦理关系也是一种整体性思维,个人融入家庭、群体和社会之中,仅仅作为共同体中的一员,去履行自己的伦理义务。共同体先于个人,其利益也高于个人,个人对共同体的责任是第一位。在伦理关系中,个体不仅要履行责任,而且强调个人对群体和社会、国家的奉献,不讲索取,不谈个人的权利。按照费孝通先生所提出的"差序格局",伦理首先维系的是家,每个家庭成员要按照一定的"序"履行自己的职责和义务,这就形成了伦理关系的上下尊卑、长幼有序的血缘等级秩序[③]。因而,"天伦"关系决定了中国社会人与人之间没有原子式的平等,尤其是西方文化中父母与子女之间的绝对平等,这在中国伦理关系中是很难被接受的。以家庭为单位向外辐射,形成以家族、宗族为纽带的社会网络,故而形成了"家国一体"的国家构型,使基于家的伦理关系上升为政治关系,故而基于血缘关系的伦理文化成为国家意识形态,形成中国特有的伦理政治。伦理政治同样强调个体是国家的一员,要"以天下为己任",把为国奉献,对人民负责作为宏大抱负和人生追求。汉代贾谊就说过:"国耳忘家,公耳忘私,利不苟就,害不苟去,唯义所在。"(《汉书·贾谊传》)牺牲个人利益,献身国家,体现的都是群体和社会高于个人的伦理特质。因此,在中国人的伦理观念中,特别强调责任感、义务感,并不伸张个人的权利,甚至轻视个人的权利。这是中国文化基因性的特征孕育出的必然结果。

正如古神话所体现的,西方文化是个人本位的文化。西方自由主义公民观典型地代表了西方个人本位思想。自由主义公民观以个人为出发点,强调个人是第

---

① 黑格尔.法哲学原理[M].范扬,张企泰,译.北京:商务印书馆,1996:173,168,254.
② 梁漱溟.中国文化要义[M].上海:学林出版社,1987:93.
③ 刘霞.家风中的伦理认同与公民教育[J].南京社会科学,2015(4).

一位的,社会和国家仅是个人所派生的,为个人服务的工具。因此,在自由主义的公民观中,个人是至高无上的,个人可以不为群体和社会的利益而牺牲。由于倡导个人至高无上,自由主义发展到当代已经面临着许多问题,尤其是公民责任感和奉献精神衰退导致的个人"唯私综合征"的泛滥,公民教育培养出的是消极公民。因而,作为对自由主义纠偏的社群主义、多元文化主义公民思潮得以涌现。

中国公民教育首先要基于中国文化的特征,强调个体对他人、对社会和国家的责任和义务。但公民个体权利是维护公民身份的条件,公民作为权利主体的最为基本的要求是个体权利。中国公民教育要强调在基于共同体利益至上的前提下行使个人权利,既要遵从中国文化的基本特征,警惕西方极端个人主义的侵蚀,也要通过教育对中国文化中欠缺的权利意识进行补充。

(二) 公民道德教育:作为个体美德教育的补充

"崇德"是中国文化的基本特征,古神话中就产生了"崇德"的文化基因。中国文化强调个体美德,要求个体通过修身以达到道德至善的目的。道德的至善是一个"克己复礼为仁"的过程:"'礼'作为伦理实体的概念决定了道德主体的'仁'始终服务乃至服从于伦理实体的'礼'"①。"礼"就是一种伦理要求,"克己"就是修身养性,通过克服自己的个别性,突出个体为善的主动性,通过个体道德的努力来促成群体的善。孔子强调"苟正其身矣,于从政乎何有?不能正其身,如正人何?"(《论语·子路》)在为人处世、治国理政都要"修己以敬""修己以安人""修己以安百姓"。(《论语·宪问》)西方伦理学对美德的研究与中国有共通之处,黑格尔看来,美德就是一种"正直",就是做伦理规定其做的事,"一个人必须做些什么,应该尽些什么义务,才能成为有德的人,这在伦理性的共同体中是容易谈出的:他只须做在他的环境中所已经指出的、明确的和他所熟知的事就行了。这种德,如果仅仅表现为个人单纯地适合其所应尽——按照其所处的地位——的义务,那就是正直"。因为强调个体美德,中国文化孕育出了一大批有德性的仁人志士,中国几千年的文明也依靠德性之人。

西方自由主义强调平等和个体自由,公民是单子式个人,社会的秩序和人与人之间的关系不靠个体美德去维护,而是诉诸公民道德和正义的制度。因此,自由主义公民教育关注"好公民"以及法治意识的培养。"好公民"强调公民参与政治事务的能力,强调对公共秩序的维护,强调协商民主;法治意识培养强调公民要通过法律、制度不断维护自身的权利。但现代西方自由主义已经认识到个体美德的缺失所带来的一系列问题,如罗尔斯指出:"在政治生活和基本制度中,公民如何在公共

---

① 樊浩.中国伦理道德报告[M].北京:中国社会科学出版社,2010:8.

事务中运用两种道德能力(自主与正义感)是维系自由主义国家的关键。"①

如果仅仅照搬西方的"好公民"教育,不强调中国的个体美德教育(好人教育),就会使个人丢失价值底线,缺失了自律。而一切诉诸制度和法律,必将提高社会治理的成本。我们也要认识到,相对于西方公民成熟的参与公共事务的能力,我们不擅长通过社团的形式来处理公共事务、实现自身的利益,这与我们的"好公民"意识淡薄有关。因而,中国的公民教育要强调"个体美德"(好人教育),在此基础上,要将"好公民"教育作为补充,在"好人"的基础上培养"好公民"。从而避免西方自由主义因缺乏个体美德培育而面临的困境以及产生的一系列社会问题。在个体美德教育上,中国有着几千年经验的积累,对人类文明作出过巨大的贡献。在个体美德培育上的丰富经验应该作为人类文明的财富推向世界。

(三) 公民爱国教育:"公"与"民"之间的相互承认

因为个人是目的,是立足点,处于第一位,因而,在自由主义看来,国家是个人派生出来的,只是为个人服务的手段和工具。因此,自由主义强调个人先于国家,个人与国家之间是契约关系,国家存在的主要目的和责任就是保护个人的权利不受侵犯②。自由主义所限制的国家,成为最弱意义上的国家(minimal state)。因为以自由最大化为目的,自由主义主导的西方公民观以个体权利优先为第一要义,对国家这一"守夜人"保持价值中立,并要求"国家为我做什么"以保护公民个人的权利,而不是"我为国家做什么"。自由主义所谓的"爱国",是"公民爱国",即作为公民对国家的爱是一种理性的爱,不仅不要求公民对国家利益的绝对服从,而且提倡"公民不服从"。

我国传统伦理中,"家国同构",国是家的扩展和延伸。国作为伦理实体,每个人都不是原子式的存在,而是一种个体与实体关系的存在,是责任和义务优先的为他人和集体的存在。中国人称国家为"祖国",就是最具伦理性的称呼。家国一体的社会结构使得忠孝成为一种伦理道德准则,"国家不仅给予国民特定的疆域,更给予国民稳定的生活环境和生活条件,使得个人的一切都与国家的前途和命运休戚相关。所以,要求国民'爱国'不仅成为可能,而且日益成为一种常态的政治和道德要求"③。自古以来,爱国报国都是中华民族的大节,中国人浩然正气的首要体现。爱国报国成为中国人的精神性支柱和人生信仰。

中国家国一体的文化,对"公民爱国"给予新的阐释、注入新的内容。作为法律

---

① John Rawls. The Priority of Right and Ideas of the Good[J]. Philosophy and Public Affairs, 1988(14):4.
② 冯建军.公民身份认同与学校公民教育[M].北京:人民出版社,2014:28.
③ 耿步健.集体主义的嬗变与重构[M].南京:南京大学出版社,2012:104.

规定的公民,只是一种身份的获得。在此身份的规定中,公民的权利和义务得以明确。但法律规定的公民只是完成了"公"对"民"的承认,此意义上的公民只是"一国之民",没有任何精神的意义,仅是一种理性判断和客观存在。公民的内涵还指向"民"对"公"的承认,这是一种伦理意义上的承认,是一种精神认同。只有完成了"公"和"民"的相互承认,才能获得灵魂上的公民。"在生命存在的意义上,'公民'是心与身的统一体,不仅意味着个体之'身'与国家作为政治实体之'公'在制度层面相互承认而获得'民'的资格,更深刻的是个体之'心'与国家作为伦理实体之'公'之间的同一性关系,前者是肉体意义上的公民资格,后者是灵魂意义上的公民认同。"[①]"民"对"公"(国家)的承认,就是一种精神上认同,是对自己国家的发自内心的爱,是一种我和"国家"在一起的伦理能力。如果仅仅有理性上的对国家的认同,并将个人与国家的关系视为契约关系,那么这种公民爱国是相当不稳定的,正如黑格尔所言,只作为保护个人权利和个人自由的爱国,产生的结果是"成为国家成员是任意的事"。任何爱国都必须是一种精神意义上的对国家的认同。因而,当前的公民爱国教育,不仅要加强法律法规的建立,保护公民的合法权利和利益,增加国家对公民的承认,也要加强公民对国家的精神认同,使得爱国成为公民的精神信仰和公民能力。

中国文化走向世界,必须要将"培养合格公民"这一具有普遍意义的世界性问题给出中国答案。中国几千年的文脉从未中断,尤其是基于中国文化基因所设计的"家国同构"的伦理政治模式,对培养国家需要的公民提供了宝贵的经验。中西方文化的基因不同,但基于这种基因的体系化的设计,都符合中西方文化的特质。在文化的交流中,构建根植于中国大地、反映中国国情的公民教育,将西方公民思想作为完善中国公民教育思想的手段,这是中国公民教育的必由之路,也是世界公民教育需求的中国智慧。

---

① 樊浩.伦理,"存在"吗?[J].哲学动态,2014(6).